Oracle 高性能系统架构实战大全

张君华◎著

内 容 提 要

本书介绍与 Oracle 数据库性能相关的方方面面，涵盖了 Oracle 的体系架构，其背后的运行机制包括事务、锁与闩、多版本并发，各种 Oracle 高级特性如分区、并行执行、直接路径操作，以及大数据导入 / 导出性能优化，并用具体的例子来解释每个特性，它是如何工作的、其限制是什么。

本书用通俗易懂的方式介绍如何理解并掌握 Oracle SQL 执行计划，如何高效地掌握 Oracle SQL 性能分析与优化，这是摆在众多开发人员面前的两座大山。

本书不仅是从 Oracle 数据库与 SQL 优化本身的角度探讨高性能架构设计，更重要的是从整个应用层、综合中间件角度考虑各特性是否适合采用 Oracle 实现，如何在 Java 及 JDBC、MyBatis 中优化。为此多个章节专门探讨 Oracle 不擅长的特性，以及如何在 Java 和中间件中更好地实现它们。

本书适合具有一定 Oracle 数据库经验的开发人员和数据库管理员阅读。

图书在版编目(CIP)数据

Oracle高性能系统架构实战大全 / 张君华著. — 北京 : 北京大学出版社，2019.12
ISBN 978-7-301-30961-2

Ⅰ. ①O… Ⅱ. ①张… Ⅲ. ①关系数据库系统 Ⅳ. ①TP311.132.3

中国版本图书馆CIP数据核字(2019)第276766号

书　　名　Oracle高性能系统架构实战大全
ORACLE GAOXINGNENG XITONG JIAGOU SHIZHAN DAQUAN
著作责任者　张君华　著
责 任 编 辑　吴晓月　刘沈君
标 准 书 号　ISBN 978-7-301-30961-2
出 版 发 行　北京大学出版社
地　　址　北京市海淀区成府路205 号　100871
网　　址　http://www. pup. cn　　新浪微博: @ 北京大学出版社
电 子 信 箱　pup7@ pup. cn
电　　话　邮购部 010-62752015　发行部 010-62750672　编辑部 010-62570390
印 刷 者　天津中印联印务有限公司
经 销 者　新华书店
787毫米×1092毫米　16开本　36.75印张　854千字
2019年12月第1版　2019年12月第1次印刷
印　　数　1-4000册
定　　价　128.00 元

笔者有很长时间都在使用 Oracle 数据库开发金融应用程序，和应用开发人员一起工作，构建及优化基于 Oracle 数据库的应用程序，以确保满足客户对于可靠性、健壮性和高性能的要求。在这一过程中，笔者看到了开发人员通常会遇到的问题，通过长时间的积累经验，便有了本书的构思和案例来源。

Oracle 底层运行和接口层（如 SQL、JDBC）之间存在不透明的策略关系，导致开发人员经常陷入苦恼。为了解决这个问题，本书总结了一些最有价值的规则集合，这些规则适用于上下文及限制，可以作为设计过程中的参考路标。涵盖了使用 Oracle 数据库开发应用程序时最重要的内容，即 Oracle 数据库如何工作，哪些是 Oracle 数据库擅长的，哪些则是短板。对于 Oracle 不擅长的那些特性，本书将讨论在应用层如何更好地实现它们。

本书假设读者已经对 Oracle 日常操作及 SQL 执行计划有所了解，关于 Oracle 入门知识方面，可以参看其他 Oracle 基础书籍。对本书更恰当的描述是，提供了实际有效的设计规则，可以协助开发人员高效地设计、开发和使用 Oracle 数据库。

因笔者水平和成书时间有限，本书难免存在疏漏和不当之处，敬请指正。

本书特色

深入浅出，行文诙谐易懂

本书从基础知识入手，首先介绍 Oracle 性能优化的基本原理和关键概念，然后深入、细致地讲述如何找出性能问题及如何选择所用工具。本书重点关注查询优化器及其使用的统计信息、查询优化器的配置、获取执行计划的方法、SQL 优化技术、解析的工作原理及问题、如何高效地访问单表和多个相关联的表等。

兼顾深度与广度，理论与实际应用环境相结合

本书在讨论过程中兼顾深度与广度，不仅对实际问题的现象、产生原因和相关原理进行了深入浅出的讲解，更主要的是结合真实案例，提供了一系列解决问题的思路和方法，包括详细的操作步骤，具有很强的实战性和可操作性，可满足读者面向实际应用的需求；并且延伸到高级优化技术，以及如何优化物理设计。

从应用角度和数据库角度综合考虑

本书以 Oracle 应用程序高性能设计和优化为目的，从应用角度和数据库角度综合分析更有效的解决问题的方式。不同于以 Oracle 或 Java 为中心的书籍，在讨论时生硬地把解决方法往具体技术中套，本书先为特定的问题分析出更有效的解决方式，再讨论在应用中实现还是在数据库中实现更合理，这是本书的最大特色，也是实际高性能系统架构设计采用的主要做法。

本书体系结构

为了帮助读者更好地学习，本书按照循序渐进的方式组织内容。本书共有 11 章，每章都可以单独阅读。例如，要使用或理解第 9 章的执行计划分析，不需要先阅读介绍 Oracle 运行机制的第 3 章。

每一章的叙述风格基本如下：

- 对特性或功能进行简单介绍；
- 说明考虑（或不考虑）使用该特性的原因，哪些情况下该特性比较适用，哪些情况下不适用；
- 如何使用该特性并验证它确实如我们所希望的那样工作。

本书读者对象

本书面向使用 Oracle 作为数据库的应用开发人员；如果专业的 Oracle 开发人员和 DBA（数据库管理员）想了解某些特性是否可以在 Oracle 数据库中完成，也可以参考本书；如果技术领导要带领团队开发使用 Oracle 数据库的项目，同样可以参考本书，因为技术领导懂数据库，对项目的成功至关重要。

不管你是初学者还是高级开发人员，想使用 Oracle 或想知道各种特性在内部是如何运作的，以及各特性在工作中如何应用，那么请阅读本书。本书还可以作为高级开发人员进阶性能优化专家的培训教材。

要想更好地学习本书，读者最好具备以下能力。

- 熟练使用 SQL。虽然不要求读者精通 SQL，但应熟悉各种常用的 SQL。读者有实战经验，对学习本书会很有帮助。
- 了解 PL/SQL。本书几乎没有涉及 PL/SQL 及 PL/SQL 的优化，但是 PL/SQL 在某些情况下仍是最好的实现选择。
- 熟悉某种编程语言，如 Java 或 C。在本书中，当我们讨论不适合使用 Oracle 实现的功能时，将讨论其在 Java 中如何实现，所以读者最好熟悉 Java 编程语言。

本书源代码

本书提供源代码下载，读者可扫描右侧二维码，关注微信公众号，根据提示获取源代码。

目　录

Contents

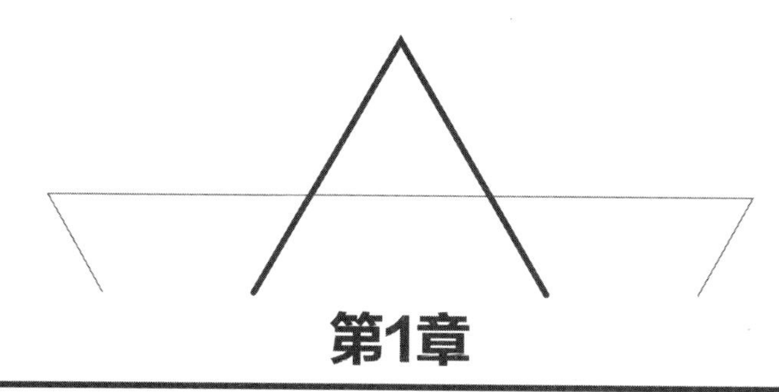

第1章

实现高性能系统的基础

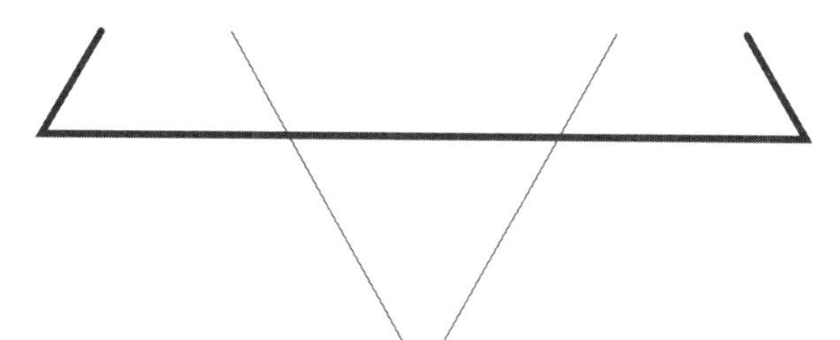

在同样的网络环境和系统配置下，两个能满足需求的系统，一个可以瞬间运行出来，另一个需要花费很长时间才可以运行出来，你会选择哪个？研究表明，用户可接受的打开网页时间是 3~5s 内，如果等待超过 10s，绝大部分用户会关闭这个网页；对于移动端网页和 APP，用户的耐心更短，超过 2s 就会觉得系统体验较差。根据统计整理，Google 表示网站访问速度每慢 400ms 就导致用户搜索请求下降 0.59%，Amazon 则表示每增加 100ms 网站延迟将导致收入下降 1%。

在如今万物互联、万物在线的大环境下，以前仅针对社交和面向消费者的具有良好用户体验的要求，现在几乎成了所有系统的标配。系统的速度不仅影响用户满意度，更直接体现为生产效率、企业效益的高低，甚至会决定开发和运营该系统的团队的命运。因此，高性能系统设计是中 / 高级开发人员晋升所必须掌握的核心知识。

本章将介绍高性能架构设计相关的基础知识，涵盖范围包括在硬件很强大的今天很多系统还是性能低下的原因、高性能系统设计的基准法则、各种判断特定硬件配置下系统性能合理与否的基准测试等，这些基础知识属于可扩展性架构设计的通用原则。

本书虽然以 Oracle 高性能设计为核心，但并非只讨论 Oracle 数据库优化本身，有一半左右篇幅阐述的是如何从应用层设计和实现可扩展性以达到高性能。了解这些背景和基础知识，读者可以结合在工作中遇到的各种性能问题，在后续章节的学习中进行更加有针对性的深入思考并做到举一反三，达到事半功倍的效果。

1.1 何为高性能

在讨论何为高性能之前，首先需要回顾一下系统响应时间和用户感知时间。系统响应时间是指系统对请求做出响应的时间，它是从系统管理员或开发人员的视角观察的。直观上看，这个指标与人对软件性能的主观感受是非常一致的，因为它完整地记录了整个计算机系统处理请求的时间。

一个系统通常会提供许多功能，而不同功能的处理逻辑也千差万别，因而不同功能的响应时间也不尽相同，甚至同一功能在不同输入数据的情况下响应时间也不相同。所以，一个系统的响应时间通常是指该系统所有功能的平均时间或所有功能的最大响应时间。当然，也需要讨论对每个或每组功能的平均响应时间和最大响应时间，如图 1–1 所示。

现在来看用户感知时间。开发一个普通的网站系统时，软件开发实际上只集中在服务器端，因为客户端的软件是标准的浏览器。虽然用户看到的响应时间是使用特定客户端计算机上的特定浏览器浏览该网站的响应时间，但是在讨论软件性能时用户更关心所开发网站软件本身的“响应时间”。

图1－1 完整的系统响应时间组成

也就是说，可以把用户感受到的响应时间划分为呈现时间和系统响应时间，前者是指客户端的浏览器在接收到网站数据后呈现页面所需的时间，而后者是指从客户端接收到用户请求到客户端接收到服务器发来的数据所需的时间。显然，软件性能测试更关心系统响应时间，因为用户感知时间与客户端环境或浏览器有关，而与所开发的服务器应用没有太大的关系。

如果仔细分析这个例子，还可以把系统响应时间进一步分解为网络传输时间和应用延迟时间，其中前者是指数据（包括请求数据和响应数据）在客户端和服务器端进行传输的时间，而后者是指网站软件实际处理请求所需的时间。

类似地，软件性能测试也更关心应用延迟时间。实际上，这种分解还可以继续下去，如果该网站系统使用了数据库，就可以把数据库延迟时间分离出来；如果该网站系统使用了中间件，还可以把中间件延迟时间也分离出来。

除了上述硬性时间外，用户感知还包括执行一个操作期间的强制交互。例如，很多平台上架和发行商品需要进行安全性审核，审核时每次都需要确认。当规模较小时，如每天几十个商品还可以接受，随着业务的快速发展，一天的业务量增加了上百乃至数千，此时如果仍然还采用逐个的产品审核，用户通常会崩溃，所以这就要考虑是否可以根据商品属性批量进行处理，具体又分为一次提交还是分开提交，一次提交时还会涉及失败时如何友好展现。

以上的时间分解实际上有两方面的目的。首先，人们通常希望把与所开发软件直接相关的延迟时间和与所开发软件不相关的延迟时间分离开，因为改善前者往往需要开发人员修改程序代码，而改善后者则不需要开发人员修改代码。很多时候，开发人员对后者甚至是无能为力的。其次，详细的分解有助于开发人员分析哪些部分是影响软件性能的主要因素，以便于实施性能改善方案。

理解了用户感知时间和系统响应时间后，再来看何为高性能。抛开场景讨论性能高低没有太大的参考价值，系统响应时间的绝对值并不能直接反映软件性能的高低，软件性能的高低实际上取决于用户对该系统响应时间的接受程度。对于一个游戏软件来说，系统响应时间小于 100ms 是较为理想的，系统响应时间在 1s 左右可能属于勉强可以接受，如果系统响应时间达到 3s 就完全难以接受了；对于一个股票交易软件来说，系统响应时间是最重要的，系统响应时间为几十毫秒可能属于勉强可以接受，如果系统响应时间达到几百毫秒就完全难以接受了；而对于批处理来说，完整编译一个较大规模软件的源代码可能需要几十分钟甚至更长时间，但这些系统响应时间对于用户来说是可以接受的。

相比自运营的系统，对软件供应商来说，通常还需要考虑竞争对手的系统性能，很多系统之所以被替换，有很大一部分原因就是系统在运行了一两年之后响应时间太长、经常不可用，严重地影响了用户的工作效率，从而不得不重新开发。

1.2 为什么仍需要高性能设计

现在的办公硬件性能早已过剩，普通的笔记本电脑标配都是内存 8GB、CPU 4 核 8 线程以上，对于人手一台的笔记本电脑而言，用户同时进行下载、编程、听音乐也不会觉得系统响应缓慢。正是因为这种消费者领域硬件的变化，大多数软件工程师似乎都理所当然地假定硬件性能都已足够强大，在软件设计和构造的过程中不再如以往那般认真考虑对硬件的约束，所使用的算法和数据结构也通常不再以追求运行效率为至上目标。

如果真的如此的话，那么所有系统就应该运行得飞快才对，抢购促销商品时系统就不会卡死、股票应该 7×24h 都能够交易、日终清算就应该不需要担心不会跑不完才对，可惜事与愿违，很多企业仍然为了系统能够正常访问、不顿卡而投入大量的时间进行优化。究其原因，主要包括以下几方面。

1.2.1 服务器资源总是相对短缺的

相对于终端机器，服务器端的资源同时服务于千百万用户，海量数据并发，相当于办公领域 1 对 1 提供服务，到了服务器端就变成了 1 对 *N* 提供服务。在服务器处理负载饱和的情况下，一个服务在服务端处理每慢 10%，可能就意味着 10% 的用户的请求不得不延缓或被放弃；同时，和办公领域不同，历史数据和资料一般只会偶尔使用，即使经常使用，受限于人类的处理能力，也不会大量同时进行。

但是服务器应用不一样，分析和挖掘历史的交易数据通常用于决定接下去的商业策略，用户会尽可能地最大化其价值，所以任何时候服务器需要查找和处理的数据集可能远远超过其计算资源。采用针对小数据量较优的算法在这些场景下很可能立刻导致服务器资源耗尽，影响其他用户的体验，虽然理论上可以无限制地增加硬件以满足所有处理要求，但这会使成本远超出系统所创造的价值。重要的系统通常还必须具有备份系统以应对不可预见的事件，如服务器硬件损坏、机房断电等。

除此之外，服务器运行环境还包括各种交换机、机架、机房、网络带宽等，这些额外的软 / 硬件都需要成套配备和上线后的维护，所以各种成本会出现翻倍式的上升，几乎没有一家公司会仅依赖无限制地增加硬件来解决性能问题，所以系统运营者通常会要求系统性能尽可能的高效以降低成本。在第 2 章将会详细讨论当前普通商用服务器硬件的性能及如何良好规划以满足系统的性能要求。

1.2.2　性能是重要的竞争力

看各硬件厂商（如 Intel 和数据库、应用服务器厂商）每推出新版本时的各种性能测试基准报告就知道性能是一个很重要的竞争力。以 MySQL 为例，为了吸引用户升级到新版本，每个大版本发布都会和前面两个版本进行性能测试对比，向用户展示升级到新版本扩展性和性能将得到极大地提升（其中很大一部分原因是 MySQL 一直被认为是适合于小型系统的数据库），图 1–2 所示是 Percona 官方使用 Sysbench 针对 MySQL 8.0 的只读查询性能测试对比。

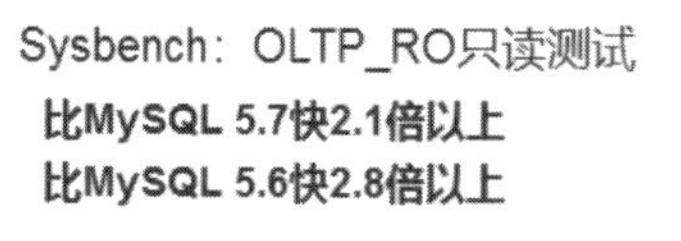

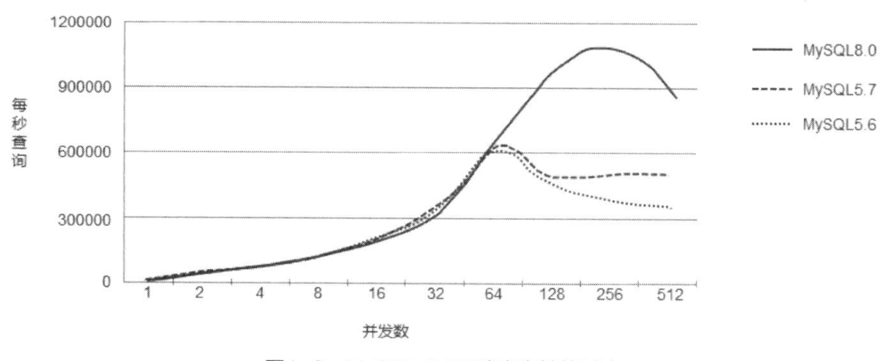

图1–2　MySQL 8.0只读查询性能对比

各种大数据工具和厂商通常将性能作为主要的卖点之一。对于应用系统也一样，用户通常会选择在成本可接受范围内更加满足要求的候选项。

1.3 直到系统跑不下去了才去重构

当系统开始运行发现性能较低时，很多开发人员和团队领导会开始寻求外部技术专家或 DBA

（Database Administrator，数据库管理员）的帮助，希望存在一个“银弹”参数，通过更改这些“银弹”参数，系统就能神奇地变得很快。对于从未经过任何优化的系统来说，通过修改数据库、操作系统及应用服务器的参数确实能够让其较好地运行起来，如通过给 Oracle 调整恰当的 SGA（System Global Area，系统全局区）、PGA（Program Global Areas，程序全局区）。

但是这种调整通常无法达到客户的最后预期值，不仅因为系统的数据量和交易数通常会持续增加，而且一般情况下这些参数及配置并不能解决扩展性问题。

以生成流水号为例，有些业务对生成的单据号有要求，如必须是 TRYYMMDD××××××××这样的格式且递增，这时开发人员通常会很自然地想到使用数据库表存储计数器值。但是数据库为了保持 ACID（Atomicity Consistency Isolation Durability，原子性、一致性、隔离性、持久性）特性，每次修改都需要写日志，这就使 TPS（Transaction Processing System，事务处理系统）的数量级受到限制，只能到几百就上不去了，再增加并发，除了 CPU（Central Processing Unit，中央处理器）消耗增加外得不到任何好处，于是通过调整 inittrans、pctfree，甚至 commit_write 的确提高了一些 TPS，但提升通常很有限。

这种不合理的设计总是经常出现，这些场景通常有更好的方式，既能满足要求，又能够实现 TPS 数量级的提高，但这需要在初始设计方案时抛开完全依赖数据库的思路，寄希望于在出现问题之后通过修改某个神奇的参数就发生变化几乎是不可能的。

很多系统在运行几个月甚至一两年后才会交易量很大，问题在这时会集中暴露，以至于绝大部分开发人员和团队领导抱着侥幸心理，不愿、也不敢冒风险进行调整。因为根据以往的经验，事后的大规模修改不仅会增加工作量，导致进度延后，而且可能遗漏修改、不小心引入未知的新 Bug。于是，很多系统在没有到最后关头时都采用“亡羊补牢，犹未迟也”的做法，直到不得不重构那一刻，而那时通常风险已经不可控了。

任何一个类似这样的不合理设计点和模式在大型系统中都是一种潜在的灾难风险点，因为通常是改变了 A 逻辑之后，B 逻辑出来了，接着 C 逻辑又出现问题了，最后发现 A、B、C 串行方式不合理。于是陷入了漫长的技术债务和无限制的修补的恶性循环，直到最后实在改不动，维护成本超过了系统的收益，只能开发新系统替换现有系统。

1.4 保持高性能需要持续维护

无论架构设计还是性能优化，都不是一次性心血来潮的百米冲刺式工作。在一个复杂的系统中，理论上的分支路径组合将有无限种可能性，即使排除了很多不可能一起运行的分支，仍然可能会有数百个功能的各种组合。不同的用户基于不同的输入数据可能导致不同的路径，甚至不同的底层算法、不同负载下线程对 CPU 的竞争、数据不断地从内存交换，这些都可能造成系统性能剧烈波动。

除了系统本身的因素外，在 A 服务器上运行良好的系统在 B 服务器上却性能低下，因为两台服务器的硬件配置或操作系统版本不相同；也可能在物理机上运行良好，在租用的公有云虚拟机上运行时性能低下；也可能在 Oracle 10g 中运行良好的系统升级到 Oracle 11g 后，有些 SQL 性能大幅度提升，有些原来运行良好的 SQL 性能大幅度下降，出现剧烈波动等；甚至最简单的一个网络带宽升级就能让最初设计优秀的方案变得过时，如千兆网络升级到万兆网络后，原来受限于带宽和延时，压缩然后传输可能是最佳方案，升级后这个瓶颈不再存在，压缩直接传输可能性能最佳。

即使是 Oracle 数据库，今天也不能说是世界上最快的数据库，只能说综合起来性能最强。在大部分细分点都有比 Oracle 性能更强的选择，如 Teradata 在数据仓库方面强于 Oracle，TimesTen 在内存 OLTP（ON-Line Transaction Processing，联机事务处理过程）方面强于 Oracle。Oracle 11.1.0.2 引入了内存列式存储，原来数千万级别的复杂 SQL 在优化后可能需要几十秒的查询，使用了内存列式存储后，可能无须优化秒级别就能查询出来。

对于业务系统也一样，今天胜出的系统特性，竞争对手通常不会停止不前，而是会很快地赶上来。所以，对系统设计和实现的优化至少在目前来看除非系统不需要竞争，否则暂时还无法做到一次优化之后就高枕无忧，它需要持续不断地进行迭代优化甚至大型的重构才能保证相对高性能。

对于保持系统的高可维护性也是类似的，在一个持续迭代发布的系统中，如果没有良好的保证系统高可维护性的措施，随着功能的开发，系统蜕化的速度会超乎想象得快，每个人都会按照自己认为目前可以满足需求的方式进行设计和开发，很快就会发现大量架构规范中的约束被束之高阁，尤其是在有数十人甚至更多开发人员的系统中。笔者曾经历过刚离开一家公司一个多月，很多运维人员和开发人员就通过 IM 抱怨系统和接口已经开始混乱无序，各环境中间件的版本也开始出现差异，可见保持系统的持续稳定、高可维护性是需要持续不断地维护的。

1.5 系统性能低下的原因

本节总结大多数开发人员经常会有意或无意犯的各种错误，这些错误在很多情况下会对系统造成较大的负面影响，而且系统开发完成后需要花费很多时间和精力进行补救。因此，通过阅读本节，希望读者能够发现并提前避免各种错误。

1.5.1 你手里只有一把锤子，所有东西看起来都像钉子

马斯洛曾说：“如果你唯一的工具是锤子，那么你往往会把一切事物都看成钉子。”他的意思是说，人们都有一种试图用自己最熟悉的工具或仪器来解决当前问题的倾向。如果你是一个 C 语言程序员，很可能会尝试使用 C 语言解决问题或实施需求；如果你是一个数据库管理员或数据库

开发人员，很可能会考虑使用数据库解决某个问题。虽然使用最熟悉的工具有一致性好和可预测性高的优点，但是却很可能导致我们使用对完成任务来说不适当或者不理想的工具和解决方案。

这个理论很容易扩展到软件设计上，很多时候通过文件读 / 写可能是一个更好的解决方案，但却使用了 Oracle 数据库；有些聚合计算在数据库中使用 SQL 完成效率更高，但是却在 Java 代码中汇总计算。这些做法不仅开发效率低下，而且开发的结果往往是维护成本高，性能却低下。

反过来的例子也有很多，很多一直以数据库为中心的开发人员把很多逻辑向 SQL 中写，如 nvl、case when、to_char 格式化、标量子查询等，少则几百行的 SQL 语句。这种做法虽然确实将逻辑都集中在了一处，但是关系型数据库的横向扩展性差，会导致最后应用的扩展性差。

在软件技术领域，很多开发人员会陷入这个误区，但是在其他硬件领域及工程建筑领域则少得多，装修人员往往不会只带一把锯子出门，维修人员也不会只带一把螺丝刀。一个明智的技术领导通常知道在合适的时间、为合适的工作选择合适的工具，这在保持公司持续有力发展方面特别重要。

有些团队总是在苦于追逐下一个很酷的工具，如前几年大数据流行时，一些公司就把从 Hadoop 各发行版到 HBase、Spark、Hive、Impala 研究了个遍，实际产生价值的系统却没做出一个，这会导致没有一个好的基础设施或工具能够稳定下来，稳固到足以支持扩展。

1.5.2 不了解底层库已经提供的特性

很多工作多年的开发人员不太愿意花很多时间学习新版本的特性，也不愿意深入学习周边技术，通常只是为了接手现有工作才不得不学习新内容。

例如，很多 Java 开发人员通常对于任何一种数据库，无论是 SQL 还是 NoSQL，仅限于 CRUD 的使用；很多开发人员甚至希望 SQL 都能通过工具自动生成，更不要说利用各种数据库提供函数分析、层次查询、分区、并行执行等特性。在笔者面试的开发人员中，有些连自己开发的系统使用的 Spring 版本、每个版本有什么重要新特性都不了解，这种情况下，开发出高性能系统的可能性可想而知。

1.5.3 单边轻信“先让系统跑起来”的谬论

现代计算机科学的鼻祖高德纳·克努特（Donald Ervin Knuth）曾说过：“在（至少大部分）编程中，过早优化是万恶之源。”这条定律是高德纳的经典语录之一，告诫我们不要过早优化应用程序中的代码，直到必须优化时再优化。因为让正确的程序更快，要比让快速的程序正确容易得多。的确，简单易读的源码可以满足 99% 的性能需要，并能提高应用的可维护性，最开始使用简单的解决方案也可以让后期性能出现问题时更容易迭代和改进。

程序员通常把高德纳所说的不要过早地优化代码理解为系统能运行即可，高德纳说这句话时其实是充分假设了系统的架构和设计具有很好的扩展性，同时应能满足当前的业务需求。纯粹到编码层面，我们没有必要纠结到底是使用普通 for 循环好还是 foreach 循环好，也没有必要一开始就非常纠结到底是使用数组还是列表。

但是对于设计一个每小时要处理千万级别交易和每小时几万笔交易所需的架构、数据库模型、中间件甚至缓存所使用的数据结构、交互模型来说，用什么技术、在哪里实现某些功能的要求完全是不同的。例如，对于几千条记录的缓存，即使再差，使用列表也能够接受；但是对于几千万、数亿条的缓存，就需要在是否需要缓存，应使用 JVM（Java Virtual Machine，Java 虚拟机）缓存、redis 缓存还是两者结合之间进行权衡及论证，也可能直接全部通过 ThreadLocal 结合参数穿透来实现，还得考虑多个缓存之间是否要分片、同步机制等。这些差别在仅仅为了可运行的系统中通常无须考虑，但是在交易量增加后系统通常就会立刻陷入瘫痪，而这些直接影响了最后可扩展性的设计反而通常不被开发人员所重视。

例如，对于一个考勤系统，设计每日容量 100 亿条显然是过头了，即使是 SaaS（Software as a Service，软件即服务）化的 APP，按照 10 亿乃至 20 亿设计也足够了，在看得到的将来，100 亿几乎是不会到的，反之，如果按照每日 100 万条容量设计显然是太低了。

因此，对于不同规模和要求的系统，真正地让系统运行起来，通常暗含的假设条件是其架构、基础设施和模型设计在逻辑上是可扩展的，在第 1.8 节将会介绍扩展性。

1.5.4　自己造轮子

有些开发人员喜欢什么都自己重新实现，即使有现成的很优秀的开源三方库也是如此。以 Web 框架为例，作者亲自遇到过有两个项目的架构师不用 Spring MVC/MyBatis 框架，而是自己全部重写 Spring MVC 最外层的注解和注解处理器，其中至少 2/3 的代码又只是更改了开源框架的包名，其中几乎任何注释和提及的设计模式和原理都充斥着各种不可维护性。似乎只有这样，这个系统离了这些开发人员就无法进展下去，才会体现他们的价值，以至于系统依赖的底层库有更优的实现时，其他系统都快速迭代升级了，只有这些系统被牢牢地钉在原地无人敢去优化，最后这两个项目的结果都一般。

软件开发应该同房屋装修一样，要根据装修风格和预算采购商品化的厨卫用品、吊灯、瓷砖、墙纸，而不是一切都去采购原材料，自己从头开始做，大部分人不可能擅长所有事情。即使真能做到，项目也不应该把赌注全押在这一个“天才”上，而且事实证明，这些所谓的天才最后大都会误事。

几乎所有被广泛使用的开源库都是世界顶尖高手开发的，他们长期专注于此，即使不是最佳通常也都是很优秀的，直接采用这些库或根据业务特性增加必要的封装和扩展通常是最合适的做法。即使是一些比较冷门的特性，我们能够想到的非业务相关的功能也绝大多数有现成的成熟库或参考实现，如果找不到，那很可能是因为我们了解的不全面或不知道去哪里找，这时明智的做法是在各种技术论坛上询问或咨询公司相关领域技术专家，他们可能会知道或提供相关建议。

“自己造轮子”在绝大多数情况下应该是业务化非常强的一些业务组件，而不应该是技术组件。

1.5.5 认为数据库优化器会帮助我们优化系统

不同于 Java 和 C 语言等第三代编程语言，SQL 作为一种结构化查询语言，它不要求用户指定数据的存放方法，也不需要用户了解具体的数据存放方式，所以具有完全不同底层结构的不同数据库系统，可以使用相同的结构化查询语言作为数据输入与管理的接口。

使用 SQL 很容易开发出逻辑复杂且正确的 SQL 语句，当开发和测试环境数据量少时，大部分能较快地查询出结果，再加上大部分数据库厂商不断地宣传其优化器的强大、智能，能够自动优化任何复杂 SQL，于是开发人员经常认为优化器会负责优化 SQL 语句，便不关心 SQL 的效率，也不仔细设计数据库表的物理模型。

实际上优化器的优化能力是有限的，如果模型设计本身不合理，它也无法优化。例如，要查询最近 3min 新插入修改过的记录，如果表中没有一个记录最近修改时间的字段，或者有这个字段但是没有索引，那任何一个数据库都无法优化（虽然 Oracle 可以通过 ORA_ROWSCN 跟踪该记录，但这是通过全表扫描实现的，在大表中效率会低下）。

除了认为优化器会自动优化 SQL 外，导致开发人员不打算优化 SQL 的另外一个原因在于他们认为在 Oracle 下运行良好的 SQL 语句，在 MySQL 下一样可以运行得很好，却不知每个数据库的实现方式通常大相径庭。第 3 章将对此进行详细的讨论。

1.5.6 错把增删改查作为数据库系统的目标

所有数据库系统的核心需求都是满足各种增删改查，但其根本目标是利用各种优化机制使其变得更加高性能，可靠地实现增删改查。因此，相同的理论模型 Oracle 和 MySQL、PostgreSQL 通常有着不同的物理实现，Redo 日志如此，MVCC（Multi-Version Concurrency Control，多版本并发控制）也如此。

数据库提供的很多标准化 SQL 接口通常都是为了满足普通的增删改查，而不是针对特殊情况优化，如大量数据插入数据库、从数据库导出大量数据到文件，此时使用通用的标准增删改查的 SQL 通常会得到很平庸的结果，于是得出一个结论：都说 Oracle 很快，可是每秒只能插入两三万行记录。

各种 ORM（Object Relational Mapping，对象关系映射）框架也如此，Mapper 的根本目标是提高原来 SQL 语句硬编码在 Java 代码中的可维护性，并非为了减少编码本身，而很多开发人员并不这么想，他们把原本应该直接通过 JDBC API 完成的事情，如大数据量插入和查询，也一起丢给了 SQLMap，于是得到了低下的性能。

作为应用系统设计人员，把数据库当作增删改查的目标并无不妥，但是不应该把它当作黑盒子使用，否则即使是数据库一体机，如 Oracle Exadata，也同样可能发生性能较低的情况。

1.5.7　选择性忽略高性能的前提条件

在软件设计实现过程中，从来就没有一种放之四海而皆准的答案，如果某个供应商或作者说能提供某个其他供应商没有相应实现的特性，并且其性价比高一个数量级，这其中大多暗含了前提条件，如可能要求无限制的内存、损失可用性、在极端情况下可能丢失一些数据、会导致出错时出现不一致的状态，抑或是有较高的管理成本等，否则它一定不是一个高调宣传的特性，而只是作为一个标准特性提供。

近年来互联网行业比较热衷于吹嘘这些特性，从分库分表、云计算、读/写分离到近年（2018 年）最流行的微服务，诚然它们在某些场景下确实都是很好的解决方案，但是并非适合于任何场景。

以分库分表为例，它适合于 OLTP 场景，并不适合于 DSS（Decision Support System，决策支持系统）场景，DSS 场景还是更加合适于 MPP（Massive Parallel Processing，大规模并行处理系统）架构。因为在 OLTP 场景中，所有的请求只要根据客户 ID 路由到某个分库就可以完成执行；但是在批处理中，可能会通过某个产品、某个地区、某个租户、某个管理人进行处理。不同于根据客户分配时相对数据均衡性，后者通常会出现严重的数据倾斜，甚至会呈现出高达多个数量级的差异，以及其他在纯粹的电子商务场景不会出现的特殊管理场景，如数据提交出错之后必须可以在限定时间内恢复重新执行，所以批处理显然不适合采用对 OLTP 而言非常合理的分库分表策略。

除了架构外，某些为特定场景优化的特性通常也暗含了限制。以 Oracle 的直接路径加载为例，它虽然能够避免生成 Redo，但是如果不经过缓冲缓存，随后马上就要读取，会导致重新需要从磁盘进行直接路径读取，增加磁盘读取。

所以，如果某特性或组件能够极大地提高性能，一定不要选择性忽略其暗含的前提和限制，通常文档中并不总是会明确告诉用户。

1.5.8　为了少写一些代码

在 Java 中，很多社区开发了用于提升开发效率的框架，在大部分业务量很小的系统中，这些框架确实提升了开发效率，但是在高并发和大数据量的系统中，这些框架虽然减少了开发人工编写代码的工作量，却导致系统性能的急剧不可控。

最典型的例子，如 MyBatis-Generator、PageHelper、tk Mapper，这些工具能够根据表结构自动生成 SQLMap，生成的增删改查从功能本身上来说确实是万能的，以至于很多开发人员一点都不思考就直接使用，认为代码最简洁，不需要人工维护，最后导致数据库负载压力巨大，系统性能低下，返工时的工作量巨大。

各种工具并非毫无价值，对于一些小数据量的基础信息维护等增删改查，它们还是适用的，但是它们不是为大型系统设计的，仅仅是为了解决可用问题，并非为了解决合不合适的问题。仍以上述 MyBatis 工具为例，对于简单的查询，直接在主查询外面套一层 count(*) 基本上不会影响性能，

但是对于 N 个千万级别表关联的复杂查询，直接使用 count(*) 可能会导致数据库毫无自主优化空间，性能可能相差一倍以上。再如，MyBatis-Generator 在生成 Oracle 不带精度的 number 类型时使用的是 short 类型，这显然是错误的。

因此，当决定少写一些代码时，应首先判断哪些场景不会出现高并发、高性能，哪些地方是系统的核心之处，只有一定不会出现问题或者出现问题也没有太大影响的部分才适合用自动化工具生成。

不仅仅是这些专用类库和代码生成工具，一些直接可运行的引擎也一样。以流程引擎为例，三方流程引擎通常都是重量级的实现，它们并不适用于存在成千上万并发运行的流程，如提供多租户或 SaaS 服务的流程审批系统等。这些直接可用的引擎提供的开源版通常只是可用级别，这些开源版背后的公司通常通过企业版或商业版提供大型系统运行所需的额外增值选项。

1.5.9 为了跨平台

大多数用户对于系统需要支持哪个操作系统、数据库及其版本通常有要求，典型的是必须支持 Oracle 或 MySQL，Oracle 则涵盖了从 Oracle 10g、Oracle 11g 到 Oracle 12c。因为很多用户为了节约成本，通常会批量采购软 / 硬件，或者复用已经采购的软 / 硬件，而要求用户更换数据库或大版本通常需要重新采购许可证，这会增加很多的成本。因此，很多公司开发的系统通常支持多种操作系统，数据库可以根据用户的需求按需提供。

跨平台本身是一个不错的决定，可以增加很多潜在用户，但是它并不是免费的，这意味着如果你要提供的服务标准和专用平台一样，那么很可能会增加很多开发成本。如果为了达到跨平台的目的而不用特定数据库、操作系统的任何特性，最后通常会导致系统稳定性较差、性能低下。

例如，在 C/C++ 开发中通常会增加针对特定操作系统的访问封装层，逻辑功能的开发使用标准 C 语言，涉及网络通信和系统调用时在隔离层统一封装针对 Windows 或 Linux 的专有实现，全部直接使用 POSIX（Portable Operate System Interface of UNIX，可移植操作系统接口）实现跨平台的应用很少。这样就实现了跨平台，上层应用层不受影响，同时又利用了各个底层操作系统所做的特定优化。

在设计和开发框架时，经验丰富的开发人员通常采用这种做法。但是开发应用系统时，很多开发人员通常并不这么做。例如，最典型的是当应用系统需要同时支持 Oracle 和 MySQL 时，开发人员通常希望写一遍 SQL 语句能够同时运行在多种数据库上，如果某些语法 Oracle 支持而 MySQL 不支持，则使用更加标准的 SQL 语句，除非两边确实无法兼容才考虑编写两份实现，最后导致的结果是编写的代码看起来很复杂且低效。开发人员这么选择的原因通常是应用程序的业务逻辑大都是在做增删改查，一个系统可能包含数千个增删改查，重复工作通常导致疲惫，于是他们希望类似的重复越少越好，越少的重复意味着越少的维护。

但是在运行时，人们通常会发现前期很多特地抽象出来的、平台无关的那些逻辑不堪一击，需要进行重构优化，适合于 Oracle 的优化不适合于 MySQL，反之亦然。而此时模型设计已经定型，难以进行大规模的推倒重来，于是只能坚持着运行，希望下一个系统开发时避免重蹈覆辙。

1.5.10 不愿意放弃沉没成本

除了上述这些因为经验或者走捷径而导致的系统扩展性差、性能较低、维护成本高外，另一种常见的情况是在实际项目进行到一定阶段时，通常有一些开发人员已经察觉出当前的某个设计或实现是存在缺陷的，但是因为已经投入了较大人力和资源进行开发，大部分主管和开发人员此时从心理上大都难以接受推翻原来的结论，即使新的设计各方面都更好，而且开发成本更低。因为他们认为，这在其上司看来是自己工作的失误或者不够专业，可能影响他们以后的发展，加之很多系统在上线的最初一段时间，如一年内业务量不会爆发性增长，此时增加一些成本修修补补是可以勉强过得去的，所以很多技术人员会选择先这样，通常这会为日后的维护工作和系统稳定性埋下技术债务。

要从根本上解决这方面的问题，对技术人员和项目经理的奖励和评价应该从系统上线调整为系统运行一个周期后。如果这个系统是有价值的，通常上线后一年其运行稳定性、维护成本、复用价值都已经能够体现出来，反之因为短视、走捷径导致的拙劣设计通常也会暴露出来。

1.6 影响系统性能的合理因素

除了设计和编码时的疏忽会影响系统扩展性和性能外，还有一些除了业务功能外的管理性要求也会限制系统性能，典型的要求包括必须支持的高可用性，业务执行出错时系统的可恢复性、易管理和维护性及审计要求等。

1.6.1 高可用性

现在很多系统都要求从 Web 服务器到数据库服务器、数据中心的高可用性，对于不维护持久化的 Web 服务器和中间件来说相对比较容易实现，但是数据库服务器的高可用性通常会限制系统的性能。

尤其是跨区域时，如主服务器在华东，备用服务器在华南，此时网络延迟会影响主服务器的性能、数据一致性延迟、极端情况下容许丢失数据的比例等因素之间的权衡，即使是部署在相同机房中的多台服务器，其涉及数据同步的影响也会影响设计和编码决定。

1.6.2 可恢复性

不同的系统通常具有不同的可恢复性要求，有些系统可能只需要应对人工误操作即可，即使系统用户出错通常也不需要立刻恢复到某状态，更多的是为了正常流程的高并发和高可用性，可以事后集中或逐步处理。

在另一些系统中，用户可能会经常提交有误数据或遗漏提交数据，或者政策法规要求相关系统必须对该操作进行重复修正。虽然相对正常流程来说，这些误操作或异常数据的比例通常比较小，但是该因素会对整个业务流程的设计造成影响。

这些操作采用最通用的备份和恢复机制通常很难达到预期效果，如何有效地设计在满足高效可恢复性要求的前提下对主流程的运行效率影响最小化也是需要仔细考虑的。在多租户系统中，可恢复性更要着重考虑，否则一个租户的误操作就可能会导致其他租户同时受影响。

1.6.3 易管理和维护性

对于大中型软件来说，大多数企业用户通常会订购软件供应商的质保和运维外的异常支持服务，很多业务软件供应商也会提供增值服务的开发。不同系统的开发和日常维护通常是由不同的团队负责的，视不同的企业规模，有些公司并没有专门的运维团队，而是相关业务系统的 IT 团队直接进行一些日常维护，这通常会导致开发的系统维护性较差。

尤其是在 DevOps 流行的趋势下，纯粹的运维团队和业务 IT 团队界限更加模糊，为了保证高效可控的闭环，很多从纯粹分工角度而言属于运维的部分可能出于易管理和维护性方面的考量被集成到业务系统的基础管理模块。

最典型的如备份及恢复，专业的备份通常都是使用 RMAN（Recovery Manager）基于数据文件和 Redo 日志的机制确保数据可恢复到任意时间点，但是很多系统在并不需要精确到该粒度时会采用 EXP 或 EXPDP 逻辑备份并集成到应用系统，这会导致系统的重复备份，而且出错时界限不是很清楚。

对于服务很多用户的产品化系统来说，还存在一个挑战，即在不同客户运行的版本有差别时如何保证高性能同时又能兼容。例如，对于清空记录来说，truncate 通常是最快的，但是如果多租户下用户使用相同表，通过租户 ID 进行区分时，就需要考虑是否为每个租户采用不同的分区或者单独建立表、使用 delete 或 truncate，对这些易管理和维护性要求的设计决定都会影响最后的系统可用性和性能，它们应该在开始时就被考虑在内。

1.6.4 审计要求

近年来不时有公司被爆出数以亿计的交易和账号信息被泄露，并且这些数据泄露导致公司股价瞬间大跌，这些安全事件将导致用户对公司保密性的信心降低，而选择竞争对手的产品。

企业对交易数据中包含的信息愈发重视，如今很多公司信息系统的建设都增加了严格的安全控制和审计要求，不仅对未授权违规访问进行审计，对于涉及的敏感数据和用户信息甚至对有权限的工作人员看过哪些数据、是否执行了导出操作、导出了哪些数据等也进行审计。维护这些额外的审计和跟踪信息也将给系统运行负载增加压力，尤其是到记录级别的审计，将极大地影响系统性能。如果目标系统对安全性有特别要求，一定要将其提前考虑在内。

1.7 基准性能测试

在判断系统性能是否合理方面，对于一个新开发的系统来说，除非业务逻辑没有做任何改动，否则任何估算都不如实际的基准性能测试来得可靠，因为人们通常会高估自己的估算水平。

第 1.1 节中提到过，将判断系统性能合理性分为两个视角。从用户视角看，可以以配置应该达到怎样的 TPS 和响应时间为标准判断；从开发者视角看，应在确定程序本身较优的情况下，结合特定配置下系统各方面资源饱和时能达到的 TPS 和响应时间，判断系统当前性能是否合理、存在的瓶颈是否还有优化空间，最后得到一个较为满意的结果。

本节主要讨论后者，即如何从开发者视角判断当前系统性能是否合理。但是需要谨记，通常以达到系统方面资源瓶颈的目标判断合理与否，只有消耗完所有资源，判断瓶颈才有参考意义。

1.7.1　通用基准测试

为了更加客观地验证所能达到的性能，首先可以进行基准测试。基准测试通常用来测试应用服务器或数据库本身各配置、版本本身可以达到的理论 TPS、并发数及响应时间。很多互联网组织研究出了多种基准测试方案，典型的包括 SysBench、DBT2/TPCC 类（包括 TPC-C、TPC-D、TPC-H）、DBT3、SwingBench 等。

其中有些以 OLTP 为主，如 DBT2/TPCC 类；有些用来测试 DSS 查询，如 DBT3；还有些包含特定场景，用于测试专门的数据库，如 SwingBench 工具的测试更加场景化且仅支持 Oracle；SysBench 则是最通用和完整的 OLTP 测试工具，覆盖了尽可能多的测试集。

这些基准测试的场景相对来说都比较简单，或者不一定符合当前的系统模式，但它们可以验证在特定配置下，没有特殊代码或者逻辑不可扩展的瓶颈时系统理论上可以达到的容量，各大厂商和三方公司也经常这么做。

在不同的系统配置及偏好下，基准测试实际能够达到的理论容量差距通常也很大，如厂商测试很多会采用大型服务器的配置 128 核心 /512GB/ 纯 SSD 硬盘，但是实际中可能采用的是 48 核 /128GB/ 机械硬盘。因此当读者发现从其他地方找到的资料和实际测试结果差距较大时，可能是测试方法有误，也可能是系统配置不同。

但是相比基于业务场景的基准测试，通用基准测试更加容易定位到 CPU/IO/ 网络瓶颈。由于这些场景通常没有太多的同步点，也没有考虑可能存在的特殊场景，如热点竞争资源，因此进行这些基准测试不需要太多的资源投入，作为一个起点即可。

1.7.2 业务场景基准测试

以订单为例，实际的业务场景通常比模拟的场景要复杂得多，标准化的订单可能只是把购物车中的商品提交给订单系统进行结算，然后跳转到付款页面即可。在实际中，不同的行业通常具有完全不同的流程，即使简单的商品购买类也可能涉及特定时间打折、各种优惠券、满减、库存不够等计算，还有各种不定时的促销活动等，一个下单过程可能涉及几十个分布式服务的调用。

对于这样的场景，通过行业标准化的基准测试是无法推断出系统预期性能及潜在瓶颈的，其中任何一个环节有瓶颈都可能造成系统性能低下，有时会导致服务器资源利用率看起来都很低下的异常现象。

因此，对于典型的主要业务流程，应根据具体的业务场景采用三方工具，如 Load Runner、Jmeter 进行针对性测试，做到具体的原子服务和完整的业务服务覆盖才能体现真实情况，人们经常见到预期测试结果比实际低很多的案例。

1.7.3 基准测试核心指标介绍

不同岗位的人员关注的性能指标各有侧重。后台服务接口的调用者一般只关心并发用户数、吞吐量、响应时间等外部指标。后台服务的所有者不仅关注外部指标，而且会关注 CPU、内存、负载等内部指标。这里将主要从应用角度讨论前者。

1. 并发用户数

并发用户数指系统可以同时承载的正常使用系统功能的用户数量。与吞吐量相比，并发用户数是一个更直观但也更笼统的性能指标。实际上，并发用户数是一个非常不准确的指标，因为用户不同的使用模式会导致不同用户在单位时间发出不同数量的请求。

以网站系统为例，假设用户只有注册后才能使用，但注册用户并不是每时每刻都在使用该网站，因此具体一个时刻只有部分注册用户同时在线。在线用户在浏览网站时会花很多时间阅读网站上的信息，因此具体一个时刻只有部分在线用户同时向系统发出请求。

这样，对于网站系统会有 3 个关于用户数的统计数字：注册用户数、在线用户数和同时发请求用户数。由于注册用户可能长时间不登录网站，因此使用注册用户数作为性能指标会造成很大的误差；而在线用户数和同时发请求用户数都可以作为性能指标。相比而言，以在线用户作为性能指标更直观，以同时发请求用户数作为性能指标更准确。

2. 吞吐量和响应时间

无论是通用基准测试还是业务场景基准测试，首先需要关心的都是排除网络等不可控因素后的系统响应时间，只有响应时间在可接受范围内，继续测试时无论是增加并发数还是其他才会有意义，否则应先分析系统性能并进行优化。对于无并发的应用系统而言，吞吐量与响应时间成严格的反比关系，实际上此时吞吐量就是响应时间的倒数。前面已经说过，对于单用户的系统，响应时间（或系统响应时间和应用延迟时间）可以很好地度量系统的性能；但对于并发系统，通常需要用吞吐量作为性能指标。

一个多用户的系统，如果只有一个用户使用时，系统的平均响应时间是 t，当有 n 个用户使用时，每个用户看到的响应时间通常并不是 $n \times t$，而往往比 $n \times t$ 小很多（当然，在某些特殊情况下也可能比 $n \times t$ 大，甚至大很多）。这是因为处理每个请求需要用到很多资源，由于每个请求在处理过程中有许多步骤难以并发执行，导致在具体的一个时间点所占资源往往并不多。也就是说，当处理单个请求时，在每个时间点都可能有许多资源被闲置；当处理多个请求时，如果资源配置合理，每个用户看到的平均响应时间并不随用户数的增加而呈线性增加。

实际上，随着并发数的增加，在到达一定临界点（可能是 CPU、内存、I/O、锁等竞争性资源）之前系统的响应时间通常不会随着并发数的增加而增加；一旦到了临界点之后，响应时间通常就会随着并发数的增加而增加，此时整体吞吐量可能会继续增加或者相对稳定，超过最大饱和度之后，由于系统忙于应对进来的请求，以及网络缓冲区溢出会逐渐导致失败率上升，此时整体吞吐量会开始逐渐下降。

不同系统的平均响应时间随用户数增加而增长的速度也不大相同，这也是采用吞吐量来度量系统并发性能的主要原因。一般而言，吞吐量是一个比较通用的指标，两个具有不同用户数和使用模式的系统，如果其最大吞吐量基本一致，则可以判断两个系统的处理能力基本一致。

3. 可伸缩性

很多系统在一开始运行时通常规模比较小，随着业务量增加会增加硬件配置或新增服务器，因此可伸缩性测试也是基准测试需要关心的指标。它是对软件系统计算处理能力的设计指标，高可伸缩性代表一种弹性，在系统扩展成长过程中，软件能够保持旺盛的生命力，通过很少的改动甚至只是硬件设备的添置，就能实现整个系统处理能力的线性增长，实现高吞吐量和低延迟高性能。

但是很多软件并没有为高并发进行设计，或者实现的数据结构和算法有一定的扩展性限制，并发能力却很差，如针对串行运行编译器通常会重排指令，但是有并发访问时就会限制重排，应用也是如此。对于使用了相关基础组件但是不清楚其扩展性的系统，应测试这一指标，否则到生产运行要扩容前那一刻发现设计不支持扩展或者扩展很复杂，这将导致严重的错误，不得不返工。

1.8 高性能系统设计原则

高性能系统是逐步演变、迭代优化而来的，不是一开始就设计出来的，但是系统各个阶段的设计水平和考量将影响到后期迭代、重构、优化的难度及速度。本节将介绍一个成熟的高性能系统在设计和实现时应注意的原则。

1.8.1 可扩展的设计方案

资深开发人员通常都知道高性能系统不是纯靠后期优化出来的，而是需要根据系统的业务类型在前期进行仔细的规划论证和设计以确保打下良好的逻辑基础。包括上层的架构设计，如是否适合采用分库分表或读 / 写分离、数据库之间数据如何同步、通信方式、中间件选型、领域模型设计、数据库物理模型设计、分布式事务如何保证一致性、下层的编码规范和接口要求、使用什么样的特殊处理机制等都要在具体编码前考虑到位。

然后确保这些设计本身是可扩展的，并为各开发人员提示范例和相应的自检支持工具，而不是等到开发快结束时为了满足业务方的要求而进行仓促的代码评审、集中式盲目修改，这不仅无法从根本上提升系统的性能和扩展性，而且也很难让开发人员在后续开发过程中根据特定场景可能会出现的问题预留可扩展实现。

在互联网和在线交易系统中，很难预料到流量什么时候会激增，很可能一个活动或一个新的理财产品、黑天鹅事件就可能导致流量蜂拥而至。例如，突然一天爆出某家上市公司到期债券无法兑付，可能会导致数十万股民及重仓这些股票的基金瞬间同时抛售；也可能某只理财产品比其他市面上的产品高 1% 的收益，就可能发生发行日当天巨量认购。相比电商系统的可预测性，金融系统随时都可能发生不可预见性的流量激增。

对于一个有良好扩展性的设计来说，它应该满足 DID（设计—实现—部署）原则，即架构规划和逻辑设计上应能够满足 20 倍相当于当前容量的易扩展性。

- 设计。首先，以分库分表为例，有些设计根据客户 ID 进行区间分库，如前 200 万个在第一个分库，200 万个到 400 万个在第二个分库，以此类推。在大部分情况下这并不是一个更优的方案，很多情况下新用户因为各种活动会比老用户更加活跃，所以可能会导致某些分库没有负载，而另一些分库满负荷运行。其次，开发人员还需要维护哪些分库存储了哪些区间的用户，并定期监控当前最大的用户 ID，以便超过当前可用分库范围时提前扩展，所以这显然不满足第一个 D 的原则。

  如果采用一致性哈希取模，则可以根据实际的业务量负载决定扩展与否、扩展多少，甚至不需要刻意维护用户 ID 和具体分库的映射关系。它不仅能够保证数据尽可能在不同分库之间均衡，还能使扩容时迁移更简单，只需要复制相关分库的数据到新的分库，然后删除原分库的旧数据即可，业务代码甚至感知不到其物理存储在哪里。
- 实现。在实现上应该能够随时做到将具体实现从 1 调整为 2、从 2 调整为 4，以此类推。但是，有很多实现并没有考虑当下现实和远期目标。很多系统在上线初期并没有很多的业务量，可能只有几十个用户在使用，这时系统可能和其他很多系统一起共用。

它可能只需要 100 个执行线程即可完全满足要求，随着系统的更加稳定、上架产品增多、开放区域放开，流量可能一下子就增加了十倍、百倍，而很多系统因为根据客户的验收要求在程序中全部硬编码了按最大容量运行的设置。

例如，一开始就启动了 4 × 50 个数据库连接，1000 个工作线程，真正上线时客户提供的却是公有云的 ecs.g5.xlarge 服务器（4 核 /16GB），且数据库和应用服务器部署在相同的虚拟机中，以至于系统运行几天之后，要么内存不足分配失败，要么出现连接超出最大数等异常，这就是实现没有考虑扩展性的体现。

如果一开始将其全部通过变量或根据运行宿主机的配置进行动态计算实现，按需改变的实施成本就不会随着规模 N 的变化而变化。这种方式使开发人员在前期需要花费更多的精力思考，实现成本基本上不会增加，而且工程成本会很低，因为可以在一开始时部署很小规模的系统，也可以随时部署比现有规模大 100 倍的系统。

- 部署的灵活性。很多时候部署环境是会变化的，可能是部署在客户的私有云环境或公有云环境；也可能是核心在私有云，周边在公有云的模式；还可能是物理机或虚拟机。流量蜂拥而至时要能够快速水平扩展，业务低迷时也应该可以收缩，尤其是在租用公有云环境时，系统应该准备好在工程进行部署时满足这些可变化性。很多系统只考虑了扩展并没有考虑收缩的工程成本，进而导致真正实施时的大量成本和异常事件。本书第 2 章将详细探讨各种方式的扩展性。

1.8.2 80/20原则

80/20 原则即 20% 的客户创造了 80% 的价值，20% 的客户服务消耗了 80% 的资源。系统设计也一样，20% 的功能是真正对客户有帮助的，它们消耗了整体系统资源的 80%，其也是系统中最经常需要维护和改动的。

例如，系统管理几乎是每个系统必备的，但是这部分功能在开发完成之后很少会修改，也很少会出现性能问题，使用频率也不高，而各种交易和产品相关的需求则是持续不断，甚至经常会出现相互矛盾的情况。线上问题排查也一样，真正用来修改代码的时间可能只占修复 Bug 总时间的 20%，甚至更少，大部分时间用在了分析相关日志和理解现有代码的上下文含义上。

既然如此，我们何不一开始就区别对待这些最有价值和维护时将最花费时间的少部分功能，并对它们给予更好的设计和实现？其实很多在核心模块需要进行的各种非常完整的校验和判断，在非核心模块并不需要如此严格，不加区别地对待不仅会增加很多开发成本和时间，而且会受限于时间和成本压力，从而降低核心模块的质量。

虽然很多开发人员都明白这些道理，但是客户、QA、测试部门经常会有意或无意地遗忘这些原则，此时开发人员应该一开始就和他们沟通特定功能按照特定的要求实现所需要的成本代价及对其的影响，这样相关人员通常就会进行理性的思考，而不是所有功能都需要毫无差别地实现。

1.8.3 SQL优化仅仅是系统优化的一部分

绝大部分应用系统会使用数据库，无论是关系型数据库还是非关系型数据库。在很多系统中，SQL 语句性能低下会导致数据库压力大，响应缓慢，进而导致整个系统性能低下，所以 SQL 语句的优化也占了系统性能优化中较大的一部分工作量。有的公司设有专职 DBA 对 SQL 语句进行审核和优化。确保 SQL 语句的性能较优一直是确保系统高性能的重要工作之一。

很多系统在 SQL 语句优化之后系统性能仍然远没有到达预期，在 OLTP 系统中这种情况特别明显。因为在复杂的业务系统及互联网系统中，一个业务逻辑通常具有很多原子服务，如果一个业务逻辑调用了 10 个原子服务，每个执行 10ms，顺序执行下来就需要 100ms，此时虽然 SQL 语句可能都优化了，但是响应时间还是较长，因为问题出在所有的原子调用都是串行的，而实际上其需要并行执行。

类似这样的场景很多，本书的后续章节会讨论在各种业务类型的场景下，应该如何考虑以达到高性能、可扩展的目标，而非仅仅讨论 Oracle 及 SQL 语句优化。

1.8.4 不要指望100%使用标准SQL

和 C/C++ 标准一样，虽然大多数数据库不同程度地支持标准 SQL 语法，但是标准在大多数情况下是落后于具体实现推出的，并且其发布的频率通常远低于具体的数据库厂商。另外，基于竞争性原因，数据库厂商经常会实现各种特性以达到性能、可靠性、易用性、扩展性领先，虽然其他厂商也都会实现这些特性，但是出于竞争性或者核心开发人员的喜好，具有不同的函数名、关键字，甚至出现同名异译的情况。

例如，虽然 Oracle 和 MySQL 都支持分区，但是其在具体支持程度上却大相径庭，Oracle 支持各种分区及组合分区，MySQL 则仅支持常见的几种分区。

低层库特性实现尚且如此，上层的 SQL 语法就更不用说了。因此，在某些场景下，为了保持系统竞争力，为 Oracle 和 MySQL 版本分别维护 DDL（Data Definition Language，数据定义语言）语句是必要的。笔者 7 年前优化过大型金融公司的财务系统，开发人员原先通过循环递归计算各种科目的累计值，写了上千行代码进行计算，几百万个客户、近千万条资产记录的逻辑要运行 40min 才能完成；使用 Oracle 层次函数重写后，只要 8min 就可完成该任务，效率提高了近 5 倍，而且代码也精简至不到 100 行。

不同于各种参差不齐的三方库，数据库厂商开发的数据库特性大多数经过了高度优化，并且使用了所运行操作系统底层的特定实现。所以，如果希望自己开发的系统支持多种数据库，并且需要满足大数据量和高并发要求，就不要刻意追求仅使用标准 SQL 语法，这会导致所开发的系统既竞争不过以 Oracle 数据库为主的对手，又竞争不过以 MySQL 数据库为主的其他对手。

1.8.5 通过抽象接口访问具体平台实现相关的特性

如今软件发布的频率越来越频繁，甚至连具有 2500 多万行的 Oracle 从 18c 都开始每个季度发布一个大版本了，更何况是其他开源框架和库。除此之外，任何实现一种功能的框架通常至少会有 3 种以上选择，这些库的特性和性能通常此起彼伏，一味地追求使用最新版本会导致系统变得不稳定，但是也不应该将实现绑定在具体的版本甚至库上。

根据墨菲定律，当人们担心所做的选择可能并不合适时，通常最后都会发生不希望出现的意外，所以在不是很确定的情况下预留可插拔性总是明智的。

以看似简单且常被忽略的系统日志为例，广泛使用的包括 JDK 自带的 JCL、log4j、logback、log4j2 等，它们的实现性能差距很大，而且因为记录日志不规范导致系统急剧下降的案例也不在少数，如在 log4j2 和 logback 没有出现之前，通常使用 log4j 实现居多，现在则使用 log4j2 实现居多。

为了解决这种日志框架实现过多且不容易切换实现的问题，slf4j 出现了，它通过提供统一的接口桥接了大多数具体的日志框架实现，这样开发时就不需要关心底层使用了哪个日志库，可以在部署时根据具体可用的包的情况择优选择，即使将来有了 log4j3，我们仍然可以利用其优势而无须修改代码。其他框架如 MQ、数据库连接池、JSON 库等一样。

当没有明确的测试结果证明某一选项一定是最优或有某些无法控制的环境时，这些潜在的与专有特性抽象平台无关的接口总会让开发人员在日后为自己早期的决定感到庆幸。

1.8.6 不以损害数据完整性和安全性为代价

很多库和软件通常都提供用于提高性能的参数，其中很多参数可以容忍服务异常停止（进程被 kill、操作系统强制重启或关机）的情况下丢失少量数据（如丢失宕机点之前最多 1s 的数据）为代价，可以大幅度提高性能，如 Redis、MySQL 等都提供了相关参数。

在一个系统中，通常部分数据并不需要保证 100% 不丢失，如操作日志、相关非交易类流水等，但是有些交易数据则要求 100% 不能丢失，所以应该首先区分出哪些部分的数据是允许丢失的，哪些是不允许丢失的。

如果数据库支持会话层修改某些参数设置，应优先选择在应用层为连接修改上下文，这样既能够保证性能提升，又能够保证关键数据不丢失；如果不支持，则考虑对象层面是否支持，或者是否可以部分数据库支持；如果最后还是不支持，则评估是否能够接受极端情况下部分丢失的风险，并确定物理拆分数据库、采用更高端的硬件还是接受部分数据丢失更合适。

1.8.7 不要一味追求“高大上”

一味地追求“高大上”并不一定是一个正确的选择，如别人上微服务全家桶，我们也一定要上全家桶，别人使用分库分表，我们也使用分库分表。通常来说，除非系统理论上有亿级别的用户，否则很可能并不需要完整的互联网架构。

当确实需要这样的扩展性时，首先应确认需要的预计容量，如对于一个针对高净值客户理财的系统，按照 1000 万个用户规模设计绰绰有余，如果一定要按照亿级别进行规划，这固然不会错，但是系统的成本会大大增加。

有时只是需要一种协调工具，并不依赖它解决大数据量或扛流量，此时并不总是需要专门的中间件。例如，在一个基于表粒度同步的中间件中，需要基于服务器当前负载控制总并发，因为同步的表有限，此时使用 Redis 的轻量级对接而不是专门的 MQ 就是合理的。

知道何时需要什么样规格的技术方式和技术组件能更合理地设计高性能的系统，而且能够极大地降低维护成本；一味地追求“高大上”很可能会在弯道超车时翻车，毕竟这些年去 IOE 失败的案例也并不少，值得我们借鉴。

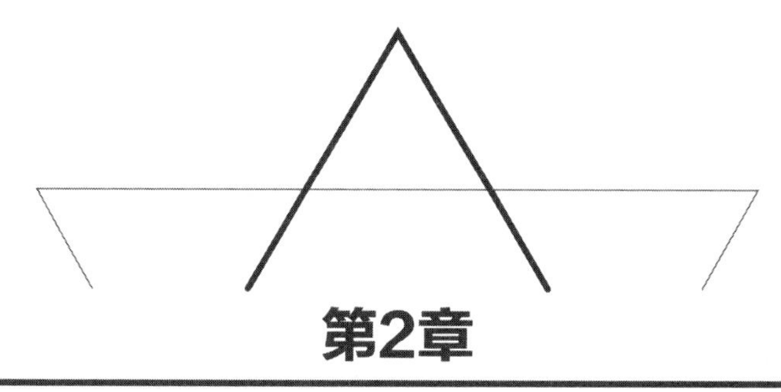

第2章

规划性能友好的架构

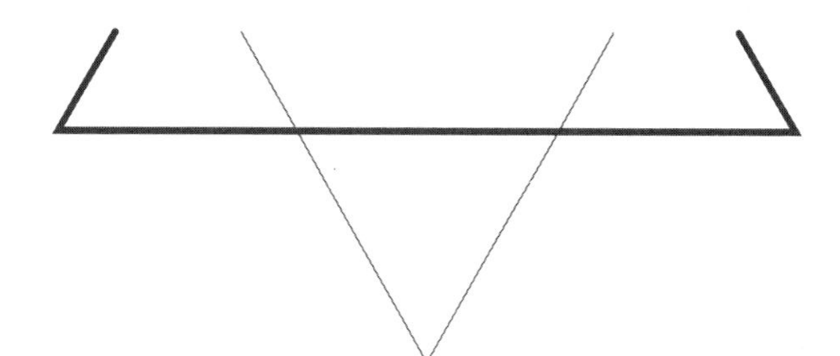

任何高性能和可扩展的系统都需要事先进行缜密的规划，在系统设计之初仔细考虑未来的各种运行环境，留下潜在的扩展空间，这样就能在运行前调整相关配置，进行部署和扩展。

之所以要从一开始就考虑系统架构，是因为任何一个项目的运行都需要一个可靠、安全、可扩展、易维护的应用系统平台作为支撑，以此来保证项目应用的平稳运行。好的架构设计可以抗 10K 级以上流量，而没有架构的软件可能只能抗 1K 甚至 0.5K，这就是架构的价值所在。

本章中我们将讨论性能友好的架构应满足哪些特性；怎样利用具体平台实现相关特性，如 Oracle 有而 MySQL 没有的特性，以便在可获得的最佳性能和移植性间取得平衡；互联网开发人员和企业应用开发人员在理念上的差别及融合；普通 PC 服务器的硬件发展及虚拟化的影响；以及对高性能或维护有较大影响的其他因素，如多租户。主要目的是让读者理解在设计时如何通盘考虑各种因素。

2.1 典型系统架构

先简单回顾一下软件系统架构的演进。对于大型系统来说，其发展演进主要经历了 4 个过程，从早期的 C/S 单体架构，到一直流行至今的集中式架构（主要为非分布式部署的 MVC 三层架构），再到基于各种中心的分布式架构，然后引入了以企业消息总线为中心的 SOA 架构，目前则是流行的去中心化微服务架构，如图 2–1 所示。

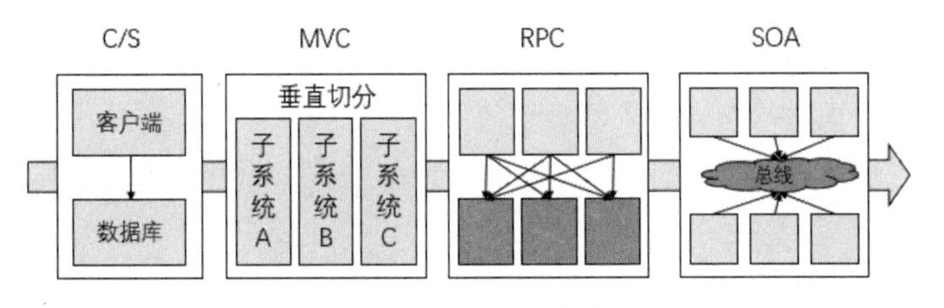

图2–1　系统架构演进

除了最早的单体架构外，后面的各种架构现在仍然被广泛用于实际应用中，只是在考虑不同的业务模式、技术限定、系统规模、业务潜在增长速度的情况下，用户会选择最适合的架构模型。系统架构和采用什么技术栈实现并无直接关系，如一些采用微服务架构的系统可能使用 Oracle 数据库和 timesten，而集中式架构则可能采用 MySQL 和 Redis。

2.1.1　集中式（MVC）架构

集中式架构主要用于业务形态比较简单的中 / 小型系统或企业应用系统中，它将一个系统的所有功能都集中在一个应用中实现和部署，无法分模块或者子系统进行部署。典型的集中式架构如图 2–2 所示。

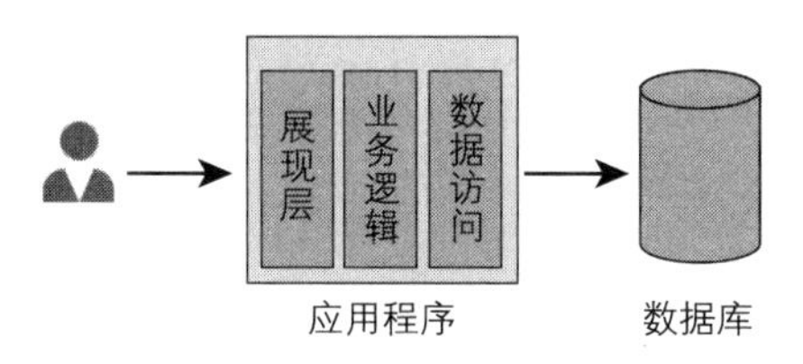

图2–2 集中式架构

虽然很多系统在开发工程中分了很多模块，如账户、用户、资金、交易等，如果这些模块或者系统无法独立部署，即使接口和边界较为清晰，仍然是集中式系统。还有一些大型系统包含很多子系统，各个子系统从展现、服务、DAO 层甚至数据库都完全相互隔离，各自之间除了极少数必须外，基本不会通过 RPC 相互访问，这种根据子系统垂直切分的架构总体应归类为集中式架构，它的典型架构如图 2–3 所示。

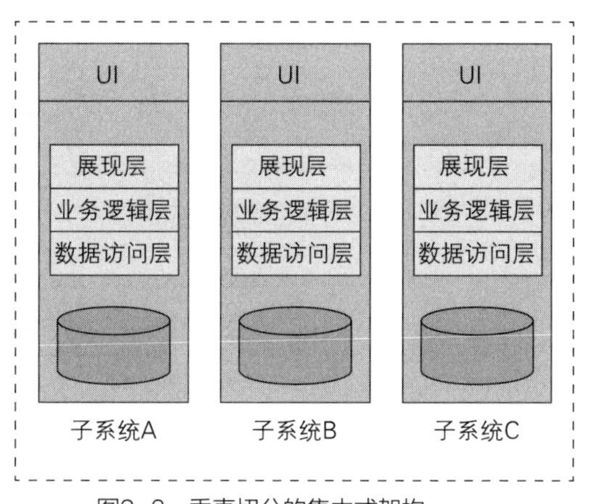

图2–3 垂直切分的集中式架构

这也是很多金融和 ERP 系统经常采用的做法，当某个子系统容量不够时，只需要增加机器进行横向扩展即可。也有一些系统在纯粹的垂直切分的基础上增加了根据用户或产品进行切分的维度，当一个系统准备切分时，特定的用户会路由到特定的集群，如图 2–4 所示。

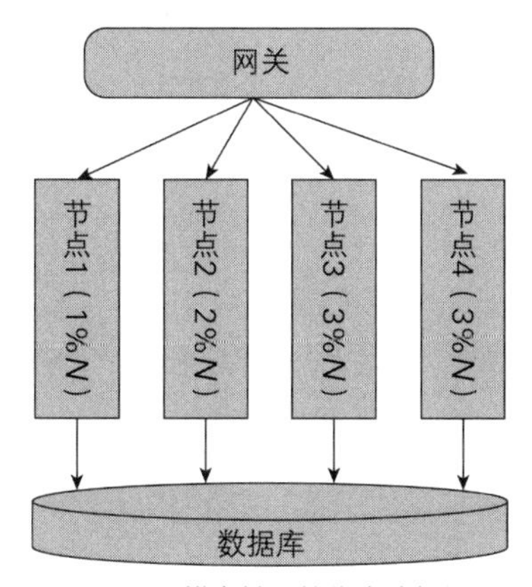

图2–4 横向扩展的集中式架构

相比互联网架构下数据库访问层进行分库分表，这种架构在网关层进行了路由，适合于使用了大量 JVM 本地一级缓存的应用，此时每个节点只需要缓存 1/*N* 主要数据即可，它本质上仍然是一种支持横向扩展的集中式架构。

集中式架构的优点在于开发和运维简单，但是其缺点也很明显，包括整体可用性差、横向扩展成本相对较高、在业务复杂之后代码组织混乱等。

有些观点一味地强调分布式架构的优势，批判在集中式架构下，为了应对更高的性能、更大的数据量，往往只能向上升级到更高配置的机器，升级更强的 CPU、多核、增加内存、升级存储等（一般将这种方式称为 Scale Up），但单机的性能永远都有瓶颈。随着业务量的增长，只能通过 Scale Out 的方式来支持，即横向扩展出同样架构的服务器。

在集中式架构下，由于单个服务器的造价昂贵，因此 Scale Up 方式成本非常高，无法做到按需扩展。这种观点明显是误导用户的，如今除了银行和电信外，很多企业和金融公司虽然仍然采用集中式架构，但是全部采用的是 PC 服务器，所以扩展成本并不算高。即使是分布式架构，大多数用户通常也是先选择使用高配置的服务器。例如，对于 Redis 而言，如果需要 500GB 缓存，那么一定先考虑 1 台配置 512GB 内存的服务器，而不是 8 台 64GB 内存的服务器。

因此，对于很多发布不是很频繁，不要求 7 × 24h 的系统，以及代码不是很庞大的系统，集中式架构仍然是一种好的架构模式。

2.1.2 分布式（RPC）架构

在典型的分布式架构中，严格区分服务提供者和消费者，前台应用负责进行协调，服务提供者之间不允许相互直接调用，要完成一个业务服务通常需要调用很多个原子服务。例如，订单系统要访问账户中心、持仓中心，对于金融系统来说，还可能包含风控中心，它们需要一起协调才能完成一笔交易下单，其架构如图 2–5 所示。

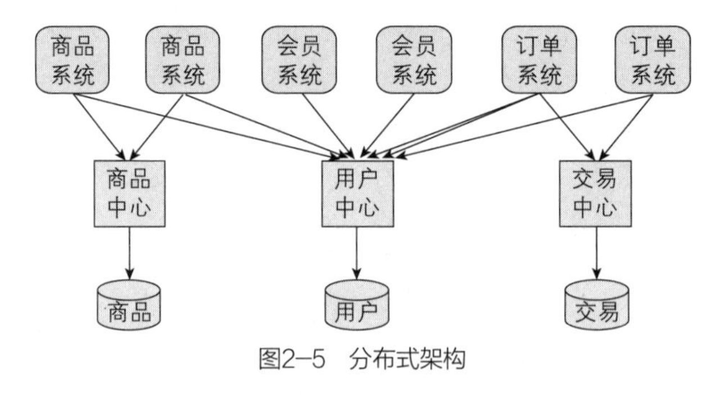

图2–5　分布式架构

相比集中式架构，分布式架构在组织和部署上更加清晰，虽然集中式架构通常也根据包名进行组织，但它并没有从机制上进行隔离保障，分布式架构则保障了这一点。

在分布式架构中，任何节点出现故障的概率和影响很低，但是它也有一些缺点。首先最重要的是开发复杂，原来可能完成一个功能直接写 3 个 DAO 加一些逻辑即可，但现在要调用 3 个中心的 6 个服务才能完成；其次是响应时间可能会增多，在很多短小的调用中，服务本身执行时间可能小于网络通信时间；最后是每个应用都要知道它调用的服务是哪个服务中心提供的，如很多 Web 层通过 ajax 请求调用服务端，有几个服务中心它就需要维护几个，而且必须有显示的文档说明每个服务中心提供了哪些服务。

对于各个服务中心来说，它们不知道有哪些前台在访问哪些服务，哪些服务基本上没有人使用，为了解决最后的这个问题，于是演变出了 SOA（面向服务的架构），下一节将对此进行讨论。

为什么各个服务中心会去调用其他的数据库？有时有一些很重要的易变性数据，如风控参数，它需要很高的性能，但不容许有任何的过期，此时使用缓存并不一定是最佳方案。在一些金融衍生品市场中，几秒行情就能发生巨大变化，任何延迟都可能造成很大的收益变化，所以可以考虑通过直连目标库的方式，尽可能同时满足低延时和数据的严格一致性。

2.1.3　面向服务的架构

SOA 相对分布式架构最大的改进在于为原先混乱的各种服务增加了总线和管理中心，ESB（Enterprise Service Bus，企业服务总线）是 SOA 中的核心基础设施，所有的服务请求均通过消息总线进行转发，这样可以统一为服务提供者和服务消费者提供协议转换、流控、认证检查等，哪些服务被哪些消费者使用也更加容易监控，哪些服务常年没有人使用也更容易识别，其架构如图 2–6 所示。

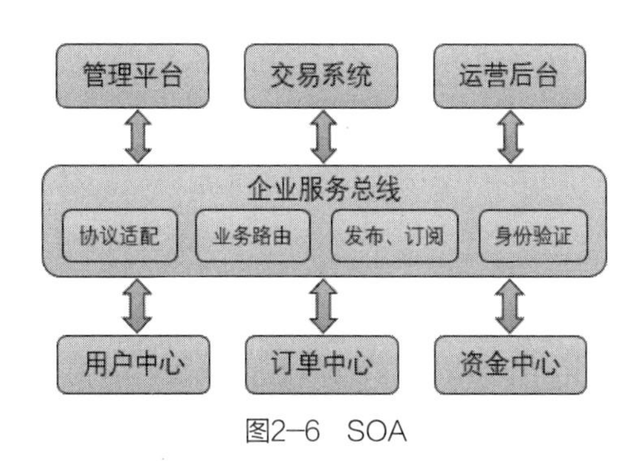

图2–6　SOA

ESB 的基本功能是数据传输、消息协议转化和路由。在复杂的系统中，ESB 之下通常还有一级子总线，类似于接入交换机和汇聚交换机的结构。

有些高端的 ESB 还提供服务治理和发现功能。它虽然解决了分布式架构服务调用混乱的问题，但是又引入了原先集中式架构存在的单点问题，一旦 ESB 出现异常，整个系统就会受到影响，即使每个服务中心本身都正常。同时，它还增加了延时，原来分布式架构直接调用只增加了一次网络开销，现在经过 ESB 之后，又增加了一次网络开销，于是就演变出了现在的微服务架构。

2.1.4 微服务架构

根据作者的经验，微服务架构相对于 SOA 最大的改进在于减少了经过 ESB 的额外网络开销及 ESB 的单点失败。Spring Cloud 微服务架构如图 2–7 所示。

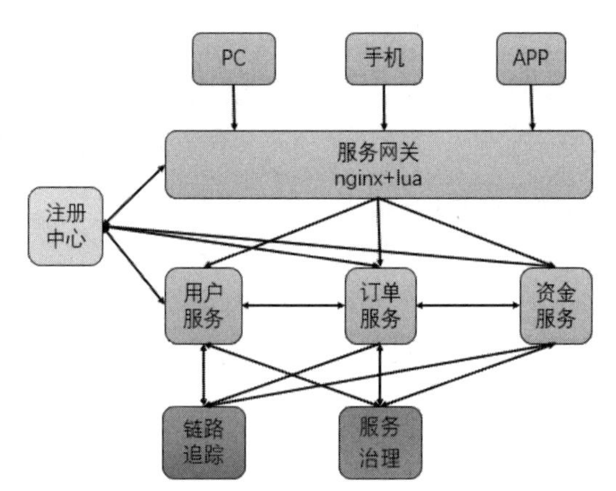

图2–7 Spring Cloud微服务架构

从图 2–7 可知，除了对外的服务使用了总线网关外，各服务中心将服务注册到注册中心之后，其他服务可以通过注册中心发现服务提供者，从而由本地客户端路由库完成具体的路由和流控操作；而在 SOA 中，这些事情全部由企业总线来完成。相对于分布式架构来说，微服务架构和 SOA 一样，通常包括服务治理和链路追踪功能。

有些集成商为了兜售新的解决方案，指出 SOA 因为使用 ESB、WS、SOAP 等导致集成方式复杂。实际上并非如此，只是因为很多遗留系统使用各种技术实现，为了达到复用的目的，才进行支持和集成，对于新开发的服务，使用 HTTP、REST、JSON 等现代轻量级协议也都是能够直接集成到 ESB 的。笔者曾工作过的公司上一代架构使用 SOA 体系，但是都使用轻量级协议。

最后还要提到的是复杂性，在 SOA 中，所有的服务都需要能够连接到企业总线；而在微服务架构中，所有的服务都要能够连接到注册中心。这一模式对链路追踪来说，SOA 可以在 ESB 中集成，微服务架构下因为服务本身的通信不经过注册中心，实现可能更加复杂。

过于追求去中心化可能导致的一个问题是需要维护的独立组件更多，并导致所需的独立服务器增加，如一个应用软件开发商提供给客户的微服务方案要求至少配置 12 台服务器，即使去掉日志中心、服务治理等最小化部署也还需要 6 台服务器，这也是微服务架构时需要考虑的。

2.2 分布式架构的挑战

相对于集中式架构，无论是哪种分布式架构，除了运维更复杂外，在设计和实现上都面临一些集中式架构所没有的挑战，这些方面在整体技术架构设计时考虑到位与否将在很大程度上影响分布式架构的开发维护成本和系统稳定性。根据经验，这里将讨论最重要的三个方面。

2.2.1　全链路追踪

对于任何大型系统来说，发生线上业务错误或程序异常或 Bug 都是不可避免的，每天千万交易量以上的系统，有些开发者甚至每天唯一的工作就是排查线上问题，这个时候日志的完备性和可查找性就非常重要了。

相比集中式架构任何请求都在一个应用服务器中完成，在分布式架构中，一个请求可能由 8 台服务器共同完成，这 8 台服务器分别运行 4 个应用，日志可能在这 32 个应用中的任意 8 个里面，所以能够很方便地根据上下文查找所需信息的统一日志服务器，这对分布式架构是非常重要的，它将极大影响问题排查的效率。

2.2.2　事务一致性

绝大多数的非报表系统需要事务一致性，不同的业务会要求不同的一致性级别，有可能要求强一致性。例如，支持 *T*+0 的金融衍生品交易（这种情况下扣钱和增加持仓必须立刻都成功，或者立刻都失败，否则会导致巨大的损失），有些要求最终一致性（如转账只要先扣除就行），有些则要求尽可能一致性（如记录日志或者签到积分）。

在一个系统中通常至少存在两种以上的一致性级别要求，如金融交易系统可能要求满足前两者，电商可能只要求满足后面两者即可。与之相对应的实现分布式事务的方式也有很多种，典型的包括 XA 协议、补偿模式，以及 TCC（Try、Confirm、Cancel）。因为事务的使用非常广泛，应用只要按照约定编写代码，而无须关心如何保障各种一致性级别是分布式事务实现方式优良与否的关键评判标准，所以灵活、无侵入、可靠、易维护的分布式事务框架将极大地影响系统数据的一致性。

2.2.3　服务拆分过细

在集中式架构中，接手的开发人员抱怨最多的通常是一个方法太臃肿，重复性代码太多，一个方法有五六百行、上千行并不少见。虽然开发大师们一直提倡尽可能重构可复用的代码段，但是相对于工具类来说，抽象共用业务方法要复杂得多，很多时候即使抽象出来了，也经常会发现调用这个公用方法的地方只有一两处，并且开发人员又不愿意重用其他开发人员编写的代码。

例如，对于一个下订单的服务，我们可能通过调用一个 DAO 生成订单号、调用另一个 DAO 获取子订单号，突然有一天发现生成 ID 成了瓶颈，于是决定将生成 ID 的方式优化为另一种方式实现，如使用 Snowflake 算法时，要改动的调用之处太多以至于工作量很大。

采用分布式架构后，因为其一直推荐尽可能使各种功能服务原子化，于是我们将所有的功能都做成了专门的服务，进行 RPC 调用。服务原子化看起来很简单，但是要想实现得恰如其分并不容易，它需要足够的实际经验，拿集中式架构按照包的组织方式直接去套用很可能会失败，一个业务服务可能会调用十几个甚至几十个具体功能点。

例如，很多服务都要校验某些参数，于是我们将获取参数值包装成一个服务；一个业务服务中要检查 7 个参数，于是仅仅为了获取参数就调用了 7 次请求。在分布式系统中，这可能是性能低下的根本原因。

在本地方法调用中，这并不会明显增加开销，因为这个服务可能只要 10ms 就执行完成。但是改成 RPC 调用之后，延时可能会变成 20ms，因为多余的 10ms 用在了 7 次 RPC 请求的网络延时上。

因此，正确的参考原则应该是提供查询某个参数、某些参数列表的微服务，确保应用需要执行相关请求时，最多两次请求即可完成对相同微服务、不同参数的调用，如果超过 3 次则说明服务接口设计得不合理或不充分。从开发上来说，服务拆分过细可能更加贴近原生集中式系统的开发习惯，但是可能导致系统响应时间大大增加，从而导致整体性能和吞吐量下降。

2.3 何为友好的架构设计

大部分书籍和咨询公司总结成功企业的特质通常包括：以人为本，以诚实及正直为基础，客户第一，不断自我提高等。软件系统也类似，成功的系统无论是什么架构，其总体原则是类似的：高耦合、低内聚、尽可能利用缓存、组件可插拔、架构具备扩展性、清晰的领域模型、使用 MQ 解耦、统一元数据、数据库优化、读 / 写分离、分库分表等。

很多系统中把这些技术和原则都用上了，但真正到系统运行时却发现还不如最原始的集中式单体效果好。这样的系统并不少，只是因为很多系统利用率高峰期还不到 20%，抑或是没有进行足够的性能测试。

2.3.1 架构扩展性不佳的原因

之所以会得出成功的系统都类似，失败的系统则各有各的失败的结论，最主要是因为成功的系统把重要的事情都做到位了，而失败的系统则至少是有一件事情没做好。我们经常说要保持统一的接口，在有些系统中确实接口做到统一了，如都以 BaseResult<T> 作为基础，但是很多地方却使用了 Object 作为类型。有些系统数据库字段名和对象字段名完全不对应，如数据库字段名为 c_accountNo，对象字段名为 accountNo，诸如此类，只是形式上做到了而没有从根本上执行到位。

以数据库增删改查为例，新人入行时发现各种 SQL 语句在 Oracle 下能跑，在 MySQL 下也能跑，最常见的 B* 树索引也一样起到了提高查询性能的作用。于是形成了一种观念，与数据库打交道就是 SQL，慢了就建一个索引解决，这就是第一层境界。

随着开发水平的提高，开发的系统量也越来越大，一个库就几百 GB 了，性能要求也高了，很多原来能够正常运行的程序越来越慢，此时发现问题出在数据库层面，于是开始学习 Oracle 的各种优化，如分区、各种类型的索引、内存优化。好不容易解决了 Oracle 问题，效率也提升了，开始在 MySQL 上复用，结果发现 MySQL 不支持组合分区、没有反向键索引、并行查询、各种分析函数（MySQL 8.0/MariaDB 9.2 均支持部分），在性能分析上也没有和 Oracle 一样的 AWR 报告、优化器支持的查询转换也少得可怜，各种性能优化手段都得自己“造轮子”，好像突然间变得一点都不懂 MySQL 了。

于是只好从头研究 MySQL 的各种存储引擎、体系架构、不同分支的差异、锁机制、三方插件等，适何在应用层实现的逻辑抽取到应用层，某些 Oracle 和 MySQL 实现差异较大的特性进行单独管理和处理。于是得出结论，MySQL 适合中 / 小型系统，Oracle 适合大型系统，这就到了第二层境界。处在这个中等水平的人员，其态度通常会是 MySQL 完胜 PostgreSQL，Oracle 不具有扩展性等。

再深入研究后，Oracle、MySQL、PostgreSQL 的各种实现原理，如 MVCC、REDO/UNDO 机制、I/O 各种模式的影响、操作系统层面的各种优化都很清楚了，什么情况下使用 Oracle 性价比更高，什么情况下使用 MySQL 性价比更高也都了然于胸，数据库纯粹就是用来存储数据的。这时就到了第三层境界，处在这个水平的人员通常会综合考虑场景类型、系统负载，然后根据潜在可能出现的瓶颈等给出整体建议。

从架构的角度来说，很多非市场原因失败的系统通常都是在架构设计上形似而神不似，只知其然，却不知其所以然，导致系统复杂，维护成本高昂，最后质量还差。

在性能方面，满足持续增长的性能最主要的因素就是扩展性，任何一个高性能的系统都应该具有可扩展性。如果一个系统在 32 核 /32GB 的系统中 TPS 可以到 1w，整体系统负载到 90%。当系统扩展到 64 核 /64GB 内存时，它应该能够达到 2w TPS，或者至少 1.6w；如果只能到 1.1w，或整体负载降低到 50%，那么该系统并不具备良好的扩展性。

另一个重要因素是易插拔，如果数据库不能满足要求，应该能够将某些请求切换到使用 Redis 缓存，如果 Redis 还不能满足要求，应该支持 JVM 作为一级缓存，如果所有的业务代码直接使用 Redis 的 Java API 操作 Redis，那么该设计就不是易插拔的，而且无法估计各处是如何使用 Redis 的、是否正确使用等，要更换就会很难，甚至升级版本都可能出现接口或行为不兼容的问题。

2.3.2　扩展性

扩展性是一个很广泛的主题，从本质上来说，其分为扩展和拆分两个维度，扩展又可以分为垂直扩展和水平扩展，它们总是相辅相成地出现，有时候要复制、复制再复制地扩展；有时候要拆分、拆分再拆分，可能先拆分也可能先复制扩展，也可能同时进行，如图 2–8 所示。

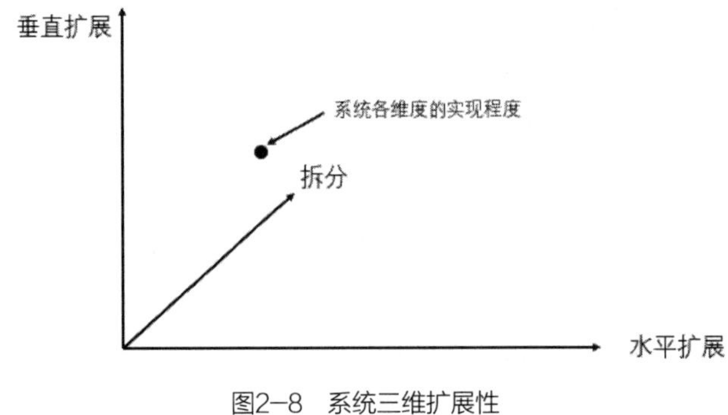

图2-8 系统三维扩展性

不同的系统会根据其要解决的问题实现不同程度的扩展性，一个系统也经常会出现某些部分扩展性很好，某些部分扩展性很差。最典型的情况是读扩展性很好，写扩展性比较差。一个系统要做到高可扩展性，需要在多方面做到位。

第一，在关键的交互环节和中心节点处的设计要可扩展。以序列生成为例，每次递增就写一次磁盘，显然扩展性是很差的，即使 SSD 固态硬盘也没有那么快。如果使用 Snowflake 生成 ID，扩展性将大大提升；如果要求严格递增，可以在 JVM 中缓存 100 个值，每 100 次写入一次磁盘，扩展性与最初方案相比也将大大提升。

第二，系统使用的组件本身应具有良好的扩展性。例如，要编写一个中等规模的电商网站，如果将 Access 数据库作为持久层，这显然不是一个好主意。

第三，正确使用中间件或组件。三方组件具有扩展性，如果没有正确地使用它们，系统仍可能是不具有扩展性的。例如，JDBC 应该使用连接池以保持高性能，但是在早期很多开发人员并不知道，每次获取一个连接，就要释放一个连接，最后导致应用性能低下，频繁出现无法获取数据库连接的异常。今天虽然开发人员不会在 JDBC 连接上犯这个错误，但是在其他地方还会重复犯错，最典型的为系统日志，千篇一律的 debug 或 info，导致要么性能低下，要么排查问题耗时。

这 3 个条件是进程可扩展的必备条件，但非充分条件。下面分别讨论为什么应满足各种扩展性。

1. 垂直可扩展

所谓垂直可扩展，是指当服务器增加更多的 CPU、内存时，程序应该运行得更快。从理论上来说这应该是可以成立的，但是在大型服务器配置中就不是那么容易了，例如，MySQL 4.5 及之前版本的扩展性就比较差，超过 32 个 CPU 后性能不会呈现线性增长，反而可能会下降。有些桌面式应用也是如此，为了加快单线程的运行速度，舍弃了所有垂直扩展所需的设计，对于服务器应用程序来说，这是需要绝对避免的。

虽然垂直扩展最终会到顶，但应该尽可能先发挥垂直扩展的价值。例如，对于内存密集性应用来说，采用 4 台 512GB 内存和 16 台 128GB 内存的服务器，无论是管理成本还是失败率后者都要更高。垂直扩展性又可以进一步分为进程内可扩展和进程间可扩展，不同的应用通常采用不同的实现方式。

2. 进程内可扩展

进程内可扩展是最基础的扩展性，但很多开发人员编写程序时没有考虑扩展性，如千篇一律地使用数据库锁作为并发访问控制机制，或为了简单、省事直接使用 select for update，这导致并发一多（如在某些抢购场景中）就很容易出现系统假死的情况，这是一开始从事非互联网应用开发人员犯的最多的错误。

随着近年来互联网上关于秒杀、抢购场景的设计模式传播得越来越广泛，很多开发人员开始采用 MQ 或者 Redis 在应用层进行设计，防止大量不必要的流量进入数据库导致系统假死，但是仍然有很多的场景不恰当地使用了数据库锁。

除了竞争共用资源导致不可扩展外，不充分利用异步也是低可扩展的一种。例如，在支付页面，通常在页面打开的同时会显示可用的支付方式，如红包、优惠券、积分、银行卡等，这些支付方式通常由不同的服务提供。

如果我们在程序中串行获取每一种实现方式，假设每个都要 10ms，那么最快也要 40ms。为了最快地显示出所有这些可用方式，显然并行获取各个可用的支付方式可以达到最佳响应时间，而这无法通过增加服务器配置来达到。因此，对于程序本身来说，应根据具体的业务场景特性考虑可扩展性，如果程序本身无法扩展，那么增加再多的硬件也是徒劳。

3. 进程间可扩展

如今很多服务器都具有很高的配置，如 256GB 内存加 64 核 CPU，有些应用的进程内扩展不是特别好，或者为了管理、高可用性，会在同一服务器上部署同一程序的很多实例。例如，对于 Java 应用来说，大部分实际部署都会将 JVM 堆设置在 64GB 或 32GB 以下，当服务器配置很高时，通常启动多个进程提供服务，这通常比单个超大型的进程可用性要更高，尤其是发生 Full GC 时，过大的 JVM 堆可能导致很明显的系统抖动。

相比一个进程跑 1000 个线程而言，两个进程各自跑 500 个线程实现要简单得多，无论是异常恢复还是上下文开销都更少。只不过现在绝大多数容器（如 Tomcat/Weblogic）托管了线程管理和调度，很多开发人员本身并不直接与线程及线程变量交互，故通常被认为是最容易的。

进程间扩展从物理上来看，一般归类是在同一台物理机器上新启动几个进程，只要机器配置增加了，理论上就可以新增加进程，并不需要考虑网络延时、带宽、时间同步、共享存储等水平扩展必须考虑的问题。从扩展性角度来看，水平扩展和它一样，都是新启动独立进程，只不过水平扩展一般认为是进程在独立的服务器中，且水平扩展还需要考虑上述问题，否则非常容易出现单点故障。所以，进程间扩展在设计要求上可认为是水平扩展的简易版本，考虑的点更少。

4. 水平可扩展

在业务快速增长的系统中，如果系统无法扩展到多台服务器，通常仅存的两种选择就是购买更快的服务器（垂直扩展），抑或是设计系统使其可以在多台服务器上同时运行（水平扩展）。

即使目前服务器能够扩展到支持数 TB 内存、数百核 CPU，但垂直扩展总有一天会到无法扩展的程度，在高速增长的系统中，这一天会很快到来。即使如此，很多团队在决策时仍然选择购买更大的服务器。相对软件行业的人力成本来说，购买服务器的成本看起来要低得多，这种做法在大部分情况下其实是正确的，因为大部分系统并没有到那么大的业务量。但是如果已知很可能会到达这个业务量的系统仍然抱着侥幸心理这么做，通常最后都会为此悔不当初。

水平扩展在设计实现上主要通过复制和拆分来完成。常见的微服务、数据库一写多读就是复制的代表，分库分表、Redis 分区则是拆分实现扩展的代表。

支持水平扩展性相较于不支持的开发成本要高得多，很多系统实际上并没有做到很好的水平扩展。以分库分表为例，5000 万客户要分到 10 个分库去，最简单的做法是按照客户编号取模，但是如果要额外支持按照产品或商家的维度进行统计，就意味着要另外设计按照商家或产品维度的分库或一个超大型的库。

如果这种统计维度较多，通常会导致系统实现异常复杂，又和为了解决扩展性而生的分库分表设计模式相互冲突，所以很多数据仓库和清算系统采用了一体机来解决。因此，水平可扩展从逻辑上来说是一个易理解、但不易实现的特性。

虽然如此，随着万物在线，甚至很多传统的金融交易也开始逐渐从一天 4h 的交易时间窗口逐渐放开，留给系统出账的时间越来越短；与之相反的是，交易量越来越大，系统中的客户基数也越来越大，几乎有数亿人在多个证券、基金、银行等金融机构有多个活跃账户，这将导致再大、再快的系统也无法满足业务容量和高可用性。因此，如果需要保证最佳可扩展性，仍然需要考虑水平扩展性。

最后，水平扩展设计又细分为同构水平扩展和异构水平扩展。同构水平扩展是指当系统要增加处理能力时，新增的资源需要和现有资源保持相同的规格，很多数据库集群就要求同构扩展。例如，对于 Oracle RAC 来说，要求各节点的配置非常均衡，否则会非常不稳定。

如果可以扩展到不同的操作系统、版本、不同的应用服务器、硬件配置，可以称应用支持各种不同程度的异构水平扩展。大多数 Web 服务器都支持异构水平扩展，如可以同时部署在 Linux、Windows 操作系统中，可以混合 Tomcat 和 Weblogic 应用服务器。操作系统还可以同时具有 rhel 6 和 rhel 7 等多个不同版本，在硬件上，可以混搭 2 路 12 核、4 路 14 核的服务器。服务由这些不同架构的计算资源组合而成，作为计算资源对外提供服务，且保证稳定性，而用户完全无感知其背后是如何运作的。

当每个计算资源的处理能力不同时，负载均衡器就需要承担流控职责。对于 to B 业务来说，这一点特别重要，因为不同的查询条件可能导致相差很大的处理量。以结算本月某客户的所有订单为例，A 客户可能只有 5 笔订单，B 客户有 100 笔订单，所以即使是相同配置的计算节点，仍然可能需要流控服务。

5. 拆分

拆分是在系统扩展时采用的第二个常见做法。第一种模式是按照业务领域进行拆分，每个业务领域有一个独立的子系统，各子系统之间相互独立地对外提供服务，这样每个子系统就只需要独立维护自己的数据集即可。这是分布式架构常用的做法，也称为垂直拆分。

第二种模式是数据的水平拆分，当一个缓存或者库太大时，就需要考虑对数据集进行垂直拆分。例如，某个系统有 5000 万个用户，如果我们使用一个超大型的数据库或 Redis 缓存，不仅会导致系统性能低下，而且一旦出现宕机，所有用户都将受到影响，即使有高可用环境，所有用户同时切换到剩下可用的环境也将导致明显的影响。

以缓存用户会话及其上下文信息为例，通常我们在负载均衡层设置基于会话 ID 进行请求派发而不是默认的轮询模式，这将极大地降低目标服务器 JVM 缓存的占用，理论上它将所需的总资源从 N 降低到了 1。

相比应用和缓存的垂直拆分，数据库的水平拆分要复杂得多，在任何时候，一般会有多种可用的拆分实现方式，包括分库、分表、分区、分实例，不同情况下需要采用不同的方式。如果采用分库分表，通常意味着需要中间件的支持以便对应用透明；如果采用分区，则意味着不能完全透明化 DDL 操作的影响；分实例则意味着在跨实例操作时可能导致额外的大量原始记录传输及二次处理，这些都是需要提前考虑并解决的。

2.3.3 易插拔

为什么是易插拔而不是其他方面，如缓存为王、异步、合理使用 NoSQL 等。这些模式在很多情况下都很合理，但是它们属于比较微观的实现细节，所有的这些技术组件至少都有 3 个以上的选择，如缓存有 memcached、Redis、JVM 缓存、ehcache，甚至 timesten、sqlite 也算是缓存。

在一个系统中，是否应该使用、什么情况下使用哪种缓存机制，是否需要同时使用多级缓存，在开始不很清楚场景特性的情况下是很难限定只能使用某种缓存的，通常它只是作为一个锚定。随着开发的深入、对业务特性的理解加深、业务量的增长，可能会考虑变更实现方式（如从 memcached 切换为 Redis），也可能需要从开始没有一级缓存调整为一级缓存加二级缓存。在架构设计良好的系统中，这些变更应该很容易实现。

这样当确定某个环节是瓶颈时，只要针对这个瓶颈进行优化，然后替换这个组件即可。这样无论成本还是风险都可以降到可控范围内，这就和操作系统的硬件驱动器一样，操作系统不关心底层具体硬件的实现，它只要调用硬件驱动器的接口操作硬件就可以了。

硬件厂商即使使用全新的技术开发，只要硬件驱动器兼容，用户就能受益。SSD 闪存就是很好的例子，它使用完全不同于传统机械硬盘的底层技术，但通过 USB，现有的机器能直接受益，进而极大地提高系统的性能。

对于各主要中间件及组件，系统的基础框架应该提供访问它们的易用和受控接口，即设计模式中的桥接模式。如果框架没有规定使用它们的模式，开发人员在极端的情况下会将 Redis 当作 MQ 或文档数据库使用，这种情况下如果出现了一个适合场景的 K/V 缓存，如针对秒杀和抢红包专门优化的分支实现，而它不是基于 Redis 的分支，此时就需要投入资源更改现有的代码，否则会导致引入更多的中间件。

2.4 尽早确定具体技术栈和接口规范

在正式开发之前就应明确相应的技术栈及将使用的接口规范，并有相应的自动化支撑工具，这可以在日后节约很多时间。当系统失败时，一些决策者和架构师会将问题归结为方向是正确的，只是在执行上走了弯路或开发团队技术水平不够等。

在执行层面，可以认为是因为只确定了大纲，但是可操作空间太大，没有确定具体方案。这可能是因为架构师觉得开发人员都应该知道，也可能是因为架构师自己也不确定具体最合适的方案，所以读者会发现大部分系统的架构或 PPT 整体看起来是差不多的，但是运行起来很可能就差得远。

2.4.1 技术栈

对于技术栈来说，如果只规定了数据库使用 Oracle，可以使用 MQ、Zookeeper 作为分布式协调，那么一定会出现开发人员使用各种版本和客户端接口的现象，如 Oracle 10g 到 18c 都有，中间件也是如此，有些使用 RabbitMQ、还有一些使用 RocketMQ。

即使确定了可用软件栈和大版本，开发人员通常也会使用最快可以拿到但不一定是最稳定的版本，如 Oracle 11g 到底是用 10.2.0.1 还是用 10.2.0.4。有些较真的开发人员会问，为什么一定要限定使用某个小版本？确实，这对于简单的使用来说并没有什么差别，但是当需要使用某些特性时，就会发现每个大版本的第一个发行版或多或少存在 Bug。

Oracle 就经常如此，有些特性在 10.2 第一个发行版有 Bug，升级到 10.2.0.4 之后就解决了；还有一些则是相反，第一个发行版因为检查不够严格，可能存在不一致性但是能正常运行，在某些特殊情况下会导致错误的结果，到了 10.2.0.4 之后就会在运行时报错。

如果数据库使用 MySQL 就更灵活了，只是主流发行版就包括 Oracle MySQL、Percona Server 及 MariaDB，不仅发布频率高（大约一个季度），而且各分支都包含了自己特有的优化选项。很多开发人员并不知道后面两个分支，于是只能使用 Oracle MySQL 版的特性，当提交或者调试其他开发人员的代码时，则会发生 A 可以运行、B 不可以运行的情况。

一开始就限定统一的技术栈可以确保当需要修改或利用某些优化特性时，只要统一分发更新就能完成，而且任何团队成员都知道它是统一的、异常时从哪里可以拿到完整的上下文信息；否则会出现团队经常为了修复 A 导致 B 不兼容的情况，在分发给客户时继续重蹈覆辙。

除了服务器外，各中间件的客户端接口和三方库也一样会出现上述问题，如 Zookeeper 客户端包括 Zookeeper 原生 API 和 Apache Curator API、zkClient，数据库连接池有 common-pool、 common-pool2、druid 等，大量这种不统一或重叠的三方库导致系统运行资源高且不稳定，而且当需要某些特定优化时很难统一进行。因此，为了保证后期的稳定性和易维护性，应统一管理可用的三方库。

2.4.2　业务接口规范

另一项需要在一开始就确定的是接口规范，包括 Web 层、服务层、持久层是否必须继承某些接口或者必须使用特定的泛型，参数是否必须包含某些基础参数或继承某些基类等。对绝大多数请求来说，除了 HTTP 头自身包含的信息外，通常还应该包含一些通用信息并根据请求的类别进行分组，具体细化包括：对于移动端或者可能涉及 VPN 拨号、专线的系统，基础参数中包含发起请求的时间戳不失为一个明智的选择；对于分页查询的请求，则应定义通用的分页基类，所有分页查询相关的请求参数都应该继承此类。

任何涉及服务使用方的系统，使用统一的结果集返回格式是必要的。例如，可以定义一个 ResultModel<T> 的泛型类，其中定义了整个系统统一的返回码字段、错误消息字段、成功的错误码及额外保留的扩展信息。

这样当需要将系统从传统模式调整为多租户模式时，或者要求所有的请求都带上特定的校验信息时，就不需要修改所有的接口，可以请求执行到特定阶段时进行注入。使用统一接口规范还有一个好处，就是为伸缩性留下了扩展空间。

例如，客户群体是某一金融细分行业，客户规模从每天只有几笔交易到极端情况下的千万级别交易，但是其可运行时间窗口是相同的，可能都只有 2h。所以，需要根据业务逻辑对某些服务采用类 Fork/Join 模式执行，同时动态计算并行度。对此需要考虑很多上下文因素，而且不同的服务可能采用不同的权重甚至分片算法，而应用开发人员不宜花太多时间关心此类问题，此时统一的接口规范就预留了足够的扩展和优化空间。如果所有的接口都是五花八门的，开发人员很快就会陷入代码泥坑。

相对于确定中间件及相关三方库版本来说，接口规范的制订相对比较容易，但是它也更加不容易达成一致，因为在很多命名上并没有明确的合理与不合理，只是开发人员的命名偏好可能有差别。

在业务接口规范中，最重要的是让开发人员理解什么是重要的，什么只是为了达成一种统一。这两者对产品型系统尤其重要，任何一个产品都会有很多客户，所以系统需要保持足够的稳定、统一、易维护，以尽可能地降低成本，避免半夜去解决问题。在独立的定制型系统中，这些相对来说没有那么重要，因为任何时候都只需要维护一个系统。

很多系统在开始或者开发过程中规定了各种规范，但是并没有持续进行管理和完善，到最后好的情况是每个子系统内相对统一、子系统间有差异。不好的情况是每个开发人员按照自己的偏好进行，这也通常是开发人员相互抱怨别人的代码不忍直视的原因。

2.5 确定可用的特性和软件版本

上一节讨论了为什么在一开始就要确定具体技术栈和接口规范，本节将讨论如何确定可用的特性及软件版本。这个主题看起来显而易见、不值得一提，但是它对系统整体的影响却很大，无论是对系统本身还是成本来说都是这样。尤其是对于 IT 行业而言，今天所做的最好决定在明天可能是过时的，今天最安全的系统在明天可能是漏洞百出的。

因此，为了保持竞争力，我们应该经常验证所使用的特性是不是过于落后。过时并不一定是落后，如现在很多 Web 开发使用 Spring Boot，但 Web 开发仍然是基于 Spring MVC，所以不用 Spring Boot 看起来有点过时但本质上并不落后，而如果使用 Servlet 原生或 Struts 1.x 就是落后了。

2.5.1 确定需要哪些技术特性

几乎任何复杂的系统都需要使用一些普通增删改查之外的特性，这些特性分别用于解决系统面临的某一方面的问题。从纯粹的边界定义来说，它们可能并不是和业务直接相关的，但是可能被明文规定在需求范围内，这些特性可能是用于降低开发复杂性、增加扩展性或可靠性。

例如，对于互联网 OLTP 系统来说，典型的是分库分表中间件，开发人员只需要将原来直接指向数据库的数据源配置修改为指向中间件即可，其可能是为了提高大数据并发下的性能，如 1min 需要插入 1000 万行记录到表中；可能是为了同时解决开发和维护上的问题，如 Oracle 数据库实例之间的数据同步；也可能是用于抗流量，如抢购类。

有些技术特性比较容易识别出来，并且有成熟的解决方法，如上面所提及的 OLTP 下的分库分表、抢购场景下用于抗流量的 Redis 解决方案。有些逻辑简单，看起来很容易解决，但实施时却发现根本不是如此，如 Oracle 数据库实例间同步。

如果业务只需要某些表同步，同时多个实例需要同步到一个目标实例，开发人员可能同步到一张目标表，也可能同步到各自表，每次源库变化的数据需要最多 30m 就完成同步，源库的一个事务可能修改 1 行记录，也可能更改几百万行记录，很显然这是一个需求很简单、实现却颇具难度的特性。

还有些特性不是那么容易识别出来，尤其是在 to B 系统中，它们和业务上下文有着千丝万缕的关系，看起来并不是那么直接。例如，在很多金融系统中，商户或者代理商需要在每天特定时间把交易文件传递给清算服务器，清算服务器会据此进行清算，但是商户或代理商传输的文件可能遗漏或者部分数据错误，此时系统就需要支持重新清算。

除此之外，也有可能清算进行到一半时，发现某些参数设置没有从配置中心同步过来或忘了设置，这些都会导致需要回退某些数据或者某些步骤重新进行清算。读者可能认为这很容易实现，只需要为每笔交易在每个步骤执行前备份即可。但是如果有亿级客户规模，以及数千万条的交易记录，系统很快就会因为大量的备份导致 I/O 瓶颈，进而较大地影响系统性能，所以采用每个步骤备份显然不是一个好方法。

对于各种非业务功能直接相关的特性，应该在正式开发之前正式列出，尤其是对于那些一开始并没有特别好的解决方案的特性，也应该使用正式的用例描述需要达到的目标，这样就可以在一开始告诉系统的相关关系人哪些方面不解决可能会最终遇到问题，而不是告诉他们这可能不是一个很好的解决方案。

根据人们的习惯，表述时通常先喜后忧，倾听者则选择性倾听，最终的结果通常是表述者表示一开始就告知了可能会存在问题，倾听者则只听到了已经有解决方案，只不过不是最优，而不是存在风险。因此，最好的做法是有一个需要哪些特性及其需要支持的容量和性能要求的详细清单。

2.5.2 确定有哪些技术特性

根据上一节的步骤确定了需要哪些特性之后，接下来应该确定有哪些选择。如果你知道新系统所需要的某些特性在老系统中的实现存在缺陷，抑或是你的知识储备或你拿到的评估结论是 12 个月之前的，最保守的做法是假设你的知识是过时的，温习一遍。

在十年前这或许有点夸张，但是现在已成为常态，甚至连 Oracle 从 12cR2 之后的 Oracle 18c 都开始一个季度发布一个版本，其他开源软件就更是频繁，不及时了解动态会导致很快落后。笔者就职于某公司技术管理中心时，曾在某年制订规范时推荐使用 MariaDB 的版本为 10.0.15，因为这是当时 10.x 最新的发行版，之后就调到了其他部门。如今多年过去了，技术管理中心使用的依然是当年那个文档，殊不知其早已过时了。

除非一开始就限制了只允许使用哪些中间件和数据库（如很多大型金融系统要求必须使用 WebLogic 应用服务器、Oracle 数据库、WebSphere MQ），否则对于新开发的系统应尽可能不要一开始就限定为我们曾经最为熟悉、顺手而来的技术，也不要一开始就限定要么自己开发、要么开源。

全新开发的系统通常要么是因为技术过时，扩展性或性能无法满足当前业务的增长，要么是维护太复杂实在改不动了，如果仍然一成不变地采用原来的技术栈很有可能除了达到梳理一遍代码的效果外，不会有本质性变化。即使客户限定了大的范围，也需要评估是否有某些特殊选项并不包含在标准版中，如 Oracle 12c 的 in-memory 选项就需要额外付费。

可用的技术特性可能是公司内部或者之前项目有现成的可直接复用的库、组件或框架，如各种接口规范、管理工具、脚手架等，它们如果能够满足要求，通常是最好的选择；也可能是可以直接获得开源或者已经采购 12 个月内经过验证可满足要求的中间件或者组件，它们也是最佳选择，如各种开源 MQ 之间的选择，因为它们可以省去很多不必要的 POC 时间，并且可以规避很多已知风险。我们还会遇到一些特性并没有已经过验证可满足要求的解决方案，但是有相对成熟并具备较大可直接替换性的选择，如使用开源 MQ 替换 IBM MQ，这也是可以考虑的。

前面所讲的都是相对比较可控的可用技术特性，最后还有一类是在过去的实际经验中并没有广泛验证过能够满足要求的，如可能原来开发的系统都是基于 Oracle 数据库的，现在市场趋势发生变化，需要开发针对 MySQL 版本的系统。

此时直接更改 SQL 去套用的项目，除了纯粹的 OLTP 系统和小型项目外，绝大部分不会达到预期，且客户不会满意。对于这些未验证过的技术特性或者底层中间件，即使是基于一个标准规范实现的，根据将使用的要点及扩展性逐一验证是否可满足要求也是有必要的。例如，作者曾在一个项目中为解决 MySQL 历史库性能问题，让项目组验证 MySQL 某一引擎，项目组安排的团队成员第一次验证完的结论是原来使用 innodb 需要运行十几分钟的千万级别的查询，现在只要 2min 就运行完成了。

作者询问是否测试过并发，该成员表示未测试过，于是作者要求在分布式部署模式下测试并发，结果经常会因为内存不够而挂掉。通过反复验证、修改系统参数确定边界点直至稳定，并最后确定在什么样的配置下、多少并发时会出现某问题，如何处理能够解决问题，才判定该特性是否可以认为满足要求。

在评估潜在可满足需求的特性时，首先应该需要满足容量、性能和稳定性的要求，这三者通常是相互牵制的。很多库号称解决了某些问题，但通常并不能满足容量或者稳定性要求，抑或是有明确的场景限制或要求。

所以该过程通常并不是一帆风顺的，看起来显而易见的答案很有可能并不能满足实际要求。例如，很多开发人员都知道 Oracle 有闪回特性，MariaDB 9.2 也引入了一个称为闪回的特性，但是该闪回并非彼闪回，真正对应 Oracle 闪回的是 MariaDB 9.3 的 System-Versioned Tables。有可能得出的结论是结合应用完全自研或者借助某开源库的核心或者部分组件自研。最后也不要忘了指定具体的使用规范。

2.5.3 确定采用哪些特性

从满足特性自身的角度确定有哪些选择后，接下来就是确定在当前正在开发的系统中将采用哪些特性。这涉及多方面的考虑，包括开发维护成本、现有团队的学习成本、系统的投资方是否需要采购额外的三方软件及其预算。如果一个特性有多种可选方案，评估者应给出客观建议，如各种选择的优缺点，以及其个人建议。

尤其是涉及许可证时，如果不明确告知，最后可能会带来较大的经济风险，特别是那些不包含在标准安装包中的选项，如 Oracle 12c 的 in-memory option、Oracle 11g 的分区等。还需要注意区分开源和是否可以自由用于商业及二次分发，尤其是这两年开始很多开源软件更改了对云厂商及应用软件开发商直接利用开源软件包装后进行销售的授权许可，如 Kafka、Redis。

还有一些自由软件在成熟之后分为社区版和企业版，后者包含了其核心竞争力部分，前者则提供了满足小规模使用的基本特性，如 MongoDB、Oracle MySQL 均如此，一定要仔细确认以免有侵权风险。

如果系统部署时的规模包含从 SaaS 托管到大型私有云，同时支持各种方式以便在不同的部署中采用不同的方案是可行的，那么只提供一种选择很可能导致客户选择提供的方案更符合他们要求的其他供应商。例如，如果应用只支持 Oracle，而客户要求使用 MySQL，或者应用只支持 Rhel，而客户只能使用 SUSE 等。

2.5.4 没有什么特性是运维专属的

很多软件在开发时分类管理运维接口（或 PaaS 接口）和开发接口，前者通常在执行某些非业务功能操作时表现更好，后者则对开发人员更友好。对于大厂开发的系统，这两类接口在质量和可靠性上并无差别，从严格职责上来说，其只是面向不同的用户而已。

最典型的运维接口如 Oracle 逻辑备份，大部分使用过 Oracle 的开发人员都知道使用 exp/imp，也知道在 Oracle 10g 开始可以使用数据泵（expdp/impdp），它在大数据量时可以大幅度提高性能，但是一直以来传统运作的做法都是应用不允许登录或访问数据库所在服务器以免误操作，所以仍然采用原始的做法，进而导致每次逻辑备份时性能低下。实际上有很多方式可以做到既不违规又满足要求，如创建一个特殊目录专用于保存某个应用的逻辑备份，很多软件都有类似的特性。

从传统分工来看，管理接口通常被归为运维的职责，运维和业务管理员又归属不同的部门，以至于在开发时通常不会去触及或者使用这部分很可能可以让我们事半功倍的特性，所以更合适的做法是在一开始根据满足要求本身去评估是否应该使用，而不是局限于哪些接口一直是运维使用的，哪些是应用开发人员使用的。云厂商就是这么做的，他们通过 Web 控制台调用后台管理接口提供给用户操作，这和在应用中使用并没有什么区别。

2.5.5 是否使用平台相关特性

如果针对 JDK 1.8 编写代码，通常并不指望代码能够无缝运行在 JDK 1.7 及其之前的 JVM 中；同样，使用 GCC 编译的代码也不指望其能够 100% 兼容 MSVC。不仅编程语言如此，对于中间件来说也是如此，选择使用特定的 MQ，如 RabbitMQ 之后，在大部分情况下会被考虑使用的并不是 JMS 而是 RabbitMQ Java 客户端，所以实际上开发人员都是在或多或少地使用和具体实现相关的接口及特性。

但是经常会听到开发人员讲，他们需要开发的系统跨数据库平台，同时支持 Oracle、MySQL 或者 SQL Server，所以不能使用 Oracle 或 SQL Server 专有的特性，否则就无法实现跨平台。

为什么对语言和其他中间件没有此要求呢？其中很大一部分原因是业务系统有很多操作数据库的 SQL，开发人员认为如果任何 SQL 语句都要为每个数据库分别编写一次，成本确实太高了，于是很多团队就限定开发人员不允许使用具体数据库的特有语法或者特性。

例如，对于先实现 MySQL 版本的系统，开发人员不允许使用 Oracle 的 with 子句、Oracle 的序列、Oracle 的分析函数，其他特性如分区、优化器提示等就更是如此；但是很多情况下他们却又使用了大量的标量函数，如 to_date、nvl、case 等，因为他们认为这样代码的整体结构看起来是一致的。

这些系统的效果不用想就知道不会很好，反过来当系统先支持 Oracle，然后支持 MySQL 时，情况就更差了。

当真的决定支持多种数据库时，通常会因为维护和扩展 Oracle 的 License 成本太高而选择 MySQL，或是因为现有使用 MySQL 开发的系统性能实在是太差，所以其目标并不仅是为了能够运行，而是需要达到和现有一样或者比现有好的质量水平。如果使用 Oracle 开发的数据库性能和 MySQL 一样或者在 MySQL 上开发的比 Oracle 慢 10 倍就没有太大意义了，因为没有客户会愿意为此买单，这两种方案中的任何一种通常都是开发商提供的建议，只是不同的开发商倾斜不同而已。

所以，除非能够达到预期要求，如果 Oracle 或中间件的某些特性能够极大地节省开发工作量或提升关键功能的性能，应该在保证可管理的前提下尽可能地利用，以达到事半功倍的效果，否则这个功能要么将由其他人重新开发、要么被砍掉。

2.5.6 确定使用哪个次版本

除了大版本会导致巨大底层或架构变化外，次版本通常也会有很多新增或标记为过时或废弃的特性，引入或修复各种 Bug。对于开源专用的中间件或库来说更是如此，为了保持竞争力，它们会被频繁地发布以满足各种场景下的特殊需求，而这些库并不能总是保持向后兼容。例如，glibc 14 就不完全兼容之前的版本，其他就更是如此。

相比其他中间件和三方库而言，数据库的发布周期通常更长，每个周期修复的 Bug 和新增的特性也更多，如 Oracle 11.1.0.2 引入了 in memory 选项，Oracle 10.2 支持 truncate 操作回收空间或不回收空间；上一个版本中需要自定义实现的特性在新版本中很可能成了标配，确定支持的版本将限定可以使用的特性及需要避开的 Bug，而且代码也会更加简洁，同时在后续排查异常时可以避免不必要的时间浪费。

因小版本不一致导致的系统故障或异常曾出现过很多，包括使用 Oracle 10.2.0.1 或 MariaDB 10.0 早期版本导致的各种问题。涉及安全漏洞的就更多了，因此这也是需要考虑的。

2.5.7 知道强项，更要知道弱项

很多时候在确定使用语言或者库的某些特性时，开发人员只关注其某方面是否可以满足要求，对于其限制没有足够的重视，进而在测试或生产中经常出现非预期的行为。以 Oracle 直接路径写为例，它可以最快地导入大量数据，但也有很多限制，如默认情况下不支持并行。为了支持并行导入，需要使用分区或者跳过索引维护，而这会增加开发和维护成本。

如果一开始不知道这些限制并且没有测试出来，就可能在系统上线后经常出现加载失败或查询失败的情况。除了该限制外，直接路径写还会绕过缓冲缓存，使随后的读需要进行磁盘 I/O 操作，进而导致原先较快的操作性能下降。如果我们一开始就知道某特性的机制，就会仔细考虑仅在最合

适的地方使用这些特性。

2.5.8　处理互不兼容的特性

有时某些特性在技术上存在着相互冲突或制约，如要系统既支持快速下单，又支持随时撤销操作；或者既想要支持根据账户分库分表，又想要实时根据产品进行汇总；再或者既想要绕过 Redo 日志生成，又需要使用 Data Guard 作为查询库。对于这些特性中的任何一个，都可以很好地满足其实现，但是任何时候要想在不降低现有性能或增加系统复杂性的情况下实现另一个特性则很难或在现有技术下难以实现。

很多时候为了提供比竞争对手更有吸引力的方案，或者因为这些问题的解决方法在原来的系统中不尽如人意，客户要求必须解决这些问题，此时需要根据业务的实际运行逻辑评估通常在哪些流程需要同时满足这些看似相互不兼容的特性，然后判断是否只是某些环节存在此类问题。

以数据同步为例，在很多混合型系统中，批处理的中间表并不需要同步给其他系统，只有结果表需要同步。相对于整个系统产生的 Redo 日志数据量来说，对结果表的修改要小得多，因此所有基于在线 Redo 日志在目标端进行过滤的方案都可以认为不是最优的，基于源表记录的修改时间进行同步可能是更合理的实现方案。

在实际开发时面临的情况通常要更为复杂，应用系统不同于框架和中间件开发，可以认为 80% 以上代码的模式都是相同的，即各种风格的增删改查、异常处理及校验，为了保持一致性，开发人员通常希望它们保持完全一致。有时某些特性仅仅应用于特殊场景下，过于频繁地使用不仅不会起到积极作用，反而会导致副作用。由于存在解决相同问题但是不同底层实现方式的代码，可能导致后续不清楚上下文的开发人员不知所措，进而出现问题。

对于该方面的问题，不太容易确定特别合理的解决方法，只能寄希望于在使用时特别维护注释，说明这么使用的缘由，以便后续人员知道什么情况下需要这么做。

2.6 开放思路

当一个人熟练使用某种方式做事后，通常在很长的一段时间都会用固定的模式或思路进行思考与分析，从而解决问题，即陷入惯性思维定式。惯性思维的好处是能够让人们很舒服地待在舒适区，并且有条不紊地开展工作，但是它的缺点是很可能使人们不知道自己的工作方式和方法已经落伍。

本节就来讨论企业应用开发人员和互联网应用开发人员通常各自的倾向性及如何取长补短。

2.6.1 企业应用开发的套路

大部分企业应用开发人员通常习惯于以数据库为中心，很多企业应用除了数据库和应用服务器外几乎没有第三个中间件。例如，在大部分实现中除非客户或者相关对接系统方明确要求，否则很少使用 MQ 或 Redis 等分布式缓存。很多逻辑和实现都依赖于数据库，业务逻辑包含在 SQL 语句中，这些 SQL 语句通常包含数百行，嵌套了多层内嵌子查询，包含各种 case when 及标量子查询等，很多系统中甚至大量使用了存储过程。

当需要使用锁时，大多数情况下开发人员直接使用 select for update 悲观锁，少数开发人员会使用基于版本号的乐观锁。虽然也有一些开发人员知道某些情况下会出现较高并发，应该使用乐观锁，但是任务一紧张又回到了悲观锁的实现。

有一些系统自称逻辑全部前移，不再强依赖数据库，如使用 pro*c 开发，当分析代码时会发现 80% 以上的代码在 pro*c PL/SQL 块中。实际上对于很多应用来说，最大限度地发挥数据库的价值并非不合理，尤其是在各种复杂的统计查询和批处理中，全部使用 Java 重新开发可能会造成非常高昂的成本，而且性能低下。

但是通常人们都有一些惯性，在开发 to C 的互联网应用之后，很多企业应用出身的开发人员很大程度上仍然以数据库为中心。例如，开发一些在线交易网站时，很多系统只是在会话上使用分布式缓存、一些幂等，防重复操作仍然直接依赖于数据库的机制保证，大量的逻辑仍然包含在 SQL 语句中，通常数据库负载经常很高但是应用层几乎没有负载，从而导致扩展数据库的成本和应用重构的成本都很高，这是需要转变的。

2.6.2 互联网应用开发的套路

从事互联网应用或刚入行的开发人员通常和企业应用开发人员有着完全相反的思路，他们认为数据库的扩展性很差，一开始就直接使用分布式缓存、MQ、前后分离、分库分表、读 / 写分离，然后使用微服务或 RPC 架构，要求所有的表必须具有自增 ID 等。

有些公司不管哪类应用都限制不能超过 3 表关联，超过 3 表关联的必须走大数据系统，即使每个表不到 1000 行记录，甚至提供给运营人员使用的系统也使用同一限制，导致很多简单的统计功能一个 SQL 就能够正常完成，却在 Java 代码中编写很多个 for 循环操作。尤其是很多统计查询也使用分库分表中间件，在涉及需要二次计算的大数据量如 avg、分页查询时，一执行就导致分库分表中间件内存溢出。

很多中间件和技术栈很适合高并发的 OLTP 业务，而且当某个环节出现瓶颈时，开发人员只需要扩展某个节点即可，如查询太多，就可再增加一个从库；Redis 命中率太低，太多流量到了数据库，就需要增加一台 PC 服务器部署 Redis。但它不是“银弹”，对于批处理类系统来说，很多情况在业务上限定了并不能做到无状态线性扩展。最典型的就是分库分表和缓存这两个特性，它们在互联网应用中发挥到极致，但是在批处理系统中却受到极大限制。

假设采用分库分表，那么使用哪个字段合适呢？还是一样使用账户进行一致性哈希分区，资产管理部说要根据产品进行管理，理财服务部说要根据客户资产进行管理，各部门有各部门关心的维度，这是一个无底洞。有些读者会说，淘宝系统的买家和卖家就是多维分库分表，实际上淘宝进行双重分片仅仅是因为它只需要两个固定维度即可，支持运营和商家的其他后台管理系统很多（当然这些系统本身也是使用分库分表的），不要指望一个系统满足所有人的需求。

再来看广泛用于抗互联网流量的缓存，缓存之所以能够在交易系统中发挥抗流量的作用，其核心在于缓存内容的粒度。任何时候只需要访问一个客户、商品的信息，相对于整个缓存来说，可能是数千万分之一，即使每分钟有 1% 失效，那剩下的 99% 还是起作用了，它挡掉了 99% 需要到数据库中的流量；对于运营管理系统来说，即使只有 1% 的数据被修改了，也不能告诉用户本次结果 99% 准确，所以用于抗互联网流量的缓存基本上很难在运营管理系统中达到和 to C 一样的效果（除非是纯内存数据库，如 MemSQL）。

2.6.3 取长补短，相互融合

很多非互联网公司的系统在设计和开发上没有严格区分联机交易和批处理，即典型的混合型系统，这些系统白天处理订单、申请及一些运营业务，晚上用于批处理；也有一些系统在应用层部署时独立部署订单和运营管理系统，但是数据库则共用一个实例。这两种做法本身的缺点是只要运营管理系统某个复杂的查询或导出性能突然下降，就会导致所有其他订单业务异常。于是很多公司的做法是采用读 / 写分离或独立的 T-1 查询库，认为这样问题就解决了。这种做法确实降低了查询对生产库的影响，但业务量突然增加时生产库又会有异常。

相比纯粹的 OLTP 系统和批处理系统，混合型系统对设计人员的要求更高，尤其是在设计人员既要负责设计联机系统又要负责设计运营管理系统时。大部分设计开发人员并没有仔细思考过 OLTP 系统和批处理系统在特性上的差别。

对于高并发的 OLTP 系统，按照企业应用的架构和技术栈去实现一定会失败；反之，对于企业运营管理系统直接使用互联网架构去套也一定好不到哪里去。因为在 OLTP 下，开发人员通常希望所有的 SQL 语句都走索引，一个表中包含四五个、甚至七八个复合索引完全是不合理的；对于搜索和推荐，它并不适合使用关系型数据库；对于批处理和运营管理系统则相反，它很可能使用大量的全表扫描并使用复合索引代替全表扫描以提高性能。

因此，对于混合型系统的设计开发来说，合理的组织应该首先划分 OLTP 系统和运营管理系统，然后根据业务领域划分子系统。实际上，大部分做法是先根据业务领域划分子系统，每个小组负责一个子系统，这个小组再将功能划分为交易和批处理。这样做的后果就是在设计和开发时，开发人员根据自己的经验进行设计和开发，而不是根据系统本身的特性进行针对性设计。

这样组织的原因之一是一个组织的资源有限，无法完全满足岗位的需求，为此只能打包到一起开发；另一个原因是交易比批处理更重要，于是做订单的开发人员比做批处理的更重要，其进一步的发展也更好，导致的结果就是如果让开发人员自己选择，他们都会选择做订单而不是做运营管理或者批处理部分。

从纯粹技术角度来看，以 OLTP 为主的订单并不比运营管理或批处理部分更具难度，只是在互联网浪潮下尤其对于 to C 业务，如果大获成功，订单系统的价值更容易量化，导致了这种趋向，这种做法在很多公司都如此。但是仔细观察就会发现，大型互联网公司的系统从一开始就严格区分订单部分和批处理及运营部分，人员也是各司其职，这样可以确保人员符合岗位要求。其性质就与房屋装修一样，通常木工、电工各司其职，写字楼和住宅通常也有不同的专业人员负责设计。

软件开发不同于硬件制造，看不见摸不着，人们通常认为这样进行拆分会导致沟通成本很高，但实际上并非如此。

最典型的就是自从 AngularJS、React、Vue 等前端 MVVM 框架兴起之后，大量的系统和项目都进行前后端分离，通过 REST API 交互。开始有很多团队担心这样会降低效率，增加成本，或者没有人愿意专门做前端。事实却刚好相反，采用这种方式的系统接口设计更加清晰，更加容易适配各种展现方式，无论是 Open API、移动端、PC 端还是 Web，而且很多人并不喜欢做后台，所以从用户体验上也更佳。同各种风格的系统架构类似，没有一种模式总是最优的，只是解决问题的侧重点不同。

2.7 普通商用服务器的当前现状

对于高级开发人员来说，有必要了解普通服务器硬件的当前现状，只有这样才能在系统架构设计和优化时考虑利用硬件设施提供的特性。例如，使用 SAN 存储作为 Oracle 数据文件的存放目录，但是 SAN 存储和主机之间经过了千兆网络或交换机，此时即使 SAN 采用的硬盘全部是闪存，仍无法最大化发挥 SSD 闪存的优势。

合理配置的服务器能够在不增加成本的情况下大大提高系统的性能，而且还可省去大量不必要的开发和优化工作。

2.7.1 摩尔定律的减速

在计算机发展的前几十年，硬件的发展几乎遵循了摩尔定律，即大约每两年，硬件速度就会翻一倍。我们通常认为越新的机器速度越快，CPU 和磁盘也更快，于是很多时候程序员都不太在意如何对软件进行优化，提高运行速度，因为他们知道明年推出的计算机处理器能更好地运行自己的代码。

由于物理元件的限制，缩放效应开始逐渐弱化，CPU 晶体管和能量大幅上升导致应用性能只有小幅增长。读者可以发现，如今大多数处理器的速度都在 3.5GHz 以下，所以现在 CPU 更多地向多核心方向扩展。如今单个物理槽包含二三十个核心，该扩展趋势也放缓了。Intel CPU 目前最大的核心数为 28，大部分服务器出于性价比配置的都是每个槽 20 核以下的 CPU，并且每台服务器能够配置的 CPU 槽数通常非常有限。

2.7.2 CPU的性能

对于单核 CPU 来说，频率越高速度越快，价格通常也是成比例的。如今在运行的所有 CPU 几乎都是多核心的，即使如此，CPU 频率仍然是一个很重要的因素。对于很多串行执行的任务来说，CPU 最大频率仍然是选择 CPU 型号时的一个关键因素。典型英特尔®至强®处理器的核心时钟频率和最大时钟频率如表 2–1 所示。

表2–1　典型英特尔®至强®处理器的核心时钟频率和最大时钟频率

型号	核心主频	最高主频	核心数	线程数	支持路数
E5-2695V4	2.10 GHz	3.30 GHz	18	36	2S
E5-2697V4	2.30 GHz	3.60 GHz	18	36	2S

一般认为越新的型号速度一定越快，在每一个 CPU 各核心均满负荷运行时通常确实如此。但并不是所有核心都满负荷运行，最大时钟速度就可能影响实际的运行速度，且并不是所有的 CPU 型号都支持睿频技术。

另外还需要注意的是，有些高型号的 CPU 频率会比之前版本的频率低。例如，E7-8860 V4 的时钟速度为 2.20 GHz，最大时钟速度为 3.20 GHz；而英特尔®至强®处理器 E7-8870 V4 的时钟速度为 2.10 GHz，最大时钟速度为 3.00 GHz，在选择时需注意。

最后非常重要的一点是，除了服务器本身的插槽限制外，各型号的 CPU 通常都限制了可以并行工作的最大路数，即一台服务器上可以同时安装的物理 CPU 数量。大部分型号的 CPU 以支持 2 路或 4 路为主，有些高端的 CPU 则能够最大扩展到 8 路。通过下列命令可以查看服务器的 CPU 型号、路数及核心数。

```
[root@hs-test-10-20-30-17 ~]# cat /proc/cpuinfo  | grep -E '(cores|Intel\
  (|physical id)' | sort | uniq
cpu cores    : 8
model name   : Intel(R) Xeon(R) CPU E7- 4830  @ 2.13GHz
physical id : 0
physical id : 1
physical id : 2
physical id : 3
```

该服务器有 4 个物理 CPU 或 4 路，每个 CPU 为 8 核，型号为 Intel(R) Xeon(R) CPU E7- 4830。

可以通过下列命令查看线程数：

```
[root@hs-test-10-20-30-17 ~]# cat /proc/cpuinfo  | grep -E '(processor)' | wc -l
 64
```

2.7.3 内存的性能

在计算机中所有的计算和操作都要首先从磁盘加载到内存中，CPU 再从内存中读取进行处理，所以内存对服务器的影响非常大。很多团队在提供内存配置要求时通常只包含了容量，只要还存在 I/O 瓶颈，通常内存越大，速度会越快，这种做法本身是完全正确的。

只不过增加内存容量是从减少 I/O 瓶颈方面进行的，更大的内存不会导致内存速度本身的提升，虽然有些读者可能是这么想的。所以，除了容量本身外，还需要考虑内存的另外两个很重要的指标：频率和通道数。

内存和 CPU 一样，使用频率作为衡量性能的指标之一，频率越高，传输速度越快。以目前主流的内存规格 DDR3 和 DDR4 为例：DDR3 主要频率是 1066MHz、1333MHz、1600MHz、1866MHz、2133MHz、2400MHz；DDR4 相比 DDR3 在频率方面增加了 1 倍左右，传输速度从 2133MHz 起，最高可达 4266MHz。基于 Sisoft Sandra 2012 的不同内存频率传输性能如图 2–9 所示。

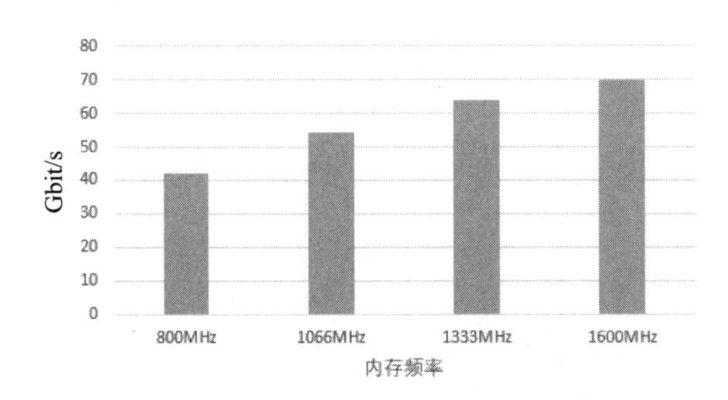

图2–9　基于SiSoft Sandra 2012的不同内存频率传输性能

下列命令可以查看 Linux 服务器中内存条的规格和频率。

```
[root@hs-test-10-20-30-15 ~]# dmidecode -t memory | grep -v 'Not Specified'
Handle 0x1100, DMI type 17, 34 bytes
Memory Device
      Array Handle: 0x1000
      Error Information Handle: Not Provided
      Total Width: 72 bits
      Data Width: 64 bits
      Size: 4096 MB
      Form Factor: DIMM
```

```
Set: 1
Locator: PROC 1 DIMM 1G
Type: DDR3
Type Detail: Synchronous
Speed: 1333 MHz
Rank: 2
Configured Clock Speed: 800 MHz
```

除了内存频率外，通道数也是一个非常重要的因素。它是一种内存的带宽加速技术，理论上双通道是单通道的 2 倍，以此类推，但实际上会有一定的损失。目前主流内存条最多支持四通道，其中三通道和四通道主要用于服务器环境。基于 Sisoft Sandra 2012 的不同通道数内存传输性能如图 2–10 所示。

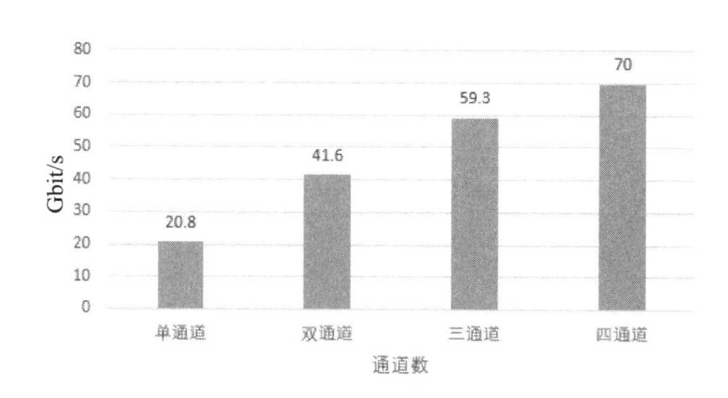

图2–10　基于SiSoft Sandra 2012的不同通道数内存传输性能

2.7.4　硬盘及I/O子系统的性能

当客户要求提供所需的系统容量时，很多团队提供给客户的都是业务容量，如 1TB 存储，并没有明确告诉客户对存储的要求。例如，需要 1TB SSD 存储或需要 200GB SSD、800GB 硬盘存储，其中硬盘存储的 80/20 8kB 读 / 写混合的 IOPS 必须达到 8000/2000，设备延迟在 4ms 内，于是客户准备了 1.2 TB 的硬盘，设备延迟为 7ms，混合读 / 写比例为 6000/1300。

硬盘分为机械硬盘和固态硬盘（Solid State Disk，SSD），机械硬盘根据接口类型分为 SAS 盘和 SATA 盘，SAS 盘能满足高性能、高可靠性的应用，而 SATA 盘能满足大容量、非关键业务的应用。一般来说，不管是使用机械硬盘还是固态硬盘，首先都会评估下列 3 个指标。

（1）IOPS（Input/Output Per Second），即每秒的输入 / 输出量，是衡量磁盘性能的主要指标之一。IOPS 是指单位时间内系统能处理的 I/O 请求数量，一般以每秒处理的 I/O 请求数量为单位。I/O 请求通常为读或写数据操作请求，主要用于随机读 / 写频繁的应用，如小文件存储、OLTP 数据库、邮件服务器，关注随机读 / 写性能。

（2）Mbps，主要用于顺序读 / 写频繁的应用，传输大量连续数据，如视频点播、分布式文件系统，关注连续读 / 写性能，数据吞吐量是其关键衡量指标。

（3）磁盘响应时间，即磁盘完成一个 I/O 请求所花费的时间。

针对这 3 个指标推断需要多少固态硬盘、多少机械硬盘，以及各自的容量和规格，这些指标通常可以通过 fio 测试得到。需要注意，实际测试中 IOPS 数值会受到很多因素的影响，包括 I/O 负载特征、系统配置、操作系统、磁盘驱动等，因此不同场景下的测试结果通常差异较大。

1. 机械硬盘

对于机械硬盘，我们需要知道其在使用过程中会有盘片的高速转动和机械臂摆动，这种天然的物理限制决定了机械硬盘完成一次 I/O 请求需要由寻道（Seek）时间、旋转（Rotation）延迟时间和数据传输（Transfer）时间 3 部分构成。

- 寻道时间：指将读 / 写磁头移动至正确的磁道上所需要的时间。寻道时间越短，I/O 操作越快，目前磁盘的平均寻道时间一般为 3~15ms。
- 旋转延迟时间：指盘片旋转将请求数据所在扇区移至读 / 写磁头下方所需要的时间。旋转延迟时间取决于磁盘转速，通常是用磁盘旋转一周所需时间的 1/2 表示。例如，7200r/min 的磁盘平均旋转延迟大约为 60 × 1000/7200/2 = 4.17ms，而转速为 15000r/min 的磁盘其平均旋转延迟为 2ms。
- 数据传输时间：指完成传输请求数据所需要的时间，它取决于数据传输速率，其值等于数据大小除以数据传输速率。目前 IDE/ATA 的接口传输速率能达到 133MB/s，SATA II 可达到 300MB/s，数据传输时间通常远小于前两部分消耗的时间，简单计算时可忽略。

服务器机械硬盘包括 3 种主流转速的硬盘，分别为 15000r/min、10000r/min、7200r/min，它们的平均物理寻道时间、旋转延迟时间及理论 IOPS 每秒的随机读次数如表 2–2 所示。

表2–2　机械硬盘性能指标

磁盘转速（r/min）	寻道时间/ms	旋转延迟时间/ms	理论IOPS/次
7200	9	60 × 1000/7200/2 = 4.17	1000 / (9 + 4.17)=76
10000	6	60 × 1000/10000/2 = 3	1000 / (6 + 3) = 111
15000	4	60 × 1000/15000/2 =2	1000 / (4 + 2) = 167

2. 固态硬盘

由于最快的机械硬盘延迟也需要几毫秒，在很多交易系统中，一旦发生需要磁盘访问的情况，系统的响应时间将受到极大的影响，因此很多用户会选择配备一部分固态硬盘作为二级缓存或者全部采用固态硬盘。

相比传统机械硬盘，固态硬盘具有快速读 / 写、质量小、能耗低及体积小等特点。固态硬盘不用磁头，寻道时间几乎为 0，持续写入的速度非常惊人，固态硬盘厂商大多会宣称自家的固态硬盘持续读 / 写速度超过了 500MB/s。固态硬盘的快绝不仅仅体现在持续读 / 写上，随机读 / 写速度快才是固态硬盘的最大优势，这直接体现在绝大部分的日常操作中。与之相关的还有极低的存取时间，最常见的 7200r/min 机械硬盘的寻道时间一般为 12~14ms，而固态硬盘可以轻易达到 0.1ms 甚至更低，这将极大地降低系统响应时间。

固态硬盘根据存储介质不同分为两种，一种是采用闪存（Flash 芯片）作为存储介质，这也是通常所说的 SSD；另一种是采用 DRAM 作为存储介质，主要用于移动设备。

根据所使用的接口不同，固态硬盘分为 SATA 接口固态硬盘和 PCI-E 3.0 接口固态硬盘，主流的接口是 SATA（包括 3Gbit/s 和 6Gbit/s 两种）接口。PCI-E 接口和 SATA 接口的固态硬盘的主要区别在于最大传输速度不同。

- SATA 接口固态硬盘的最大传输速度仅为 8Gbit/s，实际传输速度约为 560MB/s。
- PCI-E 接口固态硬盘的最大传输速度可以达到 16Gbit/s，实际传输速度约为 1560MB/s。使用 PCI-E 接口的闪存通常称为快速闪存卡，主要用于高端数据库服务器中，如 Oracle Exadata 使用的就是大量闪存，每个服务器机架可提供多达 460 TB 的闪存容量。

虽然固态硬盘相比传统机械硬盘有着各种优势，尤其是速度的大幅度提升，但是任何事物都有两面性，它也有与生俱来的缺点，主要包括以下 3 点。

- 容量小：固态硬盘最大容量仅为 4TB，如闪迪（SanDisk）发布的 Optimus MAX。
- 寿命限制：固态硬盘存在擦写次数限制的问题，这也是许多人诟病其寿命短的原因。但是，企业级 SSD 一般使用 MLC 闪存，所以理论上不用担心其寿命问题。
- 售价高：固态硬盘的价格目前仍然比机械硬盘要高得多，普遍是机械硬盘价格的 3~4 倍，这也是导致很多企业在非必须情况下不采用固态硬盘的主要因素之一。

3. RAID

因为服务器硬盘对稳定性和可靠性有着很高的要求，所以很少会有使用一两块硬盘进行工作的情况，无论是 DAS 还是 SAN 通常都会采用 RAID（Redundant Arrays of Independents Disks，独立冗余磁盘阵列）技术，高端系统和中低端系统均是如此。RAID 技术如此流行，源于其具有显著的特征和优势，基本可以满足大部分的数据存储需求。总体说来，RAID 主要优势有如下几点。

- 大容量。这是 RAID 的一个显然优势，它扩大了磁盘的容量，由多个磁盘组成的 RAID 系统具有海量的存储空间。现在单个磁盘的容量就可以达到 1TB 以上，这样 RAID 的存储容量就可以达到 PB 级，可以满足大多数的存储需求。
- 高性能。RAID 的高性能受益于数据条带化技术。单个磁盘的 I/O 性能受到接口、带宽等计算机技术的限制，性能往往很有限，容易成为系统性能的瓶颈。通过数据条带化，RAID 将数据 I/O 分散到各个成员磁盘上，从而获得成倍增长（与单个磁盘相比）的聚合 I/O 性能，如 5 块磁盘组成的 RAID 0 理论上可以得到单块磁盘 5 倍的 I/O 性能。
- 可用性和可靠性。可用性和可靠性是 RAID 的另一个重要特征。镜像是最为原始的冗余技术，其把某组磁盘驱动器上的数据完全复制到另一组磁盘驱动器上，保证总有数据副本可用。比起镜像 50% 的冗余开销，RAID 数据校验要小很多，它利用校验冗余信息对数据进行校验和纠错，保证了若干磁盘出错时不会导致数据的丢失，不影响系统的连续运行。

- 可管理性。实际上，RAID 是一种虚拟化技术，它将多个物理磁盘驱动器虚拟成一个大容量的逻辑驱动器。对于外部主机系统来说，RAID 是一个单一的、快速可靠的大容量磁盘驱动器，这样用户就可以在这个虚拟驱动器上组织和存储应用系统数据。同时，RAID 可以动态增减磁盘驱动器，可自动进行数据校验和数据重建，这些都可以大大简化管理工作。

RAID 技术主要包含 RAID 0~RAID 7 等数个规范，它们的侧重点各不相同，常见的 RAID 规范有如下几种。

- RAID 0：连续以位或字节为单位分割数据，并行读 / 写于多个磁盘上，因此具有很高的数据传输速率，但它没有数据冗余，因此并不能算是真正的 RAID 结构。RAID 0 只是单纯地提高性能，并没有为数据的可靠性提供保证，而且其中的一个磁盘失效将影响到所有数据。因此，RAID 0 不能应用于数据安全性要求高的场合，实际中也几乎没有使用。
- RAID 1：通过磁盘数据镜像实现数据冗余，在成对的独立磁盘上产生互为备份的数据。当原始数据繁忙时，可直接从镜像中复制读取数据，因此 RAID 1 可以提高读取性能。RAID 1 是磁盘阵列中单位成本最高的，但也提供了很高的数据安全性和可用性。当一个磁盘失效时，系统可以自动切换到镜像磁盘上读 / 写，而不需要重组失效的数据。
- RAID 0+1：也称 RAID 10 标准，实际上 RAID 0+1 是将 RAID 0 和 RAID 1 标准结合的产物，在连续以位或字节为单位分割数据并且并行读 / 写多个磁盘的同时，为每一块磁盘做磁盘镜像。它的优点是同时拥有 RAID 0 的超凡速度和 RAID 1 的数据高可靠性，但是 CPU 占用率同样也更高，而且磁盘的利用率比较低。
- RAID 5：RAID 5 不单独指定奇偶盘，而是在所有磁盘上交叉地存取数据及奇偶校验信息。在 RAID 5 上，读 / 写指针可同时对阵列设备进行操作，提供了更高的数据流量。RAID 5 更适合于小数据块和随机读 / 写的数据。
- RAID 6：与 RAID 5 相比，RAID 6 增加了第二个独立的奇偶校验信息块。两个独立的奇偶系统使用不同的算法，数据的可靠性非常高，即使两块磁盘同时失效也不会影响数据的使用。但 RAID 6 需要分配给奇偶校验信息更大的磁盘空间，相对于 RAID 5 有更大的“写损失”，因此“写性能”非常差。较差的性能和复杂的实施方式使 RAID 6 很少被实际应用。

4. SAN

SAN（Storage Area Network，存储区域网络）是一种高速的、专门用于存储操作的网络，通常独立于计算机局域网（Local Area Network，LAN）。SAN 将主机和存储设备连接在一起，能够为其中任意一台主机和任意一台存储设备提供专用的通信通道。

SAN 将存储设备从服务器中独立出来，实现了服务器层次上的存储资源共享。SAN 将通道技术和网络技术引入存储环境中，提供了一种新型的网络存储解决方案，能够同时满足吞吐率、可用性、可靠性、可扩展性和可管理性等方面的要求。FC-SAN 是为在服务器和存储设备之间传输大块数据而进行优化的，因此对于以下应用来说是理想的选择。

- 关键任务数据库应用，其中可预计的响应时间、可用性和可扩展性是基本要素。
- 集中的存储备份，其中性能、数据一致性和可靠性可以确保企业关键数据的安全。
- 高可用性和故障切换环境可以确保更低的成本和更高的应用水平。
- 可扩展的存储虚拟化，可使存储与直接主机连接相分离，并确保动态存储分区。
- 改进的灾难容错特性，在主机服务器及其连接设备之间利用高性能和高可靠的光纤通道实现远距离容灾。

SAN 虽然有可以提供非常高的带宽并进行存储整合等各种优点，但是其基础设施成本很高，尤其是在光纤通道中，低端的 SAN 又体现不出优势。DAS 虽然可能会浪费部分存储，但很多情况下其能够为单一应用提供和 SAN 一样的高性能和可靠性，所以仍有很多企业仅在必须使用共享存储的应用中使用 SAN，如部署 Oracle Rac 时。

5. RDMA

RDMA（Remote Direct Memory Access，远程直接内存访问）是为了解决网络传输中服务器端数据处理的延迟而产生的。RDMA 通过网络把资料直接传入计算机的存储区，将数据从一个系统快速移动到远程系统存储器中，而不对操作系统造成任何影响，这样就不需要用到多少计算机的处理能力。它消除了外部存储器复制和上下文切换的开销，因而能解放内存带宽和 CPU 周期，用于改进应用系统性能，达到高吞吐、低延迟的网络通信，尤其适合在大规模并行计算机集群中使用。它和传统 TCP/IP 的区别如图 2–11 所示。

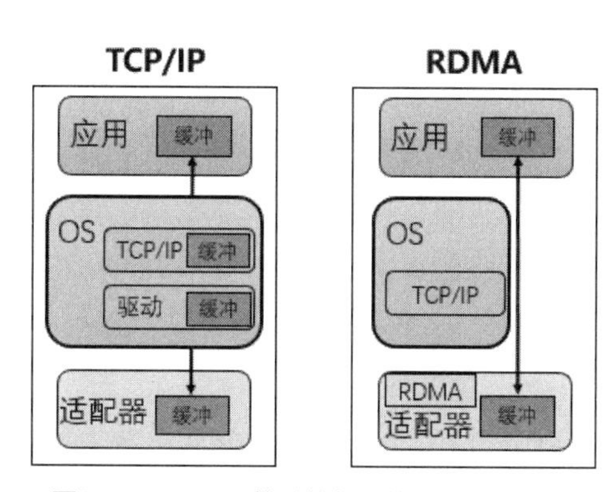

图2–11　RDMA协议栈与传统TCP/IP的区别

目前 RDMA 有 3 种不同的硬件实现，分别是 InfiniBand、iWARP（internet Wide Area RDMA Protocol）及 RoCE（RDMA over Converged Ethernet）。对应用层来说它们是透明的，如图 2–12 所示。

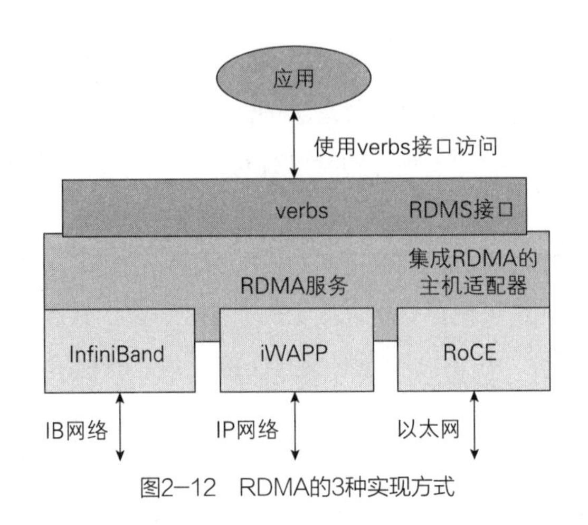

图2-12 RDMA的3种实现方式

InfiniBand 是一种专为 RDMA 设计的网络，从硬件级别保证可靠传输，需要支持该技术的 NIC 和交换机。

RoCE 是一个允许在以太网上执行 RDMA 的网络协议，较低的网络标头是以太网标头，较高的网络标头（包括数据）是 InfiniBand 标头，这种实现使得可以在标准以太网基础设施上使用 RDMA。只有网卡是特殊的，支持 RoCE。

iWARP 是一个允许在 TCP 上执行 RDMA 的网络协议。InfiniBand 和 RoCE 中存在的功能在 iWARP 中不受支持。但是 iWARP 支持在标准以太网基础设施（交换机）上使用 RDMA，并且要求支持 iWARP（如果使用 CPU 卸载），否则所有 iWARP 堆栈都可以在 SW 中实现，这样就丧失了大部分 RDMA 的性能优势。

2.7.5 网络的性能

同企业数据中心会使用各种规格和性能的磁盘类似，网络环境也各有差异。在办公环境和很多中小型数据中心仍然以千兆网络为主，随着越来越多的企业虚拟化为云计算和分布式计算做准备，如今在很多企业数据中心都部署了万兆（10GbE）网络，在服务器和存储之间使用了 InfiniBand 技术，它们的速度可以达到几十 Gbit/s 甚至几百 Gbit/s。相比 FC，InfiniBand 的优势主要体现在性能是 FC 的 3.5 倍，延迟是 FC 交换机的 1/10，且支持 SAN 和 NAS。

不同的网络架构将影响系统架构设计，针对千兆网络存在瓶颈进行优化的方案很可能在万兆以上网络环境下是一个较差的方案，反之亦然。除了需要了解网络带宽外，还需要理解延迟，不同的网络延迟也会极大地影响整体的响应时间。例如，大多数千兆以太网的网络延迟都在 0.1ms 左右，一次请求意味着即使一个什么都不做的空的来回最快也需要 0.2ms 才能完成，这样当部署 Oracle Rac 时，在存储和 Rac 节点及 Rac 各节点之间的通信采用 IP SAN 技术显然不是一个最佳方案。

虽然万兆网络相对千兆网络能够带来极大的提升，但是其升级成本要高得多，不仅主机网卡要升级，各级网络设备很可能也都要升级，这会导致巨大的成本投入。所以，很多大型企业的做法是在新建设的系统或系统地进行大版本升级换代时直接迁移到万兆网络架构的 VLAN 或数据中心。

2.7.6　各组件访问相对速度参考

前面讨论了当今普通商用 PC 服务各主要组件的性能，以及各组件不同规格的比较，本小节将对各组件相对访问速度做一个汇总供读者参考。这些信息主要来自厂商官方基准测试报告或白皮书，并且经过实际环境验证，有一定的参考价值，如表 2–3 所示。

表2–3　服务器各子系统访问延时参考

组　件	子 组 件	相对访问延时
内存	内存	5~6ns
网络	10Gb以太网	5~50μs
	1Gb以太网	50~125μs
	RDMA/RoCE	3~5μs
	InfiniBand（QDR）	3μs
存储	闪存	10~200μs
	15000r/min	2ms
	10000r/min	3ms
	7200r/min	4.2ms
	5400r/min	4.6ms

2.7.7　业务容量和实际所需的设备容量

对于服务器硬件的讨论，最后要谈的是容量。通常应用开发商是根据实际所需的最大业务容量乘以一定的基数进行规划的。例如，要保存 2 年的交易数据，最近 3 个月的数据需要随时可供查询，3 个月至过去 2 年的数据可以慢一点，更早的数据在需要时能够恢复查询到即可。实际上通常就是按照 2 年的潜在数据量提供的，而在实际运行时客户经常会发现运行到 1 年时空间就不够了。

之所以会出现这种情况，是因为在实际的系统运行中，很多应用会进行逻辑备份，有些操作过程中为了误操作时可尽快恢复，创建了备份表，同时数据库本身运行也会包含很多其他的非业务相关数据。例如，在一个大型系统中，在线 Redo 日志、Undo 表空间、临时表空间等加起来就占据了几百 GB。如果使用了其他特性，如闪回数据归档、增量刷新物化视图、各种复合索引等，加之这些支持业务系统正常运行的特性，运维和应用开发团队没有及时进行维护，将会导致空间的占用远比理想的要快得多。

除了这些应用和系统本身产生的额外容量需求外，还需要考虑基础设施本身高可用、容灾、误操作恢复等目的增加的额外需求，很可能实际使用的存储量是业务实际所需容量的 6 倍。对于服务器和其他设备也一样，通常实际所需容量要远比业务所需的理论容量大得多。

2.8 虚拟化和云主机的影响

如今很多企业都将一些微服务部署在虚拟化环境中，相比物理服务器，优点是扩展性好，成本低，是实现快速资源服务的途径，但这并不意味着 IT 部门可以忽视虚拟机实施前和向虚拟基础设施分配应用之前的容量规划和测试。

很多企业用户在应用了动态虚拟机之后才意识到没有测试 I/O、占用率等其他问题，就匆匆将新的应用或服务器搬进了虚拟环境，这往往会带来很大的问题，包括容量、性能、配置或自动化部署和管理等方面。轻视虚拟化应用中的系统管理的复杂程度，造成系统管理不到位，将是虚拟化应用中致命的问题。

虽然虚拟化已经流行十多年，并且很多底层都经过了层层改进，但是 I/O 和 CPU 方面，其性能通常要比裸机低 5%~30%，所以当系统运行在虚拟化环境中时，一定要额外预留空间。

对于重要应用来说，部署在虚拟化环境中最大的挑战在于如何平衡系统的稳定性及提高资源利用率。对于很多提供给客户的关键型应用，保证持续稳定的高性能是最重要的，而虚拟化最大的目标在于减少企业计算资源的闲置。一台物理服务器上会部署尽可能多的虚拟机以提高利用率，因此虚拟化在数十台物理服务器以上的环境中才会体现出明显的益处。此时应用也需要由原来的大型集中式架构调整为微服务架构才能利用虚拟化分布式计算的优势，如果在应用架构上采用的仍然是集中式，那么可能会导致资源的严重浪费。

对于虚拟化部署，就要提及公有云主机的独有特性，如阿里云和腾讯云。相比私有云环境，公有云环境由于大量租户共享物理资源，如磁盘、网络带宽，因此不同时间应用的性能差距可能很大。例如，早上七八点时 I/O 速度通常要比下午三四点快很多，因为很多企业应用下午三四点都是使用高峰。

2.9 限制性能友好技术架构的原因

除了设计本身没有考虑到位外，也有一些系统因为非技术原因导致最终效果不理想，这些原因很多一线开发人员并非不清楚，但是最终受制于各种因素才导致比较中庸，本节将主要讨论一些典型的原因。

2.9.1　不想让系统太复杂

虽然互联网架构从逻辑上看起来很自然，但是一直从事集中式系统开发的开发人员很可能会排斥互联网架构，他们觉得采用互联网架构使系统太复杂了，而且他们本身并不关心采用什么架构，只是公司限定了技术架构使他们不得不采用该技术栈。

于是他们希望尽可能地简化系统组件，只要能够精简的最好都精简。例如，笔者曾遇到一个开发团队在使用 Dubbo 开发微服务系统时强烈要求不使用注册中心，也有些分布式系统使用 servlet 容器的分布式会话管理而不是采用分布式缓存，如 Redis。当需要高效的分布式锁或者分布式协调时，直接利用数据库的悲观锁来实现，这样就不需要引入 Redis 或 Zookeeper 中间件。

但是当决定使用各种中间件时，一定要做好各种中间件本身需要维护的心理准备，不然这些都会成为系统开发和维护期间最脆弱和最容易被忽视的环节。

2.9.2　技术管理中心有规定

很多公司都规定了哪些技术和三方库可以使用或者必须使用，哪些不可以使用，并通过 maven 私服仓库限定了只有技术管理部有权限提交。而很多公司的技术管理部是一个职能部门，而非由一线技术专家团队组成，导致了很多技术组件和中间件的选择要么不是最优的，要么过时之后也没有人去定期维护和更新。这种现象笔者在很多公司见过，也听过团队的抱怨。如分布式缓存使用 Couchbase 3.0、开源数据库使用 MySQL 5.16、分库分表使用 MyCat、JDK 使用 1.7，Java 三方开源也类似。

技术人员有时和非技术人员沟通最怕的就是讨论技术，即我们所说的跨界，于是很多的选择就成了仅仅是可以用，最后发现使用上的各种问题。还有一些公司不管是否合适本公司客户的实际现状，直接照搬阿里、Google 的架构模式，进行从上往下强压。例如，不允许任何批处理，必须全部 RPC 逐条处理，并且不使用任何的缓存，直接读 / 写数据库，即使每次要处理数十万条记录也要求这么做，等等，这些可能适合于具有上千台云服务器可用的分布式计算，但并不一定适合实际情况。

大家认同也推荐对技术栈统一管理，但是每种应提供至少两三种主流模式供选择，而不是唯一的选择，同时每个系统应仅使用一种同类技术实现，否则容易混乱。

2.9.3　开发团队临时拼凑

有些系统在开发时没有经过合理的设计和规划，也没有比较完善的基础设施，产品经理或者销售经理认为和现有的业务系统类似，所以在没有和开发团队商量的情况下，就同意了客户要求的系统上线时间，却忽略了技术架构是否和原来的保持一致。

接到该项目的开发团队通常只能赶鸭子上架，没有架构设计、评审，人员也是各处借调拼凑的，就直接开始数据库设计、编写代码，开发期间东缺少一块、西缺少一块，而这正是新系统不稳定的极大因素之一。

很多下一代系统的开发是因为现有系统可扩展性太差，某些业务功能之间耦合性太强，如风控和交易交织如麻花。结果在新一代系统中风控和交易是解耦了，但风控和规则引擎却开始耦合了，为了在另外一个系统中重用基础框架，不得不再一次进行梳理和抽取共用，而且由于规范没有落地保障机制，基础框架必须包含很多的适配接口才能达到共用的目标。

2.10 按照规范执行后，性能和扩展性还是不理想

有些读者会说上面讲的方法和原则都照做了，各种限制性问题也解决了，但是系统仍然扩展性较差，不稳定，性能较低。例如，每次需要真正部署到多服务器或进行拆分后出现各种问题；接口之间相互不一致，如有些返回 0 代表成功，有些返回 success 字符串代表成功；在开发、测试环境表现都很好的模式，在性能测试环境和生产环境却经常出现问题。

出现这些现象确实不少见，因为开发环境很可能使用的是固态硬盘而实际数据中心运行的是机械硬盘，即定义了一个 int 类型的返回值却没有限定为枚举类型，也没有为此定义常量；也可能让客户准备了 SSD 但是没有要求网络必须万兆，而导致主机间通信性能出现瓶颈；也可能仅应该在某些情况下使用的一些特性被当作普适性性能使用，等等，这些问题都可能导致总体原则都应用了，但是效果并不如预期的那么好。

就如人们常说成功的系统都类似，失败的系统却各有不同，当进行深入分析时，通常会发现失败的系统大都形似而神不似，造成这种结果的主要有以下两个原因。

2.10.1 让合适的人去做

分析不成功的系统可以发现本质原因，通常是因为不合适的人做了他认为最佳的决定。如让一个一直从事前端开发的人员去设计后台 Java 应用架构，那么通常不会得到一个好的架构；Java 开发人员去研究 NoSQL 通常也并不是一个最佳的决定；一个一直做社交类应用的架构师去直接负责金融交易系统的架构设计，这也不一定是一个明智的决策，当然如果他有类似系统的参与经验，也很有可能设计出良好的架构。

在大部分情况下，并不是这些做决定的人故意做出非最优的决定，而是因为彼得原理在起作用。管理者通常认为甲既然能够做好 Java，一定也能够做好 Oracle，所以指派甲负责某件事，甲通常只能接受，而甲可能自身并不感兴趣，也可能因为缺少经验，在短期内临阵磨枪导致相关事项考虑不周全，最终导致所做决定不佳。

这类情况比较多，如负责制订性能测试规划的人至少应该懂性能分析和优化，实际上却是一个应届生或者一个工作一两年的测试工程师。

除了这些相对非主观原因外，也可能是因为负责决定的那个人自认为语言和语言之间是类似的，数据库和数据库之间也是类似的，它们只是语法略微有不同而已；而实际却是语法都是类似的，原理也是类似的，但是实现机制却有着天壤之别。

笔者曾任职过的一家公司，其中有一套托管的金融系统几乎每周都会有 MySQL 实例在交易中出现内存溢出进而导致自动重启，即使内存从 8GB 升到 16GB、32GB 仍然如此，看起来无一例外且没有规律。经过分析发现，该系统所有的逻辑都在存储过程中，并且导致了系统不定时重启。之所以如此，是因为原技术负责人擅长 Oracle 存储过程开发，没有 Java 或 C++ 经验，认为 Oracle 运行得不错，所以 MySQL 一定也是如此。

2.10.2 80/20原则：避免“一刀切”

第二个主要原因是太依赖于拿来主义，凡事都想“一刀切”。当遇到数据库查询慢时，第一个想法就是使用索引，于是对于任何慢查询，所做的就都是增加索引；当发现采用并行执行是一个提高性能的好方法时，就大量地使用并行执行；测试时这些方法都生效了，于是规定所有的查询字段必须创建索引，所有超过多少数据量的操作必须采用并行执行。但是很快就会发现情况并非如此，增加索引后仍然很慢，采用并行执行比串行执行的测试结果更慢。

之所以会出现这种情况，是因为人们都希望正确答案只有一个，不希望答案有很多个。只有一个答案意味着不需要思考直接套用即可，不仅省事而且没有风险；有多个答案意味着需要分析上下文环境确定最合适的那个答案，如果上下文会根据运行环境而变化，意味着事情更加复杂，原来可以直接在编码时确定的答案现在要到运行时才能确定，无疑会增加初始开发成本，于是本能驱使开发人员选择了那个简单但不一定总是合适的答案。

2.11 多租户应用的挑战

如今很多应用都支持多租户模式，多租户应用相对于单租户应用而言，最大的差别在于任何时候都会有很多客户同时在一个容器、数据库中使用应用，大量的租户能够共享同一堆栈的软、硬件资源，每个租户能够按需使用资源，系统需要提供和单租户应用一样的服务质量，能够对软件服务进行客户化配置，而且不影响其他租户的使用，不能因为 A 客户在进行备份或恢复而影响其他客户的操作，也不能因为 A 客户的误操作而导致 B 客户受到影响。

从纯粹逻辑上来看，实现多租户应用并不复杂，无非就是在进行所有操作时都必须加上租户号，这样问题就解决了，这对于简单的应用确实可行。但是，对于 to B 应用来说，大部分情况下，像 to C 一样靠单一应用功能就获得巨大客户群体并创造巨大收益的情况很少见，除非开发的是类似 Oracle、SQL Server 这样非常通用的系统程序，或者类似 Atlassian 公司开发的 JIRA、Confluence 及 Office 365 的企业协同软件。

大部分应用是在基础功能的基础上包含一部分的增值服务或者二次开发功能，这部分在各租户间通常不共享。有些读者会说，那就针对每个租户部署一个数据库用户，这样就解决了，这样确实解决了租户的完全独立性问题，但是服务器资源成本和升级成本会大大增加，而正是因为整合才体现出了多租户的价值。这两种实现方式的多租户系统笔者都曾参与过，不存在绝对的谁优谁劣，只是考量点不同，不加思考地随便选择一种，到最后一定会导致维护成本高昂，系统还不一定稳定。

总体来说，多租户技术面临的额外技术难点包括数据隔离、客户化配置、架构扩展、性能定制，这也是在系统架构时必须提前考虑的。如果认为在单租户的基础上增加一个租户 ID 的字段，就能实现应用从单租户升级到多租户，这样做注定会失败。笔者至少目睹过多个这样做的系统失败，从单租户到多租户从架构上来说几乎需要在每一个架构点上增加一个维度，其逻辑复杂性呈指数级而非数量级增加。

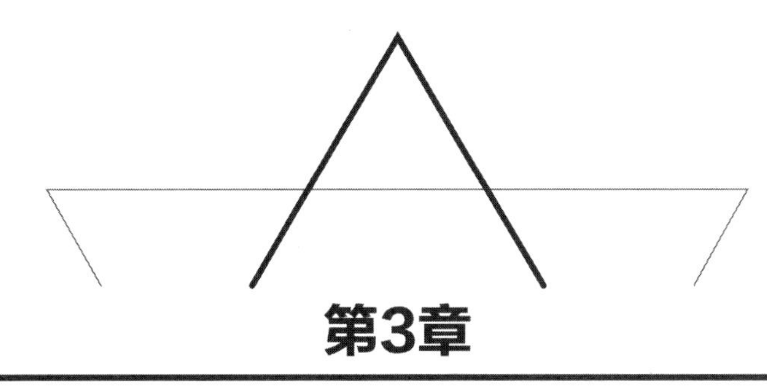

第3章

理解Oracle运行机制

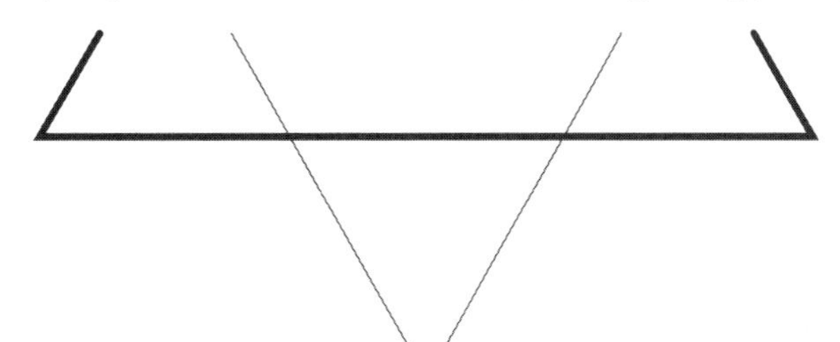

本章首先从基于磁盘数据库的特性开始，阐述磁盘数据库的弱项。然后讲解是否应该使用Oracle的某些特有特性，如何正确及更好地使用Oracle。前几节虽然和Oracle使用不直接相关，但是它们限定了大框架，对它们的理解和选择在很大程度上影响了后续的一系列重要决定，并最终影响系统性能。接下去重点讨论Oracle的体系架构，多版本控制、事务、Redo、Undo等重要的Oracle运行机制，它们是掌握高效Oracle设计和优化的重中之重。

3.1 基于磁盘数据库的弱项

事务数据库的特性包括原子性（Atomicity）、一致性（Consistency）、隔离性（Isolation）和持久性（Durability），简称ACID。前3个特性因为和业务结合得相对比较紧密，通常会在无意中考虑得更多，第4个特性持久性，除了DBA和数据库内核开发人员外，大部分开发人员只关心逻辑上应该如此，并不关注实现上能否满足业务要求，以及如何借助它更加高效地实现业务功能，这也是本节要讲的内容。这里假设读者已经掌握ACID。

对于基于磁盘的数据库来说，持久性是涉及最后物理磁盘操作的。前面章节介绍了普通商用服务器各组件之间的性能差异，磁盘相对于内存来说要慢好几个数量级，所以对于任何满足ACID特性的基于磁盘的数据库来说，最小化不必要的持久性是让数据库保持高性能的关键之一。需要注意的是，不仅写入是持久化，写入的数据最终是为了读取，所以读的成本也需要算进去。

由于硬盘速度慢是目前无法突破的物理限制，而一个事务中通常会包含不止对一个数据块的修改，如修改账户余额要同时记录资金流水，因此对于修改后数据库的存储，现代数据库等都采用先写日志（Write Ahead Logging，WAL）技术，尽可能将数据块的随机写转换为Redo日志的顺序写来提高整体的吞吐量。

而读则基于相邻的数据通常会被一起访问的原则，尽可能采取预读技术，将多个连续但是当前没有明确请求的块一次性读取到内存来提高读的速度。例如，在Oracle中，可以通过初始化参数控制全表扫描和快速全索引扫描时每次读的块数。相对于随机读/写来说，顺序读/写的速度则要快数倍到数十倍。

为了让读者更加深刻地理解并加深记忆，可以进行一个测试。对于Insert单表操作，如果直接访问磁盘，Oracle的TPS能达到多少？为了不让Oracle sga缓存，同时尽量模拟随机写，使用6张分别在不同表空间的表，这些表空间已经包含500MB~5GB初始数据，因为不同的filesystemio_options会导致不同的结果，这里以Linux下默认值None为例。测试数据和表结构如下：

```
create table io_test_1(id int,text1 char(2000),text2 char(2000),text3
  char(2000))storage(initial 100m) tablespace SOE;
create table io_test_2(id int,text1 char(2000),text2 char(2000),text3
  char(2000))storage(initial 100m) tablespace USERS;
```

```
create table io_test_3(id int,text1 char(2000),text2 char(2000),text3
  char(2000))storage(initial 100m) tablespace EXAMPLE;
create table io_test_4(id int,text1 char(2000),text2 char(2000),text3
  char(2000))storage(initial 100m) tablespace USERS;
create table io_test_5(id int,text1 char(2000),text2 char(2000),text3
  char(2000))storage(initial 100m) tablespace SOE;
create table io_test_6(id int,text1 char(2000),text2 char(2000),text3
  char(2000))storage(initial 100m) tablespace EXAMPLE;
-- 创建测试物理读/写过程
create or replace procedure fnc_iotest as
begin
  for i in 1 .. 100000 loop
    insert /*+ APPEND_VALUES NOLOGGING */ into io_test_1 values (1, sys_
      guid(), sys_guid(), sys_guid());
    commit;
    insert /*+ APPEND_VALUES NOLOGGING */ into io_test_2 values (1, sys_
      guid(), sys_guid(), sys_guid());
    commit;
    insert /*+ APPEND_VALUES NOLOGGING */ into io_test_3 values (1, sys_
      guid(), sys_guid(), sys_guid());
    commit;
    insert /*+ APPEND_VALUES NOLOGGING */ into io_test_4 values (1, sys_
      guid(), sys_guid(), sys_guid());
    commit;
    insert /*+ APPEND_VALUES NOLOGGING */ into io_test_5 values (1, sys_
      guid(), sys_guid(), sys_guid());
    commit;
    insert /*+ APPEND_VALUES NOLOGGING */ into io_test_6 values (1, sys_
      guid(), sys_guid(), sys_guid());
    commit;
  end loop;
end;
```

4 个并发调用 fnc_iotest，测试时间大约为 6min 15s。

```
SQL> select trunc(sum(cnt) / 375)
  2    from (select count(1) cnt from IO_TEST_1 t
  3          union all
  4          select count(1) cnt from IO_TEST_2 t
  5          union all
  6          select count(1) cnt from IO_TEST_3 t
  7          union all
  8          select count(1) cnt from IO_TEST_4 t
  9          union all
 10          select count(1) cnt from IO_TEST_5 t
 11          union all
 12          select count(1) cnt from IO_TEST_6 t);
TRUNC(SUM(CNT)/375)
-------------------
                560
```

从上可知，平均每秒执行了约 560 次物理写。在此期间的物理写性能负载如图 3–1 所示。

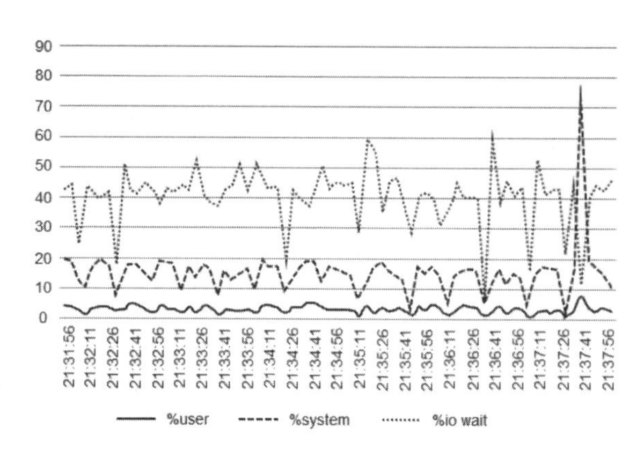

图3–1　物理写性能负载

I/O 负载平均在百分之四五十，在此期间，设备的利用率为 100%，基本上到了瓶颈。

根据第 1 章所述，使用第三方工具如 fio/orion 和实际的应用测试相比通常会有一定的差距，知道实际跑数据库的磁盘速度，对在生产或者性能测试环境下预估一些长时间的 SQL 是有一定帮助的。

要测试读取，需要将 SGA 降低到 256MB，同时还需要将 filesystemio_options 设置为 directio 以绕过操作系统缓存，这样缓冲区的缓存就只有不到 100MB，尽可能地让 Oracle 从磁盘加载以达到随机读的测试效果。其测试程序如下：

```
create or replace procedure fnc_iotest_read as
v_text1 char(2000);
v_text2 char(2000) ;
v_text3 char(2000) ;
begin
  for i in 1 .. 35000 loop
    select text1,text2,text3 into v_text1,v_text2,v_text3 from io_test_1
      where id = trunc(dbms_random.value(1,35001));
    select text1,text2,text3 into v_text1,v_text2,v_text3 from io_test_2
      where id = trunc(dbms_random.value(1,35001));
    select text1,text2,text3 into v_text1,v_text2,v_text3 from io_test_3
      where id = trunc(dbms_random.value(1,35001));
    select text1,text2,text3 into v_text1,v_text2,v_text3 from io_test_4
      where id = trunc(dbms_random.value(1,35001));
    select text1,text2,text3 into v_text1,v_text2,v_text3 from io_test_5
      where id = trunc(dbms_random.value(1,35001));
    select text1,text2,text3 into v_text1,v_text2,v_text3 from io_test_6
      where id = trunc(dbms_random.value(1,35001));
  end loop;
end;
```

清空 Linux 页面缓存：

```
echo 1 > /proc/sys/vm/drop_caches
```

设置 Oracle 使用直接 I/O：

```
alter system flush filesystemio_options='directio';
shutdown immediate;
startup
exec fnc_iotest_read;
```

然后同样开 4 个并发调用 fnc_iotest_read，大约 119s 执行完成（关闭 Directio 让操作系统缓存，执行时间大约为 16s），每个并发执行 21 万次，4 个并发一共执行 84 万次。因为缓冲区缓存只有 100MB 多一点，所以理论上应该是不到 10% 的命中率。在此前后创建 AWR 快照，可以发现 call fnc_iotest_read() 一共执行了 783565 次物理读，相当于平均每秒请求了 6584 次物理读。在此期间的物理读性能负载如图 3–2 所示。

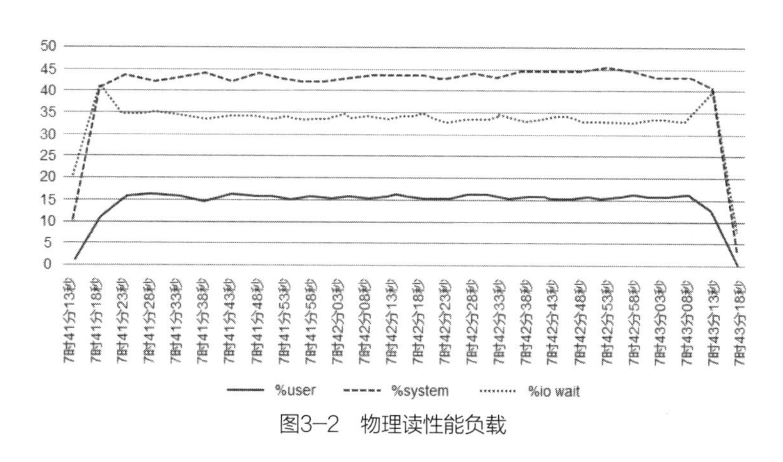

图3–2　物理读性能负载

上面的示例仅是为了测试磁盘在运行数据库时随机读 / 写的实际预期峰值，实际上在大部分情况下，常用数据块已经大部分缓存在 SGA 和 Linux 操作系统的页面缓存中，全表扫描及直接路径读 / 写通常为连续读 / 写而不是随机读 / 写，性能会远高于上面的测试示例。

同时为了保持良好的体验，要尽可能让 I/O 等待在 5% 以下，因为超过 10% 就会明显感受到系统响应比在 5% 以下时缓慢；同时，一直让磁盘处于高负荷状态，会极大地降低磁盘的寿命，甚至每天运行两三小时，连续一个月就可以让中低端磁盘运行报废。

本节最主要的目的是让读者深刻体会磁盘的速度会极大地影响数据库的性能，而磁盘的速度在短期内无法有质的提升。因此，在系统设计初期就应尽可能考虑如何避免让数据库执行不必要的 I/O。

3.2 花100万元买来当摆设

现在很多应用软件提供商都同时支持多种数据库，如 Oracle 和 MySQL 等。兼容性本身并不是一个很难解决的问题，其难点在于在跨平台的同时还能保持高性能。

有些读者可能会说，加服务器、加配置总能解决的，从理论上来说确实可以做到。但是当真正做商业决定时，各个 IT 的负责人就会开始秉承择优策略，A 公司运行 X 交易系统相同容量要 8 台服务器和 1 台存储，B 公司只要相同配置的 3 台服务器和 1 台存储，价格、售后完全相同，此时各个工厂的负责人通常都会选择 B 公司。

很多客户在正式选择供应商的系统之前，会先让供应商到其提供的环境中进行典型业务的性能测试，择优选择。此时，读者可能会说，相对于一些硬件来说，人力成本是最高的，确实如此，但这仅是让开发人员的产出更高而不是为了减少工作量本身。如果一套系统硬件成本就增加了一倍，对于有些有数十甚至上百套系统在运行的公司，其就不只是单个系统成本增加。

现在来看对 Oracle 的讨论，如果用户花了 100 万元购买了 Oracle 企业版数据库的 License，其本意一定是希望尽可能最大化地利用 Oracle 的强大功能提高系统性能。而如果编写的应用只是纯粹在 SQL 语法上兼容了 Oracle SQL，没有使用 Oracle 的任何特性，如 SQL 优化技巧、分区、并行执行及各种缓存等，而是全部用 Java 应用代码去实现一遍，这无异于买了一部 iPhone XS Max，唯一的用途就是接打电话。

如果这样使用数据库，那么是否使用 Oracle 就没有什么区别了，除了让用户多花费购买 Oracle License 的费用，没有得到任何收益。久而久之，对于很多强调性能或者大数据量的系统，如果结果平平或者经常因为性能差导致系统反应很慢或者影响可用性、稳定性，通常的结果将是重新开发系统，而开发这个系统的团队同样也会受影响。

所以，对于是否应该使用 Oracle 专有特性这个问题，笔者的建议是如果开发的系统是需要竞争的，那么答案就显而易见，即根据期望的结果确定用或者不用。如果自己实现比 Oracle 提供的更优，那就用自己的，反之就用 Oracle 的特性。

本节的目的并不是让读者千篇一律地用 Oracle 特性，Oracle 有很多特性很实用，如 Java 存储过程；也有很多特性采用其他开源数据库实现会更加合理，如 Oracle 不支持内存临时表（直到 Oracle 18c 才支持），所以使用时应该取其所长。本书的后面章节将对不适合在 Oracle 中实现的特性进行讨论。

3.3 选择标准版还是企业版

对于企业客户来说，因为 Oracle 企业版和标准版 License 价格相差好几倍，有些客户的系统使用了 MySQL 或者 PostgreSQL 之后，性能还能够接受，通常不太愿意再花费数十万元甚至上百万元采购 Oracle 企业版，更何况还有每年相当于 License 费用 20% 左右的原厂维护费。因为一套应用系统本身就几百万元，而 Oracle 数据库就需要花费近百万元，即使折扣后费用也很高，所以对于一些存量基数大，日常业务量不是很大或者并非至关重要的系统，不少公司并不太愿意采购Oracle企业版。

Oracle 官方文档详细说明了 Oracle 各个版本的特性差异，下面就简单介绍在 Oracle 数据库开发中经常会使用到的特性在企业版和标准版中的支持情况，如表 3–1 所示，其他完整选项请参考官方文档。

表3–1　Oracle各版本对主要特性的支持情况

特性/选项	企业版支持	标准版支持	是否额外收费
Oracle Data Guard（数据卫士）	是	否	否
Oracle Data Guard-Redo Apply（重做日志应用）	是	否	否
Oracle Data Guard-SQL Apply（SQL应用）	是	否	否
Oracle Active Data Guard（活动数据卫士）	是	否	是
Online DDL（在线DDL）	是	否	否
FlashBack（闪回）	是	否	否
Results Cache（结果集缓存）	是	否	否
Database Smart Flash Cache（智能闪存）	是	否	否
Oracle Diagnostics Pack（诊断包）	是	否	是
Oracle Tuning Pack（调优包）	是	否	是
SQL Plan Management（SQL计划管理）	是	否	否
Oracle Partitioning（分区）	是	否	是
Parallel（并行）	是	否	否
Replication（复制）	是	否	否
In-Memory（内存选项，12c新增）	是	否	是

从表 3–1 的“特性 / 选项”列可以看出，如果只跑 7×24h 的 OLTP 应用，如电商或者支付业务，通常需要在线 DDL、闪回；如果要运行批处理业务或者多租户，通常要用到分区、并行、结果集缓存，很可能还会利用 In-Memory、智能闪存缓存；涉及多个实例同步、读 / 写分离时，可能需要使用复制、Data Guard；SQL 优化时要用到诊断包。

如果上述企业版特性都不需要使用，通常有以下原因：系统没什么业务量、系统并不重要、应用架构设计得足够好。这种情况下，使用 Oracle 数据库并不会产生太大价值，与其选择 Oracle 标准版，使用 MySQL 或 PostgreSQL 可能是更具性价比的选择，更何况企业版还有服务器的可用核心数限制，最新的 MySQL 特性和扩展性都已经大大提升。

所以，除非应用软件只支持 Oracle，同时又不得不购买 Oracle 许可证，否则还是建议先考虑 MySQL/PostgreSQL 是否能够满足要求，尤其是 MySQL 5.7 和 MariaDB 9.2 之后对 SQL 的支持已经有了极大的提升。

3.4 Oracle体系架构概览

本节主要对 Oracle 体系架构进行简单介绍，让读者对 Oracle 的整体轮廓有所了解，后续各个章节将详细介绍 Oracle 各部分的工作机制及优化。

本书接下来的讨论均假设使用 Oracle 企业版，部分特性可能需要额外付费。

3.4.1 Oracle体系架构

对于任何技术来说，除了很简单的数据库外，要想从入门到进阶，必须要了解其整体的体系架构，Oracle 是如此，MySQL、Tomcat、Java 也是如此。只有了解其整体的各部分及运行时各部分的协作关系，在学习其具体某部分的原理或者机制时才不至于靠猜测。

对于 Oracle 数据库来说，它由一个数据库和至少一个实例组成。在 RAC 环境下，多个实例对应一个物理数据库，但是任何时候一个实例只能和一个数据库关联。因为大部分运行的 Oracle 都是单实例，所以在很多情况下不加区分地称为 Oracle 数据库。一般情况下，数据管理员都知道其所指的是 Oracle 数据库还是 Oracle 实例，而很多开发人员则不然。

从 Oracle 本身实现来说，Oracle 数据库是指各种文件，如数据文件、在线 Redo 日志、控制文件等；Oracle 实例则是指管理各种文件的后台进程及其内存数据结构，如图 3–3 所示。

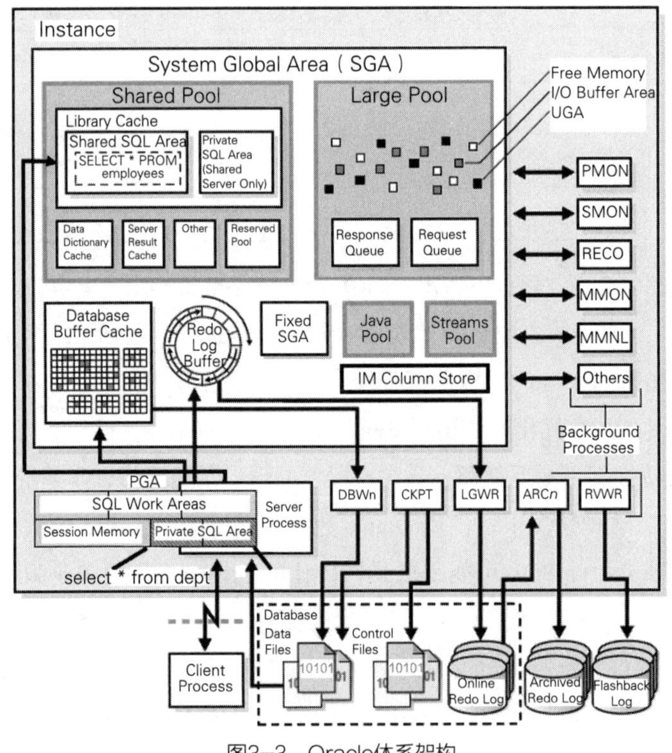

图3–3 Oracle体系架构

从图 3-3 可知，掌握 Oracle 的核心在于掌握各种内存结构及其后台进程，即 Oracle 实例。数据库本身则相对简单，它主要由各种文件组成。在 Oracle 12c 中，其最大的变化在于引入了多租户机制。多租户是指一个物理数据库中可以包含多个用户创建的可插拔数据库，每个可插拔数据库中的用户、对象是完全独立的，如图 3–4 所示。

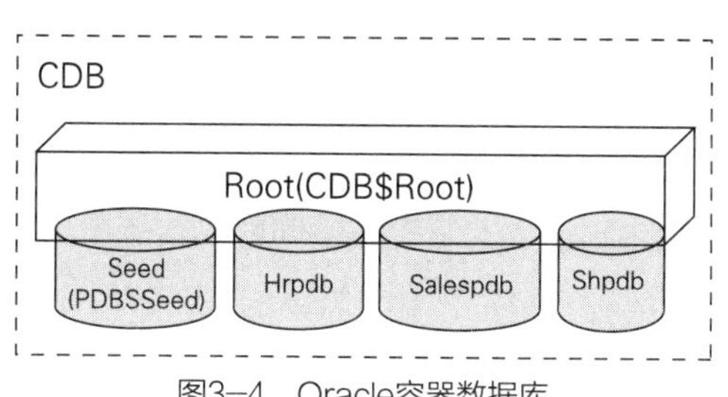

图3–4　Oracle容器数据库

CDB$Root 为容器数据库，Hrpdb 和 Salespdb 为可插拔数据库。至于多租户是否适用，要看具体的场景，如果用户每个数据库交易量都很大并且数据量都上 TB 级别，这种情况下整合多个数据库到多租户数据库不会产生太大价值；而对于提供 SaaS 托管且需要数据库物理隔离的应用来说，使用多租户代替传统的非多租户数据库可以显著降低许可证成本和管理成本。

除此之外，读者还需要知道 Oracle 服务端进程还分为共享服务器模式和专用服务器模式，但绝大部分用户使用专用服务器模式，因此后续的讨论均假设使用专用服务器模式。

1. Oracle的存储结构

对于想要深入学习 Oracle 的读者来说，理解其存储结构对于设计和优化高性能应用是必不可少的。例如，不清楚段和表的区别，就不可能理解分区的运行机制。对于 Oracle 的存储结构来说，需要重点掌握的是其逻辑结构及其对应的物理结构，Oracle 的逻辑结构从大到小依次为表空间、段、区段（Extent）、数据块，如图 3–5 所示。

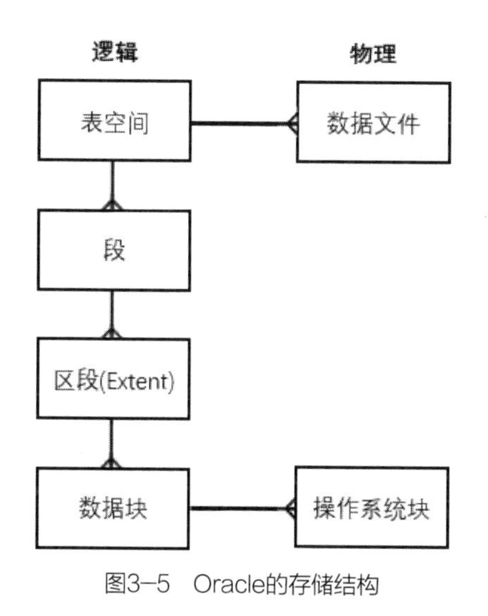

图3–5　Oracle的存储结构

从图 3–5 可知，除了段和区段外，每一级逻辑结构都有对应的物理结构。一个表空间由很多个数据文件组成，每个数据文件包含很多个逻辑区段，物理上由很多操作系统数据块组成。一个表空间通常包含很多个段，每个段则由一个或多个区段组成，每个区段包含很多 Oracle 数据块，它是 Oracle 能够使用的最小逻辑单元，一个 Oracle 块通常由多个操作系统块组成。

大多数读者都能理解表空间，它是用户对 Oracle 中的对象进行空间组织的主要方式。但是很多读者不知道的是，根据管理方式不同，Oracle 表空间分为本地管理表空间和字典管理表空间，本地管理表空间使用位图管理空间分配，字典管理表空间使用数据字典进行管理。

早期很多版本的性能问题都是因为字典管理表空间的热块竞争所致，从 Oracle 10g 之后默认为本地管理表空间。段是空间分配的物理单位，对于简单的表，即非分区表、不包含 LOB 字段的表，通常一个表只有一个段；对于分区表和含 LOB 字段的表，每个分区、子分区或 LOB 通常是一个段，所以这些表会由很多个段组成，如图 3–6 所示。

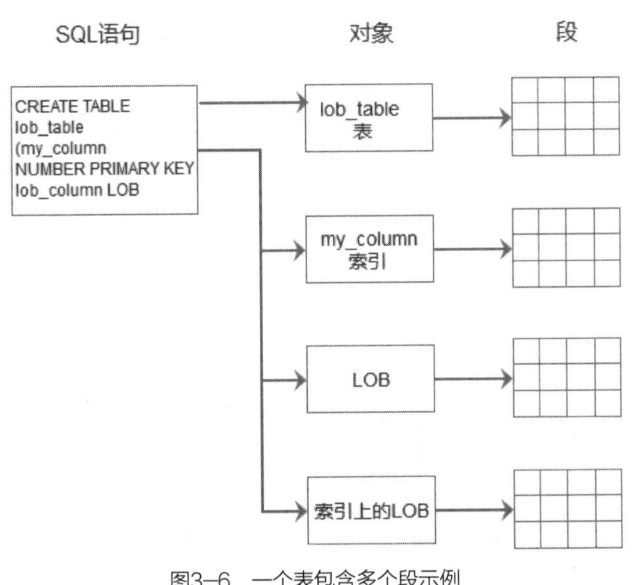

图3–6 一个表包含多个段示例

在 Oracle 11g 之前，Oracle 会立刻为对象创建段，即使对象不包含记录；从 Oracle 11g 开始，段会延迟到至少包含一条记录时才被创建。这一调整会导致的问题是如果使用 expdp 不会导出段不存在的对象，进而导入时也不会自动创建，这可能会导致某些应用报错。要使该行为和 Oracle 10g 保持一致，需要将初始化参数 deferred_segment_creation 设置为 False。除了这些用户可以创建的段外，Oracle 中还包括临时段、撤销段，第 3.8 节将深入讨论 Undo。

一个段可以包含来自多个物理数据文件的区段，但是一个区段只会包含来自一个数据文件的连续数据块，如图 3–7 所示。

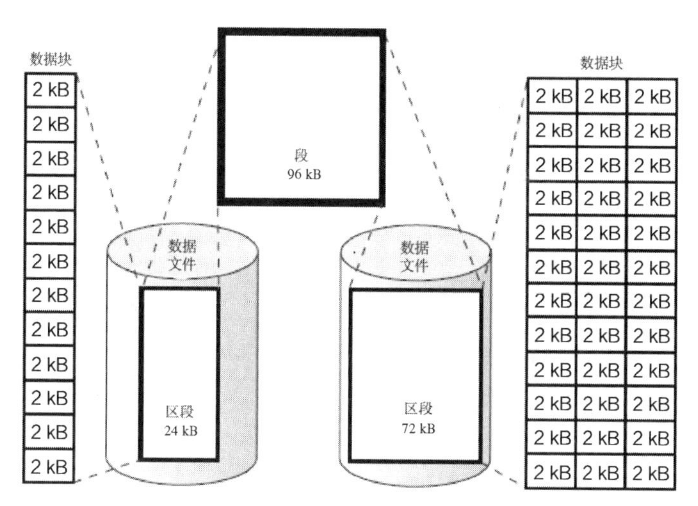

图3–7　段、区段、数据文件、数据库组成示意图

区段是 Oracle 为对象分配和回收对象的单元，每个段中区段的大小可以统一，也可以改变，可以在数据库、表空间、段三级中指定。

对于 Oracle 数据块来说，深入理解其存储格式并不是必需的，而且在大部分情况下对性能优化没有太大的帮助，但了解它并无坏处。Oracle 数据块格式如图 3–8 所示。

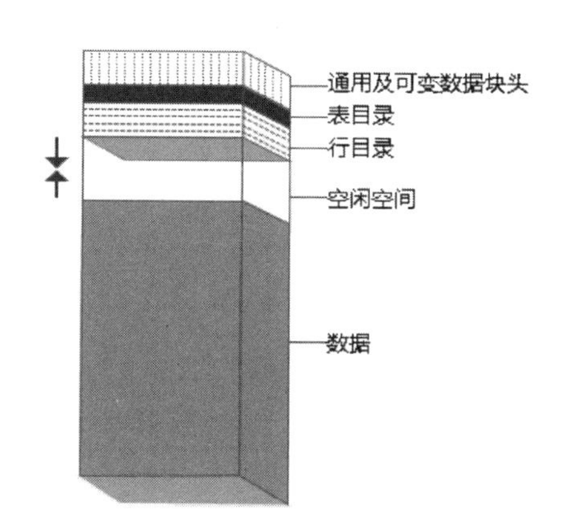

图3–8　Oracle数据块格式

需要注意的是，没有必要深入分析 Oracle 数据块头的格式及内部存储，因为这种解决方法不被 Oracle 官方支持，而且对于解决故障或者性能问题通常并没有什么帮助。

但是我们需要理解和数据块相关的一些关键属性及原理，它们会影响性能或并发性。其中最重要的是空闲空间比例 PCTFREE，该值对于不同类型的应用将会有不同的性能影响，默认情况下 Oracle 会预留一部分空间用于后续的更新操作，如图 3–9 所示。

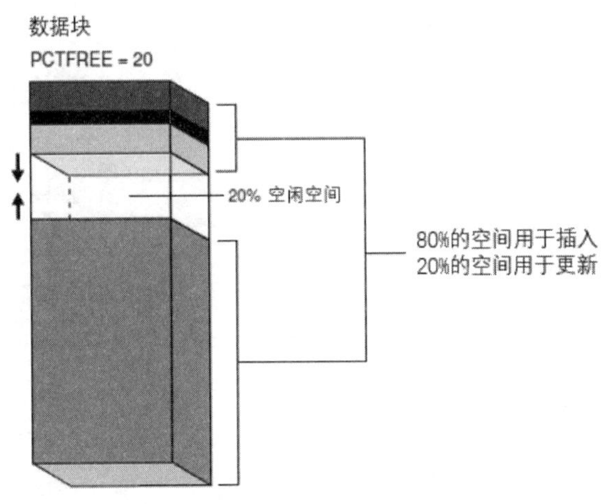

图3–9　Oracle数据块空间使用

图 3–9 的含义是当设置 PCTFREE=20 时，Oracle 会至少预留 20% 的空间用于后续的更新操作，任何导致预留空间少于 20% 的插入操作都将会使用新的数据块。理论上数据块中的每条记录越长，空闲空间可能越大，反之亦然。对于热点数据较多的表，从 Oracle 数据库自身优化的角度来说，空闲空间比例应该设置得较高，这样可以尽可能打散数据块以降低热块竞争；而对于以插入为主、极少更新的操作，该值可以设置得较低以增加空间饱和度，这样可以降低查询时需要读取的数据块数量。

随着数据的不断插入、更新和删除，同文件系统一样，产生磁盘碎片必不可少。通常文件系统中的文件都比较大，而与文件系统不同的是，数据库记录通常要小得多，因此对于频繁更新 varchar 字段的表，碎片可能要稠密得多，如图 3–10 所示。

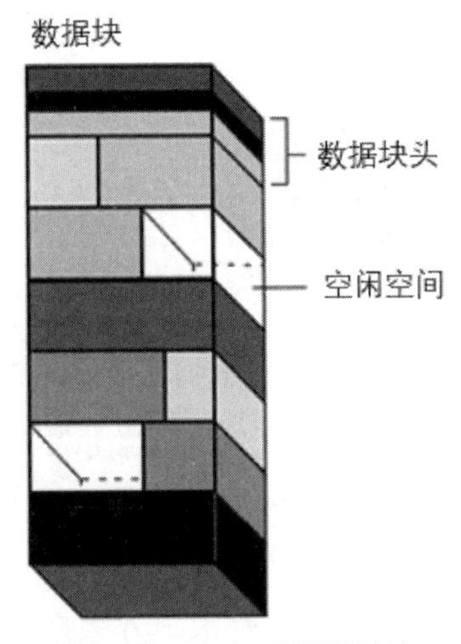

图3–10　Oracle数据块碎片

碎片空闲空间如果只是导致空间浪费那还不是最严重的，最主要的问题在于它会引起行链接和行迁移，大量的链接行和迁移行会导致大量的额外块读 / 写，从而影响性能。行链接如图 3–11 所示。

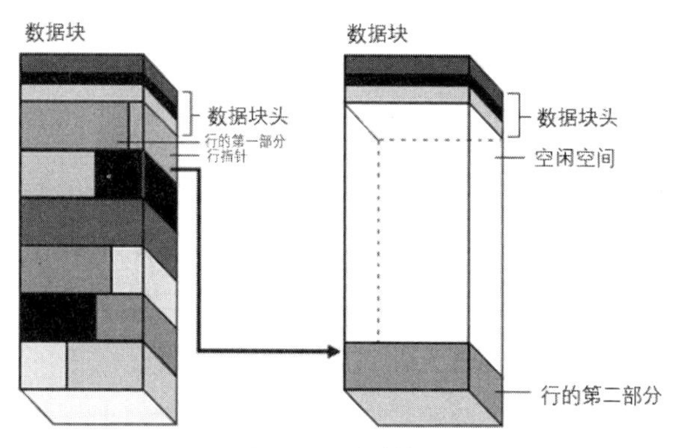

图3–11　行链接

行链接通常发生在记录较长时，如一条记录超过 2kB 或更多，此时空闲空间不足以容纳整条记录，因此会发生行链接。通常来说，一条记录如果包含上百个字段，这本身就是一种不合理的设计，应从数据库设计层面解决。

碎片空闲空间也可能导致行迁移，当 update 导致增加的行长度超过本数据块的空闲空间时就会发生行迁移，此时 Oracle 会将整个数据块迁移到新的数据块，原数据块则保留了指向记录新地址的指针，访问这些记录时就会至少增加一次数据块访问，如图 3–12 所示。

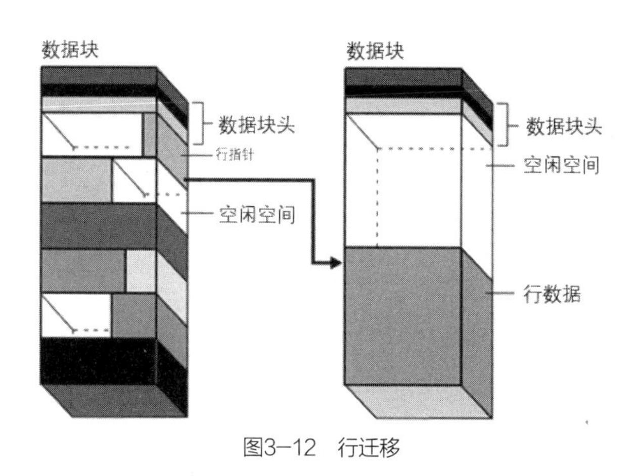

图3–12　行迁移

迁移行从理论上来说可以避免，只要将 PCTFREE 设置得足够大即可，但是这样会严重降低空间利用率进而导致更多的数据块读，所以实际上一定会存在部分迁移行。

虽然迁移行和链接行本身确实会影响性能，但是大部分系统中主要的表并不会很快生成大量的链接行和迁移行，可能需数个月才会生成较大比例的迁移行，此时只要注意 AWR 中段顾问报告的链接行即可。

有一种情况可能会生成大量的迁移行，最典型的是日志表，有些系统增加批处理会在每次开始操作前插入日志表，批处理完成后更新日志表，更新时通常包含消息和备注字段。有些系统由于审计要求会生成详细的处理过程，此时就会导致大量的迁移行，对此合理的做法应该是在执行完成后一次性插入日志表。

2. 高水位

Oracle 会通过跟踪段中块的状态来管理其空间，因为数据块是从低到高连续使用的，所以数据块曾经被使用过的最高位置称为高水位（High Water Mark，HWM）。ASSM 使用位图跟踪一个段中块的状态，而不是像之前的 MSSM 一样使用空闲列表，所以 ASSM 相对 MSSM 可以避免很多与并发相关的问题。ASSM 段中的数据块任何时候处于下列几种状态之一。

- 高水位之上，这些块没有格式化、也从未使用过。
- 高水位之下，这些块根据使用与否可能处于不同的状态，即已格式化并包含数据、已格式化但不包含数据、未格式化。

根据块的状态不同，段中实际有两个高水位：一个是已分配空间的位置（高水位），另一个是已分配且已使用过块的最高位置（低高水位），如图 3–13 所示。

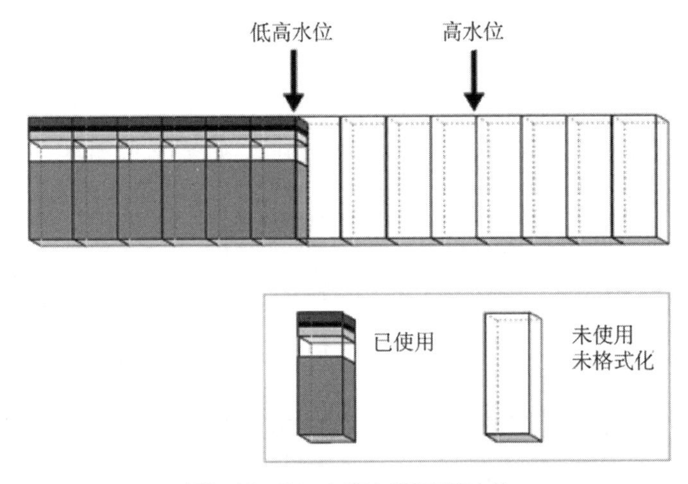

图3–13　Oracle高水位和低高水位

需要注意的是，Oracle 可以在低高水位和高水位之间任意使用数据块，并不一定需要按照顺序使用，如果空间足够，也会使用已使用过的块的剩余空间。

在全表扫描时，因为低高水位之下的块都已经格式化，所以会至少先读取到低高水位。对于低高水位和高水位之间的数据块，如果已经被格式化，也会读取；如果没有格式化，则不会读取，这一点对全表扫描的成本很重要。如果数据块已经格式化，则只能通过读取行目录来判断块中是否有数据，即使已经删除仍然需要进行该判断，但是因为此时行目录为空，所以执行起来速度会很快。

当高水位之下的数据块已经全部被数据填充，新插入记录无法找到高水位之下的空闲空间时，Oracle 就会推进高水位及低高水位，如图 3–14 所示。

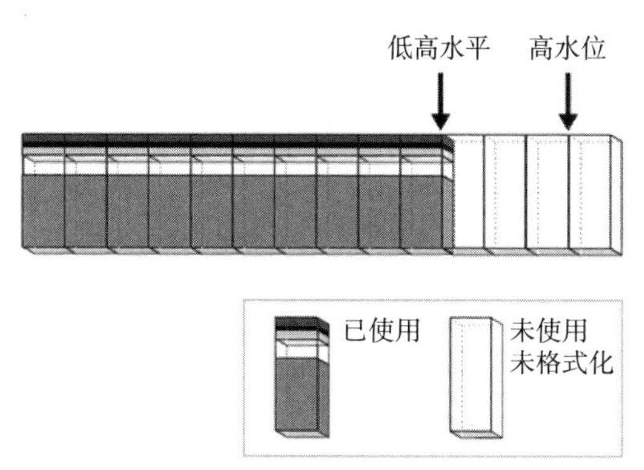

图3-14　高水位推进

此时会分配一批新的数据块，但是它们不会被格式化。默认情况下，高水位只能推进不会后退，如果要降低高水位，就只能重建、截断或收缩对象。

从高层存储层面来说，Oracle 的各种数据文件可以存储在 ASM、操作系统本地文件系统或集群文件系统中。数据文件的存储位置通常由两个因素决定，即是否运行 RAC 及管理上的取舍。RAC 部署现在一般选择 ASM 存储或集群文件系统存储；单实例则存储在 ASM 或者 Oracle 实例所在的本地文件系统中；对于 Oracle 实例的运行来说，数据文件存储在哪里不影响其运行方式，故本小节不对此进行详细讨论。

3.4.2　Oracle内存架构

Oracle 的内存组合和管理模式在大版本上都有较大的变化，从最早的手工管理模式（设置各种 *_area_size），到 Oracle 9i 开始引入 SGA_MAX_SIZE 并取消 DB_BLOCK_BUFFERS 参数、Oracle 10g 引入 SGA_TARGET 支持运行时内存扩展和收缩，再到 Oracle 11g 引入自动内存管理（AMM）特性、Oracle 12c 增加了 In-Memory 列式存储选项等。但是，从 Oracle 9i 开始，其整体架构就没有太大的变化了，更多的是渐近完善和优化。

Oracle 的内存主要由共享全局区（Share Global Area，SGA）和进程全局区（Process Global Area，PGA）两大块组成。SGA 主要包括共享池（Shared Pool）、缓冲区缓存（Buffer Cache）、重做日志缓冲区（Redo Buffer）、大型池（Large Pool）、Java 池（Java Pool）、流池（Streams Pool）、IM 列式存储和其他结构（固定 SGA、锁管理等），这些子区域为所有用户进程所共享。PGA 中存储的每个进程工作所需的独占内存主要包括排序区、哈希区及私有 SQL 区等。

1. SGA简介

用户可以通过 V$SGASTAT 查看 SGA 各组件的信息，如下所示：

```
SQL> select * from v$sgainfo order by bytes desc;
NAME                                  BYTES RESIZEABLE
-------------------------------- ---------- ----------
Maximum SGA Size                 4275781632 No
```

```
Buffer Cache Size                   3405774848 Yes
Shared Pool Size                     771751936 Yes
Startup overhead in Shared Pool      144112088 No
Large Pool Size                       50331648 Yes
Java Pool Size                        33554432 Yes
Granule Size                          16777216 No
Redo Buffers                         12107776 No
Fixed SGA Size                         2260088 No
Streams Pool Size                            0 Yes
Shared IO Pool Size                          0 Yes
Free SGA Memory Available                    0
12 rows selected
```

SGA 包含很多子区域，并非每一部分都具有相同的重要性，在实际中对用户来说影响最大的为以下 3 部分。

- 缓冲区缓存：存放 Oracle 系统最近使用过的数据块，查询数据时，从数据文件读取的数据存放在此；修改数据时，同时保存数据库被修改前（前镜像）和修改后（后镜像）的数据。它通常占据整个 SGA 的 70% 以上，因为从缓存中查找数据块要比从磁盘中快上千倍，所以缓冲区缓存是否足够极大地影响了系统整体性能。
- 重做日志缓冲区：用于缓存对数据块的所有修改，它们会被定期写入在线 Redo 日志。
- 共享池：用于存放 PL/SQL 代码、解析后的 SQL 语句及数据字典信息。它主要由两个子区域构成，即库缓存和字典缓存。

其他内存池主要用于一些特殊场景，一般情况下不需要优化，也较少会因为它们导致性能问题。

- 大型池：主要供 RMAN 备份和共享连接模式。
- Java 池：用于支持 Java 虚拟机（Java Virtual Machine，JVM）。
- 流池：支持流，如 DataPump 使用了流池。

2. PGA简介

PGA 中存储着每个 Oracle 进程专用的数据和控制信息，每个 Oracle 服务器进程和后台进程都有一块自己的 PGA。PGA 在内部被拆分为多个区域，包括排序区、哈希区和位图合并区，这 3 部分被统称为 SQL 工作区；还有会话内存、私有 SQL 区，如图 3–15 所示。

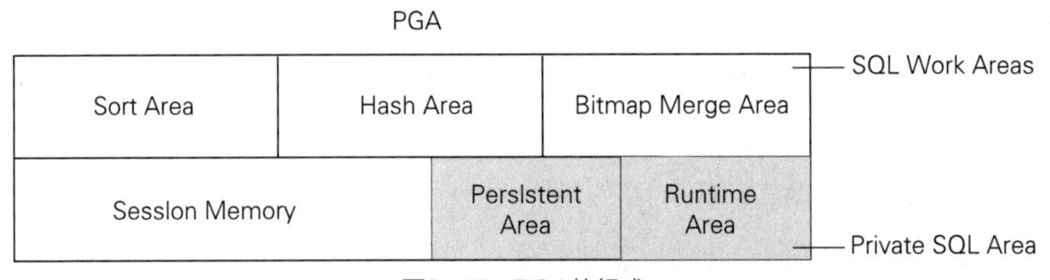

图3–15 PGA的组成

私有 SQL 区中主要包含已解析的 SQL 语句及绑定的变量信息，多个会话的私有 SQL 区可能指向同一个执行计划的 SQL 语句（该语句的执行计划保存在 SGA 共享 SQL 区中）。从用户的角度来看，游标就是指向私有 SQL 区的一个指针；从服务器的角度来看，游标则是一个状态。因为游标和私有 SQL 区通常紧密关联，所以通常互换使用私有 SQL 区和游标。它们的关系如图 3-16 所示。

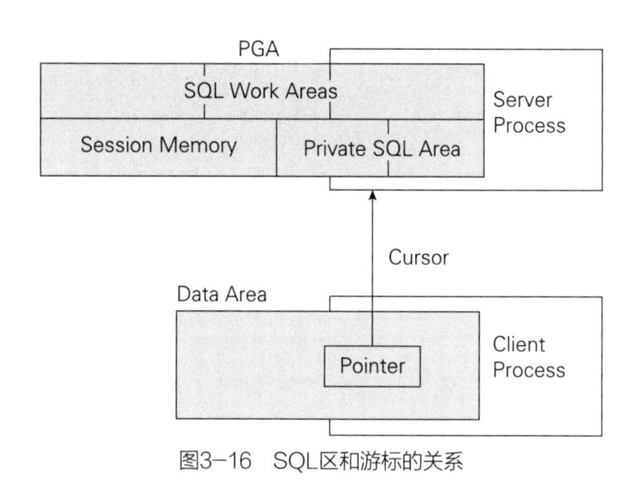

图3-16　SQL区和游标的关系

PGA 支持自动管理和手工管理两种模式，其由参数 workare_management 决定。可以根据需要设置当前会话的工作区管理模式，典型的做法是默认使用自动管理模式，某些会话使用手工管理模式。

3. Oracle 12c缓冲区缓存的变化

Oracle 12c 增加了一种新的数据库缓存模式，即强制缓存模式（Force Full DataBase Caching）。当 Oracle 以这种模式配置时，它会假设缓冲区缓存足够大，并且尽可能将查询涉及的数据块全部缓存在 SGA 中。但它仍然不是 warm-up 模式，也不同于内存列式存储（In-Memory Columnar Store，IMCS），仅仅是禁用了缓冲区缓存数据块的交换功能，所以仍然可能在第一次查询时响应缓慢，除非在 Oracle 实例启动时编写并执行了 warm-up 脚本进行预热。

即使缓冲区缓存比整个数据库大，也不一定能够保证所有的数据块都能缓存，因为 Oracle 要维护读一致性版本，任何时候一个数据块的多个版本可能都会在缓存中，所以 SGA 通常要比数据库大 50% 以上才可能达到真正的全缓存效果。用户可以通过执行下列操作强制缓存整个数据库：

```
SQL> ALTER DATABASE FORCE FULL DATABASE CACHING;
ALTER DATABASE FORCE FULL DATABASE CACHING
*
第 1 行出现错误
ORA-01126: 数据库必须已装载到此实例并且不在任何实例中打开
SQL> shutdown immeidate;
SP2-0717: 非法的 SHUTDOWN 选项
SQL> shutdown immediate;
```

```
数据库已经关闭
已经卸载数据库
ORACLE 例程已经关闭
SQL> startup mount
ORACLE 例程已经启动
Total System Global Area 1795162112 bytes
Fixed Size                  8793832 bytes
Variable Size            1107296536 bytes
Database Buffers          536870912 bytes
Redo Buffers                7983104 bytes
In-Memory Area            134217728 bytes
数据库装载完毕
SQL> ALTER DATABASE FORCE FULL DATABASE CACHING;
数据库已更改
SQL> SELECT FORCE_FULL_DB_CACHING FROM V$DATABASE;
FORCE_FUL
---------
YES
SQL> alter database open;
数据库已更改
```

3.4.3 Oracle并非本身扩展性不好

Oracle 本身的扩展性并非不好，是一些互联公司恶性竞争的宣传，才使很多缺乏经验的开发人员被误导。

如果一定要说 Oracle 的扩展性问题，应该归咎于其收费策略，如 Data Guard 本身不收费，但是备机和生产机一样要根据 CPU 的数量进行收费。几年前去 IOE 高潮时我们曾专门测试过，为达到相同的稳定性和 TPS，Oracle 和 MySQL 相比所需的硬件比例是 1∶4 左右，得益于最近几年 MySQL 的改进可能有所减少。

Oracle 有很多能够极大提高开发效率而 MySQL 没有的特性，而这一点通常为 MySQL 倡导者所忽略，他们站在与应用数据库无关的角度进行反驳，而实际上几乎没有系统会在 Oracle 和 MySQL 之间切换，除了应用开发商外。

即使如此，很多针对 Oracle 和 MySQL 的 SQL 也是专门开发的，对 Oracle 和 MySQL 底层也要进行各自调优，计算下来，采用 Oracle 数据库的总成本并不会比 MySQL 高。当然，这很难精确计算，因为不同的应用对复杂性要求相差很多。

除 Oracle 数据库本身外，很多周边设施也需要较高的成本。例如，要在不同实例间进行非全库同步，还得采购三方同步软件（如 GoldenGate 或自研），这可能导致基础软件的成本比应用系统的成本高得多。MySQL 或 PostgreSQL 则不仅本身可以免费使用，而且各种基于 Binlog 的同步机制很多，大部分拿来适配后就可以直接使用，相对而言，同步相关的成本及管理成本不会随着规模的增加而线性增加。

这一非技术性策略导致当数据量巨大之后，服务器的利用率逐步增加和稳定，边际成本逐渐下降。除非特别重要的系统，如股票交易系统、银行交易系统等会采用高配置的 Oracle Rac，对于很多动则运行数百、上千台 MySQL 实例的互联网应用来说，选择使用 MySQL 或者 PostgreSQL 进行分库分表和读 / 写分离扩展是一种经济的选择。

但是对于大部分没有这么大数据量的用户来说，这不一定是一个明智的选择。如果某一天 Oracle 调整收费策略，Active Data Guard 及其运行的机器不额外收费，即查询库不额外收费，或者修改 MySQL 的许可证协议，不允许公有云厂商免费提供开源模块，估计到那个时候对 Oracle 扩展性不如 MySQL 或 PostgreSQL 的鼓吹才会停止，相信到时候又会有很多使用 MySQL 的用户重新选择使用 Oracle。

3.5 Oracle事务

事务是数据库相对于文件系统和其他一些存储技术的一个特性，事务可以保证即使是一个运行时间很长的操作，如果执行到中间出现系统断电、进程被杀掉或者其他异常的情况，也不会出现一部分数据被修改，另一部分数据没有被修改的情况，但是其他技术保证不了。

虽然很多其他技术都有日志的概念，但是它们的目标都是尽可能多地保持原子性，而不是绝对保证原子性。对于 Oracle、MySQL 事务的基本使用，这里假设读者已经了解，不清楚的读者可以参考相关手册，本节重点讲解 Oracle 事务的实现机制及如何正确地使用它们。

3.5.1 事务隔离级别及Oracle的实现

ANSI/ISO SQL 标准定义了 4 种事务隔离级别，每种隔离级别都有一定的适用场景并且会带来不同的结果和性能影响。对于基于数据库的应用开发来说，是否正确理解并选择事务隔离级别会对系统的开发成本和性能带来很大的影响。这 4 种隔离级别分别如下。

1. 读未提交

读未提交（READ UNCOMMITTED）是指如果一个事务已经开始写数据，则另一个数据不允许同时进行写操作，但允许其他事务读此行数据。该隔离级别可以通过“排他写锁”实现，Oracle 不支持这一隔离级别。虽然在大多数数据库中通过设置事务隔离级别就可以避开这一隔离级别，但是在 Java/C++ 多线程开发中出现这种失误并不少见。

这是最低的隔离级别，允许脏读取，但不允许更新丢失。虽然读未提交会读取到不一致的数据，但实际上它并不是完全没有价值的，尤其是在日志、论坛动态允许瞬间性不一致的应用中，使用读未提交可以最大化系统的性能，但在商业性系统中，它不应该被采用。

2. 读提交

读提交（READ COMMITTED）是指读取数据的事务允许其他事务继续访问该行数据，但是未提交的写事务将会禁止其他事务访问该行。这一级别不允许发生脏读，但允许不可重复读取。一般来说，它返回的是当时一个已经一致的正确状态，就与订机票一样，一分钟前还有机票，犹豫了一分钟再去订，机票已经没有了，因为已经被其他人买去了。这是 Oracle 的默认事务隔离级别，不需要进行特殊设置，也是在权衡并发性和正确性之后，业界普遍采用的数据库事务隔离级别。

3. 可重复读

可重复读（REPEATABLE READ）是指当前事务在读取数据的同时在读取的数据上加了锁，其他事务在此期间可以查询，但是不能锁定和修改。所以，只要事务未提交，*N* 次查询的结果是一致的，这可以通过共享读锁和排他写锁实现。

典型的悲观锁就是这个级别的实现，而且它也被广泛使用。虽然 Oracle 没有在事务级别显示支持这一级别，但其实际上在语句级别是部分支持的。select for update 就是这一行为，但是它属于不可重复读，不过因为实际中通常不太会在一个事务中执行两次 select for update，所以这并没有什么问题。如果一定要这么做也可以实现，结合 ROWID 就可以做到，示例如下。

会话 1：

```
SQL> select d.*,ROWID from DEPT_rd d where deptno=10 for update;
DEPTNO DNAME          LOC           ROWID
------ -------------- ------------- ----------------------------------
    10 ACCOUNTING     NEW YORK      AAAV5TAAEAAAU0cAAB
```

会话 2：

```
SQL> insert into DEPT_rd values(10,'dept-10','hz');
1 row inserted
SQL> commit;
Commit complete
```

会话 1：

```
SQL> select d.*,ROWID from DEPT_rd d where deptno=10 and ROWID in
  ('AAAV5TAAEAAAU0cAAB') for update;
DEPTNO DNAME          LOC           ROWID
------ -------------- ------------- -----------------------
    10 ACCOUNTING     NEW YORK      AAAV5TAAEAAAU0cAAB
```

如果去掉 ROWID 条件，则无法保证可重复读，示例如下。

```
SQL> select d.*,ROWID from DEPT_rd d where deptno=10 for update;
DEPTNO DNAME          LOC           ROWID
------ -------------- ------------- --------------------------
    10 dept-10        hz            AAAV5TAAEAAAU0bAAA
    10 ACCOUNTING     NEW YORK      AAAV5TAAEAAAU0cAAB
```

4. 串行化

串行化（SERIALIZABLE）要求事务串行化执行，即看起来就只有一个事务在执行一样。对于一个纯粹的查询，即使在事务执行期间别人修改了数据并且提交了，查到的仍然是之前的数据，看不到新变化的数据。串行化可以避免脏读、不可重复读、幻读的发生。

串行化虽然并发性可能比较低，但也不是一无是处，在一些后台或者需要 FIFO 处理机制的业务中，串行化可以简化很多开发工作量。虽然 Oracle 支持这一级别，但是其和标准还是有所不同的，Oracle 实现的串行化机制是假设事务不会修改记录，如果记录被其他事务修改了则会出现“ORA-08177: 无法连续访问此事务处理”，示例如下。

会话 1：

```
SQL> alter session set isolation_level=serializable;
Session altered
SQL> select d.* from DEPT_rd d where deptno=10;
DEPTNO DNAME          LOC
------ -------------- -------------
    10 dept-10        hz
    10 ACCOUNTING     NEW YORK
```

会话 2：

```
SQL> insert into DEPT_rd values(10,'dept-10','hz');
1 row inserted
SQL> commit;
Commit complete
```

会话 1：

```
SQL> select d.* from DEPT_rd d where deptno=10;
DEPTNO DNAME          LOC
------ -------------- -------------
    10 dept-10        hz
    10 ACCOUNTING     NEW YORK
```

可见会话 1 先执行，因为某些原因，如 OS 调度运行得更慢，会话 2 后执行但是运行得更快。按照默认的读提交事务隔离级别，会话 1 第 2 次查询将返回 3 条记录。

```
SQL> delete from DEPT_rd d where deptno=10;
delete from DEPT_rd d where deptno=10
ORA-08177: 无法连续访问此事务处理
```

所以如果想要在 Oracle 中保证严格意义的串行化，需要借助上文讲解可重复读时提到的悲观锁方式来实现。

这 4 种事务隔离级别分别根据表 3–2 中 3 种不同效果的读来区分，从前往后一种比一种严格。隔离级别越高，越能保证数据的完整性和一致性，但是整体而言对并发性能的影响也越大，但根据业务场景不同，也并不总是会降低性能。更多关于并发和优化锁策略的讨论，将在后面的章节进行。

表3–2　4种事务隔离级别

事务隔离级别	脏读	不可重复读	幻读
读未提交（read-uncommitted）	是	是	是
不可重复读（read-committed）	否	是	是
可重复读（repeatable-read）	否	否	是
串行化（serializable）	否	否	否

Oracle 除了在事务级别支持读提交和串行化这两种隔离级别外，还支持只读事务的概念，它是串行化级别的扩展，只不过不允许修改。

从上述事务隔离级别的要求可以看出，从读提交开始，都要求一定程度上事务对数据所做修改的变化对其他事务不可见，这样势必需要保存一份修改前的数据到其他地方。在 Oracle 中是通过 Undo 实现的，所以事务的执行时间越长，在读 / 写频繁的系统中，所需的 Undo 也就越多。事务的执行时间理论上是无限的，现实中则通常是数微秒到数小时不等。由于内存总是有限的，因此当内存中没有足够的空间放下所有被修改块的前像时，就会被写入 Undo 表空间，从而产生磁盘读 / 写。当 Undo 表空间也不足以放下所有被修改块的前像时，就会发生 ORA-01555。其他事务要访问未修改的值，在 Oracle 中是由读一致性实现的，后文将详细介绍这一机制。

在 Oracle 中，当开始执行一个 SQL 语句时，就创建了一个事务；当事务执行中遇到第一个 DML 语句时，Oracle 会为事务分配一个可用的回滚段和事务表槽（slot）用于记录撤销条目，同时清除变更行或者块的 SCN（视所见的表为行依赖还是非行依赖而定，具体见 3.5.4 ORA_ROWSCN）；此时生成事务 ID，每个并行事务的事务 ID 是唯一的，其由回滚段编号、槽和序列号组成。例如，要查找系统中当前所有的活跃事务及其 Undo 块、Undo 记录数，可以查询 v$transaction，如下所示。

会话 1：

```
SQL> select f.*,ora_rowscn from DEPT_rd f where deptno=11 for update;
SQL> SELECT s.SID,
       s.SERIAL#,
       s.USERNAME,
       XID         AS "txn id",
       XIDUSN      AS "Undo seg",
       XIDSLOT     AS "slot",
       XIDSQN      AS "seq",
       t.STATUS      AS "txn status",
       USED_UBLK   "Undo blocks",
       USED_UREC   "Undo records",
       LOG_IO      "Logical I/O",
```

```
       PHY_IO      "Physical I/O"
  FROM V$TRANSACTION t, v$session s
 where t.SES_ADDR = s.SADDR;
```

输出结果如图 3–17 所示。

SID	SERIAL#	USERNAME	txn id	undo seg	slot	seq	txn status	undo blks	undo recs	L I/O	P I/O
16	5	SCOTT	0D000F006A110100	13	15	69994	ACTIVE	1	3	9	6

图3–17 输出结果

会话 2：

```
SQL> select f.*,ora_rowscn from DEPT_rd f where deptno=10 for update;
```

会话 1：

```
SELECT s.SID,
       s.SERIAL#,
       s.USERNAME,
       XID          AS "txn id",
       XIDUSN       AS "Undo seg",
       XIDSLOT      AS "slot",
       XIDSQN       AS "seq",
       t.STATUS       AS "txn status",
       USED_UBLK    "Undo blocks",
       USED_UREC    "Undo records",
       LOG_IO       "Logical I/O",
       PHY_IO       "Physical I/O"
  FROM V$TRANSACTION t, v$session s
 where t.SES_ADDR = s.SADDR;
```

输出结果如图 3–18 所示。

SID	SERIAL#	USERNAME	txn id	undo seg	slot	seq	txn status	undo blks	undo recs	L I/O	P I/O
16	5	SCOTT	0D000F006A110100	13	15	69994	ACTIVE	1	3	10	6
23	17027	SCOTT	0B000100C1D00000	11	1	53441	ACTIVE	2	2	14	5

图3–18 输出结果

从上面的查询可以看到，会话 1 的事务用了 1 个 Undo 块，3 条 Undo 记录；会话 2 的事务用了 1 个 Undo 块，1 条 Undo 记录，以及其他信息。

理解了各种事务隔离级别在 Oracle 中的实现机制后，就可以知道采用某种方式会产生什么结果。在某些情况下，还可以通过使用 Oracle 的事务隔离机制很简单地做到本来需要通过备份、恢复各种既复杂又性能低下的方式才能实现的目标。

在 Spring 事务中，默认采用数据库的默认隔离级别，如果某个事务希望使用非默认隔离级别，可以通过在事务上设置 isolation 属性进行更改。

3.5.2 事务类型

日常开发过程中，很多开发人员只关注事务的提交和回滚，并没有关注自己使用的是哪种事务。Oracle 支持 3 种事务，它们分别用于不同的场景。本小节将讨论各种事务的特性。

1. 本地事务

在 Oracle 中，所有的事务默认都是本地事务，本节所涉及的事务指的均是本地事务。JDBC 中默认也是本地事务，如果不设置其他属性，当一个事务块包含另外一个事务块时，这两个事务块会合并，如下所示：

```
SQL> create or replace procedure fnc_trans_test
  2  as
  3  begin
  4    update t_c set id = 3 where id = 2;
  5  rollback;
  6  end;
  7  /
Procedure created
SQL> select * from t_c where id in (2,9);
ID VAL
---- -------------
9
2
SQL> begin
  2    update t_c set id = 10 where id = 9;
  3    fnc_trans_test();
  4    commit;
  5  end;
  6  /
PL/SQL procedure successfully completed
SQL> select * from t_c where id in (2,9);
ID VAL
---- ---------
9
2
```

有时这并不是人们所希望的结果，如记录一些日志信息，不管业务最后是否成功，总是需要记录日志信息，如果它们要各自独立作为一个事务，互不干涉，这就需要使用自治事务实现。

2. 自治事务

自治事务是和调用事务相互独立的事务，主要用于做一些不影响主事务流程的业务。例如，日志或通知是否发送成功不影响主事务的运行，主事务最后的回滚也不影响自治事务的提交，自治事务不会看到调用事务对数据库的修改，当然也不会共享锁，所以通常自治事务是采用 NOWAIT BATCH 的地方之一。在 Oracle 中，自治事务由在创建过程或者函数时声明 PRAGMA AUTONOMOUS_TRANSACTION 编译器指令指定，如下所示：

```
create or replace procedure fnc_trans_test_auto
as PRAGMA AUTONOMOUS_TRANSACTION;
begin
  update t_c set id = 3 where id = 2;
rollback;
end;
```

自治事务过程的调用和普通调用一样，如下所示：

```
SQL> begin
  2    update t_c set id = 10 where id = 9;
  3    fnc_trans_test_auto();
  4    commit;
  5  end;
  6  /
PL/SQL procedure successfully completed
SQL> select * from t_c where id in (2,9);
ID   VAL
---- --------------------------
2
```

除了用于这些常规应用外，在使用 Oracle 的某些特性时，必须使用自治事务才能实现。例如，用于表函数的函数，如果函数中有 DML 操作，则必须声明函数为自治，否则在调用时会提示无法修改。

在 Spring 事务中，通过在事务上设置 Propagation.PROPAGATION_REQUIRES_NEW 传播级别就可表示自治事务。

3. 分布式事务

在分布式架构中，很多业务都是通过分布式服务一起完成的，所以存在某个服务成功、某个服务失败的风险，因此需要一定的机制保证最后的一致性。虽然基于两阶段提交协议的 XA 事务能够保证分布式事务的一致性，但是因为其效率偏低，现代应用中一般都采用基于补偿思想的各种实现方式，如 TCC 型事务、异步确保型事务、最大努力型事务等，它们基于各自不同业务场景进行了针对性的优化。

因为实际中采用两阶段提交的分布式事务并不多，所以这里不进行详细讲解。

3.5.3　commit/rollback在内部执行了什么操作

要完全理解 Oracle 事务，就不得不掌握 commit 和 rollback 的工作原理，commit 负责提交当前事务的所有变更，rollback 则负责撤销当前事务的所有变更。它们就像是硬币的正反面，无论怎么抛，总有一个需要负责，真正让当前的环境变得很干净。

1. commit操作

commit 结束当前事务，标记当前事务中所有的修改完成并持久化到磁盘。从上述可知，开始一个事务后，Oracle 并不仅支持保存被修改数据的前像到 Undo，还会做大量的内部工作来保障高性能。具体来说，用户执行 commit 操作提交事务时，后台会执行下列操作，为 commit 生成系统变更号（System Change Number，SCN）。

- LGWR 将 Redo 日志缓冲中剩下的 Redo 日志条目和事务的 SCN 一起写入在线 Redo 日志。这一步真正标记事务的提交。
- 释放在表和行上本事务持有的锁，此时在这些行上等待锁的未提交事务可以得到锁并继续往下执行。
- 如果有保存点，删除。
- Oracle 执行 commit 清除。如果被修改的数据块此时还在 SGA 中，并且没有其他会话正在修改它们，则 Oracle 会从数据块上移除锁相关的事务信息。在 commit 中执行该操作主要是为了随后的 select 直接使用，不用额外处理，也是为了职责更清晰。关于提交清除更多细节的信息由于其对开发没什么太大帮助，因此这里不进行深入讨论。
- Oracle 标记事务完成。此时，其他用户可以看到所有的变更。

其实 commit 本身所做的事情是很少的，不管最后 commit 与否，在事务执行过程中，对于大的事务，LGWR 已经把绝大部分 Redo 条目写到在线 Redo 日志中，所以最后一次的写不会有多少剩下的 Redo 日志。但是 commit 不管如何还是要触发 LGWR 至少进行一次物理 I/O，这个物理 I/O 操作是 commit 环节最慢的操作。

对于提交频繁的系统，如在循环中每条 insert 语句执行一次 commit，将很大程度上受限于 commit 写入磁盘的速度。并不是说一个应用中所有的业务都不允许任何丢失，如有些操作日志、审计类信息，允许容忍极端情况下（如宕机）丢失极小部分数据，采用异步提交就可以提升不少性能，如下所示：

```
SQL> drop table t_c;
table dropped
SQL> create table t_c(id int,val varchar2(500));
table created
SQL> truncate table t_c;
table truncated
SQL> begin
  2    dbms_output.put_line(to_char(systimestamp,'hh24:mi:ss.ff'));
  3    for i in 1..100000 loop
  4      insert into t_c values(i,lpad('',500,'*'));
  5      commit;
  6    end loop;
  7    dbms_output.put_line(to_char(systimestamp,'hh24:mi:ss.ff'));
  8    for i in 1..100000 loop
  9      insert into t_c values(i,lpad('',500,'*'));
 10      commit WORK WRITE nowait batch;
 11    end loop;
 12    dbms_output.put_line(to_char(systimestamp,'hh24:mi:ss.ff'));
```

```
 13  end;
14  /
15:12:25.016578000
15:12:28.431197000  --默认WAIT IMMEDIATE模式 3.4s
15:12:32.930063000  -- nowait batch模式 3.5s
```

如果应用已经开发完，无法全部修改代码，那么可以在 session 或者系统层面修改参数 commit_logging 为 BATCH 和 commit_wait 为 NOWAIT（commit_write 是 10g 的参数，已经标记为过期）。JDBC 可以在连接池属性上设置，具体参见第 6 章相关内容。

2. rollback操作

相对于 commit 来说，rollback 是真正要把从事务执行开始到现在的所有变更反向处理一次。理论上来说，事务回滚需要多少时间依赖于事务执行至今修改数据花了多少时间，但实际受限于可用的 SGA 大小，远比这复杂得多。具体来说，用户执行 rollback 操作之后，Oracle 会执行下列操作。

- 使用撤销段撤销事务中 SQL 语句所做的所有变更。每个活跃的事务都有一个事务表条目指向所有和本事务相关的 Undo 数据，Oracle 从这些撤销段中读取数据，然后执行反向操作，标记已经应用的 Undo。所以，如果事务是插入，则回滚删除；如果是更新，则撤销更新；如果是删除，则重新插入。
- 释放事务持有的锁。
- 如果有保存点，删除。
- 事务结束，此时数据库恢复到之前一个 commit 的状态。

因此，在应用开发期间，开发人员需要适当控制让事务不要太大。例如，一个事务运行几个小时，一旦这种操作失败，不仅重跑耗时，而且回滚也可能需要相同的时间。

3.5.4　ORA_ROWSCN

ORA_ROWSCN 是在 Oracle 10g 中引入的伪列之一，记录了行或所在块最近修改的时间戳，内部使用 6 字节记录 SCN，即 48 位，其最大值是 281 474 976 710 656。基于 ORA_ROWSCN 伪列所提供的信息，可以方便地找出某个数据块或某一个行最近被修改的时间戳。

默认情况下，表以非行依赖性（NOROWDEPENDENCIES）模式创建，这意味着可观察的 ORA_ROWSCN 信息是以块级跟踪的，无法分辨同一块内的多行间不同的修改时间，如下所示：

```
SQL> create table DEPT_NRD as select * from dept;
table created
SQL> select dn.*,ora_rowscn from DEPT_NRD dn;
DEPTNO DNAME          LOC           ORA_ROWSCN
------ -------------- ------------- ----------
    11 SALES          new york         2368356
    10 ACCOUNTING     NEW YORK         2368356
    20 RESEARCH       DALLAS           2368356
```

```
   30 SALES          CHICAGO            2368356
40 OPERATIONS     BOSTON            2368356
SQL> update DEPT_NRD set dname='sales-u' where deptno=11;
1 row updated
SQL> commit;
Commit complete
SQL> select dn.*,ora_rowscn from DEPT_NRD dn;
DEPTNO DNAME          LOC           ORA_ROWSCN
------ -------------- ------------- ----------
    11 sales-u        new york         2368403
    10 ACCOUNTING     NEW YORK         2368403
    20 RESEARCH       DALLAS           2368403
    30 SALES          CHICAGO          2368403
    40 OPERATIONS     BOSTON           2368403
5 rows selected
```

可以发现所有的记录 SCN 都变了，因为它们在一个块中。为了达到行级粒度的跟踪，需要在建表时指定基于行依赖性的 ROWDEPENDENCIES 字句，如下所示：

```
SQL> select dn.*,ora_rowscn from DEPT_RD dn;
DEPTNO DNAME          LOC           ORA_ROWSCN
------ -------------- ------------- ----------
    11 SALES          new york         2367475
    20 RESEARCH       DALLAS           2358907
    30 SALES          CHICAGO          2358907
    40 OPERATIONS     BOSTON           2358907
    11 SALES          new york         2367475
    30 SALES          CHICAGO          2358531
    11 SALES          new york         2367475
    30 SALES          CHICAGO          2359014
8 rows selected
SQL> update DEPT_RD set dname='sales-u' where deptno=20;
1 row updated
SQL> commit;
Commit complete
SQL> select dn.*,ora_rowscn from DEPT_RD dn;
DEPTNO DNAME          LOC           ORA_ROWSCN
------ -------------- ------------- ----------
    11 SALES          new york         2367475
    20 sales-u        DALLAS           2368428
    30 SALES          CHICAGO          2358907
    40 OPERATIONS     BOSTON           2358907
    11 SALES          new york         2367475
    30 SALES          CHICAGO          2358531
    11 SALES          new york         2367475
    30 SALES          CHICAGO          2359014
8 rows selected
```

只有被更改那一条发生了变化。既然 ORA_ROWSCN 可以跟踪记录的变化，那为何不采用它来实现可重复执行隔离级别呢？前文讨论过 Oracle 不支持可重复执行事务隔离级别，这和 Oracle 的实现有关，当记录被标记上事务后，Oracle 内部就把 ORA_ROWSCN 清空了，直到提交或者回滚时重新用新生成的 SCN 覆盖或撤销，如下所示：

```
SQL> select rd.*,ora_rowscn from DEPT_RD rd where deptno=20 for update;

DEPTNO DNAME          LOC           ORA_ROWSCN
------ -------------- ------------- ----------
    20 sales-u        DALLAS           2368428
SQL> select rd.*,ora_rowscn from DEPT_RD rd where deptno=20 for update;
DEPTNO DNAME          LOC           ORA_ROWSCN
------ -------------- ------------- ----------
    20 sales-u        DALLAS
SQL> commit;
Commit complete
SQL> select rd.*,ora_rowscn from DEPT_RD rd where deptno=20 for update;
DEPTNO DNAME          LOC           ORA_ROWSCN
------ -------------- ------------- ----------
    20 sales-u        DALLAS           2368731
SQL> select rd.*,ora_rowscn from DEPT_RD rd where deptno=20 for update;
DEPTNO DNAME          LOC           ORA_ROWSCN
------ -------------- ------------- ----------
    20 sales-u        DALLAS
SQL> rollback;
Rollback complete
SQL> select rd.*,ora_rowscn from DEPT_RD rd where deptno=20 for update;
DEPTNO DNAME          LOC           ORA_ROWSCN
------ -------------- ------------- ----------
    20 sales-u        DALLAS           2368731
```

除了用来查询外，ORA_ROWSCN 还可以作为额外的查询条件使用。需要注意的是，如果仅仅是将 ORA_ROWSCN 作为查询条件可能是不合适的，因为它要扫描全表才能知道，如下所示：

```
explain plan for
select rd.*,ora_rowscn from DEPT_RD rd where ora_rowscn >= 2368731;
```

输出结果如图 3–19 所示。

Id	Operation	Name	Rows	Bytes	Cost	Time
0	SELECT STATEMENT		1	18	3	00:00:01
* 1	TABLE ACCESS FULL	DEPT_RD	1	18	3	00:00:01

Predicate Information (identified by operation id):

* 1 - filter("ORA_ROWSCN">=2368731)

图3–19 输出结果

所以将 ORA_ROWSCN 作为增量刷新的机制在数据量大的情况下并不合理，本书第 11 章将讨论大数据量的导入 / 导出。ORA_ROWSCN 虽然带来了一些帮助，但仍然有一定的限制。

3.5.5 事务应该多大

关于 Oracle 的事务，最后要讲的一个主题是事务应该多大。前面提到事务执行期间会产生很多的 Undo 和 Redo，因为 Redo 必须要持续写入在线 Redo 日志，而 Undo 则是在 SGA 中放不下时才写到 Undo 表空间，所以应该尽量让一个事务的 Undo 不要被写出到表空间以避免不必要的额外物理 I/O。

不同于重做缓冲，Oracle 中 Undo 块和数据块是共享缓冲区缓存的，虽然可以通过 v$bh 查询当前缓存中 Undo 块的数量，但是无法控制其他方面，如各自的比例。所以，比较可行的方式就是在事务提交之前查询该事务使用的撤销块数量，或者使用 extendtrace 查看 db block changes，然后和缓冲区缓存的总块数比较，看事务占的比例是否太高，以此决定应用层进行拆分或者并行处理以降低单个事务的大小。

3.6 多版本并发控制

大多数读者都知道 Oracle 数据库的优势之一在于其高并发，而且是最早且实现行锁最佳的数据库，甚至之前很多 SQL Server 2000 数据库切换到 Oracle 就是因为其不支持很好的行并发性。除了常规的锁机制外，Oracle 还通过多版本机制提供高并发访问数据。多版本是指 Oracle 能够同时提供多个版本的数据，并保证提供的各数据的一致性，其好处是读 / 写不相互阻塞（如 Java 中典型的读 / 写锁就是读 / 写相互阻塞，读之间不阻塞的模式），这也是 Oracle 和其他很多数据库的实现差别。

为了保证最大的并发性及最小的维护成本，Oracle 默认情况下提供基于语句级别的多版本机制，也支持事务级别的一致性。为了确认在任何查询中有没有使用多版本机制，我们需要理解数据块在缓冲区缓存中的两种模式：一致性模式或当前模式。一致性模式代表数据块读入 SGA 后，被修改过，此时会话对应的读为一致性读（consistent get）。当前模式代表数据块刚从磁盘数据文件读入 SGA，未被修改过，此时会话对应的读为当前模式读（db block get），即 autotrace、v$sesstat 或 v$sysstat 中的 db block get，如下所示：

```
SQL> set autotrace traceonly statistics
SQL> select count(1) from user_tables;
Statistics
----------------------------------------------------------
      114  recursive calls
        0  db block gets
```

```
      9155  consistent gets
     204  physical reads
       0  redo size
       1  rows processed
```

它是指从缓冲区缓存中读取数据块，如一个事务尝试修改 2 行记录，则当前读是指读取包含这些未修改的记录。在 DML 操作中，当前模式读的使用是最多的。因为 DML 只能操作块的当前版本，所以它并没有真正用到多版本机制。

一致性读，即 consistent gets，它是指读取块的一致性版本，通常会使用 Undo 数据还原原来的版本。例如，一个事务修改了 2 行记录但是尚未提交，另外一个会话中的查询尝试读取这 2 行记录时，数据库就会使用撤销数据创建，不包含未提交修改的读一致性版本，此时就用到了多版本机制。查询通常会使用到一致性读，这也说明一致性读的成本要比当前读成本更高，所以多版本机制其实可以认为是一种空间换时间的机制。

在很多高并发的生产环境中，尤其是在批处理系统中，经常会出现这样的现象，相同的数据在测试环境下逻辑读只有 10 万个，在生产环境下却有 13 万个，如下所示。

会话 1：

```
SQL> create table t ( x int );
table created.
SQL> insert into t values ( 1 );
1 row created.
```

会话 2：

```
SQL> alter session set isolation_level=serializable;
Session altered.
SQL> set autotrace on statistics
SQL> select * from t;
X
----------
1
Statistics
----------------------------------------------------------
0 recursive calls
0 db block gets
7 consistent gets
```

会话 1：

```
SQL> begin
2 for i in 1 .. 10000
3 loop
4 update t set x = x+1;
5 commit;
6 end loop;
```

```
7 end;
8 /
PL/SQL procedure successfully completed.
```

会话 2：

```
SQL> select * from t;
X
----------
1
Statistics
----------------------------------------------------------
0 recursive calls
0 db block gets
10004 consistent gets
```

第一次应用多版本机制时应用撤销块的次数和修改次数通常成比例，因为任何时候可能修改的很多数据在一个块中，所以并没有公式可以计算出实际应用了多少撤销块，即使知道具体应用了多少撤销块也没有什么帮助。当再一次执行时，读者会发现一致性读又下降到了 10 万个以内，如下所示。

会话 2：

```
SQL> select * from t;
X
----------
1
Statistics
----------------------------------------------------------
0 recursive calls
0 db block gets
14 consistent gets
```

当 Oracle 应用了撤销块获得原来的版本后，它并不是在 PGA 中完成的，而是驻留在缓存中共享的，这样随后需要读取该块时就可以立刻拿来使用，从而提高效率。可以通过下列查询查看当前在缓存中超过一个以上版本的数据块：

```
select file#, block#, count(*)
from v$bh
group by file#, block#
having count(*) > 3
order by 3
```

对于某些批处理，有一个会话参数或者优化器提示能够控制是否保留当前查询涉及的多版本块，通常能够更加高效地利用缓存。

除了 Oracle 数据库外，主流关系型数据库 SQL Server、MySQL、PostgreSQL 都实现了 MVCC 机制，只是实现方式大相径庭。MySQL 的机制是事务以排他锁的形式修改原始数据，把修改前的数据存放于 Undo 日志，通过回滚指针与主数据关联，修改成功就什么都不做，失败则恢复 Undo

日志中的数据。Undo 日志中的内容只是串行化的结果，记录了多个事务的过程，Innodb 只是借用了 MVCC 这个名字，提供了读的非阻塞而已，所以它的实现是一种伪 MVCC，并没有实现真正的多版本共存。PostgreSQL 则采用保存变更行的机制。

因此，虽然各种数据库都实现了 MVCC，但不要认为在 Oracle 实现中合乎理想的实现方式在 MySQL 一定如此，反之亦然。

3.7 Redo日志

目前绝大多数的关系型和 NoSQL 数据库基于 WAL 机制来提高性能，这种方式可以将随机写转为顺序写，进而大幅度提升系统性能。每次保存修改后的数据到磁盘中对于高并发系统而言几乎是不可能的，这也是很多不理解数据库 Redo 机制的读者在使用 fio 测试随机读 / 写 IOPS 只能达到 1000 次，数据库更新 TPS 却能够达到 10000 次时困惑的地方，看起来似乎没有规律。所以，Redo 机制达到高并发对于数据库来说是保证数据一致性的基本条件，而不是一个可选项。

理解了这一思路，才能站在怎样更合理地使用或优化 Redo 的立场开展工作，而不是一有性能问题就直接禁用 Redo 日志。本节从开发者视角来探讨 Oracle Redo 日志的运行机制，以及如何正确地使用和优化。本书第 7 章，将讨论在线 Redo 日志的管理和存储优化。

3.7.1 Redo日志切换的内部过程

首先，我们要知道在哪些情况下 Oracle 会进行 Redo 日志的切换，如下所示：

- ALTER SYSTEM SWITCH LOGFILE（切换日志文件）；
- ALTER SYSTEM ARCHIVE LOG CURRENT（归档当前日志）；
- 日志文件满时。

Oracle 执行 Redo 日志文件切换时，内部包含了下列步骤：

- 从控制文件中获取下一个 Redo 日志文件；
- 获取 Redo Copy 和 Redo Allocation Latch；
- 刷新重做缓冲；
- 关闭当前 Redo 日志文件；
- 更新控制文件；
- 将新的 Redo 日志文件设置为 Current 状态；
- 将原来的 Redo 日志文件切换为 Active 状态；
- 如果数据库运行在归档模式，则将文件加入归档列表；

- 打开新 Redo 日志文件组中的所有成员；
- 将 SCN 写到 Redo 日志文件头；
- 启用 Redo 日志生成；
- DBWR 标记出所有重用该 Redo 日志文件时需要持久化到磁盘的数据块。

理解了这个过程，在第 8 章分析 Oracle 相关等待事件时可以更加有针对性地推断事件背后的潜在原因。

3.7.2 哪些操作会产生Redo日志

常规的 INSERT、DELETE、UPDATE 会生成 Redo 日志以保证不丢失数据。在某些大数据量插入时并不需要生成 Redo 日志，而是在对象上指定 NOLOGGING，或者在 SQL 语句中增加优化器提示 NOLOGGING，所以，准确地知道哪些操作会生成 Redo 日志，哪些不会生成 Redo 日志是必要的，包括归档模式、数据库 / 表空间强制日志（Force Logging）模式及各种提示都会影响 Redo 日志的生成与否。表 3–3 完整地总结了各种组合下 Redo 日志的生效状态。

表3–3　各种组合下Redo日志的生效状态

归档模式	APPEND/APPEND_VALUES提示	NOLOGGING提示	对象设置NOLOGGING	生成Redo日志
是	有	有	是	否
是	有	有	否	是
是	有	无	是	否
是	有	无	否	是
是	无	有	是	是
是	无	有	否	是
是	无	无	是	是
是	无	无	否	是
否	有	有	是	否
否	有	有	否	否
否	有	无	是	否
否	有	无	否	否
否	无	有	是	是
否	无	有	否	是
否	无	无	是	是
否	无	无	否	是

如上所述，NOLOGGING 属性在归档模式下配合 APPEND 能够极大地减少 Redo 日志的生成；而在非归档模式下并没有什么作用，提示在任何情况下都不会起作用。

值得注意的是，上述各组合仅适用于没有开启强制日志的情况，如果设置了数据库或表空间在强制日志模式，则无论如何其下的对象都会生成 Redo 日志。在实际中，强制日志模式一般会配合归档模式开启，而不会单独开启。

最后来看 CTAS 上的 NOLOGGING 属性设置。create table…as select…这种建表加载数据的方式可以看作 create table 加 inert/*+ APPEND */，所以使用 create table…nologging as select…产生的 Redo 日志和 Undo 日志会大量减少，但是仍会多于先 NOLOGGING 建表，然后 insert/*+ APPEND */ 插入数据，如下所示：

```
SQL> begin start_trace(); end;
  2  /
PL/SQL procedure successfully completed
SQL> create table big_table nologging as select * from dba_objects;
table created
SQL> select * from table(fn_end_trace);
STAT_NAME
VALUE
------------------------------------------------------------------------
consistent gets      1571
db block changes      822
db block gets        2377
redo size            85252
redo write time         0
redo writes             0
```

生成了 85252 字节 Redo 日志，如下所示：

```
SQL> begin start_trace(); end;
  2  /
PL/SQL procedure successfully completed
SQL> create table big_table_pre as select * from dba_objects where 1=0;
table created
SQL> insert /*+ APPEND */ into big_table_pre select * from dba_objects;
92449 rows inserted
SQL> select * from table(fn_end_trace);
STAT_NAME
VALUE
------------------------------------------------------------------------
consistent gets          1488
db block changes          693
db block gets            2296
redo size               75608
redo write time             0
redo writes                0
```

包括创建表在内生成了 75608 字节 Redo 日志。在创建和重建索引时，无论是否声明 NOLOGGING 子句，实际上执行的都是直接路径操作，所以生成的日志量是一样的，如下所示：

```
SQL> begin start_trace(); end;
  2  /
PL/SQL procedure successfully completed
SQL> create index idx_big_table on big_table(object_type,object_name);
Index created
SQL> select * from table(fn_end_trace);
STAT_NAME                                                  VALUE
------------------------------------------------------------------------
consistent gets                            5501
db block changes                          841
db block gets                              3568
redo size                                 112688
redo write time                                 0
redo writes                                    0
sorts (disk)                                 0
sorts (rows)                               369807
SQL> begin start_trace(); end;
  2  /
PL/SQL procedure successfully completed
SQL> drop index idx_big_table;
Index dropped
SQL> begin start_trace(); end;
  2  /
PL/SQL procedure successfully completed
SQL> create index idx_big_table on big_table(object_type,object_name)
  logging;
Index created
SQL> select * from table(fn_end_trace);
STAT_NAME                                                  VALUE
------------------------------------------------------------------------
consistent gets                       5457
db block changes                       839
db block gets                           3566
redo size                             111092
redo write time                         0
redo writes                           0
sorts (disk)                            0
sorts (rows)                          369807
```

是否带 NOLOGGING 结果相差不到 1kB，因为有内部优化机制，所以可以认为是相通的。下面是索引重建：

```
SQL> create index idx_big_table on big_table(object_type,object_name)
  nologging;
Index created
SQL> begin start_trace(); end;
```

```
  2  /
PL/SQL procedure successfully completed
SQL> alter index idx_big_table rebuild;    -NOLOGGING模式
Index altered
SQL> select * from table(fn_end_trace);
STAT_NAME                                               VALUE
----------------------------------------------------------------------------
consistent gets                     465242
db block changes                   1456
db block gets                       4628
redo size                         171524
redo write time                       0
redo writes                    0
sorts (disk)                   0
sorts (rows)                     469791
SQL> alter index idx_big_table logging;
Index altered
SQL> begin start_trace(); end;
  2  /
PL/SQL procedure successfully completed
SQL> alter index idx_big_table rebuild;
Index altered
SQL> select * from table(fn_end_trace);
STAT_NAME                                               VALUE
----------------------------------------------------------------------------
consistent gets                470005
db block changes              1122
db block gets                  4468
redo size                      174140
redo write time                 0
redo writes                    0
sorts (disk)                    0
sorts (rows)                    469791
SQL> set timing on
SQL> alter index idx_big_table rebuild;
Index altered
Executed in 1.468 seconds
SQL> alter index idx_big_table rebuild nologging;
Index altered
Executed in 1.502 seconds
```

truncate 和 drop 操作记录的是 DDL 语句本身，它们不会产生大量的 Redo 日志。truncate 操作如果启用了 FDA，则会和 delete 产生相同数量的 Undo 日志。

3.7.3　select产生Redo日志之延迟块清除

除了上述 DDL 和 DML 语句外，在某些情况下 select 操作也会生成 Redo 日志。从理论和实现来看，select 都是不会生成 Redo 日志的，之所以会出现这种情况，主要是因为有延迟块清除机制。

延迟块清除是指 DBWR 在大的 DML 语句 commit 之前已经将一些脏数据块写入磁盘，随后的 select 语句读取这些被修改的数据块时需要应用 Redo 日志以保证正确性，此时生成 Redo 日志的 select 语句通常还包含系统活动统计 cleanouts only - consistent read gets 或 cleanouts and rollbacks - consistent read gets。

3.7.4 最小化Redo日志的产生

大部分联机交易情况下都不会使用直接路径加载和 APPEND 提示，所以需要尽可能最小化地产生 Redo 日志。更少的 Redo 日志意味着更少的 I/O，意味着更高的性能。在 Oracle 中，生成的 Redo 日志大小和实际被更新的字段数及数据量成正比，更新和插入的字段越多，生成的 Redo 日志也就越大，和表包含的字段数无关。下列是 insert 所有字段和部分字段的差别：

```
SQL> set autotrace traceonly statistics
SQL> insert into emp(empno,ename) select level,'ename2' from dual
connect by level<100;
已创建 99 行
统计信息
----------------------------------------------------------
      2396  redo size
      99  rows processed
     -- 此处省去不相关的其他信息
SQL> commit;
提交完成
SQL> insert into emp(empno,ename)
select level,'ename2' from dual
connect by level<100;  2    3
已创建 99 行
统计信息
----------------------------------------------------------
       0  redo size
      99  rows processed
     -- 此处省去不相关的其他信息
SQL> commit;
提交完成
```

上面为插入 emp 表两个字段时生成的 Redo 日志大小，第一次 100 行生成了 2396 字节，第二次为 0 字节（此处执行很多次，取了接近平均值）。现在来看插入所有字段时生成的 Redo 日志大小：

```
SQL> insert into emp(empno,ename,job,mgr,hiredate,sal,comm,deptno)
select level,'ename2','job003','12',sysdate,1,1,20 from dual
connect by level<100;  2    3
已创建 99 行
统计信息
----------------------------------------------------------
```

```
      31760  redo size
         99  rows processed
-- 此处省去不相关的其他信息
SQL> commit;
提交完成
SQL> insert into emp(empno,ename,job,mgr,hiredate,sal,comm,deptno)
select level,'ename2','job003','12',sysdate,1,1,20 from dual
connect by level<100;  2    3
已创建 99 行
统计信息
----------------------------------------------------------
  11572  redo size
      99  rows processed
-- 此处省去不相关的其他信息
SQL> commit;
```

插入所有字段时，生成的 Redo 日志比仅 2 个字段大将近 9000 字节。插入 2 个字段时经常会有几次生成的 Redo 日志大小为 0 字节，所有字段时则经常生成大小为 31000 字节左右的 Redo 日志。这是因为 Oracle 10g 引入了私有重做线程（Private Redo Threads）和 IMU 的原因，每个事务都会保留一部分私有的 Redo 日志和 Undo 日志缓冲用于减少 Latch 冲突，使用的 Redo 日志信息会在 IMU 刷新时更新。

现在再来看更新字段数和 Redo 日志大小的关系，这样便于确定是否有必要关注更新的不必要的字段，如下所示：

```
SQL> update emp set empno = rownum,ename = substr(ename,1,5) || rownum
  where rownum < 100;
已更新99行
统计信息
----------------------------------------------------------
         15  recursive calls
        105  db block gets
         35  consistent gets
          0  physical reads
      25356  redo size
         99  rows processed
SQL> commit;
提交完成
SQL> update emp set empno = rownum,ename = substr(ename,1,5) || rownum
where rownum < 100;
已更新99行
统计信息
----------------------------------------------------------
          0  recursive calls
          5  db block gets
         31  consistent gets
          0  physical reads
          0  redo size
```

```
        99  rows processed
SQL> commit;
提交完成
SQL> update emp set empno = rownum,ename = substr(ename,1,5) || rownum
  where rownum < 100;
已更新99行
统计信息
----------------------------------------------------------
         0  recursive calls
         3  db block gets
        31  consistent gets
         0  physical reads
         0  redo size
        99  rows processed
SQL> commit;
提交完成
SQL> update emp set empno = rownum,ename = substr(ename,1,5) || rownum
where rownum < 100;
已更新99行
统计信息
----------------------------------------------------------
         0  recursive calls
         5  db block gets
        31  consistent gets
         0  physical reads
         0  redo size
        99  rows processed
SQL> commit;
SQL> update emp f set empno = rownum,ename = substr(ename,1,5) || rownum,f.
hiredate=sysdate,f.sal=32,f.comm=23,f.deptno=10 where rownum < 100;
已更新99行
统计信息
----------------------------------------------------------
        15  recursive calls
       505  db block gets
        35  consistent gets
         0  physical reads
     74804  redo size
        99  rows processed
SQL> commit;
提交完成
SQL> update emp f set empno = rownum,ename = substr(ename,1,5) || rownum,f.
hiredate=sysdate,f.sal=32,f.comm=23,f.deptno=10 where rownum < 100;
已更新99行
统计信息
----------------------------------------------------------
         0  recursive calls
       105  db block gets
        31  consistent gets
```

```
         0  physical reads
     32104  redo size
        99  rows processed
SQL> commit;
提交完成
SQL> update emp f set empno = rownum,ename = substr(ename,1,5) || rownum,f.
hiredate=sysdate,f.sal=32,f.comm=23,f.deptno=10 where rownum < 100;
已更新99行
统计信息
----------------------------------------------------------
         0  recursive calls
       107  db block gets
        31  consistent gets
         0  physical reads
     32164  redo size
        99  rows processed
SQL> commit;
提交完成
```

从上可知，update 实际更新的字段数也会极大地影响生成的 Redo 日志大小。知道 Redo 日志和实际的更新字段数成比例是非常重要的，尤其是很多开发人员使用 MyBatis 自动生成工具生成针对单表的增删改查。对于一些新增和修改频繁的表，它将会影响整体的吞吐量和响应时间，尤其是在 I/O 处于瓶颈时。

在有些批处理场景下，经常会出现一次性需要更新大量数据的情况。例如，更新当日理财产品净值，此时应该是使用 update 还是 truncate/insert/*+ APPEND*/ 呢？由于 update 无法使用直接路径操作，如果在处理期间不需要进行查询或者在应用缓存中可以对外提供查询服务，可以考虑采用后者，在需要更新较大比例数据的情况下，它将使性能得到极大的提升。

3.7.5　临时表生成的Redo日志

相比常规表，临时表生成的 Redo 日志要小得多，在大的 DML 语句中，通常能够减少 90% 以上。临时表本身不会生成 Redo 日志，但是对临时表操作生成的 Undo 日志的操作会生成 Redo 日志，所以仍然会生成相比直接路径写更多的 Redo 日志，如下所示：

```
SQL> begin start_trace();end;
  2  /
PL/SQL procedure successfully completed
-- 测试临时表生成的Redo日志
SQL> insert into my_gtt select /*+ parallel */* from big_fund_table;
17999999 rows inserted
SQL> select * from table(fn_end_trace());
STAT_NAME                                                   VALUE
------------------------------------------------------------------------
…省去不相关统计…
```

```
redo size    140857204
redo write time              0
redo writes                      0
-- 测试常规表生成的Redo日志
SQL> insert into my_big_table select /*+ parallel */* from big_fund_
table;
17999999 rows inserted
Statistics
----------------------------------------------------------
      365  recursive calls
    3518828  db block gets
    1129185  consistent gets
     409096  physical reads
 3257554436  redo size
…省去不相关统计…
   17999999  rows processed
```

对 my_gtt 全局临时表插入约 1800 万条记录生成了大约 140MB Redo 日志，而 my_big_table 表则生成了约 3.2GB Redo 日志。在 update 语句中，生成的 Redo 日志则大得多，在大的 DML 语句中，其生成的 Redo 日志量仍然是很可观的。

因为大多数临时表常用于随后的查询，所以很有可能包含索引，这样就需要知道索引对临时表生成 Redo 日志大小的影响，如下所示：

```
create index IDX_MY_GTT_C_FUNDACCO on my_gtt(C_FUNDACCO);
SQL> begin start_trace();end;
  2  /
PL/SQL procedure successfully completed
-- 测试增加索引后临时表生成的Redo日志
SQL> insert into my_gtt select /*+ parallel */* from big_fund_table;
17999999 rows inserted
SQL> select * from table(fn_end_trace());
STAT_NAME                                            VALUE
-------------------------------------------------------------------------
…省去不相关统计…
redo size                                            1470701564
redo write time                                      0
redo writes                                          0
create index IDX_MY_GTT_C_FUNDACCO on my_big_table(C_FUNDACCO);
SQL> begin start_trace();end;
  2  /
PL/SQL procedure successfully completed
-- 测试增加索引后常规表生成的Redo日志
SQL> insert into my_big_table select /*+ parallel */* from big_fund_
  table;
17999999 rows inserted
SQL> select * from table(fn_end_trace());
STAT_NAME                                            VALUE
```

```
--------------------------------------------------------------------
…省去不相关统计…
redo size           5762228988
redo write time              0
redo writes                 0
```

在 C_FUNDACCO 字段上增加了一个索引 IDX_MY_GTT_C_FUNDACCO 后，临时表 my_gtt 的 Redo 日志大小从 140MB 增长到了 1.47GB 左右，my_big_table 则从 3.2GB 增长到了 5.76GB，临时表上索引生成的 Redo 日志约是持久表的 1/2。由此可知，索引如果没有设置为 NOLOGGING，将会极大地影响临时表和持久表的性能。

接下来看直接路径插入临时表对 Redo 日志大小的影响，如下所示：

```
SQL> begin start_trace();end;
  2  /
PL/SQL procedure successfully completed
SQL> truncate table my_gtt;
table truncated
SQL> insert /*+ APPEND */into my_gtt select /*+ parallel */* from big_
  fund_table;
SQL> select * from table(fn_end_trace());
STAT_NAME                                                   VALUE
----------------------------------------------------------------------
…省去不相关统计…
redo size                                               934299040
redo write time                                                 0
redo writes                                                   0
```

在直接路径模式下，my_gtt 临时表生成了大约 934MB Redo 日志，相比非直接路径有所减少，但仍然很大。

在 Oracle 12c 中为临时表空间引入了专门的 Redo 表空间，通过参数 temp_undo_enabled 控制是否启用，可以极大地降低生成的 Redo 日志的数量。可以说，Oracle 12c 中的全局临时表比很多开发常识上认为的临时表又进了一步，其负载更低，如下所示：

```
SQL> show parameter undo
NAME                             TYPE                  VALUE
------------------------------------ ---------------------------------
temp_undo_enabled                boolean             FALSE
SQL> insert into MY_GTT select * from MY_GTT where rownum<=812160;
已创建 812159 行
统计信息
----------------------------------------------------------
       1699  recursive calls
    2711281  db block gets
     136318  consistent gets
      15209  physical reads
  206250728  redo size
```

```
    812160  rows processed
SQL> alter system set temp_undo_enabled=true;
系统已更改
SQL> show parameter undo
NAME                          TYPE                 VALUE
---------------------- ------------------- -----------------------------
temp_undo_enabled             boolean          TRUE
SQL> insert into my_gtt select * from my_gtt where rownum<=812160;
已创建 812160 行
统计信息
----------------------------------------------------------
       2158  recursive calls
    2854371  db block gets
     129914  consistent gets
      17141  physical reads
    6021212  redo size
     812160  rows processed
```

如上所示，启用 temp_undo_enabled 将 Undo 日志放在临时表空间后，即使临时表上有索引，两者相差 30 多倍，生成的 Redo 日志也已经可以忽略不计了，无论是新增、修改、删除都是如此。如果使用 Oracle 12c，建议启用该参数，在 I/O 瓶颈时的系统中将极大地提升性能。

从 Oracle 12c 开始，impdp 的 transform 参数增加了一个 disable_achive_logging 选项，用于控制导入是否跳过 Redo 日志。其默认值为 N，不禁用 Redo 日志生成；当设置为 Y 时，impdp 相关的表和索引会在开始导入前被设置为 NOLOGGING，在导入完成后设置为 LOGGING。这可以极大地减少 Redo 日志的生成，如下所示：

```
SQL> select log_mode, force_logging from v$database;
LOG_MODE     FORCE_LOGGING
------------ ---------------------------------------
ARCHIVELOG   NO
#不禁用归档日志
[oracle@localhost ~]$ impdp hs_tabase/hs_tabase@orclpdb directory=DATA_
  PUMP_DIR tables=\(big_table\)
…省去抬头...
Starting "HS_TABASE"."SYS_IMPORT_TABLE_01":  hs_tabase/********@orclpdb
directory=DATA_PUMP_DIR tables=(big_table)
Processing object type TABLE_EXPORT/TABLE/TABLE
Processing object type TABLE_EXPORT/TABLE/TABLE_DATA
. . imported "HS_TABASE"."BIG_TABLE" 1.482 GB 5226496 rows
  Job "HS_TABASE"."SYS_IMPORT_TABLE_01" successfully completed at Fri Mar
  1 20:23:51 2019 elapsed 0 00:00:59

#禁用归档日志
[oracle@localhost ~]$ impdp hs_tabase/hs_tabase@orclpdb directory=DATA_
  PUMP_DIR tables=\(big_table\) transform=disable_archive_logging:y
…省去抬头...
Starting "HS_TABASE"."SYS_IMPORT_TABLE_01":  hs_tabase/********@orclpdb
```

```
directory=DATA_PUMP_DIR tables=(big_table) transform=disable_archive_logging:y
Processing object type TABLE_EXPORT/TABLE/TABLE
Processing object type TABLE_EXPORT/TABLE/TABLE_DATA
. . imported "HS_TABASE"."BIG_TABLE"1.482 GB 5226496 rows Job "HS_
  TABASE"."SYS_IMPORT_TABLE_01" successfully completed at Fri
  Mar 1 20:22:31 2019 elapsed 0 00:00:22
```

默认情况下生成了 2GB 归档日志，执行了 59s。禁用归档日志后，生成的归档日志大小为 0 字节，只需要 22s。

最后再说一下 MySQL 的 Redo 日志。很多开发人员都知道 MySQL 的 binlog 可以开启或关闭，也可以对会话级进行设置，但这和 Oracle 的重做性质完全不同。和 Oracle Redo 日志对应的是 innodb log，即 ib_logfile 中存储的 Redo 日志，其同样按照循环重用的方式实现，只不过无法设置禁用或跳过 innodb log。

3.7.6 物化视图

除了前文讨论的各种 DML 生成的 Redo 外，当使用了增量物化视图时，也可能会生成不小的 Redo 日志。当物化视图需要支持增量刷新时，必须先在原表上创建物化视图日志。物化视图日志中可以包含原记录的主键、ROWID、对象标识符或它们的组合。物化视图本质上也是利用内部的触发器，保存对基表记录的变更，因此不仅会影响基表 DML 的性能，并且生成的 Redo 日志的大小也会显著增加，如下所示：

```
SQL> delete from big_table where rid>10000 and rid<15000;
已删除 4999 行
统计信息
----------------------------------------------------------
       11  recursive calls
       7071  db block gets
       21  consistent gets
      273  physical reads
    4192172  redo size
       4999  rows processed
SQL> insert into big_table select * from big_table_tmp where rid>10000 and rid<15000;
已创建 4999 行
统计信息
----------------------------------------------------------
      104  recursive calls
      17613  db block gets
      542  consistent gets
        2  physical reads
    3489980  redo size
       4999  rows processed

SQL> create materialized view log on big_table WITH PRIMARY KEY INCLUDING NEW VALUES;
```

```
SQL> create materialized view big_table_mv refresh fast on demand as select * from
big_table;
SQL> delete from big_table where rid>10000 and rid<15000;
已删除 4999 行
统计信息
----------------------------------------------------------
       5088  recursive calls
      53067  db block gets
      486  consistent gets
        5  physical reads
    9442648  redo size  -- 几乎是没有物化视图日志的近3倍
       4999  rows processed
SQL> insert into big_table select * from big_table_tmp where rid>10000
 and rid<15000;
已创建 4999 行
统计信息
----------------------------------------------------------
      196  recursive calls
      54222  db block gets
       1040  consistent gets
      235  physical reads
   10291796  redo size  -- 是没有物化视图日志的近3倍
       4999  rows processed
```

从上可知，基表上有物化视图日志生成的 Redo 日志是没有物化视图日志的近 3 倍，所以物化视图日志对基表的影响还是比较大的，特别在涉及百万、千万级的 DML 操作时。如果系统的 I/O 本身就已经是瓶颈，这个问题会更加严重。

但是，无论基表上有几个增量物化视图，其生成的 Redo 日志大小都是一样的。此外，物化视图日志是记录级别的，本身和一个大事务或者 *N* 个小事务无关，这一点可通过查询 select * from dba_segments where segment_name like 'MLOG$_table_name'；进行验证。

和没有物化视图日志的表一样，如果使用直接路径加载，则生成的 Redo 日志会大大减少，如下所示：

```
SQL> insert /*+ append */ into big_table select * from big_table_tmp
where rid>10000 and rid<15000;
已创建 4999 行
统计信息
----------------------------------------------------------
        5  recursive calls
      470  db block gets
      243  consistent gets
        0  physical reads
     348056  redo size
       4999  rows processed
SQL> commit;
提交完成
```

注意： 通常情况下，Redo 日志只记录进行恢复所必需的信息，如在 redo log 中使用 ROWID 唯一标识的一行而不是通过 Primary key，仅仅这些信息对于使用 Redo 日志进行一些其他应用是不够的。

当我们在另外的数据库分析 Redo 日志应用某些 DML 时就可能会有问题，因为不同的数据库其 ROWID 代表的内容是不同的。这时就需要将一些额外的信息记录在 Redo 日志中，这些信息是通过启用补充日志（Supplemental Logging）完成的。

3.8 Undo日志

前面讨论 MVCC 时曾提到，一个数据块之所以有多个版本，是因为对当前数据块应用了 Undo 日志，所以 Undo 日志的职责是为各种 DML 操作生成可以用于反向操作的结构。对于 insert，生成 delete；对于 update，生成撤销 update 的语句；对于 delete，生成 insert 等。

从功能上来看，Undo 日志和 Redo 日志刚好相反，因为任何一个数据块中都会包含很多记录，这些记录会被很多事务并发修改，所以 Undo 日志执行的操作是逻辑撤销，而不是物理撤销，否则其他用户执行的操作就会被覆盖。要验证这一机制，最简单的方式就是在 Oracle 10.2 之后的版本创建一张延迟创建段的表（默认情况），插入一些记录，然后回滚，查看该表是否有段即可知道，如下所示：

```
SQL> create table my_def_table(id number,desc1 varchar2(200));
表已创建
SQL> set autotrace traceonly statistics
SQL> select count(1) from my_def_table;
统计信息
----------------------------------------------------------
          5  recursive calls
          0  db block gets
          0  consistent gets
          0  physical reads
          1  rows processed
SQL> insert into my_def_table select level,'level' || level from dual
connect by level<100;
已创建 99 行
SQL> rollback;
回退已完成
SQL> select count(1) from my_def_table;
统计信息
----------------------------------------------------------
          5  recursive calls
          0  db block gets
         15  consistent gets
          0  physical reads
```

```
        1  rows processed
```

从上可知，一共有 15 次逻辑读，说明物理块确实已经存在。本节将从开发者视角来探讨 Oracle Undo 日志的运行机制及如何正确地使用和优化，本书第 7 章将讨论 Undo 表空间的管理和存储优化。

3.8.1 哪些操作会产生Undo日志

一般来说，insert 生成的 Undo 日志最少，它只需记录 ROWID 以备将来回滚时删除此行。update 在大多数情况下为其次，如 Redo 日志，Oracle 也只记录被修改数据的 Undo 日志，而大部分 update 操作只会更新行中较少列，所以 Undo 日志中只记录行的这一小部分列。delete 操作通常生成的 Undo 日志最多，因为 Oracle 必须把整行的删除前映像记录到 Undo 日志段中。要查看 SQL 语句生成的 Undo 日志大小，可以通过记录 undo change vector size 得到，如下所示：

```
SQL> begin start_trace(); end;
  2  /
PL/SQL procedure successfully completed
SQL> insert into my_gtt select * from dba_tables;
2116 rows inserted
SQL> select * from table(fn_end_trace);
STAT_NAME                                         VALUE
-----------------------------------------------------------------------
DBWR undo block writes                                0
undo change vector size                                283468
SQL> commit;
Commit complete
SQL> begin start_trace(); end;
  2  /
PL/SQL procedure successfully completed
SQL> delete from my_gtt;
2116 rows deleted
SQL> select * from table(fn_end_trace);
STAT_NAME                                        VALUE
-----------------------------------------------------------------------
DBWR undo block writes                                0
undo change vector size                                1345148
```

如上所示，delete 生成的 Undo 日志数量约 1345kB，insert 为 283kB。除了 DML 本身会生成 Undo 日志之外，索引也和 Redo 日志一样，会生成相应比例的 Undo 日志，如下所示：

```
SQL> begin start_trace(); end;
  2  /
PL/SQL procedure successfully completed
SQL> insert into big_table select * from dba_tables;
2116 rows inserted
```

```
SQL> select * from table(fn_end_trace);
STAT_NAME                                              VALUE
------------------------------------------------------------------------
DBWR undo block writes                                    0
undo change vector size                                    19956
SQL> commit;
Commit complete
SQL> truncate table big_table;
table truncated
SQL> create index idx_big_table on BIG_TABLE (table_name, owner, tablespace_name);
SQL> begin start_trace(); end;
  2  /
PL/SQL procedure successfully completed
SQL> insert into big_table select * from dba_tables;
2116 rows inserted
SQL> select * from table(fn_end_trace);
STAT_NAME                                              VALUE
------------------------------------------------------------------------
DBWR undo block writes                                    0
undo change vector size                                    255608
```

如上所示，没有索引时生成的 Undo 日志不到 20kB。当创建了一个包含 3 个字段的索引 idx_big_table 后，insert 生成的 Undo 日志增长到了 255kB，这也是需要特别注意的。

3.8.2 最小化Undo日志的产生

现在已经知道各种 DML 操作会生成多少 Undo 日志了，接下来需要关心的是如何最小化 Undo 日志的生成，尤其是当我们发现针对 Undo 日志表空间的 I/O 操作占比很高时。Undo 日志和 Redo 日志一样，实际修改的列越多，生成的 Undo 日志也越多，如下所示：

```
SQL> begin start_trace(); end;
  2  /
PL/SQL procedure successfully completed
SQL>  insert into my_gtt select * from dba_tables;
2116 rows inserted
SQL> select * from table(fn_end_trace);
STAT_NAME                                              VALUE
------------------------------------------------------------------------
DBWR undo block writes                                   0
undo change vector size                                   294908
SQL> rollback;
Rollback complete
SQL> begin start_trace(); end;
  2  /
PL/SQL procedure successfully completed
SQL>  insert into my_gtt(owner,table_name,tablespace_name,status,ini_
 trans) select owner,table_name,tablespace_name,status,ini_trans from
```

```
 dba_tables f;
2116 rows inserted
SQL> select * from table(fn_end_trace);
STAT_NAME                                                  VALUE
---------------------------------------------------------
DBWR undo block writes                                        0
undo change vector size                                        149908
SQL> begin start_trace(); end;
  2  /
PL/SQL procedure successfully completed
SQL> truncate table my_gtt;
table truncated
SQL> select * from table(fn_end_trace);
STAT_NAME                                                  VALUE
---------------------------------------------------------
DBWR undo block writes                                        0
undo change vector size                                        356
```

最后需要提醒的是，第 3.7 和 3.8 节关于最小化 Redo 日志和 Undo 日志的讨论仅适用于没有使用闪回数据归档（Flashback Data Archive，FDA）特性的表，如果相关表启用了 FDA，则生成的 Undo 日志会和正常大小一样，本书第 11.2.7 节将讨论闪回数据归档。

3.8.3 临时表生成的Undo日志

就 Undo 日志而言，在 Oracle 12c 之前，临时表和常规表在保证事务上并无差别。例如，为临时表插入 1000 行记录，当插入第 500 行失败时，临时表也需要回滚前面这 499 行未成功的记录，所以临时表也会生成 Undo 日志。实际使用临时表主要在报表和批处理系统中，如某些中间结果在后面需要被查询多次，或者单个 SQL 语句过于复杂，所以通过创建临时表的方式来简化 SQL 语句，因此大部分的用法是 insert/select。

insert 生成的 Undo 日志是很少的，select 本身也不会生成 Undo 日志，所以这种用法临时表生成的 Undo 日志额外负载可以忽略不计，这也是临时表的推荐用法。下面是默认情况下（temp_undo_enabled = false）新增、修改、删除临时表生成的 Undo 日志大小，如下所示：

```
SQL> begin start_trace(); end;
  2  /
PL/SQL procedure successfully completed
SQL> insert into my_gtt select * from dba_tables;
2116 rows inserted
SQL> select * from table(fn_end_trace);
STAT_NAME                                                  VALUE
---------------------------------------------------------
DBWR undo block writes                                        0
undo change vector size                                        283480
SQL> begin start_trace(); end;
```

```
  2  /
PL/SQL procedure successfully completed
SQL> update my_gtt t set t.table_name=t.table_name,t.tablespace_name=t.
tablespace_name,t.status=t.status;
2116 rows updated
SQL> select * from table(fn_end_trace);
STAT_NAME                                              VALUE
--------------------------------------------------------
DBWR undo block writes                                   0
undo change vector size                                   271736
SQL> begin start_trace(); end;
  2  /
PL/SQL procedure successfully completed
SQL> delete from my_gtt;
2116 rows deleted
SQL> select * from table(fn_end_trace);
STAT_NAME                                              VALUE
--------------------------------------------------------
DBWR undo block writes                                   0
undo change vector size                                   1496120
```

对永久表的 insert 生成了大量 Redo 日志，而对临时表几乎没有生成任何 Redo 日志，这是有道理的。因为对临时表的 insert 只会生成很少的 Undo 数据，而且临时表只会为 Undo 数据建立 Redo 日志，所以自然就很少。

对永久表的 update 生成的 Redo 日志大约是临时表生成 Redo 日志的两倍多，因为两种表都必须保存 update 的前半部分（前映像），但是对于临时表来说，不必保存后映像（Redo 日志）。两种表的 delete 操作需要几乎相同大小的 Redo 日志。delete 产生的 Undo 日志量很大，而 Redo 日志本身无论对临时表还是永久表都很小。为此，临时表与永久表的 delete 操作所产生的 Redo 日志量几乎相同。

需注意，temp_undo_enabled 只是将 Undo 日志从 Undo 表空间维护移到了临时表空间，但是语句生成的 Undo 日志本身数量不会因此而减少，所以设置 temp_undo_enabled = true 对 Undo 日志本身无影响，如下所示：

```
SQL> show parameter undo
NAME                                 TYPE        VALUE
--------------------------------------------------------
temp_undo_enabled                    boolean     TRUE
SQL> begin start_trace(); end;
  2  /
PL/SQL procedure successfully completed
SQL>  insert into my_gtt select * from dba_tables;
2116 rows inserted
SQL>  select * from table(fn_end_trace);
STAT_NAME                                              VALUE
--------------------------------------------------------
```

```
DBWR undo block writes    0
undo change vector size   294664
SQL> begin start_trace(); end;
  2  /
PL/SQL procedure successfully completed
SQL> update my_gtt t set t.table_name=t.table_name,t.tablespace_name=t.
  tablespace_name,t.status=t.status;
2116 rows updated
SQL>select * from table(fn_end_trace);
STAT_NAME                                                 VALUE
-------------------------------------------------------------
DBWR undo block writes        0
undo change vector size        305760
SQL> begin start_trace(); end;
  2  /
PL/SQL procedure successfully completed
SQL> delete from my_gtt;
2116 rows deleted
SQL> select * from table(fn_end_trace);
STAT_NAME                                                 VALUE
-------------------------------------------------------------
DBWR undo block writes       0
undo change vector size       1549976
```

3.8.4 ORA-1555

“ORA-1555:snapshot too old”是数据仓库和报表系统中时常会遇到的一个异常，其直接原因很简单：读一致性模型要求任何查询所基于的数据块必须为查询开始那一刻的数据，当 SQL 语句运行时间过长，即超过了 Undo 表空间可容纳的数据块数量时，就会发生该错误。例如，将 Undo_RETENTION 设置为 10800，即 3h，但 SQL 语句却运行了 4h 或 8h 还未运行完。

快照太旧错误可以说是所有数据库共同面临的问题，而非 Oracle 特有，只是表现为不同的现象。有些开发人员在使用 Oracle 数据库时过于依赖它，如认为在 Oracle 中编写数百行一运行就是一个小时的 SQL 语句是理所应当的，而在 MySQL 则天然认为其适合小型系统，所以该错误在 Oracle 中出现的概率特别高，以至于被作为经典错误对待。快照太旧错误通常有下列 3 个原因。

- Undo 表空间太小。例如，只有一个 Undo 表空间，但是数据库中有上千万条记录，甚至上亿条记录的活跃表（Undo_RETENTION 通常只是一个建议值，并不是绝对值，实际中超过该值是完全可能的）。对于该原因导致的错误，只需要增加 Undo 表空间大小即可，如多增加两个数据文件，支持自动扩展，这样 Undo 空间的容量最大能够到 100GB 以上，最大限度地避免因为表空间本身太小导致的错误。
- SQL 语句性能低下。例如，典型的几张大表在关联时进行了嵌套循环连接，这也是很多不理解 SQL 优化的开发人员编写 SQL 时经常会发生的问题。对于 Oracle SQL 性能分析与优化，请参见本书第 10 章。

- 单个 SQL 语句处理的数据量太大。在 SQL 已经优化的情况下，因为这种情况导致“ORA-1555”异常的概率并不高，若仍然出现该错误，则其中一种原因是单个 SQL 语句处理的数据集确实太大。例如，对于一个金融产品销售系统来说，通常每天要给所有的代销商提供所有可以相互兑换的产品清单。假设有 100 家金融管理公司分别托管了 5000 个产品在系统中，理论上会产生 25 亿个组合，但是很多开发的系统的做法是充分利用 Oracle 并行处理的特性，直接在一条 SQL 语句中生成该组合，但是执行时间仍然可能过长。对于这种功能，通常需要在应用层进行优化，这样能够在保证不发生“ORA-1555”异常的前提下达到不低于使用 Oracle 并行执行的性能。本书第 6 章专门讨论如何进行应用层的设计与优化。

3.8.5　为什么Undo日志丢失或损坏后数据库无法启动

要理解为什么 Undo 日志表空间在数据库恢复时仍然是需要的。需要知道在 Oracle 中某些操作可以不记录 Redo 日志。例如，对于各种直接路径写及 NOLOGGING 操作，Oracle 会直接修改目标数据块，这些被修改的数据块和其他一些被修改过但是尚未提交的数据块可能会因为缓冲区缓存不足，在正式提交前就被写到磁盘，此时如果 Oracle 异常宕机，这些数据块就成了脏数据块。

所以，这些被修改但是未提交的数据块就需要使用 Undo 日志进行撤销，而撤销数据块如果没有了就会导致无法恢复到修改前的状态。所以，包含这些需要恢复未提交事务的 Undo 日志必须是可用的，否则就无法将库恢复到一致状态。反之，如果所有 DML 操作都遵循 WAL 原则，那么理论上 Undo 日志表空间就和临时表空间一样并非恢复时所必需的。

第4章

高效Oracle设计

本章将在第 3 章的基础上讨论如何设计合理的数据库模型、分区、索引，理解并行执行的特性等，会提到很多每天都在发生的因设计拙劣导致的 SQL 调优无法解决的性能问题。

Oracle 手册加起来有数万页，还有很多未公开的特性，如果每个主要的资料都去读手册，要读好几年才能读完。因此，本章根据实际系统设计经验，为读者总结出了最有价值的那一部分，不讨论那些很少使用的特性，如 BFILE、域索引、聚簇表、对象关系表、对象列等。最后会简要介绍一些不适合在 Oracle 数据库中实现的功能，后续章节将对它们进行深入讨论。

4.1 设计良好的Oracle表

逻辑模型的良好与否不仅会在很大程度上影响开发复杂性，而且会极大地影响后续的维护工作量，对系统性能、数据一致性、系统的可理解性产生影响。例如，虽然采用冗余字段在大部分情况下能够提高查询性能，但是会增加数据不一致性的概率和所需存储空间；反之，增删改简单，但是查询性能可能会较低。

逻辑模型从更高的层面影响系统，物理模型则从更具体的实现层面影响系统。选择不同的表类型，如普通的堆表、索引组织表、外部表等通常对性能会有不同的影响，虽然大部分情况下常规堆表表现得较为优秀，但是如果它总是最优的，Oracle 就不会实现第二种表类型。

在一些特定场景下，堆表之外的其他物理模型表现得比普通的堆表更好。因此，本节将聚焦于设计良好的逻辑模型及针对 Oracle 堆表的优化，下一节将讨论堆表之外的其他物理实现方式的适用场景。

4.1.1 设计良好的表结构

开发人员通常理所应当地认为普通表的实现在所有数据库中都是一样的，如在 MySQL 中记录是按照主键有序存储的，所以在 Oracle 中也应该是按照主键有序存储的。实际上，在 Oracle 中，普通表的记录是按照堆组织的方式存储在块中的，并不一定和插入时的顺序一致，所以不能对记录如何存储有任何假设。基于任何假设，一开始就会极大地影响后续一系列技术决策。

在 Oracle 中，堆表中的每行记录都有一个相对于该表的唯一 ROWID，通过这个 ROWID 可以找到记录的物理存储位置。ROWID 是一个 10 字节的物理地址，由文件、块和行号组成。例如，ROWID AAAPecAAFAAAABSAAA，最后的 AAA 代表行号，行号是一个指向数据块的行目录条目的指针。但是 ROWID 并不是一旦生成后就永远不会变化，在启用了行移动的情况下，更新分区的主键、闪回、收缩表都会导致 ROWID 发生变化，在使用了这些特性的情况下，如果使用 ROWID 作为条件需要注意。

对于任何数据库表结构设计来说，需要知道 Oracle 访问记录是以数据块为单位的。默认情况下数据块大小为 8kB，所以一个数据块中存储的记录越少，访问相同数量的记录需要访问的数据块就越多，就意味着更多的逻辑读。而逻辑读通常是影响 SQL 性能的最主要的因素，所以在设计表结构时需要考虑物理因素的影响。

1. 数据类型

表中的每个列都有明确的数据类型，不同的数据类型限定了数据的有效性范围、所需的存储空间，在比较的性能上也有较大的差异，所有这些因素在大数据量的情况下都会使系统的性能和空间容量产生较大的差异。例如：

```
create table my_big_number_table as select level int_level from dual connect
 by level < 1000000;
create table my_big_varchar_table as select to_char(level) varchar_level
 from dual connect by level < 1000000;
exec dbms_stats.gather_table_stats(ownname => user,tabname => 'my_big_
 varchar_table');
exec dbms_stats.gather_table_stats(ownname => user,tabname => 'my_big_
 number_table');

select o.BLOCKS,o.NUM_ROWS,o.AVG_ROW_LEN from dba_tables o where o.TABLE_
 NAME like 'MY_BIG%';
  BLOCKS   NUM_ROWS AVG_ROW_LEN
---------- ---------- -----------
      1557     999999           5
      1684     999999           7
```

2. 日期的存储

Oracle 提供了 date 及 timestamp 类型来存储日期，有很多系统在实现时选择 number 类型存储日期格式；也有些将日期存储为日期和时间两个字段，分别使用 number 类型来存储。这其中的原因有多种，有些人认为使用整型存储更方便，毕竟不用处理 Java 的 date 类型，也不用使用大于等于和小于等于处理时间部分，直接等于某一天即可；有些人认为 date 类型性能更好，它们没有绝对的好与不好，有时统一可能更重要。

关于 date 类型，首先要知道 date 类型是 7 字节。而 timestamp 不仅可以保存日期和时间，还能保存小数秒，小数位数可以指定为 0~9，默认为 6 位，所以最高精度可以达到 ns（纳秒）。timestamp 在内部用 7 字节或者 11 字节存储：如果精度为 0，则用 7 字节存储，与 date 类型功能相同；如果精度大于 0，则用 11 字节存储。number 类型采用科学计数法存储，使用可变长度存储，两者的对比如下：

```
create table my_number_date(dt number(8),tm number(6),dt_dt date);
create index idx_dt on MY_NUMBER_DATE (dt);
create index idx_dt_dt on MY_NUMBER_DATE (dt_dt);
SQL> select dump(dt),dump(tm),dump(dt_dt) from my_number_date;
```

```
DUMP(DT) DUMP(TM) DUMP(DT_DT)
------------------------------ --------------------------- -------------
Typ=2 Len=5: 196,20,100,13,22 Typ=2 Len=4: 195,13,13,13  Typ=12 Len=7:
  120,118,12,28,1,1,1
```

从上可知，如果只是使用 number 存储日期部分，空间占用确实比 date 类型更少；但是如果要同时存储两部分，则 date 类型占用空间更少。

除了空间外，还需要考虑的是 date 对优化器的执行计划的影响。在缺乏直方图信息的情况下，当使用 number 类型存储时，优化器并不知道 20181231 和 20190101 之间的距离和 20181230 和 20181231 之间的距离是一样的，而使用 date 类型时，优化器是知道的。例如：

```
insert into MY_NUMBER_DATE(DT_DT,DT)
select sysdate+level,to_char(sysdate+level,'yyyymmdd') from dual connect
  by level < 100;
insert into MY_NUMBER_DATE select * from MY_NUMBER_DATE where dt=20181231;
-- 重复插入3万行
exec dbms_stats.gather_table_stats(user,'MY_NUMBER_DATE', method_opt =>
  'FOR ALL COLUMNS SIZE REPEAT');
```

先使用日期类型进行查询：

```
SQL> explain plan for
  2  select * from MY_NUMBER_DATE d
  3  where d.dt>=to_date(20181231,'yyyymmdd') and d.dt<to_date (20190102,
 'yyyymmdd');
Explained
SQL> select * from table(dbms_xplan.display);
PLAN_TABLE_OUTPUT
-----------------------------------------------------------------
Plan hash value: 245550127
-----------------------------------------------------------------
| Id  | Operation                      | Name            | Rows  | Bytes |
Cost (%CP
-----------------------------------------------------------------
|   0 | SELECT STATEMENT               |                 |  2002 | 28028 |
13   (
|   1 |  TABLE ACCESS BY INDEX ROWID| MY_NUMBER_DATE |  2002 | 28028 |
13   (
|*  2 |   INDEX RANGE SCAN             | IDX_DT          |  2002 |       |
7   (
-----------------------------------------------------------------
Predicate Information (identified by operation id):
---------------------------------------------------
   2 - access("D"."DT">=TO_DATE(' 2018-12-31 00:00:00', 'syyyy-mm-dd hh24:mi:ss'
           "D"."DT"<TO_DATE(' 2019-01-02 00:00:00', 'syyyy-mm-dd hh24:mi:ss')
15 rows selected
```

可见优化器认为 20181231 到 20190102 是很近的。再看使用 number 类型，如下所示：

```
SQL> explain plan for
  2  select * from MY_NUMBER_DATE d
  3  where d.dt_dt>=20181231 and d.dt_dt<20190102;
Explained
SQL> select * from table(dbms_xplan.display);
PLAN_TABLE_OUTPUT
--------------------------------------------------------
Plan hash value: 1593580505
--------------------------------------------------------
| Id  | Operation          | Name           | Rows  | Bytes | Cost (%CPU)| Time
--------------------------------------------------------
|   0 | SELECT STATEMENT   |                | 64102 |  876K|    69   (2)| 00:00:
|*  1 |  TABLE ACCESS FULL| MY_NUMBER_DATE | 64102 |  876K|    69   (2)| 00:00:
--------------------------------------------------------
Predicate Information (identified by operation id):
---------------------------------------------------
   1 - filter("D"."DT_DT"<20190102 AND "D"."DT_DT">=20181231)
13 rows selected
```

优化器认为 20181231 到 20190102 的距离很远，所以选择了全表扫描。

3. CLOB类型

有些应用中会存储一些描述或者详细日志信息等，所以经常需要考虑是使用很大的 varchar 类型还是 CLOB 类型。对于 varchar2 来说，主要优点是使用保持一致，但可能会导致 SGA 浪费较多，尤其是从 Oracle 11.2 开始 varchar2 类型的最大长度从 2kB 增大到了 32kB；而 CLOB 字段的问题在于：当 CLOB 的大小超过 4kB 时，数据库会单独为该 CLOB 字段分配额外的 BLOB 段存储 BLOB 对象，存储在 CLOB 段中的 CLOB 默认不在缓冲区缓存，对于 CLOB 的读 / 写都是物理 I/O，代价非常高，所以对于大于 4kB 的 CLOB 字段更新效率非常低。

对于一些本身业务数据就比较大的应用，如合同管理系统等，可以考虑对 CLOB 做下列优化。

- 存储在 CLOB 段中的 CLOB 可以在定义时指定使用 cache（默认是 nocache），减少物理 I/O，这对于中等大小的 CLOB（几 kB ～几十 kB）很有效果。
- 有大批量删除、更新操作的对象如日志表，经常有高并发插入表中，建议不要使用 CLOB 字段。可以使用多个 varchar（4000）字段进行拼接来代替，或者不要存储在 Oracle 中。
- 使用 CLOB 字段时，为 CLOB 字段手工单独指定和表不同的表空间。
- 在 Oracle 11g 中，建议使用 securefile（默认 basefile），如果单条记录显著大于 Oracle 数据块大小，可以使用 compress 选项。

对于有大字段并且需要频繁访问的应用，从总拥有成本来说，采用 Oracle 并非最佳的选择。如果经常需要全文搜索，并且可以容忍数据有短时延迟，可以考虑 ES；如果只能有一份存储，则可以考虑 MongoDB。使用 NoSQL 方案实现不仅能够解决灵活性问题，而且能够利用这些技术各自的缓存特性，因为它们本身就是为了补充 RDBMS 而诞生的。

4. JSON类型

在很多应用系统中，尤其是金融类系统中，通常需要存储很多操作流水信息，如账户信息修改流水、各种操作日志。对于一些高度敏感的合规类操作，需要完整地记录操作涉及的记录，这些信息非常多。它们的特性是通常只会一次写入，事后很少查询，而且随着监管要求的不同随时发生变化。这些数据大部分情况下为结构型，偶尔可能会增加或者减少一个字段。例如，对于A审核信息，需要记录的信息可能是：

```
时间，审核人员，审核批次，账户类检查，业务字段1，业务字段2，业务字段N
```

而对于B审核信息，需要记录的信息可能：

```
时间，审核人员，审核批次，交易类检查，业务字段A，业务字段B，业务字段Z
```

如果为这些不同类型的日志类信息创建不同的关系表，很快就会造成维护成本的激增。对于这种场景，我们通常希望使用一个通用字段存储所有信息。在Oracle 12c之前，只能将其存储在varchar 2或者CLOB类型中，但这样会失去基于某个字段进行搜索的灵活性和性能，进而影响后面的使用体验。在Oracle 12c中，可以利用JSON特性，它不仅提供了JSON式的使用方式，而且支持ACID特性，和正常的表一样支持多版本一致性读特性。在实现上，JSON可以使用varchar 2或CLOB本身，只是要在存储JSON数据的字段增加data IS JSON约束，如下所示：

```
CREATE TABLE json_documents (
  id    RAW(16) NOT NULL,
  data  CLOB,
  CONSTRAINT json_documents_pk PRIMARY KEY (id),
  CONSTRAINT json_documents_json_chk CHECK (data IS JSON));
```

这样data字段就只能存储JSON格式的字符串了，插入方法就像常规一样，没有特殊之处，如下所示：

```
INSERT INTO json_documents (id, data)
VALUES (SYS_GUID(),
        '{
          "FirstName"      : "John",
          "LastName"       : "Doe",
          "Job"            : "Clerk",
          "Address"        : {
                              "Street"   : "99 My Street",
                              "City"     : "My City",
                              "Country"  : "UK",
                              "Postcode" : "A12 34B"
                             },
          "ContactDetails" : {
                              "Email"    : "john.doe@example.com",
                              "Phone"    : "44 123 123456",
                              "Twitter"  : "@johndoe"
```

```
                              },
         "DateOfBirth"      : "01-JAN-1980",
         "Active"           : true
        }');
commit;
```

如果提供的值不符合 JSON 规范，则在插入或更新时就会出错，而不是在查询时提醒，如下所示：

```
UPDATE json_documents a
SET    a.data = '{"FirstName" : "Invalid Document"'
WHERE  a.data.FirstName = 'Jayne';
*
ERROR at line 1:
ORA-02290: check constraint (TEST.DOCUMENT_JSON) violated
```

对于 JSON 文档中的每一级属性，都可以和 JSON 标准一样直接使用点访问，如下所示：

```
SELECT a.data.FirstName,
       a.data.LastName,
       a.data.Address.Postcode AS Postcode,
       a.data.ContactDetails.Email AS Email
FROM   json_documents a
ORDER BY a.data.FirstName, a.data.LastName;
FIRSTNAME       LASTNAME        POSTCODE   EMAIL
--------------- --------------- ---------- -------------------------
Jayne           Doe             A12 34B    jayne.doe@example.com
John            Doe             A12 34B    john.doe@example.com
2 rows selected.
```

也可以直接查询 JSON 片段，如下所示：

```
SELECT a.data.ContactDetails
FROM   json_documents a;
CONTACTDETAILS
---------------------------------------------------------------------------
{"Email":"john.doe@example.com","Phone":"44 123 123456","Twitter":"@johndoe"}
{"Email":"jayne.doe@example.com","Phone":""}
2 rows selected.
```

这样就可以直接在 Oracle 中利用 JSON 的灵活性，配套的 JSON 函数，如 JSON_EXISTS、JSON_QUERY、IS JSON 等用于简化使用，且这些函数从 Oracle 11.2 开始支持在 PL/SQL 中调用（在此之前只能在 SQL 中使用）。

如果只是支持 JSON，但是每次都需要全文搜索，其效率显然是无法接受的。因此，Oracle 11.2 增加了对 JSON 中一个或多个键的索引（其本身基于函数的索引实现），如下所示：

```
SQL> create unique index LAST_NAME_IDX on json_documents ( JSON_
  VALUE(data ,'$.LastName' returning VARCHAR2 ERROR ON ERROR ) );
```

```
Index created
SQL> explain plan for
  2  select * from json_documents where  JSON_VALUE(data,'$.LastName')
  = 'Doe';
Explained
SQL> select * from table(dbms_xplan.display());
PLAN_TABLE_OUTPUT
----------------------------------------------------------------------
Plan hash value: 1105104679
----------------------------------------------------------------------
| Id  | Operation                    | Name            | Rows  | Bytes |
Cost (%CP
----------------------------------------------------------------------
|   0 | SELECT STATEMENT             |                 |     1 |  4014 |
1   (
|   1 |  TABLE ACCESS BY INDEX ROWID| JSON_DOCUMENTS  |     1 |  4014 |
1   (
|*  2 |   INDEX UNIQUE SCAN          | LAST_NAME_IDX   |     1 |       |
0   (
----------------------------------------------------------------------
Predicate Information (identified by operation id):
---------------------------------------------------
   2 - access(JSON_VALUE("DATA" FORMAT JSON , '$.LastName' RETURNING
VARCHAR2(40
              ERROR ON ERROR)='Doe')
15 rows selected
```

在 json_documents 表 data JSON 字段的 LastName 属性上创建一个唯一索引，并且查询条件 JSON_VALUE(data,'$.LastName') 使用了该索引。除了一级属性外，支持二级属性，也支持创建索引。例如：

```
SQL> create unique index IDX_JSON_NODE_EMAIL on json_documents ( JSON_
  VALUE(data ,'$.ContactDetails.Email' returning VARCHAR2 ERROR ON ERROR ) );
Index created
```

如果在创建 JSON 列时指定了使用 CLOB 类型存储，应用于 CLOB 的限制及建议同样适用于 JSON 文档。Oracle 虽然支持对 JSON 字段进行全文检索，但毕竟 Oracle 本身并不是专门的 NoSQL 数据库，如果真有此需求，建议使用 ES 进行存储。

5. 完整性约束

完整性约束无论是对于维护数据的一致性还是帮助优化器进行查询转换来说都是一本万利的事，可惜它经常不被应用开发人员所重视。通常开发人员认为完整性约束是一个数据库耦合性很强的技术实现，而且会严重影响系统性能，所以它不应该被使用，除了不得已的唯一索引和主键外，几乎不使用其他任何约束。

完整性约束本身是 SQL 标准的一部分，除 MySQL 外的大部分关系型数据库都支持得比较好。

Oracle 支持 NOT NULL、外键、唯一键、主键及检查约束，在这里对此进行简要介绍。

- NOT NULL 约束。NOT NULL 约束不仅可以用来防止某些字段不允许为空（如手机号码不允许为空），而且它是对优化器进行查询转换时非常重要的因素（如当查询条件的列具有唯一索引时）。具有了 NOT NULL 约束，优化器才会考虑使用索引唯一扫描，否则仍然是非唯一索引。在 Oracle 11g 之前，如果子查询列允许为空，这样 NOT IN 就无法使用反连接。所以，对于业务上不允许为空的字段设置 NOT NULL 约束不仅可以防止垃圾数据进入系统，还能够帮助优化器做出更好的优化。
- 外键约束。外键约束是保证数据完整性非常重要的实现机制之一，和 NOT NULL 约束类似，它还能够给优化器提供额外信息，帮助在查询转换时做出更优的决定。例如，对于具有外键约束的主从表，如果查询中不涉及从表信息，优化器可能会使用表消除，而如果没有这些约束，优化器就无法对此进行优化，本书第 9 章中有对查询转换的详细讨论。对于索引外键列，一定要增加索引，否则会导致子表加上表锁，从而导致严重的应用并发性问题，还可能发生死锁。
- 唯一键约束。设置当前字段的所有非空值必须唯一，它通常也是防止垃圾数据的最后防线，在应用中无论怎么判断，如采用 Redis 分布式锁、先 select 后 insert 判断等都无法保证全局一致性。
- 主键约束。主键约束是唯一约束和 NOT NULL 约束的组合，但任何一个表只有一个主键约束。
- 检查约束。检查约束从耦合性角度来说，确实不应该在 Oracle 中实现。它是一个 CPU 密集型操作，数据库相对于应用来说扩展复杂得多，而应用的扩展则简单得多，所以各种检查应该尽可能在应用层实现，如可以在 DAO 层通过拦截器根据表字段检查有效性。

6. 虚列

除了实体列外，Oracle 还支持虚列，它通常用于那些可以自动计算的值，如根据利率列和存款金额列计算利息。虚列可以在插入时持久化，也可以在提取时计算，支持创建索引（采用基于函数索引的机制）、收集统计信息等，在使用上和普通的列并无区别，如下所示：

```
alter table h2_dept add sub_loc varchar2(6) GENERATED ALWAYS AS (substr(loc,1,3))
 VIRTUAL;
create index IDX_DEPT_VC on H2_DEPT (sub_loc);
```

虚列在实际真正使用中并不是很多，抑或它并不是一种最合适的实现方式。因为大部分情况下都会要求开发业务逻辑从数据库中剥离，Oracle 只进行尽可能少的增删改查，所以虚列更多的是一种在设计开发完成之后发现设计有缺陷或者不妥，但是又不想大改所采用的一种补救措施。Oracle 很多其他特性也是出于这一目的开发的。

但是有一种情况只能借助虚列来达到目标，就是在创建基于多列值分区时，因为 Oracle 不支持分区基于多列，而开发人员不想使用组合分区或者已经是组合分区了，因此可以折中通过虚列来实现，第 4.4 节将会对此进行详细讨论。

4.1.2 为后续维护预留扩展性

如果一个应用能够创造比其成本更高的价值，那它一定会持续不断地迭代。这样的应用面临各种各样的新需求，需要持续保持高性能和稳定性，对应的模型也会持续迭代。

例如，我们曾经实现的一个调度系统，最开始设计所有的微服务都是本系统内的，随着系统的逐渐扩张、整合，除了调度本系统的微服务外，会慢慢出现一些完全在外部控制执行的服务。但是作为主流程的一个环节，需要记录实际的运行开始和结束时间，此时就需要扩展现有的模型以兼容对外部系统的直接引用控制，但仍需要保证兼容原来调度本身的运行开始和结束时间。

除了功能性导致不停迭代外，也很可能会有很多非功能性的维护，如对于一些经常大批量新增和删除的表进行空间回收或其他操作；需要将一些元数据，如产品信息同步给其他系统等，因此应该为后续的潜在维护需求预留一定的灵活性。对于表结构来说，主要包括 3 个方面：是否启用行移动、是否启用行级依赖性、是否所有的表都需要增加创建时间和更新时间字段。

1. 行级依赖性

在第 3.5.4 节介绍了 ORA_ROWSCN 伪列，基于此种伪列所提供的信息，可以方便地找出某个数据块或某一个行最近被修改的时间戳。在默认情况下，表以非行依赖性（NO ROW DEPENDENCIES）的属性创建，这意味着可观察的 ORA_ROWSCN 信息是块级的，无法分辨同一块内的多行间不同的修改时间。为了达到行级粒度的跟踪，需要在建表时指定基于行依赖性（ROW DEPENOENDIES）的 ROW DEPENDENCIES 子句。

有些特性依赖于行级依赖性实现，如闪回归档。对于乐观读实现机制来说，它是一个不错的选择，可以确保所有的表无须额外列就能够支持版本。

但是行级依赖性属性和表压缩冲突，启用了行级依赖性就无法使用表压缩特性。除此之外，相对于默认的非行依赖性，行依赖性会使性能略有降低。在维护上，如果要去掉已有表的行依赖性特性，则只能使用 DBMS_REDEFINITION 包或重建表。

2. 行移动

行移动（ROW MOVEMENT）特性最初是在 Oracle 8i 中引入的，其目的是提高分区表的灵活性。除此之外，闪回表、收缩段操作也要求启用该特性。

行移动特性的最大副作用在于 ROWID 会发生变化，直接依赖于 ROWID 的功能可能会失效。对 Oracle 内部来说，行移动特性最直接的影响就是 LOGMINER 和物化视图，当目标表启用了行移动特性后，LOGMINER 中的 SQL_UNDO 将无法生成用于撤销 DML 的语句；对于物化视图来说，不能使用基于 ROWID 的增量刷新，必须使用基于主键的机制。

3. 记录创建和修改时间

在很多情况下，当需要排查异常数据时，开发人员通常希望知道数据是什么时候变更的或者什么时候创建的。如果表没有启用行依赖性、时间过长导致闪回不可用或者没有启用归档，就只能通过表上有的创建和修改时间来判断，如果这两个字段没有维护，则意味着没有其他方式可以知道该信息。

在和外围系统交互的过程中，有一些变更数据需要同步给对方，此时通过两表数据比较方式会造成极大的性能影响。此时最好是源表上有最后更新时间字段，然后结合 ORA_ROWSCN 获取到最新的记录。为什么此时一定要结合 ORA_ROWSCN 呢？因为单纯靠时间戳即使是精确到微秒，也无法保证查询那一刻之后没有其他事务提交，因此最好的方式是使用修改时间的索引获取最近变更记录，然后使用 Oracle 自身的时间戳保证无重复性。

4.1.3 段空间压缩

很多数据库在某种程度上支持对表中数据进行压缩，有些以数据块为单位，有些以列为单位。和 RAR、GZIP 压缩一样，数据库的压缩也是一种以 CPU 换空间的做法。在 I/O 相对于 CPU 更受限制的情况下，使用压缩数据块可以提高系统性能，反之不然。

Oracle 从 8.2 开始支持段压缩，它是基于行的压缩，对应用完全透明，其在存储上通过不存储数据块内各个列的重复值来提高存储效率；不同于列式存储，行式存储下块的压缩受表中数据存储有序性的影响很大。假如一个 EMP 表中有一个名称为 BOB 的条目，它们存储在相同的块中就会被压缩，否则就不会压缩。因此，压缩最好应用于这样一个表：数据以排序过的顺序被加载进来，如历史表。

压缩数据块与正常数据块在实现上的差别在于有一个额外的符号表代表重复的值并仅存储一次，随后这个记号表用来指向重复的值。例如，对于下列数据：

```
2190,13770,25-NOV-00,S,9999,23,161
2225,15720,28-NOV-00,S,9999,25,1450
34005,120760,29-NOV-00,P,9999,44,2376
9425,4750,29-NOV-00,I,9999,11,979
1675,46750,29-NOV-00,S,9999,19,1121
```

其压缩后的存储格式类似如下：

```
2190,13770,25-NOV-00,S,%,23,161
2225,15720,28-NOV-00,S,%,25,1450
34005,120760,*,P,%,44,2376
9425,4750,*,I,%,11,979
1675,46750,*,S,%,19,1121
```

其中符号如表 4–1 所示。

表4–1 Oracle数据块压缩符号表示意

符 号	值	列	行
*	29-Nov-00	3	958~960
%	9999	5	956~960

Oracle 的压缩是基于字典实现的，支持新增、修改，批量插入，主要分为以下两种。

- 基本表压缩模式。这种模式主要适用于批处理场景，对 SQL*Loader、CTAS、并行 INSERT、带 APPEND 和 APPEND_VALUES 提示的 INSERT、ALTER TABLE...MOVE 及在线表重定义等采用直接路径加载的操作支持压缩。对于常规的 DML 操作则不进行压缩，这分为 3 种情况：当先前的压缩块中的数据被更新时，它们将不再是压缩的；如果新值是冗余的，那么它们将是压缩的；如果新的值不在压缩表中，它们必须被插入新的未压缩块，这意味着它们必须被迁移到新的块（迁移行），即使原来的块中还有很多空间可用。基本表压缩模式的优点是压缩率较高，对 CPU 的额外负载低，相对性价比较好。
- 高级行压缩。这种模式针对 OLTP 场景，对所有 DML 进行压缩，对 CPU 消耗较大，实际中使用较少。

理论上表的字段越少，重复性越高，压缩率也越好。类似股票基本信息这些有很多维度或者标签的表很适合使用压缩存储，而股票行情等包含大量唯一值的数据就不适合压缩存储。同时，使用较大的块通常比小块的压缩率好，因为 32kB 的块比 2kB 的块存储的数据更多。类似地，较小的 PCTFREE 也会达到更好的压缩率。

在压缩对象的管理上，压缩选项可以在表空间、表、分区、子分区级别声明。对一些大的历史流水表，支持在分区级别独立维护压缩性是非常重要的，因为这些数据通常不会再变化，此时将其维护在独立的表空间，设置为只读并进行压缩，通常能够大幅度提高性能，如下所示：

```
# 对USERS表空间下的所有对象默认使用OLTP级别的压缩
ALTER TABLESPACE USERS COMPRESS FOR OLTP;
```

对表启用压缩是有维护代价的，对于新增列而言有下列限制。

- 基本压缩：不能为新增列设置默认值。
- OLTP 高级压缩：如果新增列设置默认值，其必须为 NOT NULL。

对于删除列而言，有如下限制。

- 基本压缩：不能删除列。
- OLTP 高级压缩：支持删除列，但是内部只标记了列为 UNUSED。

一般来说，对于删除列的限制除非表字段命名实在不合理，一般不会有很大问题。

除了基于字典的压缩外，在 Oracle Exadata 存储中，Oracle 还支持混合列式压缩（Hybrid Columnar Compression，HCC）。HCC 是一种结合行和列存储模式的压缩方式，能够极大地提高压缩比。和基于字典的压缩一样，它对应用也是透明的，因为大部分读者无法接触到 Exadata 系统。此处不再展开详述 HCC，有兴趣的读者可以从笔者博客（https://www.cnblogs.com/zhjh256/p/9777911.html）下载 Exadata 虚拟机进行学习。

4.2 除了常规表外还有哪些选择

除了普通的增删改查外，应用中通常还会有很多其他增删改查的变化版本，如 Oracle 实例之间同步、不同用户之间同步、一次性使用的各种中间表、访问外部文件中的数据等。对于这些场景，普通的常规表并不总是最合适的，本节便主要讨论这些场景。

4.2.1 视图

视图是虚拟的，在实际业务中，出于安全性考虑，通常会限制某些应用或用户只能访问某些表的部分数据。例如，业务人员可以查看客户的基本信息，但是不允许查看其联系地址及实际资产。也有些系统将一些常用的 SQL 语句通过视图作为一个代码单元存储，这样可以保证代码一致性。

除了这两种场景外，视图还能够用来在统一实例的不同用户之间实现伪同步数据。例如，一个整体设计上采用分库分表的系统，当业务系统比较小时可能只使用了一个实例，但是有多个用户。对于单实例系统来说，采用第三方同步软件或 LogMiner 并不是一个明智的决定，此时就可以采用在某些用户中创建指向另一个用户的只读视图来达到一样的目标，同时也保证了安全性。

在已经开发完成的系统中，视图还能够用来优化具有过多字段的表（大部分查询只会查询小部分字段），将这些基表一分为二，通过主键、外键约束关联，然后创建可更新的两表连接视图。这样当只查询主表时，Oracle 优化器能够智能地进行连接消除，从而避免对子表的访问。

4.2.2 临时表

Oracle 数据库除了可以保存永久表外，还可以建立临时表（Temporary Tables）。这些临时表用来保存一个会话的数据，或者保存在一个事务中需要的数据。当会话退出或者用户提交和回滚事务时，临时表的数据自动清空，但临时表的结构及元数据还存储在用户的数据字典中。临时表主要用于下列场景。

- 用户在特定时间批量加载数据入库。
- 数据库后台通过一个中转表（×××）先将用户数据落地。
- 依据各种逻辑，把 ××× 表的数据插入各种业务表。

从前面章节对 Undo 日志和 Redo 日志的讨论可知，临时表相对于永久表在正常情况下确实能够提升系统性能，但是在 Oracle 中，临时表可以认为是和永久表、索引一样重要的机制，其实现得并不尽如人意而且各种不稳定情况较多。

第一，在 Oracle 12c 之前，临时表的统计信息是全局的，即使 A 会话使用临时表 × 时数据只有 2000 行，而 B 会话使用临时表时数据有 2000 万行，优化器仍然认为只有 2000 行，因此可能导致表连接时选择错误的执行计划，如下所示。

会话 1：

```
SQL> drop table my_gtt;
SQL> create global temporary table my_gtt on commit preserve rows as
select * from dba_tables;

SQL> exec dbms_stats.gather_table_stats(ownname => user,tabname => 'MY_GTT');
SQL> set autotrace traceonly explain
SQL> select * from my_gtt where table_name='abc' and owner='HR';
------------------------------------------------------------------------
| Id  | Operation                    | Name      | Rows | Bytes | Cost
| Time      |
------------------------------------------------------------------------
|   0 | SELECT STATEMENT             |           |    1 |   241 |    9
| 00:00:01 |
|   1 |  TABLE ACCESS BY INDEX ROWID | MY_GTT    |    1 |   241 |    9
| 00:00:01 |
| * 2 |   INDEX RANGE SCAN           | IDX_MY_GTT |   49 |       |    1
| 00:00:01 |
------------------------------------------------------------------------
Predicate Information (identified by operation id):
------------------------------------------
* 2 - access("TABLE_NAME"='abc' AND "OWNER"='HR')
```

会话 2：

```
SQL> set autotrace traceonly explain
SQL> select * from my_gtt where table_name='abc' and owner='HR';
------------------------------------------------------------------------
| Id  | Operation                    | Name      | Rows | Bytes | Cost
| Time      |
------------------------------------------------------------------------
|   0 | SELECT STATEMENT             |           |    1 |   241 |    9
| 00:00:01 |
|   1 |  TABLE ACCESS BY INDEX ROWID | MY_GTT    |    1 |   241 |    9
| 00:00:01 |
| * 2 |   INDEX RANGE SCAN           | IDX_MY_GTT |   49 |       |    1
| 00:00:01 |
------------------------------------------------------------------------
Predicate Information (identified by operation id):
------------------------------------------
* 2 - access("TABLE_NAME"='abc' AND "OWNER"='HR')
```

对于临时表的统计信息，在 Oracle 11g 及之前版本建议锁定，因为自动收集的统计信息大概率是不正确的；或者最好使用动态采样，尤其会话间可能倾斜性较高的逻辑，建议使用动态采样。在 Oracle 12c 中，增加了会话级统计信息的支持，此时会话 2 会执行全表扫描，大大减少了不同会话间误判的概率。

第二，根据常规的思路，我们通常希望临时表是纯内存表，或者仅在超过特性阈值时才交换到磁盘，只不过 Oracle 的临时表和永久表一样，如果缓冲区缓存不够或者对临时表执行直接路径操作，会导致被写出到临时表空间，并且随后被读回。如果希望临时表接近内存表的性能，可以通过预留操作系统缓存或将临时表空间建在 tmpfs 文件系统来变通实现类似性能。Oracle 18c 引入的私有临时表，在真正意义上和大部分读者理解的临时表一致，它是全内存临时表，支持会话级和事务级，如下所示:

```
CREATE PRIVATE TEMPORARY TABLE ora$ptt_my_temp_table (
  id           NUMBER,
  description  VARCHAR2(20))
ON COMMIT PRESERVE DEFINITION;
CREATE PRIVATE TEMPORARY TABLE ora$ptt_my_temp_table (
  id           NUMBER,
  description  VARCHAR2(20))
ON COMMIT DROP DEFINITION;
```

初始化参数 PRIVATE_TEMP_TABLE_PREFIX 用于设置私有临时表的前缀，默认为 ora$ptt_，这是设置创建私有临时表时必须符合的前缀，如果私有临时表不以它开头，则会出错，如下所示：

```
SQL> show parameter PRIVATE_TEMP_TABLE_PREFIX
NAME                           TYPE        VALUE
------------------------------ ----------- ---------------------
private_temp_table_prefix       string      ORA$PTT_
CREATE PRIVATE TEMPORARY TABLE my_temp_table (
  id           NUMBER,
  description  VARCHAR2(20));
CREATE PRIVATE TEMPORARY TABLE my_temp_table (
                               *
ERROR at line 1:
ORA-00903: invalid table name
```

如果要在存储过程中使用私有临时表，则只能使用动态 SQL。

上述关于临时表在 Oracle 各版本中的实现差别，读者在考虑临时表前应慎重测试，以免在开发完成后发现不稳定现象。

4.2.3 外部表

在一些批处理系统中会有很多数据需要导入 Oracle，随后的处理基于该导入的数据，处理完成后，这些数据就没有用处了。一般的做法是先使用 SQL*Loader 将数据导入中间表，而使用

SQL*Loader 的缺点在于它会采用直接路径加载方式直接绕过 SGA 写入磁盘，如果随后需要立刻访问，会导致额外的物理读，降低系统的处理性能。因为这些中间表通常都是一次性的，所以采用 SQL*Loader 导入这种方式并不是最好的选择。

在这种场景下，如果文本文件存储在 Oracle 服务器上，使用外部表直接访问这些原始数据通常会比先加载后访问的整体性能高，而且又不占用数据库存储空间。总体来说，在处理一次性数据时，外部表有下列优势。

SQL*Loader 需要将数据装载入库后才能查询相关记录，如果只是为了查询一些记录，外部表很方便且不占用数据库存储空间。尤其是很大的数据，对于多达几 GB 以上的裸数据，如果全部装载入库，会非常浪费空间和时间。

当平面文件改变时，外部表内的数据会跟着改变，特别是这些文件是外部系统送过来的。这样可以避免重复插入、更新、删除等操作，对于超大记录的外部表相当有优势。

外部表可以使用复杂的 WHERE 条件有选择地加载数据。尽管 SQL*Loader 有一个 WHEN 子句用来选择要加载的行，但只能使用 AND 表达式和执行相等性比较的表达式，在 WHEN 子句中不能使用区间，没有 OR 表达式，也没有 IS NULL 等；而外部表则和常规表一样可以使用任何 SQL 表达式。

外部表可以直接用来关联。可以将一个外部表联结到另一个数据库表作为加载过程的一部分。

使用 INSERT 更容易执行多表插入。从 Oracle 9i 开始，通过使用复杂的 WHEN 条件，用一个 INSERT 语句插入一个或多个表。尽管 SQL*Loader 也可以加载到多个表中，但是相应的语法相当复杂。下面将比较这两种模式的性能。

先使用 SQL*Loader 加载，然后查询，如下所示：

```
SQL> create table TA_TACCOINFO
(c_tenantid    VARCHAR2(20) not null,
  c_tacode       VARCHAR2(2),
  c_fundacco     VARCHAR2(12) not null,
  c_custtype     CHAR(1),
  c_custname     VARCHAR2(120),
  c_shortname    VARCHAR2(20),
  c_identitype   CHAR(1),
  c_identityno   VARCHAR2(30),
  c_idcard18len CHAR(1),
  c_accostatus   CHAR(1),
  c_freezecause CHAR(1),
  d_opendate     NUMBER(8),
  d_lastmodify   NUMBER(8),
  c_modifyinfo   VARCHAR2(2),
  d_bakdate      NUMBER(8),
  c_liqbatchno   NUMBER(10),
  c_specialcode VARCHAR2(20));
SQL> exit;
```

```
[oracle@hs-test-10-20-30-17 sqlldr_test]$ ./sqlldr_append_parallel_
direct_test.sh  # 补充sql*loader导入文件
Load completed - logical record count 10000000.
Elapsed time was:     00:00:39.02
CPU time was:         00:00:34.18
SQL> set timing on
SQL> set autotrace traceonly statistics
SQL> select count(distinct c_tenantid),count(distinct c_fundacco),sum(c_
liqbatchno),max(d_opendate),max(c_specialcode) from TA_TACCOINFO;
Elapsed: 00:00:22.39
Statistics
----------------------------------------------------------
      204  recursive calls
       41  db block gets
     184960  consistent gets
     209700  physical reads
      116  redo size
        1  rows processed
```

总耗时约 1min。直接查询外部表，如下所示：

```
create or replace directory user_dir as '/home/oracle/sqlldr_test';
create table TA_TACCOINFO_EXT
(c_tenantid    VARCHAR2(20),
  c_tacode      VARCHAR2(2),
  c_fundacco    VARCHAR2(12),
  c_custtype    CHAR(1),
  c_custname    VARCHAR2(120),
  c_shortname   VARCHAR2(20),
  c_identitype  CHAR(1),
  c_identityno  VARCHAR2(30),
  c_idcard18len CHAR(1),
  c_accostatus  CHAR(1),
  c_freezecause CHAR(1),
  d_opendate    NUMBER(8),
  d_lastmodify  NUMBER(8),
  c_modifyinfo  VARCHAR2(2),
  d_bakdate     NUMBER(8),
  c_liqbatchno  NUMBER(10),
  c_specialcode VARCHAR2(20) )
organization external
(type oracle_loader
default directory user_dir
access parameters (
records delimited by newline
nobadfile
nologfile
nodiscardfile
fields terminated by ','
missing field values are null )
```

```
location('xaa','xab','xac','xad','xae','xaf','xag','xah')
parallel 8    -- 和文件数量一样
reject limit unlimited;
SQL> select count(distinct c_tenantid),count(distinct c_fundacco),sum(c_
liqbatchno),max(d_opendate),max(c_specialcode) from TA_TACCOINFO_EXT;

Elapsed: 00:00:48.43
Statistics
----------------------------------------------------------
      345  recursive calls
        0  db block gets
       1213  consistent gets
        0  physical reads
        0  redo size
        1  rows processed
```

总耗时约 50s。

在很多系统中，应用无法直接访问 Oracle 服务器，所以经常采用的一种变通方式是在应用服务器上设置一个 NFS 目录供 Oracle 访问，Oracle 通过本地挂载点访问外部表的底层文件。从 Oracle 12c 开始，Oracle 为外部表增加了直接 NFS 支持，在超过 1GB 文件的查询中能够显著地提高性能。

4.3 深入理解Oracle索引

索引是数据库中非常重要的组成部分，是应用设计非常重要的一部分。合理地设计索引，能够极大地提高查询性能；如果随意设计不合理的索引，则不但无法提升应用的性能，还可能降低应用的性能。索引就像电话簿的目录，按照字母顺序排列，通过目录可以很快就知道要查找的电话号码在哪一页。

很多开发人员在应用开发期间对索引的选择很随意，等到系统开发完成上线之后才发现性能低下，这才想起来应该为查询增加某些索引；或者认为增加索引应该是 DBA 的职责，借此希望将性能优化的职责推出去。这么做的系统并不少，这不是一种良好的做法。

开发人员应该是最了解应用特性的人，如果他都不知道应用如何使用，哪些字段通常会被作为查询条件，那么开发的系统性能注定不会好到哪里去，这一点无论是编写互联网应用还是企业应用都一样。

只有在一开始开发人员就清楚应用将会如何使用，然后仔细地评估哪些字段作为查询条件是有意义的，并仔细地设计索引、编写 SQL 语句，编写的应用才更有价值，性能也更好。

本节主要讨论如何正确使用 Oracle 索引及何时使用、各种类型索引的适用场景，以及索引的日常维护和优化注意点。

4.3.1 选择正确的索引类型

Oracle 中主要有 3 种类型的索引：B* 树索引、位图索引及应用域索引，其他索引都是普通 B* 树索引、位图索引的变化版本，如反向键索引、降序索引、基于函数的索引本质上都是 B* 树索引，位图连接索引则是基于位图索引。大部分情况下使用的都是 B* 树索引，在数据仓库环境下会经常使用到位图索引。本小节主要讨论 B* 树索引及位图索引，应用域索引不在本小节讨论范围内，有兴趣的读者可以参考 Oracle 手册。

1. B*树索引

B* 树索引是最通用的索引，适用于绝大部分场景，无论是唯一性高还是低的列，大都表现良好，各种数据库都支持 B* 树索引。在 Oracle 的 B* 树索引实现中，索引的键和 ROWID 存储在一起，通过索引访问记录时需要先找到对应的 ROWID，然后根据 ROWID 查找记录，所以无论是通过什么索引访问记录，至少理论上需要 2 次 I/O。通过 ROWID 访问记录只需要一次，这是 Oracle 访问记录行的最快方式。

在不同的数据库中并不总是这样实现，如 MySQL 和 SQL Server 都采用聚簇表组织，即记录是根据主键的顺序存储的，索引的键和记录的主键存储一起，通过主键查找只需要一次访问。所以，不要认为都是使用相同的 B* 树索引，在 Oracle 中和其他数据库中实现方式一定也相同。Oracle 中 B* 树索引典型的组织方式如图 4—1 所示。

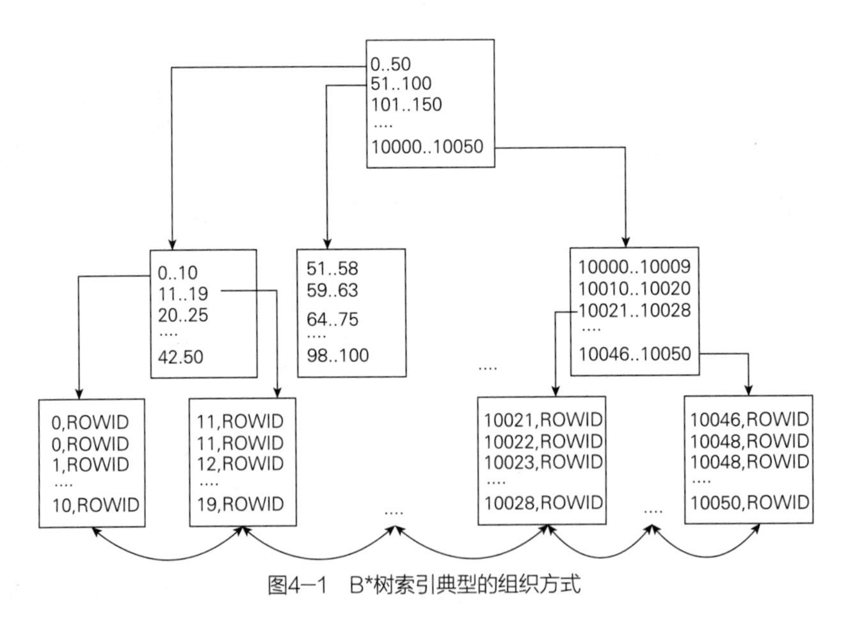

图4—1　B*树索引典型的组织方式

所有的索引键最终存储在叶子节点，每个索引条目由索引键值和它指向的记录的 ROWID 组成，所有的叶子节点深度都相同，这意味着无论索引值是多少，访问那一行所需的 I/O 都是一样的。

叶子节点之间采用双向链表组织，这意味着当执行区间扫描时，即对于类似 select * from emp where empno<100 and empno>10 这样的查询，在找到 10 这个键值的所在块之后，就可以通过叶子节点向前或向后扫描直到找到索引键值为 100 的块，不需要对每个索引键都重复遍历根节点和分支节点。

在叶子节点上的是分支节点，最上面的是根节点，其中分支节点可能有多层，但是绝大部分情况下都只有 1 层，极少数会到 2 层。例如，对于 number 类型列上的索引，当数据达几千万时分支节点可能仍然只有 1 层。根据索引查找某个值，都需要从根节点开始查找，所以相比全表扫描，索引扫描的成本会高 3 倍甚至更多。要想知道一个索引的高度，可以通过查询 dba_indexes 视图得知，如下所示：

```
SQL> select o.index_name,o.blevel from dba_indexes o where o.index_
  name='IDX_DT';
INDEX_NAME                                BLEVEL
------------------------------ ----------
IDX_DT                                         1
```

也可以先分析索引，然后查询 index_stats，如下所示：

```
SQL> analyze index IDX_DT validate structure;
Index analyzed
SQL> select ist.height from index_stats ist;
    HEIGHT
----------
         2
```

它们除了展现维度不同外，结果都是正确的。BLEVEL 和 HEIGHT 都表示索引的高度，其中 HEIGHT 代表从根块到叶块遍历所需的块数，BLELEL 则代表分支层数，BLEVEL 总是比 HEIGHT 小 1。索引的高度会精确地反映在逻辑读次数中，如下所示：

```
SQL> select o.index_name,o.blevel from dba_indexes o where o.index_name
  like 'IDX_DEPT%';
INDEX_NAME                                BLEVEL
------------------------------ ----------
IDX_DEPT_H3                                    2
IDX_DEPT_H2                                    1
IDX_DEPTNO                                     0
SQL> select * from dept where deptno=10 and rownum<2;
统计信息
----------------------------------------------------------
         2  consistent gets
SQL> select * from h2_dept where deptno=10 and rownum<2;
统计信息
----------------------------------------------------------
         3  consistent gets
SQL> select * from h3_dept where deptno=10 and rownum<2;
```

```
统计信息
----------------------------------------------------------
        4  consistent gets
```

关于 B* 树索引，下面讨论几个开发人员经常疑惑的要点。首先是 B* 树索引和 NULL 的关系。要知道 B* 树索引不存储值为 NULL 的记录，这一机制导致的结果是当使用索引进行统计时，结果可能是错的。例如：

```
create table t as select level as id,'value' || level val from dual
  connect by level<1000;
update t set id = null where id<900;
create index idx_t_id on t(id);
select count(0) from t
union all
select count(id) from t;
  COUNT(0)
----------
       999
       100
```

后者显然不是我们想要的结果。对允许记录为 NULL 的列进行索引还存在的一个问题是很多时候开发人员会进行这样的查询 col = :value or col is null，这也会导致无法使用索引。该条件的含义是 col 为 value 和 col 为空是等价的，既然如此，唯一需要我们做的就是约定这个字段的默认值，并让所有开发人员遵守。不过该值最好不要为空格，不推荐使用空格存储的原因在于在 MySQL 中空和空格会被当作相同的值对待。知道这些机制后，相信很多开发人员在设计时都会仔细约定各个可能需要索引的字段的默认值了，而不会随意将其设置为允许为 NULL。

like 能使用索引吗？从存储索引本身的机制角度来说，如果合适，则 like 'abc%' 会使用索引；从 SQL 开发优化及优化器的角度来说，like '%abc%' 是否使用索引的原则是应该使用就使用，因为 like 'abc%' 无非是查询时用前面几个字符进行匹配，如果优化器认为采用索引扫描成本更低就会采用。对于开发是否采用 hint 指定也是同样的原则，示例如下：

```
select count(1) from ano_new_emp where ename like 'KING%'
Plan Hash Value  : 2416273326
-----------------------------------------------------------------------------------
| Id  | Operation           | Name        | Rows   | Bytes    | Cost | Time      |
-----------------------------------------------------------------------------------
|   0 | SELECT STATEMENT    |             |      1 |        7 | 1166 | 00:00:01 |
|   1 |  SORT AGGREGATE     |             |      1 |        7 |      |          |
| * 2 |   INDEX RANGE SCAN  | UNQ_EMPCHAR | 462729 | 3239103 | 1166 | 00:00:01 |
-----------------------------------------------------------------------------------
Predicate Information (identified by operation id):
------------------------------------------
* 2 - access("ENAME" LIKE 'KING%')
* 2 - filter("ENAME" LIKE 'KING%')
```

like '%abc%' 则要稍微复杂些，如果合适，默认情况下优化器也会考虑全索引扫描，如下所示：

```
select count(1) from ano_new_emp e where ename like '%KING%'
-----------------------------------------------------------------------------------
| Id  | Operation              | Name        | Rows   | Bytes   | Cost | Time     |
-----------------------------------------------------------------------------------
|   0 | SELECT STATEMENT       |             |      1 |       7 | 4813 | 00:00:01 |
|   1 |  SORT AGGREGATE        |             |      1 |       7 |      |          |
| * 2 |   INDEX FAST FULL SCAN | UNQ_EMPCHAR | 351005 | 2457035 | 4813 | 00:00:01 |
-----------------------------------------------------------------------------------
```

在其他情况下，如果认为采用索引扫描更合适，则需要通过优化器提示进行强制。

索引的其他用途。索引的另外一个用途是当有些表包含很多字段，但是很多查询仅使用了一小部分字段，而此时表又无法重构时，可以创建多列索引直接满足查询来提高查询性能。一个包含了所有客户信息的表可能有上百个字段，但大部分的查询只需要一二十个字段，此时就可以创建一个基本信息的视图，该视图包含的所有字段由一个索引覆盖，这种做法在管理型系统中用得比较多。

实际上物化视图也有类似用途，如果要绝对保证 OLTP 操作的性能，并且管理类查询能够容忍一定的延时，如 1min，此时采用物化视图增量刷新机制通常能够取得更好的平衡效果。

2. 反向键索引

反向键索引是 B* 树索引的一个变化版本，它将索引的键值在反转后存储，如将原来 1234 的键值转换为 4321 后存储。之所以引入反向键索引，是因为很多主键字段采用序列自增存储值，这些值通常只用于标识这行记录及用于和其他表进行关联，并无任何实际业务含义，也几乎不会用于区间查询场景，类似于 where id>=100 and id<=200。

采用自增字段存储的一个问题在于索引单边增长，任何时候只要有很多记录同时插入，都会导致大量热块，即 buffer busy wait 等待，进而影响性能。通过将索引的键反转，插入的数据会分布到大量的块，而不是一个块，这样多个插入很可能在不同的块，进而极大地增加并发性。

虽然反向键索引能解决热块冲突，但它并不是没有代价，最重要的是范围查询（如 where id>100）不能使用反向键索引。所以，一定要根据应用仔细核对，确保创建为反向键索引的列没有被用于区间查询，如时间戳（timestamp）类型的列创建为反向键索引有可能是不合适的。

一般情况下，如果征兆明显，可以先创建普通 B* 树索引，若等待时间中发现很多索引拆分和竞争导致的缓冲忙等待，则可以评估是否有必要调整为反向键索引。

3. 基于函数的索引

一种典型的场景是需要基于邮箱进行大 / 小写不敏感的搜索，如果没有基于函数的索引，就只能在一开始就将其存储为大写或小写形式；或者有些要求同时支持大 / 小写敏感，如密码，出于性能考虑，专门增加一列来实现。这将增加开发成本，如果有多处逻辑则会向表增加数据，就增加了不一致性的风险。通过基于函数的索引能够在无须修改应用的情况下无缝地进行支持，如下所示：

```
create index idx_h3_dept_upper on h3_dept(upper(dname));
```

```
explain plan for
select * from h3_dept where upper(dname)='dname6';
Plan Hash Value  : 4257658382
---------------------------------------------------------------------------
| Id  | Operation                     | Name            Rows   | Bytes   |
Cost | Time   |
---------------------------------------------------------------------------
|   0 | SELECT STATEMENT              |                 | 14200 | 213000 |
323 | 00:00:01 |
|   1 |   TABLE ACCESS BY INDEX ROWID | H3_DEPT         | 14200 | 213000 |
323 | 00:00:01 |
| * 2 |    INDEX RANGE SCAN           | IDX_H3_DEPT_UPPER |  5680 |        |
307 | 00:00:01 |
---------------------------------------------------------------------------
```

补充一点说明：在 MySQL 中，如果表的 collate 选项设置为 *_ci，则大 / 小写不敏感；如果要保证大 / 小写敏感，需要使用 *_bin。

现在的情况是，如果希望支持大 / 小写敏感应如何做？可以继续在 dname 上再创建一个普通索引，如下所示：

```
create index idx_h3_dept on h3_dept(dname);
explain plan for
select * from h3_dept where dname='dname6';
Plan Hash Value  : 295282938
---------------------------------------------------------------------------
| Id  | Operation                     | Name          | Rows    | Bytes
| Cost | Time        |
---------------------------------------------------------------------------
|   0 | SELECT STATEMENT              |               | 129090 | 2194530 |
663 | 00:00:01 |
|   1 |   TABLE ACCESS BY INDEX ROWID | H3_DEPT  | 129090 | 2194530 |
663 | 00:00:01 |
| * 2 |    INDEX RANGE SCAN           | IDX_H3_DEPT | 129090 |          |
309 | 00:00:01 |
---------------------------------------------------------------------------
```

除了内置函数外，基于函数的索引还支持自定义函数，只要该函数保证确定性即可，否则对于相同的输入，返回不同的输出就乱了。

除了上述简单的用法外，基于函数的索引所使用的函数可以是多层嵌套，如 substr(upper())；也可以是多列索引的一部分，如 CREATE INDEX first_name_idx ON user_data (gender, UPPER(first_name), dob)；甚至可以使用 case when 表达式，如 create index on big_table(case level when 1 then 1 end)，它能够对部分行建立索引，这在某些大型表中特别有用，如只查询有效用户的信息，就可以根据客户的当前资产为他们建立索引，示例如下：

```
create table cust(id number,balance number);
insert into cust select level,level from dual connect by level < 100000;
```

```
update cust set balance=0 where balance<90000;
create index active_cust_idx on cust(case when balance>0 then balance end);
explain plan for
select * from cust c where case when balance>0 then balance end>0;
Plan Hash Value  : 2191045617
-----------------------------------------------------------------------------
| Id  | Operation                      | Name            | Rows | Bytes
| Cost | Time      |
-----------------------------------------------------------------------------
|   0 | SELECT STATEMENT               |                 | 9117 | 355563
|   55 | 00:00:01 |
|   1 |   TABLE ACCESS BY INDEX ROWID | CUST            | 9117 | 355563
|   55 | 00:00:01 |
| * 2 |    INDEX RANGE SCAN            | ACTIVE_CUST_IDX | 9117 |
|   30 | 00:00:01 |
-----------------------------------------------------------------------------
```

关于基于函数的索引最后需要注意的是，大部分情况下需要基于函数的索引更多的是因为设计上的缺陷，除了带条件过滤部分数据或者对部分数据限定唯一性外，它并不是一个优雅的解决方法，不应该被过度依赖。

4. 复合（多列）索引

如果任何时候查询中会使用到的字段都是固定的，事情就很简单了。但实际业务远没有这么简单，如相同的 SQL 语句根据用户有没有使用筛选条件会动态确定查询条件字段，不同的 SQL 语句查询相同的表也经常会使用不同的查询条件字段，关联又会用到不同的字段，所以简单索引通常无法满足要求。

很多表中字段之间的业务关系是维度模式而不是交叉关系，以 dba_objects 为例，owner 和 object_type 就是交叉的，object_name 又经常作为条件使用，假设 owner 有 100 个以上，object_type 也有 100 个以上，这时如何确定复合（多列）索引中各个列的顺序就很重要了。Oracle 的强大之处在于不仅第一个列是查询条件时能够使用索引，第二、三个列是查询条件的一部分而第一个列不是查询条件时也能够使用索引，但是这两种情况下所需执行的 I/O 次数可能会相差很大，如下所示：

```
create index IDX_COMP_INDEX_1 on BIG_TABLE (OWNER, OBJECT_NAME, OBJECT_TYPE);
select /*+ index_ss(o IDX_COMP_INDEX_1)*/* from big_table o where o.object_
  name='I_CON1';
统计信息
----------------------------------------------------------
          0  db block gets
         36  consistent gets
select * from big_table o where o.owner='SCOTT';
统计信息
----------------------------------------------------------
          0  db block gets
         68  consistent gets
SQL> select /*+ index(o IDX_COMP_INDEX_1)*/ * from big_table o where o.owner='SCOTT'
```

```
  and o.object_name='I_CON1';
未选定行
统计信息
----------------------------------------------------------
          0  db block gets
          3  consistent gets
SQL> create index IDX_COMP_INDEX_2 on BIG_TABLE (OBJECT_NAME, OWNER, OBJECT_
  TYPE);
SQL> select * from big_table o where o.owner='SCOTT' and o.object_name='I_
CON1';
未选定行
统计信息
----------------------------------------------------------
          0  db block gets
          3  consistent gets
SQL> select /*+ index_ss(o IDX_COMP_INDEX_2)*/ * from big_table o where o.owner='SCOTT';
已选择126行
统计信息
----------------------------------------------------------
          0  db block gets
        691  consistent gets
SQL> select * from big_table o where o.object_name='I_CON1';
已选择1行
统计信息
----------------------------------------------------------
          0  db block gets
          5  consistent gets
```

因为每个列的索引都可以认为是它前一个列的一颗子树，所以当查询条件不含前置列时，前置列选择性越大，索引跳跃扫描的成本越高，反之越低。

所以，如果后置列唯一从属于一个前置列，如区域和客户 ID，则建议选择小的作为前置列，在查询第二列时都带上第一列，这样可以保证查询所需的 I/O 相同，同时又保证仅查询第一列时成本最小化。如果第一列和第二列是交叉关系，如上面的 owner 和 object_type，这通常可以认为是一个业务的两个分类维度，对于这种情况，建立两个索引，然后使用索引连接更合适。

有一种经常被推荐的做法是最有差别的列应该在最前面，如对于一个客户表，客户 ID 应该作为第一个字段，营业网点应该作为第二个字段。可以说这对于早期 Oracle 版本（如 8i）是合适的，自从 Oracle 支持索引跳跃扫描之后，它就不一定合适了。

5. 降序索引

降序索引也是 B* 树索引的衍生版本，不同的是 B* 树索引根据索引键升序方式存储，而降序索引则基于索引键降序方式存储。在有 order by 的查询中，如果 Oracle 基于索引进行扫描，并且没有其他需要处理的，则 Oracle 可能会避免内部排序这个步骤，如下所示：

```
explain plan for
select * from sh.sales where amount_sold>1000 order by amount_sold desc;
Plan Hash Value  : 2161636620
-----------------------------------------------------------------------------
| Id  | Operation                          | Name      | Rows   | Bytes
| Cost | Time      |
-----------------------------------------------------------------------------
|   0 | SELECT STATEMENT                   |           | 404880 | 11741520
| 193| 00:00:01 |
|   1 |   TABLE ACCESS BY GLOBAL INDEX ROWID|SALES|404880 |11741520|193|
00:00:01 |
| * 2 |    INDEX RANGE SCAN                | SALES_AMOUNT_IDX | 8270 |
|26| 00:00:01 |
-----------------------------------------------------------------------------
Predicate Information (identified by operation id):
------------------------------------------
* 2 - access(SYS_OP_DESCEND("AMOUNT_SOLD")<HEXTORAW('3DF4FF') )
* 2 - filter(SYS_OP_UNDESCEND(SYS_OP_DESCEND("AMOUNT_SOLD"))>1000)
```

在实际应用中，降序索引主要用于根据金额、数量降序等 top *N* 查询场景。

6. 位图索引

相比 B* 树索引的通用性，位图索引主要用在数据仓库环境中。它的作用在于，当一张大表和很多小表关联时，大表只需要扫描一次；而在不适用位图索引的场景中，大表需要被扫描很多次。位图索引的存储结构和 B* 树索引的存储结构不同，在 B* 树索引中，索引键和记录是一一对应的；而在位图索引中，每个索引条目会指向很多行。位图索引在 Oracle 中的存储如表 4–2 所示。

表4–2　Oracle位图索引存储示例

值/行	1	2	3	4	5	6	7	8
黑　钻	1	0	0	0	0	0	0	0
钻　石	0	1	0	0	0	0	1	0
铂　金	0	0	1	0	1	0	0	1

如果要统计每个值有多少行记录，位图索引会高效得多，任何其他不需要访问实际记录行的查询都是如此，否则就需要把位图中的第 *i* 位转换为 ROWID，然后访问记录。

B* 树索引适用于唯一值数量很大的字段，如客户姓名、证件号码；而位图索引则相反，它适用于选择性较低的字段，即分类或标签的属性，如性别、职业等。其具体判别为不太适合使用 B* 树索引，但是又应该建立索引的那些字段，具体这个唯一值数量的边界在哪里需要看情况。对于大部分的表，可能都在 100 个以内；但是对于条数上亿的表，也可能达到上万个。

从应用类型上看，CRM 及统计分析类查询比较适合用位图索引。如果使用 B* 树索引，则意味着需要创建很多组合索引，而且还不一定能够生效。这些场景特别适合用位图索引，如下所示：

```
SQL> create table
t ( gender not null ,  var_location not null , age_group not null ,var_data ) as
select decode(round(dbms_random.value(1, 2)), 1, 'M', 2, 'F') gender,
       ceil(dbms_random.value(1, 50)) location,
       decode(round(dbms_random.value(1, 5)), 1, '18以下', 2, '19-25', 3, '26-
30', 4, '31-40', 5, '41以上'),
       rpad('*', 20, '*')
  from dual
connect by level < 100000;
SQL> set autotrace traceonly
-- 查询场景1
SQL> select /*+ no_index(t) */count(*) from t
where gender = 'M' and var_location in ( 1, 10, 30 ) and age_group = '41以上';
Execution Plan
----------------------------------------------------------------------------
| Id  | Operation     | Name | Rows  | Bytes | Cost (%CPU)| Time     |
----------------------------------------------------------------------------
|   0 | SELECT STATEMENT   |      |   1 |    21 |   157   (1)| 00:00:02 |
|   1 |  SORT AGGREGATE    |      |   1 |    21 |            |          |
|*  2 |   TABLE ACCESS FULL| T    |   199 |  4179 |   157   (1)| 00:00:02 |
----------------------------------------------------------------------------
Statistics
-------------------------------------------------------------
          0  db block gets
        555  consistent gets
          0  physical reads
          1  rows processed

-- 查询场景2
SQL> select /*+ no_index(t) */* from t
 where ((gender = 'M' and var_location = 20) or (gender = 'F' and var_
   location = 22))
   and age_group = '18以下';
Execution Plan
-------------------------------------------------------------
| Id  | Operation     | Name | Rows  | Bytes | Cost (%CPU)| Time     |
----------------------------------------------------------------------------
|   0 | SELECT STATEMENT  |      |   271 |  8943 |   157   (1)| 00:00:02 |
|*  1 |  TABLE ACCESS FULL| T    |   271 |  8943 |   157   (1)| 00:00:02 |
----------------------------------------------------------------------------
Statistics
-------------------------------------------------------------
          0  db block gets
        573  consistent gets
          0  physical reads
        260  rows processed
select count (*) from t where var_location in (11, 20, 30);
select count(*) from t where age_group = '41以上' and gender = 'F';
```

对于这些查询，如果采用 B* 树索引机制，那么任何一两个索引都无法满足需求，可能需要 3 个以上索引才能满足。运行一段时间之后就会发现效果仍然不佳，最主要的问题是这种场景并不适合使用 B* 树索引。

而在这种场景中使用位图索引就很合适，只需要在这 3 个字段上建立位图索引，然后 Oracle 就可以应用 AND、OR 或 NOT 得到符合条件的位图结果集，将位值为 1 的记录转换为 ROWID 就能够得到记录，如下所示：

```
SQL> create bitmap index gender_idx on t(gender);
Index created
SQL> create bitmap index location_idx on t(var_location);
Index created
SQL> create bitmap index age_group_idx on t(age_group);
Index created
```

再次执行上面的查询，查看其执行计划及 I/O 次数：

```
SQL> select count(*) from t
where gender = 'M' and var_location in ( 1, 10, 30 ) and age_group =
 '41以上';
Execution Plan
----------------------------------------------------------------------
| Id  | Operation                  | Name          | Rows  | Bytes | Cost
(%CPU)| Time     |
----------------------------------------------------------------------
|   0 | SELECT STATEMENT           |               |     1 |    21 |     9
(0)| 00:00:01 |
|   1 |  SORT AGGREGATE            |               |     1 |    21 |
   |        |
|   2 |   BITMAP CONVERSION COUNT    |             |   199 |  4179 |     9
(0)| 00:00:01 |
|   3 |    BITMAP AND              |               |       |       |
   |        |
|*  4 |     BITMAP INDEX SINGLE VALUE | AGE_GROUP_IDX |       |       |
 |      |
|   5 |     BITMAP OR              |               |       |       |
   |        |
|*  6 |      BITMAP INDEX SINGLE VALUE| LOCATION_IDX  |       |       |
|           |
|*  7 |      BITMAP INDEX SINGLE VALUE| LOCATION_IDX  |       |       |
 |       |
|*  8 |      BITMAP INDEX SINGLE VALUE| LOCATION_IDX  |       |       |
|           |
|*  9 |     BITMAP INDEX SINGLE VALUE | GENDER_IDX    |       |       |
|           |
----------------------------------------------------------------------
Predicate Information (identified by operation id):
---------------------------------------------------
```

```
   4 - access("AGE_GROUP"='41以上')
   6 - access("VAR_LOCATION"=1)
   7 - access("VAR_LOCATION"=10)
   8 - access("VAR_LOCATION"=30)
   9 - access("GENDER"='M')
Statistics
----------------------------------------------------------
        0  db block gets
       16  consistent gets     --逻辑I/O大大下降，从555降低到15
        0  physical reads
        1  rows processed
SQL> select * from t
 where ((gender = 'M' and var_location = 20) or (gender = 'F' and var_
   location = 22))
   and age_group = '18以下';
260 rows selected.
Execution Plan
----------------------------------------------------------------------------
| Id  | Operation                   | Name             | Rows  | Bytes | Cost
(%CPU)| Time     |
----------------------------------------------------------------------------
|   0 | SELECT STATEMENT                  |            |   271 |  8943 |
7       (0)| 00:00:01 |
|   1 |  TABLE ACCESS BY INDEX ROWID   | T              |   271 |  8943
|      7       (0)| 00:00:01 |
|   2 |   BITMAP CONVERSION TO ROWIDS  |            |       |       |
    |          |
|   3 |    BITMAP AND                 |            |       |       |
    |          |
|*  4 |     BITMAP INDEX SINGLE VALUE  | AGE_GROUP_IDX |       |       |
    |          |
|   5 |     BITMAP OR                 |            |       |       |
    |          |
|   6 |      BITMAP AND               |            |       |       |
    |          |
|*  7 |       BITMAP INDEX SINGLE VALUE| LOCATION_IDX  |       |       |
    |          |
|*  8 |       BITMAP INDEX SINGLE VALUE| GENDER_IDX    |       |       |
    |          |
|   9 |      BITMAP AND               |            |       |       |
    |          |
|* 10 |       BITMAP INDEX SINGLE VALUE| LOCATION_IDX  |       |
|         |      |
|* 11 |       BITMAP INDEX SINGLE VALUE| GENDER_IDX    |       |       |
|          |
Predicate Information (identified by operation id):
---------------------------------------------------
   4 - access("AGE_GROUP"='18以下')
   7 - access("VAR_LOCATION"=22)
```

```
   8 - access("GENDER"='F')
  10 - access("VAR_LOCATION"=20)
  11 - access("GENDER"='M')
Statistics
----------------------------------------------------------
          0  recursive calls
          0  db block gets
        226  consistent gets     --即使返回260行记录，相比原来I/O也降低了60%多
          0  physical reads
        260  rows processed
```

可以将各个条件都作为访问谓词，位图索引能够应用这些字段的任意组合，而 B* 树索引则没有那么方便。

如果一个系统具有大量的 DML 操作，则不适合创建位图索引。因为一个位图索引条目会指向很多纪录，而 Oracle 目前还不支持锁定索引条目中的某个位，其是以整个索引条目为单位的，这就会导致并发操作这些纪录变得不可能，将极大地影响并发性。对于那些没有分别设计、实现交易表和查询表的混合型系统，通常是无论交易还是查询都不能设计得很好，唯一的做法就是先将查询和交易的表从物理上分离，然后进行各自优化。

7. 不可见索引

在 Oracle 11g 之前，索引一旦创建，任何 SQL 语句都可以立刻使用它。虽然创建的索引通常都适用于某些 SQL 语句的优化，但是它会造成多少副作用一般不容易确定，很多 SQL 语句会以预想不到的方式被编写，尤其是大型业务系统中的重要表，如交易明细表、客户资产表等，这些表的关键字段的所用之处很可能远比你想象的要多得多。

一旦新建的索引对现有执行计划造成了影响，并且导致优化器选择了次优的执行计划，如原先使用全表扫描和哈希连接的方式变成了索引区间扫描和嵌套循环连接，则很有可能突然导致大量的应用受到影响，这通常会被认为是严重事故。所以，在此之前，DBA 对于在线上增加索引通常非常谨慎。

从 Oracle 11g 开始，可以将一个索引标记为不可见，这样优化器就默认看不到这个索引了。如果希望优化器能够看到这个索引，可以将初始化参数 optimizer_use_invisible_indexes 调整为 true，也可以通过 USE_INVISIBLE_INDEXES 优化器在语句级启用，这样对于全新的索引就可以精确控制其影响范围。例如：

```
create index IDX_DEPT_H3 on H3_DEPT (DEPTNO) invisible;
explain plan for select * from h3_dept where deptno=10 and rownum<2;
Plan Hash Value  : 3204542069
----------------------------------------------------------------------------
| Id  | Operation              | Name     | Rows | Bytes | Cost | Time     |
----------------------------------------------------------------------------
|   0 | SELECT STATEMENT       |          |    1 |    15 |  153 | 00:00:01 |
| * 1 |   COUNT STOPKEY        |          |      |       |      |          |
```

```
| * 2 |    TABLE ACCESS FULL | H3_DEPT |     2 |     30 |   153 | 00:00:01 |
------------------------------------------------------------------------
explain plan for
select /*+ USE_INVISIBLE_INDEXES */* from h3_dept where deptno=10 and
  rownum<2;
Plan Hash Value  : 1751968498
------------------------------------------------------------------------
| Id  | Operation                          | Name          | Rows | Bytes |
Cost | Time      |
------------------------------------------------------------------------
|   0 | SELECT STATEMENT                   |               |    1 |    15 |
6 | 00:00:01 |
| * 1 |   COUNT STOPKEY                    |               |      |       |
|          |
|   2 |    TABLE ACCESS BY INDEX ROWID | H3_DEPT         |    2 |    30 |
6 | 00:00:01 |
| * 3 |     INDEX RANGE SCAN               | IDX_DEPT_H3 |   14 |       |
3 | 00:00:01 |
------------------------------------------------------------------------
Predicate Information (identified by operation id):
------------------------------------------
* 1 - filter(ROWNUM<2)
* 3 - access("DEPTNO"=10)
```

需要注意的是，不可见索引仅仅是对优化器不可见，它和普通索引一样是实际存在的，同样需要维护索引树，且对增删改的性能有影响。

8. 分区表上的索引

如果表本身为分区表，则表上的索引分为全局索引和本地索引，但其本质上仍然是上述各种类型的索引之一，只不过有一些额外的特性，第 4.4 节讨论分区时将对这一问题进行详细讨论。

4.3.2 索引的维护和优化

索引虽然在大部分情况下有助于性能的提高，但和表一样，索引本身也会随着数据的不断增删改而变得低效，也可能因为创建得不合理，没有达到较好的效果，从而导致优化器没有选择使用索引，所以需要经常对索引本身进行维护和优化。

1. 聚簇因子

聚簇因子用于描述索引块与表块存储数据在顺序上的相似程度，即描述表上数据行的存储顺序与索引列的存储顺序是否一致。聚簇因子是 Oracle 统计信息中在 CBO 优化器模式下用于计算 cost 的参数之一，Oracle 会使用表的选择性乘以聚簇因子决定通过索引访问表的成本，由此决定当前 SQL 语句是进行索引还是全表扫描，以及是否作为嵌套连接外部表等。

好的 CF 值接近于表的块数，而差的 CF 值则接近于表的行数，它在索引创建时就会通过表存在的行及索引块计算获得。其计算原理是执行或预估一次全索引扫描，然后检查索引块上每一个

ROWID 的值，查看前一个 ROWID 的值与后一个 ROWID 的值是否指向了相同的数据块，如果指向了不相同的数据块则 CF 的值增加 1。

当索引块的每一个 ROWID 被检查完毕后，即得到最终的 CF 值。因为任何时候表中的记录只有一种存储顺序，所以每个表最多只有一个索引的聚簇因子是理想的，其他的都处于一般或较差状态。这 3 种聚簇因子如图 4–2~ 图 4–4 所示。

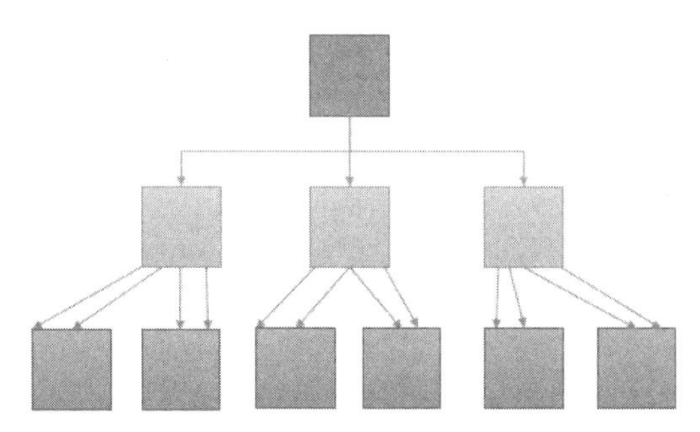

图4–2　良好的索引与聚簇因子

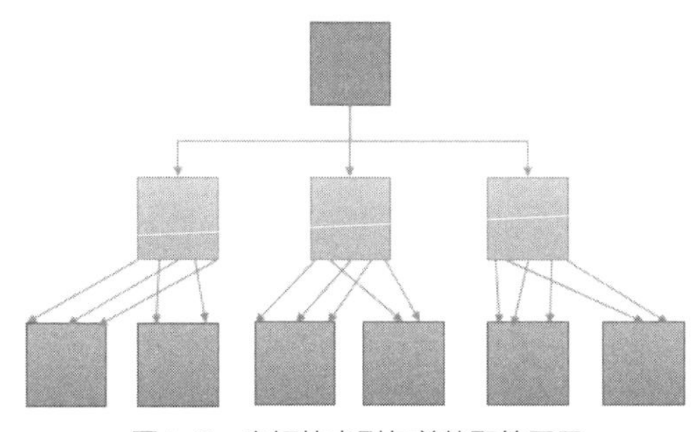

图4–3　良好的索引与差的聚簇因子

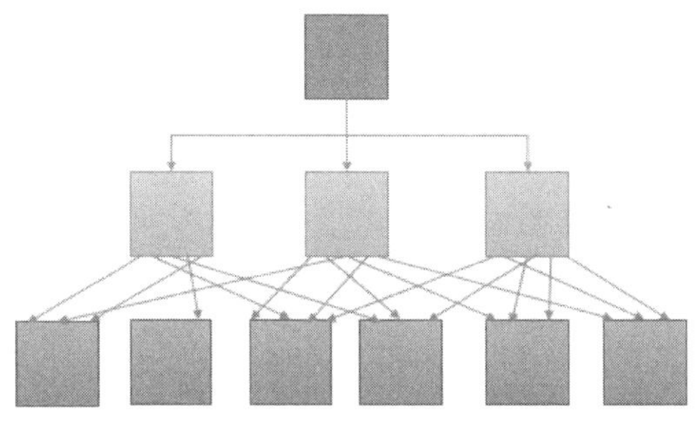

图4–4　差的索引与差的聚簇因子

当插入表的数据与索引的顺序相同时，可以提高聚簇因子（接近表的块数）。索引列的顺序、反向索引、日常的新增记录、修改索引键值、删除记录等都会影响该索引的聚簇因子，而这又会影响索引扫描 I/O 的性能，如下所示：

```
SQL> create table big_table as select rownum rid,a.* from dba_tables
a,dba_tables b where rownum<1000001;   -- 创建一个100万行的表
表已创建
SQL> alter table big_table add constraint pk_big_table primary key(rid);

表已更改
SQL> exec dbms_stats.gather_table_stats('HR','BIG_TABLE',cascade=>true);

PL/SQL procedure successfully completed
-- 查询初始聚簇因子
SQL> select i.clustering_factor,i.leaf_blocks,i.blevel,i.avg_leaf_
  blocks_per_key,i.avg_data_blocks_per_key,i.last_analyzed,i.sample_
  size,i.distinct_keys from user_indexes i where index_name='PK_BIG_
  TABLE';
CLUSTERING_FACTOR LEAF_BLOCKS     BLEVEL AVG_LEAF_BLOCKS_PER_KEY AVG_
  DATA_BLOCKS_PER_KEY LAST_ANALYZED SAMPLE_SIZE DISTINCT_KEYS
----------------- ----------- ---------- ----------------------- ------
            43579        2088          2                       1
1 2019/1/6 11:1     1000000       1000000
SQL> create table big_table_tmp nologging as select * from big_table
  where rid>=10000 and rid<=200000;
表已创建
-- 删除部分数据
SQL> delete from big_table nologging where rid>=10000 and rid<=200000;
已删除 190001 行
SQL> commit;
提交完成
SQL> exec dbms_stats.gather_table_stats('HR','BIG_TABLE',cascade=>true);

PL/SQL procedure successfully completed
SQL> select i.clustering_factor,i.leaf_blocks,i.blevel,i.avg_leaf_
  blocks_per_key,i.avg_data_blocks_per_key,i.last_analyzed,i.sample_
  size,i.distinct_keys from user_indexes i where index_name='PK_BIG_
  TABLE';
CLUSTERING_FACTOR LEAF_BLOCKS     BLEVEL AVG_LEAF_BLOCKS_PER_KEY AVG_
  DATA_BLOCKS_PER_KEY LAST_ANALYZED SAMPLE_SIZE DISTINCT_KEYS
----------------- ----------- ---------- ----------------------- ------
            34982        1692          2                       1
1 2019/1/6 11:2      809999        809999
-- 乱序重新插入
SQL> insert into big_table nologging select * from big_table_tmp where
  rid>=150000 and rid<=200000 order by table_name;
已创建 50001 行
SQL> insert into big_table nologging select * from big_table_tmp where
  rid>=10000 and rid<150000 order by table_name;
已创建 140000 行
SQL> commit;
提交完成
SQL> exec dbms_stats.gather_table_stats('HR','BIG_TABLE',cascade=>true);
```

```
PL/SQL procedure successfully completed
-- 查询新的聚簇因子，记录顺序变化之后，聚簇因子增大了95000左右
SQL> select i.clustering_factor,i.leaf_blocks,i.blevel,i.avg_leaf_
  blocks_per_key,i.avg_data_blocks_per_key,i.last_analyzed,i.sample_
  size,i.distinct_keys from user_indexes i where index_name='PK_BIG_TABLE';
CLUSTERING_FACTOR LEAF_BLOCKS     BLEVEL AVG_LEAF_BLOCKS_PER_KEY AVG_
  DATA_BLOCKS_PER_KEY LAST_ANALYZED SAMPLE_SIZE DISTINCT_KEYS
----------------- ----------- ---------- ----------------------- ------
           138590        2088          2                       1
1 2019/1/6 11:2     1000000       1000000
SQL> alter table big_table move;
表已更改
SQL> exec dbms_stats.gather_table_stats('HR','BIG_TABLE',cascade=>true);
PL/SQL procedure successfully completed
-- move表并没有导致聚簇因子下降
SQL> select i.clustering_factor,i.leaf_blocks,i.blevel,i.avg_leaf_
blocks_per_key,i.avg_data_blocks_per_key,i.last_analyzed,i.sample_
  size,i.distinct_keys from user_indexes i where index_name='PK_BIG_
  TABLE';
CLUSTERING_FACTOR LEAF_BLOCKS     BLEVEL AVG_LEAF_BLOCKS_PER_KEY AVG_
  DATA_BLOCKS_PER_KEY LAST_ANALYZED SAMPLE_SIZE DISTINCT_KEYS
----------------- ----------- ---------- ----------------------- ------
           138590        2088          2                       1
1 2019/1/6 11:2     1000000       1000000
SQL> truncate table big_table_tmp;
table truncated
-- 模拟重新组织表
SQL> insert into big_table_tmp select * from big_table order by rid;
1000000 rows inserted
SQL> create unique index big_table_tmp_pk on big_table_tmp(rid);
Index created
SQL> exec dbms_stats.gather_table_stats('HR','BIG_TABLE_TMP',cascade=>true);
PL/SQL procedure successfully completed
-- 再次查询聚簇因子，回到了原来的值
SQL> select i.clustering_factor,i.leaf_blocks,i.blevel,i.avg_leaf_
blocks_per_key,i.avg_data_blocks_per_key,i.last_analyzed,i.sample_
  size,i.distinct_keys from user_indexes i where index_name='BIG_TABLE_
  TMP_PK';
CLUSTERING_FACTOR LEAF_BLOCKS     BLEVEL AVG_LEAF_BLOCKS_PER_KEY AVG_
  DATA_BLOCKS_PER_KEY LAST_ANALYZED SAMPLE_SIZE DISTINCT_KEYS
----------------- ----------- ---------- ----------------------- ------
            43349        2088          2                       1
1 2019/1/6 11:3     1000000       1000000
```

最后来看一下不同的聚簇因子对逻辑读的影响，如下所示：

```
SQL> select * from big_table where rid between 10000 and 15000;
已选择 5001 行
```

```
统计信息
----------------------------------------------------------
          0  recursive calls
          0  db block gets
       5334  consistent gets
       5001  rows processed
SQL> select * from big_table_tmp where rid between 10000 and 15000;
已选择 5001 行
统计信息
----------------------------------------------------------
          1  recursive calls
          0  db block gets
        894  consistent gets
       5001  rows processed
```

差的聚簇因子和好的聚簇因子逻辑读比是6 :1左右，可见聚簇因子对索引区间扫描性能的影响。

大多数表中会有多个索引，其中一个是自增主键。记录通常都是相对主键有序，所以主键索引的聚簇因子通常较好，而其他索引的聚簇因子则要差一些。这在大部分情况下是合理的，因为各表之间的关联通常是基于这个字段。如果该主键几乎不用来作为区间索引扫描使用，则按照其他字段的顺序组织表记录更合适，如订单日期。总体原则是应考虑按照经常频繁读取的大范围数据的读取顺序来创建索引，尽量避免差的索引与差的聚簇因子这种情况出现，这样可以极大地降低索引区间扫描的成本。

因此，应定期检查表的索引，如果大部分索引的聚簇因子较差，则说明此时应该对表进行重构。

2. 索引键压缩

从 Oracle 12c 开始，Oracle 在默认内置索引前缀列压缩的基础上新增了高级索引压缩。和表压缩不完全相同，对于 HIGH 模式的高级索引压缩，Oracle 使用了类似于 Exadata HCC 以压缩单元的方式存储索引键，官方文档称能够提供 2~6 倍的压缩率。因为每个索引块的数据特性可能不同，所以 Oracle 会自动选择合适的压缩方式，如下所示：

```
SQL> create index idx_table_name on big_table(owner,table_name);
Index created
SQL> select i.clustering_factor,i.leaf_blocks,i.blevel,i.avg_leaf_
  blocks_per_key,i.avg_data_blocks_per_key,i.last_analyzed,i.sample_
  size,i.distinct_keys from user_indexes i where index_name='IDX_TABLE_NAME';
CLUSTERING_FACTOR LEAF_BLOCKS     BLEVEL AVG_LEAF_BLOCKS_PER_KEY AVG_
  DATA_BLOCKS_PER_KEY LAST_ANALYZED SAMPLE_SIZE DISTINCT_KEYS
----------------- ----------- ---------- ----------------------- ------
           820282        4599          2                       2
387 2019/1/6 12:0     1000000          2116
SQL> drop index idx_table_name;
Index dropped
SQL> create index idx_table_name on big_table(owner,table_name) COMPRESS
  ADVANCED LOW;
Index created
```

```
SQL> select i.clustering_factor,i.leaf_blocks,i.blevel,i.avg_leaf_
  blocks_per_key,i.avg_data_blocks_per_key,i.last_analyzed,i.sample_
  size,i.distinct_keys from user_indexes i where index_name='IDX_TABLE_NAME';
CLUSTERING_FACTOR LEAF_BLOCKS     BLEVEL AVG_LEAF_BLOCKS_PER_KEY AVG_
  DATA_BLOCKS_PER_KEY LAST_ANALYZED SAMPLE_SIZE DISTINCT_KEYS
----------------- ----------- ---------- ----------------------- ------
           820282        1549          2                       1
387 2019/1/6 12:0     1000000          2116
SQL> drop index idx_table_name;
Index dropped
SQL> create index idx_table_name on big_table(owner,table_name) COMPRESS
  ADVANCED HIGH;
Index created
SQL> select i.clustering_factor,i.leaf_blocks,i.blevel,i.avg_leaf_
  blocks_per_key,i.avg_data_blocks_per_key,i.last_analyzed,i.sample_
  size,i.distinct_keys from user_indexes i where index_name='IDX_TABLE_NAME';
CLUSTERING_FACTOR LEAF_BLOCKS     BLEVEL AVG_LEAF_BLOCKS_PER_KEY AVG_
  DATA_BLOCKS_PER_KEY LAST_ANALYZED SAMPLE_SIZE DISTINCT_KEYS
----------------- ----------- ---------- ----------------------- ------
           820282           0          2                       1
387 2019/1/6 12:0     1000000          2116
```

从上可知，高级索引压缩的效果非常明显，未压缩时占了 4599 个叶子块，压缩后只有 1549 个块，大约降低了 2/3。那高级索引压缩对查询的性能影响如何呢？如下所示：

```
-- 压缩级别高
SQL> select count(distinct table_name) from big_table;
-- 第一次，数据块在磁盘中，需要执行物理I/O
COUNT(DISTINCTTABLE_NAME)
-------------------------
                     2110
Executed in 0.223 seconds
SQL> select count(distinct table_name) from big_table;   -- 数据已经在缓存中
COUNT(DISTINCTTABLE_NAME)
-------------------------
                     2110
Executed in 0.183 seconds
SQL> drop index idx_table_name;
Index dropped
Executed in 0.016 seconds
-- 压缩级别低
SQL> create index idx_table_name on big_table(owner,table_name) COMPRESS
  ADVANCED LOW;
Index created
Executed in 1.356 seconds
SQL> select count(distinct table_name) from big_table;
-- 第一次，数据块在磁盘中，需要执行物理I/O
COUNT(DISTINCTTABLE_NAME)
-------------------------
```

```
                      2110
Executed in 0.133 seconds
SQL> select count(distinct table_name) from big_table;  -- 数据已经在缓存中
COUNT(DISTINCTTABLE_NAME)
-------------------------
                      2110
Executed in 0.112 seconds
SQL> drop index idx_table_name;
Index dropped
Executed in 0.015 seconds
-- 无压缩
SQL> create index idx_table_name on big_table(owner,table_name);
Index created
Executed in 1.608 seconds
SQL> select count(distinct table_name) from big_table;
-- 第一次，数据块在磁盘中，需要执行物理I/O
COUNT(DISTINCTTABLE_NAME)
-------------------------
                      2110
Executed in 0.16 seconds
SQL> select count(distinct table_name) from big_table;  -- 数据已经在缓存中
COUNT(DISTINCTTABLE_NAME)
-------------------------
                      2110
Executed in 0.108 seconds
```

可见在 I/O 是瓶颈的情况下，压缩的作用通常能够体现出来，低压缩级别通常能够在空间和查询时都取得比较好的效果，高级别压缩则在解压缩时消耗过多 CPU。

3. 不可用状态的索引

有些操作会破坏索引的状态，如通过 SQL*Loader 的直接路径加载能够设置参数 skip_index_maintenance 跳过索引维护，并将受到影响的索引标记为失效来提高加载的性能。此时如果后续使用到该索引，可能会导致操作失败或执行计划发生变化。是否跳过不可用索引由参数 skip_unusable_indexes 控制，默认为 true（跳过不可用索引）。应定期使用“select * from dba_indexes where status != 'VALID';”检查索引的状态，并确保其没有处于不可用状态。

4. 访问百分之几数据时应该使用索引扫描

关于索引，开发人员经常问到的一个问题是数据量不超过多少时应该访问索引，有些 DBA 说是 20%。这个问题没有一个绝对的答案，要看情况而定。

对于几千万几百万条数量的表来说，显然 20% 太高了，这些表应该首先分区，然后考虑索引，这样可以保证最佳的性能，不应该将所有希望寄托在索引上：对于几万几千条数量的表来说，20% 可能是可以接受的，需要视聚簇因子而定。

5. 全表扫描和索引扫描的成本

就访问路径来说，Oracle 有两个初始化参数会影响优化器对全表扫描和索引扫描的行为。

OPTIMIZER_INDEX_COST_ADJ 用于设置全表扫描和索引扫描的相对成本，默认情况下该值为 100，即假设索引访问和数据块访问的成本接近。当索引没有收集统计信息时，如果查询字段中具有索引字段，优化器会基于此确定全表扫描和索引扫描的成本，且更加倾向于选择索引扫描。

OPTIMIZER_INDEX_CACHING 则是用来提示优化器使用嵌套循环连接时，假设有多少数据块已经在 buffer cache 中，取值范围为 0~100，0 为默认，100 为假设全部在缓存中。在 Oracle 10g 及之前版本中，一般 OLTP 中设置该值为 80~90，因为十多年前内存还没有特别大。

现在服务器通常都配备了大量的内存，可以认为绝大部分数据都在 SGA 中，因此即使是 OLTP 系统，也不建议设置这两个参数，否则当数据倾斜严重时，可能导致优化器选择错误的执行计划。

4.4 深入理解分区

在设计算法时，经常把一个复杂的算法问题按一定的分解方法分为等价的规模较小的若干部分，逐个解决，然后把各部分的解组成整个问题的解，这样既能够降低复杂性，又能够利用分布式计算资源，提高性能。

数据库也利用了该思想，通过将很大的表、索引分解为较小且容易管理的部分，实现在特定的 SQL 操作中减少数据读 / 写的总量，以缩减响应时间。该特性在数据库中称为分区，掌握分区能通过很小的额外成本获得极大的收益。

4.4.1 Oracle分区概述

通常来说，在 Oracle 中，当一个资料表的数据量超过 500 万条时，就可以考虑对其进行分区。如果表字段特别多，如超过 100 个字段时，则数据量可能超过 200 万条就可以考虑分区。对于流水表，则根据数据量可能以每天、每周、每月创建范围分区。在合理使用的情况下，分区有下列好处：

- 提高性能。对于全表扫描和索引扫描来说，如果查询条件包含时间字段，而表采用时间进行分区，这样在时间范围外的数据就不会被扫描，因为 Oracle 优化器会通过分析 SQL 语句的 FROM 和 WHERE 子句来排除不需要访问的分区，从而提高性能，该特性称为分区剪除。另外，当两张表进行连接时，如果分区键相同，则每个表的分区只需要和另外一个表对应键的分区进行关联。例如，客户表基于客户编号进行哈希分区，资产表也基于客户编号进行分区，这样通常能够极大地提高性能。
- 提高可管理性。相比管理一张 1 亿条记录的表，管理 20 张 500 万条记录的表显然要可控得多。无论是创建索引还是导出数据，分区可以将所有交易已完成的记录保存到历史分区并且设置为只读，这样就只需要备份一次，而无须每天备份所有的历史数据。DBA 还可以根据数据的特性通过分区将老的数据存储在较慢的硬盘中，将当前数据存储在 SSD 中，而这些对应用透明。

- 增加可用性。分区还可以使表的多个部分相互独立，如果一个分区的数据损坏了，查询其他分区的数据不会受影响；如果没有分区，则整个表都将处于不可用状态。重建索引时，可以一个个分区进行，而不会导致整个索引不可用。

虽然 Oracle 从 8i 开始就支持分区了，但在 Oracle 11g 之前，在一些复杂场景中，仍然欠缺足够好的支持。从 Oracle 11g 开始，支持的分区类型已经足够满足绝大部分需求；到 Oracle 11.2，几乎所有性能都能够很好地满足要求。对于大型系统来说，开发人员理解、掌握并使用 Oracle 分区能够极大地提高系统性能。

4.4.2 Oracle分区类型

总体来说，Oracle 支持 3 种类型的分区：范围（Range）分区、哈希（Hash）分区及列表（List）分区。因为 Oracle 支持子分区的概念，且最多支持 2 级分区，所以 Oracle 最多支持 9 种组合。出于管理性目的，Oracle 又衍生出了一些分区，如间隔分区、多列列表分区、自动列表分区、基于虚拟列的分区、参考分区等。

范围分区：顾名思义，就是根据某个键的区间定义分区，通常用在流水表上。例如，以月为范围分区，通过 VALUES LESS THAN 声明小于指定值的记录都在本分区，如下所示：

```
CREATE TABLE SALES (
PRODUCT_ID VARCHAR2(5),
SALES_DATE DATE NOT NULL,
SALES_COST NUMBER(10))
PARTITION BY RANGE (SALES_DATE)
(
  PARTITION P1 VALUES LESS THAN (DATE '2013-01-01'),
  PARTITION P2 VALUES LESS THAN (DATE '2014-01-01'),
  PARTITION P3 VALUES LESS THAN (MAXVALUE)   -- 不在上述区分范围内的记录都在本区间
);
```

哈希分区：Oracle 根据声明的分区数量自动基于分区键计算记录所属的分区，一般使用客户编号作为哈希键。例如，下面的语句表示创建一个具有 8 个分区，使用客户编号作为分区键的哈希分区表，如下所示：

```
create table sales_hash
( cust_no varchar2(10),
  cust_name varchar2(20),
  dormitory varchar2(3),
  order_amount number )
partition by hash(cust_no)
partitions 8;
```

列表分区：列表分区允许用户明确指定每个分区包含哪些值的记录，它通常使用区域或营业网点或某些维度字段作为分区键。示例如下：

```
create table sales_list
( cust_no varchar2(10),
  cust_name varchar2(20),
  dormitory varchar2(3),
  order_amount number )
partition by list(dormitory)
(
  partition d229 values('229'),
  partition d228 values('228'),
  partition d240 values('240'),
  partition ddefault values (default) -- 不在上述区分范围内的记录都在本区间
);
```

组合分区：上述任意类型分区的组合。在 Oracle 10g 中，只能创建范围—散列和范围—列表组合分区；从 Oracle 11g 开始没有任何限制，可以使用任何组合创建组合分区。组合分区比较适用于历史流水表。

Oracle 11.2 中新增了很多有用的分区类型，其中非常有价值的分区如下所示：

- 自动列表分区。使用自动列表分区，不需要事先确定所有的分区键并事先创建。在根据产品代码或多租户号分区的系统中，该特性可以极大地简化维护成本。
- 多列列表分区。在此之前，列表分区只能基于一个列，要实现多列列表分区，只能通过虚拟列变通的方式实现，现在则可以创建多列列表分区。多列列表分区在多租户系统中很有帮助，因为 Oracle 最多支持两级分区，而很多时候一个租户的数据量太大以至于仍然需要根据时间和其他维度创建组合分区，此时多列列表分区就派上了用场。

Oracle 11.2 还支持将某些分区置为只读状态，这样能够防止误操作，也可以让 Oracle 省去在这些分区上维护一致性读的工作量。

4.4.3　索引和分区

分区表上的索引可以是分区的，也可以是不分区的，从技术上来说，非分区表也可以有分区索引，但这不在本小节讨论范围之内。分区的索引还可以分为本地分区索引和全局索引，本地分区索引是指索引和表使用一样的分区键及分区方法，一般来说当分区键是索引字段的一部分时应该使用本地分区索引。例如，交易表的日期字段，主要用于 DSS 场景，同时位图索引仅支持本地分区索引，不支持全局索引；全局索引是指索引的组织和各个分区记录的组织无必然关系，典型的全局索引为不包含分区键的唯一索引，如证件类型 + 证件号码，主要用于 OLTP 场景。

1. 本地分区索引

本地分区索引的好处在于其易管理性，因为索引会自动跟着分区维护，所以每个分区–索引对是独立的，某个分区不可用不会导致整个表不可用。通过在 CREATE INDEX 上增加 LOCAL 子句，就可以声明创建本地分区索引。本地分区索引的组织如图 4–5 所示。

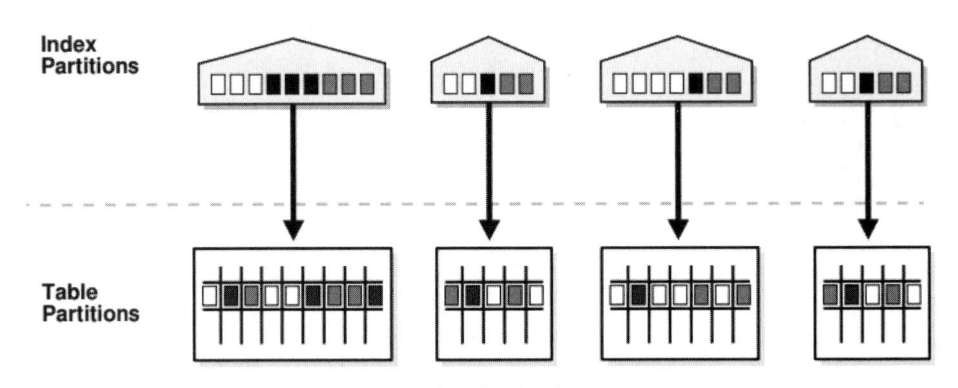

图4–5　本地分区索引的组织

每个分区的索引和其数据一一对应。本地分区也可以是唯一的，只不过此时分区键必须是索引的前缀列，这是为了确保所有具有相同键的记录总是映射到相同分区，这样不需要访问其他分区就可以检测出数据违反了唯一性约束，进而提高性能。根据索引是否以分区键开头，索引可以进一步分为分区键前缀本地索引和非分区键前缀本地索引。

分区键前缀本地索引指分区键是索引的前几个列。例如，sales 表以 week_num 列作为分区键，则如果索引的列为（week_num, xaction_num），就是分区键前缀本地索引，此时索引的组织和分区一一对应。分区键前缀本地索引的组织如图 4–6 所示。

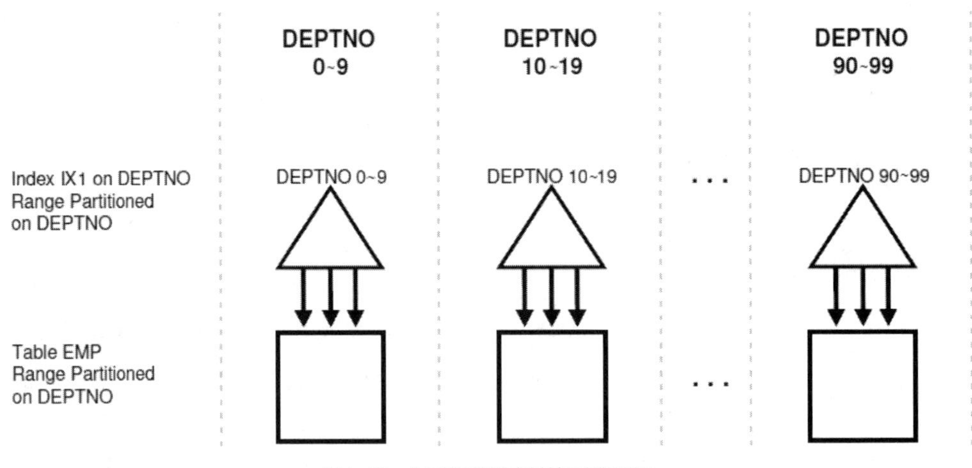

图4–6　分区键前缀本地索引的组织

非分区键前缀本地索引指索引前的列并不是以分区键开头，其组织如图 4–7 所示。

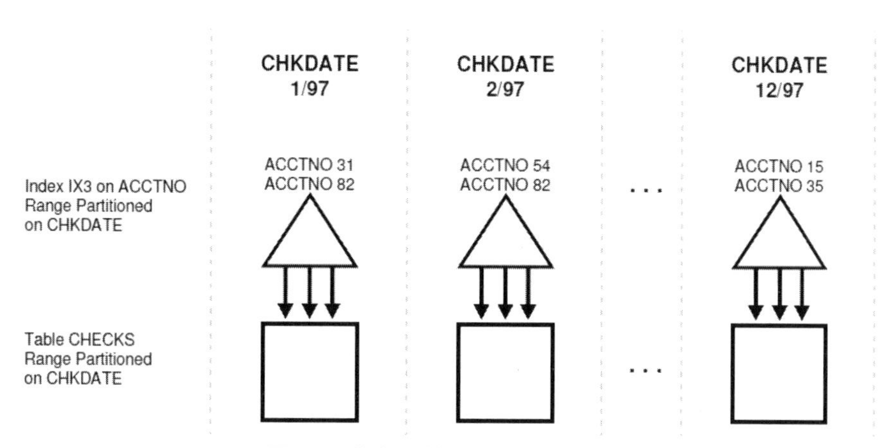

图4–7　非分区键前缀本地索引的组织

在该索引中，索引并不是以 CHKDATE 开头的。这两种本地索引都能被用于分区剪除，差别在于分区键前缀本地索引可以创建为唯一性索引，而后者不可以。除此之外，它们的差别和复合索引哪个列在前面的性质类似，没有绝对的最合适，主要看应用查询时哪个列使用得较多。如果不需要唯一性索引，那么后者通常更合适，因为它需要的空间更少，查询和 DML 也会更快。

2. 全局索引

全局索引的缺点在于分区表上的很多维护操作，如 EXCHANGE、DROP、SPLIT、TRUNCATE 等都会导致索引处于不可用状态。如果要在一个语句中同时修复全局索引，需要加上 ON UPDATE GLOBAL INDEXES 子句，而且对于超大型的表来说，全局索引的维护成本相比本地分区索引太高。

全局索引根据组织方式不同可以分为全局分区索引和全局非分区索引。前者利用和表不同的分区键、方法、分区数量进行分区，后者则不进行分区。全局分区索引的存储如图 4–8 所示。

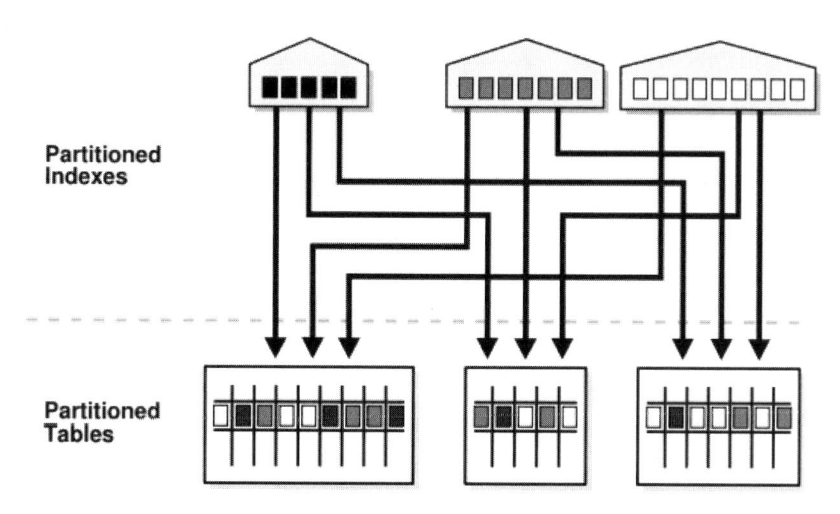

图4–8　全局分区索引的存储

全局非分区索引的组织如图 4–9 所示。

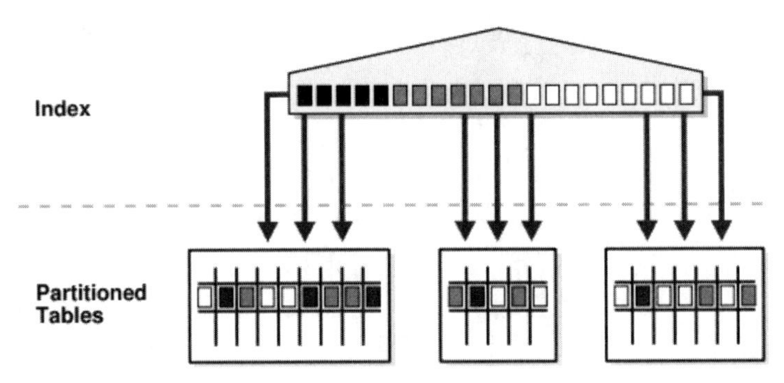

图4–9　全局非分区索引的组织

3. 复合（多列）索引和分区

最后需要注意的是分区和索引。如果某个表有很多个经常作为查询条件的字段，而且选择性较低，如果其出现在查询条件中通常能够过滤很大一部分数据，但是又不想将这些字段创建为位图索引，那么将其创建为分区是否合适呢？

如果作为等值查询或 IN 或全部，并且还没有使用分区或者只使用了简单分区，此时考虑将这些列作为列表分区的键或多列列表分区的键，其实是比较合理的。

在极端情况下，Oracle 仍然需要执行全分区扫描，并且其性能可能略低于全表扫描。但是当大部分查询包含一些条件时，此时会避免扫描大量不必要数据，从而可以极大地提高系统性能。同时，相比复合使用的索引跳跃扫描，虽然它不一定会降低 I/O 次数，但是在数据量较大的情况下，并行执行能够利用并行分区扫描，而索引区间扫描则无法使用并行执行，如下所示：

```
drop index IDX_TABLE_NAME;
create index IDX_TABLE_NAME on BIG_TABLE (owner, tablespace_name, table_name);
exec dbms_stats.gather_table_stats(user,'BIG_TABLE');
SQL> set autotrace traceonly statistics
SQL> select * from big_table where table_name='abc';
未选定行
统计信息
----------------------------------------------------------
          0  db block gets
         47  consistent gets
          0  rows processed
SQL> select * from big_table where table_name='abc' and tablespace_name='SYSAUX';
未选定行
统计信息
----------------------------------------------------------
          0  db block gets
         43  consistent gets
          0  rows processed
SQL> select * from big_table b where owner='AUDSYS';   -- 在统计信息过期的
情况下，优化器可能会选择全表扫描
已选择 410 行
```

```
统计信息
----------------------------------------------------------
         0  db block gets
       427  consistent gets
       410  rows processed
create table BIG_TABLE_PART_AUTO
(
  rid                          NUMBER not null,
  owner                        VARCHAR2(128) not null,
  table_name                   VARCHAR2(128) not null,
  tablespace_name              VARCHAR2(30),
  -- 此处省去dba_tables 很多列的定义
  inmemory_service_name        VARCHAR2(1000),
  container_map_object         VARCHAR2(3)
) partition by list (owner,tablespace_name) automatic (partition psys
values ('SYS','SYSTEM'));  -- 使用Oracle 12c的自动分区+多列列表分区特性
insert into BIG_TABLE_PART_AUTO select * from big_table;
create index IDX_TABLE_NAME_AUTO_PART on BIG_TABLE_PART_AUTO (TABLE_
  NAME) nologging local;
SQL> select * from big_table_part_auto where table_name='abc';
未选定行
统计信息
----------------------------------------------------------
         0  db block gets
        69  consistent gets
         0  rows processed
SQL> select * from big_table_part_auto where table_name='abc' and
  tablespace_name='SYSAUX';
未选定行
统计信息
----------------------------------------------------------
         0  db block gets
        69  consistent gets
         0  rows processed
SQL> select * from big_table_part_auto where owner='AUDSYS';
已选择 410 行
统计信息
----------------------------------------------------------
         3  db block gets
        56  consistent gets
       410  rows processed
```

从上可知，在基于选择性很高的列，如 table_name 进行查询时，多列索引通常会比分区表现略好；但是在选择性较低的列，如 owner 作为查询条件时，索引跳跃扫描的效率就差得多。因此，如果索引不好确定，并且分区还可以扩展或者表尚未分区，不妨尝试使用分区来解决这个问题。

4.4.4 分区剪除

Oracle 能够根据 WHERE 条件中分区列的等值、区间、IN 操作执行分区剪除操作，对于组合分区，还能够同时支持两级分区剪除，也支持对虚拟列分区进行剪除等各种优化，如下所示：

```
CREATE TABLE sales_range_hash( s_productid NUMBER, s_saledate DATE,
s_custid NUMBER, s_totalprice NUMBER)
PARTITION BY RANGE (s_saledate) SUBPARTITION BY HASH (s_productid)
SUBPARTITIONS 8
(PARTITION sal99q1 VALUES LESS THAN (TO_DATE('01-4月-1999', 'DD-MON-
YYYY')),
PARTITION sal99q2 VALUES LESS THAN (TO_DATE('01-7月-1999', 'DD-MON-
YYYY')),
PARTITION sal99q3 VALUES LESS THAN (TO_DATE('01-10月-1999', 'DD-MON-
YYYY')),
PARTITION sal99q4 VALUES LESS THAN
(TO_DATE('01-1月-2000', 'DD-MON-YYYY')));
explain plan for
SELECT * FROM sales_range_hash WHERE s_saledate BETWEEN (TO_DATE('01-
JUL-1999', 'DD-MON-YYYY')) AND (TO_DATE('01-OCT-1999', 'DD-MON-YYYY'))
AND s_productid = 1200;
```

输出结果如图 4–10 所示。

```
SQL> select * from table(dbms_xplan.display);
PLAN_TABLE_OUTPUT
--------------------------------------------------------------------------------------------------------
Plan hash value: 1083752672
--------------------------------------------------------------------------------------------------------
| Id | Operation                  | Name             | Rows | Bytes | Cost (%CPU)| Time     | Pstart| Pstop |
--------------------------------------------------------------------------------------------------------
|  0 | SELECT STATEMENT           |                  |    1 |    48 |     2   (0)| 00:00:01 |       |       |
|* 1 |  FILTER                    |                  |      |       |            |          |       |       |
|  2 |   PARTITION RANGE ITERATOR |                  |    1 |    48 |     2   (0)| 00:00:01 |   KEY |   KEY |
|  3 |    PARTITION HASH SINGLE   |                  |    1 |    48 |     2   (0)| 00:00:01 |     3 |     3 |
|* 4 |     TABLE ACCESS FULL      | SALES_RANGE_HASH |    1 |    48 |     2   (0)| 00:00:01 |       |       |
--------------------------------------------------------------------------------------------------------
```

图4–10　输出结果

Pstart 和 Pstop 标识了本查询的起始和结束分区。需要注意的是，在并行查询中，分区剪除仅体现在 Pstart 和 Pstop 列中，Operation 中不会体现该信息，如下所示：

```
SQL> explain plan for
  2  SELECT /*+ parallel */*
  3    FROM sales_range_hash
  4   WHERE s_saledate BETWEEN (TO_DATE('01-7月-1999', 'DD-MON-YYYY'))
AND
  5          (TO_DATE('01-10月-1999', 'DD-MON-YYYY'))
  6     AND s_productid = 1200;
Explained
SQL>  select * from table(dbms_xplan.display);
```

输出结果如图 4–11 所示。

```
PLAN_TABLE_OUTPUT
-----------------------------------------------------------------------------------------------------------------------
Plan hash value: 1021168368

-----------------------------------------------------------------------------------------------------------------------
| Id | Operation            | Name             | Rows | Bytes | Cost (%CPU)| Time     | Pstart| Pstop |  TQ   |IN-OUT| PQ Distrib |
-----------------------------------------------------------------------------------------------------------------------
|  0 | SELECT STATEMENT     |                  |    1 |    48 |     2   (0)| 00:00:01 |       |       |       |      |            |
|  1 |  PX COORDINATOR      |                  |      |       |            |          |       |       |       |      |            |
|  2 |   PX SEND QC (RANDOM)| :TQ10000         |    1 |    48 |     2   (0)| 00:00:01 |       |       | Q1,00 | P->S | QC (RAND)  |
|  3 |    PX BLOCK ITERATOR |                  |    1 |    48 |     2   (0)| 00:00:01 |     3 |     3 | Q1,00 | PCWC |            |
|* 4 |     TABLE ACCESS FULL| SALES_RANGE_HASH |    1 |    48 |     2   (0)| 00:00:01 |       |       | Q1,00 | PCWP |            |
-----------------------------------------------------------------------------------------------------------------------
```

图4–11　输出结果

除了 SQL 条件中包含的分区列条件在编译时已知外，Oracle 还支持分区列在运行时已知，查询条件是绑定变量是最典型的情况。一般来说，对于主要用在 DSS 的本地分区索引，应使用硬编码而非绑定变量。有时子查询也是导致分区运行时剪除的情况之一，如下所示：

```
SQL> select * from cust_asset where cust_id in (select cust_id from
  cust_trade where trade_time between sysdate-30 and sysdate);
```

4.4.5　分区感知连接

分区感知连接可以通过最小化并行执行服务器之间的传输数据降低系统响应时间，并且也降低了所需的内存消耗及 CPU 时间。对于经常执行两个大表关联的批处理系统和 DSS 查询来说，理解分区感知连接的重要性将影响开发人员的设计决定。根据参与连接的表结构不同，Oracle 支持两种分区感知连接。

1. 完全分区感知连接

使用完全分区感知连接的前提是连接的两个表基于相同的分区属性，或者使用参照分区。这种情况下，每个表的分区只需要另外一个表对应的分区执行连接，能够大大提高性能，如图 4–12 所示。

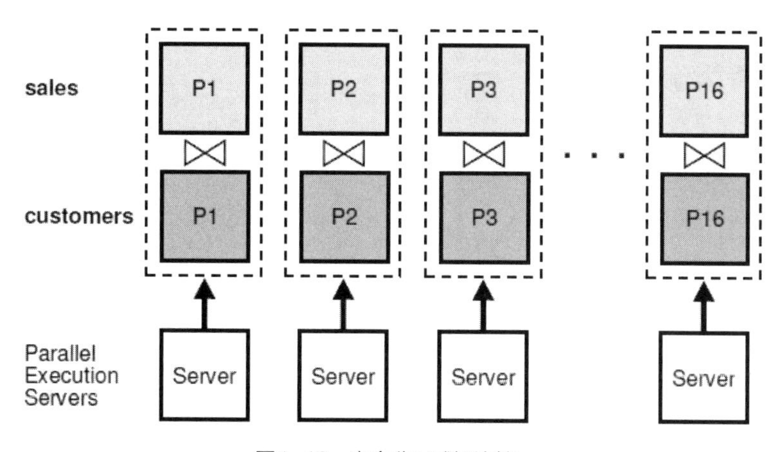

图4–12　完全分区感知连接

典型的基于客户 ID 进行分区实现完全分区感知连接的例子，如订单表和客户表都是分区表，完全分区感知连接的执行计划如图 4–13 所示。

Id	Operation	Name	Rows	Bytes	Cost	Time
0	SELECT STATEMENT		1	70	4	00:00:01
1	PX COORDINATOR					
2	PX SEND QC (RANDOM)	:TQ10000	1	70	4	00:00:01
3	PX PARTITION LIST ALL		1	70	4	00:00:01
* 4	HASH JOIN		1	70	4	00:00:01
5	TABLE ACCESS FULL	SALES_LIST	1	35	2	00:00:01
6	TABLE ACCESS FULL	SALES_LIST_B	1	35	2	00:00:01

图4-13 完全分区感知连接的执行计划

当优化器使用了完全分区感知连接后，执行计划中在连接操作下的所有操作都不会发生重分布。即使分区键是连接字段，优化器也有可能会选择基于块的并行粒度，遗憾的是现在没有一个优化器提示要求必须使用分区感知连接，所以很难在此保证使用完全分区感知连接，反而应用层实现可能更加容易，这种情况下只能由应用层进行调度。

2. 部分分区感知连接

相比完全分区感知连接，部分分区感知连接的适用场景更多，它不要求两个连接的表具有一样的分区属性，甚至其中一个表可以没有分区，只要其中一个表的分区键是连接条件即可，该表通常称为参照表。在部分分区感知连接中，Oracle 会根据分区键在内存中重分区另外一个表，最后和完全分区感知连接一样执行连接操作。

相比非分区表的连接，部分分区连接的优势在于作为参照表在并行执行时不需要重分布，而非分区表要求两个表都根据连接键进行重分布（如果另外一张表是广播模式，则也只有一张表需要重分布），这是一个非常消耗 CPU 的操作。例如，订单表基于客户 ID 进行分区，客户表没有分区，此时这两个表进行关联就是部分分区感知连接，如图 4-14 所示。

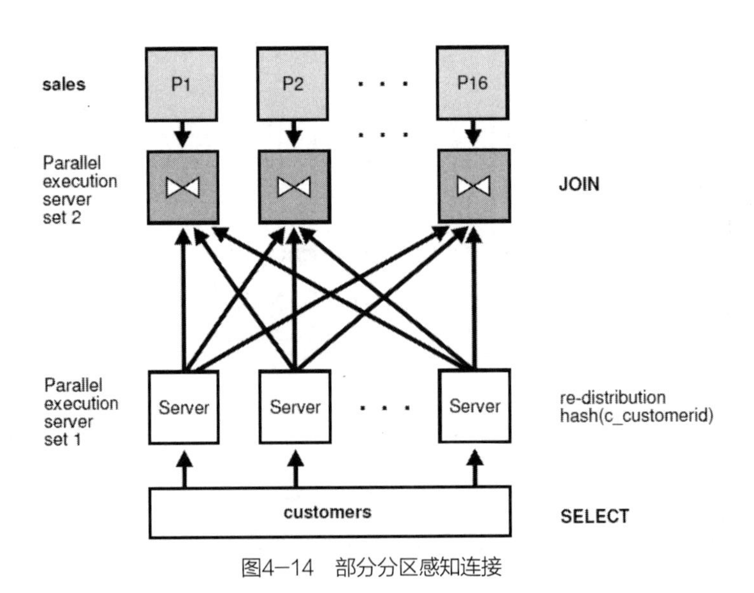

图4-14 部分分区感知连接

当优化器使用了部分分区感知连接后，执行计划在连接操作下至少会有一个 PX SEND 操作，它可能是基于分区键，也可能是基于数据块，如图 4—15 和图 4—16 所示。

```
Plan hash value: 2534103895

| Id  | Operation                      | Name                  | Rows | Bytes | Cost (%CPU)| Time     | Pstart| Pstop |   TQ  |IN-OUT| PQ Distrib |

|   0 | SELECT STATEMENT               |                       |    1 |    46 |     4   (0)| 00:00:01 |       |       |       |      |            |
|   1 |  SORT AGGREGATE                |                       |    1 |    46 |            |          |       |       |       |      |            |
|   2 |   PX COORDINATOR               |                       |      |       |            |          |       |       |       |      |            |
|   3 |    PX SEND QC (RANDOM)         | :TQ10001              |    1 |    46 |            |          |       |       | Q1,01 | P->S | QC (RAND)  |
|   4 |     SORT AGGREGATE             |                       |    1 |    46 |            |          |       |       | Q1,01 | PCWP |            |
|*  5 |      HASH JOIN                 |                       |    1 |    46 |     4   (0)| 00:00:01 |       |       | Q1,01 | PCWP |            |
|   6 |       PX PARTITION HASH ALL    |                       |    1 |    23 |     2   (0)| 00:00:01 |     1 |     8 | Q1,01 | PCWC |            |
|*  7 |        TABLE ACCESS FULL       | TA_TCUSTOMERINFO_PART |    1 |    23 |     2   (0)| 00:00:01 |     1 |     8 | Q1,01 | PCWP |            |
|   8 |       BUFFER SORT              |                       |      |       |            |          |       |       | Q1,01 | PCWC |            |
|   9 |        PX RECEIVE              |                       |    1 |    23 |     2   (0)| 00:00:01 |       |       | Q1,01 | PCWP |            |
|  10 |         PX SEND PARTITION (KEY)| :TQ10000              |    1 |    23 |     2   (0)| 00:00:01 |       |       |       | S->P | PART (KEY) |
|  11 |          PARTITION HASH ALL    |                       |    1 |    23 |     2   (0)| 00:00:01 |     1 |     8 |       |      |            |
|* 12 |           TABLE ACCESS FULL    | TA_TACCOINFO          |    1 |    23 |     2   (0)| 00:00:01 |     1 |     8 |       |      |            |
```

图4—15 基于分区键的部分分区感知连接

```
Plan hash value: 794425331

| Id  | Operation                | Name         | Rows | Bytes | Cost (%CPU)| Time     | Pstart| Pstop |   TQ  |IN-OUT| PQ Distrib |

|   0 | SELECT STATEMENT         |              |    1 |    70 |     4   (0)| 00:00:01 |       |       |       |      |            |
|   1 |  PX COORDINATOR          |              |      |       |            |          |       |       |       |      |            |
|   2 |   PX SEND QC (RANDOM)    | :TQ10000     |    1 |    70 |     4   (0)| 00:00:01 |       |       | Q1,00 | P->S | QC (RAND)  |
|*  3 |    HASH JOIN             |              |    1 |    70 |     4   (0)| 00:00:01 |       |       | Q1,00 | PCWP |            |
|   4 |     PX BLOCK ITERATOR    |              |    1 |    35 |     2   (0)| 00:00:01 |       |       | Q1,00 | PCWC |            |
|   5 |      TABLE ACCESS FULL   | SALES        |    1 |    35 |     2   (0)| 00:00:01 |       |       | Q1,00 | PCWP |            |
|   6 |     PARTITION HASH ALL   |              |    1 |    35 |     2   (0)| 00:00:01 |     1 |     8 | Q1,00 | PCWC |            |
|   7 |      TABLE ACCESS FULL   | SALES_HASH_B |    1 |    35 |     2   (0)| 00:00:01 |     1 |     8 | Q1,00 | PCWP |            |
```

图4—16 基于数据块的部分分区感知连接

4.4.6 分区的限制

虽然 Oracle 分区非常强大，但是我们必须认识到它在逻辑上是作为一个整体考虑的，尤其是在涉及全局索引及 NOLOGGING 操作时，可能会影响其他分区的可用性。如果所有分区的可用性非常重要，分库分表可能是更好的选择。

4.5 深入理解Oracle并行执行

并行执行是 Oracle 非常强大的功能之一，其本质上和 Java、C++ 中的多线程是一样的原理，也是采用分而治之的方法，将一个大型的串行任务物理地划分为多个更小的任务，这些小任务可以首先分别由不同的处理器并行执行，最后合并返回结果给客户端。一个原来需要运行一两个小时的 SQL 语句，采用并行执行后，可能几分钟就运行完成了，所以它本质上采用的是一种在单位时间内尽可能多地利用服务器资源的模式。

4.5.1 并行执行概述

最简单的使用并行查询的例子是一张包含数千万条记录的表，要统计其行数，在多处理器服务器上，select /*+ parallel */count(1) from big_table 要比 select count(1) from dual 快 *N* 倍，此时 Oracle 会在后台启动 *N* 个执行会话（P001~P00*N*）来一起执行，每个会话分别读取一部分，最后将查询结果发送给协调会话 QC。

对于多处理服务器和分布式计算来说，利用得好，并行执行就是提升性能的一大法宝。但是也要注意，并行执行是一个选项，它有一些限制，如果使用不当可能反而会导致系统性能下降或不稳定。

例如，在一台只有 16 核 CPU 的服务器上同时跑了 8 个并行数为 4 的 SQL 语句，可能瞬间导致系统响应异常缓慢，核心态 CPU 异常高。所以，如果 CPU 或 I/O 资源不够，并行执行可能反而会拖累系统。

总体来说，并行查询适用于低并发、延迟要求较高、需要查询大量数据的场景，同时还要满足一定的硬件要求。例如：

- 服务器 CPU 数量足够，如 4 路 18 核以上；
- I/O 子系统带宽足够，如 SAN 存储；
- 当前 CPU 利用率低，如不超过 30%；
- 大内存，因为并行查询会使用大量的 PGA，并行执行服务器间传输数据需要额外的 I/O 缓冲。

可以通过两种方式启用并行查询：在查询中使用 parallel 提示，或设置表的 parallel 属性。在一个并行查询中，如果有多个表声明了并行度，优化器通常会选择并行度最高的值作为当前语句的并行度。例如：

```
alter table big_table parallel 4;
select /*+ parallel(r 4)*/* from big_table;
```

1. 实现原理

Oracle 并行执行本质上采用生产者 / 消费者模型实现，以下列语句为例：

```
SELECT /*+ parallel(e 4)*/* FROM employees e ORDER BY last_name;
```

Oracle 会启动 1 个 PX 协调器、4 个生产者、3 个消费者。假设 last_name 上没有索引，其并行执行如图 4–17 所示。

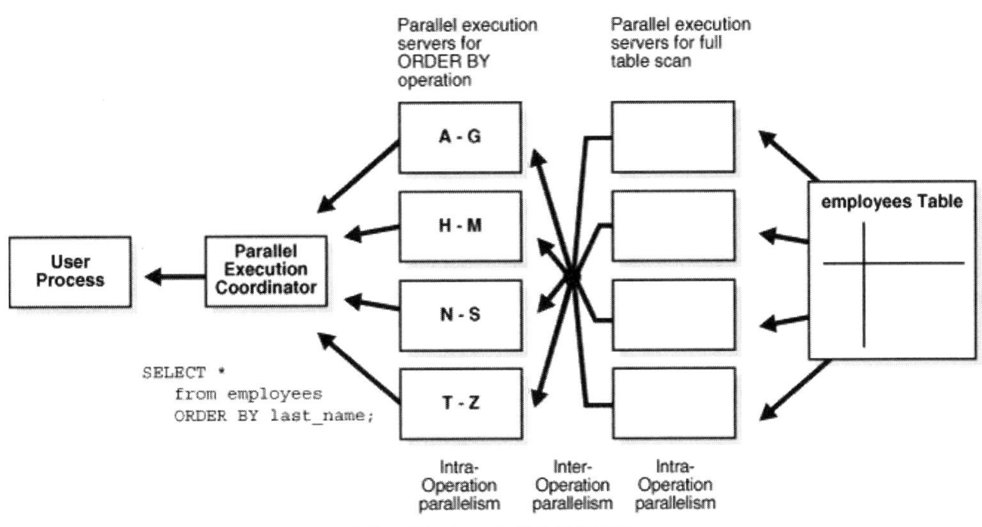

图4–17　Oracle并行执行原理

实际上会有 2 组 8 个 PX 参与这个查询，其中 4 个负责读取数据，4 个负责排序，排序完成后的结果统一由 QC 负责发送给用户进程。它们在执行计划中分别体现为 PX SEND、PX RECEIVE 及 PX COORDINATOR，如下所示：

```
|Id|      Operation            |  Name   |Rows|Bytes|Cost%CPU|  Time
|Pst|Pst|  TQ |INOUT|PQDistri|
--------------------------------------------------------------------------
| 0|SELECT STATEMENT           |        |  17| 153  |565(100)|00:00:07|    |
|     |     |  |
| 1| PX COORDINATOR            |        |    |      |        |        |    |
|     |     |  |
| 2|  PX SEND QC(RANDOM)|:TQ10001|  17| 153  |565(100)|00:00:07|  |
|Q1,01|P->S |QC(RAND)|
| 3|   HASH GROUP BY           |       |  17| 153  |565(100)|00:00:07|    |
|Q1,01|PCWP |  |
| 4|    PX RECEIVE             |        |  17| 153  |565(100)|00:00:07|    |
|Q1,01|PCWP |    |
| 5|     PX SEND HASH    |:TQ10000|  17| 153  |565(100)|00:00:07|    |
|Q1,00|P->P | HASH    |
| 6|      HASH GROUP BY        |        |  17| 153  |565(100)|00:00:07|    |
|Q1,00|PCWP | |
| 7|       PX BLOCK ITERATOR |      | 10M| 85M | 60(97)  |00:00:01| 1 |
16|Q1,00|PCWC |      |
|*8|        TABLE ACCESS FULL|  SALES | 10M| 85M | 60(97)  |00:00:01|
1|16|Q1,00|PCWP|   |
```

每个 PX 集合之间通过内部虚拟通道进行数据交互，每个通道可以使用 1~4 个接收缓冲，这些缓冲属于共享池的一部分，如图 4–18 所示。

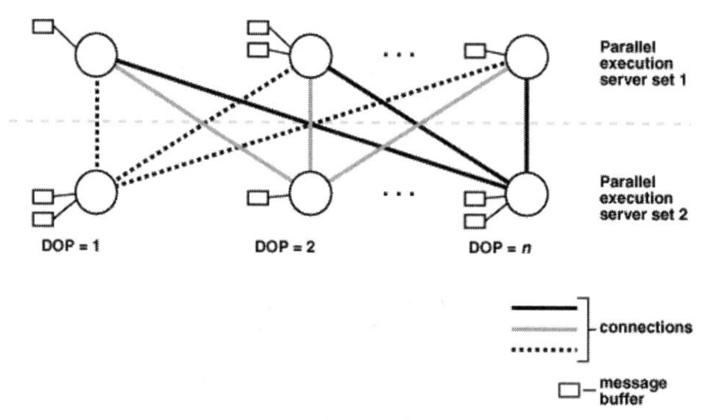

图4—18　并行执行服务器通道

2. 并行粒度

Oracle 并行执行支持两种类型的切分粒度：一种是基于块进行切分，Oracle 会在运行时基于并行度及对象的大小计算每个 PX 的工作量，并且如果一个对象的块分布在多个数据文件中，Oracle 会尽可能先试图让不同的 PX 从不同的数据文件读取以最小化竞争，执行计划中的 PX BLOCK ITERATOR 代表使用了基于块的粒度。另一种则是基于分区进行切分，主要用于分区感知连接，PX PARTITION RANGE 代表使用了基于分区的切分。

3. 生产者和消费者之间的数据分布方法

因为并行执行是由生产者和消费者共同协作完成的，所以它们之间必然要进行数据交互。目前 Oracle 并行执行支持下列数据分布方法：

- 哈希分布。这种方法基于列的哈希值确定该行应该发送给哪个消费者进行处理，这种方式主要是为了让每个消费者处理的数量尽量均匀，主要适用于大表需要重分布时。哈希分布在执行计划中表示为 PX SEND HASH。
- 广播分布。在这种分发方式下，每个生产者都将所有的记录发送给每个消费者，它主要适用于要重分布的表比较小的情况。一个简单的参考阈值是小表乘以并行度小于大表，此时和它关联的另一张表就不需要重新分布。例如，营业网点和客户订单表进行关联，就比较适合采用这种分发方式。广播分布在执行计划中表示为 PX SEND BROADCAST。
- 范围分布。它主要用于并行排序的场景，此时生产者会将某些范围的记录发送给某一个消费者处理，下面示例中的查询就是范围分布，它在执行计划中体现为 PX SEND RANGE，如下所示：

```
--------------------------------------------------------------------------
| Id | Operation                    | Name         | Rows     | Bytes     |
Cost   | Time       |
--------------------------------------------------------------------------
|   0 | SELECT STATEMENT            |              | 7020099 | 358025049 |
57644 | 00:00:01 |
|   1 |   PX COORDINATOR            |              |          |           |
|          |
```

```
|  2 |    PX SEND QC (ORDER)     | :TQ10001     | 7020099 | 358025049 |
57644 | 00:00:01 |
|  3 |     SORT ORDER BY         |              | 7020099 | 358025049 |
57644 | 00:00:01 |
|  4 |      PX RECEIVE           |              | 7020099 | 358025049 |
8194 | 00:00:01 |
|  5 |       PX SEND RANGE       | :TQ10000     | 7020099 | 358025049 |
8194 | 00:00:01 |
|  6 |        PX BLOCK ITERATOR  |              | 7020099 | 358025049 |
8194 | 00:00:01 |
|  7 |         TABLE ACCESS FULL | ANO_NEW_EMP  | 7020099 | 358025049 |
8194 | 00:00:01 |
```

- 混合哈希分布。它是 Oracle 12c 新增的分布方式，采用自适应分布方法，在运行时基于连接的左边结果集大小确定采用哪一种分布方式。混合哈希分布在执行计划中表示为 PX SEND HYBRID HASH。不同于索引，一般来说并行执行时各表采用哪种分发方式是比较容易通过各个表的数据量分布确定的。

无论采用哪一种分发方法，其目标都是尽可能最小化工作，以及使每个并行执行服务器的负载尽可能均匀。尽量避免出现某几个并行执行服务器很忙，但是其他并行执行服务器负载很低的情况，这将大大降低并行执行的效果。

优化器提示 PQ_DISTRIBUTE 可以干预 Oracle 如何在生产者和消费者执行器之间分布数据。

4. 并行执行控制参数

当 Oracle 实例启动时，它会根据初始化参数 PARALLEL_MIN_SERVERS 来确定启动几个并行执行服务器，这些并行服务器在需要并行执行时直接可用。在 Oracle 11g 中，其默认值为 0，即不默认启动并行执行服务器，按需启动和停止。在 Oracle 12c 中，其默认值被调整为 CPU_COUNT*PARALLEL_THREADS_PER_CPU*2，如下所示：

```
SQL> show parameter parallel
NAME                             TYPE     VALUE
------------------------------------ ----------- ----------------------
parallel_degree_limit                string   CPU
parallel_degree_policy               string   MANUAL
parallel_execution_message_size        integer     16384
parallel_force_local                 boolean        FALSE
parallel_instance_group              string
parallel_max_servers                 integer        1470
parallel_min_percent                 integer        0
parallel_min_servers                 integer        0
parallel_min_time_threshold          string   AUTO
parallel_servers_target              integer        1024
parallel_threads_per_cpu             integer        2
```

默认情况下，如果所有的并行执行服务器都已经在使用，并且超过了 parallel_servers_target 的上限，新的并行执行请求可能会被降低为串行执行。如果参数 parallel_degree_policy 被设置为 auto，此时如果并行执行服务器不可用，Oracle 将挂起该语句直到有足够可用的并行执行服务器，这在并行较多的系统中会造成系统假死。一定要注意，如果不确定，建议不要将 parallel_degree_policy 设置为 true。

如果系统中有并行执行语句被挂起，此时该语句将处于 resmgr:pq queue 等待事件状态，优化器提示 NO_STATEMENT_QUEUING 和 STATEMENT_QUEUING，可用来控制当前语句是否使用并行语句队列机制。

注：在 Oracle 11.2 中，Oracle 废弃了参数 parallel_adaptive_multi_user，默认值从 true 调整为 false，这意味着 Oracle 会基于系统负载确定是否调整语句的 DOP。在极端情况下，它会将并行执行降级为串行执行，相对于 Oracle 11g 的自动并行度控制（不带任何参数的 parallel 提示）更加可控。Oracle 还包括很多控制并行执行行为的参数，本书第 7 章将对此进行详细讨论。

4.5.2 Oracle支持的并行执行操作

Oracle 的很多操作都支持并行执行，主要包括如下几个。

- 并行查询。这是开发人员用得最多的并行操作，包括扫描大表、表连接、分区并行扫描等。在 select 语句中使用 parallel 提示就是并行查询，datapump export 也支持并行导出。
- 并行 DML（PDML）。Oracle 不仅支持并行查询，而且支持并行增删改，它需要通过设置会话选项来启用，在实际中通常被开发人员所忽略，但它有一些额外的限制。
- 并行 DDL。并行 DDL 是 DBA 经常使用的一个方式，如重建索引、新建索引、CTAS（包括物化视图）、统计信息收集、表在线重定义等都支持并行执行。

注：前面这 3 个并行执行的用法本质上很类似。

- 并行加载。在数据加载中，这也是经常使用的模式之一，如外部表、SQL*Loader、datapump import 等都支持并行加载。

除了上述这些常用的并行操作外，还有一些其他操作也执行并行执行，如并行实例恢复、过程并行等，这些因为较少被应用开发人员所需，所以本小节不一一讲解。并行查询几乎没有什么特殊限制的地方，主要是数据重分布，第 4.4.1 小节进行了详细的探讨，本小节将主要讲解其他并行执行操作。

1. 并行DML

update/delete 是由查询和更新或删除两部分组成的，对于语句 insert select /*+ parallel*/，默认情况下只会在查询环节执行并行执行，插入操作仍然是串行的，如下所示：

```
SQL> update /*+ parallel(t1,4) */ t1 set amount_sold=amount_sold*1.1;
4999 rows updated.
Execution Plan
```

```
-----------------------------------------------------------
Plan hash value: 121765358
--------------------------------------------------------------------------
| Id  | Operation              | Name     | Rows  | Bytes | Cost (%CPU)|
Time     |    TQ  |IN-OUT| PQ Distrib |
--------------------------------------------------------------------------
|   0 | UPDATE STATEMENT       |          |  4999 | 64987 |2(0)| 00:00:01
|        |   |   |
|   1 |  UPDATE                | T1       |       |       |         |    |
|   |    |
|   2 |   PX COORDINATOR       |          |       |       |         |
|    |     |    |
|   3 |    PX SEND QC(RANDOM)|:TQ10000|4999|64987|2(0)|00:00:01|Q1,00
|P->S|QC(RAND) |
|   4 |     PX BLOCK ITERATOR |          |  4999 | 64987 | 2(0)|
00:00:01 | Q1,00 | PCWC | |
|   5 |      TABLE ACCESS FULL| T1       |  4999 | 64987 |2(0)| 00:00:01
| Q1,00 | PCWP | |
--------------------------------------------------------------------------
```

从执行计划可以看到，update 语句在 PX COORDINATOR 之上，所以 update 操作不是并行执行的。再看下面：

```
SQL> ALTER SESSION FORCE PARALLEL DML;
SQL> explain plan for update /*+ parallel(t1,4) */ t1 set amount_
  sold=amount_sold*1.1;
Explained.
SQL> select * from table(dbms_xplan.display());
PLAN_TABLE_OUTPUT
--------------------------------------------------------------------------
Plan hash value: 3991856572
--------------------------------------------------------------------------
| Id  | Operation              | Name     | Rows  | Bytes | Cost (%CPU)|
Time    | TQ  |IN-OUT| PQ Distrib |
--------------------------------------------------------------------------
|   0 | UPDATE STATEMENT       |          |  4999 | 64987 |     2   (0)|
00:00:01 |  | |  |
|   1 |  PX COORDINATOR        |          |       |       |         |
| | |  |
|   2 |   PX SEND QC (RANDOM)  | :TQ10000 |  4999 | 64987 |  2 (0)|
00:00:01 | Q1,00 | P->S | QC (RAND)  |
|   3 |    UPDATE              | T1       |       |       |        |  |
Q1,00 | PCWP | |
|   4 |     PX BLOCK ITERATOR |          |  4999 | 64987 | 2 (0)|
00:00:01 |Q1,00 | PCWC | |
|   5 |      TABLE ACCESS FULL| T1       |  4999 | 64987 | 2 (0)|
00:00:01 |Q1,00 | PCWP | |
16 rows selected.
```

这里无论是查询还是更新操作都是并行的，update 语句是作为 PX COORDINATOR 的子节点存在的，并且 update 对应的是 PCWP 操作，而不是 P → S 操作。并行 DML 适用于修改大量数据的操作，如增删改百万行以上记录，增删改、合并都受支持，而 insert into values 则不受支持。

从上面的例子可以看到，要启用并行 DML，必须在会话级启用或强制。除了会话级控制外，也可以使用优化器提示 ENABLE_PARALLEL_DML（该提示在 Oracle 12c 引入），如下所示。

```
INSERT /*+ ENABLE_PARALLEL_DML */ …
```

需要注意的是，并行 DML 和串行 DML 采用不同的锁、事务及磁盘空间管理，前一个事务没有提交会导致后一个事务在等待 enq:TM - contention 事件，即使更新的是无交叉数据，如下所示：

会话 1：

```
SQL> ALTER SESSION ENABLE PARALLEL DML; --必须启用语句级并行DML或者对象声明
PARALLEL属性
SQL> update /*+ ENABLE_PARALLEL_DML PARALLEL */ ano_new_emp set ename =
  ename || '1' where ename = 'KINGTN';
0 rows updated
```

会话 2：

```
update /*+ ENABLE_PARALLEL_DML PARALLEL */ ano_new_emp set ename = ename
  || '1' where ename = '11';
```

会话 3（查询锁）：

```
SQL> select a.SQL_ID,o.sql_text,a.SQL_PLAN_OPERATION,a.EVENT from
  v$active_session_history a,v$sql o where a.sql_id = '189tq9d86qj6r'
    2  and a.SQL_ID=o.SQL_ID;
SQL_ID        SQL_TEXT                           SQL_PLAN_OPERATION
EVENT
------------- ---------------------------------------------------------------
189tq9d86qj6r update /*+ ENABLE_PARALLEL_DML PARALLEL */ ano_new_emp
set ename = ename || '1'  UPDATE STATEMENT                       enq: TM -
contention
189tq9d86qj6r update /*+ ENABLE_PARALLEL_DML PARALLEL */ ano_new_emp
set ename = ename || '1'  UPDATE STATEMENT                       enq: TM -
contention
```

除此之外，在一个事务中，如果采用并行 DML 对某个表进行了操作，就无法再访问这个表了，即使是查询，如下所示：

```
SQL> update /*+ ENABLE_PARALLEL_DML PARALLEL */ ano_new_emp set ename =
ename || '1' where ename = 'KINGTN';
0 rows updated
SQL> select * from ano_new_emp;
select * from ano_new_emp
ORA-12838: 无法在并行模式下修改之后读/修改对象
```

除了这些限制外，临时表、包含位图索引的非分区表也不支持并行 DML 操作。

2. SQL*Loader并行加载

无论是直接路径加载还是传统路径加载，SQL*Loader 都支持并行加载，只要指定 parallel 参数即可。SQL*Loader 主要用于同时加载多个文件的情况，在只有一个文件的情况下并行和非并行的效率并无差别，建议读者在使用并行前先使用其他工具对文件进行拆分，如在 Linux 下用 split 命令支持按行数进行拆分，这样才会发挥并行的优势。

3. 并行DDL

Oracle 支持对分区和分区表及其索引执行并行 DDL 操作。非分区表的 DDL 并行执行操作包括：

- CREATE INDEX；
- CREATE TABLE AS SELECT；
- ALTER TABLE MOVE；
- ALTER INDEX REBUILD。

分区表的并行执行 DDL 操作包括：

- CREATE INDEX；
- CREATE TABLE AS SELECT；
- ALTER TABLE {MOVE|SPLIT|COALESCE} PARTITION；
- ALTER INDEX {REBUILD|SPLIT} PARTITION。

对于 DDL 语句，可以通过声明 parallel 子句来表示启用并行特性，如下所示：

```
SQL> create table my_big_table parallel 4 as select /*+ parallel */*
  from ano_new_emp;
table created
Executed in 2.93 seconds
```

4. 其他并行

从 Oracle 12c 开始，UNION 和 UNION ALL 操作支持并行执行，当 OPTIMIZER_FEATURES_ENABLE 小于 11.1 时，用户可以通过优化器提示 PQ_CONCURRENT_UNION 或 NO_PQ_CONCURRENT_UNION 启用或禁用并行执行，第 10 章将对此进行详细讨论。

4.5.3 并行查询和索引

默认情况下，并行执行仅对分区索引起作用。有时我们会希望针对索引扫描也使用并行执行，这些表通常有上千万行记录，单独的 parallel_index 无法使优化器选择并行扫描索引，这种情况需要结合 index_ffs 提示才能达到并行索引扫描，如下所示：

```
select /*+ index_ffs(e UNQ_EMPCHAR) parallel_index(e,UNQ_EMPCHAR,2)*/ e.ename
  from ano_new_emp e;
```

对于包含全局索引的分区表来说，在采用并行执行时，为了最小化竞争，应考虑增加 INITRANS。例如，设置为并行度可最小化竞争，因为每个并行执行服务器有自己的事务，而索引块是并行执行服务器共享的。

4.6 直接路径操作

很多开发人员都知道 SQL*Loader 除了支持传统加载模式外，还支持直接路径加载，它能够极大地提高加载大量数据的性能。另外，在 insert select 语句中使用 APPEND 提示能够让 Oracle 使用直接路径插入，提高大数据量的性能。

除了这些插入数据会使用直接路径操作外，在 Oracle 中，读也可能会采用直接路径操作，如并行查询。直接路径操作本质是通过绕过 SQL 引擎直接将数据复制到数据块或绕过 SGA 的方式来提升性能。和 Oracle 的其他特性一样，直接路径读 / 写也是一个额外选项，使用得当能够极大地提升性能，如果使用不当反而会降低系统性能，本节将对此进行讨论。

4.6.1 直接路径写

从开发人员最熟悉的直接路径写开始说起，它的实现机制是 Oracle 绕过 SGA 和 Redo 日志，直接将数据写入数据块，并持久化到磁盘。因为针对插入数据本身几乎不再生成 Redo 日志，所以通常能够极大地提升性能，如下所示：

```
create table my_big_table as select * from big_fund_table where 1=0;
SQL> insert into my_big_table select /*+ parallel */* from big_fund_
  table;
17999999 rows inserted
Statistics
----------------------------------------------------------
      365  recursive calls
    3518828  db block gets
    1129185  consistent gets
     409096  physical reads
 3257554436  redo size
         1  sorts (memory)
         0  sorts (disk)
   17999999  rows processed
Executed in 259.78 seconds
SQL> insert /*+ APPEND */ into my_big_table select /*+ parallel */* from
  big_fund_table;
17999999 rows inserted
Statistics
```

```
--------------------------------------------------------------
       538  recursive calls
     417205  db block gets
     412023  consistent gets
     409096  physical reads
    1211860  redo size
         1  sorts (memory)
         0  sorts (disk)
   17999999  rows processed
Executed in 32.02 seconds
```

不使用直接路径写生成了 3.2GB Redo 日志，而直接路径写只生成了大约 1.2MB Redo 日志，同时一致性读和当前读的次数也多了很多，本例表上没有索引，否则将更多。

在以下各种情况下，Oracle 都会采用直接路径写实现：

- INSERT /*+ APPEND */ INTO TABLE_NAME SELECT（同样适用于临时表）；
- INSERT /*+ APPEND_VALUES */ INTO TABLE_NAME VALUES；
- SQL*Loader 直接路径加载，如 SQL*Loader USERID=scott CONTROL=load1.ctl DIRECT=TRUE；
- OCI OCIDirPathLoad；
- Data Pump Import 直接路径访问方法，如 impdp scott/tiger@db10g tables=EMP,DEPT directory= TEST_DIR ACCESS_METHOD=DIRECT_PATH dumpfile=EMP_DEPT.dmp logfile=impdpEMP_DEPT.log（默认情况下，数据泵会优先选择直接路径操作，第 11 章将对此进行深入讨论）。

除了上述这些可以明确指定将使用直接路径写之外，在一些大的 SQL 语句中，如果有很大的排序、哈希连接等，在 PGA 中无法直接完成该操作时，Oracle 会将其交换到临时表空间，此时也会采用直接路径读 / 写实现。

1. 直接路径写优化

通常来说，采用直接路径写是为了增加大批量数据写入表的性能，而且具有很多直接路径写操作的系统通常并不是 OLTP 系统，或者这些操作并不在 OLTP 期间执行。例如，进行批处理时，应确保 OLTP 产生的交易数据已经完全备份。为了最大化直接路径写的性能，应确保：

- 操作没有生成 Redo 日志；
- 对于 INSERT SELECT 中的 SELECT 操作，使用并行查询；
- 对于 INSERT SELECT 中的 INSERT，使用并行 DML；
- 对于 SQL*Loader，使用 parallel 参数开启并行加载，然后开启多个会话，每个会话加载一个分区或者部分数据；
- 对于 data pump import，使用 parallel 参数开始并行导入。

如果数据库或表所在的表空间为强制日志模式，则会产生和非直接路径写一样多的 Redo 日志，这种情况下直接路径写的优势就没有了。对于这些具有较多直接路径加载和插入的数据库，如果一定要启用强制日志模式，则建议在表空间一级启用，将直接路径写涉及的表存储在没有启用强制日志的表空间。对这些数据库，建议不要使用 data guard 或者基于 Redo 日志解析的数据同步方案，否则会极大地影响系统性能。

2. 直接路径写的限制与缺点

在直接路径写期间，对象受到一些限制，首先，触发器、外键约束及 CHECK 约束会被禁用，NOT NULL 唯一性约束和主键约束则不受影响；其次，直接路径写会增加表级别，导致其他的增删改（无论是否是直接路径操作）被阻塞，这可能会导致其他用户操作本对象时被挂起并在 enq: TM - contention 事件上等待。

使用 SQL*Loader 进行直接路径加载时，如果没有使用并行加载（默认）而只有全局索引，在加载完成后会处于不可用状态；如果使用并行加载，则本地索引也处于不可用状态。要确保加载完成后所有的索引仍然处于可用状态，应在 SQL*Loader 加载的最后调用一个 SQL 语句重建相关的索引。到目前为止，SQL*Loader 并没有提供调用一个 SQL 的参数选项。

除了直接路径写本身的各种限制外，直接路径写在某些系统中还会增加额外的直接读，因为它会绕过 SGA 直接写入磁盘，如果加载后立即进行读取，就会发生直接路径读操作，如下所示：

```
SQL> begin start_trace();end;
  2  /
PL/SQL procedure successfully completed
SQL> select C_TACODE,count(1),sum(F_OCCURBALANCE),max(F_LASTSHARES) from
  my_big_table
  2  group by C_TACODE;
C_TACODE   COUNT(1) SUM(F_OCCURBALANCE) MAX(F_LASTSHARES)
-------- ---------- ------------------- -----------------
F6         17999999        359999980000             19960
SQL> select * from table(fn_end_trace());
STAT_NAME                                            VALUE
----------------------------------------------------------------
DBWR undo block writes        0
consistent gets               409564
db block changes               6
db block gets        6
file io service time                                 0
file io wait time                                    1223
physical reads            409201
physical reads direct                409091
physical reads direct temporary tablespace                     0
```

在 I/O 密集的系统中，连续大量的直接路径写加直接路径读将导致大量长时间的 I/O 等待，这是需要注意的。如果应用中有很多需要先加载后处理的表，建议使用外部表特性。

如果因为各种原因无法采用外部表方案，则可以考虑保留部分 Linux 操作系统缓存，用于缓存这些 Oracle 直接写出到磁盘的数据块，这样随后的读就能够利用操作系统缓存，这将极大地减少真正的物理读。对于 INSERT SELECT 这些中间表，可以考虑使用全局临时表，使用常规插入而不是直接路径写。它虽然不能够完全避免 Redo 日志的生成，但是生成的 Redo 日志大小相比普通表而言会减少 90% 以上，并且能够避免随后不必要的 I/O 读 / 写。

4.6.2 直接路径读

直接路径读是指Oracle将数据块直接从磁盘读取到PGA，不从SGA缓冲区读取已经缓存的数据块。大量的直接路径读操作将会严重影响系统性能，即使Oracle服务器的内存充足仍如此。在Oracle 11g前，当用户会话执行并行查询时，Oracle 就会使用直接路径读模式直接从磁盘读取数据块到 PGA。

从 Oracle 11g 开始，串行执行也可能会使用直接路径读，默认情况下，除非表被声明为 CACHE 或被认为是小表，否则并行执行会绕过 SGA。如果参数 parallel_degree_policy 被设置为 auto，Oracle 会将部分数据缓存到 SGA，具体多少数据块会从 SGA 读取，并没有相关的资料进行说明。

在 Oracle 11g 之前，超过 thread_small_table 全表扫描的数据块不会被缓存到缓冲区缓存中，在大型系统中，这实际上可能是一个使用频繁的表，这将会严重影响性能。为此，Oracle 12c 新增了一个参数 DB_BIG_TABLE_CACHE_PERCENT_TARGET 用来设置多少比例的 SGA 可以用来缓存大表，配合 parallel_degree_policy 设置为 auto 还是 adaptive，无论并行执行还是串行执行，都可以使用该特性。用户可以通过 V$BT_SCAN_CACHE 和 V$BT_SCAN_OBJ_TEMPS 查询大表缓存的使用情况，这样用户就可以据此进行调整，相当于预留口子。

除了数据块本身外，如果哈希连接、排序等在 PGA 中无法完成，就会先被交换到临时段，然后读取回来，此时就会发生一次直接路径写和一次直接路径读。例如：

```
SQL> begin start_trace();end;
  2  /
PL/SQL procedure successfully completed
SQL> select d_requestdate, c_sharetype, count(1), sum(2), max(3)
  2    from (select /*+ no_merge */
  3              b.d_requestdate,
  4              b.c_sharetype,
  5              b.c_tradeacco,
  6              sum(b.f_occurshares),
  7              sum(b.f_lastshares)
  8               from my_big_table b
  9              group by b.d_requestdate, b.c_sharetype, b.c_tradeacco
 10              order by 1, 2, 3, 4, 5)
 11   group by d_requestdate, c_sharetype
 12   order by 1, 2, 3;
D_REQUESTDATE C_SHARETYPE   COUNT(1)     SUM(2)     MAX(3)
------------- ----------- ---------- ---------- ----------
     20181008 A              9999999   19999998          3
SQL> select * from table(fn_end_trace());
STAT_NAME                                                  VALUE
```

```
--------------------------------------------------------------------
consistent gets   410036
physical reads     520198
physical reads direct      520198
physical reads direct temporary tablespace       110397
physical writes        110397
physical writes direct     110397
physical writes direct temporary tablespace              110397
sorts (disk)    0
sorts (rows)    1
table scans (direct read)           1
workarea executions - multipass     0
workarea executions - onepass    2
workarea executions - optimal    6
21 rows selected
```

理论上只要 PGA 足够大，SQL 语句执行期间导致的直接路径临时段读 / 写是完全可以避免的。在实际中，通常会有不止一个大的 SQL 语句在并行执行，每个会话可用的 PGA 大小是有限的，因此不可避免地会产生直接路径读 / 写。这种情况考虑将临时表空间存储在尽可能快的存储设备上，或使用 tmpfs 文件系统，可以最大化直接路径读的性能。

4.7 深入理解Oracle 内存列式存储

在 Oracle 中，无论是在磁盘还是内存中数据一直以来都是以行为单位存储的，这一实现在 Oracle 11.1.0.2 中发生了变化，该补丁版本最大的变化就是引入了内存列式存储（IMCS）。内存列式存储可以将表、部分列、分区、分区的部分列以列为单位缓存在 SGA 的一块内存区域中，从而能够极大地提升某些报表查询的性能。

4.7.1 内存列式存储工作原理

内存列式存储架构允许数据同时存储在缓冲区缓存和内存区域（In Memory Area）中，但 Oracle 并不需要 2 倍的内存容量，列式存储会根据对象的大小加载在内存中，但缓冲区缓存所需要的内存空间会小很多。

虽然在内存中同时存在着相同数据的两种格式，但是在底层的磁盘存储上，Oracle 仍然只有行存储这一方式并且任何数据只有一份，列式存储只是内存中的一种优化模式，如图 4–19 所示。

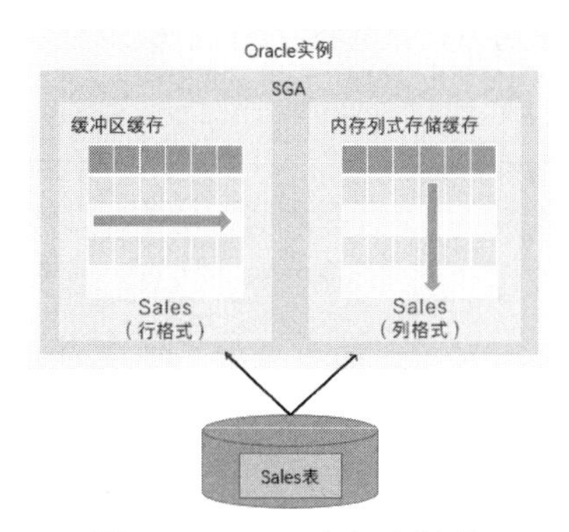

图4-19 Oracle内存列式存储

缓冲区缓存主要用于 OLTP 事务型操作，内存列式存储则主要用于报表和联机分析查询。缓冲区缓存和内存列式存储总体来说是相互补充的关系，对象要加载到内存并不需要先加载到缓冲区。任何时候对于一个查询，Oracle 可能会有部分数据从内存提取返回给客户端，也有一部分数据从缓冲区缓冲提取，具体可以通过 v$mystat 看到通过内存处理的读次数。对应用而言，这种区别完全是透明的，SQL 不需要知道是从缓冲区缓存查询，还是从内存列式存储查询。

内存分为两大块内存池，即列式数据池和元数据池。列式数据池用于存储列数据，具体又分为 IMCU 和 IMEU，每个 IMCU 和 IMEU 的大小为 1MB。IMCU 中包含一个对象的一列或多列数据，不同对象不能共用 IMCU；IMEU 存储内存表达式和虚拟列。元数据池存储内存中对象的元数据，SMU 和 IMCU 一一对应。

为了管理这些列式存储对象的填充及过期的重新同步，Oracle 为其引入了两个新的进程，IMCO 和 Wnnn，IMCO 负责初始化唤起进行后台填充，以及数据修改后的重新填充的空间管理工作进程 Wnnn，如图 4-20 所示。

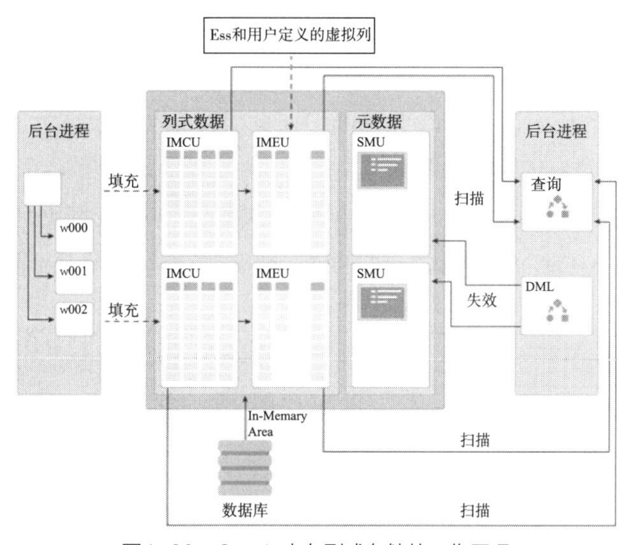

图4-20 Oracle内存列式存储的工作原理

Oracle 内存列式存储和其他采用列式存储的数据库类似，主要适用于下列场景：

- 包含“=”“<”“>”“IN”的大表扫描；
- 返回具有很多列的表中的部分列；
- 大表和小表的关联；
- 聚合查询。

有这些查询模式的通常是混合型系统和 DSS 系统，但不适用于下列场景：

- 复杂的过滤查询；
- 返回大量的列；
- 返回大量的行；
- 多个大表连接。

在这些情况下使用内存列式存储不仅浪费不必要的内存，反而性能可能更低。

4.7.2 启用内存列式存储

内存列式存储的启用很简单，只要设置初始化参数 INMEMORY_SIZE 不为 0 即可。例如，下列将内存列式存储的大小设置为 1GB：

```
SQL> ALTER SYSTEM SET INMEMORY_SIZE=1G SCOPE=SPFILE;
SQL> SHUTDOWN IMMEDIATE;
SQL> STARTUP;
Total System Global Area 6291453688 bytes
Fixed Size                 8910584 bytes
Variable Size               1207959552 bytes
Database Buffers        3992977408 bytes
Redo Buffers               7864320 bytes
In-Memory Area              1073741824 bytes
Database mounted.
Database opened.
```

INMEMORY_SIZE 的最小值不能低于 100MB，否则会启动失败。由于内存列式存储是 SGA 的一部分，所以应确保 SGA 有足够大的内存以不对缓冲区缓存造成影响。

从 Oracle 11.2 开始，用户可以动态调整内存列式存储的大小而无须重启 Oracle。启用内存列式存储后，可以通过 V$INMEMORY_AREA 查询数据池和元数据池的大小和状态，如下所示：

```
SQL> select * from V$INMEMORY_AREA;
POOL          ALLOC_BYTES USED_BYTES POPULATE_STATUS                 CON_ID
-------------------------- ----------- ---------- ----------------------
1MB POOL      1492123648 1481637888 DONE                                 3
64KB POOL     637534208   12779520 DONE                                  3
SQL> SELECT NAME, VALUE/(1024*1024*1024) "SIZE_IN_GB"
  2  FROM V$SGA
  3  WHERE NAME LIKE '%Mem%';
```

```
NAME                    SIZE_IN_GB
-------------------- ----------
In-Memory Area                2
```

它们加起来的大小为 SGA 中内存列式存储区域的大小，这两个池的大小用户目前无法进行人工控制。

对于希望使用内存列式存储缓存的对象，只要在定义语句上声明 INMEMORY 子句就可以了(即使没有启用内存列式存储，也可以包含 INMEMORY 子句，只是此时不会被使用)。目前有下列语句支持声明 INMEMORY 子句：

- CREATE TABLE；
- ALTER TABLE；
- CREATE TABLESPACE；
- ALTER TABLESPACE；
- CREATE MATERIALIZED VIEW；
- ALTER MATERIALIZED VIEW。

对于新建的对象，可以直接在列定义之后加上 INMEMORY 子句：

```
CREATE TABLE test_inmem (
id NUMBER(5) PRIMARY KEY,
test_col VARCHAR2(15))
INMEMORY;
```

对于现有的对象，可以通过 ALTER 启用或禁用：

```
ALTER TABLE hr.employees INMEMORY;
SQL> explain plan for
  2  select * from employees;
Explained
SQL> select * from table(dbms_xplan.display());
PLAN_TABLE_OUTPUT
----------------------------------------------------------------------------
Plan hash value: 1445457117
----------------------------------------------------------------------------
| Id  | Operation                  | Name        | Rows   | Bytes | Cost
(%CPU)| Time      |
----------------------------------------------------------------------------
|   0 | SELECT STATEMENT           |             |   107  |  7383 |      3
(0)| 00:00:01 |
|   1 |  TABLE ACCESS INMEMORY FULL| EMPLOYEES   |   107  |  7383 |      3
(0)| 00:00:01 |
----------------------------------------------------------------------------
8 rows selected
```

在对象填充到内存列式存储之后，用户可以查询 v$im_segments 得到该部分在磁盘中的大小，以及内存列式存储区域中的大小（默认情况下，只有对象被执行一次全表扫描才会被加载），如下所示：

```
SQL> select segment_name,bytes,inmemory_size from v$im_segments;
SEGMENT_NAME                                              BYTES INMEMORY_SIZE
------------------------------------------------------- --------- ------
SQL> select count(1) from employees;
  COUNT(1)
----------
       107
SQL> select segment_name,bytes,inmemory_size from v$im_segments;
SEGMENT_NAME                                              BYTES INMEMORY_SIZE
------------------------------------------------------- --------- ------
BIG_TABLE                                             360325120      28770304
```

和高级压缩类似，内存列式存储支持根据最佳性能和最佳空间利用率方式存储数据，其中 FOR CAPACITY XXX 声明压缩方法，FOR QUERY YYY 声明性能目标。当前内存列式存储支持的压缩选项如表 4–3 所示。

表4–3　内存列式存储支持的压缩选项

压缩选项	含义
NO MEMCOMPRESS	不压缩
MEMCOMPRESS FOR DML	兼顾DML的压缩，压缩率最低
MEMCOMPRESS FOR QUERY LOW	以查询优化为主的压缩模式
MEMCOMPRESS FOR QUERY HIGH	查询优化为主，兼顾节约空间的压缩模式
MEMCOMPRESS FOR CAPACITY LOW	节约空间为主，兼顾查询优化的压缩模式
MEMCOMPRESS FOR CAPACITY HIGH	以节约空间为主的压缩模式

默认情况下，只有在全表扫描时，相关对象才会被加载到内存列式存储。若是这样，第一次查询仍然可能会很慢，尤其是对那些能够容纳在 SGA 中只是一开始在磁盘中的对象。

幸运的是，Oracle 考虑了这个问题，用户可以在 INMEMORY 子句后增加填充优先级来让 Oracle 在启动后就开始自动加载这些对象。目前 Oracle 主要支持 NONE、LOW、MEDIUM、HIGH、CRITICAL 这 5 个级别，其中 NONE 为默认行为，即按需加载，从前往后优先级依次提高，CRITICAL 的优先级最高。但是即使设置了 PRIORITY，也并不意味着 Oracle 一定会在启动时自动开始加载对象到内存，通常在内存足够大时，Oracle 会这么做。

磁盘子系统越慢，PRIORITY 选项的效果越明显，如果数据库非常大，仍然可能会出现全部对象还未加载到内存就有很多请求进来了。所以在 Oracle 11.2 中，内存增加了快速启动选项 IM FastStart，通过定期将内存中的数据复制到磁盘，在实例恢复时 Oracle 可以直接从 IM FastStart 读取，避免出现第一次查询时性能较低的情况，进而大幅度提升性能。不同于启动时通过查询内存对象填充内存列式存储，它通过将 IMCUs 直接存储在磁盘中来提高预热速度，所以速度非常快。

和 FDA 类似，IM FastStart 使用表空间存储内存对象的数据，该表空间由 Oracle 自己管理，可以通过 dbms_inmemory_admin.faststart_enable 启用 IM FastStart 表空间，如下所示：

```
SQL> exec dbms_inmemory_admin.faststart_enable('fda_ts');
SQL> select * from V$SYSSTAT where name='IM faststart read CUs requested';
STATISTIC# NAME                            CLASS      VALUE    STAT_ID     CON_ID
---------- -------------------------------- ---------- ---------- ---------- -----
      1288 IM faststart read CUs requested  128            0 3752838964          3
```

最后需要提及的是内存的相关参数。表 4–4 所示为内存列式存储参数，除了 INMEMORY_MEMORY 外，其他参数大部分情况下只需要保留默认值即可。

表4–4　内存列式存储参数一览

参　数	作　用
INMEMORY_MEMORY	设置内存列式存储的内存大小，一般只要设置这个参数即可，其他的参数在对象级别设置比较合适。由于内存中对数字和大部分比较短的字符串采用固定长度列，因此内存会比实际所需占用的多
INMEMORY_FORCE	如果该参数为false，则所有声明在表和物化视图上的INMEMORY子句都会失效，即无法使用内存
INMEMORY_QUERY	该参数控制是否允许查询访问内存中的对象，如果为DISABLE，则不允许使用
INMEMORY_CLAUSE_DEFAULT	该参数设置了表或物化视图的默认内存选项，如该参数以INMEMORY开头，则新建的表或物化视图都会默认被启用内存，不建议使用
INMEMORY_MAX_POPULATE_SERVERS	该参数声明填充工作进程的数量，默认为CPU_COUNT的1/2
INMEMORY_EXPRESSIONS_USAGE和INMEMORY_VIRTUAL_COLUMNS	这两个参数的作用有些类似，都是声明哪些表达式可以被填充到内存，如JSON字段、虚拟列等
OPTIMIZER_INMEMORY_AWARE	该参数控制优化器成本模型是否考虑表的内存特性

4.7.3　内存列式存储的实际效果

现在看一下，在复杂的 SQL 中内存的表现，以下列查询为例：

```
SELECT /*+ parallel(8) use_hash(g) use_hash(c)*/SUM(a.f_remainshares)
  f_remainshares,
       SUM(round(a.f_remainshares * tfdd.f_netvalue, 2)) f_remainvalue,
       SUM(a.f_oricfmbalance) f_oricfmbalance,
       SUM(a.f_oricfmshares) f_oricfmshares,
       SUM(a.f_managefare) f_managefare,
       SUM(a.f_interestshare) f_interestshare,
       SUM(a.f_income) f_income,
       SUM(a.f_newincome) f_newincome,
```

```
       SUM(a.f_assignshare) f_assignshare,
       SUM(a.f_lastremainshares) f_lastremainshares,
       SUM(a.f_newasset) f_newasset,
       SUM(a.f_lastdeductasset) f_lastdeductasset
FROM (SELECT tfd.*
      FROM ta_tnetvalueday tfd,
           (SELECT t1.c_fundcode, MAX(t1.d_cdate) d_cdate
            FROM ta_tnetvalueday t1
            WHERE t1.c_tenantid = '*'
            GROUP BY t1.c_fundcode) tfdt
      WHERE tfd.d_cdate = tfdt.d_cdate
            AND tfd.c_fundcode = tfdt.c_fundcode
            AND tfd.c_tenantid = '*') tfdd,
     ta_tsharedetail a
LEFT JOIN ta_tfundinfo e
ON a.c_fundcode = e.c_fundcode
   AND a.c_tenantid = e.c_tenantid
LEFT JOIN ta_ttainfo g
ON a.c_tacode = g.c_tacode
   AND a.c_tenantid = g.c_tenantid, ta_tcustomerinfo b, ta_taccoinfo c
WHERE a.c_fundcode = tfdd.c_fundcode
      AND a.c_fundacco = b.c_fundacco
      AND a.c_fundacco = c.c_fundacco
      AND a.c_tenantid = b.c_tenantid
      AND a.c_tenantid = c.c_tenantid
      AND ((a.c_fundcode IS NOT NULL AND '*' != a.c_fundcode AND a.c_
fundcode IN (SELECT fundcode
                            FROM role_fundcode
                            WHERE role_id IN (748064))) OR a.c_fundcode
IS NULL OR '*' = a.c_fundcode)
      AND a.c_tacode = 'F6'
      AND a.c_tenantid = '*';
```

该语句中ta_tcustomerinfo和ta_taccoinfo分别有1000万条数据，ta_tsharedetail有1800万条数据，在8C/20GB的服务器上，各表没有启用内存时需要执行约2min，有大量的I/O读写。在ta_tsharedetail、ta_tcustomerinfo、ta_taccoinfo上启用了内存后，第一次运行8min，有大量的I/O等待，还用到了交换区；第二次运行大约2min。通过执行计划输出中的TABLE ACCESS IN MEMORY FULL和v$mystat，可以确认确实用到了内存，由此可见使用内存特性不能用于大表连接，并具有复杂的过滤条件等。

4.8 熟悉分析函数

除了本章前面讨论的各种特性外，Oracle还有一个对于开发人员开发来说非常有价值的特性——分析函数。在很多复杂的统计中，它能极大地提升开发效率和性能。例如，要统计某个团队的业绩及其在所有团队中的排名和业绩占比，如果不知道分析函数，则很可能这样编写 SQL：

```
select x.first_name, x.last_name, round(x.salary / total.total_salary *
  100,2)
  from employees x,
       (select sum(salary) total_salary from EMPLOYEES t) total
 order by x.salary desc;
```

如果使用分析函数，就可以这样写：

```
select x.first_name, x.last_name, round(ratio_to_report(salary) over()
  * 100,2)
  from employees x
 order by x.salary desc;
```

后者不仅更简洁，而且性能也比前者更高，只需要对 employees 执行一次全表扫描。相比使用标准 SQL 语句，Oracle 分析函数能够提供以下优势。

- 提高开发人员效率。开发人员可以通过更清晰、简洁的 SQL 代码执行复杂分析，编写和维护速度更快，效率更高。
- 提高查询速度。数据库中分析支持的处理优化可大幅提高查询性能。以前需要自连接或复杂过程处理的操作，现在可以用原生 SQL 执行。

绝大多数的聚合函数有相应的分析函数版本，这些分析函数可以归为以下类别：

- 排名；
- 窗口滑动；
- 模式匹配；
- 报表聚合 / 高级聚合；
- 建模；
- LAG/LEAD；
- FIRST/LAST；
- 百分位；
- 用户定义的函数。

Oracle 分析函数列表可以参考手册 https://docs.oracle.com/database/121/SQLRF/functions004.htm。大部分分析函数的用法只是增加了 over() 子句，如 sum() over()，使用很简单，开发人员熟悉这些常用的分析函数，在处理复杂的业务问题时能够达到事半功倍的效果，建议读者多掌握。

注： 从 MariaDB 10.2 和 MySQL 8.0 开始都支持分析函数。

4.9 不建议使用Oracle实现的场景

Oracle 是强大的关系型数据库，有很多其他关系型数据库所没有的特性，从 Oracle 12c 开始增加了对 JSON 的支持、内存列式存储等。它本身仍然是关系型数据库，主要围绕保证 ACID 及以数据块为前提展开，虽然有很多折中和针对性的优化选项，但 ACID 的前提注定了它并不适用于很多场景，特别是很多不需要保证 ACID 功能的场景。

本节主要讨论这些场景，在后续章节中将讨论对于这些场景如何更好地设计应用层，以最大化系统的可扩展性和提高系统性能。

4.9.1 订阅发布

很多应用需要先入 / 先出功能。例如，对于典型的消息推送，当某个客户有请求或者新的待处理任务时，会希望第一时间推送给相应的业务人员或应用进行处理，这就是典型的订阅 / 发布者需求。在互联网应用中，一般采用各种 MQ 来实现。如果要求高可靠性，可能会采用专用的消息中间件，如 RabbitMQ 或 RocketMQ；如果并不要求高可靠性或者需求比较简单，也可能直接使用 Redis 的订阅 / 发布功能。

在很多实际应用中，开发人员或决策者为了系统简单会采用轮询数据库的方式实现，这在只有几个用户的系统中或许是合适的。当用户达到上百个以后、频率足够高或者需要保证足够有效时，这种做法会使应用开发变得更加复杂。因为需要仔细思考各种锁及重复发送、丢失等细节，日志中通常也会充斥着大量的刷屏信息，进而掩盖了重要的业务日志信息，并且很快数据库就会成为瓶颈，通常是因为热块或 Latch 竞争。

对于这类功能，如果觉得这么做很别扭或者很复杂，那么从一开始就不要考虑使用 Oracle 或者其他本身并不是解决通知类功能的中间件。有些读者会说，Oracle 也支持 AQ，确实如此，但是相比专门的 MQ，Oracle 数据库的不少特性仅仅是满足可用的需求，而且排查复杂性高。

因为操作数据库的入口多、遗留系统等问题，需要在 Oracle 数据发生变化时通知外部系统，作者建议在触发器中通过 HTTP 发送消息给应用服务器，而不是依赖于 Oracle 数据库本身。

4.9.2 操作日志或审计日志

很多企业要求在系统中增加对用户操作和一些重要信息的操作记录日志，便于在出现问题时进行排查。近年来，随着用户和企业对数据安全性的重视，很多业务系统甚至要求系统能够审计哪些用户查看了或试图查看重要的敏感数据等，极大地增加了这些日志的数据量。

而实际上很少有客户真的要求 100% 无丢失地记录这些日志信息，绝大部分情况下客户的要求是在记录这些日志信息的同时不影响运行的稳定性及性能，同时能够随着政策法规的变化增加或者减少记录的日志信息。例如，现在可能要求只记录哪些用户、什么时候操作过即可，以后可能还要记录是从哪些通道进行操作的，如典型的数据泄露通常是直接从数据中心内部某台服务器出去的。实际上很少有用户真的要求这些日志信息一条都不能丢，因为这些日志极有可能只是记录备用，很可能永远都用不上。

在很多系统中，这些信息也和业务表一样设计并存储在 Oracle 中。为了最小化副作用，开发人员通常会对日志记录采用自治事务，因为这样做日志记录成功与否不会影响主事务运行。虽然业务上是如此，但是从 Oracle 来看，自治事务一样要保证 ACID，而且 Oracle 不支持针对常规的 insert/update 禁用 Redo 日志。这一机制导致的后果就是写操作日志生成的 Redo 日志会很大，如果使用了 Redo 日志相关的同步机制，如 data guard，这些日志也会被同步到备库。它除了增加真正业务数据的同步延迟、带宽外，可以说没有产生任何价值，所以这些日志表通常是系统中最大、最没有价值又很浪费资源的表。

对于这些日志，最好的方式就是将它们独立存储在其他实现中。例如，MongoDB 就是一个很好的选择，它不仅支持像 SQL 一样的增删改查、分页、排序，在模型变化时还无须像 Oracle 一样需要升级表结构。如果只能使用关系型数据库，MySQL 也是一个很好的选择（不是说 MySQL 不好，即使生产库是 MySQL，仍然建议这些日志存储在单独的 MySQL 实例），这样这些数据就不会占用昂贵的 Oracle 资源，并且性能可能会更好。

4.9.3 分布式协调或锁

如今大部分的应用都是以集群模式运行，且很多被设计为无状态的，这些应用不需要集中式的协调就能自如运作。但是有些应用则不然，它们需要以高可用模式运行，但节点之间以主备模式运行，即任何时候只能有一个节点处于运行状态，其他节点处于哨兵状态，在主节点宕机后才会接管。

定时任务就是典型的例子，任何时候只能有一个定时任务实例运行，否则任务就会被重复调度。很多早期开发的应用都是基于轮询数据库表的方式实现的，如 quartz，有些分布式会话也是将数据库作为存储。当有成千上万的并发时，采用 Oracle 作为中心化机制会立刻导致负载上升，进而出现瓶颈，而且通常也没有那么稳定，如果数据库本身不是集群，则本身也存在单点。对于这类需求，建议采用 Zookeeper 或 consul 实现这些特性。

4.9.4 并行执行

看到并行执行，读者可能会疑惑，Oracle 的并行执行不是已经非常强大了吗，为什么在不建议使用 Oracle 实现的场景中会包含这一条呢？ Oracle 的并行执行确实非常强大，尤其是在结合分区特性时，但是在很多复杂的 SQL 语句中，如各种复杂的批处理系统中，并行执行经常会导致可接受但是次优的执行计划被采用，在并行执行服务器间重分布数据。

大的数据集和小的数据集都比较容易解决，那些刚好在中间的连接，如两个分别为 1000 万和 2500 万行记录的表执行并行度为 4 的关联，如果只有一个表基于连接键分区，Oracle 通常会选择哈希重分布另外一个表，此时会消耗大量 CPU，其性能通常不如应用层 4 个串行会话快。

在实际中，有些系统没有仔细设计分区，导致两个表都需要进行重分布，相比直接读取 1/4 数据进行关联，其消耗的资源要多得多。还有一些应用通常需要支持根据多个维度处理数据，如同时支持产品、客户、渠道，此时如果无法同时维护不同维度的分区，就很难满足各种场景的要求，但是维护多个维度切分的数据又会导致增加很高的成本。这些情况下，将应用层进行并行执行的分解与合并调度作为分区的一种补充方案，能够大大增加并行执行的稳定性，在 MySQL 和 PostgreSQL 中，这通常是提升批处理性能的关键。

4.9.5 ID生成

一般应用在生成 ID 时会采用 3 种方式之一：数据库自增或序列、类 UUID（如 snowflake）和计数器表。这 3 种方式有各自的适用场景，并且在特定的情况下都表现得很好。

首先是 Oracle 序列（从 Oracle 12c 开始可以使用序列作为默认值），在普通的服务器上，序列默认情况下，每秒能够生成四五千个值，在大部分情况下足以满足需求，通常在序列成为瓶颈之前其他部分早已成为瓶颈。采用数据库序列实现的缺点在于：当应用是分库分表架构或需要支持多种数据库时，应用需要针对不同的数据库、是否分库分表编写不同的获取 ID 的代码；不仅如此，当业务编号需要按照规则生成时（如必须为 12 位、前 2 位为业务类别、然后 2 位为渠道、后续为自增 ID，且根据特定的周期重置时），采用具体数据库相关的生成方式维护成本就会很高，而且很难统一。

当序列不能满足要求时，很多应用会通过创建一张计数器表来实现。每次要递增先锁定那一行记录然后加 1，这么做会导致每次都要加锁，通常在三四百次时就会到瓶颈，于是通常无法达到系统预期并发度。

对于高并发性的系统，较好的方法是一开始就将 ID 生成的任务放在独立的应用服务中完成，具体可以根据业务的需求提供不同规则的 ID 生成方式，如纯 ID 自增、特定前后缀、占位符预留、分布式 UUID、特定的周期重置等。这样一个 ID 生成器模块就能够同时维护和满足各种应用所需和性能要求的 ID 生成，还能够根据应用能够容忍的 ID 跳号进行预缓存，并且和具体的数据库实现无关。

4.9.6 字典翻译

在数据库设计中，开发人员通常会在业务表的字段中存储一些键，而不是直接存储显示用的值，这些键对应的显示值存储在另一张资料表中。例如，对于产品，在订单表中存储的是产品的 ID 或代码；对于用户，通常存储的是用户 ID 而不是用户的中文名。因为这些显示值很可能会随着时间的流逝而更改，虽然很少，但是仍然会修改。

在显示给终端用户时，应用通常会将其翻译成用户友好的最新显示值。例如，股票名称更改后，应该显示更新后的名称而不是原来的名称。对于联机业务来说，任何时候只需要处理一个用户的信息，而一个用户相关的信息通常不会太多。

例如，任何时候有 100 个未完结订单或持有 100 个理财产品已经算很多的，对于这些 to C 的查询，无论是在 SQL 中处理还是在应用中处理，这些信息的翻译通常不会有明显的问题。而对于一些业务系统，如营销系统来说，任何时候符合条件的记录可能会有成千上万条甚至几百万条，此时在 SQL 中按照 to C 的方式对所有字段进行 case when 翻译并不是一个好的做法，它会消耗大量 Oracle 服务器的 CPU 资源。

对于这些查询需求，最合适的方式是在应用层统一处理显示值的翻译，无论是采用 AOP 还是工具类都比直接在 SQL 中处理合适，这样不仅在跨数据库时处理逻辑统一，而且降低了数据库不必要的负载。

4.9.7　非易变数据的高并发查询

在一些应用中，通常有一些功能需要定期刷新。例如，首页的广告栏，它需要在服务器端广告发生变化后几秒就体现在页面上，或者批处理的处理进度，也有一些应用则要求秒级更新。这些数据本身更新频率并不高，但是需要尽快更新到客户端。

对于这些类型的查询，如果都直接访问数据库，通常很快就会发生热块或 CPU 激增。例如，笔者多年前曾支持过一个客服系统，该系统有上百个客服使用，其中有一个功能是要在客服系统的首页实时更新最新的 *N* 条通知，开发人员直接通过 SQL 去查询数据库，每隔 5s 查询一次。虽然该表只有几千行，但是系统的响应却非常缓慢，而且 CPU 很高，大量等待在 latch: cache buffers chains。通过将其调整为应用服务器轮询 Oracle 刷新最新通知，所有客户端从应用服务器缓存查询之后，客户端瞬间就正常了。

在合理的实现中，应该在服务器端分布式缓存中缓存最新的结果，然后全量或增量推送给客户端。客户端主动请求时也从缓存直接获取即可，更新时可以采用写时复制或只要正在更新本次客户端请求就获取上一次的缓存结果。因为这些数据不要求 100% 无过期，所以采用这种做法可将所有此类负载极大的请求挡在数据库之外。因此，对于这些数量不大且不易变的高并发查询，并不适合直接采用 Oracle 处理。

第5章

高并发和锁

第 4.9 节列举了一些不适合直接使用 Oracle 的典型场景。本章将讨论这其中和各种数据并发访问及锁相关的各种场景，包括各种常见的并发访问类型、每种不同类型的并发场景应采用什么样的锁机制、如何实现等，其中大部分讨论都将集中在 Java 应用层，因此本章讨论的内容同样适用于 MySQL 和其他关系型数据库。

除了 Java 应用层外，本章还将深入解析 Oracle 中的各种锁，以便读者更加深刻地理解 Oracle 中各种并发的实现机制，这样才能避免某些 Oracle 的行为和预期不一致，并且能正确使用 Oracle 锁机制。

5.1 各种类型的高并发

在互联网应用中，任何时候都有成千上万的人在查看商品详情，有很多人正在下单或添加物品到购物车，有很多用户正在通过 APP 浏览各种公众号中的文章或帖子，也有很多人正在抢红包或秒杀。除了订单外，在一些监控类系统中，用户可能要求一旦某个文件发生变化，系统就要执行某些操作等。从技术上来说，这些同一时刻发生的成千上万请求要么属于读，要么属于写。

但如果只是纯粹地将这些请求分为读和写两类，这种考虑实在是过于欠缺的。仔细分析就会发现其中有一定规律。

对于查看商品详情来说，任何时候很多商品的详情页面在被很多人访问，所以对商品详情的访问分布在很多的商品上，一个商品详情被访问的次数占所有商品详情被访问次数的比例很低。

对于下单操作来说，它是一个写操作，而且原则上要求一定要成功，起码技术上应该如此。

对于添加物品到购物车来说，应该尽量成功，但万一失败了或者几天后不小心被清空，只要概率足够小，通常不被介意。

对于抢红包来说，最重要的是一定要防止被多抢，它和一般的下订单不同，成千上万的用户会仅针对某个商品进行操作。

根据负载特性，可以将这些不同类型的并发操作归为以下几类。

1. 均衡的并发读

均衡的并发读是指大量的并发请求总是均衡地散落于不同的数据。例如，对于电商系统来说，用户通常在快速浏览不同的商品，除了极端情况外，任何一个商品的访问量占所有商品的访问量的比例几乎可以忽略不计，此时可以称这些并发读是比较均衡的。均衡的高并发读很容易通过提高服务器配置（垂直扩展）或增加服务器（水平扩展）来提高并发数。在实际应用中，大部分的并发读都是比较均衡的。

2. 热点数据并发读

虽然大部分的并发读是比较均衡的，但很多系统中仍会有一小部分功能呈现出类 80/20 的不均衡现象。例如，当某些商品做活动时，很多顾客会一直不停地刷新或盯着商品页面随时等待活动开始并进行抢购；在节假日购买火车票时，只要是热门车次，基本上都需要刷新几十次才可能会买到；还有一些客户端采用轮询的方式实现一些通知信息的拉取。上述这些数据可能只占整个系统所有数据很小的一部分，但是其所占的访问量或资源消耗量可能是数据量比例的数十倍，乃至数万倍。

不同于均衡的并发读通过增加服务器配置就能完成，增加热点数据的并发性要复杂得多，它受到数据一致性程度、可用性等各种因素的综合影响。热点数据并发读主要分为以下两种类型。

- 无论是互联网应用还是企业应用，都会在客户端向用户实时展现最新的广告或通知，通常为最新的 *N* 条，一旦有新的记录发布，老记录就很少被访问了；如果没有新的记录发布，则老记录一直会被很频繁地访问。这是一种高并发 top *N* 场景，各种最近 *N* 天畅销榜等本质上都属于这种类型的模式。
- 除了针对小部分数据的集中访问外，在一些 DSS 系统中，经常需要执行一些会访问大量数据块的统计类查询，如客户资产表、订单表等会被大量的语句同时访问，这些数据也可以称为热点数据，尽管它们是大批量一起被访问的。

3. 均衡的并发写

在本章中，并发写同时也是指新增和修改。均衡的并发写是指操作记录总是分散在很多记录中。例如，在股票交易系统中，很多人在委托买入或卖出不同的股票；在操作流水中，我们不停地增加各种日志流水，任何时候这些数据都各司其职，互不影响。均衡的并发写在一定程度上类似于均衡的并发读，通过数据水平切分，如分库分表，将不同部分的数据分布到不同的服务器，能够实现接近线性的水平扩展。

4. 热点数据并发写

在有些应用中，通常会遇到某些数据的写频率要比其他数据的比例高得多。例如，在秒杀场景中，成千上万的人会一起抢购为数不多的商品，从而会瞬间有大量的请求等待更新；再如，在互联网金融系统中，很多用户会同时抢购新的理财产品，此时该产品的持仓会被很多申请请求更新剩余份额。

除了业务本身特性可能导致的高并发外，在使用数据库存储的计数器中，当高并发请求时，大量的请求也会同时更新同一计数器，所以不仅仅是业务本身，设计不合理也可能导致热点数据并发写。和均衡的并发写不同，热点数据并发写无法通过增加服务器来实现扩展，如果实现不当，很可能会导致非常严重的锁竞争，进而降低系统性能。

在上述 4 种典型业务并发访问中，系统通常作为响应者角色或者被动执行高并发。在其他一些应用中，尤其是监控和风险控制相关系统，系统会主动监控外部各种事件或者状态的变化，这些系统中会有一些守护线程轮询查询某些事件表，在守护线程较多或者足够频繁的情况下，这些数据非常容易被称为热点，这也是开发人员在设计时需要考虑的。

5.2 影响并发性的因素

有很多因素会影响系统的并发性，其中最重要的包括系统的硬件限制、数据库高可用性、数据一致性程度等，对这些因素的要求会同比例地影响系统并发性，而且还可能影响设计决定。本节将讨论这些因素。

5.2.1　一致性程度

一致性程度是指任何时候对于 A 用户修改或写入的数据，B 用户能够容忍的不一致程度，其中最主要的是数据的最大过期时间，包括整条业务数据的不一致性及部分业务数据的不一致性。例如，在股票交易系统中，对于提交的订单，通常希望一下单就知道是否成功，而且必须是实时成功还是失败；对于操作日志，应尽可能不影响系统的性能，保证 99% 以上成功即可，在极端情况下甚至可以丢失更多。

系统的不同部分对数据的一致性程度的要求并不同，如果一个系统完全按照相同的一致性程度去设计，通常只能得到次优的性能和并发性，因为系统的一致性程度会从 I/O、锁、CPU 等多方面极大地影响系统性能和资源竞争。因为资源在很多情况下并不充裕，所以如果不从业务层面去理解业务对事务的一致性，将很难设计出高性能和稳定性的系统。一般来说，一致性程度越高，并发性越差，反之亦然。

从维度来看，一致性程度可以分为 3 种情况。

- 强一致性。强一致性指任何时候用户看到的数据必须是 100% 准确无误的，这是一个典型的理论上很简单但实际实现难度可高可低的特性，相当于关系型数据库的原子性。除最简单的增删改查外，在涉及多处数据需要维护一致性时，100% 强一致性的成本是非常高昂的，无论是开发成本、测试覆盖成本还是硬件成本。尤其是在大量数据并发读/写的复杂场景中，任何一个中间环节出错都意味着需要撤销之前进行的所有操作，即使是 Oracle 数据库本身，很多辅助特性也没有完全达到 100% 强一致性。例如，data guard 数据同步、闪回等理论上都支持强一致性，但实际上在极端情况下都出现过不一致。

  从代码实现角度来看，强一致性看起来最简单直观，出现异常直接依赖于数据库的保障机制即可。但是当一个应用访问多个数据库时，如果不利用分布式事务管理工具，如 Atomikos、Bitronix 或各种应用服务器自带的分布式事务，就很难实现。在更极端的情况，如 A 提交后、B 提交前那一刻系统宕机，仍然有可能会出现不一致的情况。在分布式系统中，由于应用服务器、网络、服务提供方访问的数据库可能出现异常等，情况会更加复杂。

  所以，强一致性更多地使用在集中式系统或者分布式系统的本地服务中，且通常用于对时间非常敏感的业务，如金融交易系统或医疗系统中，在数据敏感度没有那么高的高并发分布式服务中则几乎很少使用。

- 最终一致性。这是在微服务架构和互联网系统中实现最多的一致性级别。在微服务架构下，为了获得更高的性能与灵活性，经常将业务应用拆分为多个，交易跨多个微服务编排，这样必然就会出现数据一致性的问题。由于大部分的交易并没有那么强的一致性要求，因此很多应用在不需要很强的一致性时选择了最终一致性级别。例如，下订单操作绝大部分情况下可以假设库存是足够的，所以扣减库存不需要和付款同时发生，只要付款成功，最后一定会将商品加到用户的订单中，这样下单就只要给库存系统发一个指令就可以了。这种方式极大地提高了订单系统的性能和吞吐量；同时与库存系统进行了解耦，两个系统本身完全相互独立，复杂性降低，即使到了最后库存商品确实没有了，通过高频对账或回调也可以在库存系统处理订单后实现秒级退款，达到最终一致性。

  最终一致性的实现方式有很多，基本上是基于消息中间件采用特定的一种补偿模式来实现。只不过有些解耦得比较好，通过独立组件实现尽最大可能尝试或在技术层面保障，如2PC；有些则以提供实现思路为主，对业务侵入性更强如，SAGA、TCC。

  最终一致性在理论实现难度上和强一致性相反，它是一个逻辑理论复杂，但是理解后实现相对比较简单的特性。
- 尽可能一致性。前面两种一致性虽然在时间一致性上不同，但可以认为数据在最终都是一致的。在实际中，很多交易并不要求 100% 的一致性，如新用户注册积分、各种交易的增加积分、各种操作的审计日志，这些并不参与实际的交易过程，更多的用于日后分析，所以通常 99.99% 的一致性也是可以的，这就是尽可能一致性。很多企业应用会采用自治事务实现尽可能一致性，这种做法实际上并不合理，不管是同步还是异步，无论如何还是占用了应用本身的资源。一般来说，对这些场景更合理的实现方式是发送一个异步消息给MQ，让独立的线程或应用负责处理可以最小化对主应用的影响。

在实际中，一个系统中的不同业务通常对数据具有不同的一致性要求，所以并不存在一种分布式事务实现能解决所有的问题。我们需要根据特定的业务场景选择合适的事务形态，有时需要混合多种事务形态才能更好地完成目标。在一个涉及积分的订单中，订单的成功与否需要依赖于钱包的余额，但不依赖于积分的多少，此时可以混合基于消息的事务形态进行加积分及基于补偿的事务形态以确保扣钱成功，从而得到一个性能更好、编码量更少的形态。如果可以，我们可以实现一个支持多种模式的分布式事务框架，并包含各种补偿模式和机制，让应用根据不同的一致性要求实现不同的接口，而无须考虑各种定时补偿和取消，这样可以大大减少维护成本并降低异常排查复杂性。

从是否需要持久化角度，一致性程度可以分为下列两种情况。

- 需持久化的一致性。大部分功能要求数据的持久化，即数据库或者应用重启后所有已经提交的数据应该和重启前一样。在大部分开发人员看来，这是理所应当的，简单地说也确实应该如此，但是持久化到磁盘需要很高的成本。如果在突然宕机的情况下应用能够接受可丢失 1s 的数据，相比不容许任何丢失，在写入频繁的系统中，前者的性能通常可以达到后者的 5 倍以上，因为前者只需要每秒刷新一次磁盘，后者则需要提交每个事务。

很多业务数据都需要持久化，如订单、支付、资产信息；但也有很多并不需要 100% 的持久化，如操作流水、审计信息等。对于可以接受极端情况下丢失极小部分数据的场景，在 Oracle 中，可以通过在会话级别调整 commit_logging 和 commit_wait 让 Oracle 异步刷新日志，如下所示：

```
SQL> alter session set commit_logging=batch;
Session altered
SQL> alter session set commit_wait=nowait;
Session altered
```

注： *在 percona server 中，通过设置 innodb_use_global_flush_log_at_trx_commit 为 0，可以在会话级别修改 innodb_flush_log_at_trx_commit。*

除了考虑数据本身是否需要 100% 持久化外，还应该考虑是否需要立刻持久化。有很多数据需要 100% 持久化，但是并不要求立刻持久化，如对于增加积分、资金入账等操作，这些要求数据不容许有任何丢失，用户通常会看到充值正在处理中，但是钱已经扣了，此时用户一般不担心这笔交易会丢失。对于这些最终一定会成功或者如果失败能够回退的场景，可以考虑采用批量或者异步方式实现持久化来提升系统性能。

- 无须持久化的一致性。在应用运行过程中，通常存在着线程或应用之间需要相互协调或者需要互斥访问的资源。例如，JDBC 连接就是一个很典型的例子，JDBC 连接池需要确保任何时候连接只会被一个线程使用，否则就会出现数据混乱的情况。这些连接信息会随着分配、释放被频繁地更新，但是一旦应用关闭，这些信息就没有意义了，所以并不需要持久化。

另外两类无须持久化但是很容易被开发人员误用的特性是分布式会话和分布式锁，它们被绝大多数的服务使用，属于典型的高并发访问资源，但是持久化它们并没有太大意义。例如，Tomcat 集群通常支持多种方式存储这些共享信息，其中就包括数据库，所以有些开发人员为了省事就采用了数据库存储。由于三方库在采用数据库存储时并不会进行优化，因此通常会导致最后数据库的 I/O 很高，进而影响系统的整体性能。

还有一些记录运行过程的数据也是如此，如股票行情，对于当天的所有行情，需要能够访问所有变化，但是它们只需要周期性定点采样保存，并不需要所有时点都持久化，几乎 99% 的信息只需要在缓存中可随时访问即可。仔细分析业务模式，识别出哪些数据需要持久化，哪些不需要持久化，然后采用缓存、异步或批处理方式各自实现它们，将会极大地提高系统并发性和性能。

在实际中两个维度是交叉的，某些数据要求强一致性加立刻持久化，某些则要求尽可能一致性加尽可能持久化，因此存在对数据一致性要求的 7 种不同情况，如表 5–1 所示。

表5–1　数据一致性要求

一致性级别	是否需要持久化	是否立刻持久化
强一致性	需持久化	是
强一致性	需持久化	否
最终一致性	需持久化	—
尽可能一致性	需持久化	—
强一致性	无须持久化	—
最终一致性	无须持久化	—
尽可能一致性	无须持久化	—

因此，在设计系统时应首先根据业务要求对数据进行分类，然后根据其特性进行分门别类的设计，而不是先“眉毛胡子一把抓”，事后再去亡羊补牢，这样才能保证足够的扩展性和稳健性。

5.2.2　资源争用

第二个影响系统并发性的是系统资源的可用性。在大部分情况下，可供系统使用的各种资源是有限的，如 8 块 15kB RPM 机械硬盘组成的 RAID 1+0 阵列 TPS 最多只能到 500，每个商品业务上只有一个库存数量，这一点在系统设计和实现时也是需要考虑在内的。根据资源的特性，资源限制可以分为逻辑资源限制和物理资源限制。

1. 逻辑资源限制

逻辑资源限制通常是指业务上的要求或限制。例如，对于互联网金融来说，每种类型的平台账户通常只有一个；对于计数器来说，除非不要求有序或者允许间接性跳号，否则任何情况下只有一条负责递增的记录，如全局自增订单号；在数据变化捕获（Change Data Capture，CDC）应用中，只有一个线程负责顺序解析所有的数据变化日志等。

在当前的技术中，实现对共享存储结构的串行访问成本是很高的，即使是在内存中也是如此。所以，在设计应用时，需要分析是否真的只能使用串行访问实现控制。有很多实现只是因为采用串行实现最简单，所以采用了串行方式实现，但它并不是最好或最合适的实现方式。例如，对于平台账户来说，可以增加一层虚拟的子账户，将余额分配到多个子账户中，在平台账户的操作是瓶颈的系统中，这将成倍增加系统并发性，但是这种设计方式意味着应用需要考虑在一个子账户余额度不足、但是多个子账户加起来余额足够时的调拨。

除了业务本身的限制外，很多技术组件也有各种限制。例如，对于数据库连接池来说，通常为每个应用几十个到几百个连接数；JDK 8 以前的 ConcurrentHashMap 采用锁分段实现；在 Oracle 中，cache buffers chains latch 用来保护 SGA 中数据块的链表等。即使硬件没有到瓶颈，这些系统设计和实现上的逻辑限制也会影响系统的并发性，这些也是我们在实现通用组件时需要考虑的。

2. 物理资源限制

如果可用的物理资源是无限的，就意味着不需要考虑物理资源的瓶颈。如果带宽每秒可以传递 10GB，就不需要考虑在服务器两端压缩和解压；如果网络延迟可以低至 1μs，就意味着可以无须关心 RPC 调用次数会不会太多；如果硬盘 IOPS 可以轻松到 100 万且延迟在数十微秒级别，就意味着不再需要非常依赖内存。

在系统的投入成本和产出价值的平衡上，可用的物理资源永远是受到限制的，开发人员必须理解并考虑这一点，并根据系统的目标运行环境尽可能最大化地利用系统资源，但又要避免让物理资源成为瓶颈，否则将很难发挥硬件的价值。例如，对于机械硬盘来说，15000r/min 的机械硬盘 IOPS 不到 200，若有大量的随机读 / 写会导致磁盘利用率非常高，但是性能却会很低，所以对机械硬盘进行大量随机读 / 写显然不是一个好方式，此时可以采用 WAL 机制来实现高并发并保证数据变更的一致性。

5.2.3　数据副本

在分布式和高并发环境中，开发人员通常会采用读 / 写分离和各种缓存机制实现读的扩展性。为了保证这些缓存的高可用性，通常会部署多个副本，但是增加副本不是只增加服务器就能解决的，根据对数据的一致性级别要求不同，不同的副本数会影响请求的响应时间和并发性。

以数据库为例，在要求强一致性的系统中，查询库必须先确定已经接收到相应的事务，交易库才会进行提交。在高并发写或网络不太稳定的环境中，这将极大地影响系统并发性；随着查询库数量的增加，网络流量和对主库的额外负载也会增加，这也会增加事务失败的概率。

不仅如此，在不需要查询库的情况下可能很多操作并不需要记录 Redo 日志，但是在需要数据副本时很可能需要记录完整的数据库 Redo 日志，它将大大增加主库的 I/O 负载。这将对设计和实现交易库的某些功能产生影响，导致在没有副本时进行的优化在需要副本时失效。

数据副本数这个要点本身很简单，但是否真正需要数据副本并不总是那么容易确定。例如，很多系统当前要求两地三中心、同城灾备、交易库和查询库分离，并不根据业务考虑是否有必要进行这些成本高昂的实现。

从技术本身来说，实现这些要求并不难，只不过它会增加大量的软硬件和开发维护成本。例如，对于一个企业内部使用的 CRM 系统来说，实现查询库和交易库分离及两地三中心显然是一种浪费。即使是核心的资金清算系统，最多实现灾备即可，没有必要实现查询库和清算库分离，实时同步将极大地影响清算性能。

因此，首先根据业务要求确定是否真正需要数据副本及需要多少个数据副本，比一开始就想如何实现高性能的同步要重要得多。

5.3 锁–共享资源访问控制机制

高并发应用开发的一个关键挑战是在保证高并发的同时，确保每个用户读写数据的一致性。锁正是实现这一切的关键机制，它能够让并发访问共享数据变得井然有序。值得注意的是，达到相同效果的锁，在不同的技术中实现的细节很可能大相径庭。

即使在关系型数据库中这种差别也很明显，Oracle 中的锁实现仅仅是针对 Oracle，SQL Server 中的锁实现仅仅是针对 SQL Server。应用设计开发人员需要正确意识到这一点，并恰当地使用具体的锁机制，否则很可能导致应用低并发，并且可能导致数据完整性被破坏。

5.3.1 无处不在的锁

任何系统只要是出于并发执行目的进行设计并实现的，锁就存在且发挥着并发和控制作用，即使只有一个线程在运行也是如此，只是此时能够直接获得锁，成本非常低廉。在并发访问线程数超过可用的资源数之前，可以认为获取锁的成本就是一次额外判断，其额外代价可以忽略不计；在此之后，获得锁的成本开始呈线性增加，如图 5–1 所示。

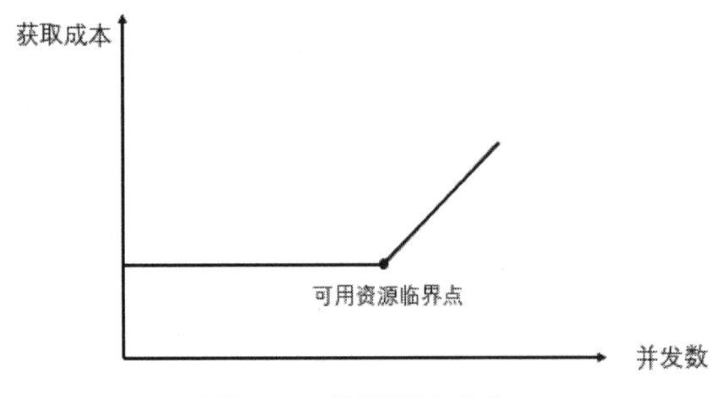

图5–1　获得锁的成本

无论是在数据库中还是编程语言中都符合这种模式，差别在于锁本身的实现复杂度和获得成本。本章将讨论各种类型的锁，包括逻辑概念上的各种锁及各种技术中的锁实现。

5.3.2 锁类型

在掌握各种锁在具体技术中的实现之前，我们需要了解从逻辑角度看有哪些类型的锁，以及应该如何合理设计锁。类似于技术架构及领域设计，如果逻辑上选定的锁本身不是最优的，那么即使实现最好，也不能获得最好的并发性。例如，对于典型的系统参数来说，绝大部分情况下都是读取特定参数进行判断使用，写的比例微乎其微，此时采用 Java 中最常用的 synchronized 同步控制对系统参数进行读 / 写访问就不是一个好的选择，因为 synchronized 不加区别地对待所有操作，这将导致读与读之间也是互斥的，并会极大地影响系统并发性。

1. 根据操作是否会修改数据，可以将锁分为读锁和写锁

读操作的特性是只访问数据，不修改数据，所以绝大多数数据库，如 Oracle、MySQL 的锁实现都是读与读不互斥；在 Java 中也一样，读锁与读锁可并发访问。写的特性在于它会修改数据，如果一个锁保护的数据较多或者不是一个原子数据，则可能需要很多个指令才能完成。对于可能会被并发写的数据，一般需要在修改前先得到保护该数据的锁，防止其他线程同时修改相同数据，造成最终不一致。不同的技术对此实现并不相同，如在数据库中因为上一个事务提交之后会自动开始下一个事务，所以不需要显示加锁（除了 select for update 悲观锁的情况）；在 Java 中则根据使用的并发工具不同而不同，第 5.5 节将对此进行详细讨论。

单独的读锁和写锁实现比较简单，在实际应用中很多情况是读锁和写锁一起出现。例如，对于某些任务来说，有些服务会查询其状态；有些则会修改其状态；有些则是先比较，符合预期就修改。根据读 / 写各自占比不同，通常需要选择不同类型的锁实现。

2. 根据申请顺序和分配顺序的关系，可以将锁分为公平锁和非公平锁

不同的操作使用的资源、占用的时间等可能会差别很大，无论是在现实中还是在技术实现中，经常可以看到按照先来先到的方式和 VIP 专属通道方式。因此，在设计锁时需要先根据业务确定某个给定的资源是需要严格按照申请顺序分配，还是某些特定的请求应该被优先满足。例如，对于依次进入的下列请求：

读──►读──►写──►读

我们可能希望第三个读申请锁时，如果前面两个读锁还没有释放，优先分配第三个读锁，只有任何时候没有读锁申请时才分配写锁，那么它就不是公平的，MySQL 的 INSERT DELAYED 子句就是这样一种机制。除了读 / 写的优先级不同外，还可能会出现某些角色的操作优先级会高于其他角色，如管理员的操作优先、充值操作优先等。

3. 根据是否需要跨进程锁定，可以将锁分为本地锁和分布式锁

在集中式架构中，由于所有的请求都在容器内完成，进程内就可以完成所有锁操作，因此并不需要额外的锁存储机制。在微服务架构中，任何时候都会有一个服务的很多个实例在运行，各实例之间可能不会进行数据同步，此时通常会利用分布式存储来实现锁，所有实例通过分布式锁来实现对共享资源的访问申请。

分布式锁本身没有什么问题，其本质上也是本地锁，只不过在应用使用分布式锁时，所有的锁请求和释放都需要网络请求，开发成本和运行成本都会大大增加。以常用的防止并发操作的分布式锁为例，从开发层面，它需要应对可能的网络异常和重试机制；从运行的角度来看，它会增加加锁和解锁两次网络请求，这些额外的要点在非分布式锁中则不存在。

在分布式架构中，并非所有的本地锁都需要切换为分布式锁才能保证一致性。例如，在某些情况下，可以通过提前或动态将资源进行切分，为不同的实例分配相应比例的资源，在能够保证一致的前提下将分布式锁转换为本地锁，这将大幅度提升系统性能，并且能够保证业务一致性。

4. 根据重启后是否需要最后的状态，可以将锁分为内存锁和持久化锁

有些锁仅在应用存活期间有意义，应用重启之后就没有意义了。例如，对于防止重复登录而言，只有在应用运行期间该控制是有意义的，应用重启后，用户通常需要重新登录（在互联网应用中，这不符合惯例，一般使用 Redis 分布式会话，即使重启，也不需要重新登录），此时就没有必要持久化保存用户的登录状态。那些需要满足 ACID 属性的操作，才需要使用持久化锁机制来保证。

5. 根据预期第一次获得锁的概率大小，可以将锁分为乐观锁和悲观锁

很多人在分析乐观锁和悲观锁时经常指数据库中的实现，实际上悲观锁和乐观锁是一种实现策略，和具体技术并无必然关系，数据库中可以实现，Java 中也可以实现。

乐观锁认为一个用户读数据时别人不会去写自己所读的数据；悲观锁则刚好相反，觉得自己读数据库时别人可能刚好在写自己刚读的数据，其实就是持一种比较保守的态度。它通过在相应的数据上增加一个版本控制，如时间戳，每次读出来时把该字段也读出来，当写回去时，把该字段加 1，提交之前与数据库的该字段比较一次。如果比数据库的值大，就允许保存，否则不允许保存。这种处理方法虽然不使用数据库系统提供的锁机制，但是可以大大提高数据库处理的并发量，可以避免长事务中的数据库加锁开销，大大提升了大并发量下的系统整体性能表现。

悲观锁就是在读取数据时，为了不让别人修改自己读取的数据，会先对自己读取的数据加锁，只有自己把数据读完了，才允许别人修改那部分数据；或者反过来说，就是当自己修改某条数据时不允许别人读取该数据，只有等自己的整个事务提交了，才释放自己加上的锁，才允许其他用户访问那部分数据。一般采用数据库本身机制保障，本身没有什么问题，问题在于应用通常将事务范围过于扩大，导致事务过长。例如，在 Java 中，在一个很大的方法上加上 @Transactional 注解。

需要注意的是，乐观锁机制往往基于系统中的代码逻辑实现，因此也具备一定的局限性，最主要的是来自外部系统的更新操作不受系统的控制，因此可能会造成脏数据被更新到数据库中。在系统设计阶段，应该充分考虑到这些情况出现的可能性，并采取相应的保护措施，如只暴露更新数据的服务，但是不允许用户直接访问数据库。

5.3.3 锁和队列

讨论锁就不能不提及队列，很多锁的分配和释放管理在实现上是采用队列机制的，有些是对用户可见的锁，还有一些对用户并不可见。每一个锁资源结构通常分为 3 部分：持有者队列、等待者队列和转换者队列，具体如图 5–2 所示。

图 5–2 中，TM–001 是队列标识，也可以作为资源结构标识。每一个所有者、等待者和转换者都会有一个锁结构，由会话、锁模式等信息构成，具体描述了什么会话在什么模式下获得或等待此资源结构。其中，

- 持有者队列：会话已经获得锁；

- 等待者队列：会话正在等待锁；
- 转换者队列：会话已获得锁，但锁有冲突，需要等待转换锁模式。

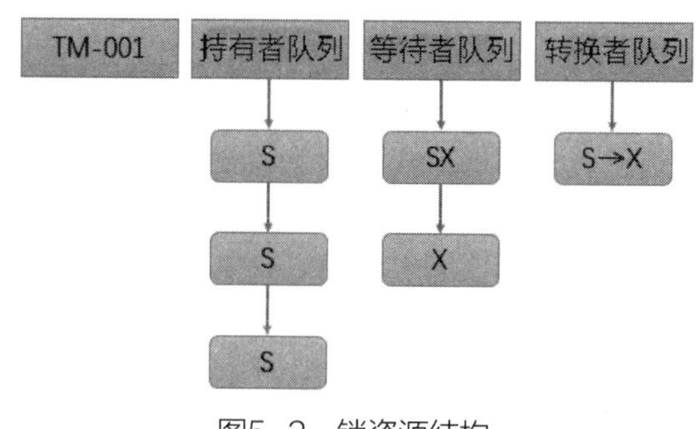

图5–2　锁资源结构

5.4 Oracle中的锁

Oracle 采用行锁锁定表的记录，除了行锁，Oracle 中还有其他类型的锁用于保护对各种资源的并发访问。例如，在执行存储过程时，过程本身会被加上内部锁以防止其他用户修改存储过程。锁在数据库中不仅用于对共享资源的并发访问，也用于保障数据的完整性和一致性。

5.4.1　Oracle行锁实现机制

任何一种锁都会有很多种实现方式，虽然在 Oracle、SQL Server、MySQL 中都使用锁机制实现并发控制，但是在底层的实现上它们存在着本质性的差别，理解一种数据库的锁模型并不意味着清楚关于数据库中锁的一切。例如，在 MySQL 中，InnoDB 行锁是通过给索引上的索引项加锁来实现的，如果没有索引，InnoDB 将通过隐藏的聚集索引来对记录加锁，具体分为以下 3 种情况。

- Record lock：对索引项加锁。
- Gap lock：对索引项之间的间隙、第一条记录前间隙或最后一条记录后的间隙加锁。
- Next-key lock：前两种的组合，对记录及其前面的间隙加锁。

InnoDB 这种行锁的实现特点意味着，如果不通过索引条件检索数据，那么 InnoDB 将对表中的所有记录加锁，实际效果与表锁一样。在实际应用中，要特别注意 InnoDB 行锁的这一特性，否则可能导致大量的锁冲突。

而 Oracle 中锁的实现则完全不同，在 Oracle 的每行数据上都有一个标志位来表示该行数据是否被锁定，这样就大大减小了行锁的维护开销。数据行上的锁标志一旦被置位，就表明该行数据被加 X 锁，Oracle 在数据行上没有 S 锁。许多对 Oracle 不太了解的开发人员可能会以为每一个 TX

锁代表一条被封锁的数据行，其实不然。

TX 的本义是事务，当一个事务第一次执行数据更改或使用 SELECT… FOR UPDATE 语句进行查询时，它即获得一个 TX 锁，直至该事务结束时，该锁才被释放，所以一个 TX 锁可以对应多个被该事务锁定的数据行。在 Oracle 中，行锁只是数据块头的 ITL、数据行头的 LB 锁标识位，不需要消耗额外的资源。需要注意的是，事务并不是被行阻塞，而是被其他的事务阻塞。所以，某些数据库有锁升级机制，而 Oracle 没有，在讨论 DML 锁时还会进行深入分析。

Oracle 的锁在很多性能视图和官方文档中被称为 enqueue lock，enqueue 本身是一个动词，是入队的意思，在这里其实是作为形容词使用的，代表基于队列的锁，在特指某些具体资源上的队列时，enqueue 也可能被当作名词使用，如 CF enqueue（控制文件队列），Oracle 中的 DML 锁、DDL 锁其实都是通过队列实现的。

接下来将详细讨论 Oracle 中的各种锁，包括开发人员最熟悉的 DML 锁到 Oracle 内部用于保护各种数据结构如表结构或 SGA 内存数据结构的内部锁，如闩（Latch），由重到轻依次为锁——►闩——►互斥锁。

5.4.2 DML锁

DML 锁是用于控制并发修改数据的机制，它用于确保任何时候只有一个用户能够修改某一行数据，并防止在修改期间其他用户删除表。根据可能修改的数据范围不同，DML 锁可能锁定某一行记录，也可能锁定表中所有的记录。大部分情况下人们讨论锁时指的就是 DML 锁。

和其他数据库（如 SQL Server）不一样，在 Oracle 中，锁并不是稀缺资源，仅仅只是一种工具。无论是锁定一行还是锁定 100 万行，用于锁定这些记录所需的资源是一样的，所以不会因为 Oracle 中锁太多导致性能下降，也不需要考虑修改整张表的记录时先执行 lock table（锁定表），这在 Oracle 中是不必要的。唯一需要使用 lock table 的地方是希望锁定整张表，以便防止其他人在处理整张表期间锁定某些行，如更改整张表的某个字段状态。

在 Oracle 中，数据库通过 Undo 实现读 / 写并发，读不阻塞写，写不阻塞读，这也是和其他数据库实现不一样的地方，很多应用中实现的锁通常也是读 / 写相互阻塞或丢失了一定程度的数据一致性。

1. TX锁

当事务第一次开始更新时，Oracle 会为事务分配一个 TX 锁，此时事务可以认为是真正被初始化，事务会一直持有该锁直到 COMMIT 或 ROLLBACK。这种锁在内部通过队列机制实现并发控制，事务中任何被修改或 select for update 的记录都会指向该事务相关的 TX 锁。例如：

```
SQL> update departments d set d.department_name = initcap(department_
name);
27 rows updated
SQL> select username,
```

```
  2         v$lock.sid,
  3         trunc(id1 / power(2, 16)) rbs,
  4         bitand(id1, to_number('ffff', 'xxxx')) + 0 slot,
  5         id2 seq,
  6         lmode,
  7         request
  8    from v$lock, v$session
  9   where v$lock.type = 'TX'
 10     and v$lock.sid = v$session.sid
 11     and v$session.username = USER;
-- RBS、SLOT、SEQ组成事务ID，所以当Undo日志被重用时，事务ID可能会被重用
USERNAME                SID        RBS       SLOT        SEQ      LMODE    REQUEST
---------------- ---------- ---------- ---------- ---------- ---------- ----------
HR                     1150          7         29       1047          6          0

SQL> select XIDUSN, XIDSLOT, XIDSQN from v$transaction;
    XIDUSN    XIDSLOT     XIDSQN
---------- ---------- ----------
         7         29       1047
```

通过 Oracle Database Reference 查看 v$lock 的定义可以知道，LMODE=6 代表排斥锁，REQUEST=0 代表无锁。表 5–2 列出了 v$lock 关键字段的含义。

表5–2　v$lock关键字段的含义

类　型	LMODE/REQUEST
TM TX UL	0：无锁 1：null锁(NULL) 2：行共享(SS) 3：行排斥(SX) 4：共享(S) 5：共享行排斥(SSX) 6：排斥锁(X)

Oracle 中所有的系统锁类型可以参考 v$lock.type。在 Oracle 10.2 中，有 209 种类型的锁。新开一个会话，执行下列语句：

```
SQL> update employees e set e.first_name = upper(e.first_name);
107 rows updated
SQL> update departments d set d.department_id = d.department_id - 1;
--挂起状态
```

再次查询锁，如下所示：

```
SQL> select username,
```

```
  2          v$lock.sid,
  3          trunc(id1 / power(2, 16)) rbs,
  4          bitand(id1, to_number('ffff', 'xxxx')) + 0 slot,
  5          id2 seq,
  6          lmode,
  7          request
  8     from v$lock, v$session
  9    where v$lock.type = 'TX'
 10      and v$lock.sid = v$session.sid
 11      and v$session.username = USER;
USERNAME  SID         RBS        SLOT         SEQ        LMODE      REQUEST
-------------------- ---------- ---------- ---------- ---------- ------
HR                  1151          8          26        1530          6          0
HR                  1151          7          29        1047          0          6
HR                  1150          7          29        1047          6          0
SQL> select XIDUSN, XIDSLOT, XIDSQN from v$transaction;
    XIDUSN    XIDSLOT     XIDSQN
---------- ---------- ----------
         7         29       1047
         8         26       1530
```

其中多了一行 REQUEST=6 的记录，这是排斥锁，其事务 ID（RBS/SLOT/SEQ）是持有者的事务 ID。现在提交第一个会话，再次查询：

```
SQL> select username,
  2          v$lock.sid,
  3          trunc(id1 / power(2, 16)) rbs,
  4          bitand(id1, to_number('ffff', 'xxxx')) + 0 slot,
  5          id2 seq,
  6          lmode,
  7          request
  8     from v$lock, v$session
  9    where v$lock.type = 'TX'
 10      and v$lock.sid = v$session.sid
 11      and v$session.username = USER;
USERNAME SID          RBS        SLOT         SEQ        LMODE      REQUEST
------------------- ---------- ---------- ---------- ---------- -------
HR                  1151          8          26        1530          6          0
SQL> select XIDUSN, XIDSLOT, XIDSQN from v$transaction;
    XIDUSN    XIDSLOT     XIDSQN
---------- ---------- ----------
         8         26       1530
```

现在 REQUEST=6 的记录不见了，因为在事务提交后，Oracle 会唤醒阻塞在该事务上的会话。

2. TM锁

TM 锁用来确保当用户修改数据时，表结构不会被修改。当我们执行一个 update 操作时，就会获得一个 TM 锁，如下所示：

```
SQL> create table t1 ( x int );
table created
SQL> create table t2 ( x int );
table created
SQL> insert into t1 values ( 1 );
1 row inserted
SQL> insert into t2 values ( 1 );
1 row inserted
SQL> select (select username from v$session where sid = v$lock.sid) username,
  2          sid,
  3          id1,
  4          id2,
  5          lmode,
  6          request,
  7          block,
  8          v$lock.type
  9     from v$lock
 10    where sid = sys_context('userenv', 'sid');
USERNAME  SID        ID1        ID2      LMODE    REQUEST      BLOCK TYPE
--------------- ---------- ---------- ---------- ---------- ----------
HR              36     74609          0          3          0          0 TM
HR              36       133 1544699854          4          0          0 AE
HR              36    262175       1083          6          0          0 TX
HR              36     74610          0          3          0          0 TM
SQL>  select object_name, object_id
  2     from user_objects
  3    where object_id in (74609, 74610);
OBJECT_NAME               OBJECT_ID
-------------------------------------------- ---------
T1                            74609
T2                            74610
```

可以发现有 2 条 TM 锁记录，但是 TX 锁记录只有一条，这是因为 TM 锁是用来保护对象的，所以一个对象就会有一个 TM 锁，通过 ID1 就可以知道是哪个对象。值得一提的是，Oracle 允许控制实例中最大的 TM 锁数量，参数 dml_locks 就是用来控制 TM 总数量的，当它被设置为 0 时，Oracle 将不允许执行 DDL 操作，如下所示：

```
[Oracle@oel-12c ~]$ sqlplus "/as sysdba"
SQL> alter system set dml_locks=0 scope=spfile;
系统已更改
SQL> shutdown immediate;
数据库已经关闭
已经卸载数据库
Oracle 例程已经关闭
SQL> startup
Oracle 例程已经启动
SQL> alter session set container=orclpdb;
会话已更改
```

```
SQL> alter database open;
数据库已更改
```

使用普通用户如 HR 连接，执行如下：

```
SQL> drop table big_table;
drop table big_table
ORA-00062: 无法获得 DML 全表锁定; dml_locks 为 0
SQL> drop index BIG_TABLE_TMP_PK;
drop index BIG_TABLE_TMP_PK
ORA-00062: 无法获得 DML 全表锁定; dml_locks 为 0
SQL> insert into t1 select * from t1;
1 row inserted
SQL> commit;
Commit complete
SQL> insert /*+ append */into t select * from t;
insert /*+ append */into t select * from t
ORA-00062: 无法获得 DML 全表锁定; dml_locks 为 0
```

从上可知，DDL 和直接路径加载被禁止，DML 则不受影响。在生产环境中，该特性会比较有用，可以防止不小心的 DDL 操作，如误删表、检测没有加索引的外键列等。除了全局设置外，用户还可以在对象级别通过 ALTER TABLE <TABLENAME> DISABLE TABLE LOCK 禁止特定表执行 DDL 操作。

默认情况下，如果 A 用户持有了 TM 锁，B 用户试图更新或删除该表时，就会报 ORA-00054 异常，如下所示：

```
drop table dept
*
ERROR at line 1:
ORA-00054: resource busy and acquire with NOWAIT specified
```

从 Oracle 10.2 开始，Oracle 增加了一个初始化参数 DDL_LOCK_TIMEOUT，用于控制在 DDL 执行时如果无法立刻获得锁等待的时间。

3. NOWAIT子句

在 select for update 语句中经常会有一个 nowait 子句，该子句指示 Oracle 在会话无法得到 DML 锁时立刻返回，而不是一直等到得到锁，如下所示。

会话 1：

```
SQL> update big_table set object_name=object_name where rownum<100;
99 rows updated
```

会话 2：

```
SQL> select * from big_table where rownum<100 for update nowait;
select * from big_table where rownum<100 for update nowait
ORA-00054: 资源正忙, 但指定以 NOWAIT 方式获取资源, 或者超时失效
```

除了不等待外，也可以使用 wait *N* 子句指定等待多久，如下所示。

会话 2：

```
SQL> set timing on
SQL> select * from big_table where rownum<100 for update wait 3;
select * from big_table where rownum<100 for update wait 3
ORA-30006: 资源已被占用; 执行操作时出现 WAIT 超时
```

wait *N* 和 Java 中的 TIMED_WAITING 机制类似，都是有限等待模式。

4. INSERT时被阻塞

在一些情况下，INSERT 也会被阻塞，一种情况是当表上有主键或唯一约束时，如果两个会话试图同时插入相同键的记录，在一个会话提交或回滚前，另一个会话会被阻塞。这种情况一般发生在业务主键是应用通过计数器或其他规则生成、但是又保证不会生成重复值时，一般来说通过 UUID 或者序列机制就能够避免。另一种情况是涉及外键约束时，如果主表的记录正在插入或删除，此时往子表插入记录也会被阻塞。这种情况出现得比较少，这里不再详细展开。

5. 死锁

在两个或多个任务中，如果每个任务锁定了其他任务试图锁定的资源，此时会造成这些任务永久阻塞，从而出现死锁。例如，有两张表 A 和 B，只要打开两个会话就能够模拟死锁。

会话 1：更新 A 表，不提交；

会话 2：更新 B 表，不提交；

会话 1：更新 A 表。

此时会话 2 将会被阻塞，因为会话 1 已经锁定了 A 表的记录，只要会话 1 提交或回滚事务以便释放锁，锁仍然是可以解开的，这样会话 2 就能正常继续往下执行。如果此时会话 1 试图更新 B 表，就会发生死锁。具体哪个会话会被取消并回滚没有统一的规定，有些会选择导致死锁的会话，有些会选择最早开始的会话，有些则回滚成本最低的会话等。

不只是关系型数据库管理系统，任何多线程系统上都会发生死锁，并且数据库对象的锁之外的资源也会发生死锁。例如，多线程操作系统中的一个线程要获取一个或多个资源，如果要获取的资源当前为另一线程所拥有，则第一个线程可能必须等待拥有资源的线程释放目标资源。这就是说，对于该特定资源，等待线程依赖于拥有线程。在数据库引擎实例中，当获取非数据库资源时，会话会死锁。

在 Oracle 中也一样，简单的相互等待通常较为容易诊断和解决，很多时候 Oracle 内部的一些操作会导致非预期的死锁。例如，当发生了死锁时，Oracle 会生成一个跟踪文件，其中记录涉及死锁的相关会话和语句（实际上大部分数据库，如 MySQL 也支持记录该信息），如下所示。

会话 1：

```
SQL> update scott.dept d set d.loc='ABC' where deptno=10;
1 row updated
```

会话 2：

```
SQL> update scott.dept d set d.loc='ABC' where deptno=20;
1 row updated
```

会话 1：

```
SQL> update scott.dept d set d.loc='ABC' where deptno=20;
update scott.dept d set d.loc='ABC' where deptno=20
ORA-00060: 等待资源时检测到死锁
```

查看 $ORACLE_BASE/diag/rdbms/ora11g/ora11g/trace/ora11g_ora_7652.trc，如下所示：

```
*** 2019-01-30 11:43:42.815
DEADLOCK DETECTED ( ORA-00060 )
 [Transaction Deadlock]
The following deadlock is not an ORACLE error. It is a deadlock due to
  user error in the design of an application or from issuing incorrect
  ad-hoc SQL. The following information may aid in determining the
  deadlock:
Deadlock graph:
                     ---------Blocker(s)--------  ---------Waiter(s)---------
Resource Name          process session holds waits  process session
holds waits
TX-00030004-000020b2       32       8     X             70     595           X
TX-00020000-00002028       70     595     X             32       8           X
session 8: DID 0001-0020-00000D8E    session 595: DID 0001-0046-000003F6
session 595: DID 0001-0046-000003F6 session 8: DID 0001-0020-00000D8E
Rows waited on:
  Session 8: obj - rowid = 00015442 - AAAVRCAAEAAAACHAAB
  (dictionary objn - 87106, file - 4, block - 135, slot - 1)
  Session 595: obj - rowid = 00015442 - AAAVRCAAEAAAACHAAA
  (dictionary objn - 87106, file - 4, block - 135, slot - 0)
----- Information for the OTHER waiting sessions -----
Session 595:
  sid: 595 ser: 41653 audsid: 403929 user: 85/HS_TABASE
    flags: (0x45) USR/- flags_idl: (0x1) BSY/-/-/-/-/-
    flags2: (0x40009) -/-/INC
  pid: 70 O/S info: user: Oracle, term: UNKNOWN, ospid: 8137
    image: Oracle@localhost.localdomain
  client details:
    O/S info: user: zjhua, term: WINDOWS-MUOVTG8, ospid: 23808:18324
    machine: HS\WINDOWS-MUOVTG8 program: plsqldev.exe
    application name: PL/SQL Developer, hash value=1190136663
    action name: SQL窗口, hash value=1316471608
  current SQL:
  update scott.dept d set d.loc='ABC' where deptno=10
----- End of information for the OTHER waiting sessions -----
Information for THIS session:
----- Current SQL Statement for this session (sql_id=770d58hp5xbd0)
```

```
-----
update scott.dept d set d.loc='ABC' where deptno=20
==================================================
```

6. 直接路径操作

在执行直接路径加载时，如果会话 1 还没有提交，此时会话 2 是无法执行加载的，因为会话 1 此时会在表上加 LMODE=6（排斥）的 TM 锁，会话 2 也会在相同对象上等待相同的锁，如下所示。

会话 1：

```
SQL> insert /*+ append */ into big_table select * from big_table where
rownum<100;
99 rows inserted
```

会话 2：

```
SQL> insert /*+ append */ into big_table select * from big_table where
rownum<100;
```

会话 2 此时被阻塞，查询 v$lock 如下：

```
SQL> select l.sid,l.type,l.id1,l.lmode,l.request from v$lock l where
  id1=(select o.object_id from dba_objects o where o.object_name='BIG_
  TABLE' and o.owner=USER);
       SID TYPE        ID1      LMODE    REQUEST
---------- ---- ---------- ---------- ----------
        19 TM        74339          0          6
      1169 TM        74339          6          0
```

普通的 INSERT 只会增加 LMODE 为 3 的锁（行排斥），所以不会阻塞。

7. 锁升级

锁升级是指将众多细粒度锁转换为较少的粗粒度锁的过程，用以削减系统开销。举例来说，当事务锁定的行数超过其极限时，数据库会自动将行锁或页锁升级为表锁，这通常会导致实际锁定的记录数要比需要锁定的记录数多得多。在锁被认为是稀缺资源且太多锁会导致额外负载的数据库中，通常会包含锁升级机制，如 SQL Server。

在 Oracle 中，永远不会发生锁升级，不会因为一个 select for update 锁定了 100 万行就将其转换为表锁，因为 Oracle 的锁并不是通过锁管理器实现的，而是作为数据的属性和数据存储在一起的，每个 Oracle 数据块头部有一个事务槽，我们在上文已经讲过了，此处不再重复。

虽然没有锁升级，但是 Oracle 会在必要时将锁转换为更严格的锁。例如，在一个表上执行了 select for update 操作，这样会创建 2 个锁，而不是理所应当的 1 个。一个排斥锁加在真的要更新的记录上，一个行共享表锁（ROW SHARE TABLE）加在表本身上，用于防止其他用户在表上加排斥锁修改表结构，但是其他用户仍然可以对表执行任何不冲突的操作，如修改表中的其他任何记录、增加索引等。

5.4.3 DDL锁

在 Oracle 11g 的在线重定义之前，当用户执行 DDL 操作，如修改表结构时，Oracle 会自动在对象上放置一个 DDL 锁，以防止其他用户执行 DDL 操作或试图得到 TM 锁。DDL 锁的持有时间从开始执行 DDL 到执行完成，完成后会立刻自动释放。需要注意的是，DDL 语句在执行前会自动先执行 commit 操作，这意味着即使 DDL 本身失败了，会话之前如果有操作没有提交，也会被自动提交而不是回滚。实际上，在 Oracle 中有 3 种类型的 DDL 锁。

1. DDL排斥锁

DDL 排斥锁用于防止其他用户得到 DDL 锁或 TM 锁，此时用户通常还可以执行查询。大多数的 DDL 操作都会获得 DDL 排斥锁。例如，执行下列语句：

```
alter table t move;
```

在该语句执行完成前，无法在 t 表上执行修改操作和其他大多数 DDL 操作，但是查询可能是可以的。在 Oracle 中，很多 DDL 操作并不需要加 DDL 锁。例如，下列语句：

```
create index t_idx on t(x) online;
```

增加了 online 子句后，Oracle 会在 t 上加 LMODE=2 的 TM 锁，这使其他会话无法在表上执行 DDL 操作。但是 DML 操作不受影响，因为在索引创建期间表上会执行 DML 操作，Oracle 在后台通过记录 DDL 执行期间对表上的一系列修改，并在 DDL 执行完成时应用这些变更到索引来实现 DML 并发技术，相比其他数据库，极大地提升了系统可用性，如下所示：

```
SQL> create table t as select * from all_objects;
-- 插入足够多的数据，如200万
table created
SQL> select object_id from user_objects where object_name = 'T';
 OBJECT_ID
----------
     74618
SQL> insert into t select * from t;
68498 rows inserted
SQL> insert into t select * from t;
136996 rows inserted
SQL> insert into t select * from t;
273992 rows inserted
SQL> insert into t select * from t;
547984 rows inserted
SQL> insert into t select * from t;
1095968 rows inserted
SQL> commit;
Commit complete
SQL> create index t_idx on t(owner,object_type,object_name) ONLINE;
Index created
```

```
新开一个会话查询锁：
SQL> select (select username from v$session where sid = v$lock.sid) username,
  2         sid, id1, id2, lmode, request, block, v$lock.type
  3     from v$lock
  4    where id1 = 74618;
USERNAME  SID          ID1        ID2       LMODE    REQUEST      BLOCK TYPE
--------- ---------- ---------- ---------- ---------- ---------- ---------- ------
HR         31       74618          0          3          0          0 DL
HR         31       74618          0          3          0          0 DL
HR         31       74618          0          4          0          0 OD
HR         31       74618          0          2          0          0 TM
```

从上可知，t 表上有 4 个锁，2 个 DL（直接路径加载锁，用于在索引期间防止发生直接路径加载操作）锁；1 个 OD 锁，是 Oracle 11g 中新增的锁类型，用于实现真正的在线 DDL（在 Oracle 10g 中虽然已经引入在线 DDL，但是实际上在 create 的开始和结束时会加锁防止并发，所以并不是 100% 在线操作），其在整个过程中都不会添加排斥锁；1 个 TM 锁，在第 5.4.2 小节对此进行了详细讨论。

2. DDL共享锁

DDL 共享锁用于防止对象引用的结构被其他会话修改，但是允许并发 DML 操作。例如，创建存储过程、视图等可编译性对象时，Oracle 会在它们依赖的对象上添加 DDL 共享锁，如下所示：

```
create view my_view as
select emp.empno, emp.ename, dept.deptno, dept.dname
from emp, dept
where emp.deptno = dept.deptno;
```

DDL 共享锁持有的时间通常很短，除非对象嵌套的层次很深，否则较少出现这种锁等待。在实际中，DDL 共享锁极少出现问题，因此可以忽略它。

3. 可破坏的解析锁

可破坏的解析锁主要是执行计划时使用的锁，通常当用户在目标表上执行了 DDL 操作时，共享池中的解析计划就失效了，对执行计划引用对象的有效性管理就是通过该锁实现的。在 Oracle 中，视图 dba_ddl_locks 可以用来查看（如果没有，可以通过 sys 用户执行 $Oracle_HOME/rdbms/admin/catblock.sql 来安装）当前会话持有或试图申请的 DDL 锁。当用户试图编译存储过程，但是总不能成功时，该视图就非常有用了，它可以用来找出到底是谁正在执行目标对象，如下所示：

```
SQL> select session_id     sid, owner, name, type, mode_held      held,
mode_requested request
  2     from dba_ddl_locks
  3    where session_id = (select sid from v$mystat where rownum = 1);
       SID OWNER      NAME                           TYPE            HELD       REQUEST
---------- ---------- ------------------------- ------------------------
      1165          HR                           73              Share      None
```

```
      1165 SYS          DBMS_APPLICATION_INFO      Body                Null        None
      1165 SYS          DATABASE                   18                  Null        None
      1165 SYS          DBMS_APPLICATION_INFO  table/Procedure/Type Null        None
      1165 HR           HR                         18                 Null        None
      1165 SYS          DBMS_TRANSACTION           Body                Null        None
      1165 SYS          DBMS_TRANSACTION   table/Procedure/Type        Null        None
7 rows selected
```

此时是一个干净的环境，当前会话没有持有任何可破坏的解析锁。再创建并运行一个存储过程：

```
SQL> create or replace procedure p as
  2  begin null; end;
  3  /
Procedure created
SQL> exec p
PL/SQL procedure successfully completed
SQL>
SQL> select session_id sid, owner, name, type,
  2  mode_held held, mode_requested request
  3  from dba_ddl_locks
  4  where session_id = (select sid from v$mystat where rownum=1);
       SID OWNER        NAME                       TYPE              HELD        REQUEST
---------- ---------- ------------------------ -----------------------
      1165              HR                         73                  Share       None
      1165 SYS          DBMS_APPLICATION_INFO      Body                Null        None
      1165 SYS          DATABASE                   18                  Null        None
      1165 SYS      DBMS_APPLICATION_INFO   table/Procedure/Type       Null        None
      1165 HR           HR                         18                  Null        None
      1165 SYS          DBMS_TRANSACTION           Body                Null        None
      1165 SYS          DBMS_TRANSACTION   table/Procedure/Type        Null        None
      1165 HR           P                  table/Procedure/Type        Null        None
      1165 SYS          DBMS_STANDARD      table/Procedure/Type        Null        None
9 rows selected
```

再次查询，发现多了 NAME='P' 的一行记录。现在再重新编译存储过程：

```
SQL> alter procedure p compile;
Procedure altered
SQL> select session_id sid, owner, name, type,
  2  mode_held held, mode_requested request
  3    from dba_ddl_locks
  4   where session_id = (select sid from v$mystat where rownum = 1);
       SID OWNER        NAME                       TYPE              HELD        REQUEST
---------- ---------- ------------------------ -----------------------
      1165              HR                         73              Share       None
      1165 SYS          DBMS_APPLICATION_INFO      Body        Null        None
      1165 SYS          DATABASE                   18       Null        None
      1165 SYS          DBMS_APPLICATION_INFO  table/Procedure/Type  Null        None
```

```
      1165 HR          HR                          18        Null       None
      1165 SYS         DBMS_TRANSACTION            Body        Null       None
      1165 SYS         DBMS_TRANSACTION  table/Procedure/Type      Null       None
      1165 SYS         DBMS_STANDARD    table/Procedure/Type      Null       None
8 rows selected
```

此时 P 又不存在了，说明解析锁已被破坏。

在 Oracle 中，存储过程在执行时无法重新编译是众所周知的，对于使用 PL/SQL 开发的用户来说，这也是一个被诟病已久的问题。Oracle 10.2 中引入了一个新的特性——基于版本的重定义（Edition-Based Redefinition，EBR），使用该特性，用户能够在存储过程执行时进行重编译，它允许存储过程的多个版本同时存在。

5.4.4　Latch

Latch（闩）是一种用于协调并发访问的轻量级的串行化设备，它主要用于保护共享数据结构、对象和文件，其中最主要的是用于保护 SGA 中的相关数据结构，如保护缓冲区缓存中的数据块。由于 Oracle 内部大量使用 Latch 来保护各种数据结构的完整性，因此理解各种 Latch 及它们的作用对高效地设计 Oracle 应用是很有帮助的。

相比锁来说，Latch 持有的时间要短得多。在设计目标上，Latch 被用在那些能够很快获得的资源上，以等待模式运行。有些 Latch 则被设置为一次性模式，如获取 Latch 链表中的下一个 Latch，有点类似于 select for update nowait。在 Oracle 中，Latch 使用 CAS 操作 Latch，这意味着设置和释放 Latch 的操作是原子的，操作系统会确保其串行执行。

5.4.5　互斥锁

互斥锁（Mutex）和 Latch 一样，也是一种串行化设备，同 C 语言中的互斥锁类似。它是 Oracle 9.1 引入的在某些情况下用于代替 Latch 的数据结构，是一种更加轻量级的实现机制。相比 Latch 来说，互斥锁的实现代码大约是其 1/5，内存大约是其 1/7，主要用在库缓存中。

从 Oracle 11g 开始，绝大部分的库缓存 Latch 都被互斥锁替代了，这一点可以通过查询 v$event_name 和 v$latch 进行确认。在互斥锁的实现中，如果会话申请一个资源在尝试特定次数后（由隐含参数 _spin_count 控制）仍无法获得，会话将进入睡眠状态并在随后重试。用户可以通过 V$MUTEX_SLEEP 视图查询互斥锁的等待时间和睡眠情况，如下所示：

```
SQL> select * from V$MUTEX_SLEEP where rownum < 10;
MUTEX_TYPE          LOCATION                 SLEEPS  WAIT_TIME     CON_ID
--------------------------------- ------------------------------------------
Row Cache            [32] kqrsfd                  44      117850         0
Row Cache            [19] kqrpre                91      838123         0
Row Cache           [17] kqrCreateUsingSecondaryKey    10       44863         0
```

```
Row Cache              [13] kqreqd                232      564428          0
Row Cache              [03] kqrUpdateHashtable      1          72         0
Library Cache            kglhdgh3       161        1      26278          0
Library Cache            kglini2        157        15      17377          0
Library Cache             kglScanDS3     147        3      10216          0
Library Cache            kglScanDS2     146        11       9689          0
9 rows selected
```

除了实现更加轻量外，互斥锁的功能也更弱，所以并不是所有的 Latch 都能够用互斥锁代替，就像不是所有的队列锁都能够用 Latch 代替一样。

5.4.6 读写不相互阻塞?

一直以来，绝大多数开发人员认为在 Oracle 中查询不加锁，这个说法既正确，又不正确。当说查询不加锁时，通常指的是 select from table where …，即不带 for update 子句的查询，从用户的角度来说，这类查询是不会加锁的。

由于正常访问时都是从 SGA 的缓冲区缓存中读取数据块的，而数据块本身在缓冲区缓存中是由 cache buffers chains latch 保护的，因此在读数据块时，Oracle 会在保护该数据块的 Latch 上加共享锁，此时另一个进程想以 X 模式持有，那么就会出现争用，因为 S 模式的缓冲锁和 X 模式的缓冲锁不兼容。这个不兼容以 Oracle 等待事件表示出来就是 buffer busy waits，即 buffer busy waits 等待本质上是缓冲锁争用导致的。

平常大家认为的读不阻塞写，写不阻塞读，是从物理的数据块级别来看的；在内存中，读写 / 写写在同一个时刻都是互相阻塞的，真正意义上正确的只有读读不阻塞。

5.5 Java中的并发访问控制

本节主要讨论 Java 中的并发访问控制机制，包括各种 Java 语言的同步机制及 JDK 类库提供的各种工具。

下面将循序渐进地讨论 Java 中的各种并发访问控制机制，从最轻量的 volatile 开始到 sychronzied 同步，然后到最灵活的 Lock 接口，以及其他并发控制数据结构和工具，对各种机制的优缺点进行分析并提供相应的建议。在第 5.7 节将对不同场景下应使用哪种锁进行总结。

5.5.1 volatile修饰符

虽然在 Java 并发编程中 synchronized 是最经常使用的，但是还是先从 volatile 开始讨论。类似于Oracle中的锁和闩，volatile要比synchronized更加轻量，所能完成的事情也更少，volatile能做的synchronized都能做，synchronized能做的volatile并不总是能做。

要理解volatile，需要首先对Java的内存模型有所理解，为了获得较好的执行性能，Java内存模型并没有限制执行引擎使用处理器的寄存器或者高速缓存来提升指令执行速度，也没有限制编译器对指令进行重排序。换言之，在Java内存模型中，也存在缓存一致性问题和指令重排序的问题。

Java内存模型规定所有的变量都存在主存中，每个线程都有自己的工作内存。线程对变量的所有操作都必须在工作内存中进行，并且每个线程不能访问其他线程的工作内存，然后写入主存中。例如，在Java中执行下面这个语句：

```
//线程1执行的代码
int i = 0;
i = 10;

//线程2执行的代码
j = i;
```

假如执行线程1的是CPU1，执行线程2的是CPU2。由上面的分析可知，当线程1执行i =10时，会先把i的初始值加载到CPU1的高速缓存中，然后赋值为10，那么在CPU1的高速缓存当中i的值变为10了，却没有立即写入主存中。

此时线程2执行j = i，它会先去主存读取i的值并加载到CPU2的缓存中，注意此时内存中i的值还是0，那么就会使j的值为0，而不是10。

这就是可见性问题，线程1修改了变量i后，线程2没有立即看到线程1修改的值。

为此，对于可见性，Java提供了volatile关键字来保证可见性。当一个共享变量（类的成员变量、类的静态成员变量）被volatile修饰后，那么就具备了两层语义：保证了不同线程对这个变量进行操作时的可见性，即一个线程修改了某个变量的值，该新值对其他线程来说是立即可见的；禁止进行指令重排序。例如：

```
//线程1
boolean stop = false;
while(!stop){
    doSomething();
}
//线程2
stop = true;
```

这是一段典型的代码，很多人在中断线程时可能都会采用这种标记办法。但事实上，这段代码会完全运行正确吗？即一定会将线程中断吗？不一定，也许在大多数时候代码确实能够让线程中断，但是也有可能无法中断线程。

下面来分析这段代码为何有可能无法中断线程。在前面已经解释过，每个线程在运行过程中都有自己的工作内存，线程1在运行时，会将stop变量的值复制一份放在自己的工作内存中。线程2

更改了 stop 变量的值后，还没来得及写入主存中，就转去做其他事情了，那么线程 1 由于不知道线程 2 对 stop 变量的更改，因此还会一直循环下去。

但是用 volatile 修饰之后就变得不一样了，如下所示。

- 使用 volatile 关键字会强制将修改的值立即写入主存。
- 如果使用 volatile 关键字，当线程 2 进行修改时，会导致线程 1 的工作内存中缓存变量 stop 的缓存行无效（如果反映到硬件层，就是 CPU 的 L1 或者 L2 缓存中对应的缓存行无效）。
- 由于线程 1 的工作内存中缓存变量 stop 的缓存行无效，因此线程 1 再次读取变量 stop 的值时会去主存读取。

当线程 2 修改 stop 值时，会使线程 1 的工作内存中缓存变量 stop 的缓存行无效，然后线程 1 读取时发现自己的缓存行无效，它会等待缓存行对应的主存地址被更新之后，再去对应的主存读取最新的值，这样线程 1 读取到的就是最新的正确的值。

虽然 volatile 关键字能保证可见性，但是 volatile 无法保证对变量操作的原子性，可见性只能保证每次读取的是最新的值。类似 i++ 这样的自增操作是不具备原子性的，它包括读取变量的原始值、进行加 1 操作、写入工作内存，即自增操作的 3 个子操作可能会分割开执行，就有可能导致下面这种情况出现。

- 某个时刻变量 inc 的值为 10。
- 线程 1 对变量进行自增操作，线程 1 先读取了变量 inc 的原始值，然后线程 1 被阻塞了。
- 线程 2 对变量进行自增操作，线程 2 也去读取变量 inc 的原始值。由于线程 1 只对变量 inc 进行读取操作，而没有对变量进行修改操作，因此不会导致线程 2 的工作内存中缓存变量 inc 的缓存行无效。因此，线程 2 会直接去主存读取 inc 的值，发现 inc 的值是 10，然后进行加 1 操作，并把 11 写入工作内存，最后写入主存。
- 线程 1 接着进行加 1 操作，由于已经读取了 inc 的值（注意，此时在线程 1 的工作内存中 inc 的值仍然为 10），因此线程 1 对 inc 进行加 1 操作后 inc 的值为 11，然后将 11 写入工作内存，最后写入主存。
- 两个线程分别进行了一次自增操作后，inc 只增加了 1。

解释到这里，可能有读者会有疑问，前面不是保证一个变量在修改 volatile 变量时会让缓存行无效吗？其他线程读就会读到新的值。确实如此，这就是 volatile 变量的 happens-before 规则。但是，如果线程 1 对变量进行读取操作之后被阻塞了，则不会对 inc 值进行修改。虽然 volatile 能保证线程 2 对变量 inc 的值读取是从内存中读取的，但是因为线程 1 还没有进行修改，所以线程 2 不会看到修改的值。

原因就在这里，自增操作不是原子性操作，而且 volatile 也无法保证对变量的任何操作都是原子性的，此时需要 synchronized、Lock 或 AtomicInteger 才能保证原子性操作。通常来说，使用 volatile 必须具备以下 2 个条件：

- 对变量的写操作不依赖于当前值；
- 该变量没有包含在具有其他变量的不变式中。

实际上，这些条件表明，可以被写入 volatile 变量的值应处于独立于任何程序的状态，包括变量的当前状态。

虽然 volatile 在某些情况下性能要优于 synchronized，但是要注意 volatile 无法替代 synchronized，因为 volatile 关键字无法保证操作的原子性。

5.5.2 原子变量

当分配一个值给变量，如 i=i+1，在 Java 代码中只使用了一个语句，但是编译后，这个指令会被转换成多个 JVM 字节码指令，这样当多个线程操作一个共享变量时，就可能会导致数据不一致的错误出现。为了避免这样的问题，Java 引入了原子变量。当一个线程正在操作一个原子变量时，即使其他线程也想要操作这个变量，类的实现中含有一个检查那个步骤操作是否完成的机制。

基本过程就是获取变量的值，改变本地变量值，然后尝试以新值代替旧值，如果旧值仍一样，那么就改变它；如果不一样，则再次开始操作，该操作称为 Compare and Set（CAS）。

原子变量不使用任何锁或者其他同步机制来保护其值的访问，如下所示：

```
// 创建一个类，模拟银行账号
package chapter5;
import java.util.concurrent.atomic.AtomicLong;
public class Account {
      private AtomicLong balance;
      public Account() {
            balance = new AtomicLong();
      }
      public long getBalance() {
            return balance.get();
      }
      public void setBalance(long balance) {
            this.balance.set(balance);
      }
      public void addAmount(long amount) {
            this.balance.getAndAdd(amount);
      }
      public void subtractAmount(long amount) {
            this.balance.getAndAdd(-amount);
      }
}
// 创建一个类，模拟公司付款
package chapter5;
public class Company implements Runnable {
      private Account account;
```

```
    public Company(Account account) {
        this.account = account;
    }
    @Override
    public void run() {
        for (int i = 0; i < 10; i++) {
            account.addAmount(1000);
        }
    }
}
// 创建一个类，模拟从一个账号提款
package chapter5;
public class Bank implements Runnable {
    private Account account;
    public Bank(Account account) {
        this.account = account;
    }
    @Override
    public void run() {
        for (int i = 0; i < 10; i++) {
            account.subtractAmount(1000);
        }
    }
}
// 创建测试基于原子变量的银行转账的主类
package chapter5;
public class AtomicMain {
    public static void main(String[] args) {
        Account account = new Account();
        account.setBalance(1000);
        Company company = new Company(account);
        Thread companyThread = new Thread(company);
        Bank bank = new Bank(account);
        Thread bank
        System.out.printf("Account : Initial Balance: %d\n", account.
          getBalance());
        companyThread.start();
        bankThread.start();
        try {
            companyThread.join();
            bankThread.join();
            System.out.printf("Account : Final Balance: %d\n",
              account.getBalance());
        } catch (InterruptedException e) {
            e.printStackTrace();
        }
    }
}
```

在其中没有使用任何锁，它们的全部操作都是基于 CAS 操作。JVM 可以保证多个线程同时操作一个原子对象时不会出现数据不一致的错误，并且其性能比使用受同步机制保护的正常变量要好。

除了 AtomicInteger 外，Java 还有其他的原子类，包括 AtomicBoolean、AtomicInteger 和 AtomicReference，它们的作用是一样的。

原子变量虽然解决了 volatile 变量存在的原子性问题，但是如果任何时候都要保持两个变量的原子性，原子变量就爱莫能助了，此时仍需要 synchronized 机制或显示锁来保证。

JVM 级原子性访问要求同样适用于分布式环境，如 Redis，这也是很多网上的代码看起来实现了分布式锁，但其实不严谨的原因。

5.5.3　同步

synchronized（同步）是 Java 中解决并发问题的一种最常用的方法，也是最简单的一种方法，因为 Java 内存模型只保证了基本读取和赋值是原子性操作，如果要实现更大范围操作的原子性，可以通过 synchronized 和 Lock 来实现。synchronized 和 Lock 能够保证任一时刻只有一个线程执行该代码块。

Java 虚拟机中的同步基于进入和退出 Monitor 对象实现，它可以是任何对象，无论是显式同步（有明确的 monitorenter 和 monitorexit 指令，即同步代码块）还是隐式同步都是如此。synchronized 的作用主要有 3 个：①确保线程互斥地访问同步代码；②保证共享变量的修改能够及时可见；③有效解决重排序问题。

Java 中每一个对象都可以作为锁，这是 synchronized 实现同步的基础。在实际中，存在着 3 种 synchronized 的典型使用：①普通同步方法，此时锁是当前实例对象，它是使用最多的方式；②静态同步方法，锁是当前类的 class 对象；③同步方法块，锁是括号里面的对象；④静态方法中的同步块，在该方法所属的类对象上。下面分别对此进行讲解。

1. 实例方法同步

下面是一个同步的实例方法：

```
public synchronized void add(int value){
    this.count += value;
}
```

注意：在方法声明中同步关键字，并告诉 Java 该方法同步。

Java 实例方法同步是同步在拥有该方法的对象上，这样每个实例的方法同步都同步在不同的对象上，即该方法所属的实例。只有一个线程能够在实例方法同步块中运行。如果有多个实例存在，那么一个线程一次可以在一个实例同步块中执行操作。

2. 静态方法同步

静态方法同步和实例方法同步一样，也使用 synchronized 关键字。Java 静态方法同步如下所示：

```
public static synchronized void add(int value){
     count += value;
}
```

同样，这里 synchronized 关键字告诉 Java 这个方法同步。静态方法同步是指同步在该方法所在的类对象上。因为在 Java 虚拟机中一个类只能对应一个类对象，所以同时只允许一个线程执行同一个类中的静态方法同步。

对于不同类中的静态方法同步，一个线程可以执行每个类中的静态方法同步而无须等待。不管类中的哪个静态方法同步被调用，一个类只能由一个线程同时执行。

3. 实例方法中的同步块

有时不需要同步整个方法，而只是同步方法中的一部分代码。Java 可以对方法的一部分进行同步，如下所示：

```
public void add(int value){
      synchronized(this){
            this.count += value;
      }
}
```

示例使用 Java 同步块构造器来标记这段代码是同步的，该代码在执行时和同步方法一样。

注意，Java 同步块构造器用括号将对象括起来。在上例中，使用 this，即调用 add 方法的实例本身。在同步构造器中用括号括起来的对象称为监视器对象。上述代码使用监视器对象同步，同步实例方法使用调用方法本身的实例作为监视器对象。任何时候都只有一个线程能够在同步于同一个监视器对象的 Java 方法内执行。

下面两个示例都同步在它们所调用的实例对象上，因此它们同步的执行效果是一样的。

```
public class MyClass {
      public synchronized void log1(String msg1, String msg2){
            log.writeln(msg1);
            log.writeln(msg2);
      }
      public void log2(String msg1, String msg2){
            synchronized(this){
                  log.writeln(msg1);
                  log.writeln(msg2);
            }
      }
}
```

在上例中，每次只有一个线程能够在两个同步块中任意一个方法内执行。如果第二个同步块不是同步在 this 实例对象，如 other 对象上，那么两个方法可以被线程同时执行。

4. 静态方法中的同步块

和上面类似，下面是两个静态方法同步的例子，这些方法同步在该方法所属的类对象上：

```
public class MyClass {
      public static synchronized void log1(String msg1, String msg2){
            log.writeln(msg1);
            log.writeln(msg2);
      }
      public static void log2(String msg1, String msg2){
            synchronized(MyClass.class){
                  log.writeln(msg1);
                  log.writeln(msg2);
            }
      }
}
```

这两个方法不允许同时被线程访问。同样，如果第二个同步块不是同步在 MyClass.class 对象上，那么这两个方法可以同时被线程访问。

synchronized 虽然解决了原子变量无法保证修改两个变量时的原子性问题，但是它的缺陷也很明显，一旦一个代码块被 synchronized 修饰了，在一个线程获取了对应的锁并执行该代码块时，其他线程便只能一直等待，等待获取锁的线程释放锁。如果这个获取锁的线程由于要等待 I/O 或者其他原因被阻塞了，但是又没有释放锁，这将会非常影响程序的执行效率。

如果采用 synchronized 关键字来实现同步，会导致一个问题：如果多个线程都只进行读操作，当一个线程在进行读操作时，其他线程只能等待而无法进行读操作。所以，需要更好的机制可以不让等待的线程一直无期限地等待下去，后面要介绍的 Lock 接口就可以解决这个问题。

5.5.4 比较并交换

比较并交换（Compare and Swap，CAS）是一种基于锁的操作，更准确地说是乐观锁。在 Java 中锁和数据库一样，可以分为乐观锁和悲观锁。悲观锁是将资源锁住，等之前获得锁的线程释放锁后，下一个线程才可以访问；而乐观锁采取了一种宽泛的态度，不加锁来处理资源，如通过给记录加 version 来获取数据，其性能在某些情况下较悲观锁有很大的提高。

CAS 操作包含 3 个操作数：内存位置（V）、预期原值（A）和新值（B）。如果内存地址中的值和 A 的值是一样的，那么就将内存中的值更新成 B。CAS 是通过无限循环来获取数据的，如果在第一轮循环中，线程 a 获取地址中的值被线程 b 修改了，那么线程 a 需要自旋，到下次循环才有可能机会执行，如下所示：

```
public final int getAndIncrement() {
        for (;;) {
            int current = get();
            int next = current + 1;
            if (compareAndSet(current, next))
                return current;
        }
}
```

如果 compareAndSet(current, next) 方法成功执行，则直接返回；如果线程竞争激烈，导致 compareAndSet(current, next) 方法一直不能成功执行，则会一直循环等待，直到耗尽 CPU 分配给该线程的时间片，从而大幅降低效率。综上所述，CAS 有下列 3 个特性。

- 对于资源竞争较少的情况，使用 synchronized 同步锁进行线程阻塞和唤醒切换，以及用户态和内核态间的切换操作会额外消耗 CPU 资源；而 CAS 基于硬件实现（分析 AtomicInteger 的 incrementAndGet 实现，可以看到其中的 compareAndSwapInt 不是用 Java 实现的，而是通过 JNI 调用操作系统的原生程序），不需要进入内核和切换线程，操作自旋概率较小，因此可以获得更高的性能。
- 对于资源竞争严重的情况，CAS 自旋的概率会比较大，从而浪费更多的 CPU 资源，这种情况下效率可能低于 synchronized。
- CAS 容易造成 ABA 问题，即数据库中常见的丢失更新。一个线程 a 将数值改成了 b，接着又改成了 a，此时 CAS 认为其没有变化，其实是已经变化过了。而这个问题可以通过使用版本号标识来解决，每操作一次版本号加 1。从 Java 5 开始，已经提供了 AtomicStampedReference 来解决此问题，可参见 https://www.cnblogs.com/zhjh256/p/10474461.html。

从 JDK 1.6 开始，synchronized 进行了改进优化，其底层实现主要依靠 Lock-Free 的队列，基本思路是自旋后阻塞，竞争切换后继续竞争锁，虽然牺牲了公平性，但获得了高吞吐量。在线程冲突较少的情况下，其可以获得和 CAS 类似的性能；而在线程冲突严重的情况下，其性能远高于 CAS。

5.5.5 Lock接口

锁和 synchronized 同步块一样，是一种线程同步机制，但比 Java 中的 synchronized 同步块更复杂、更灵活、更强大。自 Java 5 开始，java.util.concurrent.locks 包中包含了一些锁的实现。虽然大部分情况下用户不用去实现自己的锁，但仍然需要了解如何使用这些锁，并了解这些实现背后的理论。Lock 是 java.util.concurrent.locks 包提供的一个接口，如下所示：

```
public interface Lock {
    void lock();
    void lockInterruptibly() throws InterruptedException;
```

```
    boolean tryLock();
    boolean tryLock(long time, TimeUnit unit) throws InterruptedException;
    void unlock();
    Condition newCondition();
}
```

lock()、tryLock()、tryLock(long time, TimeUnit unit) 和 lockInterruptibly() 是用来获取锁的，unLock() 方法是用来释放锁的，其中 lock() 方法是平常使用最多的一个方法，就是用来获取锁。如果锁已被其他线程获取，则进行等待。

前文曾提到，如果采用 Lock，则必须主动去释放锁，并且在发生异常时 Lock 不会自动释放锁。所以一般来说，使用 Lock 应在 try{}catch{} 块中进行，并且将释放锁的操作放在 finally 块中进行，以保证锁一定会被释放，防止死锁的发生，如下所示：

```
Lock lock = ...;
lock.lock();
try{
    //处理任务
}catch(Exception ex){
}finally{
    lock.unlock();    //释放锁
}
```

tryLock() 方法是有返回值的，它表示用来尝试获取锁，如果获取成功，则返回 true；如果获取失败（锁已被其他线程获取），则返回 false。也就是说，这个方法无论如何都会立即返回，在拿不到锁时不会一直等待。

tryLock(long time, TimeUnit unit) 方法和 tryLock() 方法类似，只不过该方法在拿不到锁时会等待一定的时间，在时间期限之内如果还拿不到锁，就返回 false；如果一开始就拿到锁或者在等待期间拿到了锁，则返回 true。所以，一般情况下，tryLock() 是这样来获取锁的：

```
Lock lock = ...;
if(lock.tryLock()) {
     try{
         //处理任务
     }catch(Exception ex){

     }finally{
         lock.unlock();    //释放锁
     }
}else {
    //如果不能获取锁，则直接做其他事情
}
```

lockInterruptibly() 方法比较特殊，当通过该方法获取锁时，如果线程正在等待获取锁，则这个线程能够响应中断，即中断线程的等待状态。也就是说，当两个线程同时想通过 lock.

lockInterruptibly() 获取某个锁时，假若此时线程 a 获取到了锁，而线程 b 只有等待，那么对线程 b 调用 threadB.interrupt() 方法能够中断线程 b 的等待过程。在一些后台运行的程序中，有时能够及时中断是很重要的。

由于 lockInterruptibly() 方法声明了可抛出异常，因此 lock.lockInterruptibly() 必须放在 try 块中或者在调用 lockInterruptibly() 的方法外声明抛出 InterruptedException，如下所示：

```
public void method() throws InterruptedException {
    lock.lockInterruptibly();
    try {
     //.....
    }
    finally {
        lock.unlock();
    }
}
```

注意：当一个线程获取了锁之后，是不会被 interrupt() 方法中断的。因为 interrupt() 方法只能中断阻塞过程中的线程，不能中断正在运行过程中的线程。

因此，通过 lockInterruptibly() 方法获取某个锁时，如果不能获取到，在进行等待的情况下是可以响应中断的，而如果用 synchronized 修饰，当一个线程处于等待某个锁的状态时是无法被中断的，只有一直等待下去。下面从 Java 中的一个同步块开始具体讨论锁，如下所示：

```
public class Counter{
      private int count = 0;
      public int inc(){
            synchronized(this){
                  return ++count;
            }
      }
}
```

在上述示例中，可以看到在 inc() 方法中有一个 synchronized(this) 代码块。该代码块可以保证在同一时间只有一个线程可以执行 return ++count。下列 Counter 类用 Lock 代替 synchronized 达到了同样的目的：

```
public class Counter{
    private Lock lock = new Lock();
    private int count = 0;
    public int inc(){
        lock.lock();
        int newCount = ++count;
        lock.unlock();
        return newCount;
    }
}
```

lock() 方法会对 Lock 实例对象进行加锁，因此所有对该对象调用 lock() 方法的线程都会被阻塞，直到该 Lock 对象的 unlock() 方法被调用。JDK 中 Lock 的默认实现是 ReentrantLock。如果想实现自己的 Lock 接口，可以像下面这样实现：

```
public class Counter{
     public class Lock{
          private boolean isLocked = false;
        public synchronized void lock()
            throws InterruptedException{
            while(isLocked){
                wait();
            }
            isLocked = true;
        }
        public synchronized void unlock(){
            isLocked = false;
            notify();
        }
    }
}
```

注意：其中的 while(isLocked) 循环，又被称为自旋锁。当 isLocked 为 true 时，调用 lock() 的线程在 wait() 调用上阻塞等待。为防止该线程没有收到 notify() 调用也从 wait() 中返回（虚假唤醒），该线程会重新检查 isLocked 条件以决定当前是可以安全地继续执行还是需要重新保持等待，而不是认为线程被唤醒了就可以安全地继续执行了。如果 isLocked 为 false，当前线程会退出 while(isLocked) 循环，并将 isLocked 设回 true，让其他正在调用 lock() 方法的线程能够在 Lock 实例上加锁。

当线程完成了临界区中的代码后，就会调用 unlock() 方法。执行 unlock() 方法会重新将 isLocked 设置为 false，并且通知其中一个因在 lock() 方法中调用了 wait() 函数而处于等待状态的线程。

最简单的 Lock 接口解决了同步非此即彼的问题，不过它远远不够。假设程序中涉及对一些共享资源的读和写操作，且写操作没有读操作那么频繁。在没有写操作时，两个线程同时读一个资源没有任何问题，所以应该允许多个线程能同时读取共享资源；但是如果有一个线程想去写这些共享资源，就不应该再有其他线程对该资源进行读 / 写。

这就需要一个读 / 写锁来解决这个问题。ReadWriteLock 就是用来解决这个问题的，它也是一个接口，只定义了两个方法，如下所示：

```
public interface ReadWriteLock {
    /**
     * Returns the lock used for reading.
     *
     * @return the lock used for reading.
```

```
     */
    Lock readLock();
    /**
     * Returns the lock used for writing.
     *
     * @return the lock used for writing.
     */
    Lock writeLock();
}
```

一个用来获取读锁，一个用来获取写锁，即将文件的读/写操作分开，分成2个锁来分配给线程，从而使多个线程可以同时进行读操作，如下所示：

```
public class Test {
    private ReentrantReadWriteLock rwl = new ReentrantReadWriteLock();
    public static void main(String[] args)  {
        final Test test = new Test();
        new Thread(){
            public void run() {
                test.get(Thread.currentThread());
            };
        }.start();
        new Thread(){
            public void run() {
                test.get(Thread.currentThread());
            };
        }.start();
    }
    public void get(Thread thread) {
        rwl.readLock().lock();
        try {
            long start = System.currentTimeMillis();

            while(System.currentTimeMillis() - start <= 1) {
                System.out.println(thread.getName()+"正在进行读操作");
            }
            System.out.println(thread.getName()+"读操作完毕");
        } finally {
            rwl.readLock().unlock();
        }
    }
}
```

说明 thread1 和 thread2 在同时进行读操作，这样就大大提升了读操作的效率。但是要注意，如果有一个线程已经占用了读锁，此时其他线程如果要申请写锁，则该线程会一直等待释放读锁；如果有一个线程已经占用了写锁，此时其他线程如果要申请写锁或者读锁，则申请的线程会一直等待释放写锁。

上面详细讨论了 Lock 和 synchronized，总结起来，它们有以下 5 点不同。

- Lock 是一个接口，而 synchronized 是 Java 中的关键字，synchronized 是内置的语言实现。
- synchronized 在发生异常时，会自动释放线程占有的锁，因此不会导致死锁现象发生；而 Lock 在发生异常时，如果没有主动通过 unLock() 释放锁，则很可能造成死锁现象，因此使用 Lock 时需要在 finally 块中释放锁。
- Lock 可以让等待锁的线程响应中断，而 synchronized 却不可以，使用 synchronized 时，等待的线程会一直等待下去，不能够响应中断。
- 通过 Lock 可以知道有没有成功获取锁，而 synchronized 却无法做到。
- Lock 可以提高多个线程进行读操作的效率。

在性能上来说，如果竞争资源不激烈，则两者的性能差不多；但当竞争资源非常激烈时，Lock 的性能要远远优于 synchronized。因此，在具体使用时，要根据情况进行选择。

5.5.6 阻塞队列

Java 中的阻塞队列（BlockingQueue）是一个支持两个附加操作的队列。这两个附加的操作是，当队列为空时，获取元素的线程会等待队列变为非空；当队列满时，存储元素的线程会等待队列可用。

阻塞队列常用于生产者和消费者的场景，生产者是向队列里添加元素的线程，消费者是从队列里拿元素的线程。阻塞队列就是生产者存放元素的容器，而消费者也只从容器里拿元素。阻塞队列提供了 4 种处理方式，如表 5–3 所示。

表5–3 阻塞队列提供的处理方式

方法/处理方式	抛出异常	返回特殊值	一直阻塞	超时退出
插入方法	add(e)	offer(e)	put(e)	offer(e,time,unit)
移除方法	remove()	poll()	take()	poll(time,unit)
检查方法	element()	peek()	不可用	不可用

抛出异常：当阻塞队列满时，再往队列里插入元素会抛出 IllegalStateException(Queue full) 异常；当队列为空时，从队列里获取元素时会抛出 NoSuchElementException 异常。

返回特殊值：插入方法会返回是否成功，成功则返回 true；移除方法则是从队列里拿出一个元素，如果没有则返回 NULL。

一直阻塞：当阻塞队列满时，如果生产者线程向队列里插入元素，队列会一直阻塞生产者线程，直到拿到数据，或者响应中断退出。当队列为空时，消费者线程试图从队列里拿元素，队列也会阻塞消费者线程，直到队列可用。

超时退出：当阻塞队列满时，队列会阻塞生产者线程一段时间，如果超过一定的时间，生产者线程就会退出。

1. LinkedBlockingQueue

LinkedBlockingQueue（链式阻塞队列）是一个用链表实现的有界阻塞队列，此队列的默认和最大长度为 Integer.MAX_VALUE，对元素采用先进先出的原则，如下所示：

```
// 创建一个客户端类Client
package chapter6.sec6;
import java.util.Date;
import java.util.concurrent.LinkedBlockingDeque;
import java.util.concurrent.TimeUnit;
public class Client implements Runnable {
      private LinkedBlockingDeque<String> requestList;
      public Client(LinkedBlockingDeque<String> requestList) {
            this.requestList = requestList;
      }
      @Override
      public void run() {
            for (int i = 0; i < 3; i++) {
                  for (int j = 0; j < 5; j++) {
                        StringBuilder request = new StringBuilder();
                        request.append(i);
                        request.append(":");
                        request.append(j);
                        try {
                              requestList.put(request.toString());
                        } catch (InterruptedException e) {
                              e.printStackTrace();
                        }
                        System.out.printf("Client: %s at %s.\n",
                          request, new Date());
                  }
                  try {
                        TimeUnit.SECONDS.sleep(2);
                  } catch (InterruptedException e) {
                        e.printStackTrace();
                  }
            }
            System.out.printf("Client: End.\n");
      }
}
// 创建测试主类BlockingQueueMain
package chapter6.sec6;
import java.util.Date;
import java.util.concurrent.LinkedBlockingDeque;
import java.util.concurrent.TimeUnit;
public class BlockingQueueMain {
      public static void main(String[] args) throws Exception {
            LinkedBlockingDeque<String> list = new LinkedBlockingDeque<String>(3);
```

```
            Client client = new Client(list);
            Thread thread = new Thread(client);
            thread.start();
            for (int i = 0; i < 5; i++) {
                  for (int j = 0; j < 3; j++) {
                        String request = list.take();
                        System.out.printf("Main: Request: %s at %s.
                          Size:%d\n", request, new Date(), list.size());
                  }
                  TimeUnit.MILLISECONDS.sleep(300);
            }
            System.out.printf("Main: End of the program.\n");
      }
}
```

2. LinkedTransferQueue

LinkedBolckingQueue 因为内部使用了大量的锁，所以性能并不高；SynchronousQueue（同步队列）内部无法存储元素，添加元素时，需要阻塞，也有不完善的地方。所以，从 JDK 7 开始添加了一个成员 LinkedTransferQueue（链式传输队列），它最初由 Google 开发，可以认为是吸收了 SynchronousQueue 和 LinkedBlockingQueue 之所长，性能比 LinkedBlockingQueue 更高（没有锁操作），且比 SynchronousQueue 能存储更多的元素，如下所示：

```
// 创建一个生产者类
import java.util.Random;
import java.util.concurrent.TimeUnit;
import java.util.concurrent.TransferQueue;
public class Producer implements Runnable {
      private final TransferQueue<String> queue;
      public Producer(TransferQueue<String> queue) {
            this.queue = queue;
      }
      private String produce() {
            return " your lucky number " + (new Random().nextInt(100));
      }
      @Override
      public void run() {
            try {
                  while (true) {
                        if (queue.hasWaitingConsumer()) {
                              queue.transfer(produce());
                        }
                        TimeUnit.SECONDS.sleep(1);
//生产者睡眠1s,这样可以看出程序的执行过程
                  }
            } catch (InterruptedException e) {
            }
      }
```

```
}
//创建一个消费者类
import java.util.concurrent.TransferQueue;
public class Consumer implements Runnable {
      private final TransferQueue<String> queue;
      public Consumer(TransferQueue<String> queue) {
            this.queue = queue;
      }
      @Override
      public void run() {
            try {
              System.out.println("Consumer " + Thread.currentThread().
getName() + queue.take());
            } catch (InterruptedException e) {
                  // NOP
            }
      }
}
//创建测试主类
import java.util.concurrent.LinkedTransferQueue;
import java.util.concurrent.TransferQueue;
public class LuckyNumberGenerator {
      public static void main(String[] args) {
            TransferQueue<String> queue = new LinkedTransferQueue<String>();
            Thread producer = new Thread(new Producer(queue));
            producer.setDaemon(true);
//设置为守护进程，可使线程执行结束后程序自动结束运行
            producer.start();
            for (int i = 0; i < 10; i++) {
                  Thread consumer = new Thread(new Consumer(queue));
                  consumer.setDaemon(true);
                  consumer.start();
                  try {
//消费者进程休眠1s，以便生产者获得CPU，从而生产产品
                        Thread.sleep(1000);
                  } catch (InterruptedException e) {
                        //NOP
                  }
            }
      }
}
```

3. PriorityBlockingQueue

有时会遇到一些业务场景，它需要根据重要性而不是顺序确定哪些请求或任务先行处理。例如，对于管理员请求或 VIP 客户请求要优先进行处理，这就不能采用常规的队列实现。

PriorityBlockingQueue（优先级队列）就适用于该场景，它是带优先级的无界阻塞队列，每次出队都返回优先级最高的元素，也是二叉树最小堆的实现。直接采用遍历队列元素时是无序的，

为了每个元素可比较，元素通常需要实现 Comparable 接口以便确定优先级。下面来看一个 PriorityBlockingQueue 的例子，如下所示：

```
//实现Event类，并实现参数化为Event类的Comparable接口
package chapter6.sec6;
public class Event implements Comparable<Event> {
      private int thread;
      private int priority;
      public Event(int thread, int priority) {
            this.thread = thread;
            this.priority = priority;
      }
      public int getThread() {
            return thread;
      }
      public int getPriority() {
            return priority;
      }
      @Override
      public int compareTo(Event e) {
            if (this.priority > e.getPriority()) {
                  return -1;
            } else if (this.priority < e.getPriority()) {
                  return 1;
            } else {
                  return 0;
            }
      }
}
//创建一个Task类，并实现Runnable接口
package chapter6.sec6;
import java.util.concurrent.PriorityBlockingQueue;
public class Task implements Runnable {
      private int id;
      private PriorityBlockingQueue<Event> queue;
      public Task(int id, PriorityBlockingQueue<Event> queue) {
            this.id = id;
            this.queue = queue;
      }
      @Override
      public void run() {
            //存储100个事件到队列，使用它们的ID来标识创建事件的任务，并给予不断增
            //加的数作为优先级。使用add()方法添加事件到队列中
            for (int i = 0; i < 1000; i++) {
                  Event event = new Event(id, i);
                  queue.add(event);
            }
      }
}
```

```
//测试主类PriorityBlockingQueueMain类
package chapter6.sec6;
import java.util.concurrent.PriorityBlockingQueue;
public class PriorityBlockingQueueMain {
      public static void main(String[] args) {
            PriorityBlockingQueue<Event> queue = new
              PriorityBlockingQueue<>();
            Thread taskThreads[] = new Thread[5];
            for (int i = 0; i < taskThreads.length; i++) {
                  Task task = new Task(i, queue);
                  taskThreads[i] = new Thread(task);
            }
            for (int i = 0; i < taskThreads.length; i++) {
                  taskThreads[i].start();
            }
            for (int i = 0; i < taskThreads.length; i++) {
                  try {
                        taskThreads[i].join();
                  } catch (InterruptedException e) {
                        e.printStackTrace();
                  }
            }
            System.out.printf("Main: Queue Size: %d\n", queue.size());
            for (int i = 0; i < taskThreads.length * 1000; i++) {
                  Event event = queue.poll();
                  System.out.printf("Thread %s: Priority %d\n", event.
                    getThread(), event.getPriority());
            }
            System.out.printf("Main: Queue Size: %d\n", queue.size());
            System.out.printf("Main: End of the program\n");
      }
}
```

4. 自定义一个优先级阻塞队列

LinkedTransferQueue 的元素是按照抵达顺序储存的，越早到的越先被消耗；PriorityBlockingQueue 则是对生产者不阻塞的队列。有时需要结合这两者的特性，同时满足基于优先级和生产者阻塞队列，此时必须自己实现这样的类。它的思路是扩展 PriorityBlockingQueue 并实现 TransferQueue 接口，如下所示：

```
//实现优先级阻塞队列，扩展PriorityBlockingQueue并实现TransferQueue接口
package chapter6.sec6;
import java.util.concurrent.LinkedBlockingQueue;
import java.util.concurrent.PriorityBlockingQueue;
import java.util.concurrent.TimeUnit;
import java.util.concurrent.TransferQueue;
import java.util.concurrent.atomic.AtomicInteger;
import java.util.concurrent.locks.ReentrantLock;
public class MyPriorityTransferQueue<E> extends PriorityBlockingQueue<E>
```

```
implements TransferQueue<E> {
      private static final long serialVersionUID = 1L;
      //用来储存正在等待元素的消费者数量
      private AtomicInteger counter;
      private LinkedBlockingQueue<E> transfered;
      private ReentrantLock lock;
      public MyPriorityTransferQueue() {
            counter = new AtomicInteger(0);
            lock = new ReentrantLock();
            transfered = new LinkedBlockingQueue<E>();
      }
      //实现tryTransfer()方法。此方法尝试立刻发送元素给正在等待的消费者（如果可
      //能）。如果没有任何消费者在等待，此方法返回 false 值
      @Override
      public boolean tryTransfer(E e) {
            lock.lock();
            boolean value;
            if (counter.get() == 0) {
                  value = false;
            } else {
                  put(e);
                  value = true;
            }
            lock.unlock();
            return value;
      }
      //实现transfer()方法。此方法尝试立刻发送元素给正在等待的消费者
      @Override
      public void transfer(E e) throws InterruptedException {
            lock.lock();
            if (counter.get() != 0) {
                  put(e);
                  lock.unlock();
            } else {
                  transfered.add(e);
                  lock.unlock();
                  synchronized (e) {
                        e.wait();
                  }
            }
      }
      //实现 tryTransfer()方法。如果有消费者在等待，立刻发送元素；否则，转化时间
      //到毫秒并使用 wait()方法让线程进入休眠。当消费者取走元素时，如果线程在 wait()
      //方法里休眠，则使用 notify()方法唤醒它
      @Override
      public boolean tryTransfer(E e, long timeout, TimeUnit unit)
throws InterruptedException {
            lock.lock();
            if (counter.get() != 0) {
```

```
                put(e);
                lock.unlock();
                return true;
          } else {
                transfered.add(e);
                long newTimeout = TimeUnit.MILLISECONDS.
                  convert(time out, unit);
                lock.unlock();
                e.wait(newTimeout);
                lock.lock();
                if (transfered.contains(e)) {
                      transfered.remove(e);
                      lock.unlock();
                      return false;
                } else {
                      lock.unlock();
                      return true;
                }
          }
    }
    @Override
    public boolean hasWaitingConsumer() {
          return (counter.get() != 0);
    }
    @Override
    public int getWaitingConsumerCount() {
          return counter.get();
    }
    //实现 take()方法。此方法是当消费者需要元素时被消费者调用的。首先，获取之前定
    //义的锁并增加在等待的消费者数量
    @Override
    public E take() throws InterruptedException {
          lock.lock();
          counter.incrementAndGet();
          //如果在 transferred queue 中无任何元素，释放锁并使用 take()方法尝
          //试从queue中获取元素。此方法将让线程进入睡眠直到有元素可以消耗
          E value = transfered.poll();
          if (value == null) {
                lock.unlock();
                value = super.take();
                lock.lock();
          //否则，从transferred queue 中取走元素并唤醒正在等待要消耗元素的线程
          //（如果有）
          } else {
                synchronized (value) {
                      value.notify();
                }
          }
          counter.decrementAndGet();
```

```
            lock.unlock();
            return value;
      }
}
```

创建测试用的优先级事件：

```
package chapter6.sec6;
public class MyPriorityEvent implements Comparable<MyPriorityEvent> {
      private String thread; // 储存创建事件的线程名字
      private int priority;  // 储存事件的优先级
      public MyPriorityEvent(String thread, int priority) {
            this.thread = thread;
            this.priority = priority;
      }
      public String getThread() {
            return thread;
      }
      public int getPriority() {
            return priority;
      }
      //此方法把当前事件与接收到的参数事件进行对比，如果当前事件的优先级的级别高于参
      //数，返回 -1；如果当前事件的优先级低于参数返回 1；如果相等，则返回0。获得一个
      //按优先级递减顺序排列的list，高等级的事件就会被排到queue的最前面
      public int compareTo(MyPriorityEvent e) {
            if (this.priority > e.getPriority()) {
                  return -1;
            } else if (this.priority < e.getPriority()) {
                  return 1;
            } else {
                  return 0;
            }
      }
}
```

创建生产者类：

```
package chapter6.sec6;
public class Producer implements Runnable {
      private MyPriorityTransferQueue<MyPriorityEvent> buffer;
//储存生产者生成的事件
      public Producer(MyPriorityTransferQueue<MyPriorityEvent> buffer)
{
            this.buffer=buffer;
      }
      //创建 100 个 Event 对象，用它们被创建的顺序决定优先级（越先创建的优先级越
      //高）并使用 put() 方法把它们插入queue中
      public void run() {
            for (int i=0; i<100; i++) {
              MyPriorityEvent event=new MyPriorityEvent(Thread.
```

```
                currentThread().getName(),i);
                buffer.put(event);
            }
        }
}
```

创建消费者类：

```
package chapter6.sec6;
public class Consumer implements Runnable {
      private MyPriorityTransferQueue<MyPriorityEvent> buffer;
      public Consumer(MyPriorityTransferQueue<MyPriorityEvent> buffer)
{
          this.buffer=buffer;
      }
      //使用 take() 方法消耗1002个事件 (这个例子实现的全部事件)，并把生成事件的线
      //程数量和它的优先级分别写入操控台
      @Override
      public void run() {
          for (int i=0; i<1002; i++) {
              try {
                  MyPriorityEvent value=buffer.take();
                  System.out.printf("Consumer: %s: %d\n",value.
                    getThread(),value.getPriority());
              } catch (InterruptedException e) {
                  e.printStackTrace();
              }
          }
      }
}
```

创建测试自定义优先级阻塞队列的主类：

```
package chapter6.sec6;
import java.util.concurrent.TimeUnit;
public class MyPriorityTransferQueueMain {
      public static void main(String[] args) throws Exception {
            MyPriorityTransferQueue<MyPriorityEvent> buffer=new MyPrior
              ityTransferQueue<MyPriorityEvent>();
            Producer producer=new Producer(buffer);
            Thread producerThreads[]=new Thread[10];
            for (int i=0; i<producerThreads.length; i++) {
                producerThreads[i]=new Thread(producer);
                producerThreads[i].start();
            }
            Consumer consumer=new Consumer(buffer);
            Thread consumerThread=new Thread(consumer);
            consumerThread.start();
            System.out.printf("Main: Buffer: Consumer count: %d\
              n",buffer. getWaitingConsumerCount());
```

```
            //使用 transfer() 方法传输一个事件给消费者
            MyPriorityEvent myEvent=new MyPriorityEvent("Core Event",0);

            buffer.transfer(myEvent);
            System.out.printf("Main: My Event has ben transfered.\n");
            for (int i=0; i<producerThreads.length; i++) {
                try {
                    producerThreads[i].join();
                } catch (InterruptedException e) {
                    e.printStackTrace();
                }
            }
            TimeUnit.SECONDS.sleep(1);
            System.out.printf("Main: Buffer: Consumer count: %d\
              n",buffer. getWaitingConsumerCount());
            // 使用 transfer() 方法传输另一个事件
            myEvent=new MyPriorityEvent("Core Event 2",0);
            buffer.transfer(myEvent);
            consumerThread.join();
            System.out.printf("Main: End of the program\n");
    }
}
```

5.5.7 有限资源访问并发控制

在有些情况下，多个线程需要访问数目很少的资源，如在服务器上运行着若干个回答客户端请求的线程。这些线程需要连接到同一数据库，但任一时刻只能获得一定数目的数据库连接。如何能够有效地将这些固定数目的数据库连接分配给大量的线程呢？有以下 3 种方式可以达到该目标。

- 给方法加同步锁（synchronized），保证同一时刻只能有一个线程能够进入该方法，其他所有线程排队等待。但是此种情况下即使数据库连接有 10 个，也始终只有一个处于使用状态，这样将会大大地浪费系统资源，而且系统的运行效率非常低。
- 采用队列实现。请求者将请求放在队列中，并在另外一个队列中等待；服务者在请求处理完后放入请求者等待队列。
- 使用信号量。通过信号量许可与数据库可用连接数相同的数目，将大大提高效率和性能，本节讨论的就是这种方式。

Semaphore 类是一个计数信号量，必须由获取它的线程释放，通常用于限制可以访问某些资源线程数目。一个信号量有且仅有 3 种操作，且全部是原子：初始化、增加和减少。增加可以为一个进程解除阻塞，减少可以让一个进程进入阻塞。单个信号量的 Semaphore 对象可以实现互斥锁的功能，并且可以是由一个线程获得了锁，再由另一个线程释放锁，这可应用于死锁恢复的一些场合，本节示例主要围绕有多个信号量的场景，如下所示：

```
//创建基于信号量的打印队列
package chapter6.sec6;
import java.util.concurrent.Semaphore;
import java.util.concurrent.TimeUnit;
import java.util.concurrent.locks.Lock;
import java.util.concurrent.locks.ReentrantLock;
public class PrintQueue {
      private final Semaphore semaphore;
      //储存空闲的等待打印任务的和正在打印文档的printers
      private boolean freePrinters[];
      //保护freePrinters array的访问
      private Lock lockPrinters;
      public PrintQueue() {
            semaphore = new Semaphore(3);
            freePrinters = new boolean[3];
            for (int i = 0; i < 3; i++) {
                  freePrinters[i] = true;
            }
            lockPrinters = new ReentrantLock();
      }
      public void printJob(Object document) {
            //调用acquire()方法获得semaphore的访问
            try {
                  semaphore.acquire();
                  int assignedPrinter = getPrinter();
                  //随机等待一段时间来实现模拟打印文档的行
                  long duration = (long) (Math.random() * 10);
                  System.out.printf("%s: PrintQueue: Printing a Job in
                    Printer%d during %d seconds\n",Thread.currentThread().
                    getName(),assignedPrinter, duration);
                  TimeUnit.SECONDS.sleep(duration);
                  //完成后调用release() 方法来释放semaphore并标记打印机为空闲,
                  //通过在对应的freePrinters array索引内分配真值
                  freePrinters[assignedPrinter] = true;
            } catch (InterruptedException e) {
                  e.printStackTrace();
            } finally {
                  semaphore.release();
            }
      }
      private int getPrinter() {
int ret = -1;
            //获得lockPrinters对象object的访问
            try {
                  lockPrinters.lock();
                  //找到第一个可用的打印机
                  for (int i = 0; i < freePrinters.length; i++) {
                        if (freePrinters[i]) {
                              ret = i;
```

```
                        freePrinters[i] = false;
                        break;
                    }
                }
            } catch (Exception e) {
                e.printStackTrace();
            } finally {
                lockPrinters.unlock();
            }
            return ret;
        }
}
//模拟把文档传送到打印机
package chapter6.sec6;
public class Job implements Runnable {
      private PrintQueue printQueue;
      public Job(PrintQueue printQueue) {
            this.printQueue = printQueue;
      }
      @Override
      public void run() {
            System.out.printf("%s: Going to print a job\n", Thread.
              currentThread().getName());
            printQueue.printJob(new Object());
            System.out.printf("%s: The document has been printed\n",
              Thread.currentThread().getName());
      }
}

//创建测试基于信号量的打印队列的主类
package chapter6.sec6;
public class PrintQueueMain {
      public static void main(String args[]) {
PrintQueue printQueue = new PrintQueue();
Thread thread[] = new Thread[10];
            for (int i = 0; i < 10; i++) {
                  thread[i] = new Thread(new Job(printQueue), "Thread" + i);
            }
for (int i = 0; i < 10; i++) {
                  thread[i].start();
            }
      }
}
```

5.5.8 并发容器

java.util 包中的大部分容器都是非线程安全的，若要在多线程中使用容器，用户可以使用 Collections 提供的包装函数—— synchronized×××，将普通容器变成线程安全的容器。但该方法仅仅是简单地给容器使用同步，效率很低。因此，JDK 1.5 提供了 java.util.concurrent 包，其可提供高效的并发容器，在提供并发控制的前提下，通过优化提升性能，并在随后的版本中大大加强。本节将讨论常见并发容器的实现机制和绝妙之处。

1. 写时复制容器

并发容器是指 java.util.concurrent 包中的各种线程安全的容器，最典型的是写时复制容器（CopyOnWrite 容器）。其基本思路是，开始大家都在共享同一个内容，当某个人想要修改该内容时，才会真正把内容复制出去然后修改，这是一种延时懒惰策略。这样做的好处是可以对写时复制容器进行并发的读，而不需要加锁，所以是一种用于程序设计的优化策略。

先来看 ArrayList 的 add 实现，可以发现其添加时是加锁的，否则多线程写时会复制出很多副本，其源码如下所示：

```
public boolean add(T e) {
    final ReentrantLock lock = this.lock;
    lock.lock();
    try {
        Object[] elements = getArray();
        int len = elements.length;
        Object[] newElements = Arrays.copyOf(elements, len + 1);
        newElements[len] = e;
        setArray(newElements);
        return true;
    } finally {
        lock.unlock();
    }
}
final void setArray(Object[] a) {
    array = a;
}
```

读时不加锁，如果有多个线程正在向 ArrayList 添加数据，还是会读到旧数据，因为写时没有排他性锁住旧的 ArrayList，如下所示：

```
public E get(int index) {
    return get(getArray(), index);
}
```

从 JDK 1.5 开始，Java 并发包里提供了两个使用写时复制机制实现的并发容器，它们是 CopyOnWriteArrayList 和 CopyOnWriteArraySet。

从场景上看，写时复制并发容器常用于读多写少的清空，如各种参数本地缓存、K/V 翻译等，能够极大地提高并发读的性能。

但是写时复制容器同时也存在两个问题，即内存占用问题和数据一致性问题，这是需要理解的。

- 内存占用问题。由于采用写时复制机制，因此在进行写操作时，内存里会同时驻扎两个对象的内存，即旧的对象和新写入的对象。如果这些对象占用的内存比较大，如 200MB，再写入 100MB，内存就会占用 300MB，此时有可能造成频繁的 Yong GC 和 Full GC，成本很高。建议批量增加 addAll、批量删除 removeAll，以减少不必要的复制操作；或者不使用写时复制容器，而使用其他并发容器，如 ConcurrentHashMap。

- 数据一致性问题。由于迭代的是容器当前的快照，因此在迭代过程中容器发生的修改不能实时被当前正在迭代的线程感知，所以写时复制容器只能保证数据的最终一致性，不能保证数据的实时一致性。

2. ConcurrentHashMap

HashMap 是非线程安全的，多线程环境下使用 HashMap 进行 put 操作可能会引起死循环，导致 CPU 利用率接近 100%，所以在并发情况下不能使用 HashMap。Hashtable 是线程安全的，但是由于 Hashtable 采用 synchronized 进行同步，相当于所有线程进行读 / 写时都竞争一把锁，导致效率非常低，这就是 ConcurrentHashMap 引入的原因。

为了提高本身的并发能力，ConcurrentHashMap 在内部采用了一个名为 Segment 的结构（JDK 1.7 及之前）。一个 Segment 其实就是一个类 Hashtable 的结构，Segment 内部维护了一个链表数组。ConcurrentHashMap 的内部结构如图 5–3 所示。

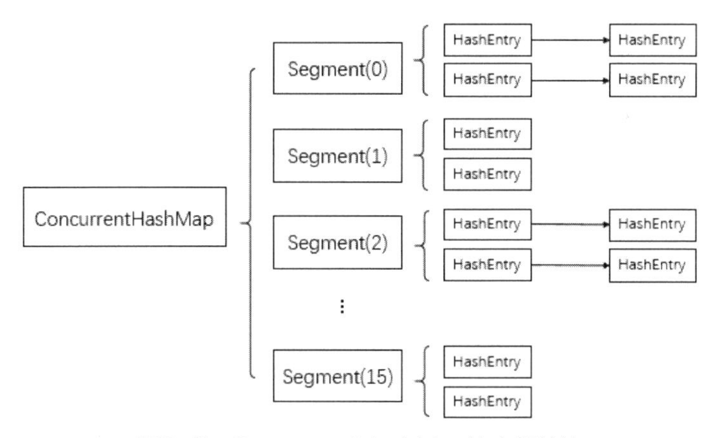

图5–3 ConcurrentHashMap的内部结构

从图 5–3 可以了解到，ConcurrentHashMap 定位一个元素的过程需要进行两次 Hash 操作，第一次 Hash 定位到 Segment，第二次 Hash 定位到元素所在的链表的头部。这种结构带来的副作用是 Hash 过程要比普通的 HashMap 长；但是带来的好处是写操作时只需要对元素所在 Segment 进行加锁，不会影响到其他 Segment。在最理想的情况下，ConcurrentHashMap 可以同时支持 Segment 数量大小的写操作。因此，通过这种结构，ConcurrentHashMap 的并发能力可以大大提高。

除了上述讨论的并发容器外，还有两个主要的并发容器 ConcurrentLinkedQueue 和 ConcurrentSkipListMap。它们在实际中的应用不如上面的并发容器那么广泛，因此这里不再详细展开。

5.6 分布式锁的实现

随着业务发展的需要，原单体单机部署的系统被演化成分布式集群系统后，由于分布式系统多线程、多进程并且分布在不同机器上，这将使原单机部署情况下的并发控制锁策略失效，单纯的Java API并不能提供分布式锁的能力。为了解决这个问题，就需要一种跨JVM的互斥机制来控制共享资源的访问，这就是分布式锁要解决的问题。

为了确保分布式锁可用，要确保锁的实现同时满足下列条件。

- 互斥性。在任意时刻，只有一个客户端能持有锁。
- 不会发生死锁。即使有一个客户端在持有锁的期间崩溃而没有主动解锁，也能保证后续其他客户端能加锁。
- 解铃还须系铃人。加锁和解锁必须是同一个客户端，客户端自己不能解别人加的锁。
- 高可用。在任何时候，分布式锁不能成为单点故障。
- 非阻塞。没有获取到锁将直接返回获取锁失败。

本节将介绍三种模式的分布式锁实现。

- 基于数据库的乐观锁。数据库乐观锁相比其他分布式锁实现要更加通用，从资源角度来看，它更加重量级。
- 基于Redis的分布式锁。它主要应用于业务的分布式锁及实现幂等性、秒杀等需要很高并发的场景。
- 基于ZooKeeper的分布式锁。它主要应用于资源互斥访问的场景。

在一个应用中通常存在着不同的模式，这几种分布式锁需要结合使用，将一种分布式锁不加区别地应用到所有场景将导致较差的效果。因此，本节将分别讨论这3种方式的具体实现，以及容易出现的误用。

5.6.1 Oracle乐观锁

在Oracle中实现乐观锁很简单，只要在相应的数据上增加一个版本控制，如version即可。每次读时把该字段也读出来；当写回去时，把该字段加1；提交之前与数据库的该字段比较一次，如果比数据库的值大，就允许保存，否则不允许保存，如下所示：

会话1：

```
select id, balance, version from account where id="1";
查询结果：id=1, balance=1000, version=1
update account
set balance=balance+100, version=version+1
where id="1" and version=1;
```

```
select id, balance, version from account where id="1";
查询结果：id=1, balance=1100, version=2
```

会话 2：

```
select id, balance, version from account where id="1";
查询结果：id=1, balance=1000, version=1
update account
set balance=balance-50, version=version+1
where id="1" and version=1;
select id, balance, version from account where id="1";
查询结果：id=1, balance=1100, version=2
```

会话 1 已修改成功，实际 account.balance=1100、account.version=2，会话 2 也将版本号加 1（version=2）并试图向数据库提交数据（balance=950），但此时比对数据库记录版本时发现，操作员提交的数据版本号为 2，数据库记录当前版本也为 2，不满足提交版本必须大于记录当前版本才能执行更新的乐观锁策略，因此会话 2 的提交不会生效。

使用自定义列实现乐观锁的缺点在于其对业务的侵入性强。此时可以考虑使用从 Oracle 10g 开始引入的 ORA_ROWSCN，这是一个虚列，存储在数据块中，通过将表设置为使用行依赖性模式，Oracle 会自动为每一行维护最新的 SCN。关于 ORA_ROWSCN 已经在第 3 章进行详细解析，此处不再重复讨论。

5.6.2 Redis分布式锁

Redis 分布锁的使用主要有两种方式：一种是基于原生的 Redis 客户端，使用 setnx、getset 及 expire 等实现；另一种是使用 Redisson，它们就像 Zookeeper 的原生 API 与 Apache Curator。早期开发人员一般使用 Redis 客户端自己实现，最近几年很多用户开始采用 Redission 库。

1. 基于Jedis的分布式锁

首先通过 Maven 引入 Jedis 开源组件，在 pom.xml 文件加入如下依赖：

```
<dependency>
    <groupId>redis.clients</groupId>
    <artifactId>jedis</artifactId>
    <version>2.9.0</version>
</dependency>
```

实现如下：

```
public class RedisUtil {
    private static final String LOCK_SUCCESS = "OK";
    private static final String SET_IF_NOT_EXIST = "NX";
    private static final String SET_WITH_EXPIRE_TIME = "PX";
    /**
     * 尝试获取分布式锁。加锁代码应满足在可靠性里描述的3个条件。首先，set()加入了NX
```

```
参数，可以保证如果已有key存在，则函数不会调用成功，即只有一个客户端能持有锁，满足互斥性；其次，由于对锁设置了过期时间，即使锁的持有者后续发生崩溃而没有解锁，锁也会因为时间超期而自动解锁（key被删除），因此不会发生死锁；最后，因为将value赋值为requestId，代表加锁的客户端请求标识，那么客户端在解锁时就可以进行校验是否为同一个客户端
     * @param jedis Redis客户端
     * @param lockKey 锁
     * @param requestId 请求标识
     * @param expireTime 超期时间
     * @return 是否获取成功
     */
    public boolean tryGetDistributedLock(Jedis jedis, String lockKey,
     String requestId, int expireTime) {
        try (Jedis jedis = jedisPool.getResource()) {
                String result = jedis.set(namespace + lockKey, requestId,
                  SET_IF_NOT_EXIST, SET_WITH_EXPIRE_TIME, expireTime);
              if (LOCK_SUCCESS.equals(result)) {
                  return true;
              }
              return false;
        }
}
private static final Long RELEASE_SUCCESS = 1L;
    /**
     * 释放分布式锁
     * @param jedis Redis客户端
     * @param lockKey 锁
     * @param requestId 请求标识
     * @return 是否释放成功
     */
    public static boolean releaseDistributedLock(Jedis jedis, String
     lockKey, String requestId) {
        String script = "if redis.call('get', KEYS[1]) == ARGV[1] then
          return redis.call('del', KEYS[1]) else return 0 end";
        try (Jedis jedis = jedisPool.getResource()) {
                Object result = jedis.eval(script, Collections.singletonList(name
                  space + lockKey), Collections.singletonList(requestId));
              if (RELEASE_SUCCESS.equals(result)) {
                  return true;
              }
              return false;
        }
    }
}
```

2. 基于Redisson的分布式锁

Redisson 是 Redis 官网推荐的 Java 语言实现分布式锁的项目，支持各种部署架构的 Redis，包括单机、集群（Cluster）、哨兵（Sentinel）及主从（Master/Slave），被各大厂家广泛使用。当然

Redisson 的功能远不止分布式锁，还包括其他一些分布式结构，但是本节主要讨论其分布式锁的实现。Redisson 实现了 JDK 中的 Lock 接口，用法和 JDK 的锁很类似，只不过 Redssion 的锁是用分布式实现的，其伪代码如下：

```
RLock lock = redisson.getLock("MyLockName");
lock.lock();
try {
    // do sth.
} finally {
    lock.unlock();
}
```

首先引入 Redisson 库依赖：

```
<dependency>
      <groupId>org.redisson</groupId>
      <artifactId>redisson</artifactId>
      <version>2.2.3</version>
</dependency>
```

连接管理器实现如下：

```
// Redission连接管理器
public class RedissonManager {
    private static final String RAtomicName = "genId_";
    private static Config config = new Config();
    private static Redisson redisson = null;
    public static void init(){
        try {
            config.useClusterServers() //这是用的集群server
                    .setScanInterval(2000) //设置集群状态扫描时间
                    .setMasterConnectionPoolSize(10000) //设置连接数
                    .setSlaveConnectionPoolSize(10000)
                    .addNodeAddress("127.0.0.1:6379","127.0.0.1:6380");
            redisson = Redisson.create(config);
        }catch (Exception e){
            e.printStackTrace();
        }
    }
    public static Redisson getRedisson(){
        return redisson;
    }
}
```

基于 Redisson 的分布式锁工具类实现：

```
public class DistributedRedisLock {
    private static Redisson redisson = RedissonManager.getRedisson();
    private static final String LOCK_TITLE = "redisLock_";
```

```
    public static void acquire(String lockName){
        String key = LOCK_TITLE + lockName;
        RLock mylock = redisson.getLock(key);
        mylock.lock(2, TimeUnit.MINUTES);
//lock提供带timeout参数，timeout结束强制解锁，防止死锁
        System.err.println("======lock======"+Thread.currentThread().
getName());
    }
    public static void release(String lockName){
        String key = LOCK_TITLE + lockName;
        RLock mylock = redisson.getLock(key);
        mylock.unlock();
        System.err.println("======unlock======"+Thread.currentThread().
          getName());
    }
//测试
private static void redisLock(){
        RedissonManager.init(); //初始化
        for (int i = 0; i < 100; i++) {
            Thread t = new Thread(new Runnable() {
                @Override
                public void run() {
                    try {
                        String key = "test123";
                        DistributedRedisLock.acquire(key);
                        Thread.sleep(1000); //获得锁之后可以进行相应的处理
                        System.err.println("======获得锁后进行相应的操作
                        ======");
                        DistributedRedisLock.release(key);
                        System.err.println("=============================");
                    } catch (Exception e) {
                        e.printStackTrace();
                    }
                }
            });
            t.start();
        }
    }
}
```

5.6.3 Zookeeper分布式锁

有序性是 Zookeeper 中非常重要的一个特性，所有的更新都是全局有序，每个更新都有唯一的时间戳，该时间戳称为 zxid（Zookeeper Transaction Id）。读请求只会相对于更新有序，即读请求的返回结果中会带有这个最新的 zxid。在正式讨论如何使用 Zookeeper 实现分布式锁前，我们需要先了解 Zookeeper 中关于节点的 3 个特性。

- 有序节点：假如当前有一个父节点为 /hs/lock，可以在该父节点下面创建子节点。Zookeeper 提供了一个可选的有序特性，如可以创建子节点 /hs/lock/node 并且指明有序，那么 Zookeeper 在生成子节点时会根据当前的子节点数量自动添加整数序号。也就是说，如果是第一个创建的子节点，那么生成的子节点为 /hs/lock/node-0000000000，下一个节点则为 /hs/lock/node-0000000001，依此类推。
- 临时节点：客户端可以建立一个临时节点，在会话结束或者会话超时后，Zookeeper 会自动删除该节点。
- 事件监听：在读取数据时，可以同时对节点设置事件监听，当节点数据或结构变化时，Zookeeper 会通知客户端。当前 Zookeeper 有如下 4 种事件：节点创建、节点删除、节点数据修改、子节点变更。

这几个特性是 Zookeeper 的关键特性，也是实现分布式锁的关键，读者应确保好好领会。下面描述使用 Zookeeper 实现分布式锁的算法流程，假设锁空间的根节点为 /hs/lock。

- 客户端连接 Zookeeper，并在 /hs/lock 下创建临时且有序的子节点。第一个客户端对应的子节点为 /hs/lock-0000000000，第二个为 /hs/lock-0000000001，依此类推。
- 客户端获取 /lock 下的子节点列表，判断创建的子节点是否为当前子节点列表中序号最小的子节点，如果是则认为获得锁；否则监听刚好在自己之前一位的子节点，删除消息，获得子节点变更通知后重复此步骤直至获得锁。
- 执行业务代码。
- 完成业务流程后，删除对应的子节点并释放锁。

虽然 Zookeeper 原生客户端暴露的 API 已经比较简洁，但是友好性并不好，实现各种实际功能比较烦琐，分布式锁也不例外，所以实际中一般直接使用 curator 开源项目提供的 Zookeeper 分布式锁实现。如下所示，引入依赖：

```
<dependency>
    <groupId>org.apache.zookeeper</groupId>
    <artifactId>zookeeper</artifactId>
    <version>3.4.12</version>
</dependency>
<dependency>
      <groupId>org.apache.curator</groupId>
      <artifactId>curator-recipes</artifactId>
      <version>4.0.0</version>
      <!-- 4.0.0原生不兼容zk 3.4, 必须进行兼容性处理, 否则会报
         KeeperErrorCode = Unimplemented异常 -->
      <exclusions>
            <exclusion>
                  <groupId>org.apache.Zookeeper</groupId>
                  <artifactId>Zookeeper</artifactId>
            </exclusion>
```

```
            </exclusions>
        </dependency>
```

下面实现基于 Curator 的分布式锁工具类：

```
package chapter6.sec63;
import org.apache.curator.RetryPolicy;
import org.apache.curator.framework.CuratorFramework;
import org.apache.curator.framework.CuratorFrameworkFactory;
import org.apache.curator.framework.recipes.locks.InterProcessMutex;
import org.apache.curator.retry.ExponentialBackoffRetry;
public class CuratorDLock {
    public static void main(String[] args) throws Exception {
        // 创建Zookeeper的客户端
        RetryPolicy retryPolicy = new ExponentialBackoffRetry(1000, 3);
        CuratorFramework client = CuratorFrameworkFactory.
          newClient("9.20.38.223:2181", retryPolicy);
        client.start();
        // 创建分布式锁，锁空间的根节点路径为/hs/lock
        InterProcessMutex mutex = new InterProcessMutex(client, "/
          hs/lock");
        mutex.acquire();
        // 获得了锁，进行业务流程
        System.out.println("Enter mutex");
        // 完成业务流程，释放锁
        mutex.release();
        // 关闭客户端
        client.close();
    }
}
```

5.7 选择正确的锁实现方式

根据上述对影响并发性的各种因素及各种技术中锁实现的讨论，读者应该已经理解了各种锁的优缺点。要设计出高并发的应用，在锁这个方面，我们至少需要从下列 3 个维度判断所选择的锁技术是否合理。这 3 个维度都很重要，任何一个维度不合理都有可能会极大地影响系统的并发性，在很多情况下要一起考虑。

5.7.1 在正确的地方使用锁

在进行锁设计时，首先要分析在哪里实现锁最合理。这需要从是否需要持久化、是写频繁还是读频繁、锁的数量、是否分布式、一致性程度这几个主要的角度判断应该在什么地方使用锁，在不同的组合下最合适的实现方式通常会不同。

例如，对于持久化和一致性而言，如果某种业务要求必须强一致性且持久化，此时通常只有数据库这一种实现方式；如果只要求持久化，并不要求强一致性，如加库存，则锁仍然可能在数据库中实现，但是可以把原先从高并发竞争访问的库存调整为采用队列模式，这将极大地降低数据库中锁的竞争及应用的等待，进而提高系统整体的效率。各个相关维度如表 5–4 所示。

表5–4　不同场景下推荐的锁实现方式参考

持久化				非持久化			
锁数量	一致性程度	读/写频繁度	锁位置	锁数量	一致性程度	读/写频繁度	锁位置
多	强一致性	读频繁	缓存+数据库	多	强一致性	读频繁	缓存
		写频繁	数据库			写频繁	缓存
		均衡	数据库			均衡	缓存
	最终一致性	读频繁	缓存+数据库		最终一致性	读频繁	缓存
		写频繁	队列+数据库			写频繁	缓存
		均衡	队列+数据库			均衡	缓存
少	强一致性	读频繁	缓存+数据库	少	强一致性	读频繁	缓存
		写频繁	数据库			写频繁	缓存
		均衡	数据库			均衡	缓存
	最终一致性	读频繁	缓存+数据库		最终一致性	读频繁	缓存
		写频繁	队列+数据库			写频繁	缓存
		均衡	队列+数据库			均衡	缓存

表 5–4 没有区分本地 JVM 缓存和分布式缓存。对于分布式锁来说，一般都会使用分布式缓存。但是分布式缓存在访问频繁的情况下会极大地影响服务性能，所以很多系统在分布式架构下会同时结合分布式缓存和本地 JVM 缓存。

5.7.2　确定合适的锁粒度

在选择实现锁的方式时，第二个需要考虑的维度是锁粒度。对锁粒度的考量通常从业务角度开展，如对于一个产品的库存数量、资金账户，通常需要进行全局控制；对于一个计数器号，通常需要确保任何时候都是递增的，等等。

仔细分析业务，通常会发现需要很多种粒度的锁，根据并发性又有多种选择。以生成订单号为例，它的实现方式有很多种。如果系统的并发性不高，每秒都在 100 以内，即使是采用数据库全局严格递增，也不会有太大的问题。

但是如果系统的并发性很高，极端情况下每秒要达到数万个或十万个，则对于订单号的生成就应仔细考虑：是很多产品均衡地生成订单还是不同产品间倾斜较大，如果是前者，则可以考虑产品级别独立生成订单号，这样相比全局而言锁的并发性要提升 *N* 倍（*N* 为产品数），理论上随着产品数增加，并发性会线性增加；如果是后者，即某一些产品的量特别高，其他产品不高，这种情况下，即使是根据产品生成订单号也只是杯水车薪，无法从根本上缓解大量等待，此时通常需要考虑实现锁的策略，在粒度上无法做太多的设计优化。

另外一种常见的场景是业务上需要全局控制的热点记录。最典型的就是平台账户，通常 C 端用户之间的交易都是基于平台账户，买家 A 和卖家 B 交易，通常他们不会发生直接交易，而是经过平台完成。在这些系统中，平台账户通常都是热点竞争的中心，并且很多系统的这些地方也是瓶颈所在。

对于这种全局性质的热点记录，如果仔细推敲又可分为两种不同要求的场景：一种是不要求强一致性，如前面例子中的平台账户；另一种是要求强一致性，如投资系统中的可用余额。对于这两种模式，可以通过不同的做法来满足，对于不要求强一致性的，可以通过队列加异步方式来平滑；对于后者，可以将一个大账户拆分为 *N* 个小账户，这样实现可以极大地缓解全局竞争，但是应用会增加很多复杂性，而且需要保证所有对这些账户的访问经过唯一的微服务进行控制，否则很可能导致系统数据不一致。

5.7.3　选择合适的锁实现方式

根据前两节的讨论，读者应该基本上能够断定锁的粒度、在哪里实现更合理，以及某个场景将锁转换为异步队列是否合适。最后讨论的是选择合适的锁实现方式，即到底是采用 Lock 接口还是同步，抑或是各种队列，它更多的是一个对技术实现方案的择优工作。第 5.4~5.6 节对 Oracle、Java 及分布式锁进行了详细讨论，读者可以根据实际情况对号入座。

第6章

应用层高性能设计

本章从应用层的角度介绍如何合理地使用 Oracle 数据库，既发挥 Oracle 的价值又不滥用导致过载。本章主要讨论领域模型、数据库模型、Java 类的关系；利用各级缓存的优化，如降低不必要的数据库访问；JDBC 驱动及参数的优化；什么情况下使用 MyBatis Generator 及 PageHelper 自动生成的代码会导致糟糕的系统性能。

需要强调的是，如果使用 PL/SQL 实现是最合适的，就不要为了迎合所有逻辑都应该使用 Java 编写而故意不使用 PL/SQL。本章讨论的很多原则同样适用于 MySQL。

6.1 领域模型、数据库模型和Java类

模型是对现实世界的抽象，良好的模型能够更好地开发、维护、理解系统，优化性能拙劣的模型不仅让其他开发人员难以理解，而且会增加开发和维护的复杂性，设计良好模型的重要性不言而喻。但仍有很多开发人员过于轻视模型的设计和实现。

很多开发人员在用例设计时使用面向对象思维，考虑聚合、继承、一对多关系；到了概要设计环节却直接将这些模型全部转换为关系型数据库的 ER 图，并进行建模生成表结构；在进行开发时，直接使用工具生成 Java 类，似乎领域模型、数据库模型和 Java 类应该天然等同。对于那些开发完成后就丢掉的系统来说，这种做法或许最经济实惠；但是对于需要不断迭代完善的系统来说，这种做法会导致昂贵的维护成本和较差的用户体验。

曾有一个业务流程编排系统，该系统支持根据节点、时间两个维度指定操作人员或角色。有一天，客户增加了一个排版需求，他们希望只根据日期指定流程可以由哪些人执行，并将其命名为排版。开发人员由于不知道如何抽象，因此原原本本地设计了排班表，没有考虑只根据时间、流程模板维度配置就可以满足需求，浪费了很多时间，却设计了一个完全个性化且不通用的模型和接口。

开发人员这里犯的错误是直接将用户的术语搬到了系统实现，没有思考和抽象。按照这种实现，如果另外一个客户需要做任务安排，很有可能就会再增加一个任务安排的模型；如果有数百个客户都有这样的需求，意味着就会出现大量的硬编码和分支维护。

第二个常见的现象是很多开发人员只设计了数据库逻辑模型就认为设计结束了，将展现端需要的模型和数据库物理模型的优化留到编码和性能优化期间才去考虑。以查询资产信息为例，需求为展现用户名下的所有资产概述，包括持有的各种理财产品等，如表 6−1 所示。

表6–1　典型的资产信息查询

资金账号	账户类型	产品代码	产品名称	持有数量	当前净值	持有金额	买入时间	期限	到期时间
00666	存管账户	02322	国宾1号	100000	1.023	100000	20180601	12月	20190601
00666	存管账户	02322	国宾1号	100000	1.023	100000	20180601	12月	20190601
00666	存管账户	02321	国宾2号	100000	1.012	100000	20180601	12月	20190601

很多开发人员在设计时通常会新增两张表，即账户表和产品持有表，如图 6–1 所示。

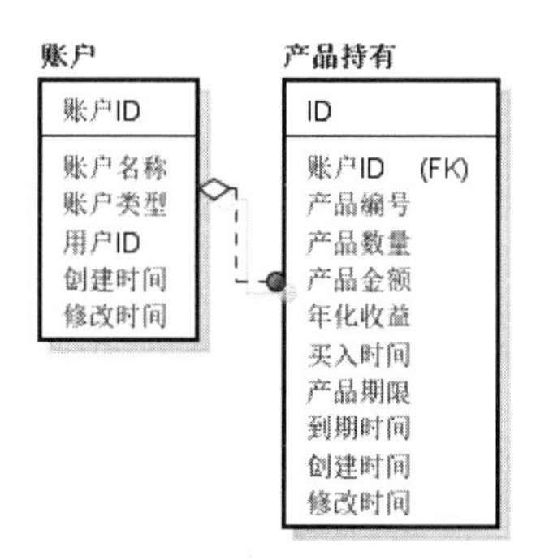

图6–1　资产信息领域模型

在设计给展现层时使用的 Java 类通常类似如下：

```
package chapter7.sec1.badmodel;
import java.math.BigDecimal;
import java.sql.Date;
import lombok.Getter;
import lombok.Setter;
/**
 *不合理的持有资产信息类
*/
@Getter@Setter
public class BigShareHolder {
      /**
       * 账户类字段
       */
      private String accountId;
      private String accountName;

      /**
       * 产品持有信息
       */
      private String productId;
      private String productName;
      private String productType;
      private Long currentQuantity;
```

```
    private Long currentAmount;
    private BigDecimal rate;
    private Integer duration;
    private Date buyDate;
    private Date endDate;
        private Date createDate;
    private Date modifyDate;
}
```

因为在产品持有表中通常会保存产品编号，而对最终用户而言，内部的产品编号可读性太差且不易识别，所以产品类别和产品名称也被添加到了上述类中。很多开发人员之所以选择不继承产品持有类，很大原因是因为在该需求中只需要不到一半的信息。除此之外，创建时间和修改时间也被添加到了 Java 模型中，而这实际上对于应用而言是没有用处的，其完全是站在数据库维护的角度考虑的。

按照这种方式随机设计模型会导致模型很快就会变得混乱，因为围绕这些核心表的需求通常非常多且灵活，如很快就会要求增加返回用户的信息（如姓名、手机号码），于是又往里面添加，如下所示：

```
package chapter7.sec1.badmodel;
import java.math.BigDecimal;
import java.sql.Date;
import lombok.Getter;
import lombok.Setter;
/**
 *不合理的持有资产信息类(增加了用户信息后)
 *
*/
@Getter@Setter
public class ExtendedShareHolder {
    /**
     * 账户类字段
     */
    private String accountId;
    private String accountName;
    /**
     * 用户类字段
     */
    private String phone;
    private String realName;
    /**
     * 产品持有信息
     */
    private String productId;
    private String productName;
    private String productType;
    private Long currentQuantity;
```

```
    private Long currentAmount;
    private BigDecimal rate;
    private Integer duration;
    private Date buyDate;
    private Date endDate;
    private Date createDate;
    private Date modifyDate;
}
```

过了一段时间后，随着业务的扩展，开始要针对不同分销商的客户分别管理，于是在很多表上都增加了所述分销商 ID 字段，Java 类中同样需要跟着变化，现在必须在这 3 个类中都添加，几个月几轮需求迭代之后，会发现有很多的 Java 模型，相差都不大。新来一个需求后，好像各个模型差不多都可以满足，但仔细一看，又都缺少一两个字段，这种做法就是典型的以数据库为中心，纯粹采用二维表思路的设计。

更合适的做法是定义 7 个类，分别存储用户、账户、持有产品的基本信息和完整信息，最后一个类组合业务需要的各领域模型，如图 6–2 所示。

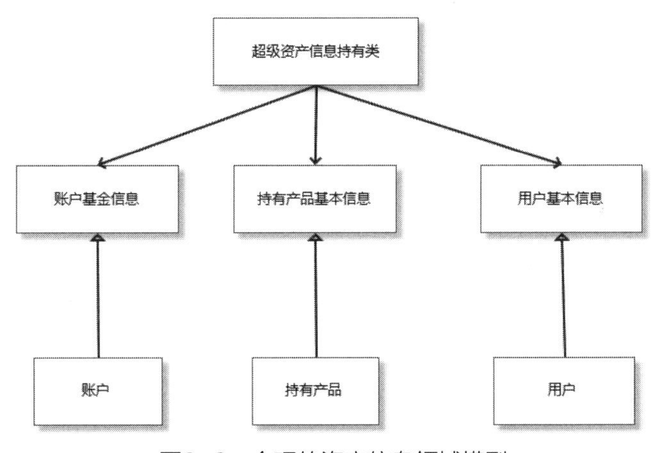

图6–2　合理的资产信息领域模型

这样就只需要维护核心模型，展现模型本身不会跟着变化，减少了很多不必要的重复维护，而且从模型本身就能够准确地知道哪些信息属于哪些领域，不需要每次都去查看表结构的模型。这样做唯一的要求就是在 MyBatis 层映射时应使用 assOCIation，而不是平面的 resultMap。

从上面的两个示例可知，在现实世界中至少存在着 3 种类型的模型。它们的定义和目标如下。

- 领域模型。相比实现模型来说，从业务分析和理解角度抽象的模型不需要考虑实现上的便利性，相当于实现模型的业务子集。实际编程时，设计的对象模型通常要比领域模型更为复杂。
- 数据库模型。数据库模型通常是对领域模型进行二维化抽象，常采用三范式或冗余设计，以便存取方便，但它不是最贴近领域模型的，甚至很不直观，不应该和领域模型进行直接映射。数据库模型还可以进一步细分为物理模型和逻辑模型，狭义的物理模型通常在逻辑模型的基础上增加冗余字段、一些维护字段或拆分表以便实现更高性能；广义的物理模型还包括索引、分区、物化视图等，它的目标是存储效率最大化。

- Java 面向对象模型。Java 面向对象模型是从编程语言角度对领域对象进行的设计，为了更方便和高效地进行编程，从本身上来说，对象模型应该是和数据库模型平行的，但在很多应用系统的设计中，实际有点像依附关系，很多系统的设计都是直接使用数据库模型或者只是略微进行调整，这种做法其实是不正确的，它会导致和上面谈及的示例一样拙劣且难以维护。

对于任何这 3 种模型，必须同时考虑其易用性、灵活性和性能这 3 个维度，并根据重要性程度有适当的倾向性。

关于模型，最后要说的是，上述示例模型只是纯粹从数据模型的角度进行讨论，在实际中这是远远不够的。完整的模型应该考虑其职责，就上述例子而言，即产品持有类应该包含计算收益的功能。实际中更多的做法是该逻辑包含在下单服务的代码中进行计算，这会让模型看起来干瘪，即人们所说的瘦模型，由于本书的主题不是讨论模型设计实践，因此不再展开详述。

6.2 把掌握和维护中间件重视起来

虽然我们提倡对于 Oracle 不擅长的特性不应该采用 Oracle 实现，但是不采用 Oracle 并不意味着就一定应用自己实现，也可能借助中间件，而且很多情况下各种中间件做得已经很好了，没有必要重新造轮子。例如，对于文档化存储来说，MongoDB 就是当之无愧的首选；对于分布式缓存来说，Redis 则是最佳的选择；对于消息订阅和发布来说，MQ 则是最合适的。

虽然各种中间件被专门设计用于处理某一方面的特性，但是在确定采用某种中间件前，开发人员仍然需要掌握这些中间件的机制，并且将其纳入和开发一样重要的日常维护中，否则就有可能导致虽然降低了 Oracle 的负载，但是仍然没有从应用角度解决问题本身，因为原来的问题解决了但又出现了新的问题。

以 MQ 为例，很多 MQ 实现是如果消息发布时没有消费者，那么这条消息就会丢失，很多时候这并不是业务预期的行为，人们可能希望这是一个可靠投递，或者消息在超过特定时间没有消费时才自动过期。但是也有一些情况用这种模式是合理的，如缓存同步，当更新了某个参数后，我们希望通过消息队列同步到所有的应用程序，但是如果基础信息变更时应用都没有启动，此时消息驻留在消息队列中显然没有意义。

除了满足需求的特性外，增加一个独立运行的中间件就意味着增加一个失败点，所以选择合适的高可用方案也是必须要考虑的，尤其是对涉及数据存储的中间件更是如此，它们会面临和数据库一样的同步模式权衡问题。否则，虽然看起来是提升了系统的整体性能，但是系统的不稳定性却增加了。例如，原来都是从 Oracle 中直接查询某个系统参数的值，由于更新总是会先写入 Oracle，因为 Oracle 会自己保证一致性，所以获取的值总是最新的。

采用缓存之后，如果没有及时同步到各应用或同步失败，很可能会导致偶尔出现控制没有生效的情况，在一些大量使用规则判断的系统中，这将会导致在用户看来系统存在严重的 Bug，甚至会导致严重的经济损失。

6.3 充分利用各级缓存

绝大多数的应用会大量使用缓存来提高性能，在互联网系统中更是如此，开发人员几乎挖掘了从客户端请求到存储层之间每一层能够利用的缓存，对于 CDN 缓存和分布式 K/V 缓存更是发挥到了极致。在高性能的系统架构中有一个说法叫缓存为王，由此可见理解和充分利用各级缓存对设计高性能应用层的必要性。

需要注意的是，本节不讨论各种同类型的缓存实现的优缺点及选型，如对于分布式缓存来说到底是选择 Redis 还是 CouchBase，它们通常各有所长；相反，本节讨论的是从客户端到应用层各级缓存的价值及其优缺点，因为前者在大多数情况下在 TPS 方面会有量的差别，而后者则会产生质的差别。

6.3.1 缓存的真正目的

首先需要理解的是缓存的真正目的是什么，有些人说缓存是为了抗流量；有些人说缓存是为了将一些处理时间较长的结果暂存，并提供给下次访问使用，即为了避免重复计算；也有些人说是为了减少数据库的负担。

这些说法都正确，并且也很可能都符合用户的需求。总体来说，出发点不同，对缓存作用的理解就不同，这就与买车一样，不同的人会有不同的出发点，即使是同一款车，不同的人也有可能出于完全不同的出发点购买。

缓存的根本目的是使用更经济的方式，更加高效地满足一部分非易变数据的查询。以分布式缓存为例，人们之所以需要在数据库前置分布式缓存，很大一个原因就是相同的配置下，对于简单的键值访问，分布式缓存的 TPS 要远高于关系型数据库。

因为关系型数据库的核心是满足基于磁盘的 ACID 及 MVCC，而分布式缓存则本质上不需要考虑这些负担，它的目的就是以最快的方式满足键值搜索，所以它无论在数据结构的设计还是处理查询请求上都要比关系型数据库轻量很多，甚至是数量级的。在简单的场景中，分布式缓存要比数据库经济实惠得多，无论是系统软硬件还是高可用、维护要求。

从技术角度来说，缓存的目的是让数据在满足用户一致性要求的前提下，在不增加成本或成本增加可接受的情况下，驻留在请求者能够最快获得的设备上。

6.3.2 缓存的类别

谈及缓存，大部分读者第一时间想到的都是分布式缓存或者数据库缓存，实际上计算机系统的每个应用和服务都有缓存。从企业应用架构的角度来说，缓存分为以下三大类。

第一类，客户端缓存。客户端缓存主要包括浏览器缓存和 APP 缓存。浏览器缓存主要包括 HTTP 缓存、Cookie、Web SQL、IndexedDB、Local Storage、Session Storage、Cache Storage，当然还包括页面缓存。通过打开 Chrome 浏览器的开发者工具，可以查看各种缓存中的内容，如图 6–3 所示。

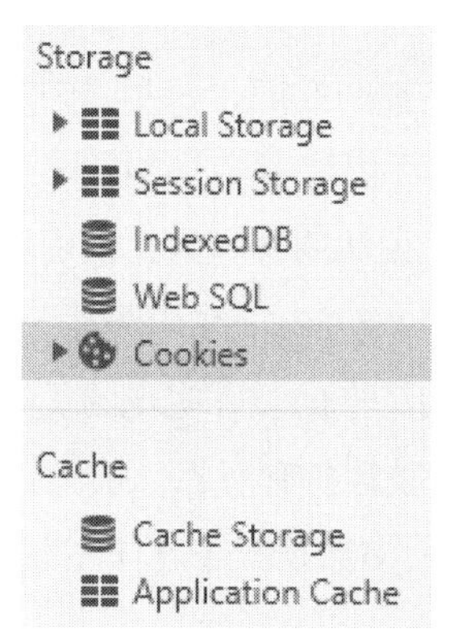

图6–3　Chrome浏览器支持的各种缓存

客户端缓存的最大特点在于免费，可无限扩展。由于本书重在服务端，因此对于客户端的各种缓存机制及优缺点不进行详细讨论，有兴趣的读者可以参考其他相关资料。

第二类，服务端缓存。服务端缓存分为应用内缓存、分布式缓存及数据库缓存。应用内缓存通常也称一级缓存，如 JVM 缓存、Ehcache，使用应用内缓存通常需要自己保证一致性并设计各种数据结构和接口；分布式缓存通常都是指独立的应用级缓存，如 Redis、Memcached，当然也包括公有云提供的缓存服务，如 AWS 的 ElastiCache；数据库缓存是指 Oracle SGA 或 MySQL InnoDB 缓存。

第三类，网络中的缓存。网络中的缓存主要是指代理服务器缓存和 CDN 缓存，虽然 DNS 缓存也算网络缓存，但相比前两者，其没有那么明显的价值。代理服务器是浏览器和服务器之间的中间服务器，浏览器先向这个中间服务器发起 Web 请求，经过处理后，再将请求转发到服务器。

代理服务器缓存的运作原理与浏览器的运作原理差不多，只是规模更大。可以把它理解为一个共享缓存，不只为一个用户服务，一般为大量用户提供服务，因此在减少相应时间和带宽使用方面很有效，同一个副本会被重用多次。常见代理服务器缓存解决方案有 Nginx、Apache 等，这里不再详述。

CDN 缓存就是将源站的资源缓存到位于全国各地的 CDN 节点上，用户请求资源时，就近返回节点上缓存的资源，而不需要每个用户的请求都从源站获取，避免网络拥塞，分担源站压力，保证用户访问资源的速度和体验，相当于在浏览器和代理服务器之间架了一层缓存服务器。

在实际中，通常各级缓存会一起发挥作用，不同的系统对各级缓存的利用率也不同，如图 6-4 所示。

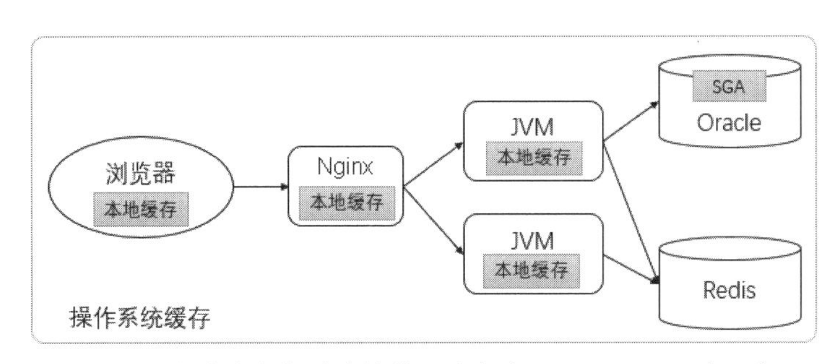

图6-4　缓存在各组件中的使用（省略CDN和DNS服务器）

从规模和部署方式来分，缓存还可以分为单机缓存、集群缓存及分布式缓存，篇幅有限，本书不再详细讨论其设计与优化方案。

1. 进程内缓存

进程内缓存通常也被称为一级缓存，最典型是基于 Map 或 Jcache 规范实现的各种容器、Ehcache 或 Google Guava Cache。

进程内缓存的优点在于其访问速度快，因为数据和程序在相同的进程地址空间，当请求的数据在一级缓存时避免了网络请求，所以能够获得最快的访问速度。在大量循环访问缓存的场景中，使用一级缓存对应用开发人员几乎没有额外要求就能获得很好的性能。所以，在非集群系统中，一级缓存是直接使用最多的缓存机制。

进程内缓存本身没什么缺点，但在分布式系统中如果希望使用一级缓存，意味着在某个应用实例针对缓存内容的修改需要分发给其他应用实例以保证全局一致性。要想无侵入性且恰如其分地实现缓存内容的同步不太容易，尤其是在各种增删改模式都有的数据结构被缓存时。例如，有些业务系统的参数为了用户体验友好，所有的参数在一个页面使用表单的方式展现，修改时采用了全覆盖的模式实现，而不是监听变化的参数，这导致要想找出具体修改的参数就必须修改应用，否则就会同步所有参数。另外一些则可能会同时具有增删改，并且缓存结构不只是最简单的 K/V 查找，如参数有层级优先级，分为全局、一级分类、二级分类。针对具体对象的设置，不同的业务通常优先级不同，此时为了保证一级缓存间的同步，会导致在业务逻辑中充斥着很多特殊的为了同步而添加的代码，进而在后续的维护过程中增加成本，并可能因遗漏而造成不一致性。

因此，要实现灵活、健壮、可靠的一级缓存，应用层必须将这些元素抽象到独立的组件或框架中，尽可能低侵入性地实现一级缓存的同步。

2. 上下文相关缓存

除了无状态的缓存外，通常进程内还存在着和上下文相关的数据，包括会话、Cookie 及线程相关数据 ThreadLocal，称为上下文缓存。上下文缓存和共享缓存的区别在于任何时候访问都不需要加锁，它们对性能和扩展性也有着重要的影响。以线程相关数据 ThreadLocal 为例，它是和特定的线程绑定的，一般在请求进入服务器线程之后会初始化，然后在请求执行期间可访问，线程间相互隔离，相当于和 HTTP 请求相关。它的优点在于应用不需要设计和实现专门的缓存维护全局状态，消除了锁竞争，也不需要在请求链中一路透传；但是它的缺点在于请求包的大小会增加，所以这是一种以空间换效率的优化方式。

3. 分布式缓存

类似于 NoSQL 补充了关系型数据库的非结构化存储部分，分布式缓存也是 SQL 数据库的补充，除了纯粹的 K/V 高并发读外，还补充了很多关系型数据库不擅长的一些特性。以 Redis 为例，其在以下场景中的表现也比 Oracle 好很多。

- 计数。业务需求中经常有需要用到计数器的场景，如一个手机号 1 天限制发送 5 条短信、1 个接口 1min 限制多少请求、1 天限制调用多少次等。使用 Redis 的 incr 自增命令可以轻松实现以上需求，而且相比关系型数据库其 TPS 要高得多。
- Top *N*。运营经常会要求展示最近、最热、点击率最高、活跃度最高的 Top 产品、资讯、活动等。
- 最近访问记录。用户最近访问记录也是 Redis list 的很好应用场景，lpush lpop 自动过期老的登录记录，在关系型数据库中实现该功能不仅需要额外的开发成本，而且容易形成数据块热点。

和本地缓存相比，分布式缓存应具有的额外特性如下。

- 支持弹性扩展。通过动态增加或减少节点应对变化的数据访问负载，提供可预测的性能与扩展性。
- 高可用性。可用性包含数据可用性与服务可用性两方面。基于冗余机制实现高可用性，无单点失效，支持故障的自动发现，透明地实施故障切换，不会因服务器故障而导致缓存服务中断或数据丢失。动态扩展时自动均衡数据分区，同时保障缓存服务持续可用。虽然很多应用本身并不要求高可用性，但是为了提供更好的用户体验，大多数互联网应用都努力确保 7 × 24h 的可用性。
- 更大的容量。各种分布式缓存实现通常能够支持更大的缓存，如 20GB~30GB。虽然其在理论上可以支持更大的容量，但是这样做的后果就是故障恢复的时间较长。而更糟糕的是，当发生 Redis rewrite aof 和 save rdb 时，将会带来非常大的系统压力，并占用额外内存，很可能导致系统内存不足等严重影响性能的线上故障。

相比本地缓存，分布式缓存通常部署在独立的服务器上，因此访问分布式缓存会产生额外的网络请求，如果在这方面不够注意将会导致严重的性能问题，第 6.5 节将讨论如何最小化网络交互。

6.4 JDBC、OCI优化

对任何需要访问数据库的应用来说，无论在应用层做了多少优化、多少缓存阻挡了访问数据库的流量，都会发现如果不对数据库访问层进行优化，数据库仍然会是系统的主要瓶颈之一。除了 SQL 语句和表结构、Oracle 服务器的优化外，各种宿主语言的数据库驱动，如 JDBC、OCI 也会对性能造成一定的影响，在某些特殊情况下，甚至能够高达 30%。

在 ORM 框架，如 MyBatis、Hibernate 没有特别流行之前，Java 开发人员通常会深入学习具体驱动的各种配置选项及其作用，在其他编程语言如 Pro*C/OCI 中也是如此。但是自从 Java 开发人员适应了 ORM 框架应该处理一切，并且 ORM 框架将 JDBC 驱动的很多细节隐藏在背后，开发人员便只希望编写 SQL，其他都由框架处理。这样做导致的后果就是 SQL 逻辑正确，但是效率却不佳。本节将主要讨论和持久层相关的优化。

6.4.1 选择恰当的驱动包

选择合适的 JDBC 驱动版本有时对性能和高效实现某些功能的影响是很大的，但是绝大部分开发人员似乎只关心 SQL 能够运行，能够直接在 MyBatis 中编写各种 SQL 即可，而根本不关心应用使用的 JDBC 规范是 3.0、4.0、4.1 还是 4.2，更不要说 Oracle 的 JDBC 驱动。

同 Oracle 服务器一样，通常新版本的 JDBC 驱动规范会增加一些新的特性，对应的驱动厂商也会扩展特性来使其数据库更好用，Oracle 也不例外。12cR1 的 JDK 7 驱动 ojdbc7.jar 实现了 JDK 7 和 JDK 8 中的 JDBC 4.1 规范，支持多租户和 Oracle 12c 新特性，如 32KB varchar、不可见列、自增列等。使用低版本的驱动如 Oracle 11gR2 的 ojdbc7.jar 时，意味着将无法使用 Oracle 12c 和 JDBC 4.1 的增强特性，如 JDK 7 新增的资源自动关闭特性。表 6–2 总结了 Oracle 驱动版本、JDBC 版本和 JDK 版本的对应关系。

表6–2 Oracle驱动版本、JDBC版本、JDK版本的对应关系

Oracle驱动版本	JDK版本和JDBC版本规范	特定于版本的 JDBC jar 文件
11.2 或 12cR2	JDK 8中的 JDBC 4.2	JDK 8 的 ojdbc8.jar
11.1 或 12cR1	JDK 8和JDK 7中的JDBC 4.1	JDK 8 和JDK 7的ojdbc7.jar
	JDK 6 中的 JDBC 4.0	JDK 6的ojdbc7.jar
10.2 或 11gR2	JDK 6 中的 JDBC 4.0	JDK 8、JDK 7和JDK 6的ojdbc7.jar
	JDK 5 中的 JDBC 3.0	JDK 5 的 ojdbc5.jar
10.1 或 11gR1	JDK 6 中的 JDBC 4.0	JDK 6 的 ojdbc7.jar
	JDK 5 中的 JDBC 3.0	JDK 5 的 ojdbc5.jar

ojdbcN_g.jar 和不带 g 版本的差别在于使用 goc-g 选项编译，其中包含了 jdbc 驱动实现本身的调试信息，并且包括 java.util.logging 调用。JDBC 驱动程序版本与 Oracle 数据库兼容矩阵如表 6–3 所示。

表6–3 JDBC驱动程序版本与Oracle数据库兼容矩阵

互操作性信息表	Oracle 11.2.0.1	Oracle 11.1.0.x	Oracle 10.2.0.x
JDBC 11.2.0.1	支持	支持	支持
JDBC 11.1.0.x	支持	支持	支持
JDBC 10.2.0.x	支持	支持	支持

JDBC 驱动程序版本应与所用 Oracle 数据库版本相同或比其高，以便利用 JDBC 驱动程序的新功能。

Oracle JDBC 中有两种类型的驱动，即 OCI 客户端驱动与瘦客户端驱动。这是对 Oracle 熟悉的开发人员常会纠结的选择，有些资料说应该使用 OCI 客户端驱动，因为它具有更强大的特性，能够使用更多的 Oracle 原生特性；另外一些资料则表示仅应该使用瘦客户端驱动，而且性能测试的结果也是瘦客户端驱动在大部分情况下比 OCI 客户端驱动效果好，尤其是从 Oracle 10g 开始，如表 6–4 所示。

表6–4 OCI客户端驱动和瘦客户端驱动性能测试比较（单位：ms）

测试场景	OCI（客户端驱动）	瘦（客户端驱动）
自动提交1000次insert	3712	3675
手工提交1000次insert	2613	2594
Statement方式1次insert	10	10
Statement方式1000次insert	2804	2583
PreparedStatement方式1次insert	113	113
批量方式1000次insert	1482	367
SELECT	10	10
预定义的SELECT	10	10
CallableStatement方式1次insert	113	117
CallableStatement方式1000次insert	1723	1752
汇总	12590	11231

从表 6–4 可知，瘦客户端驱动已经非常高效了，从大部分常规 JDBC 特性的性能角度来看，应该优先使用瘦客户端驱动而不是 OCI 客户端驱动，而且瘦客户端驱动更容易管理。

在 Oracle 11.2 的官方文档中，也推荐优先使用瘦客户端驱动。言下之意，现在瘦客户端驱动支持的重要特性已经和 OCI 客户端驱动接近。如果一定要给使用 OCI 客户端驱动找到理由，如 Oracle 的某些特性仅在 OCI 客户端驱动中支持，在瘦客户端驱动中不支持，它们主要包括 Oracle 客户端结果集缓存、TAF 透明应用故障转移，但这些特性几乎很少使用。所以，除非有明确的需求，开发人员应该优先使用瘦客户端驱动。

6.4.2　优化JDBC、OCI连接设置

除了 SQL 和 Oracle 服务器性能外，Oracle 客户端驱动的设置合理与否也会极大地影响应用性能。在大数据量交互和高并发的场景中，其设置会有数量级的性能差别。

1. 连接池

首先，对生产系统来说，JDBC 连接池的影响是非常大的，连接池本身实现的性能和稳定性会对程序造成影响。一般来说，具体数据库驱动实现的连接池性能和稳定性是最好的，如 Oracle 的 UCP，但是因为接口和具体实现相关并不具有通用性，所以除了在 Oracle 自己的产品线，如 Oracle EBS、CRM 等之外很少被使用。目前最受欢迎和广泛使用的连接池是 DBCP 和 Druid。

其次，连接池的配置是否恰当也会决定该连接池的性能和稳定性表现。对于 Oracle 数据库来说，由于 Oracle 数据库本身非常稳定，只要各种连接数、有效性检查等符合要求，通常不会有太大的问题。

2. 语句缓存

在讨论语句缓存的重要性之前，需要先了解 Oracle 数据库中的 4 种 SQL 解析方式。

- 硬解析：过多的硬解析会在系统中产生 shared pool latch 和 library cache latch 争用，消耗过多的共享池，使系统不具有可伸缩性，即硬编码和绑定变量。
- 软解析：过多的软解析仍然可能会导致系统问题，特别是如果有少量的 SQL 高并发地进行软解析，会产生 library cache latch 或者共享模式的 mutex 争用。大多数开发人员并不了解该方式。
- 软软解析：与普通的软解析不同的是，软软解析的 SQL 会在会话的 cached cursor 中命中。大多数开发人员并不了解该方式。
- 一次解析，多次执行：这是解析次数最少的方式，也是系统最具可扩展性的方式。

默认情况下，当前线程执行完 SQL 语句后将连接放回连接池时，PreparedStatement 和 CallableStatement 语句会被销毁，这意味着虽然 SGA 的共享池中有对应 SQL 的解析计划，但是私有 SQL 区域已经没有对应的信息。这样每次不同线程执行同样的 PreparedStatement 时，游标都要重新创建，即使执行计划已经存在了且不需要重新生成。

从 Oracle 的角度来看，语句缓存就是指向私有 SQL 区的客户端指针，目的是减少软解析。当客户端的语句缓存有效且没有超过会话缓存中的游标数时，语句可以直接绕过软解析执行，所以语句缓存的目的是将软解析优化为软软解析。在 Oracle JDBC 驱动中，语句缓存的生效与否由 OracleConnection. setStatementCacheSize(N) 和 OracleConnection.setImplicitCachingEnabled(boolean)

进行设置。默认情况下语句缓存启用，设置的是每个连接能够缓存的语句数量。

该参数在 MyBatis 框架中没有对应的设置，需要在连接池层面进行设置。在 Druid 连接池中，对应的参数为 poolPreparedStatements 和 maxOpenPreparedStatements（dbcp 设置）或 maxPoolPreparedStatementPerConnectionSize。

3. 会话参数优化

在 PL/SQL、Pro*C 和 OCI 中，会话参数经常会被开发人员使用，如用 alter session set nls_date_format='yyyy-mm-dd hh24:mi:ss' 设置统一的日期格式而不管服务器当前的设置。但是在 Java 中，开发人员对会话参数的使用似乎要少得多。

各种数据库都有很多参数可以在会话级别进行设置，这样能够改变当前的一些行为，如减少 Redo 日志的生成、开启并行执行选项等。有些会话参数适合在连接级别统一设置，如前面讲到的日期格式，可以确保代码不限定数据库的设置，同时又减少冗余代码的编写；对于多个应用连接到 Oracle 实例的环境，如很多系统白天处理 OLTP、晚上跑批，这样对于跑批的业务就可以设置异步记录 Redo 日志以最大化性能等。

还有一些场景需要针对具体的语句优化上下文，如一个应用中某个语句要处理的数据量特别大，就可以在这个语句执行前开启并行 DML，同时将 PGA 调整为手工模式，在执行后恢复默认值以便不影响其他语句执行。

在 DBCP、Druid 连接池中，可以通过 connectionInitSqls 参数设置物理连接初始化时执行的 SQL。

6.4.3 绑定变量和硬编码选择

在 Oracle 数据库中，OLTP 语句是否使用绑定变量对性能的影响是很大的。在高并发时，不使用绑定变量的效率比绑定变量可能要低很多，如下所示：

```
package chapter7.sec4;
import java.sql.*;
import java.util.ArrayList;
import java.util.List;
import java.util.Random;
/**
 * 绑定变量与硬编码性能测试对比类
 *
**/
public class HardcodeAndBindVariableTest {
      static public void main(String args[]) throws Exception {
            DriverManager.registerDriver(new Oracle.jdbc.driver.
OracleDriver());
            long beg = System.currentTimeMillis();
            List<Thread> threads = new ArrayList<>();
            int n = 2; // 1,2,4,8,16 用于调节并发数
            // 绑定变量测试
```

```
for (int x = 0; x < n; x++) {
        Thread thread = new Thread(new Runnable() {
                @Override
                public void run() {
                        try {
                                Connection conn = DriverManager.get
                                  Connection("jdbc:Oracle:thin:@192.
                                  167.223.137:1521/orclpdb",
                                  "hr", "hr");
                                conn.setAutoCommit(false);
                                Random random = new Random();
                                PreparedStatement pstmt = conn.
                                  prepareStatement("insert into hard_
                                  and_bind_test (x) values(?)");
                                for (int i = 0; i < 25000; i++) {
                                        pstmt.setInt(1, random.
                                          nextInt());
                                        pstmt.executeUpdate();
                                }
                                conn.commit();
                                conn.close();
                        } catch (Exception e) {
                                //TODO: handle exception
                        }
                }
        });
        threads.add(thread);
        thread.syyrt();
}
for (Thread thread : threads) {
        thread.join();
}
long end = System.currentTimeMillis();
System.out.println(end - beg);
threads.clear();
beg = System.currentTimeMillis();
// 硬编码测试
for (int x = 0; x < n; x++) {
        Thread thread = new Thread(new Runnable() {
                @Override
                public void run() {
                        try {
                                Connection conn = DriverManager.get
                                  Connection("jdbc:Oracle:thin:@192.
                                  167.223.137:1521/orclpdb",
                                          "hr", "hr");
                                conn.setAutoCommit(false);
                                Statement stmt = conn.
                                  createStatement();
```

```
                                    Random random = new Random();
                                    for (int i = 0; i < 25000; i++) {
                                         stmt.execute("insert into
                                           hard_and_bind_test (x) values
                                           (" + random.nextInt() + ")");
                                    }
                                    conn.commit();
                                    conn.close();
                               } catch (Exception e) {
                                    //TODO: handle exception
                               }
                          }
                     });
                     threads.add(thread);
                     thread.syyrt();
                }
                for (Thread thread : threads) {
                     thread.join();
                }
                end = System.currentTimeMillis();
                System.out.println(end - beg);
           }
}
```

不同并发下绑定变量与硬编码的性能比较如表 6–5 所示。

表6–5　不同并发下绑定变量与硬编码的性能比较（单位：ms）

	1并发	2并发	4并发	8并发	16并发
绑定变量	5902	7884	13201	17302	31835
硬编码	18442	28948	47171	78044	155167

上述测试是在笔者 2C/6GB 的 RHEL 虚拟机中进行的，测试期间 CPU 很快就到了 100%。仅在此硬编码和绑定变量的 TPS 就相差了接近 5 倍，在实际的生产环境中，这种差异会更明显。

但适用绑定变量的场景也就仅限于此，当 SQL 语句很复杂时，如一些统计查询或者批处理，绑定变量在很多情况下并不适用。因为数据倾斜较大，所以不适用于当前上下文的执行计划被重用，进而导致 SQL 语句效率低下的情况。

因此，对于是否应该使用绑定变量，只需要知道一个原则，对于联机交易类的 SQL 语句，即 to C 类的 SQL 语句，应该使用绑定变量；to B 类的汇总或者查询应该使用硬编码。

6.5 最小化网络交互

无论是集中式系统还是分布式系统，是 OLTP 系统还是 DSS 系统，网络交互都是影响系统性能的一大关键因素。一个典型的网络请求流程可能会有图 6–5 所示的这些网络交互。

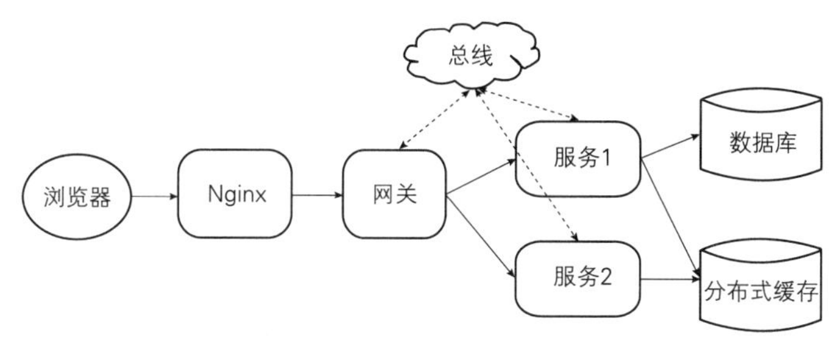

图6–5　典型的网络请求流程

从请求的角度来看：客户端要访问静态资源、AJAX 请求、动态页面；反向代理要访问应用服务器；应用层要访问分布式缓存、其他微服务、数据库；如果使用 ESB 总线架构，应用服务之间的访问还要经过总线系统。整个流程下来，可能服务本身执行时间只有 10ms，网络请求时间占了 10ms；在实现不合理的系统中，甚至有可能处理时间 10ms，网络请求 100ms。

一些开发人员在两表关联查询时，先查询第一张表，在 Java 中循环根据主键查找第二张表，这经常导致系统性能低下。他们这么做的依据大都是高并发系统不允许多表关联，这就是典型的生搬硬套。

减少不必要的网络请求将极大地减少系统的响应时间，并提高系统的吞吐量，本节将讨论各种典型的网络交互优化的场景与方法。

6.5.1 客户端fetchSize大小的影响

很多开发人员并不知道 Oracle 客户端预提取结果集的大小会严重影响应用和 Oracle 的性能，尤其是在数据量比较大时。

先来看 fetchSize 对客户端及 Oracle 数据库本身性能的影响。SQL*plus 和如何在 Oracle 服务器端验证客户端设置的值生效与否的方法如下所示：

```
// 创建测试表
  SQL> create table big_table as select object_name, object_id from all_
objects;
SQL> set autotrace traceonly statistics
SQL> set timing on
SQL> set arraysize 1;
SQL> select * from big_table;
90038 rows selected.
Elapsed: 00:00:04.63
```

```
Statistics
----------------------------------------------------------
      45237  consistent gets
   11458653  bytes sent via SQL*Net to client
     495718  bytes received via SQL*Net from client
      45020  SQL*Net roundtrips to/from client
      90038  rows processed
SQL> set arraysize 100
SQL> select * from big_table;
90038 rows selected.
Elapsed: 00:00:00.36
Statistics
----------------------------------------------------------
       1325  consistent gets
    3252705  bytes sent via SQL*Net to client
      10420  bytes received via SQL*Net from client
      902  SQL*Net roundtrips to/from client
      90038  rows processed
SQL> set arraysize 1000
SQL> select * from big_table;
90038 rows selected.
Elapsed: 00:00:00.23
Statistics
----------------------------------------------------------
      523  consistent gets
    3102045  bytes sent via SQL*Net to client
       1510  bytes received via SQL*Net from client
       92  SQL*Net roundtrips to/from client
      90038  rows processed
```

提取大小为 1、100、1000 时的执行时间、网络传输次数和逻辑读次数，如表 6–6 所示。

表6–6　不同fetchSize的各资源消耗比较

执行时间 / 提取大小	执行时间/s	网络传输次数	逻辑读次数
1	04.63	45020	45237
100	00.36	902	1325
1000	00.23	92	523

从表 6–6 可知，在网络包发送或接收达到瓶颈前，提取大小增大将极大地缩短系统的响应时间，并可最小化 Oracle 数据库的资源消耗。

可以通过 v$sql 查看每个语句执行的预提取大小及提取次数，如下所示：

```
create table big_table as select object_name, object_id from all_
  objects;
select * from big_table b_a1000;
```

```
select o.SQL_TEXT,
       o.FETCHES,
       o.BUFFER_GETS,
       o.ROWS_PROCESSED,
       case round(o.ROWS_PROCESSED / (o.FETCHES - 2))
         when 2 then
          1
         else
          round(o.ROWS_PROCESSED / (o.FETCHES - 2))
       end fetch_size
  from v$sql o
 where o.SQL_TEXT like '%select * from big_table b%'
   and o.SQL_TEXT not like '%v$sql%';
SQL_TEXT        FETCHES BUFFER_GETS ROWS_PROCESSED FETCH_SIZE
------------------------------ ---------- ----------- -------------
select * from big_table b_a1          45020      45342         90038          1
select * from big_table b_a100          902       1386         90038        100
select * from big_table b_a100          184       1112        180076        989
```

在 Oracle JDBC 中，Oracle.jdbc.OracleConnection.setDefaultRowPrefetch(N) 设置全局预提取大小，java.sql.Statement.setFetchSize(N) 设置语句级别提取大小。在开发中，开发人员大都使用 MyBatis 作为 ORM 框架，不会直接访问连接对象和语句对象，所以需要在 MyBatis 框架上设置。MyBatis 同样支持语句级别和全局设置预提取大小。

全局设置。在 MyBatis-config.xml 的 settings 设置 defaultFetchSize 属性，如下所示：

```
<setting name="defaultFetchSize" value="100"/>
```

语句级别设置，如下所示：

```
<select id="SELECT_TABLE" parameterType="String" fetchSize="500"
  resultType="hashmap">
    SELECT * FROM TABLE WHERE NAME = #{value}
</select>
```

注意：该属性仅对支持 fetchSize 特性的数据库有效，如 Oracle，对 MySQL 无效。

在 OCI 中，可以在执行语句前通过调用 OCIAttrSet 设置 OCI_ATTR_PREFETCH_ROWS 和 OCI_ATTR_PREFETCH_MEMORY 属性调整预提取大小，后者主要应用于有大量可变长度字段的场景。一般仅设置 OCI_ATTR_PREFETCH_ROWS 属性，当两者都设置时，取先达到的最小值。

在 Pro*C 中，可以通过预编译选项 prefetch 设置程序的全局预提取大小，如下所示：

```
$ proc … prefetch=N …
```

也可以通过 Pro*C 语句 exec oracle option 选项设置随后语句的预提取大小，如下所示：

```
exec sql declare c1 cursor for select empno from emp A;
exec oracle option( prefetch=100);
exec sql open c1;
```

注意：预提取大小的默认值在不同编程语言的驱动中各有不同，在 SQLplus 中默认值为 15，在 JDBC 中默认值为 10，在 OCI 和 Pro*C 中默认值为 1。

预提取大小也不是越大越好，它受到 SDU 大小的限制，超过 SDU 大小后几乎就不会再有提升。在 Oracle 12c+ 中，SDU 的上限为 2MB，在 Oracle 10.2 中为 64kB，在 Oracle 10.2 之前的版本中为 32kB。

默认情况下，Oracle JDBC 根据 oracle.jdbc.defaultLobPrefetchSize 属性的值预提取 LOB 字段的字节或字符数，其默认值为 4kB，对于超过部分需要通过 LOB 协议进行人工提取。如果大部分情况下 LOB 的长度超过 4kB，如大多在 10kB 以内，则可以在语句级别进行覆盖，这将极大地提升 LOB 的查询性能，如下所示：

```
((OracleStatement) statement1).setLobPrefetchSize(250000);
```

6.5.2 提供面向集合的接口

以购买蔬菜为例，当家庭购买少量蔬菜时，通常商家会安排骑手进行配送；当餐厅进行采购时，商家通常会安排货车进行配送。前者和后者唯一的区别在于购买量不同，商家根据购买量的不同安排不同的配送方式是为了最大化效率、最小化成本。软件开发也一样，有些情况下一次只要处理一条记录，有些情况下则需要一次性处理很多条记录。本节将主要讨论这方面的优化。

1. 提供集合版本的访问接口

我们经常会遇到这样的场景，要实现根据资产账号查询其信息的功能，在业务的早期一个用户下只有一个账号，于是设计了入参为资产账号的接口供应用调用。随着业务的开展深入，一个用户下允许有多个账号，如多个支付账号，有时需要获得某个用户下可用或不在黑名单中的账号，于是现成的接口无法满足需求。在这种情况下，很多开发采用循环的方式进行判断，如下所示：

```
ResultModel<List<FundAccount>> fundAccountResult = fundService.
  queryFundAccount(dto);
for (int i = 0; i < fundAccountResult.getDayy().size(); ++i) {
      FundAccount fundAccount = fundAccountResult.getDayy().get(i);
this.filterBlacklist(fundAccount);
}
```

这种做法在集中式应用中没有什么大问题，只是增加了一些方法调用而已，不会有太多的性能下降。但是试想一下，如果过滤黑名单的接口现在是由三方服务提供的，这意味着有几个账号就会增加几次网络请求，可能一次判断本身只需要 10μs，但是网络请求为 100ms。

如果有些逻辑要一次性查询所有不在黑名单中的用户，这意味着这种做法会导致系统性能非常低下。为了从接口使用方角度更加友好地同时满足根据单个键值或键列表操作的场景，应用应该和 JDK 的集合类库一样，同时提供针对单个条目和集合条目的接口，如 List 的增加操作提供了 4 个接口：

- boolean add(E);
- void add(int,E);
- boolean addAll(int,Collection<? extends E>);
- boolean addAdd(Collection<? extends E>);

应用同时支持新增单条目、集合，以及在指定位置新增条目。通过同时提供针对单个条目和条目集合的操作，能够在不降低性能的情况下满足各种模式。通过在使用集合接口作为入参的实现中根据情况复用针对单个条目接口的逻辑，还能同时保持代码整洁，如下所示：

```
ResultModel<List<FundAccount>> fundAccountResult = fundService.
  queryFundAccount(dto);
this.filterBlacklist(fundAccountResult.getDayy());
```

但是如果单条目的接口需要访问数据库或者其他需要网络请求的接口，还必须拆分应用逻辑三方访问。仍然以上面的黑名单校验为例，如果黑名单判断比较复杂，如某个号段开头的账号都被标示为黑名单，非特定号段开头的采取 Redis 判断黑名单，就意味着需要将账号前缀判断和到 Redis 验证账号是否在黑名单中的逻辑分别抽取为公共子方法，如下所示：

```
package chapter7.sec5;
import java.util.ArrayList;
import java.util.List;
public class CollectionInterfaceDemo {
      public <E> List<E> filterBlacklist(List<E> accounts) {
            this.doCommonCheck(accounts);
            this.doRedisCheck(accounts);
            return accounts;
      }
      public <E> E filterBlacklist(E account) {
            List<E> list = new ArrayList<>();
            list.add(account);
            this.doCommonCheck(list);
            this.doRedisCheck(list);
            return account;
      }
      private <E> boolean doRedisCheck(List<E> accounts) {
            //TODO
            return true;
      }
      private <E> boolean doCommonCheck(List<E> accounts) {
            //TODO
            return true;
      }
}
```

这样就能满足每一种需求了，而且每一种都能获得最优的结果。这也是经典编程书籍《重构》

推荐的实时重构的做法。

2. 面向集合编写SQL

很多开发人员之所以编写出低效的应用，很大一部分原因是他们并不理解怎样编写 SQL 更高效。以订单查询为例，可能经常需要查询某个用户的订单及订单明细，并且以树形方式展现，如图 6–6 所示。

X00000000212	102	1
鼠标	108	102
键盘	109	102
蓝牙耳机	110	102

图6–6　树形展现示例

对于这种性质的功能，很多开发人员的做法是先查询主表，然后根据主表循环子表，如下所示：

```
List< Department > depts = DepartmentMapper.queryDept();
for (Department dept: depts) {
      dept.setEmps(EmployeeMapper.queryEmp(dept.id));
}
```

这种做法就是典型的过程性编程思维，它不仅在更改查询条件或字段时维护性差、不支持两个表的查询条件，而且性能低下，主表有几条记录就会导致请求数据库几次，不仅应用响应时间长，服务器也会耗费更多的资源。

合理的实现方式是一次性查询所有符合条件的记录，然后在应用中进行拆分并组装。主流的 ORM 框架几乎都支持这些模式，以使用最广泛的 MyBatis 为例，其结果映射 resultMap 中的 assOCIation（用于一对一和多对一）和 collection（用于一对多）元素支持自动将两位结果映射为主子对象，如下所示：

```
<mapper namespace="chapter7.dao.DepartmentMapper">
      <!--嵌套结果集的方式，使用collection标签定义关联集合类型的属性封装规则-->
      <resultMap type="chapter7.bean.Department" id="MyDept">
            <id column="did" property="id"/>
            <result column="dept_name" property="departmentName"/>
            <collection property="emps" ofType="chapter7.bean.Employee">

                  <id column="eid" property="id"/>
                  <result column="last_name" property="lastName"/>
                  <result column="email" property="email"/>
                  <result column="gender" property="gender"/>
            </collection>
      </resultMap>
      <select id="queryDept" resultMap="MyDept" >
            SELECT
                  d.id did,
```

```
                d.dept_name dept_name,
                e.id,
                e.last_name last_name,
                e.email email,
                e.gender gender
            FROM
                tbl_dept d
            LEFT JOIN tbl_employee e ON d.id = e.d_id
        </select>
</mapper>
```

association 可以实现相同功能，只不过 tbl_employee 是主表。

除了主子表查询外，另一种典型的会导致大量网络交互的场景就是一次性插入很多数据到数据库中，很多开发人员会采用 for 循环或者 MyBatis 的 foreach 实现，这也会导致低效的性能。

从 Oracle 10g 开始，随着 Oracle 对 PL/SQL 的不断增强和完善，PL/SQL 的性能在很多方面都超过了 Pro*C，所以仍然有很多场景会使用 PL/SQL 开发。同在 Java 中处理集合时所犯的错误一样，在 PL/SQL 中仍然可能编写出过程化的语句，从而导致性能低下，如下所示：

```
SQL> create table bulk_src yyblespace users as select * from dba_objects;
table created.
SQL> create table bulk_tgt yyblespace users as select * from dba_objects
  where rownum=0;
table created.
SQL> select count(*) from bulk_src;
  COUNT(*)
----------
    815200
SQL> select count(*) from bulk_tgt;
  COUNT(*)
----------
         0
SQL> alter table bulk_src nologging;
table altered.
SQL> alter table bulk_tgt nologging;
table altered.
SQL> set timing on;
SQL> select  st.name,ss.value from v$mystat ss, v$statname st
  2  where ss.statistic# = st.statistic#
  3  and st.name in ('redo size','undo change vector size','CPU used by
  this session');
NAME                           VALUE
------------------                   ----------
CPU used by this session           1
redo size                          0
undo change vector size            0
Elapsed: 00:00:00.00
SQL> declare
```

```
  2     type recsyyrtyp is table of bulk_src%rowtype index by BINARY_INTEGER;
  3      reyyb recsyyrtyp;
  4      cursor temp is select * from bulk_tgt;
  5  begin
  6      open temp;
  7      fetch temp BULK COLLECT into reyyb;
  8      FORALL i in reyyb.first..reyyb.last
  9         insert /*+ append */  into bulk_src values reyyb(i);
 10      commit;
 11      close temp;
 12  end;
 13  /
PL/SQL procedure successfully completed.
Elapsed: 00:00:10.00
SQL> select  st.name,ss.value from v$mystat ss, v$statname st
  2  where ss.statistic# = st.statistic#
  3  and st.name in ('redo size','undo change vector size','CPU used by
       this session');
NAME                           VALUE
------------------------------ ----------
CPU used by this session       436
redo size                      91943804
undo change vector size        3572052
SQL> exit
$ sqlplus hr/hr
SQL>  set timing on;
SQL> select  st.name,ss.value from v$mystat ss, v$statname st
  2  where ss.statistic# = st.statistic#
  3  and st.name in ('redo size','undo change vector size','CPU used by
       this session');
NAME                           VALUE
------------------------------ ----------
CPU used by this session       1
redo size                      0
undo change vector size        0
SQL> declare
  3      cursor temp is select * from bulk_src;
  4  begin
  6     for i in temp loop
  7     insert into bulk_tgt values i;
  8     end loop;
  9     commit;
 10  end;
 11  /
PL/SQL procedure successfully completed.
Elapsed: 00:01:06.18
SQL> select  st.name,ss.value from v$mystat ss, v$statname st
  2  where ss.statistic# = st.statistic#
  3  and st.name in ('redo size','undo change vector size','CPU used by
```

```
      this session');
NAME                              VALUE
------------------------------ ----------
CPU used by this session          5599
redo size                         318363048
undo change vector size           74972216
```

可以看到，FORALL 执行时间比 for 循环少大约 80%，同时 FORALL insert 本身对比普通 for 循环 insert 节省了大量 Redo 日志（大约 70%）和绝大部分的 Undo 日志（大约 95%）。虽然都在 Oracle 服务端执行，但是 PL/SQL 和 SQL 引擎在内部是分开的，相当于两个进程交互，如图 6–7 所示。

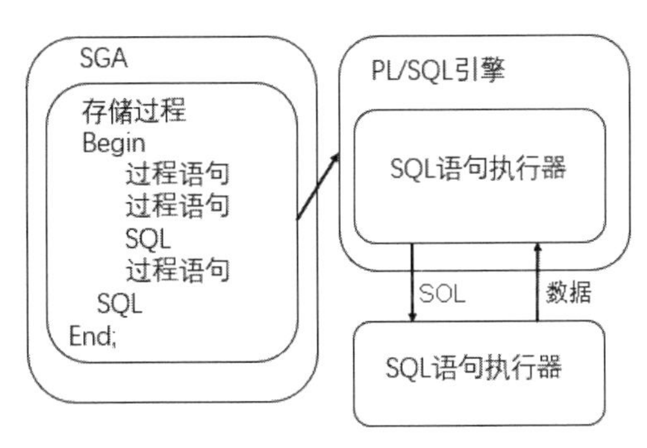

图6–7　PL/SQL中SQL语句的执行

虽然 FORALL 比 for 循环快很多，但其有很多限制：首先是消耗 PGA 内存，因为批处理缓存总是要有地方存放的，这个地方就是 PGA；其次，从开发角度，使用 BULK COLLECT 时，NO_DATA_FOUND 异常不会抛出，即使没有数据返回也是如此；同时，在 LIMIT 中不能依赖 cursor%FOUND 来判断，而是需要检查集合中的内容是否为空；最后，在客户端程序无论是 JDBC 还是 OCI 中都没有 BULK COLLECT 语法，但是预提取（prefetch）和数组绑定插入可以认为就是 BULK COLLECT 的对应机制。

最后来看最高效的 insert /*+ append */ into select 的性能，如下所示：

```
SQL> set timing on;
SQL> select  st.name,ss.value from v$mystat ss, v$statname st
  2  where ss.statistic# = st.statistic#
  3  and st.name in ('redo size','undo change vector size','CPU used by
       this session');
NAME                           VALUE
-------------------------- ----------
CPU used by this session     1
redo size                     0
undo change vector size      0
SQL> insert /*+ append */  into bulk_tgt select * from bulk_src;
815200 rows created.
Elapsed: 00:00:02.27
SQL> select  st.name,ss.value from v$mystat ss, v$statname st
```

```
  2  where ss.statistic# = st.statistic#
  3  and st.name in ('redo size','undo change vector size','CPU used by
       this session');
NAME                           VALUE
---------------------------- ----------
CPU used by this session       103
redo size                      260168
undo change vector size        57544
```

从上面的示例可以看出，直接 SQL insert...select 的性能还是比 BULK COLLECT/FORALL 好的。

因此，如果要和数据库交互，尽量利用一条 SQL 语句完成工作（但是这一原则不适用于在大量的结果集上使用标量函数，如 select case when t.value > 100 then '1' when t.value > 50 then '2' else '3' end from big_table t 等，它会导致系统没有扩展性）；如果无法用一条 SQL 语句完成，那就尽量使用面向集合的方式完成，如先在 Java 中处理好，然后批量插入、批量提取；如果都不能满足，再考虑逐条处理，但是这种情况仅应该发生在纯 OLTP 系统中，否则就代表应用设计或实现需要优化。

3. 面向集合访问缓存

在大部分情况下，设计订单表结构时不会冗余存储用户名称、联系方式等信息，在客户信息表中存储客户级别、地址等信息时通常存储的也是键值而不是用来显示的值，这些信息通常存储在本地缓存或分布式缓存中。

以一个动态配置页面引擎的功能为例，开发人员只要根据组件及字段名配置好模板即可，页面配置引擎会自动根据字段名找到对应的标签，然后发送给渲染引擎。一个页面通常会有几十甚至更多的字段，一种简单的做法是，每处理到组件中需要显示的标签就调用字段服务取一次，然后字段服务根据字段名从 Redis 中获取详细信息，如果有几十个，就需要调用几十次，这样成本就会很高，还会严重影响系统性能。

对于采用分布式缓存的应用来说，最好是选择支持一次性请求多个键的缓存中间件，如 Redis。在 Redis 中，MGET 命令支持一次性获取多个指定键，如下所示：

```
Redis 127.0.0.1:6379> SET key1 "hello"
OK
Redis 127.0.0.1:6379> SET key2 "world"
OK
Redis 127.0.0.1:6379> MGET key1 key2 someOtherKey
1) "Hello"
2) "World"
3) (nil)
```

Spring RedisTemplate 也支持批量接口，如下所示：

```
List<String> keys = new ArrayList<>();
List<YourObject> list = this.RedisTemplate.opsForValue().multiGet(keys);

以获取一个字典为例，通过get循环获取和通过multiGet一次性获取的时间分别如下：
```

```
List<String> keys = new ArrayList<>();
for (int i=0;i<100;i++) {
      keys.add("key-" + i);
}
long beg = System.currentTimeMillis();
for (String key : keys) {
      RedisUtil.get(RedisNS.DICT_DICT_NAME, key);
}
long loopGetEnd = System.currentTimeMillis();
System.out.println("loop get elapsed(ms):" + (loopGetEnd - beg));
RedisUtil.mget(RedisNS.DICT_DICT_NAME,keys);
long end = System.currentTimeMillis();
System.out.println("mget elapsed(ms):" + (end - loopGetEnd));
```

输出如下：

```
loop get elapsed(ms):484
mget elapsed(ms):6
```

从上可知，通过 for 循环获取，执行时间为 484ms；通过 MGET 一次性获取，执行时间为 6ms。两者相差大约 80 倍，可以认为几乎所有时间都花在了网络通信上。除了 MGET 一次性获取多个键外，Redis 也支持一次性通过集合的方式添加键 / 值对 MSET。

因此，对于分布式缓存的访问来说，无论是获取还是添加，如果需要同时处理多个键值，一定要使用支持集合接口的分布式缓存实现，以确保运行时性能符合要求。

6.6 分页查询优化

分页查询是一个平常的需求，很多的查询功能在一页无法完全显示时常采用分页实现。实现分页查询也非常简单，对于展现端通常会使用前端框架的分页控件，然后向后台传递一个继承于 BaseQuery 的请求结构，如下所示：

```
package chapter7.sec6;

/**
* 使用MyBatis-PageHelper分页插件
 */

public class BaseQuery extends BaseParameter{
      private Integer pageNum;//第几页
      private Integer pageSize;//每页显示数量
      private static final Integer DEFAULT_PAGENUM = 1;
      private static final Integer DEFAULT_PAGESIZE = 20;
      public static final Integer ONLY_COUNT = -1;
```

```
    //如果只查询数量，设置pageSize为当前值
    public Integer getPageNum() {
          if(pageNum==null){
                return DEFAULT_PAGENUM;
          }
          return pageNum;
    }
    public void setPageNum(Integer pageNum) {
          this.pageNum = pageNum;
    }
    public Integer getPageSize() {
          if(pageSize==null){
                return DEFAULT_PAGESIZE;
          }
          return pageSize;
    }
    public void setPageSize(Integer pageSize) {
          this.pageSize = pageSize;
    }
}
```

每次单击“下一页”按钮时会将开始页和行数传递给后台，服务端则通常这样实现：第一种，借助于插件，如 PageHelper。这种方式是目前采用最多的，如下所示：

```
PageHelper.syyrtPage(queryDto.getPageNum(), queryDto.getPageSize());
Page<MyResult> listPage = (Page<MyResult>) trdCfm03ResultMapper.
queryMyResult(paramMap);
```

这样 SQL 语句只需要写查询核心部分，分页和查询行数则由框架去做。

第二种，无论是在 Java 服务还是在 mapper 中都完全手写，如下所示：

```
<select id="countMenu" resultType="java.lang.Integer">
    SELECT count(*) FROM auge_menu
</select>
<!--分页获取所有菜单-->
<select id="listMenu" resultType="java.util.Map">
    SELECT
      am.id, am.name, am.path, am.icon, am.description, am.parent_id,
      DATE_FORMAT(am.create_time,'%Y-%m-%d %T') as create_time,
      DATE_FORMAT(am.update_time,'%Y-%m-%d %T') as update_time,
      aa.name as create_user, an.name as update_user,
      au.name parent_name
    from
      auge_menu am
    LEFT JOIN auge_menu au ON am.parent_id = au.id
    LEFT JOIN auge_admin aa ON am.create_user = aa.id
    LEFT JOIN auge_admin an ON am.update_user = an.id
    ORDER BY am.create_time
    LIMIT #{offset},#{limit}
```

```
</select>
```

在应用中编写分页查询请求：

```
public ResultModel getMenuList(Integer page, Integer limit){
    int offset = (page - 1) * limit;
      List<Map> menuList = augeMenuMapper.listMenu(offset, limit);
      int count = augeMenuMapper.countMenu();
      ResultModel resultModel = new ResultModel (menuList, count);
      return resultModel;
}
```

这两种做法最简单，虽然有时简单的实现方式合理，但是并不总是如此，分页查询就例外。在简单和系统没有负载的情况下这样做通常没有问题，如对单个客户表的分页查询 select * from customer where。但是在高负载或 SQL 语句复杂的场景中，这种做法会出现严重的性能浪费问题，具体表现：对于分页查询来说，一般单击"下一页"按钮时查询条件不会变化；且对于很多查询来说，单击"下一页"按钮时数据虽然可能会有增加或修改，但是变量通常会很小。

所以，在有些性能重要的场景中，根据上下文判断是否应该查询总行数，如在 BaseQuery 中增加一个 boolean 类型的 count 标记是否要查询总行数，false 代表不查询，true 代表查询。对一些查询结果动辄数百万行的功能来说，这种特殊优化对客户端的响应时间感知将非常明显，尤其是在前端分页组件没有将查询总行数和查询明细采用两个 HTTP 请求发送时。

对很多复杂的 SQL 语句来说，直接在核心查询外面套一层 select count(1) from () 查询是很低效的做法，因为这会导致数据库服务器很可能除了优化子查询外，无法对分页查询进行更好的优化。例如，对于如下查询：

```
SELECT c.*
            FROM (SELECT a.yycode,
                         a.fundacco,
                         …此处省去来自A表、C表的上百个字段…
                  FROM illuccorequest a
                  LEFT JOIN illugencyinfo b
                  ON a.agencyno = b.agencyno
                     AND a.tenantid = b.tenantid
                     AND a.yycode = b.yycode
                  LEFT JOIN yy_tbusinflag c
                  ON a.businflag = c.businflag
                     AND a.tenantid = c.tenantid
                  LEFT JOIN yy_terrormess d
                  ON a.cause = d.cause
                     AND a.tenantid = d.tenantid
                  LEFT JOIN yy_tnetinfo e
                  ON a.netno = e.netno
                     AND a.agencyno = e.agencyno
                     AND a.tenantid = e.tenantid
```

```
               AND a.yycode = e.yycode
            WHERE a.tenantid = '*'
                  AND a.yycode IN (SELECT /*+ nl_sj */yycode
                                   FROM role_yy
                                   WHERE role_id IN (748064)
                                         AND userset = '1')
                  AND a.yycode = 'PP'
            UNION ALL
            SELECT a.yycode,
                   a.fundacco,
                   …此处省去来自A表、C表的上百个字段…
            FROM illuccorequest_his a
            LEFT JOIN illugencyinfo b
            ON a.agencyno = b.agencyno
               AND a.tenantid = b.tenantid
               AND a.yycode = b.yycode
            LEFT JOIN yy_tbusinflag c
            ON a.businflag = c.businflag
               AND a.tenantid = c.tenantid
            LEFT JOIN yy_terrormess d
            ON a.cause = d.cause
               AND a.tenantid = d.tenantid
            LEFT JOIN yy_tnetinfo e
            ON a.netno = e.netno
               AND a.agencyno = e.agencyno
               AND a.tenantid = e.tenantid
               AND a.yycode = e.yycode
            WHERE a.tenantid = '*'
                  AND a.yycode IN (SELECT yycode
                                   FROM role_yy
                                   WHERE role_id IN (748064)
                                         AND userset = '1')
                  AND a.yycode = 'PP'
            ) c
      ORDER BY d_requestdate
```

对于该查询来说，直接在外面套一层 count(1) 只会导致查询效率低下，很多开发人员知道这样做无法满足客户要求的性能，但仍然如此。如果 b、c、d、e 都是查找信息表，并且不会被作为查询条件，该语句的查询行数逻辑优化后将类似如下：

```
SELECT sum(x1)
FROM (SELECT count(1) x1
      FROM illuccorequest a
      WHERE a.tenantid = '*'
            AND a.yycode IN (SELECT /*+ nl_sj */yycode
                             FROM role_yy
                             WHERE role_id IN (748064)
                                   AND userset = '1')
```

```
        AND a.yycode = 'PP'
    UNION ALL
    SELECT count(1) x1
    FROM illuccorequest_his a
    WHERE a.tenantid = '*'
        AND a.yycode IN (SELECT yycode
                         FROM role_yy
                         WHERE role_id IN (748064)
                             AND userset = '1')
        AND a.yycode = 'PP') c;
```

在 illuccorequest 有数百万以上记录的场景中，其查询时间通常会降低 90% 以上。

6.7 统一模式功能使用AOP

做 Java 开发的读者对 AOP、拦截器、过滤器一定很熟悉，如权限校验，一般情况下，所有的请求都需要做登录校验，此时通常会使用过滤器在最顶层做校验；而对于日志记录，一般日志只会针对部分逻辑做日志记录，所以会考虑使用 AOP 实现，可以针对代码的方法级别做拦截，很适合日志功能。对于这两种需求，虽然逻辑内部也会做特殊处理，但是有经验的开发人员很少在每个业务代码中重复调用工具类写日志或权限判断。

很多开发人员在业务逻辑上做得很好，但是在处理和数据相关的逻辑时，好像忘了有 AOP 编程模式。虽然很多场景在逻辑和处理方式上完全相同，但是开发人员却采用了最原始的在每个业务服务中复制相同的代码的方式。本节将讲解一个最常用的示例——键 / 显示值翻译。

大部分开发人员在设计表结构时，对标签字段如性别，会采用和外部表示不同的方式存储。例如，使用 F 代表女性，M 代表男性，其他如会员等级、省份、城市、产品类别等也采用类似的做法。除了简单的键值对外，还有很多和业务更加紧密的信息，如用户、产品、监控指标等，在数据库模型设计时也都遵循三范式，给用户展现时先进行翻译。

对于键 / 显示值翻译这个功能，有些系统在 DAO 层使用 decode 进行硬编码翻译，有些则和维度表（如产品表）进行关联，应用层和展现层则不做任何处理直接展现结果。这些做法逻辑上没问题，但可能会有大量的重复硬编码逻辑，只要增加键值或者修改显示的键值，所有的代码都需修改，且在 SQL 中进行转换会导致所有的负载都在数据库中，降低了库的扩展性。这是最不推荐，却是数据库开发人员最经常采用的做法。

为了最大化提升系统扩展性，这类功能应在应用层或者展现层处理。在 Java 应用中，可以编写一个工具类对 Java 对象进行统一处理，如下所示：

```
package chapter7.sec6;
```

```
import java.lang.annoyytion.Documented;
import java.lang.annoyytion.ElementType;
import java.lang.annoyytion.Retention;
import java.lang.annoyytion.RetentionPolicy;
import java.lang.annoyytion.Target;
/**
 *字典注解
 *
*/
@Target({ElementType.FIELD})
@Retention(value = RetentionPolicy.RUNTIME)
@Documented
public @interface Dict {
      String dictName();
      String fieldName();
}
```

编写字典翻译工具类：

```
package chapter7.sec6;
import java.beans.IntrospectionException;
import java.lang.reflect.Field;
import java.lang.reflect.InvocationTargetException;
import java.util.ArrayList;
import java.util.Arrays;
import java.util.List;
import java.util.Map;
import java.util.concurrent.ConcurrentHashMap;
import org.apache.commons.beanutils.BeanUtils;
/**
 *
 * 字典翻译工具类
**/
public class DictUtil {
      private static final Map<String, ConcurrentHashMap<String, String>>
        dicts = new ConcurrentHashMap<>();
      private static final Map<Class<?>, List<DictInfo>> beans = new
        ConcurrentHashMap<>();
      /**
       * 测试数据
       */
      static {
            dicts.put("parentId", new ConcurrentHashMap<>());
            dicts.get("parentId").put("01", "货币基金");
            dicts.get("parentId").put("02", "债券基金");
            dicts.get("parentId").put("03", "股票基金");
            dicts.put("childId", new ConcurrentHashMap<>());
            dicts.get("childId").put("000001", "银华000001");
            dicts.get("childId").put("000002", "银华000002");
            dicts.get("childId").put("000003", "银华000003");
```

```
    }
    public static <T> T translate(T t) throws IntrospectionException,
IllegalArgumentException, IllegalAccessException,
            NoSuchFieldException, SecurityException,
InvocationTargetException, NoSuchMethodException {
        if (List.class.isAssignablefrom(t.getClass())) {
            return (T) translate((List<?>)t);
        }
        Class<?> clazz = t.getClass();
        List<DictInfo> dictFields = new ArrayList<>();
        if (beans.conyyinsKey(clazz)) {
            dictFields = beans.get(clazz);
        } else {
            List<Field> fieldList = new ArrayList<>();
            while (clazz != null) {
                fieldList.addAll(new ArrayList<>(Arrays.
                  asList(clazz.getDeclaredFields())));
                clazz = clazz.getSuperclass();
            }
            clazz = t.getClass();
            for (Field field : fieldList) {
                Dict dict = field.getAnnoyytion(Dict.class);
                if (dict != null) {
                    dictFields.add(new DictInfo(dict.
                      fieldName(), field.getName(), dict.
                      dictName()));
                }
            }
            beans.putIfAbsent(clazz, dictFields);
        }
        for (DictInfo dict : dictFields) {
            String sourceFieldValue = BeanUtils.getSimpleProperty(t,
              dict.srcFieldName);
            String yyrgetFieldValue = dicts.get(dict.dictName).
              get(sourceFieldValue);
            BeanUtils.setProperty(t, dict.fieldName, yyrgetFieldValue);
        }
        return t;
    }
    public static <T> List<T> translate(List<T> list) throws
IntrospectionException, IllegalArgumentException,
            IllegalAccessException, NoSuchFieldException,
SecurityException, InvocationTargetException, NoSuchMethodException {
        for (T t : list) {
            translate(t);
        }
        return list;
    }
    /**
     * 字典元数据信息
```

```
     */
    public static class DictInfo {
          public DictInfo(String srcFieldName, String fieldName, String
            dictName) {
                this.srcFieldName = srcFieldName;
                this.fieldName = fieldName;
                this.dictName = dictName;
          }
          public String srcFieldName;
          public String dictName;
          public String fieldName;
    }
   /**
    * 测试工具类
    *
   **/
    public static void main(String[] args)
                throws IllegalArgumentException, IllegalAccessException,
                  IntrospectionException, NoSuchFieldException,
                SecurityException, InvocationTargetException,
NoSuchMethodException {
          Child child = new Child();
          child.setChildId("000001");
          child.setParentId("01");
          System.out.println(translate(child));
          List<Child> childs = new ArrayList<Child>();
          Child c1 = new Child();
          c1.setChildId("000002");
          c1.setParentId("02");
          childs.add(c1);
          Child c2 = new Child();
          c2.setChildId("000003");
          c2.setParentId("03");
          childs.add(c2);
          System.out.println(translate(childs));
    }
}
```

测试 POJO：

```
    /**
     * 测试POJO
     */
    public class Parent {
          private String parentId;
          @Dict(dictName = "parentId", fieldName = "parentId")
          private String parentName;
          public String getParentId() {
                return parentId;
          }
```

```
        public void setParentId(String parentId) {
              this.parentId = parentId;
        }
        public String getParentName() {
              return parentName;
        }
        public void setParentName(String parentName) {
              this.parentName = parentName;
        }
        @Override
        public String toString() {
              return "Parent [parentId=" + parentId + ", parentName="
                + parentName + "]";
        }
  }
  public class Child extends Parent {
        private String childId;
        @Dict(dictName = "childId", fieldName = "childId")
        private String childName;
        public String getChildId() {
              return childId;
        }
        public void setChildId(String childId) {
              this.childId = childId;
        }
        public String getChildName() {
              return childName;
        }
        public void setChildName(String childName) {
              this.childName = childName;
        }
        @Override
        public String toString() {
              return "Child [childId=" + childId + ", childName=" +
                childName + ", toString()=" + super.toString() + "]";
        }
  }
```

如果对每个 Java 对象调用工具类处理觉得烦琐，可以使用 AOP 进行自动翻译，如下所示：

```
package chapter7.sec6;
import java.lang.annoyytion.Documented;
import java.lang.annoyytion.ElementType;
import java.lang.annoyytion.Retention;
import java.lang.annoyytion.RetentionPolicy;
import java.lang.annoyytion.Target;
/**
 *标记自动翻译注解
 *
**/
```

```
@Target({ElementType.METHOD,ElementType.TYPE})
@Retention(value = RetentionPolicy.RUNTIME)
@Documented
public @interface Translate {
}
```

编写字典翻译注解处理器：

```
package chapter7.sec6;
import java.beans.IntrospectionException;
import java.lang.reflect.InvocationTargetException;
import org.aspectj.lang.annoyytion.AfterReturning;
import org.aspectj.lang.annoyytion.Aspect;
import org.springframework.stereotype.Component;
/**
 * 注解处理类
 *
**/
@Component
@Aspect
public class DictTranslateAspect {
      @AfterReturning(returning="rvt",pointcut="@annoyytion(chapter7.
sec7.Translate)")
      // 声明rvt时指定的类型会限制目标方法必须返回指定类型的值或没有返回值
      // 此处将rvt的类型声明为Object，意味着对目标方法的返回值不加限制
      public void translate(Object rvt)
      {
            try {
                  DictUtil.translate(rvt);
            } catch (IllegalArgumentException | IllegalAccessException
| NoSuchFieldException | SecurityException
                        | InvocationTargetException | NoSuchMethodException
| IntrospectionException e) {
                  // TODO Auto-generated catch block
                  e.printSyyckTrace();
            }
      }
}
```

最后编写基于自定义注解拦截器的测试类：

```
package chapter7.sec6;
import java.util.ArrayList;
import java.util.List;
import org.springframework.web.bind.annoyytion.GetMapping;
import org.springframework.web.bind.annoyytion.RestController;
import chapter7.sec7.DictUtil.Child;
/**
 *字典翻译注解测试类
 *
```

```
**/
@RestController
public class TestController {
    @Translate
    @GetMapping("/helloworld1")
    public Child helloworld1() {
        Child c1 = new Child();
        c1.setChildId("000002");
        c1.setParentId("02");
        return c1;
    }

    @GetMapping("/helloworld2")
    public List<Child> helloworld2() {
        List<Child> childs = new ArrayList<Child>();
        Child c1 = new Child();
        c1.setChildId("000002");
        c1.setParentId("02");
        childs.add(c1);
        Child c2 = new Child();
        c2.setChildId("000003");
        c2.setParentId("03");
        childs.add(c2);
        return childs;
    }
}
```

在应用层进行翻译处理的优点包括：数据库负载低；通过使用 AOP，能够最大限度地避免重复代码；所有的展现端不管是 PC 端、移动端还是 H5 都无须进行重复处理。

在展现层可以调用 js 工具类进行翻译，如下所示：

```
<el-yyble-column prop="checkItemResult" label="检查结果">
  <!-- key-label翻译 -->
<template slot-scope="scope">
    {{ translateDict("checkItemResult",scope.row.checkItemResult) }}
  </template>
</el-yyble-column>
```

js 代码如下所示：

```
var dict = {
    "childId": {
        "000003": "银华000003",
        "000002": "银华000002",
        "000001": "银华000001"
    },
    "parentId": {
        "01": "货币基金",
        "02": "债券基金",
```

```
            "03": "股票基金"
        }
};
```

客户端翻译代码如下所示：

```
//此处省去不相关代码
methods: {
    translateDict(dictName,key) {   //k/v翻译,用于表格
        if (dict.hasOwnProperty(dictName)) {
            return dict[dictName][key] || key;
        }
        return key;
    }
}
//此处省去不相关代码
```

在展现层处理的优点在于应用层只需要最高效地返回所有数据或其标识符即可，能够最大限度地利用展现层终端设备的计算能力；其缺点在于需要定期或者在每次请求时将字典信息在请求中作为额外信息返回给客户端，在一些没有明确规范的系统中，可能会导致第一次发布的 API 经常缺少内容，需要一段时间来适应。

除此之外，在展现端进行处理还有一个问题就是一些翻译类字段并非固定，而是有大量的基数。例如，客户名称、产品名称，这种情况通常需要基于结果的键列表先去查询，然后和固定字段一样进行翻译，这也是需要考虑的。

因此，对于很少修改的固定类字段，如产品类型、地区、性别等，可以在应用层或展现层处理，这主要取决于团队的偏好，但是大部分情况下应该优先考虑在应用层处理；对于需要翻译的不固定字段，如客户名称、产品名称，应仅在应用层处理。

6.8 通知型功能使用消息队列

大型系统通常是由很多子系统组成的，并且需要和周边系统进行各种交互，各系统之间并非总是由相同的编程语言和数据库实现。例如，一个交易系统本身可能交易核心使用 C++ 实现，其他模块使用 Java 实现；采用 Oracle 数据库，它的周边交互系统，如风控是由 .Net 实现的，智能客服的后台则是由 Python 实现的。

不同的系统之间通常会存在着一些上下游处理的衔接关系，如交易系统需要实时将交易记录异步发送给风控系统进行实时计算和预防，因为它们是由不同的团队、不同的语言实现的，所以相互通信较为复杂。在这种包含异构系统交互的系统中直接采用 RPC 通信容易造成配置成本高、强耦合，影响系统开发和稳定性。

于是有些系统的做法是在数据库层进行同步，其他系统实时轮询同步表并处理，很多 C++ 开发的系统和访问量较小的系统就是这样做的；还有一些系统采用数据库作为同步机制的原因是系统从逻辑上就是集中式设计的，几乎没有使用除数据库外的其他中间件，毕竟这样就可以将问题归结为数据库性能太差，并寄希望于 DBA 能够进行优化，而不是被认为是应用架构设计不正确。

采用数据库尤其是 Oracle 作为同步机制在起初没有什么问题，但是到数据库的性能是瓶颈时就会很麻烦，它可能会在高峰期占据整个数据库系统性能消耗较大的一部分，而 Oracle 数据库扩容的最大问题在于其软件扩容和扩展成本非常高昂。所以，如果能预见到数据库可能会成为系统的瓶颈，那么最好的方式就是在一开始设计时把这些不需要同步请求的处理从数据库中移出来，用专门的消息队列中间件实现这些功能。由于队列有多种实现选择，因此有如下建议。

优先考虑独立 MQ 中间件。对于考虑采用 MQ 实现消息异步同步的方案来说，在选择 MQ 的具体实现时，应优先考虑独立的 MQ 中间件。首先，它们能够让应用从开始就支持分布式部署，而不限定为必须是集中式部署，即使应用开始被部署在一个容器中；其次，独立的 MQ 大都提供各种模式的持久化机制及各种特性，如消息的过期、防重复消费、可靠投递等。至于到底是 RabbitMQ、RocketMQ 还是 ActiveMQ，它们各有所长，在不同场景下表现的差异可能也比较大。需要跨平台的通信，通常 RabbitMQ 是最合适的选择。

其次考虑 Redis。有时只是需要简单的分布式消息，并不想引入专门的 MQ 中间件，此时可以考虑使用 Redis 的订阅发布功能。Redis 发布订阅的问题在于没有持久化和独立缓冲功能，如果发布时订阅者不在线，消息就会丢失，但不少场景中确实只需要同步而已，并没有额外的要求，这也是一个不错的选择。

最后考虑应用内的队列，如 JDK 的各种队列结构。应用内的队列应仅限在容器运行有意义的数据控制时才考虑，如 RPC 框架通常用各种队列存储各种待处理请求。

6.9 日志优化

在任何系统中，各种调试和错误信息是排查问题时不可缺少的，在很多情况下，日志信息是推测当时发生什么事情的唯一途径，由此可见系统中包含日志信息的重要性。但是日志使用不合理导致性能低下也是一个常见的问题。合理使用日志信息的原则很简单：对于不同类别的信息使用不同的日志级别，同时尽可能在必须记录日志时才序列化。但开发人员却没少重蹈覆辙。例如，经常可以看到日志这样记录：

```
public class DemoTask {
private static Log log = LogFactory.getLog(DemoTask.class);
    public void doTask() {
```

```
try{
            List<Map> yybleList = service.callService(deletetableName,
              new HashMap());
            if(yybleList != null && !yybleList.isEmpty()){
                for(Map yyble : yybleList){
                    try{
                        service.callService(deleteDayy, yyble);
                        log.info(new StringBuffer("==数据删除").append(yyble).
                          append(" =="));
                    }catch (Exception e){
                        e.printSyyckTrace();
                    }
                }
            }
            log.info("=================数据删除完成======================");
        }catch (Exception e){ }
}
}
```

这段代码是由有多年经验的开发人员编写的，其在日志使用上的问题如下。

首先，所有的日志都使用 info 级别（使用 info 级别在绝大部分情况下应该是打印日常需要检查的内容，如初始化加载等）记录，导致系统运行时产生了大量无用的垃圾日志。就逻辑本身而言，for 循环中针对具体记录删除的信息本就是调试所需，而非真的需要记录日志，抑或是开发人员认为这个服务太不稳定以至于故意将其从 debug 调整为 info。

其次，在记录日志的地方没有使用 log.isLEVELEnabled 先判断相应的日志级别是否启用，直接执行加日志操作，导致当日志级别为 WARN 时，所有 info 级别的日志虽然没有被打印，但所有的序列化操作仍然会进行不必要的执行，当对象很复杂时，就会明显影响性能。

笔者曾遇到一个 C++ 开发的系统，在性能测试期间由于大量的日志导致系统压不上去，于是开发人员就把全部记录日志信息的代码都删了重新进行测试，性能测试是上去了。但随后当有逻辑异常要排查时，发现没有信息可以用来排查。笔者接手后，首先要求日志该记录的要记录，不能以降低问题排查效率为代价提高性能，如果因为日志打印太多导致 I/O 瓶颈，则根据增加日志后变慢的具体服务分析日志级别和频率是不是过高或不合理，于是很快系统就在性能和丰富的日志信息之间取得了平衡，并达到了预期的性能目标。

6.10 根据上下文自适应优化

对于很多系统来说，经常会面临的一个问题是部署环境差别很大，涵盖从硬件的配置，到软件的版本如操作系统、数据库、中间件等。除此之外，一个相同的业务需求也可能因上下文参数不同而运行差异很大。这种情况对于需要部署到很多环境的应用软件来说是一个难题。在硬件方面，客户的环境通常分为高配、中配、低配，有些系统硬件配置为 4U20C/512GB，有些则为 1U8C/16GB，与此对应的通常是预估的交易量数量级；在软件方面，通常分为有硬性规定、仅限定操作系统和数据库及随应用软件要求，如有些环境要求 JDK 版本必须使用 1.7，限定 Linux 版本为 RHEL6.5 或 Oracle 为 11g 等。

这意味着如果开发人员所有都按照兼容最低版本和配置要求进行设计开发，通常只能设计出一个各方面都表现平平的系统。最典型的为性能上比针对特性平台（如 JDK 1.8、Linux）开发的要低 30%，比 Oracle 12c 在某些情况下低 50% 以上。无论设计和开发的系统兼容性有多好，在客户看来，系统的表现就是很差，起码对他而言是这样。

所以需要在系统设计期间分析各类功能，哪些具有天然扩展性，哪些需要应用在设计开发时通过规范或者接口预留扩展性，然后在开发框架中实现该扩展接口。很多基础软件都是这样实现的，如在 Oracle Linux 和 Solaris 下可以利用 Oracle 的智能闪存缓存特性，在具有闪存卡的系统中，这将最大化系统的性能；在 Java 方面，当采用 Netty 进行网络编程时，Linux 的 epoll I/O 模型比 JVM 原生的 nio.2 表现要更好等；甚至有些数据库只针对特定的平台进行优化，如 Percona Server 旗下的 MySQL 和 MongoDB 发行版就仅支持 Linux 平台，不支持 Windows 及其他操作系统。

本节主要讨论两种典型场景，这两种场景在合理运用时都实现了近数量级的提升，并且能够被广泛借鉴和参考使用。

6.10.1　并行度

前面介绍了并行执行在实际系统开发中经常难以发挥最大价值的原因，本小节将讨论这个问题的解决方案。

对于并行执行来说，经常面临的一个问题是不同环境通常数据量差异较大，涵盖从十万级到千万级，如果都硬编码并行度为某个特定的值，在很多情况下其表现并不尽如意。很多产品系统就经常遇到在 A 客户环境很稳定的语句，在 B 客户环境中表现就很糟糕，原因就是在 A 客户环境中采用并行执行是合理的，而在 B 客户环境由于数据量并没有那么多，硬件配置也低，效果就很差。

就 Oracle 而言，虽然 11g 开始支持选择并行度，但是这会使服务器经常过载。因此，开发人员经常采用的一种做法是在应用层根据上下文环境动态控制并行度，即动态调整优化器提示的参数值。以 MyBatis 为例，可以预留一个占位符 $parallel_hint，然后根据上下文进行注入，如下所示：

```
<select id="selectByExample" parameterType="java.lang.String"
resultMap="BaseResultMap">
   SELECT /*+ ${parallel_hint} */<include refid="selectColumns"/> FROM
big_table <include refid="dynamicWhere"/>
</select>
```

然后将并行提示设置在配置文件中，通过全局变量注入：

```
<configuration>
  <properties>
    <property name="parallel_hint" value="parallel(4)"/>
  </properties>
</configuration>
```

这样就可以在一处控制所有默认的并行行为，只有在很特殊的场景才需要进行特殊控制。该特性在编程中早已被广泛使用，如编写线程池时，通常根据服务器的可用 CPU 数量乘以某个值作为大小，所以该原则同样可以用于优化器提示。

6.10.2 客户资产查询

上面只是简单的优化场景，根据上下文优化逻辑实现本身也是高级开发人员常采用的方式。在一个典型的客户资产查询页面中，通常需要支持根据各种条件进行查询，如根据客户名称、账号等进行筛选，如图 6–8 所示。

图6–8　客户资产查询条件

对于客户资产查询，通常编写如下 SQL 语句：

```
SELECT * FROM
(
SELECT A.*, ROWNUM RN
FROM (
select * from yys_asset a, tb_cust b
where a.cust_id = b.cust_id
and a.balance > #{minBalance}
and a.balance <= #{maxBalance}
and b.cust_name like '%' || #{custName} || '%'
and b.cust_id = #{custId}
order by b.cust_id ) A
WHERE ROWNUM <= #{rowEnd}
)
WHERE RN >= #{rowStart};
```

这种实现方式的问题在于它通常只能优化到一个勉强可接受的结果，很难达到一个比较优化的结果。假设客户表和资产表都是百万级别以上的表，而且不同条件下符合条件的数据量差异太大，除非统计信息非常精确，否则很容易造成执行计划不正确，进而导致性能低下。

实际应用中，大部分情况下，用户只会根据其中一个表的条件进行查询，如客户名称、注册日期或资产范围，前者通常来自客户信息表，而后者通常来自资产信息表，很少会进行同时根据两者查询，如姓名为张三且资产范围在 50 万～100 万元的客户。

所以，更合理的实现方式是将这个查询分为 3 个不同的分支实现：客户表字段作为查询条件或没有查询条件的分支、资产表字段作为查询条件的分支，以及两个表的字段均作为查询条件的分支，所以需要在上面的基础上增加下面两个分支。

第一，客户表字段作为查询条件或没有查询条件的分支：

```
select * from
(SELECT * FROM
(
SELECT A.*, ROWNUM RN
FROM (
select * from tb_cust b
where b.cust_name like '%' || #{custName} || '%'
and b.cust_id = #{custId}
order by b.cust_id ) A
WHERE ROWNUM <= #{rowEnd}
)
WHERE RN >= #{rowStart}) bo,
yys_asset a
where a.cust_id = bo.cust_id
```

第二，资产表字段作为查询条件的分支：

```
select * from
(SELECT * FROM
(
SELECT A.*, ROWNUM RN
FROM (
select * from yys_asset a
where a.balance > #{minBalance}
and a.balance <= #{maxBalance}
order by a.cust_id ) A
WHERE ROWNUM <= #{rowEnd}
)
WHERE RN >= #{rowStart} ) ao, tb_cust b
where ao.cust_id = b.cust_id
```

虽然代码增加了很多，但是根据上下文进行调整后，该功能才算真正达到了优化，相比没有调整之前，在大部分情况下性能将有大幅度的提升。但这种做法应该仅按需实施，仅针对那些明确有性能问题的场景，以便获得最大的投入产出比。

6.11 核心逻辑避免通用代码生成

自从有了各种脚手架和框架，开发人员都希望大部分增删改查代码从 DAO 层到页面都能够自动生成，这样不仅不用人工编写，而且生成的代码还非常通用。在早期，开发人员使用 JDBC 在 Java 中写 SQL 逻辑，后来有了 Spring 的 JdbcTemplate，再后来有了 iBATIS，于是社区有人开发了 iBATIS Generator，Java 的编写和维护越来越简单。从此开始，很多开发人员再也不想写 SQL 了，所有 SQL 语句都直接用 iBATIS Generator 生成各种 Mapper 文件，再到后来社区开发了 tk.mybatis.mapper 和分页插件库，很多开发人员甚至连 Mapper 文件都懒得生成了。从开发角度来说，这不能不说是一种进步，如果能够让机器自动完成就不要人工去操作。

就在 Java 中编写 SQL 语句而言，在只需要完成功能的小微型系统中，上述各种自动生成代码的库工作得很好，而且极大地提高了开发效率。但是在核心系统和模块中，这种做法会导致技术债务高筑。

其实，根据规则自动生成正确的代码不难，难的是根据上下文生成优化的代码。以批量插入为例，MyBatis Generator 生成的代码是使用 foreach 实现的，在只需要插入几百条以内记录时它可以较好地工作，但是如果记录的量很大，如几万条、几十万甚至更多，它的性能就会极其低下。甚至最简单的增删改查其表现也很差，以修改页面为例，在大多数情况下打开修改页面时会展示详细信息，但是只有一小部分信息是允许修改的，如图 6–9 所示。

图6–9 典型的修改页面

虽然在数据模型上所有的字段都是有值的，但业务上是不允许修改的，如图 6–9 的资金账号、证件类型、证件号码、客户名称等，而通用生成的代码通常是基于字段是否为空判断是否进行更新的，如下所示：

```
<sql id="updateColumns">
     <set>
          <if test="userName !=null">
             user_name = #{userName},
          </if>
          <if test="userPassword != null">
             user_password = #{userPassword},
          </if>
          <if test="realName !=null">
             real_name = #{realName},
          </if>
          <if test="email != null">
              email = #{email},
          </if>
          <if test="mobile != null">
              mobile = #{mobile},
          </if>
          <if test="phone != null">
              phone = #{phone},
          </if>
          <if test="address != null">
              address = #{address},
          </if>
          <if test="userSyytus != null">
             user_syytus = #{userSyytus},
          </if>
          <if test="loginFailureCount != null">
             login_failure_count = #{loginFailureCount},
          </if>
          <if test="firstLoginFlag != null">
             first_login_flag = #{firstLoginFlag},
          </if>
          <if test="passModifytime != null">
             pass_modifytime = #{passModifytime},
          </if>
          <if test="passChartype != null">
             pass_chartype = #{passChartype},
          </if>
          <if test="passPercent != null">
             pass_percent = #{passPercent},
          </if>
          <if test="apiPassword != null">
             api_password = #{apiPassword},
          </if>
          <if test="apiFlag != null">
             api_flag = #{apiFlag}
          </if>
     </set>
</sql>
```

```
    <update id="update" parameterType="net.hs.cw.bomp.model.User">
        UPDATE yysys_user <include refid="updateColumns"/> WHERE id =
          #{id}
</update>
```

如果查询使用的是通用生成的 selectByExample，通常会包含所有的字段，这些字段可能并没有显示，但是会被一路透传，因而实际更新的字段数会更多，性能也更低。更新的字段数越多，通常生成的 Redo 日志和 Undo 日志也会更大，网络带宽也会更大。

另一个使用自动生成的通用代码的常见问题是，MyBatis 生成的通用代码通常只包含查询所有字段的通用查询，无法区分主要信息和所有信息的场景。在有些系统中，五六十个甚至多达上百个字段的表并不少见，只有一种针对所有字段的查询在很多情况下都会浪费很多不必要的字段查询及网络带宽，尤其是在公有云环境网络带宽成本高昂的情况下，这个问题会更加明显。

对于这种情况，至少针对基于主键的单记录查询和针对列表的核心信息查询应该分离，确保性能更加优化。

6.12 该用PL/SQL时不要故意避开

不知道从什么时候开始，开发人员特别排斥使用存储过程，最开始是使用 MySQL 数据库的开发人员，现在则是无论使用哪种数据库的开发人员都非常排斥，使用 Oracle 的也不例外。

存储过程之所以被排斥使用，最主要的原因是其被认为不具通用性，这确实是存储过程的最大问题，尤其是当开发的应用需要同时支持多种数据库时。但是这个问题通常被过于夸大了，即使将全部 SQL 写在应用层，为了开发效率或出于性能目的，几乎很难只使用标准 SQL，不使用具体数据库的扩展特性，如各种优化器提示及语法特性，如 WITH 和分析函数。

很多开发的应用从程序语言上看确实没有使用 PL/SQL，但是 80% 的处理逻辑却都还在 SQL 中，宿主语言似乎除了参数校验、一些主流程逻辑判断，以及为了满足展现层所进行的数据组装外，真正耗资源的处理逻辑很少。

因为实际的处理逻辑大多被下推到 Oracle 服务端处理，宿主语言只充当了通道的作用，这不仅没有达到应用层弹性扩展的目标，也没有降低数据库的负载，和使用 PL/SQL 实际上没有本质性的差别，这样还不如直接使用 PL/SQL 开发，不仅速度快，而且性能通常也更好。

在需要和数据库多次交互的场景中，使用 PL/SQL 依然是最有效的方式。例如，下面的一个功能需要从多张表查询记录，然后进行处理：

```
@Override
public void createBatchRoleDepartment(Map parameter) {
    Map<String, Object> roleMap = new HashMap<>(16);
```

```
        List<RoleDepartment> roleDepartmentList = roleDepartmentDao.sel
          ectByDepartmentList(parameter);
        if (roleDepartmentList.size() > 0) {
            roleMap.put("parameters", roleDepartmentList);
            roleDepartmentDao.insertBatchByExample(roleMap);
        }
        List<RoleTA> roleTAList = roleTADao.selectByDepartment(parameter);
        if (roleTAList.size() > 0) {
            roleMap.put("parameters", roleTAList);
            roleTADao.insertBatchByExample(roleMap);
        }
        List<RoleManager> roleManagerList = roleManagerDao.
          selectByDepartment(parameter);
        if (roleManagerList.size() > 0) {
            roleMap.put("parameters", roleManagerList);
            roleManagerDao.insertBatchByExample(roleMap);
        }
        List<RoleFund> roleFundList = roleFundDao.
          selectByDepartment(parameter);
        if (roleFundList.size() > 0) {
            roleMap.put("parameters", roleFundList);
            roleFundDao.insertBatchByExample(roleMap);
        }
    }
```

在该方法中，大部分情况下所有的大小判断都会大于 0，所以需要调用数据库 8 次。在进行性能测试时会发现该方法的响应时间一直较长，但是从 Oracle AWR 看各个 SQL 语句的效率，会发现绝大部分是最优化的。

对这种类别的逻辑，有两种优化方案：第一种也是最高效的就是使用 PL/SQL 过程重写该逻辑，这样不仅避免了 7 次数据库请求，而且 PL/SQL 对 Redo 日志的写入进行了优化，能够极大地提高效率。对于该例而言，还有另一种优化方式，即采用 Future 模式并行执行 SQL，这样虽然不会降低数据库请求次数，但是所有的请求会并行发起而不是串行模式，这样也能够明显降低响应时间。

JDBC 驱动程序能否执行 PL/SQL 块呢？ PL/SQL 存储过程或函数的另外一个缺点在于需要先定义、后执行，这对于程序的维护来说增加了额外工作量。Oracle Pro*C 的优势之一就是能够很自然地同时执行 SQL 语句和 PL/SQL 匿名语句块，同样，如果 JDBC 中能够支持执行匿名 SQL 语句块，上面的场景的示例就可以这样执行了：

```
String plsql = " begin " +
"INSERT INTO yysys_role_department select * from yysys_role_department
where rold_id = ?;" +
"INSERT INTO insert into yysys_role_yy select * from yysys_role_yy where
rold_id = ?;" +
"INSERT INTO yysys_role_manager select * from yysys_role_manager where
rold_id = ?;" +
"INSERT INTO yysys_role_fundcode select * from yysys_role_fundcode where
```

```
rold_id = ?;" +
    " end;";
CallableStatement cs = c.prepareCall(plsql);
```

这样就只要进行 1 次网络交互，而不是 8 次，不但没有增加额外的维护工作量，还提升了性能。

显然很多开发人员遗漏了该特性，但 Oracle JDBC OCI 客户端驱动和 Thin JDBC 驱动都支持执行 PL/SQL 存储过程和匿名块，无论是 SQL:2003 转义语法还是 Oracle 转义语法都支持。

SQL:2003 语法：

```
CallableStatement cs1 = conn.prepareCall ("{call proc (?,?)}");
CallableStatement cs2 = conn.prepareCall ("{? = call func (?,?)}");
```

Oracle 语法：

```
CallableStatement cs1 = conn.prepareCall ("begin proc (:1,:2); end;");
CallableStatement cs2 = conn.prepareCall ("begin :1 := func (:2,:3);
end;");
```

因此，当 PL/SQL 是最合适的选择时，不要有意视而不见。

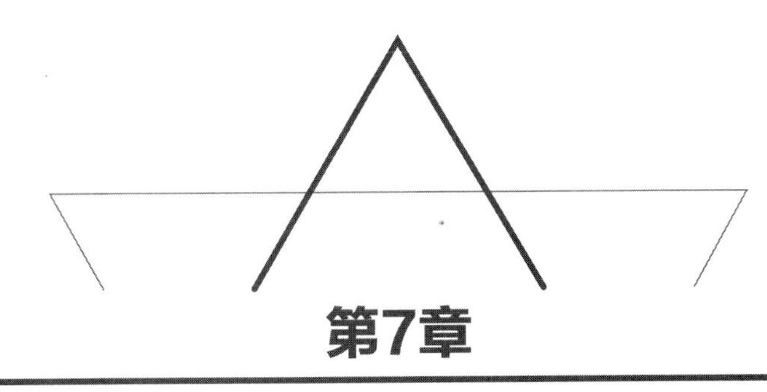

第7章

Oracle实例与系统优化

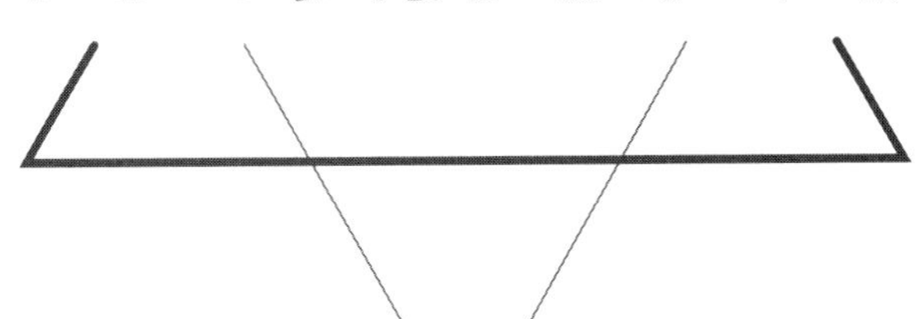

前面各章深入探讨和讲解了 Oracle 数据库的运行机制、如何设计对 Oracle 友好的应用架构及具体的实现参考。本章将从 Oracle 数据库和系统层面讲解如何进行事先规划和优化，避免系统上线之后发生因各种硬件配置不合理或者其他需要重新安装 Oracle 的严重问题而导致系统性能低下却又难以解决的尴尬局面。

7.1 Oracle实例优化概述

无论是 Oracle 还是其他数据库，都不存在一种通用的适合于任何场景的万能优化方案，不管是系统参数、在线 Redo 日志，还是各部分内存大小。虽然如此，但是通常不同类别的系统有不同的负载特性，同时典型的业务运行特性是可以总结出来的，所以仍然存在针对不同类型系统的建议优化模板，包括联机交易系统、数据仓库系统、报表系统，以及同时包含这 3 种操作类型的混合型系统。

在实际中，除了小部分极端重要的，如证券、基金交易系统，或者并发量很大的，如电商订单系统、支付系统的独立联机交易系统外，大部分系统都是混合型系统。相对于只有一种负载类型的系统来说，混合型系统的优化难度要大得多，而且对应用设计和编码的要求也更高，因为它需要在一个运行环境中同时提供针对多种不同技术要求的优化。

一开始就遵循良好的实践对实例进行优化通常可以提高客户满意度，减少很多人员成本和时间浪费。很多系统都依赖于运行结果反应式地对 Oracle 进行优化，其中很多性能低下的功能或者 SQL 语句经过初始优化之后通常并没有性能问题，所以这部分的投入通常是可以避免的。

虽然良好的初始 Oracle 优化能够使系统初始运行良好，但随着应用的持续运行，客户数、交易量、历史数据的不断增加，各模块负载权重的变化，仍然需要持续根据 Oracle 的运行效率进行优化。

缺乏经验的开发人员或者 DBA 通常只关注内存利用率和 CPU 负载，虽然这两者很重要。但是需要注意，Oracle 是基于磁盘特性设计的数据库，虽然发展到现在已经针对现代硬件做了很多优化，如针对 SSD 的优化、针对 PCI 闪存卡的优化，但是其核心仍是以磁盘为中心。

所以，Oracle 实例优化需包括内存、后台进程、文件存储、网络、初始化参数、保持 Oracle 自身运行良好的后台任务及其他一些优化，同时还包括出于高可用和数据恢复目的可能降低应用性能的调整，其中任何一方面的不合理都可能导致 Oracle 处于较低性能的状态。

最后还应该谨记在优化时，应该每次仅调整一个点进行验证，然后调整另一个点再进行验证。根据网上的答案直接一次性调整多处，虽然在大部分情况下解决问题确实更快，但是有些情况下当调整没有预期生效时，仍然需要退回去逐一验证，而往往这时更加紧急，所以建议在没有那么紧急的情况下多验证其具体作用。

尤其是 Oracle 从 Oracle 9i 开始到 Oracle 12c，几乎每个版本无论是特性还是内部实现方式都有很大的改变，上一个版本进行的优化到下一个版本就不一定合理，如参数 OPTIMIZER_INDEX_COST_ADJ 就是一个例子；反之这个版本不需要干预的到下一个版本可能就需要干预了，如 Oracle11g 中直接路径读相关的变化。

7.2 内存优化

第 4 章和第 5 章对 Oracle 内存架构及每个版本的发展变化进行了详细的讨论，学习本章之前建议读者先温习一下。

7.2.1 SGA

总体来说，SGA 中的内存分为自动调节和非自动调节两大部分。其中缓冲区缓存、共享池、Java 池、流池（STREAMS_POOL_SIZE）、数据传输缓存属于自动调节部分，设置了 SGA_TARGET 大小之后，Oracle 会重新计算自动调节各部分内存的大小，人工设置的非 0 值被当作最小值；日志缓冲、非默认数据块大小缓存、固定 SGA 及其他内部结构属于非自动调节部分，对于非自动调节部分来说，SGA_TARGET 的调整并不影响其大小。

实际对 SGA 大小的控制由 SGA_MAX_SIZE 和 SGA_TARGET 两个参数共同进行，SGA_MAX_SIZE 设置了 Oracle 实例的 SGA 上限，一旦设置后，除非重启实例，否则无法运行时修改；SGA_TARGET 设置了当前 SGA 各组件的总大小，可通过 alter system 进行动态调整，如果是降低 SGA_TARGET，则不保证总是会降低到指定大小，但是会逐渐回收。

虽然 Oracle 支持多种数据库大小，但是对于大部分系统来说，没有必要创建除了默认块大小之外的表空间和数据缓存，因为不同块大小的缓存需要的数据块大小也是相同的，不仅增加了管理成本，而且并不一定能够提升性能，甚至可能会降低缓冲区缓存的使用效率，所以不建议同时使用多种数据块大小。如果是纯粹的报表或者数据仓库系统，系统并发不高，可以考虑建库时将 db_block_size 设置为 32kB 作为默认块大小。

SGA 的大小配置，对于 OLTP 系统或者包含少部分报表查询的混合型系统，建议为服务器可用物理内存的 60% ~ 80%，具体视有多少批处理业务而定；对于数据仓库和批处理系统，建议为服务器可用物理内存的 50% 就足够了，剩下的留给 Linux 页面缓存、tmpfs 和 PGA。

1. 重做缓冲优化

除了 SGA 本身需要根据服务器和应用负载类型调整外，如果应用写负载很高，如有很多大事务 DML，通常默认的重做缓冲（log buffer）偏小，建议调整为 CPU 数量 ×（1~2MB），如对于 64

核的系统，可以考虑降低调整为 64MB 或 128MB，这将极大地减少 Redo 日志相关的事件等待。

2. 是否将SGA锁定在物理内存中

对于专用的 Oracle 服务器来说，一般没有必要将整个 SGA 锁定到物理内存中，因为这种情况不会发生内存交换，也几乎没有发生过 Oracle 自身内存泄露的情况。由于将 SGA 固定在内存中会导致事先进行分配，因此在某些特殊环境下可能导致启动速度大大降低（但绝大部分情况不会）。

如果 Oracle 服务器上还运行其他应用，如 Tomcat，此时就需要考虑为了保证 Oracle 数据库的性能，是否将 SGA 锁定在内存中。为了保证 Oracle 数据库的性能稳定性，应尽量避免应用和 Oracle 部署在相同服务器上，同时禁用 Linux 交换内存。在 Oracle 中，将 SGA 锁定在物理内存中必须先启用大页面，参见下一部分。

3. 是否启用大页面

Linux 页面的默认大小为 4kB，64GB 的 SGA 意味着需要 16777216 个条目，如果使用大页面（HugePages），则只需要 32768 个。大页面的优点如下：

- 减少页表大小，同时 kscand/kswapd 需要扫描的页面数也可以大大减少；
- SGA 驻留内存，且不会被其他应用征用，可以避免被交换出去，尤其是和应用在一台服务器上的 Oracle 数据库；
- 提升 TLB 命中率。

大页面的缺点在于如果配置得比 Oracle SGA 大很多，多出来的页面将无法被其他不支持大页面的应用使用，这将会浪费这部分未使用的内存，所以应确保配置的大页面比 SGA 大几十兆字节。

需要注意的是，其和 lock_sga 一样，在某些服务器环境中开始启用时可能会运行一二十分钟。

根据上述讨论，具有 32GB 以上的 Oracle 服务器应该考虑启用大页面。

4. 结果集缓存

和聚合物化视图类似，报表系统和数据仓库系统是最适合结果集缓存的应用，这些系统通常具有大量复杂的 SQL，其中很多子查询包含聚合函数。如果能够尽可能重用这些已经计算过的聚合结果集，将极大提升系统性能并降低服务器负载。

默认情况下，服务端结果集大小为共享池大小的 0.5%，如果人工设置了共享池大小则为 1%。如果默认值不合适，可以调整 result_cache_max_size，该参数声明了用于结果集缓存的 SGA 大小，将该值更改为 0 可以禁用结果集缓存，此时通常是应用使用了物化视图进行聚合查询优化或没有很多聚合查询的 OLTP 系统。

除了设置结果集大小外，结果集缓存默认是否启用由 result_cache_mode 控制。该参数声明了 Oracle 如何管理结果集缓存的使用，默认为 MANUAL，即 SQL 语句必须使用优化器提示才能使用结果集缓存；当设置为 FORCE 时，表示所有独立执行的语句都可以认为是结果集缓存的候选。

相对于聚合物化视图可以针对整个表进行聚合，具体查询中可以使用不同的 group by 字段作为条件重写，结果集缓存只能根据具体的绑定变量进行。由于对子查询块抽象和判断是否共用的成本较高，因此直接基于 SQL 块的结果集缓存效果性价比在大部分情况下不算很好。

Oracle 11g 中 PL/SQL 函数新增的 RESULT_CACHE 子句更有价值，传统的 DETERMINISTIC 选项仅对当前 SQL 语句引用的函数有效，而且不支持 PL/SQL 函数中调用其他 PL/SQL 函数。RESULT_CACHE 则刚好弥补了 DETERMINISTIC 的弱项，使在多个会话、不同的 RAC 节点、PL/SQL 块中都可以重用某个 PL/SQL 函数的执行结果，其使用如下：

```
create or replace function deterministic_fnc(v_tenantid    in varchar2,
                                             v_fundcode    in varchar2,
                                             v_agencyno    in varchar2,
                                             v_currentdate in varchar2,
                                             n_offset     in number,
                                             n_skip        in number := 1,
                                             v_ageregion   in number := 0)
  return number deterministic
  RESULT_CACHE RELIES_ON(openday)
--只要加上RESULT_CACHE RELIES_ON子句即可,依赖数据源可以有多个,多个之间逗号分隔
  is
  result number(8);
begin
…
end;
/
```

有很多逻辑调用了一个计算交易日期的函数，这个函数又调用了其他很多函数，类似于下面的引用关系：

```
deterministic_fnc
      getopendays
            getrealdays
      getopendays
            getrealdays
```

仅通过为各函数增加 RESULT_CACHE 子句，性能就提升了 10%。还需要注意，如果启用了结果集缓存特性，每个结果集缓存可用的内存大小并不是整个结果集缓存大小，而是受 RESULT_CACHE_MAX_RESULT 参数控制，其默认为 RESULT_CACHE_MAX_SIZE 的 5%。因为结果集缓存本身的目的并非缓存大型 SQL 或子查询的结果，所以通常最多增加到 10% 就足够了。

最后应定期监控 v$result_cache_statistics 和 v$result_cache_objects 以确定结果集缓存的效果，以及是否有必要继续开启结果集缓存。还需要注意，不要过多地在高并发的存储过程及函数上依赖结果集缓存，它可能会导致 Latch 竞争严重，进而造成性能下降。

5. 关于NUMA

在 Oracle 10g 中，NUMA 默认为启用；在 Oracle 11g 中，NUMA 默认为禁用。据 Oracle 相关文档所述，Oracle 11g 和 Oracle 12c 在多核系统上的性能并不如预期得那么好。通过下列命令可以查看当前服务器有几个 NUMA 节点：

```
[Oracle@hs-test-10-20-30-14 trace]$ numactl --hardware
available: 2 nodes (0-1)
node 0 cpus: 0 2 4 6 8 10 12 14
node 0 size: 24565 MB
node 0 free: 10872 MB
node 1 cpus: 1 3 5 7 9 11 13 15
node 1 size: 24575 MB
node 1 free: 11440 MB
node distances:
node   0   1
  0:  10  20
  1:  20  10
```

Oracle 启动日志中也可以看到检测到的 NUMA 节点数，如下所示：

```
NUMA system with 2 nodes detected
Starting up:
Oracle Database 11g Enterprise Edition Release 10.2.0.4.0 - 64bit
Production
```

很多 Oracle 用户对 NUMA 的效果和稳定性的测试结果不一。Oracle 对此的建议是，如果考虑启用或者禁用 NUMA，一定要经过严格充分的测试后再考虑在生产环境中使用，以免造成不稳定。用户可以通过 _enable_NUMA_support 和 _px_numa_support_enabled 参数控制启用或禁用 NUMA 架构。

其他 SGA 组件，建议初始保留默认值，事后根据实际运行中的负载进行优化。

7.2.2 PGA

除了 SGA 外，对 Oracle 来说第二块最重要的内存区域就是 PGA。默认情况下，所有的排序、哈希连接等都优先使用 PGA，PGA 不够时再交换到磁盘，所以恰当地设置 PGA，确保尽可能避免交换到磁盘对性能的影响是非常大的。

参数 PGA_AGGREGATE_TARGET 设定了实例尽量控制的 PGA 总大小，在 Oracle 12c 之前无法控制绝对上线。Oracle 12c 开始，新增了一个参数 PGA_AGGREGATE_LIMIT 来控制绝对大小。PGA_AGGREGATE_LIMIT 默认为 PGA_AGGREGATE_TARGET 的 2 倍，但是无论如何 PGA_AGGREGATE_LIMIT 都不会低于 2GB 且不低于 PROCESSES 参数值 ×3MB。如果不想限制实例可用的 PGA 总大小，将 PGA_AGGREGATE_LIMIT 设置为 0 即可。

对于 PGA_AGGREGATE_TARGET 的值，Oracle 11.2 是一个分水岭。根据 Oracle 文档所述，当 parallel_degree_policy 为 AUTO 时，如果 Oracle 数据库认为从缓冲区缓存读取数据相比直接路径读效率更高，将从缓冲区缓存读取，这样会降低对 PGA 的相关需求，否则（默认值 MANUAL）并行查询的数据将直接读取到 PGA。但是截至目前，Oracle 18c 无法指定并行执行直接访问缓冲区缓存。

实际在 Oracle 11.2 中，无论 parallel_degree_policy 的值是否为 MANUAL，并行执行都已经可以利用缓冲区缓存了，如下所示：

```
SQL> alter system flush buffer_cache;
System altered.
SQL> select /*+ parallel(f,8) */
 count(f.c_paramlevel), count(f.c_tacode), f.c_agencyno, f.c_showclass
  from ta_textparameter f
 group by c_agencyno, f.c_showclass;
308 rows selected.
Elapsed: 00:00:32.88
Statistics
----------------------------------------------------------
       48  recursive calls
        0  db block gets
     628712  consistent gets
     624651  physical reads
      308  rows processed
SQL> /    -- 直接输入/是重复执行上一记录
308 rows selected.
Elapsed: 00:00:01.42
Statistics
----------------------------------------------------------
       48  recursive calls
        0  db block gets
     628712  consistent gets
        0  physical reads
      308  rows processed
```

第二次执行没有物理 I/O，为了验证是否当前进程 PGA 本身工作区复用，可断开再次执行，如下所示：

```
SQL> select /*+ parallel(f,8) */
 count(f.c_paramlevel), count(f.c_tacode), f.c_agencyno, f.c_showclass
  from ta_textparameter f
 group by c_agencyno, f.c_showclass;
308 rows selected.
Elapsed: 00:00:01.92
```

也是不到 2s，说明采用了内存并行执行，该特性和在 Oracle 11.2 中调整 DB_BIG_TABLE_CACHE_PERCENT_TARGET 设置的行为几乎完全相同，直接从缓冲区缓存读取数据（很多特性上一个版本启用，后一个版本公开是 Oracle 经常采用的做法）。

刷新缓冲区缓存之后再次执行，此时分两种情况：如果 filesystemio_options 为 directio，则回到了 30 多秒，否则为 2~3s。这一实现的变化不仅对单实例有好处，对 RAC 的好处更大，因为在 RAC 下只能使用 ASM，因此无法利用操作系统缓存。而 SAN 控制器缓存更无法预测，因此对 RAC 的好处更大。

上述行为除了增加了对 SGA 的需求外，并没有显著减少对 PGA 本身所需大小。因此，对于 PGA 大小的设置，OLTP 和少量并行执行可以初始设置为 SGA 的 20%；对于批处理，可以设置为

SGA 的 40%~60%，后续根据对 V$SQL_WORKAREA 的监控进行优化。

除了设置总的 PGA 外，还需要注意每个会话可用的工作区大小。在 Oracle 9.2 之前，每个会话可用的大小最大为 MIN(5%*PGA_AGGREGATE_TARGET,100M)，对于很多批处理和报表系统来说，该值太小了，所以一般还会设置 _smm_max_size、_PGA_MAX_SIZE、_smm_px_max_size 这 3 个隐含参数。它们限定了每个会话可用的 PGA 最大值，因为不会预分配，所以一般情况下利远大于弊，建议一开始就调整；从 Oracle 9.2 开始，当 pga_aggregate_target 大于 1GB 时，_smm_max_size = 10%* pga_aggregate_target 默认情况下无须调整，根据运行时 V$SQL_WORKAREA_ACTIVE. NUMBER_PASSES 的临时表空间交换进行会话级优化即可，关于这些参数的详细说明参见第 7.4.1 小节。

7.2.3 智能闪存缓存

对于 Oracle Linux 和 Solaris 操作系统来说，可以使用 Oracle 11g 新增的智能闪存缓存特性，该特性可以声明一个或多个闪存设备（如 PCI-E 闪存卡）作为智能闪存缓存，该智能闪存缓存会作为 SGA 的二级缓存。一般来说，智能闪存缓存的速度远快于、容量远低于文件存储，但是速度低于内存。当系统可用物理内存远小于常用数据集大小（如 1/5 或 1/10）且无法再增加物理内存时，可以考虑启用智能闪存缓存。

如果组成 SAN 或者阵列的磁盘速度都相同，这时不宜用来作为智能闪存设备，否则会导致性能下降。

智能闪存缓存由参数 db_flash_cache_file 和 db_flash_cache_size 控制，在 Oracle 11g 中，只支持一个设备；在 Oracle 12c 中，该限制被放开，用户可以将多个设备同时作为智能闪存设备。

7.2.4 提升第一次查询的性能

很多系统一直以来对 Oracle 数据库存在的一个不满之处是涉及大数据量的查询第一次时间通常较长，第二次开始则变得正常。不同于 MySQL，Oracle 中没有预热缓冲区缓存机制，所以第一次查询时如果数据块不在缓冲区缓存中，则不得不从磁盘加载，从而使第一次访问对象的体验较差。

在 Oracle 12c 中，这一切有所变化，主要体现在 Oracle 11.1.0.2 引入的全数据库缓存模式。在该模式下，Oracle 会假设 SGA 足够容纳整个数据库，因此对于任何表（包括那些非常大的表）的全表扫描也进行缓存，从而使很多批处理系统的性能大大提升。

借助这一特性，可以和管理可插拔数据库一样，在 Oracle 实例打开时执行一个触发器，对所有常用的表、索引执行一次全表扫描，达到预热效果，如下所示：

```
CREATE OR REPLACE TRIGGER warn_up_common_table
  AFTER STARTUP ON DATABASE
declare
```

```
  var number;
begin
  select max(f.sal) into var from scott.emp f;
// 执行任何让table全表扫描的SQL语句
  dbms_output.put_line('预热emp表!');
END warn_up_common_table;
/
```

7.3 存储优化

对 Oracle 数据库来说，对表空间及其数据文件存储进行合理规划和优化的重要性不亚于对内存、初始化参数优化的重要性，在数据密集型系统中甚至更胜一筹。不同于仅仅用来存储数据的文件，Oracle 的各种数据文件有着各自的用途，不同类型的文件在使用频率、模式上千差万别。通过为不同类型的文件根据特性配置不同规格的存储，可以在不增加成本的情况下同时满足容量和性能要求，本节将对此进行深入的讨论。

7.3.1　文件存储规划

很多系统在规划时，在存储方面只考虑了所需的磁盘容量、大概速度、RAID 级别、满足审计要求的备份策略等，对系统涉及的各种文件的性能要求、高可用性要求、数据量的仔细评估则欠缺考虑。在会产生很多交易流水的系统中，这将导致系统在运行一两年之后效率低下，经过系统重构、SQL 性能优化之后，仍然性能较低，于是很多用户通过采购新型服务器和存储，并迁移应用的方式来解决。但这在根本上并不是因为服务器旧了，而是 I/O 增加之后，存储的 IOPS 跟不上所致。

因此，对于 I/O 密集型的系统来说，应事先通盘考虑性能和容量要求进行存储分级规划，而不仅仅考虑容量及磁盘转速，才能为日后数据量激增时性能保持稳定和潜在的 Oracle 优化作铺垫。对 Oracle 而言，各种主要文件及其对性能的潜在要求如表 7—1 所示。

表7—1　Oracle各种数据文件的性质

文件类型	性　质	主要读/写类型	高可用
在线Redo日志	高性能	写为主	是
Undo表空间	性能	写为主	是
临时数据文件	高性能	混合	否
当前数据	性能	混合	是
历史数据	大容量	读为主	看情况

续表

文件类型	性　质	主要读/写类型	高可用
归档日志	大容量	混合	看情况
备份	大容量	混合	看情况
CRS	高性能	混合	是

对于 Oracle 存储而言，需要从高可用、性能、容量 3 个维度分析各自的需求量，然后选择合适的设备规则和大小。对于高性能的存储建议使用 SSD，大容量的存储使用 7200 r/min 或 10000 r/min 的硬盘，对性能要求较高但不是极端要求的存储使用 15000 r/min 的硬盘，这样才能满足容量和性能要求，同时也最大化 Oracle 的潜在优化空间。

如果使用磁盘阵列，一定不能忘了阵列控制器的写策略需要支持写回模式（中高端 RAID 卡通常都支持各种模式的写策略）。在此模式下，当控制器高速缓存接收到一个事务处理中的所有数据后，控制器将数据传输完成信号给主机系统，然后控制器在系统活动减慢或写缓冲区接近最大容量时将高速缓存数据写入存储设备，这将极大地提升写入的性能。

7.3.2 Redo日志

对任何基于 WAL 机制的数据库来说，Redo 日志文件的性能高低都在很大程度上影响了写入的性能，Oracle 数据库也一样，所以它是最先需要优化的。

在 Oracle 中，一般建议每 15min 左右进行一次日志切换。根据系统负载不同，需要不同大小的 Redo 日志，较忙的系统 Redo 日志大小为 512MB ~ 32GB。例如，在典型的金融交易系统中，白天处理 OLTP、晚上批处理的系统中根据客户系统大小从 2GB 到 16GB 都有，一般设置 5 组。在 Oracle Exadata 中，Redo 日志文件的默认大小为 32GB。

因为 WAL 的机制是先写 Redo 日志，所以在线 Redo 日志在 INACTIVE 状态之前都还包括实例恢复所需的重做条目，直到检查点完成将脏数据块从缓存写入磁盘。在这期间如果在线 Redo 日志被不小心删除或者损坏，会造成数据修改丢失，这在核心交易系统中是不可容忍的。

因此，对于核心系统，应确保不低于 2 组 Redo 日志；为了保证性能最佳，应确保在线 Redo 日志不采用 RAID 5 级别。通过 AWR 报告的 I/O 统计部分，可以看出 LGWR 的写入数据量总是非常高，尤其是数据库被设置为强制日志模式时。

7.3.3 Undo表空间

Undo 表空间虽然没有 Redo 日志那么影响性能，但在写不是很少的环境中，也是 Oracle 中影响性能较大的组件之一。因为 Undo 表空间存储着 DML 操作数据块的前镜像数据，所以在数据回滚、一致性读、闪回操作、实例恢复时都可能用到 Undo 表空间中的数据。

而且相比当前数据块而言，很多交易系统尤其是存在热点记录的系统，不停进行更新，虽然不写入数据文件，但是 Undo 条目是随着更新持续产生的，很多数据可能会存在多个版本，因为 Undo 块在缓冲区缓存中是有限的，当找不到时就回 Undo 表空间找，这些数据被频繁写入 Undo 表空间时，Undo 表空间所在磁盘的性能就非常重要了。除了满足实例恢复外，为了满足 undo_retention 的要求，也会增加撤销表空间的 I/O。

通过 AWR 报告的 I/O 统计部分，可以看出 Undo 表空间的读 / 写数据量通常都在高位。因此和在线 Redo 日志一样，Undo 表空间应该被放在最快的存储上。对于 Undo 表空间来说，还需要考虑的一点是，如果要避免因为数据文件扩展而导致的等待（因为默认的大小通常都偏小），可以根据预计的大小预先分配部分，如预先创建 3 个大小为 8GB~32GB 的数据文件。

有时为了排查问题方便，希望 Undo 表空间中保留的回滚数据尽可能多，如保留一两天，通常将 undo_retention 设置的较大，如 86400（1 天），并将 Undo 表空间的 RETENTION 属性设置为 GUARANTEE，如下所示：

```
SQL> alter tablespace UNDOTBS1 RETENTION GUARANTEE;
tablespace altered
SQL> select RETENTION from dba_tablespaces where tablespace_name='UNDOTBS1';
RETENTION
-----------
GUARANTEE
SQL> show parameter undo_retention
NAME                                 TYPE        VALUE
------------------------------------ ----------- ----------------------
undo_retention                       integer     86400
```

但是实际查询时，仍然可能会遇到错误 ORA-08176: consistent read failure; rollback data not available。从 Oracle 9.2 开始，新增了隐含参数 _undo_autotune，该参数启用后，undo_retention 不再起作用，Oracle 会自行决定合适的大小。当试图增大 Undo 表空间或无法扩展时，根据表空间及系统的繁忙程度 (v$undostat 中信息）自动调整 undo_retention 参数；当 Undo 表空间有空闲时，系统自动调大 undo_retention 来保留更多的 Undo 块，反之则会被覆盖，其具体如下。

- 针对自动扩展的 Undo 表空间，系统至少保留 Undo 到参数指定的时间，自动调整 undo_retention 以满足查询对 Undo 的要求，这可能导致 Undo 急剧扩张，可以考虑不设置 undo_retention 值。
- 针对固定的 Undo 表空间，系统根据最大可能的 undo_retention 进行自动调整。参考基于 Undo 表空间大小和使用历史进行调整，这将忽略 undo_retention，除非表空间启用了 RETENTION GUARANTEE。

如果不希望启用自动调整特性，可以通过隐含参数 _undo_autotune 禁用该行为，如下所示：

```
SQL> alter system set "_undo_autotune" = false;
System altered
```

此时 V$UNDOSTAT.TUNED_UNDORETENTION 不会再变化，如下所示：

```
SQL> SELECT TO_CHAR(BEGIN_TIME, 'MM/DD/YYYY HH24:MI:SS') BEGIN_TIME,
  2       TUNED_UNDORETENTION FROM V$UNDOSTAT;
BEGIN_TIME          TUNED_UNDORETENTION
------------------- -------------------
01/12/2019 16:32:47                   0
```

TUNED_UNDORETENTION 是基于 Undo 表空间大小的使用率计算出来的，在一些情况下，特别是较大的 Undo 表空间时，这将计算出较大的值。

7.3.4 临时表空间

临时表空间对性能的影响主要体现在 3 方面：Oracle 版本、PGA 大小及是否使用了全局临时表（不同于普通表，全局临时表是采用直接路径写写入磁盘的，读取也是通过直接路径读进行的，所以其包含的临时文件所在磁盘的性能就很大程度决定了使用了临时表空间的会话性能）。

对于 OLTP 系统来说，通常没有大量的排序、聚合操作，一般也较少使用全局临时表，所以不需要专门预先进行调整；如果系统使用了很多全局临时表或者 Oracle 12c 之前使用了大量带 WITH 子句的 SQL，则临时表空间的速度就很重要了。除了临时表外，当 SQL 语句中的排序或者哈希操作中间结果集大于会话的工作区时，这些中间结果集就会被部分写入临时段，这也受到临时表空间性能的影响。

在 Oracle 12c 之前，由于全局临时表生成的 Redo 日志和普通表没有太大差别，且不支持会话级统计信息，加之应用通常都使用数据库连接池访问，因此会话需要在使用完成之后清空表。在这种情况下，高并发使用临时表可能会出现偶尔报错的情况，故不太建议大量使用临时表（可以用 WITH 子句加 materialize 提示代替）。虽然在 Oracle 12c 中为临时表引入了专用的 Undo 表空间，生成的 Redo 日志大大减少，但它仍然是批处理系统中的瓶颈之一。

所以，对于临时表空间，也应放在最快的存储上。如果内存足够大，建议使用 tmpfs 文件系统，它能够让临时表空间常驻内存，真正接近全内存操作。

因为临时表空间内部使用稀疏文件，所以初始大小没太大关系，如果希望临时表空间不使用稀疏文件，可以通过 cp --sparse 选项处理，如下所示：

```
[root@hs-test-10-20-30-15 dbs]# ll
-rw-r----- 1 oracle dba 1371545600 Nov 20 07:16 my_tts01.dbf
-rw-r----- 1 oracle dba 1073750016 Nov 20 07:16 my_tts02.dbf
 [root@hs-test-10-20-30-15 dbs]# du . -h
13M    .
sqlplus "/as sysdba"
SQL> ALTER DATABASE TEMPFILE  'my_tts02.dbf' offline;
SQL> ALTER DATABASE TEMPFILE  'my_tts01.dbf' offline;
SQL> exit;
```

将临时表空间调整为非稀疏模式：

```
[root@hs-test-10-20-30-15 dbs]# cp --sparse=never my_tts01.dbf my_tts01.
tmp
[root@hs-test-10-20-30-15 dbs]# du . -h
1.3G  .
[root@hs-test-10-20-30-15 dbs]# cp --sparse=never my_tts02.dbf my_tts02.
tmp
[root@hs-test-10-20-30-15 dbs]# du . -h
2.3G  .
sqlplus "/as sysdba"
ALTER DATABASE TEMPFILE  'my_tts02.dbf' online;
ALTER DATABASE TEMPFILE  'my_tts01.dbf' online;
SQL> exit;
```

这样临时表空间的数据文件就真正是预分配，而不是稀疏文件了。

需要注意，临时表空间和 Undo 表空间不同，它的大小和扩展与否除了实际真正所需外，还受到 SQL 语句性能的影响，性能低的 SQL 会导致实际占用的 PGA 和临时表空间比理论的多得多。最后，对于临时表空间而言，推荐使用统一大小分区扩展，每次扩展 10MB。

7.3.5 业务表空间

很多 DBA 都将表和索引放置在单独的表空间，相比而言，笔者更愿意花时间先将业务表拆分为当前表和历史表，在此基础上再进行分区，根据数据的生命周期分为最近、过去几个月、过去一年及归档数据，通常这更符合实际的业务场景。如果是出于管理的目的，拆分数据和索引表空间并无什么坏处。

对于业务表空间来说，需要考虑预分配大小及每次自动扩展的大小，无论哪种负载类型的系统，都建议使用统一分区扩展。对于批处理系统来说，应该尽可能减少扩展次数，因为它每次要扩展时通常都较大，可以考虑每次扩展 32MB、64GB 或者 128MB；对于 OLTP 系统来说，应尽可能减少每次等待时间，可以考虑每次扩展 8MB，尽可能保持良好的用户体验。如果运行中不能够容忍明显的不必要延时，可以考虑将数据文件大小进行预分配到最大的 32GB，这样就没有运行时文件扩展的额外负载。

除了基于表空间的特性规划表空间外，对于具有很多中间表但没有采用 Oracle 全局临时表的系统来说，建议将中间临时表存储到单独的表空间。这样当 DBA 因为各种原因启用强制日志时，可以和 DBA 协商在表空间级别进行设置，既可以达到该表空间中的表在各种直接路径写时不生成 Redo 日志，又不影响其他关键表空间的恢复，如表 7–2 所示。

表7–2 推荐的表空间日志模式

表空间	强制日志模式
trade1	YES
trade1_stage	NO
trade2	YES
trade2_stage	NO

通过为数据库用户声明默认表空间为 ×××_stage，它既能满足上述要求，同时又不影响现有程序中使用的 DDL，只初始化脚本中的 DDL 指定表空间即可。

7.3.6 系统表空间

相比其他表空间来说，系统表空间本身在 Oracle 运行期间没有那么多的读 / 写，所以只要其他参数优化到位，较少出现因为放置在默认存储位置包括系统盘而出现明显影响性能的情况。除了在 Oracle 11g 开始，Oracle 默认设置了开启审计会导致大量写入 sys.aud$ 表外，一般会选择将其调整为默认禁用。

7.3.7 关于裸设备和ASM

谈到文件存储优化，就不能忽略裸设备和 ASM。从纯粹物理读写的角度来说，裸设备的性能 > ASM 的性能≥文件系统的性能，Oracle 因为技术限制只能使用 ASM 或裸设备，在 Oracle 10.2 之前一般使用裸设备居多；从 Oracle 10.2 开始，因为 ASM 已经稳定了很多，所以一般采用 ASM 方便管理。

对于单实例，必须在易管理性和压榨最后一点性能之间折中，尤其是在今天数据量随时可能出现爆发式增长的系统中。

在 Linux 内核 2.4 及 2.6 的早期版，推荐使用裸设备作为存储机制以便最大化提升磁盘性能，尤其是对于在线 Redo 日志。在 I/O 成为主要瓶颈的系统中，采用裸设备能够提升高达 20% 的性能，其缺点是管理比较复杂。这种优化在早期硬件配置较低时是有帮助的，随着硬件的极速发展，很多性能问题的本质体现在了算法、缓存层面，所以对于大多数现在的系统，没有太大必要考虑裸设备。

ASM 是 Oracle 10g 引入的用于管理 Oracle 数据库相关文件的集成解决方案，包含卷管理器和文件系统，从 Oracle 10.2 开始相对比较稳定。先来看其架构，然后对其进行讨论，如图 7–1 所示。

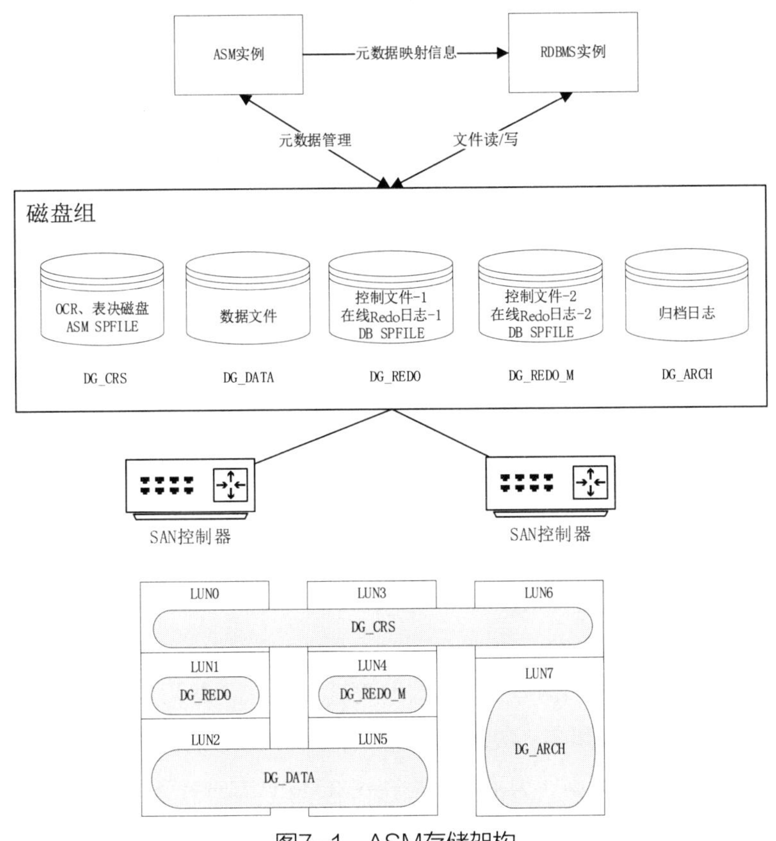

图7-1 ASM存储架构

如上所述，和SAN负责管理所有的存储配置和优化一样，ASM负责Oracle涉及文件的管理和优化。对于有很多Oracle数据库需要集中式管理的公司（如银行、电信）来说，采用ASM进行统一管理通常是比较合适的，这些公司通常采用SAN集中管理存储，而不是主机的DAS存储，这样能够从整体上优化存储效率和性能。

虽然ASM支持管理冗余级别，但是让存储设备管理高可用性更加合适，无论是从逻辑清晰性还是软件自己的职责分工角度来看都是如此。根据Oracle文档所述，ASM性能介于裸设备和文件系统之间，也是Oracle推荐的数据库文件管理方案。ASM在最差情况下性能和文件系统一样，这种假设基于不使用OS缓存为前提，对于OLTP系统来说，通常比较合适，它们基本上执行的都是短小事务，很少执行并行查询，所以文件系统缓存价值不大。

对于混合型系统和批处理系统来说，使用ASM并不总是最合适的，批处理通常会产生大量的直接路径读/写，直接从磁盘读取数据到PGA中（如果是使用Oracle 10.2之后，并且Oracle使用了内存并行执行），除非DG所在的底层磁盘的控制器缓存了大量刚刚写入的数据或者磁盘性能足够高，否则性能会受到较大影响。所以，ASM也不全是最合理的选择，否则就被Oracle改为默认存储方式了。

因此，对于使用ASM存储来说，应该尽可能根据功能创建磁盘组，并配置对应的LUN，而不是将所有文件都放到一个超大的 LUN 中进行管理，这样可使各磁盘负载更加均衡，以最大化 IOPS 和存储效率。

7.4 初始化参数优化

本节梳理并总结了比较重要的 Oracle 初始化参数，以及这些初始化参数在不同场景下的推荐值。对于为每个服务器配置不同的 Oracle 数据库安装来说，它们都应该被谨慎地评估，合理的设置能够最大限度地提升 Oracle 的性能和稳定性。和内存及文件存储一样，很少有放之四海而皆准的参数，因此 Top 10 指的是 80/20 原则中最重要的参数。

7.4.1 Top 10初始化参数

1. commit_wait

该参数控制 commit 时重做条目写入在线 Redo 日志的模式，默认为 FORCE_WAIT，即同步刷新 Redo 日志，这是为了保证严格的 ACID。在某些高并发写非核心数据的场景中，如在有很多非重要的流水或者操作日志的场景中，为了减缓写在线 Redo 日志对并发的影响，可以考虑在会话级别将其改为 NOWAIT，这样会导致提交后立刻返回，能够极大地提高性能。但是当数据库以 abort 模式关闭时，可能会导致部分事务破坏 ACID。在 RAC 下，各节点可以独立设置。

2. commit_logging

该参数控制 LGWR 后台进程刷新 Redo 日志条目到 Redo 日志文件的机制，批量刷新或实时刷新，默认为 IMMEDIATE 立刻写，其优化场景和 commit_wait 相同，并且也经常一起使用。为了减缓写在线 Redo 日志对并发的影响，可以考虑在会话级别将其改为 BATCH，这样会导致提交后立刻返回，能够极大地提高性能。但是当数据库以 abort 模式关闭时，可能会导致部分事务破坏 ACID。在 RAC 下，各节点可以独立设置。在 Oracle 10g 中，commit_logging 和 commit_wait 由参数 commit_write 统一控制，该参数现在被标记为过时。

3. cursor_sharing

该参数控制共享游标的行为，默认值为 EXACT，只有 SQL 文本完全相同的语句才会共享一个游标。在有些应用系统中，缺乏经验的开发人员会编写出包含大量硬编码的 SQL 语句，尤其是 SQL 语句使用 ORM 框架生成时，如果 AWR 报告发现硬解析特别多，可以考虑将该参数调整为 FORCE。在 Oracle 12c 之后，SIMILAR 被取消了，因为 Oracle 优化器在这方面的判断效果太差。

4. db_writer_processes

该参数声明每个实例的初始 DBWR 进程数，默认值为 max(1,CPU_COUNT / 8)。一般来说，使用默认值就足够了，在 Oracle 11g 及以前的版本中，最多可以有 36 个 DBWR 进程，从 Oracle 12c 开始，最多可支持 100 个 DBWR 进程，如下所示：

```
SQL> show parameter db_writer_processes
NAME                                 TYPE        VALUE
------------------------------------ ----------- ----------------------
db_writer_processes                  integer     8
```

5. dbwr_io_slaves

该参数仅适用于只有 1 个 DBWR 进程的 Oracle 数据库，这通常是很小的系统，其默认值为 0，不启用 I/O 服务器进程。对于 10 核以上的服务器，通常不需要调整。

6. db_block_size

该参数控制 Oracle 数据块的大小，取值从 2kB 到 32kB，每次乘 2 递增，默认值为 8kB，该值必须为设备级别物理块的倍数。对于 DSS 和批处理系统，可以考虑将其设置为 32kB。该参数必须在数据库创建时设置，不支持事后修改。

7. db_file_multiblock_read_count

该参数控制 Oracle 每次从磁盘顺序读取数据时的最大值，默认值依赖安装时数据库文件所在磁盘的最大 I/O。如果安装时在默认的 DAS 磁盘而实际在 SAN 存储，该值通常被低估。通常来说，该值越大，全表扫描时 I/O 越少，Oracle 越倾向于全表扫描。其取值范围依赖于操作系统，该值以数据块为单位，一般来说 DSS 系统设置为 128（128 × 8kB=1MB），OLTP 设置为 4~16 比较合适。

8. db_flash_cache_file

该参数用于智能闪存缓存的闪存文件或 ASM 磁盘组。在 Oracle 11g 中，仅支持一个设备；从 Oracle 12c 开始，支持多个闪存设备，多个设备间用空格隔开。例如：

```
db_flash_cache_file = /dev/raw/sda, /dev/raw/sdb, /dev/raw/sdc
```

当声明了多个闪存设备时，对应的 db_flash_cache_size 必须匹配。关于什么情况下应该使用智能闪存缓存，第 7.2.3 小节进行了详细的讨论。

9. db_flash_cache_size

该参数设置智能闪存缓存的大小，必须在启动 Oracle 实例时设置，在运行期间只支持设置为 0 禁用或者恢复原值启用。在 Oracle 11g 中，仅支持一个设备；从 Oracle 12c 开始，支持多个闪存设备，多个设备间用空格隔开。如果希望禁用某个设备，将其设置为 0 即可。例如：

```
db_flash_cache_size = 32G, 0, 64G
```

10. ddl_lock_timeout

该参数声明 DDL 语句等待 DML 语句锁释放的时间，默认情况下其值为 0，即不等待，这样当其他 DML 正在执行或未提交时，DDL 语句会返回 ORA-00054: resource bus。在某些批处理作业中，可能会有很多并发操作同一张表，其中可能包括 DDL，如动态增加分区等。立刻超时返回会严重影响系统稳定性，这种情况下可以考虑将其设置为 DML 需要的最长时间，如 3600s。

11. deferred_segment_creation

该参数在 Oracle 11g 中引入，用于控制当新创建的对象不包含数据时，是否为其创建段及依赖对象，如 LOB、索引等。其默认值为 true，即不创建。在大部分情况下，它是不合适创建的，因为使用数据泵 expdp 导出时不会包含没有段的对象，这会导致恢复时缺少对象。因此，在大部分情况下，建议将其设置为 false，不延迟创建。在 Oracle 10g 及之前的版本，其总是会创建的。

12. USE_LARGE_PAGES

该参数用于控制 SGA 是否使用 Linux 大页面（PGA 不影响），其默认值为 true，能用大页面则用，如果不能用则使用普通页面。将该参数设置为 ONLY 可以强制使用大页面，否则 Oracle 实例就启动失败。关于是否应该启用大页面，第 7.2.1 小节进行了详细讨论。

13. DISK_ASYNCH_IO

该参数用于控制对数据文件、控制文件、日志文件的 I/O 是否启用异步。不管是 ASM 还是文件系统，它都是一个总控参数，其默认值为 true，即启用。一般来说，该参数无须修改，但是如果平台不支持异步 I/O，可以通过增加 DB_WRITER_PROCESSES 或 DBWR_IO_SLAVES 来模拟异步 I/O。在大部分情况下，启用异步 I/O 在实验环境中可以将性能提升 30% 以上，在真实环境中并没有精确地估算，但是 I/O 基本上是从等待事件第 1 位变成了 DB CPU 第 1 位，并且 I/O 等待事件所占的时间比例大都在 10% 以下。

14. FILESYSTEMIO_OPTIONS

该参数用于控制当使用文件系统作为 Oracle 数据文件的存储时文件系统的写行为，其可选值为 { none | setall | directIO | asynch }，默认值依赖于具体版本和操作系统，一般为 none。只有 DISK_ASYNCH_IO 为 true 时，该参数才生效。

对于 OLTP 系统，可以设置为 setall 或 directIO；对于使用了大量直接路径读 / 写的批处理系统和 DSS 系统，设置为 asynch 更合理。在很多系统中通过将 setall 调整为 async，极大地提升了批处理和查询的性能，直接路径读的平均等待时间大大下降。下列 SQL 可以查询每个数据文件对异步 I/O 的支持情况：

```
SQL> SELECT NAME,ASYNCH_IO FROM V$DATAFILE F,V$IOSTAT_FILE I
  2  WHERE  F.FILE#=I.FILE_NO AND FILETYPE_NAME='Data File';
NAME                                                     ASYNCH_IO
--------------------------------------------------------------------------------
/storage/Oracle/oradata/system01.dbf                          ASYNC_ON
/storage/Oracle/oradata/sysaux01.dbf                          ASYNC_ON
/storage/Oracle/oradata/undotbs01.dbf                         ASYNC_ON
/u01/app/Oracle/oradata/ora11g/users01.dbf                    ASYNC_ON
/u01/app/Oracle/oradata/ora11g/example01.dbf                 ASYNC_ON
```

15. fast_start_mttr_target

Oracle 文档对该参数的解释是，设置 Oracle 实例启动时实例恢复的最大时间目标。该参数会影响 CKPT 的活动频率，该值越小，意味着 CKPT 需要越频繁地将缓冲区缓存中的脏块写入磁盘，缓存中修改过的脏块也越少，启动时间越快。其默认值为 0，表示不限制时间。通过将 FAST_START_MTTR_TARGET 设置为 1，然后重启 Oracle，再查询 V$INSTANCE_RECOVERY.TARGET_MTTR，可以得到理论上的最小值，如下所示：

```
SQL> ALTER SYSTEM SET FAST_START_MTTR_TARGET=1;
SQL> shutdown immediate;
数据库已经关闭
已经卸载数据库
ORACLE 例程已经关闭
SQL> startup
ORACLE 例程已经启动
Total System Global Area  267227136 bytes
Fixed Size                  2252384 bytes
Variable Size             167772576 bytes
Database Buffers           92274688 bytes
Redo Buffers                4927488 bytes
数据库装载完毕
数据库已经打开
SQL> select ir.TARGET_MTTR, ir.ESTIMATED_MTTR, ir.OPTIMAL_LOGFILE_SIZE
  from V$INSTANCE_RECOVERY ir;
TARGET_MTTR ESTIMATED_MTTR OPTIMAL_LOGFILE_SIZE
----------- -------------- --------------------
        9          7               49
```

该参数还能够估计出为了满足当前的 MTTR，在线 Redo 日志文件的优化大小。

除了设置 MTTR 目标外，该参数还会影响直接路径读的性能。在包含较多直接路径读的系统中，尤其是大量 UPDATE 之后首次通过直接路径读的场景，会导致大量的延迟块清除，瞬间产生大量的 I/O，进而影响性能。

最后，该参数和 FAST_START_IO_TARGET、LOG_CHECKPOINT_INTERVAL、LOG_CHECKPOINT_TIMEOUT 相互干扰，建议使用该参数，不要使用后面 3 个参数。

16. lock_sga

该参数声明是否将 SGA 锁定在内存中，防止其被交换出去。一般来说，对于具有大内存，如 32GB 以上的专用 Oracle 数据库来说，如果希望将 SGA 锁定在内存中，应首先考虑大页面内存而不是该参数，关于大页面的讨论参见第 7.2.1 小节。该参数默认为 false，不锁定；如果设置为 true，则一开始就会全部分配内存，这样可能会在某些系统中启动较慢。

17. optimizer_dynamic_sampling

该参数控制优化器何时及使用多少比例的数据块收集统计信息，其默认值为 2。一般来说，无须在实例级别更改该参数，如果是 Oracle 12c 之前的版本，可以考虑在具体 SQL 语句中使用优化器提示为特定的 SQL 语句设置动态取样级别，特别是刚刚通过 CTAS 加载的数据（从 Oracle 12c 开始，支持为 CTAS 加载的表同步收集统计信息，大大减少了加载后较简单 SQL 语句必须增加提示防止执行计划不合理的概率）。该参数的取值范围为 0~11。

18. optimizer_features_enable

该参数通过Oracle版本号控制启用哪些优化器特性，它可以使优化器在版本升级后的行为保持不变，这样可以确保所有现有 SQL 语句的性能稳定性。其默认一般为安装的 Oracle 版本，该参数可以在系统和会话级别中修改。表 7–3 和表 7–4 概述了 Oracle 11g 和 Oracle 12c 中每个小版本的优化器特性。

表7–3　Oracle 11g的优化器特性（×代表支持）

特　性	10.1.0.6	10.1.0.7	10.2.0.1	10.2.0.2	10.2.0.3	10.2.0.4
自适应游标共享	×	×	×	×	×	×
连接谓词下推	×	×	×	×	×	×
使用扩展统计信息估计选择性	×	×	×	×	×	×
使用原生全外连接	×	×	×	×	×	×
使用连接过滤进行分区剪除	×	×	×	×	×	×
group by优化	×（注）	×	×	×	×	×
反连接时识别Null	×	×	×	×	×	×
连接谓词下推	×	×	×	×	×	×
连接因式分解	—	—	×	×	×	×
基数反馈	—	—	×	×	×	×
子查询解除嵌套	—	—	×	×	×	×
子查询合并	—	—	×	×	×	×
表扩展	—	—	×	×	×	×
过滤连接消除	—	—	×	×	×	×
动态统计信息增强	—	—	—	—	—	×

注：该特性在早期版本可能导致错误结果，建议禁用。

表7–4　Oracle 12c的优化器特性（×代表支持）

特　性	11.1.0.1	11.1.0.2	11.2.0.1
自适应查询优化	×	×	×
CTAS在线统计信息收集	×	×	×
会话级全局临时表统计信息	×	×	×
多表左外连接	×	×	×
横向视图（Lateral Views）	×	×	×
基于ROWID批量访问数据块	×	×	×

续表

特 性	11.1.0.1	11.1.0.2	11.2.0.1
Null接受半连接	×	×	×
标量子查询解除嵌套	×	×	×
将产生不必要重复值的连接转换为半连接	×	×	×
并行union和union all	×	×	×
自动DOP增强	×	×	×
不精确统计	—	×	×
In-Memory选项	—	×	×
group by和聚合消除	—	×	×
不精确的百分比和中值处理	—	—	×
不精确统计的查询重写	—	—	×
统计信息顾问	—	—	×
支持分片数据库	—	—	×
AWR源及为SQL计划管理自动捕获过滤条件	—	—	×
表达式跟踪	—	—	×
分区摘要的空间节省算法	—	—	×
Oracle In-Memory数据库统计	—	—	×
分片支持	—	—	×
基于成本的OR扩展	—	—	×
子查询消除	—	—	×
多列键连接消除	—	—	×

19. optimizer_index_caching/optimizer_index_cost_adj

这两个参数通常要么都不修改，要么一起修改。它们用于设置使用索引的 IN 列表迭代器和嵌套循环连接。优化器应该假设有多少比例的索引块已经在缓存中了，以及索引扫描相对于全表扫描的成本，默认情况下前者为 0，或者为 100，表示优化器估算大概有多少索引块已经在缓存中，同时索引扫描和全表扫描的成本一样，如下所示：

```
SQL> show parameter optimizer_index;
NAME                                 TYPE                  VALUE
------------------------------------ ------------------------------------
optimizer_index_caching              integer               0
optimizer_index_cost_adj             integer               100
```

在目前的系统中，常用数据集绝大部分或者全部都在 SGA 中了，因此该参数没有必要在 Oracle 10g 之前进行设置。如果统计信息相对比较准确，基于直方图时通常能够得到更好的执行计划，更多讨论可参考第 10 章，第 10 章包含了对此行为的详细说明和测试。

20. optimizer_secure_view_merging

该参数控制优化器尝试使用视图合并进行查询转换时，是否需要安全性检查确保不违反视图创建者的意图，默认为 true。但是这会阻止某些情况下的查询转换和谓词下推，并且可能会极大地影响性能。通常建议将该参数修改为 false，并为用户授予 MERGE ANY VIEW 权限。

21. star_transformation_enabled

该参数控制优化器在进行查询转换时是否考虑星型转换，默认为 false，即不考虑。其实该特性应该被启用，虽然不常用，但在某些事实表和维度表的关联中，性能确实能够获得极大的提升，尤其是在 Oracle 12c 中对星型转换增强的 in memory 聚合。

22. PARALLEL_THREADS_PER_CPU

该参数控制在并行执行期间，每个 CPU 可以处理的并行子进程数量。它同时确定了其他一些并行参数，如 PARALLEL_MAX_SERVERS、SQL 语句默认并行度、自动并行度优化模式下最大并行度的默认值，默认为 2。

23. PARALLEL_DEGREE_POLICY

该参数控制自动并行优化、并行语句队列机制、内存并行执行这 3 个 Oracle 12c 新引入的和并行执行相关的特性是否启用，其取值如下。

MANUAL：禁用 Oracle 12c 的并行所有特性，相当于使用 Oracle 11g 版本的并行特性。

LIMITED：启用自动并行优化特性。对于那些使用 /*+ parallel */ 优化器提示的查询，Oracle 默认将使用自动并行优化控制并行度。

AUTO：启用自动并行优化、并行语句队列机制、内存并行执行这 3 个特性。

ADAPTIVE：类似于 AUTO，只不过在执行时会动态重新判断合理性，确定是否应该重新解析 SQL。其和自适应优化类似，一般不建议使用。

24. PARALLEL_MIN_SERVERS 和 PARALLEL_MAX_SERVERS

PARALLEL_MIN_SERVERS 声明 Oracle 在启动时创建的并行执行进程数，默认为 CPU_COUNT × PARALLEL_THREADS_PER_CPU × 2。

PARALLEL_MAX_SEVERS 参数设置并行执行可用的最大进程数，其默认值为 PARALLEL_THREADS_PER_CPU × CPU_COUNT × 并行执行并发用户数 × 5。并行执行并发用户数的取值判断：如果 MEMORY_TARGET 或 SGA_TARGET 不为 0，则为 4；如果 PGA_AGGREGATE_TARGET 不为 0，则为 2；否则为 1。

25. PARALLEL_SERVERS_TARGET

该参数声明在多少个并行执行服务器已经在运行后，并行执行语句被放入执行队列，默认为 PARALLEL_THREADS_PER_CPU × CPU_COUNT × concurrent_parallel_users × 2。

26. parallel_execution_message_size

该参数控制并行执行（并行查询、并行 DML、并行恢复及复制）期间，各子进程及协调器之间通信的消息包大小。其默认值依赖于 COMPATIBLE 及 PARALLEL_AUTOMATIC_TUNING，COMPATIBLE 大于等于 10.2.0 后，默认为 16kB。对于批处理和 DSS 系统来说，建议将其值调整为 64kB。在 SQL 语句大部分行源能够并行执行时，可以大大降低 PX 进程间等待的时间，在并行度较差时，该参数影响较小，但是增加该值会使用更多的共享池。

27. parallel_force_local

该参数控制任何一个 SQL 语句的并行执行是否限定为仅在一个 RAC 节点上执行，不允许跨节点，默认为 false，即允许跨节点运行，但通常这会极大地降低性能。除非 RAC 节点间采用的是 Infiniband 或者 10GBE 以上互联网，否则应该设置为 true。因为现代一般企业级 SAN 存储磁盘加操作系统缓存通常顺序读 / 写速度都可以达到 1GB/s 以上，使用千兆网络的节点间通信速度相对而言太慢了。

28. WORKAREA_SIZE_POLICY

该参数声明排序等工作区的管理方式，从 Oracle 10g 开始，其默认值是 AUTO，即让 PGA 自动管理。其总大小由 PGA_AGGREGATE_TARGET 控制，在大部分情况下让 PGA 管理都是合理的。如果设置为 MANUAL，则表示使用各种 *_AREA_SIZE 而非 PGA_AGGREGATE_TARGET，一般来说现在不推荐设置各种 *_AREA_SIZE。

29. pga_aggregate_target

该参数设置可供所有会话共用的 PGA 总内存的大小，但其不是绝对限制，最大实际使用的 PGA 大小加起来可能是该值的 2 倍，当该值不为 0 时，代表启动使用工作区自动管理模式，即相当于将 WORKAREA_SIZE_POLICY 设置为 AUTO，反之亦然。默认情况下，每个会话在将结果集交换到临时表空间之前将使用 PGA 最大化性能，具体能够使用多少 PGA，该规则以 Oracle 9.2 为分界线，其前后版本不同，第 7.2.2 小节针对 PGA 进行了详细的讨论。

30. PGA_AGGREGATE_LIMIT

该参数是 Oracle 12c 中新增加的，用于控制实例可用的 PGA 总大小，可以认为 pga_aggregate_target 是软限制，本参数是硬限制，其默认值为 max(2GB, PROCESSES *3M,PGA_AGGREGATE_TARGET*2)。需要注意的是，不要将该值改为低于默认值，否则可能会导致启动失败。

31. sort_area_size

该参数设置每个会话可用于排序的内存大小。在 Oracle 10g 以后，一般使用 pga_aggregate_target 参数控制会话可用的 PGA 大小，不对具体类别进行设置。Oracle 9.2 之前该参数的使用较多，从 Oracle 9.2 之后，只要 PGA 足够大，通常没有必要再设置该参数，即使是在会话级别。关于 PGA 的优化参见第 7.2.2 小节。

32. hash_area_size

该参数设置每个会话可用于建立内存哈希表的内存大小。在 Oracle 10g 以后，一般使用 pga_aggregate_target 参数控制会话可用的 PGA 大小，不对具体类别进行设置。Oracle 9.2 之前该参数的使用较多，从 Oracle 9.2 之后，只要 PGA 足够大，通常没有必要再设置该参数，即使是在会话级别。

33. processes

该参数声明可以同时连接到 Oracle 的用户进程数，其默认值为 100。其默认值通常是不够的，应根据连接到 Oracle 数据库的各应用服务器连接池的最大数量累加，再加上 10 个用于管理目的的连接数。修改该值后，会自动修改 SESSIONS 和 TRANSACTIONS 的值，所以后两者不需要人工进行修改。

34. sessions

该参数声明 Oracle 数据库可以同时创建的会话数，其默认值为（1.5 × PROCESSES）+ 22。通常只要修改 PROCESSES 即可，修改该参数会导致自动修改 TRANSACTIONS。

35. open_cursors

该参数声明一个会话任何时候能够打开的游标数，其默认值通常依赖具体的版本。使用 DBCA 安装时，一般默认为 300（Oracle 官方文档中标记的默认值为 50）；对于使用 JDBC 连接池的应用来说，应根据最大可能打开的游标数进行调整，避免发生 ORA-01000: maximum open cursors exceed 错误。

36. session_cached_cursors

该参数声明一个会话能够缓存的最大游标数，被会话缓存的游标能够避免软解析，其默认值为 50。对于使用 JDBC 连接池的应用来说，50 通常太低了，可以考虑增加到 200 或 300。Oracle 使用 LRU 算法管理缓存游标的列表。需要注意的是，该参数不仅影响软解析，过低也会发生 ORA-01000: maximum open cursors exceed 错误。

37. SGA_MAX_SIZE

该参数声明实例 SGA 的最大值，不能动态修改。

38. SGA_TARGET

该参数声明 SGA 各部分组件加起来的总大小。声明该参数之后，缓冲区缓存（DB_CACHE_SIZE）、共享池（SHARED_POOL_SIZE）、大池（LARGE_POOL_SIZE）、Java pool（JAVA_POOL_SIZE）、流池（STREAMS_POOL_SIZE）大小会自动计算。如果人工调整这些参数，它们代表的是该组件的最小值。

39. log_buffer

该参数声明 Oracle 用于缓冲重做条目的内存大小，其默认值比较适用于读多写少的系统，如果系统是写密集型，可以考虑增加该值以减少和 Redo 日志相关的等待。

40. shared_pool_size

该参数声明共享池的大小，在大部分情况下，只要让 Oracle 自动根据 SGA 大小计算就可以了。当 PARALLEL_AUTOMATIC_TUNING 为 false，即默认情况下时，并行执行所用的消息缓冲也从共享池分配，应确保系统使用绑定变量以避免浪费太多的共享池资源。

41. recyclebin

该参数声明是否启用 Flashback Drop，默认为 true，即启用。如果应用中有大量 create/drop table 的操作，可以考虑关闭回收站以避免发生 ORA-38301:can not perform DDL/DML Over Object in Recycle Bin 错误。

42. event

event 参数通常用于在排查某些比较难以通过数据字典或者动态性能视图确定原因时，设置打开某些 Oracle 内部的跟踪和错误检测行为。有时可能需要同时打开多个跟踪事件，可以通过冒号分隔，如下所示：

```
EVENT="<event 1>:<event 2>: <event 3>: <event n>"
```

设置跟踪事件之后，应该重启 Oracle 实例，并检查 alertSID.log 文件确保跟踪生效了。例如，下面的事件可以开始对损坏数据块的跟踪：

```
event="10210 trace name context forever, level 10"  -- for tables
event="10211 trace name context forever, level 10"  -- for indexes
event="10210 trace name context forever, level 2" -- data block checking

event="10211 trace name context forever, level 2" -- index block checking
```

43. GCS_SERVER_PROCESSES

该参数声明 RAC 环境下服务于节点间通信的 GCS (LMS0, …, LMS9, LMSa, …, LMSz) 后台进程数量，其默认值依赖于服务器上可用的 CPU 数量。如果小于 4 核，则只有一个进程；如果为 4~15 核，则 2 个进程；大于等于 16 核时，则为 2+（CPUs / 32）取整。

44. DB_BIG_TABLE_CACHE_PERCENT_TARGET

该参数是 Oracle 11.1.0.2 新增的，该参数声明缓冲区缓存中可用于大表（_small_table_threshold 确定小表的大小）的内存比例，其取值范围为 0~90。这些缓存的大表可用于并行查询，对于 DSS 和混合型系统，只要 SGA 足够大，这将极大地减少直接路径读，进而提升并行查询在无法利用操作系统缓存时的性能。需要注意的是，要使该特性生效必须启动自动并行度优化（AOP），即 PARALLEL_DEGREE_POLICY 必须为 AUTO 或 ADAPTIVE。

7.4.2　Top 10隐含参数

Oracle 的隐含参数是 Oracle 官方文档没有包含的、Oracle 内部用于控制某些功能的开关。如果遇见了因为这个问题的 Bug，Oracle 会告诉你可以使用这个参数关掉这个功能，等用户“试用”了几年之后，相对稳定了，Oracle 发布新版本，再说推出了一个新功能，且稳定运行了 *N* 年。本小节就来讨论这些重要的参数。

1. _IMMEDIATE_COMMIT_PROPAGATION

在 Oracle 11gR2 之前，参数 MAX_COMMIT_PROPAGATION_DELAY 的作用在于声明将 INSERT 和 UPDATE 操作同步到 RAC 中其他节点的延时目标，其默认值为 700，即分发 COMMIT 到其他节点的最大允许时间是 7s。这可能会导致完全采用负载均衡模式访问各 RAC 节点的应用偶尔出现查询结果不正确的情况，即使是调用了多个事务的同一个服务，这种情况会非常难以排查。

在 Oracle11gR2 之后，参数 MAX_COMMIT_PROPAGATION_DELAY 在 RAC 环境下被设置为 0，并且被隐含参数 _IMMEDIATE_COMMIT_PROPAGATION 所替代，其默认值为 true，其作用和原来 0 一样。可以通过下列查询检查该值是否为 true：

```
SQL> SELECT ksppinm, ksppstvl FROM x$ksppi x, x$ksppcv y
  2  WHERE x.indx = y.indx AND ksppinm = '_immediate_commit_propagation';
KSPPINM                          KSPPSTVL
-------------------------- -----------------
_immediate_commit_propagation       TRUE
```

2. _PGA_MAX_SIZE

该参数声明每个进程可用的最大 PGA，包括排序区、哈希区等加起来的大小。Oracle 9.2 之前，_PGA_MAX_SIZE 的默认值为 200MB；Oracle 9.2 之后，相关文档所述其默认值为 2 × _smm_max_size，因此只要设置 _smm_max_size 即可，不需要明确设置该值。实际上，至少截止 Oracle 10.2.0.4，Oracle 仍然使用了内置的默认值而非计算的值。

3. _smm_max_size

该参数声明每个进程可用的最大工作区大小，如排序区、哈希区。在 Oracle 9.2 之前，其大小为 min(5%* pga_aggregate_target, PGA_MAX_SIZE/2, 100MB)。从 Oracle 10gR2 开始，如果 pga_aggregate_target ≤ 500MB，则 _smm_max_size = 20% × pga_aggregate_target；如果 pga_aggregate_target 介于 500MB 和 1000MB 之间，则 _smm_max_size = 100MB；如果 pga_aggregate_target >1000MB，则 _smm_max_size = 10% × pga_aggregate_target。相比之前的版本需要调整这几个 PGA 相关的隐含参数，Oracle 9.2 之后基本上设置合理的 pga_aggregate_target 即可，不需要额外为 PGA 调整了。

4. _smm_px_max_size

该参数声明每个并行查询所有 PX 进程加起来可用的最大工作区大小。

5. _serial_direct_read

在 Oracle 11g 之前，当用户会话执行全表扫描时，Oracle 总是先将其读取到缓冲区缓存中，对应的等待事件为 db file scattered read；Oracle 11g 则可能会采用直接路径读，即 direct path read，这一调整的目的是避免某些大表直接读取到 SGA，将其他常用数据块挤出去进而降低性能，同时也是为了降低 CBC（cache buffer chain: latch）竞争。在 Oracle 11g 中，对于全表扫描是否启用直接路径读由参数 _serial_direct_read 控制，其默认值为 auto，即由 _small_table_threshold 和 _direct_read_decision_statistics_driven 控制。如果系统从 Oracle 10g 升级上来，可以先考虑将其改为 false，可以通过设置 10949 事件实现。如下所示：

```
alter session set events '10949 trace name context forever, level 1';
```

6. _small_table_threshold

从 Oracle 11g 开始，如果对象被认为不是小表，那么将会使用串行直接读，其阈值由本参数决定，其默认值为 max(2%*db_cache_size,20 块)。是否使用直接路径读的算法：如果各分区需要访问的数据块加起来超过 _small_table_threshold 的值，则所有的分区都会通过直接路径读访问；否则和之前的版本一样，会通过缓冲区缓存访问。这和缓冲区缓存中各分区已经有多少数据块无关。

7. _direct_read_decision_statistics_driven

默认情况下，Oracle 基于优化器统计信息决定是否使用直接路径读。如果该参数设置为 fasle，Oracle 将使用段头（segment header）中的信息确定每个段中有多少数据块。如果访问的是分区，则此时 Oracle 不是以整个表包含的数据块数量为基数确定是否使用直接路径读，而是以每个分区为单位进行计算。

8. _optimizer_batch_table_access_by_rowid

Oracle 12c 在行源中基于 BATCHED 的访问由隐含参数 _optimizer_batch_table_access_by_rowid 控制，但是其仅仅是控制在执行计划输出中是否包含，实际上在 Oracle 11g 中就已经使用了先合并一批 ROWID，然后批量访问数据块的方式。

9. _optim_peek_user_binds

该参数用于控制是否启用绑定变量窥视，默认情况下该参数为 true，即启用。当 Oracle 从之前的版本升级时，可能会出现原先运行稳定的某些 SQL 突然变慢的情况，这很有可能是启用了绑定变量窥视，此时可以将该参数设置为 false，以禁用该特性。

10. _xpl_peeked_binds_log_size

该参数控制 V$SQL_PLAN. OTHER_XML 及 V$SQL. BIND_DATA 字段中用来存储绑定变量值的大小，对于很多 DSS 语句来说，默认值可能无法放下全部的绑定变量值，此时可以考虑增加该值。

11. _smm_auto_max_io_size

该参数声明排序及哈希连接时，当需要交换中间结果到磁盘时采用的最大 I/O，单位为 kB。对于较快的磁盘存储，可以考虑将其调整为 1024kB，即 1MB，这样可以提高必须交换到临时表空间时的性能。

12. _log_parallelism_max

该参数控制 public redo strands 的数量，其默认值根据服务器的 CPU 数量自动确定，最小值为 max(2,cpu 数量 /16)。在 Oracle 10g 中对应控制 Redo 日志并行度的参数为 log_parallelism。

可以通过下列 SQL 查看系统中的数量：

```
select
 PTR_KCRF_PVT_STRAND ,
 FIRST_BUF_KCRFA ,
 LAST_BUF_KCRFA ,
 TOTAL_BUFS_KCRFA ,
 STRAND_SIZE_KCRFA ,
 indx
from x$kcrfstrand ;
```

通过 v$latch_children 查询对应的数据结构：

```
select ADDR, LATCH#, CHILD#, NAME
from v$latch_children where name like 'redo allocation%'
order by child#;
```

13. _enable_NUMA_support

该参数控制 Oracle 数据库是否支持 NUMA，默认为 false。关于是否应该启用 NUMA 的讨论参见第 7.2.1 小节。

14. _px_numa_support_enabled

该参数控制是否对并行执行的子进程启用 NUMA 支持。该参数在 Oracle 10.2.0.3 之后默认为 _px_numa_support_enabled，在 Oracle 11.1.0.2 为 false。关于是否应该启用 NUMA 的讨论参见第 7.2.1 小节。

7.5 其他Oracle实例优化

除了内存、存储及初始化参数这些对 Oracle 性能影响较大的部分外，Oracle 还有很多其他特性和组件，这些特性如果不注意也会对性能造成很大影响。本节将讨论 Oracle 其他组件的相关优化。

7.5.1 审计

在 Oracle 11g 中，审计参数 audit_trail 的默认值被设置为 DB，这将导致更多的语句处于被审计状态，进而导致系统表空间的写入活动增加，有时候可能因为写 aud$ 审计表导致大量的 buffer busy wait 等待时间。如果没有必要，可以考虑关闭审计，如下所示：

```
alter system set audit_trail='NONE' scope=spfile;
truncate table SYS.AUD$;
shutdown immediate;
startup
```

如果希望仍然开始审计，但是不希望其数据保存在系统表空间，从 Oracle 10.2 开始，可以使用 dbms_audit_mgmt. set_audit_trait_location 进行移动，如下所示：

```
exec
 dbms_audit_mgmt.set_audit_trail_location(
  audit_trail_type             => dbms_audit_mgmt.audit_trail_aud_std,
  audit_trail_location_value   => 'AUDIT_TRAIL_TS');
```

如果希望定期自动清理审计信息以确保大小稳定，可以查看 dbms_audit_mgmt 的其他方法，其支持先归档后自动清理及各种策略。

7.5.2 系统定时任务

在 Oracle 10g 中有一个名为 GATHER_STATS_JOB 的定时任务，该任务在周一到周五的每天晚上 10 点到次日凌晨 6 点和周末全天进行信息的收集统计，该定时任务调用一个内部存储过程 DBMS_STATS.GATHER_DATABASE_STATS_JOB_PROC 为缺少统计信息或统计信息过时的对象收集信息。其和使用 GATHER AUTO 选项调用 DBMS_STATS.GATHER_DATABASE_STATS 的作用类似。

在 Oracle 11g 中对此进行了调整，包含 3 个自动维护的定时任务。

- 自动优化器统计收集（auto optimizer stats collection）：为所有非系统对象收集过期和缺失的统计信息。
- 自动段空间顾问（auto space advisor）：主要是识别出那些发生了很多插入或删除的对象。
- 自动 SQL 调优顾问（sql tuning advisor）：主要是识别出那些好资源的 SQL，并尝试自动优化。

默认情况下，这些定时任务会在周一到周五的晚上 10 点到凌晨 2 点和周末的早上 6 点到次日的凌晨 2 点运行。和 Oracle 10g 不同，在 Oracle 11g 中，要管理这些自动维护任务，需要分别通过 DBMS_AUTO_TASK_ADMIN、DBMS_SCHEDULER、DBA_AUTOTASK_CLIENT、DBA_AUTOTASK_TASK 这 4 个包来管理。

自动维护任务收集的统计信息和手工收集时存在一定的差别。自动统计信息收集需要调整注意避开业务的高峰期，因为统计信息的收集是比较耗费 I/O 和 CPU 的，同时和业务一起进行会严重影响性能。

7.5.3 网络服务优化

在大部分系统中，当优化 Oracle 数据库时，除了 RAC 中特别关注 VIP 外，几乎不关心 Oracle Net8 网络服务的优化。在每次传输数据较多的应用中，通过网络优化配置通常能够提升不少性能。在极端情况下，在大数据量甚至能够将整个 SQL 语句的完成时间减少 30%。在 Oracle 通信模型一共分为 5 层，如图 7–2 所示。

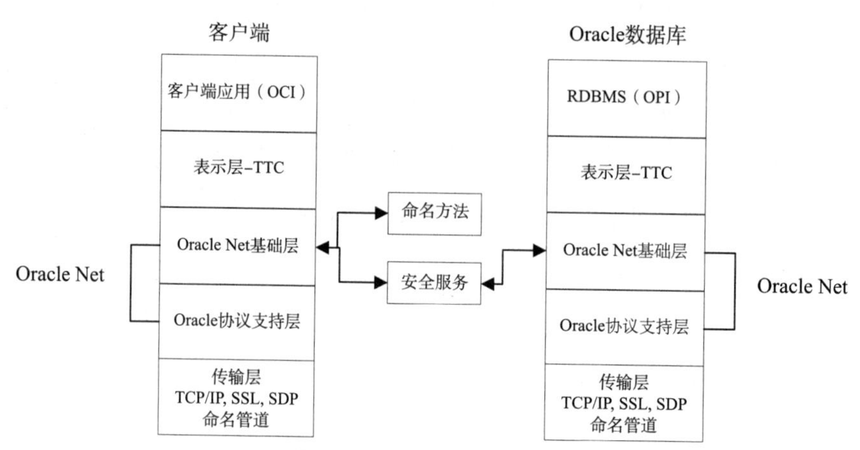

图7–2　Oracle通信模型

其中 Oracle Net 占据了中间两层，由 Oracle Net 基础层和 Oracle 协议支持层组成。Oracle Net 基础层负责建立和维护客户端和服务端的连接，并负责它们之间的消息交换，其基于 TNS 实现。

Oracle 协议支持层在 Oracle Net 基础层的下面，它负责在 TNS 和标准网络协议之间转换，目前它支持 TCP/IP（IPv4 和 IPv6）、SSL、命名管道、SDP。除了这几个经过网络的协议外，如果客户端和服务端在相同主机上，还支持绕过网络协议的 BEQ 协议。对于 Oracle 网络来说，可能需要关注的调整包括以下几点。

1. 配置合理的SDU大小

在典型的数据传输中，Oracle Net 会根据 SDU（Session Data Unit，会话数据单元）的大小将需要发送的数据打包到缓冲中，然后进行发送。根据要传输的数据量大小调整 SDU，可以使内存使用率、网络利用率、性能等得到优化，特别是在要传输大量数据时。

默认的配置是基于大部分情况下传输的数据量不超过 8kB，例如，在数据分析系统或者批处理系统中，此时应观察应用执行时的网络流量是否偏低。

SDU 的取值范围为 512~65535（64kB），其由 sqlnet.ora 中的 DEFAULT_SDU_SIZE 条目控制。该条目控制的是数据从用户态复制到内核态的每次大小，如果内存足够，将 SDU 设置为最大值可以最大限度地降低系统调用。

最后需要注意，所有的网络通信中很多的设置都是客户端和服务端协商后的结果，SDU 也不例外，所以需要确保两边同时进行调整，如果不匹配，通常是小的那个生效。SDU 的调整方式为，在服务器端编辑 sqlnet.ora，增加下列条目：

```
DEFAULT_SDU_SIZE=8192
```

如果监听器监听了多个 SID 或者 Oracle 服务，则可以在 listener.ora 中负载某个 SID 或服务的 SDU，如下所示：

```
SID_LIST_listener_name=
  (SID_LIST=
    (SID_DESC=
     (SDU=8192)
     (SID_NAME=sales)))
```

客户端 sqlnet.net 的配置和服务器一样，只要编辑 sqlnet.ora，增加下列条目即可：

```
DEFAULT_SDU_SIZE=8192
```

对于具体的 TNS 连接来说，可以在 tnsnames.ora 中进行配置，这样就覆盖了默认的设置，如下所示：

```
orcl=
(DESCRIPTION=
    (SDU=11280)
      (ADDRESS=(PROTOCOL=tcp)(HOST=192.167.1.232)(PORT=1521))
    (CONNECT_DATA=
     (SERVICE_NAME=orcl))
)
```

SDU 应用于 Oracle Net 支持的所有协议。

2. 发送和接收缓冲优化

发送（SEND_BUF_SIZE）和接收缓冲（RECV_BUF_SIZE）的大小受带宽时延乘积的影响。带宽时延乘积指的是一个数据链路的能力（bit/s）与来回通信延迟（s）的乘积。例如，100MB 带宽，网络延迟是 5ms，则带宽时延乘积为：

```
100,000,000 bits    1 byte    5 seconds
---------------- x ------ x --------- = 62,500 bytes
 1 second           8 bits     1000
```

应确保 SEND_BUF_SIZE 和 RECV_BUF_SIZE 不小于带宽时延乘积，确保网络带宽能够被合理利用。如果大部分情况下传输的大小都为 512kB 以上，则应该设置 SEND_BUF_SIZE 及 RECV_BUF_SIZE 为 512kB，那如何确定平均包大小？ Oracle 有一个非常有用的跟踪分析工具 trcasst，其较少被其他 Oracle 书籍提及，trcasst 可以分析出特定客户端和 Oracle 数据库之间的调用次数、包数量、字节数、平均和最大包大小。下面是 trcasst 分析结果的一部分：

```
    ********************************************************************
    *      Trace Assistant      *
----------------------
Trace File Statistics:
----------------------
Total number of Sessions: 3
DATABASE:
  Operation Count:    0 OPENS,     21 PARSES,     21 EXECUTES,      9 FETCHES
    Parse Counts:
```

```
       9 PL/SQL,      9 SELECT,       0 INSERT,      0 UPDATE,      0 DELETE,
       0 LOCK,        3 TRANSACT,     0 DEFINE,      0 SECURE,      0 OTHER
    Execute counts with SQL data:
       9 PL/SQL,      0 SELECT,       0 INSERT,      0 UPDATE,      0 DELETE,
       0 LOCK,        0 TRANSACT,     0 DEFINE,      0 SECURE,      0 OTHER
  Packet Ratio: 5.142857142857143 packets sent per operation
  Currently opened Cursors: 0
  Maximum opened Cursors  : 0
ORACLE NET SERVICES:
  Total Calls  :       129 sent,        132 received,           83 oci
  Total Bytes  :     15796 sent,      13551 received
    Average Bytes:       122 sent per packet,       102 received per
packet
    Maximum Bytes:      1018 sent,          384 received
  Grand Total Packets:    129  sent,     132 received
    ***********************************************************************
    *          Trace Assistant has completed                         *
*********************************************************************
```

在上述示例中，平均和最大发送包大小为 122B 和 15796B，接收包大小为 102B 和 384B。trcasst 的详细使用可以参考 https://docs.oracle.com/cd/E18283_01/network.112/e10836/trouble.htm#i452616。这样就可以得到各应用的平均包大小，并据此优化 SDU 和这两个参数。和 SDU 一样，这两个参数也需要在客户端和服务端同时设置。

Oracle 服务端。编辑 sqlnet.ora，增加下列条目：

```
RECV_BUF_SIZE=65536
SEND_BUF_SIZE=65536
```

如果监听了多个服务，可以在 listener.ora 针对具体服务进行覆盖，如下所示：

```
LISTENER=
(DESCRIPTION=
(ADDRESS=(PROTOCOL=tcp)(HOST=sales-server)(PORT=1521)
(SEND_BUF_SIZE=11784)
(RECV_BUF_SIZE=11784))
(ADDRESS=(PROTOCOL=ipc)(KEY=extproc)
(SEND_BUF_SIZE=11784)
(RECV_BUF_SIZE=11784)))
LISTENER2=
(DESCRIPTION=
(SEND_BUF_SIZE=8192)
(RECV_BUF_SIZE=16384)
(ADDRESS=(PROTOCOL=tcp)(HOST=sales-server)(PORT=1521)))
```

Oracle 客户端。sqlnet.ora 的配置和服务端一样，编辑 sqlnet.ora，增加下列条目：

```
RECV_BUF_SIZE=65536
SEND_BUF_SIZE=65536
```

对于特定的 TNS 连接，在 tnsnames.ora 中进行修改：

```
db1 =
 (DESCRIPTION=
   (ADDRESS_LIST=
     (ADDRESS=(PROTOCOL=tcp)(HOST=db1-server)(PORT=1521)
        (SEND_BUF_SIZE=11784)
        (RECV_BUF_SIZE=11784))
   (CONNECT_DATA=
     (SERVICE_NAME=orcl)))
db2 =
 (DESCRIPTION=
   (SEND_BUF_SIZE=8192)
   (RECV_BUF_SIZE=8192)
     (ADDRESS=(PROTOCOL=tcp)(HOST=db2-server)(PORT=1521))
   (CONNECT_DATA=
     (SERVICE_NAME=orcl)))
```

3. SDP

对于 InfiniBand 网络，Oracle 网络服务提供了对 SDP 的支持。它是集群环境中的标准通信协议，作为网卡和应用程序之间的接口，通过将消息处理的负载下推到网卡驱动中处理，降低了主机的 CPU 负载。SDP 主要用于 SAN 环境，各 InfiniBand 厂商（如 Intel）一般提供了针对各种使用场景的优化建议。

在某些情况下，使用 TCP/IP 发送的包可能没有被立刻发送到网络，尤其是在大数据量连续发送时，这可能会导致很大的延时。要避免这种情况发生，可以在 sqlnet.ora 中增加 TCP.NODELAY=yes，使 TCP/IP 协议栈中缓冲刷新时立刻进行。

4. BEQ协议

对网络的优化不得不提到 BEQ 协议，它不是一种网络协议，而是对客户端和 Oracle 数据库在同一服务器上的优化。BEQ 协议不通过网卡交互而是使用本地 Socket 直连，能够降低 CPU 负载并极大地提高性能。

7.5.4 其他优化

从 Oracle 10.2 开始，诊断性相关的特性默认从 Oracle 10g 的关闭变成了开启，原来在 Oracle 10g 下运行正常的 OCI 应用在 Oracle 11g 下有可能在某些空值情况下会出现 ora-24550 signo=11 或 signo=6 的异常，所以建议在客户端的 sqlnet.ora 文件中增加下列条目：

```
DIAG_ADR_ENABLED=OFF
DIAG_SIGHANDLER_ENABLED=FALSE
DIAG_DDE_ENABLED=FALSE
```

7.6 高可用/可恢复性相关性能影响

除了根据负载类型对 Oracle 实例进行优化外，还有很多因素会限制优化及优化选项的生效。例如，当使用了 Oracle Data Guard 作为灾备方案时，在 Oracle 11.2 之前，必须将数据库设置为强制日志模式，这将使所有的操作都无法跳过 Redo 日志的生成，即使它不是必需的。本节将重点讨论这些因素对性能的潜在影响。

7.6.1 不可恢复操作

当在对象上执行 NOLOGGING 操作后，会导致其所在的数据文件被 Oracle 认为是不可恢复（Unrecoverable）的，因为 Redo 日志中并不包含对这些对象的变更。此时数据库恢复虽然可以正常完成，但是被 NOLOGGING 操作影响过的数据块会被标记为被损坏，访问这些数据块会导致返回 ORA-1578 和 ORA-26040 错误。

为了避免这种情况发生,生产系统的DBA可能会考虑将数据库置为FORCE_LOGGING模式(或者使用 DG 时，主库必须在强制日志模式），强制所有操作生成 Redo 日志。该模式可以在表空间和数据库级别设置，对于具有很多中间非结果表的批处理系统来说，应该考虑在表空间级别设置，这样让所有的非结果对象都在这个表空间可以极大地减少 Redo 日志的生成，同时不影响核心业务表的可恢复性，如下所示：

```
alter database no force logging;
alter tablespace SIMU_TABASE force logging;
```

虽然这样可以更合理地提高性能，但是并非没有任何代价，前提就是没有使用 DG，同时按照第 7.3 节的建议对业务表空间及对象进行了合理的规划。

7.6.2 Data Guard

DG（Data Guard）本身不需要额外的 license，同时逻辑 DG 可以打开读 / 写作为报表库使用，且具有不同的索引，相比第三方需要额外授权的同步软件，如 Oracle GoldenGate、迪思杰等，相当稳定，所以被广泛使用。直到 Oracle 11.2 之前，启用 Oracle DG 要求主库必须在强制日志（force logging）模式，这可能会对主库造成较大的性能影响，即使是使用临时表也一样会产生大量的 Redo 日志，因此需要仔细考量。Oracle 11.2 中引入了一种新的方式支持在 DG 模式下支持 NOLOGGING 操作，主库不需要强制日志，从库可以直接基于数据块进行恢复。下面来演示该新特性。

主库 ORCLA 操作。创建 NOLOGGING 表并将数据库置于非强制日志模式：

```
SQL> create table DEMO tablespace users pctfree 99 as select rownum n
```

```
from xmltable('1 to 1000');
table created.
SQL> alter table DEMO nologging;
table altered.
SQL> select force_logging from v$database;
FORCE_LOGGING
---------------------------------------
NO
```

在 ORCLA 库执行 NOLOGGING 操作：

```
SQL> insert /*+ append */ into DEMO select rownum n from xmltable('1 to
100000');
100000 rows created.
SQL> commit;
Commit complete.
SQL> select count(*) from DEMO;
  COUNT(*)
----------
    200000
```

因为执行了 NOLOGGING 操作，所以无法进行介质恢复，如下所示：

```
RMAN> report unrecoverable;
using target database control file instead of recovery catalog
Report of files that need backup due to unrecoverable operations
File Type of Backup Required Name
---- ----------------------- ------------------------------------
7    full or incremental     /u01/oradata/ORCLA/users01.dbf
```

在 ADG 从库 ORCLB 查询刚刚在主库插入的记录：

```
SQL> select count(*) from DEMO
       *
ERROR at line 1:
ORA-01578: ORACLE data block corrupted (file # 7, block # 16966)
ORA-01110: data file 7: '/u01/oradata/ORCLB/datafile/o1_mf_users_dbvmwdqc_.dbf'
ORA-26040: Data block was loaded using the NOLOGGING option
```

因为主库没有生成 Redo 日志，所以不会同步到从库。从库的 RMAN 此时不知道该信息，如下所示：

```
RMAN> report unrecoverable;
using target database control file instead of recovery catalog
Report of files that need backup due to unrecoverable operations
File Type of Backup Required Name
---- ----------------------- ------------------------------------
RMAN> -- 尝试恢复没有生成Redo的块
RMAN> recover nonlogged blocks
ORA-01153: an incompatible media recovery is active
```

因为从库还在应用模式，所以不能直接进行恢复，需要先暂停应用：

```
DGMGRL> edit database orclb set state=apply-off;
Succeeded.
```

然后进行恢复：

```
RMAN> recover database nonlogged block;
Starting recover at 25-FEB-17
using target database control file instead of recovery catalog
allocated channel: ORA_DISK_1
channel ORA_DISK_1: SID=58 device type=DISK
starting recovery of nonlogged blocks
List of Datafiles
=================
File Status Nonlogged Blocks Blocks Examined Blocks Skipped
---- ------ ---------------- --------------- --------------
1    OK     0                0               104959
2    OK     0                0               18783
3    OK     0                0               62719
4    OK     0                0               8959
7    OK     0                16731           18948
Details of nonlogged blocks can be queried from v$nonlogged_block view
recovery of nonlogged blocks complete, elapsed time: 00:00:03
```

没有传输 NOLOGGING 操作所在的数据文件到从库就恢复成功了，这在 Oracle 11.2 之前是无法做到的。在 Oracle 11.2 中，NOLOGGING 数据块列表会被自动传输到从库，并且追加在从库的控制文件中，所以不用传输整个数据文件到从库就可以进行恢复。

```
SQL> select count(*) from DEMO;
  COUNT(*)
----------
    200000
```

最后重启实时应用：

```
DGMGRL> edit database orclb set state=apply-on;
Succeeded.
```

从上可知，Oracle 11.2 ADG 在对 NOLOGGING 操作的优化支持方面改进了很多。虽然相比之前版本的重建 DG 已经有了很大的提升，但是很多时候这样仍然不够，在很多分工明确的组织中，开发和运维是严格分离的。日常加载通常属于业务系统开发范畴，而恢复从库属于运维或 DBA 工作，很可能 Oracle 服务器是不被允许直接访问的。虽然实现上可以编写自动化脚本进行回复，但是除非不可避免，开发人员通常都不愿意使用偏向运维类的工具作为业务代码的一部分。虽然它并不会减少传输的数据量，但是主库的性能会大大提升。

在 Oracle 18c 中，这方面被进一步加强，主库为 ADG 新增了两种日志模式：

```
ALTER DATABASE SET STANDBY NOLOGGING FOR DATA AVAILABILITY;
ALTER DATABASE SET STANDBY NOLOGGING FOR LOAD PERFORMANCE;
```

在后一种模式下，对于 NOLOGGING 操作，如果主库加载速度快于网络传输速度，从库可能会短暂地落后于主库，但最终会保持一致，而主库的加载性能则有了极大提升。

7.6.3 物化视图

对于在实例内不同用户间需要同步数据的情况，笔者建议使用视图代替物化视图。Oracle 优化器已经足够智能，通过视图和通过表访问数据从本质上来看没有区别，访问表能够进行的优化通过视图同样都能进行，这样省去了刷新物化视图的高昂成本。如果不希望有权限的用户不小心直接基于视图进行 DML 操作，可以将视图建立为只读。

第 3.7.6 小节讨论了物化视图对主表 DML 操作的性能影响，因为物化视图的快速刷新机制本身经过了 Oracle 的优化，所以剩下的是选择合适的刷新模式。

1. 刷新模式

并不是所有场景都适合于快速刷新，有些表每次修改的数据大部分会在 1/3，甚至 1/4 以上，此时使用快速刷新的效率并不一定比并行完全刷新要高，而且快速刷新还会极大地影响主库 DML 操作的性能。例如，对于下面的 SQL 语句：

```
update t_ta_textparameter f set f.c_paramitem = f.c_paramitem || '-'
where rownum<1000000;
```

当有增量物化视图时要执行 129s，没有物化视图时只需要 18s。

对于按需刷新模式的物化视图来说，需要确保设置合理的刷新间隔。其可以通过创建物化视图时通过 START WITH/NEXT 子句指定；也可以通过第三方定时任务，如 dbms_scheduler 或 Java 定时任务进行刷新。在创建时指定刷新间隔的好处在于可以确保只有一个定时任务在刷新它，但是可能无法满足所有使用该物化视图的应用方，此时需要在应用中额外编程式按需刷新。例如：

```
create materialized view t_mv refresh
    start with sysdate next sysdate + 12/24 as
    SELECT"TA_THKAGENCYINFO"."C_TENANTID" "C_TENANTID","TA_THKAGENCYINFO"."C_
      TACODE" "C_TACODE","TA_THKAGENCYINFO"."C_HKAGENCYNO" "C_HKAGENCYNO","TA_
      THKAGENCYINFO"."C_HKAGENCYNAME" "C_HKAGENCYNAME","TA_THKAGENCYINFO"."C_
      CASHACCO" "C_CASHACCO","TA_THKAGENCYINFO"."C_REINVESTACCO" "C_
      REINVESTACCO","TA_THKAGENCYINFO"."L_ROWID" "L_ROWID"
      FROM "HS_TABASE"."TA_THKAGENCYINFO";
```

当需要立刻同步时，调用 dbms_mview.refresh 执行刷新即可：

```
exec dbms_mview.refresh(list => 't_mv');
```

通过独立的定时任务负责刷新的好处在于可以在一个地方集中管理所有逻辑相关的物化视图，

但是可能会有并发问题进而导致 enq: JI – contention 等待事件。

2. 并行刷新

在常规的查询中，使用并行查询在很多时候能够极大地提升性能，物化视图也一样支持并行刷新。对于物化视图来说，有多个地方涉及并行刷新。

第一，DBMS_MVIEW.REFRESH 过程的 PARALLELISM 参数。例如，可以这样调用 REFRESH 进行刷新：

```
EXECUTE DBMS_MVIEW.REFRESH(LIST=>'MV_PART_SALES',PARALLELISM=>4);
```

看起来物化视图应该是并行刷新的，实际上它不是并行执行的， 通过动态性能视图 V$PX_PROCESS 和 V$PX_SESSION 可以看到并行执行进程及使用它们的会话的情况。当上述语句执行时，我们会发现并没有并行执行器，它的刷新时间也没有减少。

第二，物化视图本身声明了 PARALLEL 属性。例如：

```
CREATE MATERIALIZED VIEW MV_PART_SALES PARALLEL 4 AS
SELECT PART_ID, SALE_DATE, SUM(QUANTITY)
FROM SALES_HISTORY GROUP BY PART_ID, SALE_DATE;
EXECUTE DBMS_MVIEW.REFRESH(LIST=>'MV_PART_SALES',PARALLELISM=>4);
EXECUTE DBMS_MVIEW.REFRESH(LIST=>'MV_PART_SALES');
```

当物化视图创建时包含了 PARALLEL 子句时，创建是并行的，但是执行不是并行的。不管在 REFRESH 过程中是否指定 PARALLELISM 参数，它都是串行刷新的。

第三，物化视图基表声明了 PARALLEL 属性。现在来看，物化视图基表声明了 PARALLEL 属性，但是物化视图本身不声明 PARALLEL 属性的情况：

```
ALTER TABLE SALES_HISTORY PARALLEL (DEGREE 4);
DROP MATERIALIZED VIEW MV_PART_SALES;
CREATE MATERIALIZED VIEW MV_PART_SALES AS
SELECT PART_ID, SALE_DATE, SUM(QUANTITY)
FROM SALES_HISTORY GROUP BY PART_ID, SALE_DATE;
EXECUTE DBMS_MVIEW.REFRESH(LIST=>'MV_PART_SALES',PARALLELISM=>4);
EXECUTE DBMS_MVIEW.REFRESH(LIST=>'MV_PART_SALES');
```

此时创建和刷新都是并行的。不管在 REFRESH 过程中是否指定 PARALLELISM 参数，它都是并行刷新的。因为直接在基表上定义并行执行属性会涉及对该表查询的影响，所以并不推荐这么做。

第四，定义物化视图查询的 PARALLEL 优化器提示，如下所示：

```
CREATE MATERIALIZED VIEW MV_PART_SALES AS
SELECT /*+ PARALLEL(SALES_HISTORY, 4) */ PART_ID, SALE_DATE, SUM(QUANTITY)
FROM SALES_HISTORY
GROUP BY PART_ID, SALE_DATE;
EXECUTE DBMS_MVIEW.REFRESH(LIST=>'MV_PART_SALES',PARALLELISM=>4);
```

```
EXECUTE DBMS_MVIEW.REFRESH(LIST=>'MV_PART_SALES');
```

此时创建和刷新都是并行的，不管在 REFRESH 过程中是否指定 PARALLELISM 参数，它都是并行刷新的。对于 10 万行的 UPDATE，刷新时间从串行的 8s 降到了并行的 4.5s。这种方式可以根据具体物化视图每次潜在刷新量的情况进行优化，也是推荐的并行刷新设置方式。

7.7 Linux优化

这一部分讨论的优化通常是针对 Oracle 服务器需要优化的，对于一些比较重要但是默认值通常就是比较合适的情况，并不会进行讨论。例如，RSS 多队列接收，其通过一些基于硬件的接收队列来分配网络接收进程，从而使入站网络流量可以由多个 CPU 进行处理。

RSS 可以用来缓解接收中断进程中由于单个 CPU 过载而出现的瓶颈，并减少网络延迟。因为 RSS 默认启用，所以本节并不讨论该内容。

7.7.1 内存与交换区

对于 Linux 系统来说，确保具有足够满足 Oracle 运行所需的内存对高性能是很重要的。现代很多重要系统的 Oracle 生产库服务器内存通常能满足整个 Oracle 数据库常用数据集的大小，这可以确保几乎所有读都不需要访问磁盘，可以极大地保证性能的稳定性。如果不清楚大概需要多少内存，应首先在任何机器进行性能测试模拟典型负载场景，然后根据物理读 / 写的数量进行估算；其次需要优化的是确保 Linux 刷新页面缓存中的脏页到磁盘时尽量不影响系统运行。

默认情况下，当文件系统缓存脏页数量达到系统内存的 40% 时，内核必须将脏页写回磁盘，以便释放内存。在此过程中很多应用进程可能会因为系统转而处理文件 I/O 而被阻塞，这是由 pdflush 线程完成的。为了尽可能均衡和最小化影响，应调整 dirty_background_ratio 和 dirty_ratio 参数。

- vm.dirty_background_ratio：指定了当文件系统缓存脏页数量达到系统内存百分之多少时就会触发 pdflush/flush/kdmflush 等后台回写进程运行，将一定缓存的脏页异步地刷入外存。
- vm.dirty_ratio：指定了当文件系统缓存脏页数量达到系统内存百分之多少时系统不得不开始处理缓存脏页。在此过程中很多应用进程可能会因为系统转而处理文件 I/O 而被阻塞。

除了内存外，影响最大的就是交换区了。大部分的大型服务器都会禁用交换区，redhat 性能优化官方文档也推荐 64GB 以上物理内存的服务器，没有必要不用设置交换区。如果因为各种原因必须启用交换区，则应确保交换区所在的设备性能最快，SSD 更佳。

另外，如果使用了交换区，应设置 vm.swappiness=10，让 Linux 尽可能少地使用交换区，其默认值为 60%。需要注意，很多 DBA 会将该值调整为 0，从 RHEL 5.4 开始，设置 vm. swappiness=0 可避免过于激进地使用交换区，加大 OOM 的风险。

然后是大页面的优化。对于具有 64GB 以上的服务器来说，4kB 默认大小的页面会导致页查找表巨大。例如，64GB 意味着需要 16777216 个条目，如果使用大页面，则只需要 32768 个。对于操作系统来说，大页面可以减少页表大小，同时 kscand/kswapd 需要扫描的页面数也可以大大减少，提升 TLB 命中率，进而增加可用内存并提升系统性能，如 Oracle、MySQL、Java 都支持。对于大型服务器，一般建议为具体的应用配置使用大页面。

7.7.2 磁盘存储和文件系统

从操作系统层面来说，对于存储和文件系统的考虑通常要针对不同的负载和具体存储技术来进行针对性优化，考虑读 / 写比例、类型、SAN、SSD、DAS、NFS 等。其中性能影响比较大的包括选择合适的 I/O 调度器、文件系统、挂载选项、NFS。

1. I/O调度器

I/O 调度器决定 I/O 操作何时运行在存储设备上及运行多久，也称 I/O Elevator（I/O 升降机）。Linux 主要有 4 种 I/O 调度器，从 RHEL 4 开始，默认的调度器为 cfg（它基于读 / 写比例相同的优化调度算法，同时主要为 HDD 优化，并不适用于 SSD）；在 OEL 中，内核将 deadline 作为默认调度器类型，也是使用 ASM 作为存储时的推荐类型。

对于虚拟机上运行的系统来说，NOOP 调度器（采用 FIFO 算法，CPU 消耗也最低）通常是最合适的，其基于磁盘扇区考虑和重排序及磁盘 I/O 的合并。NOOP 一般也是 SAN 和 SSD 存储下最合适的类型，它能够降低延时并提升吞吐量。在 RHE L6 之前的版本，NOOP 则是使用 SSD 时的唯一选择；Anticipatory 调度器适合于写多读少的负载，这里不进行具体讨论。磁盘设备的默认 I/O 调度可通过下列名称查看：

```
[root@oel-12c ~]# cat /sys/block/sda/queue/scheduler
noop [deadline] cfq
```

如果希望更改为 NOOP，只需要执行下列命令：

```
echo noop > /sys/block/sdc/queue/scheduler
```

在这样一个系统中如果运行多种负载，可以根据不同的负载和存储类型选择不同的调度器。对于 Oracle 服务器，I/O 调度器一般建议在 Deadline 和 NOOP 之间选择。

2. 文件系统

目前主流的文件系统是 ext3、ext4 和 XFS。

ext3 是第三代扩展文件系统，和 ext2 相比最大的变化是增加了日志系统，其最初的设计目标就包括提供 ext2 的高度兼容，很多磁盘上的结构都和 ext2 很相似。也因为这样，ext3 缺少很多最新设计中的功能，如动态分配 inode 和可变块大小。

ext4 则是 ext3 文件系统的可缩放扩展版本，是 RHEL 6 的默认文件系统。它的默认行为对大部分工作负载是最佳的。然而，它只支持最大容量为 50TB 的文件系统及最大容量为 16TB 的文件。

XFS 是一个可靠的且可高度缩放的 64 位文件系统，它是红帽企业版 Linux 7 的默认文件系统。它使用基于分区的分配，具有一些分配方案，包括预先分配和延迟分配，这两种都会减少碎片和辅助性能。它也支持促进故障恢复的元数据日志。当挂载并激活时，能够对 XFS 进行碎片整理和放大，红帽企业版 Linux 7 支持几种 XFS 特定的备份和还原工具程序。

在实际中，几乎每种文件系统类型都有运行高效的 Oracle 案例，一般来说，使用红帽企业自带的默认版本在大部分情况下是比较高效的（需要注意的是，没有一种类型对任何负载类型都是最佳的）。

3. 挂载选项

关于 noatime 和 nodiratime，默认方式下 Linux 会对文件访问的时间 atime 做记录，文件系统在文件被访问、创建、修改时记录下了文件的时间戳，如文件创建时间、最近一次修改时间和最近一次访问时间，这在绝大部分的场合中没有必要。

因为系统运行时要访问大量文件，如果能减少一些动作（如减少时间戳的记录次数等），可能会提高一些磁盘 I/O 的效率，提升文件系统的性能。但是对于 Oracle 来说，通常数据库文件有限，这两个参数是否设置对性能影响并不大（至少笔者在 64C/64GB 的近千万级基金申购系统性能测试环境和虚拟机 Linux 环境纯 SSD 盘下使用 C++ 写出大量文件时均得到了一样的结论）。

4. NFS

在很多应用中，由于经常有各种文件来回传输和访问，为了最大限度地简化开发并最大化文件传输性能，可能会使用到 NFS（Network File System，网络文件系统）。它不仅可以避免一次磁盘物理读 / 写，还提供了不低于 FTP 和 SAMBA 的性能。和其他选项一样，它也需要进行一定的调整以便最大化性能。对 NFS 本身来说，一般要调整传输的块大小。如果大部分情况下文件较大，可以调整为 32kB 或者 64kB，具体可以使用 dd 进行测试，将其结果和 scp 进行对比。如下所示：

```
mount -o nolock,rsize=32768,wsize=32768 <hostname>:/mdata /mdata
```

NFS 请求的最大并发数在某些版本，如从 RHEL 5.3 开始默认被设置得特别低，应根据预期并发进行调整，如下所示：

```
[root@oel-12c ~]# cat /proc/sys/sunrpc/tcp_slot_table_entries
2
# sysctl -w sunrpc.tcp_slot_table_entries=128
```

进行上述调整之后，NFS 的性能相比默认通常能够获得极大的提升。

7.7.3 网络

对于大数据量交互的系统来说，服务器之间的网络带宽是非常重要的，它甚至会影响系统的设计。例如，如果是万兆带宽，则很多时候对于大数据传输通常可以不用专门优化；但是如果是千兆带宽，则可能需要考虑数据是否应该压缩后传输等。

对主机的网络优化来说，最重要的是读 / 写缓冲大小。在 Linux 中，网络包的接收过程如图 7—3 所示。

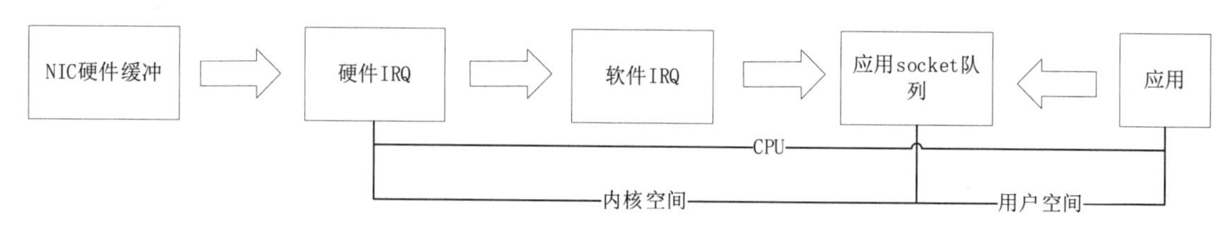

图7—3　网络包的接收过程

对网络性能来说，尽量减少数据包的丢失是非常重要的，丢包率较高会导致性能严重下降。在整个传输过程中，包通常在图 7—3 所示路径的某个环节丢失。导致网络丢包严重的两个节点是 NIC 硬件缓冲溢出或应用的 socket 队列溢出。

对于硬件缓冲长度，一般在初始安装时不太会进行直接调整；对于应用程序的 socket 队列深度通常需要进行调整。在 Linux 中，队列深度由 socket 接收缓冲区的大小确定，其由内核参数 rmem_default 控制 socket 使用的接收缓冲区的默认大小，rmem_max 控制最大值。一般各应用服务器都会推荐相应的优化值。例如，Oracle 的推荐值如下所示：

```
net.core.rmem_default = 262144
net.core.rmem_max = 4194304
net.core.wmem_default = 262144
net.core.wmem_max = 1048576
```

对于大数据量传输的系统，可以将默认值和最大值设置为 8388608，即 8MB。

最后一个需要考虑的是 NIC 负载下推。默认情况下，以太网的最大传输单元为 1500B，这会使得大数据传输时系统负载过于浪费。此时可以利用负载下推，它可以支持最大 64kB 的包，现代网卡在一定程度上都支持某些类型的处理下推。通过 ethtool -k 可以查看网卡对负载下推的支持情况：

```
[root@oel-12c ~]# ethtool -k ens33 | grep -E 'offload|tation'
tcp-segmentation-offload: on
      tx-tcp-segmentation: on
      tx-tcp-ecn-segmentation: off [fixed]
      tx-tcp6-segmentation: off [fixed]
udp-fragmentation-offload: off [fixed]
generic-segmentation-offload: on
generic-receive-offload: on
large-receive-offload: off [fixed]
```

```
rx-vlan-offload: on
tx-vlan-offload: on [fixed]
tx-fcoe-segmentation: off [fixed]
tx-gre-segmentation: off [fixed]
tx-ipip-segmentation: off [fixed]
tx-sit-segmentation: off [fixed]
tx-udp_tnl-segmentation: off [fixed]
l2-fwd-offload: off [fixed]
hw-switch-offload: off [fixed]
```

上面是笔者本地 PC Linux 虚拟机下网卡的负载下推支持情况，其中 [fixed] 备注说明无法修改该选项。

7.7.4 其他优化

除了上述优化外，默认情况下 Linux 还会运行很多其他服务，如图形化、各种桌面应用的服务器（如蓝牙）等，这些应用和服务会占据不必要的系统资源。本小节将主要谈论这方面的优化。

1. 禁用图形化界面

为了减少不必要的资源消耗，可以考虑在初始安装完 Oracle 后，将运行模式调整到 3——多用户命令行模式，如下所示：

```
vi /etc/inittab
id:3:initdefault:
```

2. 禁用不必要的服务

默认的 Linux 安装自带并随即启动了很多服务，这些服务有很多是适用于办公环境而非服务器环境的，应考虑禁用这些服务，如 NetworkManager、abrt-ccpp、abrt-oops、abrtd、acpid、atd、avahi-daemon、avahi-dnsconfd、bluetooth、cpuspeed、cups、postfix 等，读者可以根据实际情况确定是否禁用。

第8章

系统性能分析与诊断

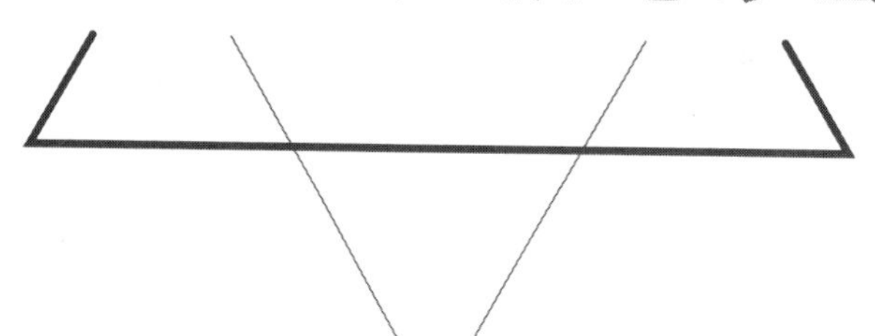

当用户反映系统响应缓慢时，通常意味着某个环节出现了问题，可能是系统本身性能低下或某些交互环节有问题等。有时看起来是数据库缓慢问题，但实际上是因为使用循环逐条查询导致的，也可能是因为没有优化网络导致的。对于性能优化来说，如何解决并不是最难的，采用有效方法找到根本问题所在才是最难的，它需要同时具备分析操作系统、数据库和应用服务器及其编程语言的能力，在微服务架构下其难度进一步加大了。

本章将从系统性的角度讲述如何分析应用性能，从浏览器到 Java 应用服务器，最后到 Oracle 数据库和操作系统。本章与第 7 章部分内容是相辅相成的，系统优化后通常需要进行性能测试或者线上再次运行一段时间进行校验，然后看预期值和实际值的偏差度并进行微调，直到最后符合预期值为止。

8.1 整体性能监控与分析

对于性能问题诊断来说，需要知道如何使用各种指标度量操作系统、应用服务器的性能，各种度量指标提供了它们使用了哪些资源及如何使用资源的信息，所以首先要确保掌握各种度量指标如何获得。

8.1.1 被动性能分析

现在应用系统有很多是分布式架构，不同的业务部门有自己的应用，各应用之间通常会有各种交互，如支付、会员系统要和各个系统进行各种交互。就应用角度来说，通常会收到下面这些和性能相关的反馈：

- 终端用户通常反映打开某个页面很慢或在某个页面单击查询很慢；
- 当超过 2/3 的人上线或交易刚开始的前 10min 系统明显比较卡，不管哪个操作都比较慢；
- 当做了某个操作后性能明显下降，过段时间后就会恢复正常；
- 外部系统可能会明确反馈调用某个接口很慢；
- 某些运维人员反映某些 SQL 语句很慢、数据同步、导出 / 导入很慢等；
- 系统报警 CPU 突然升到 100%。

这些问题可能在正在发生时反馈，也可能事后反馈，但都应尽快定位问题原因并找到解决方法。有些问题的原因显而易见，有些则不然。对于被动性能分析，采用以自顶向下为主的分析定位方法一般比较有效。

对于 B/S 终端用户反馈的性能缓慢问题，首先应该确认是否有明显的特性，如访问特定页面慢、特定时间慢、不带任何条件或带了特定条件才慢。大多数时候，一开始就知道某些上下文可能会发生性能低下的情况，这样可省去不必要的排查时间。了解相关上下文确定非已知场景后，就需要确定是服务端响应缓慢还是客户端渲染或者 JS 处理比较缓慢。Chrome 浏览器可以通过 F12 进行分析，如图 8—1 所示。

Name	Status	Type	Initiator	Size	Time
login.html	302	x-www-for...	Other	386 B	73 ms
workbench-tab.html	200	document	login.html	178 KB	383 ms
base.css	200	stylesheet	workbench-tab.html	6.0 KB	52 ms
jquery.min.js	200	script	workbench-tab.html	(from mem...	0 ms
hs-ta-layout.css	200	stylesheet	workbench-tab.html	12.2 KB	56 ms
iconfont.css	200	stylesheet	workbench-tab.html	11.8 KB	58 ms
is.min.css	200	stylesheet	workbench-tab.html	11.8 KB	52 ms
lockScreen.css	200	stylesheet	workbench-tab.html	3.4 KB	58 ms
core.js	200	script	workbench-tab.html	(from mem...	0 ms
cipher-core.js	200	script	workbench-tab.html	(from mem...	0 ms

图8—1　Chrome浏览器网络请求时间详情

如果想要分析从开始请求到渲染完成每部分的时间消耗占比，可以通过 Performance 标签进行录制，如图 8—2 所示。

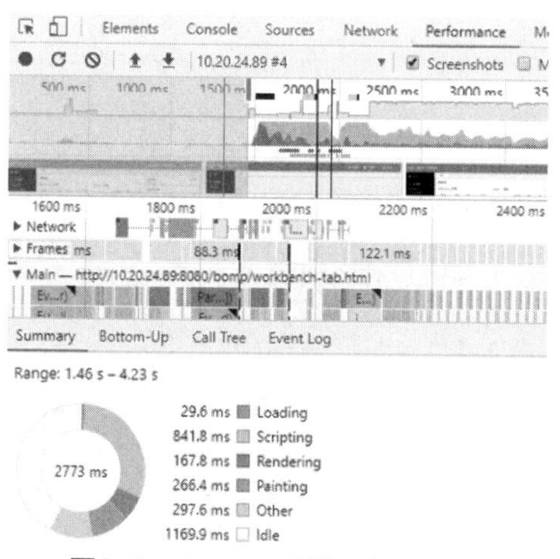

图8—2　Chrome浏览器性能分析

这样开发人员可以有针对性地进行优化，而不会把时间花费在微不足道的优化上。对于采用服务端模板的应用来说，出现该问题的概率不高，很多应用都采用前后端分离的方式开发，前端一般采用 react、vue 等单页面框架；对于业务系统来说，当浏览器缓存被清空时，首次打开加载缓慢的概率并不低。

如果确认是因为服务端应答缓慢，此时可以查看服务器端的负载，如 top 可以看到当前的实时负载情况，以及各资源消耗如 CPU、内存、交换空间在 Top *N* 中的进程，如图 8—3 所示。

```
top - 18:53:49 up 35 days,  8:09,  3 users,  load average: 0.14, 0.13, 0.16
Tasks: 1294 total,   1 running, 1293 sleeping,   0 stopped,   0 zombie
Cpu(s):  0.1%us,  0.1%sy,  0.0%ni, 99.8%id,  0.0%wa,  0.0%hi,  0.0%si,  0.0%st
Mem:  57681392k total, 56757452k used,   923940k free,    95652k buffers
Swap: 10239992k total,   123180k used, 10116812k free, 52673284k cached

  PID USER      PR  NI  VIRT  RES  SHR S %CPU %MEM    TIME+  SWAP COMMAND
79602 oracle    20   0 20.2g  10g  10g S  0.0 18.3   1:51.67    0 oracle
79610 oracle    20   0 20.2g 8.0g 8.0g S  0.0 14.5   1:42.69    0 oracle
79596 oracle    20   0 20.2g 8.0g 8.0g S  0.0 14.5   0:24.41    0 oracle
79608 oracle    20   0 20.2g 7.5g 7.5g S  0.2 13.6   1:38.42    0 oracle
79612 oracle    20   0 20.2g 7.1g 7.1g S  0.0 12.8   1:38.15    0 oracle
79600 oracle    20   0 20.2g 6.2g 6.2g S  0.0 11.2   1:28.10    0 oracle
79604 oracle    20   0 20.2g 5.9g 5.9g S  0.0 10.8   1:26.99    0 oracle
79606 oracle    20   0 20.2g 5.5g 5.5g S  0.0 10.1   1:25.25    0 oracle
79598 oracle    20   0 20.2g 5.4g 5.4g S  0.0  9.8   1:25.28    0 oracle
79616 oracle    20   0 20.2g 2.0g 2.0g S  0.0  3.6   3:12.55    0 oracle
80288 oracle    20   0 20.2g 1.0g 1.0g S  0.0  1.8   0:48.61    0 oracle
79618 oracle    20   0 20.2g 854m 849m S  0.0  1.5   0:53.01    0 oracle
28888 oracle    20   0 20.2g 842m 830m S  0.0  1.5   1:44.35    0 oracle
 6354 oracle    20   0 20.3g 684m 677m S  0.0  1.2   0:55.92    0 oracle
80188 oracle    20   0 20.2g 652m 645m S  0.0  1.2   2:21.57    0 oracle
79789 oracle    20   0 20.2g 612m 604m S  0.0  1.1   1:16.16    0 oracle
80285 oracle    20   0 20.2g 365m 359m S  0.2  0.6   1:19.38    0 oracle
79796 oracle    20   0 6567m 329m  10m S  0.0  0.6  10:11.89    0 java
80547 oracle    20   0 20.2g 308m 294m S  0.0  0.5   0:37.26    0 oracle
```

图8–3　查看进程的实时负载

如果程序在运行时“%CPU”列持续为 100% 或者高于 100%，意味着应用非常忙，可能有问题，也可能确实触发了基础库的 Bug。此时可以根据到底是 Java 应用、C++ 应用还是 Oracle 应用进行针对性的排查。

如果用户反馈时问题已消失，可以通过 sar 查看系统过去的各种负载情况。不带参数 sar 显示凌晨 0 点以来每隔 10min 的 CPU 负载情况，如图 8–4 所示。

```
16时00分01秒    CPU     %user     %nice   %system   %iowait    %steal     %idle
16时10分01秒    all      0.07      0.00      0.07      0.01      0.00     99.85
16时20分01秒    all      0.08      0.00      0.07      0.05      0.00     99.80
16时30分01秒    all      0.07      0.00      0.07      0.00      0.00     99.86
16时40分01秒    all      0.07      0.00      0.07      0.00      0.00     99.86
16时50分01秒    all      0.07      0.00      0.07      0.01      0.00     99.86
17时00分01秒    all      0.07      0.00      0.06      0.00      0.00     99.87
17时10分01秒    all      0.07      0.00      0.06      0.01      0.00     99.85
17时20分01秒    all      0.07      0.00      0.07      0.00      0.00     99.86
17时30分01秒    all      1.49      0.00      0.45      0.14      0.00     97.92
17时40分05秒    all      7.45      0.00      1.89      3.26      0.00     87.40
17时50分02秒    all      0.41      0.00      7.61     37.21      0.00     54.77
18时00分05秒    all      0.43      0.00      6.19     37.86      0.00     55.52
18时10分01秒    all     12.29      0.00      4.57      8.66      0.00     74.48
18时20分01秒    all      0.87      0.00      0.52      0.17      0.00     98.44
18时30分01秒    all      0.17      0.00      0.20      0.02      0.00     99.62
18时40分01秒    all      2.17      0.00      0.31      0.41      0.00     97.11
18时50分01秒    all      5.94      0.00      0.38      0.01      0.00     93.68
19时00分01秒    all     10.03      0.00      0.53      0.01      0.00     89.44
19时10分01秒    all     18.44      0.00      0.56      0.01      0.00     81.00
19时20分01秒    all     18.58      0.00      0.29      0.01      0.00     81.12
平均时间:       all      1.14      0.00      0.50      0.82      0.00     97.54
```

图8–4　凌晨0点以来的CPU负载情况

sar -f 选项可以查看过去一个月任何一天的负载情况，如查看 10 月 25 日的负载情况，如图 8–5 所示。

```
[root@ ~]# sar -f /var/log/sa/sa25
Linux 2.6.32-431.el6.x86_64 ( )      10/25/2018      _x86_64_

12:00:01 AM     CPU     %user     %nice   %system   %iowait    %steal     %idle
12:10:01 AM     all     20.42      0.00      1.11      0.31      0.00     78.15
12:20:01 AM     all     19.59      0.00      0.98      0.26      0.00     79.18
12:30:01 AM     all     14.20      0.00      0.90      0.18      0.00     84.72
12:40:02 AM     all     13.31      0.00      0.83      0.13      0.00     85.73
12:50:01 AM     all     13.32      0.00      0.83      0.12      0.00     85.74
01:00:01 AM     all     13.33      0.00      0.84      0.12      0.00     85.72
01:10:01 AM     all     16.05      0.00      1.00      1.20      0.00     81.75
01:20:01 AM     all      7.44      0.00      0.89      0.14      0.00     91.54
01:30:01 AM     all      7.10      0.00      0.89      0.22      0.00     91.78
01:40:01 AM     all      7.09      0.00      0.88      0.11      0.00     91.92
01:50:01 AM     all      7.10      0.00      0.89      0.12      0.00     91.90
02:00:01 AM     all      7.09      0.00      0.90      0.12      0.00     91.88
```

图8–5　查看10月25日的负载情况

为了节省成本，很多系统会在一台服务器上同时部署多个应用，如同时部署了两三个 Tomcat、MySQL 等。由于任何时候系统中运行的进程数有几百甚至上千个，如果操作系统也自动采样并保存所有进程各种资源的消耗情况，势必会严重影响系统性能。这种情况下，需要开发人员编写自定义 shell 脚本，根据目标进程 ID 进行监控，也可以将其集成到目标应用的启动和停止脚本来实现自动化监控。例如，下面的脚本可以根据进程名、指定间隔、采集次数监控该进程的内存趋势：

```
for ((i=0; i<=${3}; i ++))
do
  date >> ${4}_${2}_${3}_memory_stat.txt
  ps aux | grep "$1" | grep -vE '(su|sh|grep)' | awk '{print $2}' |
xargs -I {} pmap -d {} | tail -n 1 >> ${4}_${2}_${3}_memory_stat.txt
  sleep ${2}
done
```

将其保存到任意 shell 脚本中，如 5m_as_memory_stat_cron.sh，然后像下面这样运行：

```
sh 5m_as_cpu_stat_cron.sh "java -f application-appA.properties" 10 20000
appA.dat
```

这样就可以每隔 10 s 采样一次，共采样 20000 次 Java 进程的内存情况，并将结果保存到 appA_10_20000.txt 文件中，如下所示：

```
[root@hs-test-10-20-30-16 uft_trade_MySQL]# cat uft_trade_0_0_1019_10_20000_
memory_stat.txt | more
Fri Oct 19 09:32:02 CST 2018
mapped: 7645920K    writeable/private: 4905872K    shared: 133532K
Fri Oct 19 09:32:12 CST 2018
mapped: 7645920K    writeable/private: 4905872K    shared: 133532K
Fri Oct 19 09:32:22 CST 2018
mapped: 7645920K    writeable/private: 4905872K    shared: 133532K
```

定位出问题在客户端、应用服务器、数据库或操作系统之后，可以针对各部分深入分析和诊断解决。

8.1.2 主动性能分析

除了被动性能分析外，通常还应定期分析系统的整体性能，包括从应用层面的 TPS、吞吐量、响应时间，到 Oracle 数据库和 Linux 操作系统的性能分析。

对于主动性能分析，一般先对各部分进行独立分析和诊断，按照 Top *N* 的原则，对消耗资源最多的部分进行优化。例如，通过 Oracle AWR 分析 Oracle 性能时，先解决 Oracle 自身的优化及 SQL 语句的优化问题，如果确定是操作系统或者应用设计和实现的问题，再就这个点针对操作系统和应用进行具体的分析和排查。除了方法略有不同外，主动性能分析总体使用的工具和被动性能分析一样。

8.2 Linux性能分析

对性能优化来说，理解和掌握分析 Linux 服务器性能的技能都是必要的，无论是 Oracle、Java 应用还是 MySQL 数据库，这些技巧都需要，因为最后的分析结果很可能是操作系统的某些方面设置不合理导致的，而并非这些基础服务或应用程序的问题。就 Linux 系统性能来说，如果要完整地分析各个方面，问题通常集中在下列几个大类。

8.2.1　CPU利用率

就高可用和高性能系统来说，大多数会让系统负载大部分时间在 40% 以下，这样即使一台服务器宕机，另外一台服务器至少还能够支撑一段时间。即使在极端情况下，也不应该超过 80%，否则一旦系统出现异常，管理员登录操作系统进行处理就会异常缓慢。可以通过 top 查看当前系统的整体情况，如图 8–6 所示。

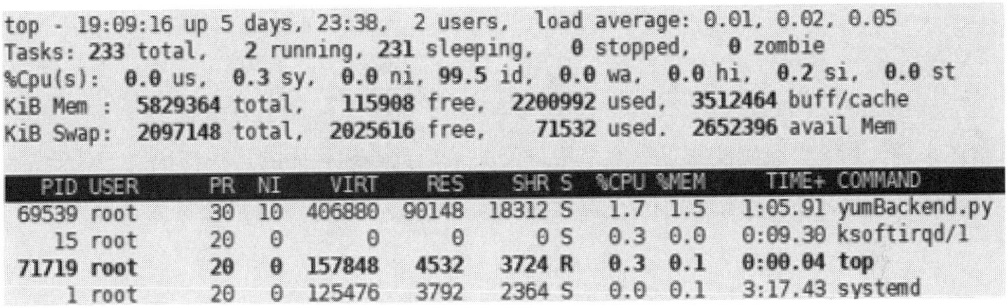

```
top - 19:09:16 up 5 days, 23:38,  2 users,  load average: 0.01, 0.02, 0.05
Tasks: 233 total,   2 running, 231 sleeping,   0 stopped,   0 zombie
%Cpu(s):  0.0 us,  0.3 sy,  0.0 ni, 99.5 id,  0.0 wa,  0.0 hi,  0.2 si,  0.0 st
KiB Mem :  5829364 total,   115908 free,  2200992 used,  3512464 buff/cache
KiB Swap:  2097148 total,  2025616 free,    71532 used.  2652396 avail Mem

   PID USER      PR  NI    VIRT    RES    SHR S  %CPU %MEM     TIME+ COMMAND
 69539 root      30  10  406880  90148  18312 S   1.7  1.5   1:05.91 yumBackend.py
    15 root      20   0       0      0      0 S   0.3  0.0   0:09.30 ksoftirqd/1
 71719 root      20   0  157848   4532   3724 R   0.3  0.1   0:00.04 top
     1 root      20   0  125476   3792   2364 S   0.0  0.1   3:17.43 systemd
```

图8–6　系统整体负载

如果发现某进程的 CPU 利用率一直特别高，可以通过 top -H -p pid 查看具体 CPU 利用率高的线程，然后通过 jstack（对于 Java 进程）或者 pstack（对于 C 进程）查看线程具体在执行什么操作，并进行具体分析。

通过 sar 及 sar -f 可以查看过去某一天的负载，由于 sar 默认是每隔 10min 记录一次各资源消耗，如果程序在高 CPU 负载模式下仅运行了几分钟，可能会导致看起来负载并没有那么高但是从用户角度来说体验不好的情况，这种情况还需要结合系统上运行了哪些应用进行进一步分析。

有时 Top 时会发现当前负载好像不高，但平均负载的过去 5min 和 15min 非常高，可能是 CPU 核心数的好几倍甚至十几倍，这种情况较多地发生在内存比较紧张的系统中，此时可能正在执行大量的内存交换活动。例如，笔者曾经就发现在一台虚拟机上部署了 kafka 作为分布式日志方案时，几乎每隔三五个小时就会出现一次这种现象。

在 CPU 核心数较多的系统中，如果应用的并发性设计得不够好，通常会出现从全局角度来说，各方面资源利用率都很低，看起来系统一点问题都没有，但是系统性能较差的情况。为了避免忽略这种情况，在多核系统中，除非系统整体 CPU 利用率已经很高了，否则还要分析每个 CPU 的负载情况。下面是一个具有 64 个 CPU 线程数的系统在某一天早上的负载：

```
09:50:01 AM     all      1.34      0.00      0.76      1.17      0.00      95.74
09:50:01 AM       0     13.93      0.00      4.44      7.60      0.00      72.02
09:50:01 AM       1      0.44      0.00      0.42      0.51      0.00      97.62
09:50:01 AM       2      0.34      0.00      0.26      0.05      0.00      98.35
09:50:01 AM       3      0.13      0.00      0.10      0.12      0.00      99.65
09:50:01 AM       4      0.11      0.00      0.08      0.01      0.00      99.81
09:50:01 AM       5      1.36      0.00      0.20      0.18      0.00      97.26
09:50:01 AM       6     17.79      0.00      5.24      5.70      0.00      68.27
09:50:01 AM       7      0.08      0.00      0.07      0.12      0.00      99.74
09:50:01 AM       8     9.14      0.00      5.72      14.42      0.00      69.72
…省去不必要内容…
09:50:01 AM      23      0.08      0.00      0.18      0.01      0.00      99.73
09:50:01 AM      24     16.32      0.00      8.23     20.75      0.00      52.69
09:50:01 AM      25      0.45      0.00      0.52      0.49      0.00      97.54
09:50:01 AM      26      0.17      0.00      0.38      0.25      0.00      98.20
09:50:01 AM      27      0.12      0.00      0.13      0.05      0.00      99.70
09:50:01 AM      28      0.16      0.00      0.21      0.07      0.00      98.56
…省去不必要内容…
09:50:01 AM      61      0.06      0.00      0.09      0.02      0.00      99.83
09:50:01 AM      62      0.11      0.00      0.13      0.03      0.00      99.74
09:50:01 AM      63      0.08      0.00      0.13      0.03      0.00      99.77
```

从整体来说，系统负载确实很低，但是用户反馈某个批处理程序的运行却很慢。对于类似情况，如果不分析每个 CPU 的负载分布情况，就比较难确定到底是程序本身慢还是因为并发设计没有做好才慢。

8.2.2 CPU运行队列

在相同负载高时，通常还需要进一步分析是少量进程运行得时间长，还是大量进程堆积排队一直等待运行。因为任何时候系统可以同时运行的任务数为 CPU 的数量，超过的部分除非当前正在运行的进程转而去执行 I/O 操作或者 CPU 当前调度时间片运行完成，否则其他进程只能排队等待，大量的进程切换会导致不必要的上下文开销，进而浪费 CPU 资源。当前负载可以通过 vmstat 更加精确地查看正在运行和被阻塞的进程数，如下所示：

```
[root@hs-test-10-20-30-15 ~]# vmstat 2 100
procs -----------memory---------- ---swap-- -----io---- --system-- -----cpu-----
 r  b   swpd   free   buff  cache   si   so    bi    bo   in   cs us sy id wa st
 2  0  22844 22765980 206172 25232692    0    0     2    27    0    0  1  0 99  0  0
 2  0  22844 22765964 206172 25232724    0    0     0     0 1067 2111  0  0 100  0  0
 0  0  22844 22765956 206172 25232724    0    0     0    16 1059 2128
```

```
0  0 100  0  0
```

对于历史分析，需要通过 sar -q -f 进行查看，如下所示：

```
[root@hs-test-10-20-30-17 ~]# sar -q -f /var/log/sa/sa15 | more
Linux 2.5.32-431.el6.x86_64 (hs-test-10-20-30-17)     11/15/2018
_x86_64_     (64 CPU)
12:00:01 AM   runq-sz  plist-sz   ldavg-1   ldavg-5  ldavg-15
12:10:01 AM         0      1933      0.28      0.45      0.62
12:20:01 AM         0      1922      0.00      0.08      0.33
12:30:01 AM         0      1911      0.00      0.02      0.17
12:40:01 AM         0      1911      0.07      0.03      0.09
```

运行队列多长是比较合理的？这个问题可以通过 top 结合 sar -q 或 vmstat 分析得到。提交一批 CPU 密集型运行较长时间的任务，如在 4C 系统中提交 8 个任务，然后观察这 8 个任务同时提交、分两次提交、一个个提交的各自运行时间；再提交一批 I/O 或网络密集型的任务，按照和 CPU 密集型一样的方式进行统计，就可以得到结论。

所以有些人说运行队列应该为 CPU 核心数的 1 倍，有些人说 2 倍或 3 倍，其实这些都是正确的，因为不同的应用通常有不同的负载模式。例如，高 CPU 密集的系统如压缩、海量数据内存分析等，运行队列超过 CPU 数量的 1 倍时，性能通常会线性下降。

对于很多 I/O 密集的系统，如内存远小于数据库大小的数据库系统，很大一部分是在等待 I/O 完成，这种情况下运行队列是 CPU 的 2 倍或 3 倍往往也是合理的，只要 I/O 的速度足够快，通常不会导致性能下降。

8.2.3　内存利用率

同 Windows 不同，为了最大化性能，Linux 会尽可能地将更多数据缓存在页面缓存中，这样当应用下一次需要重新读取之前写出的数据时，就可以直接从页面缓存读取而非物理磁盘读取，极大地提升了系统性能。

系统当前的内存利用率同样可以使用 top 查看，一般来说不需要关心已用和空闲，只要页面缓存不低于总内存的 10% 基本上就可以认为没有内存压力。如果一定要查看程序使用了多少物理内存，可以执行 echo 1 > /proc/sys/vm/drop_caches 先清空页面缓存，然后查看已用和空闲部分，如下所示：

```
[root@oel-12c ~]# echo 1 > /proc/sys/vm/drop_caches
[root@oel-12c ~]# top
top - 19:30:42 up 5 days, 23:59,  2 users,  load average: 0.02, 0.16, 0.17
Tasks: 222 total,   2 running, 220 sleeping,   0 stopped,   0 zombie
%Cpu(s):  0.0 us,  0.0 sy,  0.0 ni, 96.9 id,  0.0 wa,  0.0 hi,  3.1 si,  0.0 st
KiB Mem :  5829364 total,  2987348 free,  2078056 used,   763960 buff/cache
KiB Swap:  2097148 total,  2025620 free,    71528 used.  2990668 avail Mem
```

可以发现，空闲内存量大大增加。关于内存的占用，还需要知道的是程序申请的内存量并不立刻分配，所以各程序申请的内存加起来可能远低于已用内存。通过 pmap -d pid 可以查看进程当前申请的内存，如下所示：

```
[root@oel-12c ~]# pmap -d 17392 | tail -n 1
mapped: 4060360K    writeable/private: 828976K    shared: 3232K
```

top 和 pmap -x pid 都可以查看驻留内存的大小，为了确保不会发生 OOM，应确保各进程的私有内存加起来小于物理总内存。

sar -r 可以查看系统过去的内存使用趋势，如图 8–7 所示。

```
[root@oel-12c ~]# sar -r
Linux 4.1.12-94.3.9.el7uek.x86_64 (oel-12c)     2018年11月11日  _x86_64_        (2 CPU)

00时00分01秒 kbmemfree kbmemused  %memused kbbuffers  kbcached  kbcommit   %commit  kbactive   kbinact   kbdirty
00时10分01秒    135772   5693592     97.67      8292   3372796   5947068     75.03   2693200   2390732        40
00时20分01秒    213432   5615932     96.34      8416   3296692   5942044     74.96   2660704   2346244        44
18时40分01秒    137688   5691676     97.64      8512   3304008   6009664     75.82   2741064   2342032      2360
18时50分01秒    195560   5633804     96.65      8588   3239620   6033068     76.11   2681640   2342660      3944
19时00分01秒    148480   5680884     97.45      8668   3282720   6033140     76.11   2687624   2383192      1136
19时10分01秒    112552   5716812     98.07      8732   3321300   6052676     76.36   2688248   2418140      1936
19时20分01秒    337836   5491528     94.20      8780   3124804   6006120     75.77   2667080   2219572      6904
19时30分01秒    227760   5601604     96.09       164   3342492   5858460     73.91   2666660   2353088        28
```

图8–7　查看凌晨以来的内存使用趋势

其中最重要的是 kbcommit，它表示为了保证不会发生内存溢出所需的内存 + 交换空间大小。因为交换空间会极大地降低性能，所以也可以认为它是维持系统正常良好运行所需的内存大小。还需要知道的是，很多程序都可能会使用比其参数设置的上限更多的内存（但不会太多），包括 Java 应用、MySQL。

可以认为交换区本质上就是磁盘，所以除非系统内存特别少，如小于 4GB，否则应尽可能不启用交换区。

在实际中，一般专用服务器如 Oracle 或 MySQL 等都不会启用交换区。只有在一台应用部署了很多应用，且这些应用的最大所需内存加起来远超过物理内存时才会启用交换机。根据以往的负载量估计，不太会发生这些应用同时所需内存大涨，但是又为了一旦发生不至于立刻宕机才会启用交换区。

如果因为服务器硬件本身内存插槽不足，希望使用交换区补充，应尽量使用 SSD 作为交换区的物理介质，这样可以最大限度地降低交换区的副作用。

如果因为各种原因已经用上了交换区，此时应关注交换区的使用率和趋势，通过 top 可以查看当前交换区的使用情况。如果使用上了交换区，则无论页面缓存有多少，通常都意味着服务器内存不足。通过 sar -B 可以查看系统交换活动的负载趋势，如图 8–8 所示。

```
[root@oel-12c ~]# sar -B
Linux 4.1.12-94.3.9.el7uek.x86_64 (oel-12c)     2018年11月11日  _x86_64_        (2 CPU)

00时00分01秒  pgpgin/s pgpgout/s   fault/s  majflt/s  pgfree/s pgscank/s pgscand/s pgsteal/s    %vmeff
00时10分01秒      1.40     24.54    108.59      0.00    125.54      0.00      0.00      0.00      0.00
00时20分01秒     47.59     57.15    138.22      0.00    190.37     49.42      0.00     49.14     99.43
18时40分01秒     18.01    314.74    161.83      0.06    220.08     41.33      0.00     41.29     99.92
18时50分01秒     91.53    152.54    118.94      0.00    231.20     83.63      0.00     83.62    100.00
19时00分01秒      0.29    141.02     89.42      0.00    214.68      0.00     10.45     10.45     99.95
19时10分01秒     13.71    117.87     86.12      0.11    140.15      8.82      0.00      8.82    100.00
```

图8–8　系统交换活动的负载趋势

其中 majflt/s 代表因物理内存不足而导致的主缺页数，这会导致物理 I/O。majflt/s 高通常意味着交换活动严重，此时应分析这段时间系统中的所有应用是否都是必需的，哪些应用交换活动严重，是否可以通过优化缓存来降低内存需求。根据历史经验，很多应用系统并没有在设计和实现时进行缜密的思考，进而过多地使用了不必要的内存。

8.2.4　磁盘I/O利用率

在数据密集型系统如 Oracle 服务器、基于 Hadoop 的大数据应用中，因为磁盘 I/O 过多或者规划不合理而导致的性能低下问题要远多于因其他方面导致的问题，所以除了 CPU 和内存外，还应该重点关注 I/O 的活动。

top 中的 wa 部分显示的就是当前系统的 I/O 等待情况，通常等待 I/O 的比例超过 20% 后系统就会非常卡，超过 10% 就会有明显的感觉。这种情况需要 sar -d 和 iotop 进行配合查看具体忙碌的磁盘。sar -d 显示连接到当前服务器的每个设备的负载趋势，如图 8–9 所示。

```
19时20分01秒      DEV      tps  rd_sec/s  wr_sec/s  avgrq-sz  avgqu-sz   await   svctm   %util
19时30分01秒      sda    30.19   6836.08   8441.13    506.00      0.86   28.62    0.96    2.90
19时30分01秒  ol-root    33.08   6835.99   8440.41    461.76      1.11   33.55    0.87    2.89
19时30分01秒  ol-swap     0.00      0.00      0.00      0.00      0.00    0.00    0.00    0.00
19时40分01秒      sda     2.83    303.89     28.17    117.28      0.00    1.10    0.58    0.16
19时40分01秒  ol-root     2.80    303.80     27.57    118.50      0.00    1.11    0.56    0.16
```

图8–9　磁盘设备的负载趋势

rd_sec 和 wr_sec 的单位都是扇区（512B）。一般来说，如果 %util 值高些，avqu-sz 值低些，文件系统的效率就比较高；如果 %util 和 avqu-sz 值相对比较高，则说明硬盘传输速度太慢，需优化。

如果是当前的 I/O 等待较高，则可以通过 iotop 查看当前 I/O 活动最高的进程，如图 8–10 所示。

```
Total DISK READ :       0.00 B/s | Total DISK WRITE :      30.77 K/s
Actual DISK READ:       0.00 B/s | Actual DISK WRITE:      30.77 K/s
  TID  PRIO  USER     DISK READ  DISK WRITE  SWAPIN     IO>    COMMAND
48711 be/4 oracle      0.00 B/s   30.77 K/s  0.00 %  0.25 % ora_ckpt_ORA11G
76803 be/4 root        0.00 B/s    0.00 B/s  0.00 %  0.02 % [kworker/1:1]
    1 be/4 root        0.00 B/s    0.00 B/s  0.00 %  0.00 % systemd --switched
```

图8–10　查看当前I/O活动最高的进程

找到具体的进程和 I/O 设备后，下一步就可以根据问题在 Oracle、Java 或其他程序上进行针对性分析了，可能是调整文件存储目录、程序优化或者其他参数优化等。

8.2.5　网络I/O利用率

相比上述其他子系统来说，在正常使用中，局域网内较少会出现很严重的问题，除非使用了 NFS 或者大文件传输。对于网络性能，通常需要分析带宽和延时，可以通过 ping 分析网络的延时，通过 scp 分析网络的实际最大传输速率。要查看各网卡的当前实时流量，可以借助 sar -n DEV，如图 8–11 所示。

```
20时59分09秒     IFACE   rxpck/s   txpck/s    rxkB/s    txkB/s   rxcmp/s   txcmp/s  rxmcst/s
20时59分14秒 virbr0-nic      0.00      0.00      0.00      0.00      0.00      0.00      0.00
20时59分14秒     ens34      0.00      0.00      0.00      0.00      0.00      0.00      0.00
20时59分14秒    virbr0      0.00      0.00      0.00      0.00      0.00      0.00      0.00
20时59分14秒     ens33  11537.00  21373.80    740.88  58691.91      0.00      0.00      0.00
20时59分14秒        lo      2.40      2.40      0.12      0.12      0.00      0.00      0.00

20时59分14秒     IFACE   rxpck/s   txpck/s    rxkB/s    txkB/s   rxcmp/s   txcmp/s  rxmcst/s
20时59分19秒 virbr0-nic      0.00      0.00      0.00      0.00      0.00      0.00      0.00
20时59分19秒     ens34      0.00      0.00      0.00      0.00      0.00      0.00      0.00
20时59分19秒    virbr0      0.00      0.00      0.00      0.00      0.00      0.00      0.00
20时59分19秒     ens33  11085.80  20563.80    711.84  56474.95      0.00      0.00      0.00
20时59分19秒        lo      2.00      2.00      0.10      0.10      0.00      0.00      0.00
^C

20时59分19秒     IFACE   rxpck/s   txpck/s    rxkB/s    txkB/s   rxcmp/s   txcmp/s  rxmcst/s
20时59分22秒 virbr0-nic      0.00      0.00      0.00      0.00      0.00      0.00      0.00
20时59分22秒     ens34      0.00      0.00      0.00      0.00      0.00      0.00      0.00
20时59分22秒    virbr0      0.00      0.00      0.00      0.00      0.00      0.00      0.00
20时59分22秒     ens33   2366.34   4445.31    152.07  12086.52      0.00      0.00      0.00
20时59分22秒        lo      2.59      2.59      0.13      0.13      0.00      0.00      0.00

平均时间:     IFACE   rxpck/s   txpck/s    rxkB/s    txkB/s   rxcmp/s   txcmp/s  rxmcst/s
平均时间: virbr0-nic      0.00      0.00      0.00      0.00      0.00      0.00      0.00
平均时间:     ens34      0.00      0.00      0.00      0.00      0.00      0.00      0.00
平均时间:    virbr0      0.00      0.00      0.00      0.00      0.00      0.00      0.00
平均时间:     ens33   4733.00   8757.68    303.93  23980.94      0.00      0.00      0.00
平均时间:        lo      1.52      1.52      0.07      0.07      0.00      0.00      0.00
```

图8–11　网卡流量

除了系统层面外，当怀疑问题出在网络上时，通常还需要知道和当前主机某个端口，如 1521 通信的另外一台主机上某个端口的流量情况，这样就可以知道应用的网络使用率，以确定是否利用率太低或太高。此时可以通过 iftop -P 进行分析，如图 8–12 所示。

```
               12.5Kb          25.0Kb          37.5Kb          50.0Kb    62.5Kb
oel-12c:ssh                 => 192.168.223.1:41442      2.97Kb  2.78Kb  2.78Kb
                            <=                           320b    240b    240b
oel-12c:27313               => gateway:domain              0b    144b    144b
                            <=                             0b    214b    214b
oel-12c:5268                => gateway:domain              0b    144b    144b
                            <=                             0b    214b    214b

TX:            cum:   1.53KB   peak:   3.rates:   2.97Kb  3.06Kb  3.06Kb
RX:                   334B             0.99Kb      320b    668b    668b
TOTAL:                1.86KB           4.15Kb     3.28Kb  3.71Kb  3.71Kb
```

图8–12　查看网络活动最高的进程

如果利用率太低，通常意味着网络参数设置不合理或者发送端数据生成太慢，此时最好的方式是直接在程序中通过 dummy 数据进行测试，确定能够达到的理论值，然后针对应用进行优化。如果利用率太高，则分析是否通过压缩、数据结构的优化来降低，尤其是很多文本文件，压缩率可以超过 20:1。在满足处理时间要求的情况下，这些方式均可以考虑。

8.3 Java性能分析

确定性能问题在 Java 应用程序后，就需要对 Java 应用进行性能分析，以便确定是业务代码所致还是配置不合理所致。本节将主要讲解如何识别出是哪方面的问题，然后讨论进行优化和应用重构。

本节以 Oracle 为数据库讲解，而非限定于 Oracle，很多思路同样适用于 MySQL。同时，本章从一开始就讲了，很多性能问题看起来是 Oracle 数据库导致的，但实际上是应用使用数据库不当所致，如父子表查询使用了 for 循环，这种情况通过 Oracle 本身是看不出来的。一般来说，涉及 Java 应用性能的主要包含以下几方面。

8.3.1　不合理地使用日志

相比于 C++ 和 PL/SQL 应用，对于 Java 应用来说，开发人员通常过度不分级别地滥用了日志，如没有恰当区分 INFO、DEBUG、ERROR、WARNING，全部使用 INFO 或 DEBUG。当吞吐量较高，CPU 利用率维持在一定的水平无法再上去，一个原因可能就是大量的线程阻塞在了 log4j 尤其是 log4j 1.x 上。此时可以通过 jstack 工具查看当前各线程堆栈的情况，如下所示：

```
"qtp9382838271-121" prio=10 tid=0x00007f54900d0800 nid=0x63b3 waiting
for monitor entry [0x00007f54492d0000]
   java.lang.Thread.State: BLOCKED (on object monitor)
      at org.apache.log4j.Category.callAppenders(Category.java:205)
      - waiting to lock <0x00000007e81c4830> (a org.apache.log4j.spi.
        RootLogger)
      at org.apache.log4j.Category.forcedLog(Category.java:391)
      at org.apache.log4j.Category.log(Category.java:856)
      at org.slf4j.impl.Log4jLoggerAdapter.info(Log4jLoggerAdapter.
        java:368)
```

对于因日志导致的性能低下问题，要解决并不复杂，主要从下列几方面入手。

- 日志打印要有针对性，不该打印的日志不打印，该打印的日志一定要打印，且要有一定的打印规范。
- 线上日志级别调到最高，一般开启 INFO 级别。
- 在打印日志前判断特定日志级别是否启用，如下所示：

```
if(LOG.isInfoEnable) {
LOG.info("params = {}", JSON.toJSONString(user));
}
```

- 用 log4j2/logback 来替换 log4j。

该问题涉及的工作量可能会较多，因为需要仔细斟酌并修改现有源代码。如果是线上问题，可通过先确定当前使用的日志级别，然后临时调整日志级别来解决。无论是 log4j 还是 log4j2，都支持动态修改日志级别。

8.3.2　不恰当地使用ORM框架

自从有了 ORM 框架，如 hibernate/mybatis，并且有 mybatis-generator、tk mapper 自动化生成

SQLMap 的工具后，很多开发人员为了少写代码，会使用这些工具生成大而全的 DAO 层。这样做虽然节省了部分单表 CRUD 的开发时间，却为日后的低效且难以优化埋下了隐患。

最典型的是很多查询字段并不是可选，而且很多字段在某些查询中完全不需要。例如，PK 查询通常需要整条记录，而分页查询只需要主要部分的信息即可；也有些查询条件是必须要带上的，如多租户下的租户 ID、订单系统中的用户编号。

自动生成代码工具或者框架通常无法判别这种情况，因为它们主要是为了解决 tiny 系统的 CRUD 开发效率，并不是为高并发和大数据量系统而设计的，这些框架的开发者通常也不是擅长数据库优化的专家。这样不仅使纯通过 SQL 判断是否可以优化的空间大大降低（如果使用类似 tkmapper 生成动态 SQL 字节码，更是会出现看着系统宕机却束手无策的情况），而且浪费了网络带宽，尤其是在公有云环境中。

这个问题的解决方法也比较简单，对于经常访问的表多进行代码审核，不允许直接使用生成的代码即可。对于线上问题来说，该问题通常不是特别好排查，因为不太容易量化计算出其能提升的性能收益，推荐的方式是通过 Oracle AWR 中的 TOP SQL 分析那些字段特别多的语句，然后和开发人员确认后再进行优化。

8.3.3 RPC网络调用过于频繁

相比于传统的集中式应用，在分布式应用中，尤其是拆分了几十个子模块之后，比较容易自然而然陷入的困境是服务的粒度通常没有人能很好地把控，最终要么和集中式一样，每个服务做得都很大，要么服务拆分得过小。

典型的例子是查询一个客户信息可能需要调用 3 个 API 才能得到、一个请求中需要 3 个序列值执行 3 次 RPC 调用、一个接口中 10 个 K/V 翻译导致了 10 次的分布式缓存访问，甚至有些批处理系统或者嵌套的列表查询（最典型的如各种 Web 页面中的层次树）也是这样实现的，其响应时间可想而知。

通常来说，获取处理一个简单的逻辑通常都不到 1ms，甚至只要几十微秒就可执行完成，而网络延迟通常都在几百微秒到数毫秒之间，所以在很多 RPC 系统中，很大一部分延时都花费在了网络调用上。这种情况直接通过目标端被调用次数甚至调用时间很难分析出具体服务是否存在问题。

在 RPC 系统中，好的架构设计通常一开始就会考虑服务治理，记录每个链路中每个 RPC 服务的调用次数及执行时间，这样通过日志中心就能够排查。JDBC/ 分布式缓存调用可以通过结合 log4j 的 MDC+AOP 准确记录每个服务调用数据库的次数。

因为很多系统通常没有完善的基础设施，所以可以借助 JProfiler 进行分析，它能够分析出完善的调用链，以及各目标方法的执行次数、时间，花在本方法上的时间，调用其他方法花费的时间。和 C++ 的 gperftools 一样，最重要的是它可以跟踪实时调用情况，因为该工具对系统的性能影响较大，所以不建议用于生产环境。

8.3.4　选择了不合理的数据结构

没有仔细选择合适的数据结构也会导致 Java 应用性能低下，如有些查询数据集在代码中要进行二次处理，很多开发人员直接在 list 上进行循环，而不是先将一个 list 转换为 map，这些实现通常会导致非常低下的性能。这种情况不太容易通过 jstack 直接看出来，因为它属于 JDK 类库。要分析这种行为，通常只能先找到具体性能较慢的方法，然后分析该方法的代码才能确定问题所在。对这种性能问题，最好是通过非线上环境进行性能测试，然后通过 JProfiler 详细分析时间到底花在了哪里。

8.3.5　过多Full GC

自动 Full GC（垃圾回收）是 Java 的特性之一，也是相对于 C/C++ 语言而言更加容易上手和不易出错的最大优势。Full GC 本身不是性能的大敌，但是如果频繁地发生 Full GC 就会对性能造成很大的负面影响，因为 Full GC 过程发生时会导致 Stop The World，所有用户线程都会暂停执行。在讨论 Full GC 的原因和解决问题之前，需要先了解 Full GC 的触发条件，大致有以下几种情况。

- 程序执行了 System.gc()（建议 JVM 执行 Full GC，但 JVM 不一定会遵照执行）。
- 执行了 jmap -histo:live pid 命令（该操作会立即触发 Full GC）。
- 在执行 Minor GC 时进行的一系列检查。执行 Minor GC 时，JVM 进行一系列判断确定是否执行 Full GC，其整体过程如图 8–13 所示。

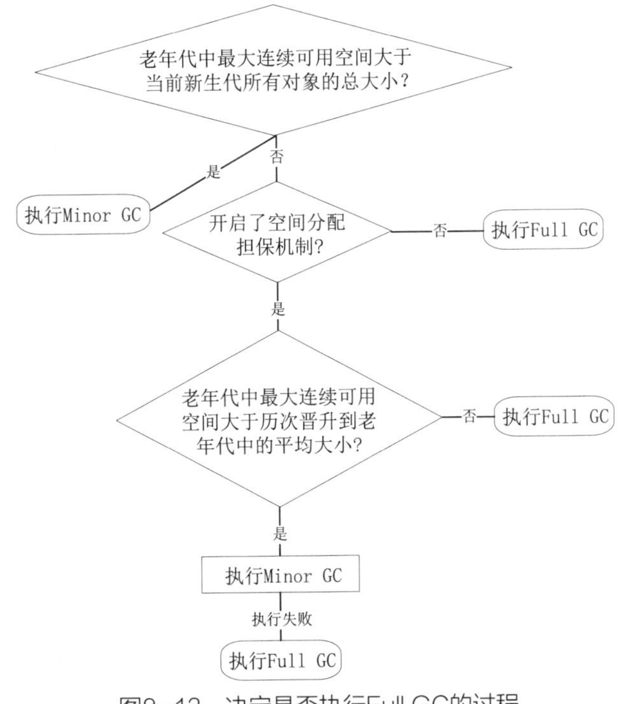

图8–13　决定是否执行Full GC的过程

为了在此期间也能对外正常提供服务，建议采用分布式部署，并采用合适的负载均衡算法。

8.3.6 JVM参数设置不合理

很多应用之所以性能不佳，是因为忽略了对 JVM 参数的研究和优化，大部分系统通常只是设置了堆相关的大小，但并没有设置其他参数。完整的 JVM 参数包括标准参数、非标准参数和非稳定参数，加起来有数百个，主要分为行为类、性能类及调试类。行为类主要是指控制 JVM 运行时行为的一些参数；性能类主要是指内存的优化及 GC 的优化；调试类则主要指 GC 相关的跟踪，所以通常在分析生产系统性能时需要关注下列参数。

- server：所有的生产环境都应该使用服务器模式，64 位 JVM 都使用服务器模式。如果服务器使用 32 位模式，那么第一件事就是将其升级到 64 位，因为服务器模式通常会做更多的优化。
- Xms=<heap size>[g|m|k] -Xmx=<heap size>[g|m|k]：这两个参数设置初始内存和最大内存，一般建议设置为相同。对于大内存的服务器，如 64GB 以上，如果一级缓存太大，需要仔细斟酌是启动一个进程还是多个进程。
- XX:MaxMetaspaceSize=<metaspace size>[g|m|k]：JDK 8 取消了持久区的概念，新增了元数据区。该区域除非动态生成的代理类太多，一般不太会有问题。默认情况下，该区域的大小不受限制，但是为了防止应用出现 Bug，应该在运行一段时间如一周业务后，限定其大小。
- XX:+CMSClassUnloadingEnabled：该参数主要适用于使用了很多动态代理的系统。尤其是现在 Spring Boot 推崇的约定优于配置广泛流行之后，很多框架都使用了大量的动态代理，如 mybatis 的 mapper、AOP 及 RPC 的动态代理，应该启动该参数以确保没有被任何代码引用的类从内存卸载。
- 垃圾回收相关的选项：主要包括 -XX:+PrintGCDateStamps、-verbose:gc。-XX:+PrintGCDetails、-Xloggc: " <path to log> "，这些选项用于设置将 GC 活动写入指定的文件。一般线上系统都会设置这些选项，便于定期进行日常性分析。
- 堆 dump 相关的选项：相比于数据库来说，Java 应用发生 OOM 的概率要大得多，虽然 GC 已经足够智能，但是要写出 OOM 的应用并不难。为了能够在发生 OOM 时分析出具体的原因，通常应该开启在 OOM 时保存堆栈的选项，这主要通过 -XX:+HeapDumpOnOutOfMemoryError 和 -XX:HeapDumpPath=<path to dump> ' date ' . hprof 控制。
- 远程调试开放选项（-Djava.rmi.server.hostname=<IP> 和 -Dcom.sun.management.jmxremote.port=<port>）：无论何时，都可能需要连接上生产系统查看进程运行情况，这两个参数就是为 JMX 连接开放相关端口，这样就可以通过各种 IDE（如 IntelliJ IDEA）随时进行远程 debug。如果需要支持 jprofiler for Tomcat 或 weblogic，则需要专门设置代理参数，与通过命令行或 JDK 自带的 jvisualvm 进行分析相比会方便得多。

8.3.7 JDBC配置不合理

对 JDBC 来说最重要的是使用连接池，该错误现在几乎没有人会犯，但是 10 年前这种错误还是经常会有的，是老的遗留系统有必要注意该问题。JDBC 驱动参数的设置不合理也是一个常见的现象，很多开发人员在配置 JDBC 连接串时仅限于基本连接信息，很少关注其他选项，而其他选项正是其关键部分。

现代应用大都采用 ORM 框架，如 mybatis、hibernate 访问数据库使用封装了 Connection、Statement 对象等底层 JDBC 对象的三方数据库连接池（如 Druid），使得不容易直接修改 JDBC 属性，此时要修改 JDBC 属性，需要使用 SqlSessionTemplate.getConnection 先得到底层对象，然后进行修改。对于 Oracle JDBC 来说，最重要的是优化下列参数。

- fetchSize：查询时每次预提取的大小。该参数会极大地影响网络调用次数，可以通过 v$sql 的 fetches 字段查看各客户端连接执行的语句的提取大小。
- poolPreparedStatements 和 maxOpenPreparedStatements（dbcp 设置）或 maxPoolPreparedStatementPerConnectionSize：PreparedStatement 对应的就是 Oracle 游标，恰当的设置该值不仅能够提升应用的性能，还能降低 Oracle 数据库的负载，尤其是对于 OLTP 系统。这主要是因为 Oracle 的游标是全实例共享而非连接级，但需要注意小于 Oracle 数据库参数 open_cursors。
- connectionInitSqls：该参数声明每次新建连接时要执行的一系列初始化语句。例如，很多时候 Oracle 服务器并不会为某个应用特地调整参数（如 PGA 大小）以避免误用，此时就可以通过在此处设置 alter session 修改会话的上下文。

8.3.8 没有合理地利用多线程

排除多线程可能导致的各种 Bug 不说，多线程本身就是一把双刃剑，线程数太多会导致运行队列加长、上下文开销过大，线程数不够则会导致负载跑不上去。

通常来说，如果不需要进行 I/O 或者网络访问，处理几十万次以下的 JVM 进程内循环或者字符串比较一般没有太大的必要采用多线程或 fork-join 模式，也没有必要使用线程池，在实现较优的情况下，它们都能够秒级响应。

现代硬件的处理速度在程序优化的情况下通常远比大多数开发人员预想得快，如果很慢，通常是因为程序设计或者实现的问题，此时应走查代码判断是否使用的数据结构不合理。经常会见到很多需要执行大查询的应用只配置了 2~3 倍数量 CPU 的线程数，在全部所有分支的用户都上线之后，很快就会出现系统非常缓慢，但是系统的负载却很低的情况。

此时 jstack 可以看到当前 Java 进程各线程池中的线程数、状态及正在执行或等待的操作，jstack 就像 Oracle 中的 v$session 一样，对于排查当前问题特别有用。读者应该尽可能熟悉常见输出的含义，以便在真正出现问题时知道问题具体出在哪里。

8.3.9 不合理地使用锁

锁总是和多线程或多进程同时出现，没有并发就没有锁存在的意义。现代应用几乎都是并发型的，不管开发人员是否直接使用了多线程库或者操作线程，容器本身就是多线程运行的。

首先，通常在使用锁时，都寄希望于只需要管理加锁，不负责解锁，导致的后果就是锁持有的时间远比其需要持有的时间长。例如，基于 Redis 的分布式锁，很多情况下没有必要到整个方法执行完成后由基础库自动释放，这样就会极大地增加锁的持有时间，进而降低并发性能。

其次，Java 包含很多种类型的并发控制工具和线程间隔离机制，如 synchronized、可重入锁（ReentrantLock）、读写锁（ReadWriteLock）、原子变量等。很多设计并没有仔细考虑是不是真的需要 synchronized，大部分设计其实都只需要读 / 写相互阻塞，读是不需要相互阻塞的，这种场景很多时候 ReadWriteLock 其实更加合适，并且可以极大地提高并发性。

现代应用通常都是计算池的模式，任何时候会有一个应用的 N 个实例在运行，很多资源很难给每个实例平均分配，这时就需要一个中心资源控制器。传统情况下，其一般都在数据库中进行控制，由于数据库（如 Oracle 或 MySQL）相比其他中间件来说属于重量级，这会导致性能较差。对于这类资源应该借助于 Redis 或者 ZK 进行控制，并使用类库封装好提供给业务访问，如 Redis 的 Redisson 客户端实现了很多分布式的 Java 锁。

8.3.10 应用服务器参数设置不合理

由于应用服务器本身只是提供了容器，它本身也是 Java 进程的一部分，因此对于 Java 应用的分析主要以应用和 JVM 为主。但是在某些特殊场景和高并发下，也需要对应用服务器的参数进行检查和调整。

不同于 JVM 应用，无法通过命令行查看到 Tomcat 当前运行时实例的参数设置。对 Tomcat 来说，首要的选择是使用哪种线程模型。Tomcat 目前支持 BIO、NIO、APR、AIO，Tomcat 7 默认的是 BIO 模式，Tomcat 8 默认的是 NIO 模式。

8.3.11 Java性能分析小结

虽然类似于使用 StringBuilder 代替字符串拼接，使用原生类型代替封装的对象类型等经常被推荐为好的实践，在各种语言的早期版本，它是有必要的，但是如今因为这些细微的实现选择导致明显影响性能的情况并不多。从 JDK 1.7 开始，JVM 已经对这些上下文无关、纯代码级的优化做了非常多的优化。虽然笔者不反对，但是刻意去关注这些细枝末节而不是上述这些结构性的逻辑显得有些舍本逐末。

对于线上容易出现的性能问题，应通过良好的规划以在代码中埋点的方式进行预留，而不是在出现问题时进行线上调试。对于非线上性能测试或分析，则一般会借助第三方性能分析工具，如 JProfiler 以便在早期进行精准的分析和定位。

8.4 Oracle实例性能分析

为了便于事中分析和事后分析，Oracle 数据库在运行过程中会持续不断地为系统、会话、段、单独的 SQL 语句生成各种度量指标，如时间模型指标、活跃会话历史指标（Active Session History，ASH）、等待事件指标、会话及系统指标等。这些度量指标可以通过 V$ 动态性能视图访问，在分析某些方面的 Oracle 数据库性能时，通常会根据开始和结束时间得到其差值，确定问题所在。

在分析 Oracle 的整体性能时，通常以 AWR 作为切入点，对其中的各个异常点进一步使用 ASH、Linux 系统工具进行排查和定位。如果怀疑是应用层问题，则使用 Java 性能工具进行具体定位。本节主要讲解如何有效分析 AWR 和 ASH，它们是掌握分析 Oracle 性能的必备基础。

8.4.1 AWR报告分析

AWR（Automatic Workload Repository，自动负载资料库）用于收集、处理和维护用于问题诊断及调优分析的性能统计信息，其收集的数据同时存储于内存和磁盘中，并且可通过视图（这些视图均以 dba_hist 开头）和 AWR 报告显示，只不过出于效率，一般会选择使用 AWR 报告进行分析。AWR 收集的信息由初始化参数 STATISTICS_LEVEL 决定，其默认值为 typical，表示收集 AWR 信息。如果 STATISTICS_LEVEL 的值为 basic，则默认禁用 AWR，但是仍然可以通过手工收集，但是不推荐这么做，因为很少有系统没有任何问题。

从 Oracle 10g 到 Oracle 11g，AWR 报告的内容稍微做了一些变化，但是总体来说大同小异，完整的 AWR 报告有接近 20 个子部分，涵盖了 Oracle 花费时间比例、等待事件、SQL 统计、实例活动、内存统计、库缓存、字典缓存到流统计等方面。

对于大部分性能分析来说，从头到尾分析每一部分既耗费时间又没太大必要，所以一般分析时，都是根据对各种系统负载的经验总结，针对 AWR 报告最有价值的部分进行分析。

1. 生成AWR报告

一般来说，通过 awrrpt.sql 或 awrsqrpt.sql 及其衍生版本生成 AWR 报告，awrrpt 报告的是整个实例特定快照区间的统计，如下所示：

```
[oracle@hs-test-10-20-30-14 admin]$ cd /u01/app/Oracle/product/10.2.0/
dbhome_1/rdbms/admin/
[oracle@hs-test-10-20-30-14 admin]$ sqlplus "/as sysdba"
SQL> @awrrpt
Current Instance
~~~~~~~~~~~~~~~~
   DB Id    DB Name      Inst Num Instance
----------- ------------ -------- ------------
   83642957 ORA11G              1 ora11g
Specify the Report Type
~~~~~~~~~~~~~~~~~~~~~~~
Would you like an HTML report, or a plain text report?
Enter 'html' for an HTML report, or 'text' for plain text
Defaults to 'html'
Enter value for report_type:
Type Specified:  html
```

执行完成后，默认会在当前目录下生成 awrrpt_<THREADNO>_<BEGSNAPID>_<ENDSNAPID>.html 的报告，如下所示：

```
[oracle@hs-test-10-20-30-14 admin]$ ls -alt | grep html
-rw-r--r--  1 Oracle dba  461047 Nov  2 19:05 awrrpt_1_2347_2349.html
-rw-r--r--  1 Oracle dba  598233 Nov  1 07:22 awrrpt_1_2193_2194.html
```

2. 快照信息描述

这是 AWR 中 Report Summary 之前的部分，主要描述了实例的基本信息、开始和结束快照、总时长及 Oracle 数据库运行花费的总时间，如图 8–14 所示。

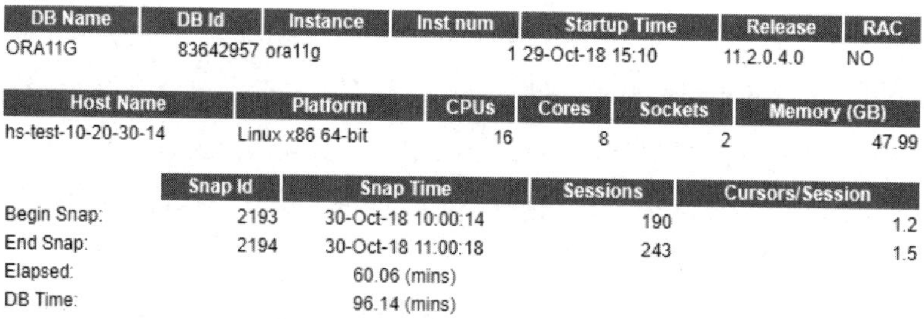

DB Name	DB Id	Instance	Inst num	Startup Time	Release	RAC
ORA11G	83642957	ora11g	1	29-Oct-18 15:10	11.2.0.4.0	NO

Host Name	Platform	CPUs	Cores	Sockets	Memory (GB)
hs-test-10-20-30-14	Linux x86 64-bit	16	8	2	47.99

	Snap Id	Snap Time	Sessions	Cursors/Session
Begin Snap:	2193	30-Oct-18 10:00:14	190	1.2
End Snap:	2194	30-Oct-18 11:00:18	243	1.5
Elapsed:		60.06 (mins)		
DB Time:		96.14 (mins)		

图8–14　AWR快照概述

就这一部分而言，最重要的是 CPUs × Elapsed ÷ DB Time 的比例，越接近 1 表示服务器越忙，反之数据库越空闲。该信息的不足之处在于在开始和结束快照之间的 10min 可能负载很高，平均拉长之后看起来负载较低，所以其主要用来了解整体实例信息，并不会提供太有价值的信息。

3. 当前快照间隔的整体报告（Report Summary）

这一部分包含了整体的负载情况、Top 10 等待事件概述。对于有经验的优化人员来说，通过这一部分就可以看出整体而言在该快照间隔实例是否有问题，如果有问题会大概猜测到问题点所在。

这部分有很多个子部分，其中最能反映问题的是 Load Profile 和 Top 10 前台等待事件（Top 10 Foreground Events by Total Wait Time）。Load Profile 如图 8—15 所示。

Load Profile

	Per Second	Per Transaction	Per Exec	Per Call
DB Time(s):	4.6	1.8	0.00	0.02
DB CPU(s):	2.8	1.1	0.00	0.01
Redo size (bytes):	4,459,115.9	1,731,051.8		
Logical read (blocks):	286,029.0	111,037.9		
Block changes:	27,726.7	10,763.6		
Physical read (blocks):	550.4	213.7		
Physical write (blocks):	1,052.7	408.7		
Read IO requests:	70.4	27.3		
Write IO requests:	85.0	33.0		
Read IO (MB):	4.3	1.7		
Write IO (MB):	8.2	3.2		
User calls:	279.4	108.5		
Parses (SQL):	121.7	47.2		
Hard parses (SQL):	0.9	0.4		
SQL Work Area (MB):	1.9	0.7		
Logons:	0.5	0.2		
Executes (SQL):	60,033.6	23,305.3		
Rollbacks:	0.0	0.0		
Transactions:	2.6			

图8—15 Load Profile

在 Load Profile 中，需要关注的重点是平均每秒每事务生成的 Redo 日志大小，其单位为 B。如果每秒生成的 Redo 日志很高，如每秒几十兆，通常意味着需要较大的日志缓冲和 Redo 日志文件，如图 8—16 所示。

	Per Second	Per Transaction
DB Time(s):	3.3	4.8
DB CPU(s):	1.0	1.4
Redo size (bytes):	10,107,357.5	14,817,565.0

图8—16 Redo日志负载较大的示例

虽然这里还有其他很多信息，如每秒每事务物理读写、逻辑读、硬解析等，但是其他信息的价值相对来说其实没有太大的帮助。

4. Top *N*前台等待事件

Top *N*（默认为 10）前台等待事件是整个 AWR 重要的部分之一，也是 Oracle 实例性能分析的最主要的入口，如图 8—17 所示。

Top 10 Foreground Events by Total Wait Time

Event	Waits	Total Wait Time (sec)	Wait Avg(ms)	% DB time	Wait Class
log file switch (checkpoint incomplete)	12	2083.1	173590	47.9	Configuration
DB CPU		1256.6		28.9	
enq: CR - block range reuse ckpt	23	449.7	19553	10.3	Other
enq: RO - fast object reuse	24	247.7	10321	5.7	Application
free buffer waits	16	233.6	14598	5.4	Configuration
direct path sync	6	142.9	23820	3.3	User I/O
direct path write temp	3,707	110.7	30	2.5	User I/O
direct path read	10,073	99.8	10	2.3	User I/O
buffer busy waits	4	75	18746	1.7	Concurrency
write complete waits	1	34.5	34539	.8	Configuration

图8—17 Top 10 前台等待事件

虽然 AWR 报告中包含了前 10 个耗费了最多时间的等待事件，但是在具体解决时，应该先关注占据了一半以上时间的前两个事件。在很多情况下，当解决了前面一个事件之后，后面几个事件就会自然而然消失；或者说这些事件是由某一种问题造成的，它可能是 Redo 日志配置过小、SQL 语句效率低下等。例如，下面 Top *N* 等待中的 read by other session 和 db file sequential read 就是一个 SQL 语句不合理地采用了嵌套连接循环所致，如图 8–18 所示。

Event	Waits	Time(s)	Avg Wait(ms)	% Total Call Time	Wait Class
read by other session	3,240,958	35,709	11	63.5	User I/O
db file scattered read	4,376,243	8,277	2	14.7	User I/O
CPU time		7,359		13.1	
db file sequential read	3,814,172	5,532	1	9.8	User I/O
log file parallel write	1,394	70	50	.1	System I/O

图8–18　一个SQL导致的两个Top *N* 等待事件

优化了该 SQL 语句之后，这两个等待事件就一并从 Top *N* 中消失了。

在很多 AWR 报告的 Top *N* 等待事件中会出现 DB CPU(Oracle 11g) 或 CPU time(Oracle 10g) 事件是 Top *N* 等待事件的第一位或前三位，这并不说明该 Oracle 实例处于较优或者较差状态，仅仅说明 Oracle 的各个进程一直很忙，没有等待锁或 I/O 等而已，如图 8–19 所示。

Top 10 Foreground Events by Total Wait Time

Event	Waits	Total Wait Time (sec)	Wait Avg(ms)	% DB time	Wait Class
DB CPU		5711		99.0	
log file sync	67,027	141.6	2	2.5	Commit
library cache: mutex X	25,892	13	1	.2	Concurrency
SQL*Net more data to client	57,540	6	0	.1	Network
direct path write	5,964	3	1	.1	User I/O
buffer busy waits	13,110	2.9	0	.0	Concurrency
SQL*Net message from dblink	332	2.7	8	.0	Network
cursor: pin S	2,983	2.7	1	.0	Concurrency
kpodplck wait before retrying ORA-54	2	2	1000	.0	Other
read by other session	6,808	1.4	0	.0	User I/O

图8–19　DB CPU在首位的等待事件示例

从其他 Top *N* 事件来看，该实例是正常的，没有其他系统通常出现的并发、用户 I/O 等大量等待。但是当分析到 Top SQL 时，其情况就完全不是如此，如图 8–20 所示。

SQL ordered by Gets

- Resources reported for PL/SQL code includes the resources used by all SQL statements called by the code.
- %Total - Buffer Gets as a percentage of Total Buffer Gets
- %CPU - CPU Time as a percentage of Elapsed Time
- %IO - User I/O Time as a percentage of Elapsed Time
- Total Buffer Gets: 392,750,005
- Captured SQL account for 100.7% of Total

Buffer Gets	Executions	Gets per Exec	%Total	Elapsed Time (s)	%CPU	%IO	SQL Id	SQL Module	SQL Text
230,454,645	44	5,237,605.57	58.68	3,241.50	99.9	0	40qv5037fzacu	JDBC Thin Client	SELECT CASE WHEN COUNT(1)=0 TH...
30,470,283	1	30,470,283.00	7.76	60.57	98.9	0	g2nghcf0f9umc	hsserver@hs-test-10-20-30-14 (TNS V1-V3)	INSERT INTO ta_tagencynavc4fi...
26,064,077	1	26,064,077.00	6.64	146.87	99	0	90s8ptgyuu2nc	hsserver@hs-test-10-20-30-14 (TNS V1-V3)	INSERT INTO ta_tagencynavc5fi...
24,724,236	6,226,610	3.97	6.30	138.04	97.5	0	35zyb95xpy1ww	hsserver@hs-test-10-20-30-14 (TNS V1-V3)	SELECT A.C_PARAMVALUE FROM TA_...
23,372,565	1	23,372,565.00	5.95	266.91	99.2	0	1dcxthb9r5mzw	hsserver@hs-test-10-20-30-14 (TNS V1-V3)	INSERT INTO ta_tagencynavc2fi...
18,207,015	1	18,207,015.00	4.64	401.05	85.1	.5	anfu1k2m8mhb4	hsserver@hs-test-10-20-30-14 (TNS V1-V3)	INSERT /*+ append */ INTO ta_...
6,864,961	1	6,864,961.00	1.75	58.54	99.7	.2	58bhv5k5fg0k5	hsserver@hs-test-10-20-30-14 (TNS V1-V3)	insert into ta_tagencynav07fi...
6,009,900	1,500,000	4.01	1.53	31.33	100.7	0	4s84rzfr5tjx6	hsserver@hs-test-10-20-30-14 (TNS V1-V3)	SELECT A.C_PARAMVALUE FROM TA_...
2,891,792	1	2,891,792.00	0.74	11.35	99.7	0	4k46vuqtgj7jt	hsserver@hs-test-10-20-30-14 (TNS V1-V3)	update ta_tagencynav07file a ...
2,885,997	1	2,885,997.00	0.73	12.21	93.6	0	28urs3sa7q6d8	hsserver@hs-test-10-20-30-14 (TNS V1-V3)	update ta_tagencynav07file a ...

图8–20　Top *N* 等待事件未反映系统实际性能较差的示例

该快照期间该实例有大量每次执行耗费了数百万、数千万逻辑读的 SQL 语句，这些语句中从

JDBC Thin Client 发起的 40qv5037fzacu 是最严重的，所以 DB CPU 高仅仅是说明该 Oracle 实例 SGA 和 PGA 足够大、Undo 表空间及 Redo 日志配置没什么大问题，但是仍然可能出现系统性能较低、存在未优化 SQL 的情况。

完成了对快照整体报告的分析之后，后面就可以开始针对具体的问题位置进行针对性的排查和分析。一般来说，开发人员会习惯性地去分析 Top SQL，如果 Top 等待事件和直接路径读 / 写、Redo 日志相关，也可能直接跳到 io stat 部分查看各种类型的 I/O 负载情况。

5. Top等待事件

这一部分内容占据 AWR 快照的比例较大，但其实用价值并不高，因为概述部分浏览之后，大部分具体分析会集中到 Top SQL、I/O 统计、段统计、各种顾问上，所以这部分不详细展开。

6. Top SQL

这一部分通常是 AWR 分析的重点，其反映了最耗各种资源，如 CPU 事件、执行事件、逻辑读等的 SQL。该部分内容将在第 8.4.2 小节进行专门讨论。

7. 实例活动统计

这一部分反映了该间隔当前实例各方面，如更改的数据库数量、解析次数、物理读 / 写、逻辑读 / 写等的负载情况。这部分比较重要的是 Key Instance Activity Stats 和 Instance Activity Stats - Thread Activity，如图 8–21 所示。

Key Instance Activity Stats

- Ordered by statistic name

Statistic	Total	per Second	per Trans
db block changes	166,631,772	27,726.66	10,763.63
execute count	360,789,896	60,033.55	23,305.34
logons cumulative	2,714	0.45	0.18
opened cursors cumulative	360,726,123	60,022.94	23,301.22
parse count (total)	731,385	121.70	47.24
parse time elapsed	2,240	0.37	0.14
physical reads	3,307,951	550.43	213.68
physical writes	6,326,333	1,052.67	408.65
redo size	26,798,412,732	4,459,115.93	1,731,051.79
session cursor cache hits	628,550	104.59	40.60
session logical reads	1,718,977,999	286,028.96	111,037.92
user calls	1,678,974	279.37	108.45
user commits	15,479	2.58	1.00
user rollbacks	2	0.00	0.00
workarea executions - onepass	33	0.01	0.00
workarea executions - optimal	80,963	13.47	5.23

图8–21　Key Instance Activity Stats 实例活动统计

这部分信息虽然对优化没有直接帮助，但是它从各个主要方面描述了实例的整体运行负载，包括数据块修改数量、物理读 / 写总次数、Redo 日志总大小、解析情况、逻辑读总次数、PGA 不够导致的磁盘交换情况等，这样就能比较清楚地理解系统的大体负载量，在后续分析诊断时有比较好的参考，如图 8–22 所示。

Instance Activity Stats - Thread Activity

- Statistics identified by '(derived)' come from sources other than SYSSTAT

Statistic	Total	per Hour
log switches (derived)	14	8.39

图8–22　实例Redo 日志切换频率

这一部分反映了实例 Redo 日志切换频率，它是判断 Redo 日志大小和数量的重要依据。一般来说，每小时切换 5 次以下对系统不会有明显影响，如果切换次数过高，通常意味着 Redo 日志太小或者数量不够。

8. I/O统计

当 Top *N* 等待事件或实例活动统计确定因磁盘读 / 写相关（无论是 Redo 日志、物理读 / 写还是直接路径读 / 写等）等待事件过高时，通常需要分析该部分确定占据大部分物理读 / 写的文件，以便进行针对性的存储优化。通常来说，Redo 日志、Undo 表空间是这部分重点应该关注的，数据文件反而不一定是最主要有问题的。

这部分包含根据 I/O 功能类别、文件类型、表空间、数据文件及交叉的分类，但不是都有一样的价值，所以这里重点关注比较有价值的部分，如图 8–23 所示。

IOStat by Function summary

- 'Data' columns suffixed with M,G,T,P are in multiples of 1024 other columns suffixed with K,M,G,T,P are in multiples of 1000
- ordered by (Data Read + Write) desc

Function Name	Reads: Data	Reqs per sec	Data per sec	Writes: Data	Reqs per sec	Data per sec	Waits: Count	Avg Tm(ms)
Direct Writes	0M	0.00	0M	27.3G	38.75	4.651M	243.3K	17.35
LGWR	3M	0.03	0M	25.8G	10.52	4.398M	84.2K	3.11
Buffer Cache Reads	20.7G	61.78	3.526M	0M	0.00	0M	368.3K	0.48
DBWR	1G	11.02	.172M	19G	44.53	3.23M	280.3K	6.30
Others	5.2G	59.46	.894M	1.4G	16.38	.24M	455.7K	6.90
Direct Reads	4.5G	8.61	.774M	2G	1.74	.343M	51.8K	0.46
Streams AQ	0M	0.00	0M	0M	0.00	0M	9	15.89
TOTAL:	31.5G	140.91	5.367M	75.5G	111.91	12.862M	1483.6K	6.47

图8–23　根据Oracle功能类别汇总的I/O活动统计

这部分可以看出直接路径读 / 写、LGWR、DBWR 占总物理 I/O 读 / 写比例。在此实例中，直接路径写和 Redo 日志占了大部分写 I/O，缓冲区缓存读占了读 I/O 的大部分，这样基本上就可以估计出哪部分可能需要优化。例如，直接路径读和写可能是数据文件，也可能是临时文件或控制文件，所以需要进一步根据文件类别查看各自的占比。该信息也可以通过 v$iofuncmetric_history 查询到，如图 8–24 所示。

IOStat by Filetype summary

- 'Data' columns suffixed with M,G,T,P are in multiples of 1024 other columns suffixed with K,M,G,T,P are in multiples of 1000
- Small Read and Large Read are average service times, in milliseconds
- Ordered by (Data Read + Write) desc

Filetype Name	Reads: Data	Reqs per sec	Data per sec	Writes: Data	Reqs per sec	Data per sec	Small Read	Large Read
Data File	20.7G	61.66	3.522M	19.2G	37.27	3.264M	0.34	3.19
Temp File	4.8G	13.18	.813M	29.2G	49.97	4.978M	0.31	0.22
Log File	0M	0.00	0M	25.8G	10.47	4.398M	0.00	
Control File	6.1G	66.07	1.032M	1.3G	14.20	.222M	0.09	
TOTAL:	31.5G	140.91	5.367M	75.5G	111.91	12.861M	0.22	2.06

图8–24　根据Oracle文件类别汇总的I/O活动统计

通过根据文件类型汇总分类，可以发现控制文件读占了较大的比例，甚至超过了临时文件，这通常意味着有太多导致控制文件访问的操作，如过于频繁的检查点或大量非 NOLOGGING 的 DML 操作等，如图 8–25 所示。

File IO Stats

- ordered by Tablespace, File

Tablespace	Filename	Reads	Av Rds/s	Av Rd(ms)	Av Blks/Rd	1-bk Rds/s	Av 1-bk Rd(ms)	Writes	Writes avg/s	Buffer Waits	Av Buf Wt(ms)
BPME	/u01/app/oracle/oradata/ora11g/uftdata_01.dbf	109	0	4.31	1.51	0	3.94	225	0	18	0.00
HS_TABASE	/storage/oradata/hs_tabase02.dbf	54,943	9	0.79	21.73	7	0.15	19,959	3	0	0.00
HS_TABASE	/storage/oradata/uftdata_02.dbf	275,353	46	0.34	5.21	41	0.19	60,786	10	1	30.00
HS_TATRADE1	/u01/app/oracle/oradata/ora11g/uftdata_03.dbf	14,616	2	1.32	2.05	2	1.11	1,192	0	0	0.00
SYSAUX	/u01/app/oracle/oradata/ora11g/sysaux01.dbf	16,674	3	3.45	2.26	3	3.03	5,709	1	0	0.00
SYSTEM	/u01/app/oracle/oradata/ora11g/system01.dbf	8,664	1	3.52	1.59	1	3.45	972	0	7	0.00
TEMP	/u01/app/oracle/oradata/ora11g/temp01.dbf	52,708	9	0.01	11.37	1	0.05	286,998	48	21,487	107.59
UNDOTBS2	/storage/oradata/undotbs02.dbf	32	0	0.31	1.00	0	0.31	135,089	22	6	0.00

图8–25　文件级别的I/O活动统计

这一部分从具体文件层面统计了各自在快照期间的读 / 写、等待次数和平均等待时间，应重点关注 Top Reads 和 Writes 的文件及其平均等待时间，针对它们进行存储优化。例如，图 8–25 中在该实例的此快照间隔内，写入临时文件 28 万多次，缓冲等待接近 2.2 万次，平均缓冲等待时间 108ms，说明临时文件存放的磁盘速度太慢了，应该将其移动到更快的磁盘。仅此一项将会明显提升该 Oracle 实例的性能，这部分在 Top 等待事件中是看不出来的。

还可以通过 V$FILESTAT 查询每个数据文件详细的 I/O 读 / 写及等待信息，如下所示：

```
SQL> column file_name format a20
SQL> select substr(d.NAME,instr(d.name,'/',-1)+1) file_name,fs.*
   from V$FILESTAT fs, v$datafile d
  where fs.FILE# = d.FILE#;
FILE_NAME     PHYRDS     PHYWRTS     PHYBLKRD    PHYBLKWRT SINGLEBLKRDS
READTIM    WRITETIM SINGLEBLKRDTIM    AVGIOTIM    MAXIORTM    MAXIOWTM
-------------------- ---------- ---------- ---------- ---------- ------
system01.dbf    93789  15615  134786  35870  83297  12374  2437  11445
0  347 1547
sysaux01.dbf  57000  118562  236229  141453  46999  9697  34139  5346
0        175  1850
undotbs01.dbf  325     340278    325     3189104  325    54 72928  54    1
3      1727
users01.dbf      25      12          25          12   25    4     0     4    0
1      0
example01.dbf  29  12          33          12  28    9     0     9     0
2       0
hs_tatrade1.dbf 128186 191037 103482  57363   16274  30210  56089  961
0  139  2046
```

Oracle 12c 专门新增了对 I/O 更多的分析，这些动态性能视图为 v$*_outliers 格式，如 v$io_outliers，读者可以在必要时进行分析。

9. 段逻辑读统计

段逻辑读统计（Segments by Logical Reads）：在很多业务逻辑复杂的查询中，一个 SQL 会涉及很多表，不同的查询会涉及相同表的不同部分进行访问。

通过 SQL ordered by Gets 可以知道哪些 SQL 语句消耗了绝大部分的逻辑 I/O，且经过 SQL 语句的优化可以降低一部分 I/O。

有些时候，尽管 SQL 已经尽可能做了优化，我们可能还需要知道从表或者索引的层面，哪些对象消耗了主要的 I/O，以便可以确定是否可以从表结构层面优化。例如，拆分以达到预期的性能效果，因为开发人员并不总是愿意更改代码，如图 8–26 所示。

- Total Logical Reads: 702,819,378
- Captured Segments account for 98.7% of Total

Owner	Tablespace Name	Object Name	Subobject Name	Obj. Type	Logical Reads	%Total
CC_DBO	IPCCWEBBUSI	BILL		TABLE	267,265,216	38.03
CC_DBO	IPCCWEBBUSI	CB_CLIENT		TABLE	117,547,536	16.73
CC_DBO	IPCCWEBBUSI	CB_TASK	URE_SUB500	TABLE SUBPARTITION	63,527,456	9.04
CC_DBO	IPCCWEBBUSI	CB_TASK	100_SUB500	TABLE SUBPARTITION	42,393,232	6.03
CC_DBO	IPCCWEBBUSI	IDX_CB_CLIENT_1		INDEX	31,051,024	4.42

图8–26　文件级别的逻辑 I/O 读统计

在上面的示例中，可以看出对 BILL 表的逻辑读是最多的，但是对于特定一个对象消耗了多少逻辑 I/O 才合理的问题并没有一个标准的答案，取决于它是被如何使用的、使用得是否合理。

可以通过 V$SEGMENT_STATISTICS 和 dba_hist_seg_stat 查看每个段的使用频繁情况（Oracle 12c 具有 ILM 特性）。

段物理读统计（Segments by Physical Reads）：各段的物理读次数，包括直接路径读和普通查询导致的物理读，如图 8–27 所示。

- Total Physical Reads: 62,391,223
- Captured Segments account for 99.9% of Total

Owner	Tablespace Name	Object Name	Subobject Name	Obj. Type	Physical Reads	%Total
CC_DBO	IPCCWEBBUSI	CB_CLIENT		TABLE	49,432,991	79.23
CC_DBO	IPCCWEBBUSI	BILL		TABLE	4,149,156	6.65
CC_DBO	IPCCWEBPLAT	CALL_JOUR_21		TABLE	3,928,073	6.30
CC_DBO	IPCCWEBBUSI	CB_TASKLOG		TABLE	2,448,642	3.92
CC_DBO	IPCCWEBBUSI	BILL_FLOW		TABLE	958,406	1.54

图8–27　文件级别的物理 I/O 读统计

在上面的示例中，CB_CLIENT 占了绝大部分的物理读，且结合逻辑读对比，可以发现 CB_CLIENT 物理读接近了逻辑读的 1/2，这通常意味着并行执行太多或者 SGA 太小。

10. 顾问统计

这一部分也包含很多子部分，涉及 SGA、PGA、MTTR 各部分，但是一般不用太关注，总体浏览当前 SGA、PGA 是否明显过小即可。

SGA 顾问（SGA Target Advisory）。根据 Oracle 自己的估算，当 SGA 被增加到 12GB 时，预计物理 I/O 将会下降到一个比较稳定的值；再增加 SGA 虽然可以继续降低预计的物理 I/O 读，但是收益不大；超过 24GB 之后，基本上不会再有提升。SGA 顾问主要用于参考判断 SGA 是否明显过小，如图 8–28 所示。

SGA Target Size (M)	SGA Size Factor	Est DB Time (s)	Est Physical Reads
8,192	0.50	18,413,551	3,550,449,321
12,288	0.75	4,164,832	839,139,544
16,384	1.00	3,987,775	833,223,656
20,480	1.25	3,866,148	803,060,960
24,576	1.50	3,849,798	784,146,783
28,672	1.75	3,847,405	784,146,783
32,768	2.00	3,847,405	784,146,783

图8–28　不同SGA大小预计会导致的物理读

PGA 顾问（PGA Memory Advisory）如图 8–29 所示。

PGA Memory Advisory

- When using Auto Memory Mgmt, minimally choose a pga_aggregate_target value where Estd PGA Overalloc Count is 0

PGA Target Est (MB)	Size Factr	W/A MB Processed	Estd Extra W/A MB Read/ Written to Disk	Estd PGA Cache Hit %	Estd PGA Overalloc Count	Estd Time
1,500	0.13	1,801,066.46	21,444.19	99.00	0	5,263,741,271
3,000	0.25	1,801,066.46	9,365.68	99.00	0	5,228,856,347
6,000	0.50	1,801,066.46	0.00	100.00	0	5,201,806,563
9,000	0.75	1,801,066.46	0.00	100.00	0	5,201,806,563
12,000	1.00	1,801,066.46	0.00	100.00	0	5,201,806,563

图8–29　不同PGA大小预计会导致的物理读

这一部分主要用来确认当前的 PGA 大小是否偏小，在上述示例中当 PGA 达到 6GB 之后，再增加不会减少不必要的物理读 / 写。对于 PGA，一般建议对某些特殊的场景通过会话参数调整。完成实例的 AWR 报告分析之后，接下来分析具体 SQL 的 AWR 报告。

8.4.2　AWR报告之Top SQL分析

这部分通常是 AWR 分析的重点，其反映了最耗各种资源的 SQL，如 CPU 事件、执行事件、逻辑读等，AWR Top SQL 一共包含了 10 个子部分，如下所示：

- SQL ordered by Elapsed Time；
- SQL ordered by CPU Time；
- SQL ordered by User I/O Wait Time；
- SQL ordered by Gets；
- SQL ordered by Reads；
- SQL ordered by Physical Reads (UnOptimized)；
- SQL ordered by Executions；
- SQL ordered by Parse Calls；
- SQL ordered by Sharable Memory；
- SQL ordered by Version Count。

其中最重要的是第 1~5 个，分别从执行总时间、CPU 时间、I/O 等待、逻辑读、物理读的角度对 SQL 进行分析。在 CPU/ 内存 / 磁盘的配比合理且相对比较充足的系统中，对于任何一个 SQL

语句来说，其消耗通常是成比例的；但是在配比不合理的系统中，可能会出现某些 SQL 语句的执行时间很长，但是 CPU 时间、逻辑 I/O、物理 I/O 却没有明显的突出。对 Top SQL 的合理性分析依赖于对 SQL 优化基础知识（如基数、选择性）的理解，以及 Oracle 架构各部分关联关系的理解，本节将重点分析 I/O 等待、逻辑读、物理读部分。

1. 逻辑读最多的SQL（SQL ordered by Gets）

在逻辑读最多的 SQL 列表中，语句是按照在快照期间内的总逻辑 I/O 来排序的，如图 8–30 所示。

- Resources reported for PL/SQL code includes the resources used by all SQL statements called by the code.
- Total Buffer Gets: 702,819,378
- Captured SQL account for 88.1% of Total

Buffer Gets	Executions	Gets per Exec	%Total	CPU Time (s)	Elapsed Time (s)	SQL Id	SQL Module	SQL Text
241,007,752	211	1,142,216.83	34.29	556.42	2706.32	ax1g8hhtash7x		select * from (select bill.id,...
125,701,070	21,584	5,823.81	17.89	1175.56	1182.84	0swuxmzb22qyy		select count(*) as amount from...
38,598,120	84	459,501.43	5.49	782.63	16517.86	268tmmz4vfddg		select (select activeName from...
20,721,073	43	481,885.42	2.95	335.99	1858.33	83vwz5shsftb8		select /*+ use_hash(t1 c) full...
19,822,419	41	483,473.63	2.82	348.01	1132.95	5z3g6mfck6wp4		select /*+ use_hash(t1 c) full...
15,760,051	96	164,167.20	2.24	39.57	39.15	d1bj3ggk0vcun		select * from (select distinct...
14,030,653	224	62,636.84	2.00	248.42	248.23	36f119dh8mk5n		select count (*) from (SELECT ...
14,030,609	224	62,636.65	2.00	231.01	228.33	0pz3bj6137wrc		select * from (select row_.*,...
12,446,429	426	29,216.97	1.77	202.35	204.83	5g8rh23n7jn1w		select NVL(max(bysort), :"SYS_...
11,556,194	90	128,402.16	1.64	212.92	209.96	2bjtu56kshqz0	oracle@hscrm113 (TNS V1-V3)	SELECT "A1"."ACTIVETYPE", "A1"...
8,633,739	373	23,146.75	1.23	135.39	7872.55	2ww16zpdys1s4		select count (*) from (SELECT ...
8,353,546	4	2,088,386.50	1.19	42.21	2545.77	4aj6nhxndqfwc		select count (*) from (select ...
8,107,198	113	71,745.12	1.15	118.32	1069.97	4s0nby3qx3sbt		select * from (select bill.id,...
8,103,821	112	72,355.54	1.15	99.17	195.98	9wdb2q4xv560w		select count(:"SYS_B_0") from ...

图8–30　逻辑读最多的SQL

值得注意的是，并不是排在最前面的 SQL 语句就是有问题的。除了总的逻辑 I/O 次数外，重点要考虑平均每次执行消耗的逻辑 I/O 次数，以及该语句本身的合理性。具体是否合理，需要先理解业务系统特性及日常业务量，还需要和开发人员或业务人员确认需要访问多少数据，以及表结构设计、索引的合理性。最后根据优化后预期能够减少的逻辑 I/O 总次数从高到低的顺序进行优化，本书第 9 章将深入讨论 SQL 优化。

2. 物理读最多的SQL（SQL ordered by Reads）

在物理读最多的 SQL 列表中，语句是按照在快照期间内的总物理 I/O 来排序的，如图 8–31 所示。

SQL ordered by Reads

- Total Disk Reads: 62,391,223
- Captured SQL account for 93.6% of Total

Physical Reads	Executions	Reads per Exec	%Total	CPU Time (s)	Elapsed Time (s)	SQL Id	SQL Module	SQL Text
16,616,752	41	405,286.63	26.63	348.01	1132.95	5z3g6mfck6wp4		select /*+ use_hash(t1 c) full...
14,186,464	43	329,917.77	22.74	335.99	1858.33	83vwz5shsftb8		select /*+ use_hash(t1 c) full...
9,993,998	84	118,976.17	16.02	782.63	16517.86	268tmmz4vfddg		select (select activeName from...
3,924,596	11	356,781.45	6.29	115.09	6061.79	3rfhpyjn8kn1v		select icm from call_jour_21 w...
1,965,469	211	9,315.02	3.15	556.42	2706.32	ax1g8hhtash7x		select * from (select bill.id,...
1,832,627	32	57,269.59	2.94	142.63	1709.47	60at9ufd827zf		select * from (select row_.*,...
1,804,314	113	15,967.38	2.89	118.32	1069.97	4s0nby3qx3sbt		select * from (select bill.id,...
1,594,270	10	159,427.00	2.56	88.44	490.89	7cjxff4qgn1zz		select * from (select row_.*,...
1,346,774	21	64,132.10	2.16	83.44	1573.44	3qgg90fr8a9rn		SELECT act.activename, taskLog...
936,759	6	156,126.50	1.50	55.08	333.21	3hdd5u2rb3dp9		select * from (select row_.*,...
797,501	5	159,500.20	1.28	55.17	1249.78	b6bq0cvnmqt5y		select a.id, b.name, a.activel...

图8–31　物理读最多的SQL

相比于逻辑 I/O，物理 I/O 的速度要慢数百倍甚至数千倍，所以其值会低得多。但对整个 SQL

语句的影响程度需要和 SQL ordered by User I/O Wait Time 结合来确定，后者包含了物理 I/O 占整个 SQL 时间的比例。物理读高的 SQL 除了 SQL 执行计划不合理外，通常意味着表结构设计不合理，如表结构过宽或者没有分区、过多使用了并行执行等。

3. I/O等待时间最多的SQL（SQL ordered by User I/O Wait Time）

这一部分描述了物理 I/O 等待时间占总时间最多的那些 SQL，以及所占的 I/O 比例。它用于确定对 SQL 及 SQL 涉及的对象进行物理 I/O 优化（如移动到更快的磁盘、防止被其他对象挤出 SGA）可能得到的预期收益，如图 8–32 所示。

User I/O Time (s)	Executions	UIO per Exec (s)	%Total	Elapsed Time (s)	%CPU	%IO	SQL Id	SQL Module	SQL Text
148.76	2	74.38	39.60	463.69	0.87	32.08	bc7gjv3ppdtbz	sqlplus@hs-test-10-20-30-16 (TNS V1-V3)	BEGIN dbms_workload_repository...
143.03	1	143.03	38.07	143.16	0.02	99.91	85px9dq62dc0q		INSERT /*+ APPEND LEADING(@"SE...
99.86	1	99.86	26.58	127.45	7.44	78.35	3w079pppmq4wx	exp@hs-test-10-20-30-16 (TNS V1-V3)	SELECT /*+NESTED_TABLE_GET_REF...
52.02	3	17.34	13.85	612.54	41.40	8.49	7rgpgyx7znv2n	hsserver@hs-test-10-20-30-16 (TNS V1-V3)	INSERT INTO ta_tagencynavc5fi...
50.34	2	25.17	13.40	562.61	10.02	8.95	bmc4vdfj5ptw1	hsserver@hs-test-10-20-30-16 (TNS V1-V3)	INSERT INTO ta_tagencynavc2fi...
5.68	2	2.84	1.51	14.25	61.72	39.82	84zt60suy7kns	hsserver@hs-test-10-20-30-16 (TNS V1-V3)	
3.14	1	3.14	0.83	7.25	58.73	43.28	fuhqghw00j8gc	hsserver@hs-test-10-20-30-16 (TNS V1-V3)	
0.75	8	0.09	0.20	1.19	35.44	62.82	6gvch1xu9ca3g		DECLARE job BINARY_INTEGER := ...
0.56	1	0.56	0.15	0.56	0.35	99.69	0ht80fdannujg		insert into wrh$_seg_stat (sna...
0.48	1	0.48	0.13	0.49	3.05	97.01	84qubbrsr0kfn		insert into wrh$_latch (snap_i...

图8–32　I/O等待时间最多的SQL

在上面的示例中可以发现，生成 AWR 报告等待 I/O 的时间最长，其中 1/3 的时间在等待 I/O 中完成；第 2 个和第 3 个 SQL 语句分别占用了 99.91% 和 78.35% 的时间在等待 I/O，由此可知，降低这两个语句的 I/O 等待时间将大大提高性能。

4. 解析次数最多的SQL（SQL ordered by Parse Calls）

这一部分反映的是执行解析比，有大量的软解析通常意味着服务端 session_cached_cursors 太低或者 JDBC 端 prepared-statement-cache-size 过低（如 0）。增加该值可以降低软解析的数量，如图 8–33 所示。

Parse Calls	Executions	% Total Parses	SQL Id	SQL Module	SQL Text
280,596	280,873	8.26	cjaa80k1hvpc1		select 1 from sys.cdc_change_t...
168,405	168,494	4.95	5p06akzdb4y5s		select log, oldest, oldest_pk,...
129,254	129,275	3.80	cm5vu20fhtnq1		select /*+ connect_by_filterin...
112,286	112,339	3.30	2vnzfjzg6px33		select log, oldest, oldest_pk,...
58,967	58,981	1.73	0k8522rmdzg4k		select privilege# from sysauth...
58,821	58,826	1.73	459f3z9u4fb3u		select value$ from props$ wher...
58,816	58,815	1.73	0ws7ahf1d78qa		select SYS_CONTEXT('USERENV', ...
58,811	58,807	1.73	5ur69atw3vfhj		select decode(failover_method,...
58,781	58,809	1.73	f711myt0q6cma	SQL*Plus	insert into sys.aud$(sessioni...
58,769	58,814	1.73	4vs91dcv7u1p6	sqlplus@hs-test-10-20-30-13 (TNS V1-V3)	insert into sys.aud$(sessioni...
56,217	56,212	1.65	gsmpw1p9g3pmr		select log, sysdate, youngest,...
56,175	56,173	1.65	9ghjg6zc19s9y	oracle@hs-test-10-20-30-15 (TNS	set constraints all deferred

图8–33　解析次数最多的SQL

如果有大量的业务 SQL 在该部分，说明应用有大量的硬编码，需要使用绑定变量进行优化。

8.4.3 AWR自定义设置

默认情况下，Oracle 每隔 1h 收集一次 AWR 快照，保留 7 天，Top SQL 数量为 10。在有些情况下，默认间隔并不是很合理，一般来说偏长，可通过 dbms_workload_repositork.modify_snapshot_settings 对这些默认参数进行调整。例如，下面将收集间隔调整为默认 15min、保留 20 天、Top SQL 数量为 30。

```
exec
  dbms_workload_repository.modify_snapshot_settings(retention => 28800,
                                                    interval  => 15,
                                                    topnsql   => 30);
```

用户可以通过 DBA_HIST_WR_CONTROL 查询当前设置，如下所示：

```
SQL> select * from DBA_HIST_WR_CONTROL ;
      DBID SNAP_INTERVAL                    RETENTION                       TOPNSQL
---------- -------------------------------- ---------------------------- ----------
  83642957 +00000 00:15:00.0                +00030 00:00:00.0                    30
```

8.4.4 AWR的不足之处

虽然通常从实例 AWR 报告足以得出系统总体的情况及 TOP SQL，但在具有多个子系统的大型应用中，从系统层面往往只能观察到整体情况。有时整体没有问题但是具体应用就是性能很低，此时就不仅需要从全局层面观察，也需要从特定的模块甚至会话层面进行查看。虽然 SQL 语句的 AWR 报告可以分析具体 SQL 的情况，但是很多逻辑完成一个过程通常包含很多 SQL，所以有时还需要 ASH 的配合。

AWR 还有一个不方便的地方，其中并没有体现通过 Oracle 工具如 sql*loader、datapump 执行导入 / 导出的资源消耗。如果分析这方面的资源消耗，需要查询 dba_hist_sqlstat 进行计算，如下所示：

```
SQL> select o.module,
       o.sql_id,
       sum(o.executions_total) executions_total,
       sum(o.disk_reads_total) disk_reads_total,
       sum(o.buffer_gets_total) lio,
       sum(o.rows_processed_total) "rows",
       sum(o.iowait_total) iowait_total,
       sum(o.clwait_total) clwait_total,
       sum(o.apwait_total) apwait_total,
       sum(o.ccwait_total) ccwait_total,
```

```
        sum(o.disk_reads_total) "direct reads",
        sum(o.direct_writes_total) "direct writes",
        sum(o.physical_read_bytes_total) "phy read bytes",
        sum(o.physical_write_bytes_total) "phy write bytes"
  from dba_hist_sqlstat o, dba_hist_snapshot s
 where (o.module like 'Data Pump%' or o.module like 'SQL Loader%' or
o.module like 'exp%' or o.module like 'imp%')
   and o.parsing_schema_name != 'SYS'
   and o.snap_id = s.snap_id
   and o.dbid = s.dbid
   and o.instance_number = s.instance_number
   and s.end_interval_time >= to_date(trim('&start_time'), 'yyyy-mm-dd
hh24:mi')
   and s.begin_interval_time <= to_date(trim('&end_time'), 'yyyy-mm-dd
hh24:mi')
group by o.module, o.sql_id;
```

8.4.5 语句级AWR报告分析

除了整个实例范围性能负载报告外，AWR 还支持某个特定 SQL 生成报告，这在优化某些特定 SQL 时可以隔离其他干扰因素，更易精细化分析，如下所示：

```
SQL> @awrsqrpt.sql
Current Instance
~~~~~~~~~~~~~~~~
   DB Id    DB Name      Inst Num Instance
----------- ------------ -------- ------------
   83642957 ORA11G              1 ora11g
…此处快照开始和结束ID选择省去…
Specify the SQL Id
~~~~~~~~~~~~~~~~~~
Enter value for sql_id: 8rmfvr1sw2wgn              #SQL_ID需要先从V$SQL.sql_id获取
SQL ID specified:  8rmfvr1sw2wgn
Specify the Report Name
~~~~~~~~~~~~~~~~~~~~~~~
The default report file name is awrsqlrpt_1_2327_2354.html.  To use this
name,
press <return> to continue, otherwise enter an alternative.
Enter value for report_name:
Using the report name awrsqlrpt_1_2327_2354.html
```

执行完成后，当前目录下会生成 awrsqlrpt_1_2327_2354.html 文件。在 SQL 语句的 AWR 报告中，最重要的是 SQL 执行计划及各部分资源消耗，如图 8–34 所示。

Plan Statistics

- % Total DB Time is the Elapsed Time of the SQL statement divided into the Total Database Time multiplied by 100

Stat Name	Statement Total	Per Execution	% Snap Total
Elapsed Time (ms)	228,456	228,455.99	26.11
CPU Time (ms)	224,923	224,922.81	26.48
Executions	1		
Buffer Gets	16,469,465	16,469,465.00	41.15
Disk Reads	16,862	16,862.00	41.79
Parse Calls	1	1.00	0.00
Rows	316,000	316,000.00	
User I/O Wait Time (ms)	3,664		
Cluster Wait Time (ms)	0		
Application Wait Time (ms)	0		
Concurrency Wait Time (ms)	0		
Invalidations	0		
Version Count	1		
Sharable Mem(KB)	332		

Back to Plan 1(PHV: 95224354)
Back to Top

Execution Plan

Id	Operation	Name	Rows	Bytes	TempSpc	Cost (%CPU)	Time
0	CREATE TABLE STATEMENT					8936 (100)	
1	LOAD AS SELECT						
2	HASH JOIN RIGHT OUTER		315K	85M		6746 (1)	00:01:21
3	INDEX RANGE SCAN	UIDX_THKFUNDINFO	1	23		1 (0)	00:00:01
4	HASH JOIN RIGHT OUTER		315K	78M		6744 (1)	00:01:21
5	TABLE ACCESS BY INDEX ROWID	TA_TFUNDLIQUIDATEINFO	1	110		1 (0)	00:00:01
6	INDEX SKIP SCAN	UIDX_FUNDLIQUIDATEINFO	1			1 (0)	00:00:01
7	HASH JOIN RIGHT OUTER		315K	45M		6743 (1)	00:01:21
8	TABLE ACCESS BY INDEX ROWID	TA_TFUNDLIQUIDATEINFO	1	110		1 (0)	00:00:01
9	INDEX SKIP SCAN	UIDX_FUNDLIQUIDATEINFO	1			1 (0)	00:00:01
10	HASH JOIN		315K	12M	10M	6741 (1)	00:01:21
11	TABLE ACCESS FULL	TA_TFUNDAGENCYTODAYTMP	315K	7404K		419 (1)	00:00:06
12	TABLE ACCESS FULL	TA_TSALEQUALIFY	1499K	22M		3788 (1)	00:00:46

图8-34 SQL执行计划与资源消耗

通过该报告，可以知道在这段时间该 SQL 语句的实际执行计划、每个操作的行源、使用的临时段大小、时间及各部分的等待时间比例，逻辑读 / 写情况。相比实例级 AWR 来说，已经相当全面和细化了，通过它能够更有针对性地对 SQL 语句进行优化，如逻辑读 / 写比预期高时针对执行计划优化、并发等待时间高时针对应用设计调整。但是 awrsqlrpt 仍然不够完善，最典型的是缺少 SQL 语句等待的具体事件的信息，不过总体来说足够了。

8.4.6 ASH分析

和 AWR 一样，ASH 也是实时收集信息，并定期保存到 V$ 动态性能视图中，用户可以通过查询动态视图或者 ASH 报告进行分析。ASH 中收集的信息包括会话当前正在执行的 SQL 及执行计划，访问的对象信息如对象号、文件号、块号，等待事件及其参数，以及其他信息。

Oracle 会每秒对所有活跃会话（正在使用 CPU 或者等待非空闲事件的会话）进行一次采样，记录其当前等待的事件。该信息被存储在 SGA 的 ASH Buffer 中，默认大小为 32MB，对应性能视图是 V$ACTIVE_SESSION_HISTORY，并定期刷新到磁盘中，对应性能视图是 DBA_HIST_ACTIVE_SESS_HISTORY。

类似于 AWR 报告，ASH 报告一般通过 ashrpt.sql 或 ashrpti.sql 生成，其中 ashrpt 生成的是整个实例的活动会话报告，ashrpti 则是交互式地允许用户指定特定会话、特定 SQL、特定模块等。和 AWR 不同，实例范围的 ASH 报告用得并不多，所以这里以 ashrpti.sql 生成特定会话的 ASH 为例，其生成如下所示：

```
[oracle@hs-test-10-20-30-14 ~]$ cd /u01/app/Oracle/product/10.2.0/
dbhome_1/rdbms/admin/
[oracle@hs-test-10-20-30-14 admin]$ sqlplus "/as sysdba"
SQL> @ashrpti
…按照向导输入必要的日期、会话ID即可…
Specify SESSION_ID (eg: from V$SESSION.SID) report target:
Defaults to NULL:
Enter value for target_session_id: 1144
SESSION report target specified: 1144

Summary of All User Input
-------------------------
Format                 : HTML
DB Id            : 83642957
Inst num           : 1
Begin time         : 03-Nov-18 12:33:55
End time           : 03-Nov-18 12:48:58
Slot width         : 10 seconds
Report targets : 1
Report name        : ashrpt_1_1103_1248.html
```

ASH 报告中的主要部分是 Top 用户事件（Top User Events）和 Top SQL，它们通常需要和 SQL 语句的 AWR 报告结合在一起看。ASH 的 Top User Events 如图 8–35 所示。

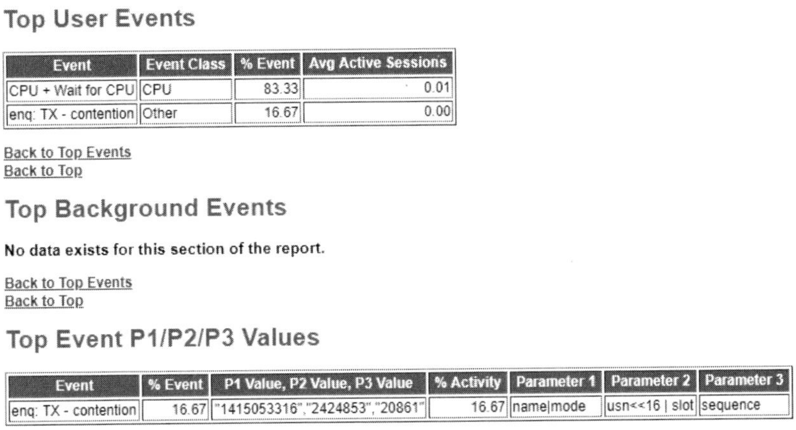

Top User Events

Event	Event Class	% Event	Avg Active Sessions
CPU + Wait for CPU	CPU	83.33	0.01
enq: TX - contention	Other	16.67	0.00

Back to Top Events
Back to Top

Top Background Events

No data exists for this section of the report.

Back to Top Events
Back to Top

Top Event P1/P2/P3 Values

Event	% Event	P1 Value, P2 Value, P3 Value	% Activity	Parameter 1	Parameter 2	Parameter 3
enq: TX - contention	16.67	"1415053316","2424853","20861"	16.67	name|mode	usn<<16 | slot	sequence

图8–35　ASH的Top User Events

这一部分主要记录了该会话的主要等待事件，相比 AWR，它仅仅和当前会话有关，这样在优化时就能更加明确问题所在，如图 8–36 所示。

Top SQL with Top Events

SQL ID	Planhash	Sampled # of Executions	% Activity	Event	% Event	Top Row Source	% RwSrc	SQL Text
0k8522rmdzg4k	2057665657	1	16.67	CPU + Wait for CPU	16.67	SELECT STATEMENT	16.67	select privilege# from sysauth...
9kur5jf3n5sfy	3929361282	1	16.67	CPU + Wait for CPU	16.67	TABLE ACCESS - FULL	16.67	delete from "HS_TABASE"."MLOG$...
dck5k96tu481p	1592654292	1	16.67	CPU + Wait for CPU	16.67	HASH JOIN - ANTI	16.67	select count(*) from sys.slog...
f711myt0q6cma		1	16.67	enq: TX - contention	16.67	** Row Source Not Available **	16.67	insert into sys.aud$(sessioni...
gsmpw1p9g3pmr	1551139906	0	16.67	CPU + Wait for CPU	16.67	SELECT STATEMENT	16.67	select log, sysdate, youngest,...

图8–36　ASH Top SQL的行源及其等待的事件

这部分记录了会话每个 Top SQL 中花费时间最多的等待事件及其行源（SQL 操作节点，需要和执行计划结合在一起看），如上面的第 3 行操作是 HASH JOIN -ANTI，这里没有说明是全部该操作的汇总还是特定的一步操作，如图 8–37 所示。

Top SQL with Top Row Sources

SQL ID	PlanHash	Sampled # of Executions	% Activity	Row Source	% RwSrc	Top Event	% Event	SQL Text
0k8522rmdzg4k	2057665657	1	16.67	SELECT STATEMENT	16.67	CPU + Wait for CPU	16.67	select privilege# from sysauth...
9kur5jf3n5sfy	3929361282	1	16.67	TABLE ACCESS - FULL	16.67	CPU + Wait for CPU	16.67	delete from "HS_TABASE"."MLOG$...
dck5k96tu481p	1592654292	1	16.67	HASH JOIN - ANTI	16.67	CPU + Wait for CPU	16.67	select count(*) from sys.slog...
f711myt0q6cma		1	16.67	** Row Source Not Available **	16.67	enq: TX - contention	16.67	insert into sys.aud$(sessioni...
gsmpw1p9g3pmr	1551139906	0	16.67	SELECT STATEMENT	16.67	CPU + Wait for CPU	16.67	select log, sysdate, youngest,...

图8–37　ASH Top SQL语句中的Top行源

这一部分和上一部分刚好相反，它根据行源排序。如果 SQL 语句的 AWR 报告及 ASH 仍无法满足分析要求，欲获得更加详细的信息，可以使用 10046 跟踪事件。10046 事件记录了一个会话中执行的 SQL 语句的详细信息，包括从解析到提取及行源等。对于生产环境来说，会话跟踪的额外负载和日志信息有些多，同时相对于大部分性能诊断来说，并不需要这些信息就能解决问题。

8.5 Oracle典型等待事件分析

当说到 Top *N* 等待事件时，并不专指某些特定的事件，如 buffer busy waits、db file sequential read 或 enq: TX - row lock contention，因为在不同类型的负载中，可能会出现完全不同的 Top *N* 事件，有些和配置直接相关的可能会出现在各种类型的负载中，如 Redo 日志相关的。

本节原计划是按照 OLTP、批处理、即席查询三大类别进行组织探讨具体等待事件的，在深入思考之后，最后决定还是不分类，但是在具体等待事件分析时除了说明事件本身外，还会详细说明一般是怎么样的设计 SQL 会导致该等待事件，这样可能对读者更有帮助。

Oracle 将等待事件根据特性进行了归类，主要包括并发类（Concurrency）、用户 I/O（User I/O）、系统 I/O（System I/O）、DBA 管理相关（Administrative）、配置类（Configuration）、RAC 相关（Cluster）、应用设计相关（Application）、网络相关（Network）、提交相关（Commit）、空闲（Idle）及其他，该分类总体来说还是比较恰当的。因此，本节也按照这种分类进行大致分析，但是有些类别中的等待事件很少是问题如管理类，因此将其统一归类为其他。

在 Oracle 中，当前系统等待事件存储在 v$system_event 中，持久化后存储在 dba_hist_system_event 中，会话等待事件存储在 v$session_event 及 v$session_wait 中。v$event_name 中描述了每个等待事件 P1、P2、P3 参数的含义，一般不需要专门去查询该表以理解每个等待事件的详细细节，除非希望知道 Oracle 所有的等待事件。该表中的信息是最准的，因为 Oracle 文档经常会不体现某些特性。例如，下面按照等待总时间降序查询当前等待事件：

```
SQL> select event, wait_class, se.TOTAL_WAITS, se.TIME_WAITED, se.AVERAGE_WAIT
  2    from v$system_event se
  3   order by time_waited desc;
EVENT                       WAIT_CLASS    TOTAL_WAITS TIME_WAITED AVERAGE_WAIT
------------------------------ ------------------- ----------- -------
SQL*Net message from client     Idle                 188707894
4057714922          21.5
rdbms ipc message               Idle                9341770     807134130
85.4
Space Manager: slave idle wait Idle                 192492      91314169
474.38
……
161 rows selected
```

每个版本的 Oracle 等待事件数量都在增加，如在 Oracle 11gR2 中有 1367 个等待事件，在 Oracle 11.2 中有 1809 个等待事件，所以没有必要分析所有等待事件。对于每类，本书只讲解其中主要的等待事件。

需要注意的是，无论任何时候，Oracle 数据库中总是存在着 Top *N* 等待事件，所以存在 Top *N* 等待事件并不说明数据库存在问题，需要结合 Top SQL、操作系统层面相应子系统进行分析。

很多等待事件经过一些配置调整之后可能就不会出现在 Top *N* 中了，有些则会此起彼伏需要多次迭代才能达到较好的结果，而有些是由于不恰当或不正确的 Oracle 特性所致，对于这一类等待事件，推荐的解决方案并不一定是针对 Oracle 自身优化的，而应在应用中进行优化。

8.5.1 配置相关

在 Oracle 的众多等待事件中，有不少是因为 Oracle 的配置不合理所致，它们可能是 Redo 日志、Redo 缓冲或其他。本节主要讨论和配置（Configuration）相关的这些等待事件，相比其他等待事件，因为配置不合理造成的等待更容易解决。

1. log buffer space

当用户会话因 DML 操作试图向日志缓冲写重做条目，此时日志缓冲没有可用空闲空间时会发生该等待事件。

假设不需要恢复的 DML SQL 都已经加上了 NOLOGGING/APPEND 选项，该事件通常是因为 Oracle 安装后没有针对业务负载调整 Redo 日志缓冲大小，而是使用了 Oracle 自动确定日志缓冲。有些批处理高峰期每秒会生成上百兆字节 Redo 日志，默认十几兆字节的日志缓冲时就会出现大量该等待事件，此时只要根据 AWR 的实例活动信息中每事务每秒生成的重做日志大小将 LOG_BUFFER 调整为恰当值即可。一般来说，CPU 核心数 ×（1~2）MB 就完全足够，如果过大的话，该事件消失后可能会导致 log file sync 等待事件增加。

该事件也有可能是 Redo 日志文件所在磁盘太慢的原因，如很多系统现在都是用 SAN 存储，默认安装的 Oracle 自带的数据文件都被安装到了主机自带磁盘，其速度往往远低于 SAN 存储速度，这种情况下只要将 Redo 日志的存储位置移动到更快的存储即可。要判断磁盘是否偏慢，在该等待事件 Top 1 时，可以查看 awr iostat 部分的平均等待时间，如图 8–38 所示。

Function Name	Reads: Data	Reqs per sec	Data per sec	Writes: Data	Reqs per sec	Data per sec	Waits: Count	Avg Tm(ms)
LGWR	3M	0.05	.001M	62.3G	22.54	17.655M	14.4K	74.04
DBWR	0M	0.00	0M	53.4G	521.91	15.132M	0	
Others	31.6G	10.31	8.939M	55M	1.19	.015M	7640	5.56
Buffer Cache Reads	31.6G	319.30	8.94M	0M	0.00	0M	1153.7K	4.15
Direct Writes	1M	0.01	0M	5.1G	5.84	1.432M	0	
Direct Reads	82M	0.31	.023M	30M	0.04	.008M	0	
TOTAL:	63.2G	329.98	17.903M	120.9G	551.52	34.242M	1175.8K	5.02

图8–38 awr iostat部分的平均等待时间

在该 AWR 报告中，LGWR 写入的平均等待时间为 74ms，该 Oracle 数据库的 SGA 为 48GB，log_buffer 已经 256MB 了，主要是磁盘子系统太慢的原因。通过该段的操作系统负载，可以发现磁盘子系统的 I/O 利用率大部分在 80% 以上。

最后，还需要检查 alert.log 文件，如果经常等待 Redo 日志切换或检查点，也可能会体现该等待事件，并非总是 log file switch 相关等待事件。

2. log file switch (private strand flush incomplete)

从 Oracle 10g 开始，日志缓冲被分为更小的子缓冲，即 Private Redo Strands（见 x$kcrfstrand）。每个 allocation latch 负责一个子缓冲，当缓冲池满或者用户执行 commit 时，子缓冲会刷新到日志缓冲。如果日志切换时这些重做数据还在 Private Redo Strands 中时，就会发生该事件，因为 LGWR 必须等待 DBWR 将 IMU 缓冲中的 Redo 刷新到日志缓冲，当 DBWR 完成刷新后，LGWR 就可以继续写当前 Redo 日志并切换日志文件，这通常是因为 Redo 日志文件太小。

该事件通常是因为 Oracle 安装后没有针对负载调整 Redo 日志大小。例如，写频繁的系统，可通过增加 Redo 日志文件大小或减少 Redo 日志切换频率解决，也可以通过 v$loghist 查询实例的日志切换频率解决，一般采用前者居多。

3. log file switch completion

顾名思义，该事件在 Oracle 等待 Redo 日志切换完成时发生，其原因和 log file switch (private strand flush incomplete) 类似，这通常是 Redo 日志文件太小或者 Redo 日志所在子系统太慢的原因。

在正常情况下，Redo 日志在满时会进行切换，切换期间会执行很多影响甚至导致 Oracle 暂停的内部操作，包括如果在归档模式，需要进行归档，这会产生很多 I/O 负载，暂停生成重做条目、SCN 等，所以一般的原则是尽量每次日志切换不低于 15min。该事件的解决方法是增大 Redo 日志文件或将数据文件移动到更快的磁盘。

4. log file switch (checkpoint incomplete)

当用户会话试图写入下一个 Redo 日志，但是因为当前 Redo 日志检查点未完成而必须等待时，会发生该事件。此时执行的检查点要求和当前准备切换的 Redo 日志相关的所有变更过的缓冲区缓存条目均被写入相应的数据文件，否则切换完成被覆盖之后如果宕机了，就可能造成不一致，所以这是绝对必要的。

其原因类似于前面两个等待事件，通常是 Redo 日志文件太小；还有一个原因是业务数据文件所在的磁盘太慢，以至于写入变更数据到磁盘太慢。该事件的解决方法是增加 Redo 日志大小、数量，将数据文件移动到更快的磁盘。

5. enq: HW - contention

HW（High Water，高水位）是指多个进程试图同时增加段。当表使用 ASSM 管理模式时，发生该事件大多是由于使用了 LOB 字段。例如，尤其是开源工作流 JBPM 或者一些自动化测试系统保存参数列表时，最容易在 Top *N* 等待事件中出现。首先来看该事件的参数：

```
SQL> SELECT event_id, name, parameter1, parameter2, parameter3
  2    FROM v$event_name
  3   WHERE name = 'enq: HW - contention';
 EVENT_ID NAME                           PARAMETER1      PARAMETER2
PARAMETER3
---------- ------------------------------ --------------- ------------
1645217925 enq: HW - contention           name|mode       table space #
block
SELECT event, p1, p2, p3, count(1)
  FROM dba_hist_active_sess_history
 WHERE event_id = 1645217925
 GROUP BY event, p1, p2, p3;
EVENT                                    P1         P2         P3 count(1)
-------------------- -------------------- ---------- ---------- ------
enq: HW - contention            1213661190         14   58720522     22681
SELECT
dbms_utility.Data_block_address_file(58720522)  FILE#,
dbms_utility.Data_block_address_block(58720522) BLOCK#
FROM   dual;
     FILE#     BLOCK#
```

```
---------- ----------
        14         266
SELECT owner, segment_type, segment_name
FROM   dba_extents
WHERE  file_id = 14
       AND 266 BETWEEN block_id AND block_id + blocks - 1;
OWNER              SEGMENT_TYPE        SEGMENT_NAME
-------------  ------------------ -------------------------------------
XXXX           LOBSEGMENT             SYS_LOB0000014653C00008$$

SELECT owner, table_name, column_name, chunk, securefile FROM dba_lobs
WHERE segment_name = 'SYS_LOB0000014653C00008$$'
OWNER             TABLE_NAME    COLUMN_NAME                  CHUNK SECUREFILE
------------- ------------- ----------------------- ---------- --------
XXXX              JBM_MSG       PAYLOAD                          8192 NO
```

这样就找到了导致该等待事件的具体表。针对该事件，MOS 提供了 3 个解决方法，其中 Bug 7319120 – HW contention for BasicFile LOBs – special workaround 建议将 LOB 转换为 securefile，而 Bug 6376915 – ENQ: HW – CONTENTION WITH LOB SEGMENTS 的方法是设置 44951 等待事件：

```
ALTER SYSTEM SET EVENT="44951 TRACE NAME CONTEXT FOREVER, LEVEL <1 ..
1024>" scope=spfile;
```

其中级别数的含义是每次申请时清理的 chunk 数量。

由于很多开发人员基本上只了解 LOB，不太熟悉 securefile，因此采用第二种方式进行缓解的做法居多。

第三种解决方法是不使用 LOB 类型，而是将这些信息存储在 NoSQL 数据库中。

6. enq: TX - allocate ITL entry

当用户会话试图对记录加锁，但是因为有很多会话锁定了该数据块中的其他行以至于没有可用的 ITL（Interested Transaction List，相关事务列表）槽时，就会发生该等待事件。这通常是因为某些热块（如索引块）并发太高，这种情况下等待事件的参数 1 的值为 4，如下所示：

```
select * from dba_hist_active_sess_history where event='enq: TX -
allocate ITL entry';
```

还可以通过 v$segment_statstics 和 dba_hist_seg_stat 查询具体等待该事件的对象，如下所示：

```
select * from v$segment_statistics where statistic_name='ITL waits';
```

除了查询 v$segment_statistics 外，AWR 的 Segments By ITL Waits 部分通常列出了这些对象及其类型，参见 enq: TX - index contention 等待事件。

从纯 Oracle 的角度来说，该等待事件可通过增加 inittrans 或 pctfree 来解决，如下所示：

```
alter table <name> pctfree 50;
alter table <name> initrans 100;
```

但在很多情况下，这并不是好的解决方法，只能有所缓解，如存储自增 ID 或者秒杀抢购时。

7. undo segment extension

该事件在撤销段扩展或收缩时会发生，一般来说，如果没有设置撤销段定时收缩，该事件仅仅会发生一次。如果不希望其发生，只需初始安装 Oracle 之后，将 Undo 表空间设置得足够大即可，如 100GB。

8.5.2 提交相关

频繁提交（Commit）是导致等待事件的其中一个原因，特别是很多开发人员有意或者无意在 for 循环中提交。尤其是在使用了分库分表中间件的情况下，开发人员为了编写通用 SQL 而不得已为之（为了保证能够同时兼容 Oracle 和 MySQL）。对于这种情况如果应用无法修改，可以考虑修改 commit_wait 和 commit_write 参数，使 Redo 日志以批量、异步提交的方式来缓解，如下所示：

```
SQL> alter system set commit_wait = 'NOWAIT';
System altered

SQL> alter system set commit_write = 'BATCH';
System altered
```

需要注意的是，对于极其重要的交易系统不能这么调整。

还有一种原因是 Redo 日志所在的磁盘子系统太慢，这可以通过平均等待事件来进一步确定，如下所示：

```
SQL> select event,average_wait from v$system_event where event='log file sync';
EVENT                                        AVERAGE_WAIT
-------------------------------------------- ------------
log file sync                                0.4
```

如果是因为 Redo 日志所在存储过慢，可以将其移动到更快的存储子系统上。

如果使用了 DG，还需要注意网络延时的影响。OTN 上有一份关于如何优化 DG Redo 日志传输和网络的最佳事件（https://www.oracle.com/technetwork/database/availability/sync-2437177.pdf），有兴趣的读者可以参阅。

8.5.3 用户 I/O（User I/O）相关

在性能低下的 Oracle 系统中，很大一部分是因为 SQL 执行计划不合理导致过量的 I/O 操作。本节主要讨论和 I/O 等待相关的等待事件，它们大都可以通过 SQL 优化获得性能提升。

1. db file sequential read

该事件通常发生在用户进程执行索引扫描或者根据 ROWID 将数据块读取到 SGA 时，如果有大量的该事件等待通常意味着 SGA 太小或者使用了太多的索引扫描。虽然 ROWID 和访问数据文件头也是用单块读，但这些操作基本上不会过多进行该事件等待。一般来说，该事件会伴随着大量逻辑读异常高的 Top SQL，这是 SQL 在执行计划的某些步骤时因统计信息缺失不恰当地选择了嵌套循环扫描所致。所以，该事件一般通过优化 SQL 语句就能够解决。

2. db file scattered read

该事件和 db file sequential read 事件相反，当用户进程执行大量全表扫描或快速全索引全扫描且没有使用并行执行时通常会发生该事件，有大量的该事件等待通常意味着相关表没有恰当地设计索引、分区。

和 db file sequential read 类似，该事件会伴随着大量逻辑读异常高的 Top SQL，这些 SQL 在执行计划的某些步骤因缺少索引或者没有分区导致大量的不必要数据访问。该事件很少会因为统计信息缺失而发生，因为大部分情况下业务表的数据持续增长，而统计信息没有及时更新会导致优化器所估算的基数远小于实际基数，进而过多地选择了索引扫描。

在批处理系统中，大量该事件等待也可能意味着 SGA 远低于常用数据集的大小或者磁盘速度太慢。

所以，该事件可通过为相关 Top SQL 语句涉及的表创建索引或者分区完成优化；对于批处理和即席查询系统，也可以通过并行执行或增加内存、将数据文件移动到更快的磁盘来优化。

3. direct path read

该事件在 Oracle 11g 之前主要在 SQL 并行执行期间发生，直接路径读默认是异步进行的，在用户会话执行到某些步骤，如执行哈希连接建立哈希内存表时，必须等待所有还未完成的异步 I/O 完成时，才会发生该等待事件。

该事件通常发生在可用于 Oracle 的内存远低于经常访问的数据大小的批处理和即席查询系统中，此时由于应用会通过将串行执行更改为并行执行提高性能，从而导致该事件增加，也可能是过多地使用了并行查询所致。

对于该事件，也有几种处理方式，一是根据 SQL 语句常访问的数据量和对象是否经常访问判断是否确实需要并行执行，二是将数据文件移动到更快的磁盘（如 SSD）或增加 SGA 减少直接路径读。

4. direct path write

直接路径写主要发生在 INSERT /*+APPEND */ SELECT（包括 CTAS）、SQL*Loader 直接路径加载、OCI 直接路径写及 Oracle 11g 中新引入的 INSERT /*+APPEND_VALUES */ VALUES、IMPDP 直接路径模式、某些 LOB 操作时。

使用直接路径加载后，数据会直接从 PGA 绕过 SGA 写入磁盘，同时可以避免产生 Redo 日志，其大部分情况是利大于弊的。在这些情况下，除非数据文件所在磁盘太慢，有很多该事件等待没有什么问题，如果平均等待时间较长，只要将数据文件移动到更快的磁盘即可解决。

但是在基于 Oracle 数据库的某些 ETL 系统中，上一步处理的数据结果往往为下一步使用，因为 Oracle 不支持内存临时表，所以会导致大量额外的物理 I/O 生成，尤其是在一些混合型系统中。DBA 开启了强制日志模式，使得即使采用直接路径加载也会生成大量的 Redo 日志，进而极大地影响了性能。对于这些系统，一种可选的方案是从一开始就将批处理过程放在另一个独立的 Oracle 实例中完成或者在应用中通过内存计算完成，最后上传到目标数据库，这样可以极大地减少该等待事件的时间。

5. direct path read temp

该事件和 direct path read 的性质一样，只不过它是从临时表空间直接读取数据块到 PGA 中。和 direct path read 不同的是，该事件通常伴随着 direct path wirte temp。它通常是由于 PGA 过小导致排序、哈希连接、索引重建时部分数据被交换到临时段，也可能是应用过多地使用了全局临时表（Oracle 12c 之前 WITH 子句也会导致隐含的临时表写入和读取）。要判断该事件是否因为 PGA 过小导致，可以通过查询 dba_hist_sql_workarea_hstgrm 判断，如下所示：

```
SQL> select to_char(s.begin_interval_time, 'yyyy-mm-dd hh24:mi') beg_date,
  2          to_char(s.end_interval_time, 'yyyy-mm-dd hh24:mi') end_date,

  3          x.low_optimal_size,
  4          x.high_optimal_size,
  5          x.onepass_executions onepass_execs,
  6          x.multipasses_executions multi_execs,
  7          x.total_executions
  8     from dba_hist_sql_workarea_hstgrm x, dba_hist_snapshot s
  9    where (x.onepass_executions > 0 or x.multipasses_executions > 0)
 10      and x.snap_id = s.snap_id
 11      and rownum <10;
BEG_DATE        END_DATE        LOW_OPTIMAL_SIZE HIGH_OPTIMAL_SIZE ONEPASS_
EXECS MULTI_EXECS TOTAL_EXECUTIONS
---------------- ---------------- ---------------- ----------------
2018-11-13 12:00 2018-11-13 13:00        536870912        1073741823
48    0      170
2018-11-13 12:00 2018-11-13 13:00       1073741824        2147483647
46      0  72
2018-11-13 12:00 2018-11-13 13:00       2147483648        4294967295
7   0      7
2018-11-13 17:00 2018-11-13 18:00        134217728         268435455
193    0      477
2018-11-13 17:00 2018-11-13 18:00        268435456         536870911
50    0  257
2018-11-13 17:00 2018-11-13 18:00        536870912        1073741823
50  0  184
2018-11-13 17:00 2018-11-13 18:00       1073741824        2147483647
72    0     98
2018-11-13 17:00 2018-11-13 18:00       2147483648        4294967295
7  0      7
2018-11-20 04:00 2018-11-20 05:00          8388608          16777215
2   0    6100
```

```
9 rows selected
```

其中 onepass_executions 代表 PGA 不足执行了一次磁盘交换，multipasses_executions 则代表执行了多次交换，优化的系统应该确保 99.9% 以上都是 OPTIMAL_EXECUTIONS。对于这些 SQL 语句，应首先通过谓词下推、hash group by 等技术消除不必要的排序，减少产生的行源，然后考虑增大 PGA。如果优化后仍然确定是 PGA 太小且是自动管理模式，可以通过增加 PGA_AGGREGATE_TARGET、_PGA_MAX_SIZE、_SMM_MAX_SIZE 来解决，如下所示：

```
alter system set PGA_AGGREGATE_TARGET=12G scope=spfile;
alter system set "_PGA_MAX_SIZE"=12G scope=spfile;
alter system set "_SMM_MAX_SIZE"=12G scope=spfile;
```

如果是手工管理模式，可以通过临时增加会话的 hash_area_size、sort_area_size 来解决，如下所示：

```
alter session set hash_area_size=1G;
alter session set sort_area_size=1G;
```

如果是因为使用了大量 WITH 子句，应尽量升级到 Oracle 11.2，该版本新增的游标级内存临时表会先在 PGA 中保存，只有 PGA 不足时才会交换。

如果是因为大量使用了临时表，也建议升级到 Oracle 12c，该版本新增的临时表空间专用 Undo 能够极大地减少 Redo 日志的生成。

最后如果还是有很多该等待事件，则应尽量将临时表空间移动到最快的磁盘。

6. direct path write temp

该事件和 direct path read temp 基本上相辅相成，很多时候经常一起出现，其原因和解决方法也基本一致，这里不再重复阐述。

7. local write wait

该事件通常发生在系统中具有大量 truncate 操作时，有时没有使用物化视图、闪回特性仍然会出现 truncate 执行比较慢的情况，因为 truncate 是一个大表而这个表在缓存中时，会话必须进行一个本地检查点（Local Checkpoint），这时会话会等待 local write wait。所以，当一个表大部分情况下被缓存在 SGA 中且没有定义太多索引时，DELETE 通常更合适；反之仅仅是直接路径读 / 写或者有很多索引时，truncate 会更合适。降低 MTTR 也可以使 truncate 更快。

但是这会增加正常的磁盘写，MOS 文档 NOTE:1667223.1 - Truncate Slow in 10.2.0.3 and Higher 详细解释了 truncate 的过程。该事件通常也伴随着 enq: RO - fast object reuse 等待事件。至于早期有些 DBA 说是底层磁盘出现问题，如 RAID-5 中有一块磁盘损坏，其可能会加剧该等待事件，但不是根本原因。磁盘慢也会导致该等待事件，如果上述方法都尝试之后该等待事件仍然较多，可以考虑采用下列方式：

- 将需要被 truncate 的表重命名为表名 _old;

- 使用 CTAS 新建；
- 异步删除 old 表。

通过以上方式可以确保 truncate 操作不会影响用户会话。

8. db file parallel read

该事件在数据库实例恢复和数据块预读取时会发生，当数据块需要作为恢复的一部分被修改时，它们会被并行地从数据库读取。

9. read by other session

当用户会话等待读取数据块时，如果它发现其他会话已经在读取该数据块了，那么就会等待该会话完成，这时它会在该事件上等待。这个等待事件通常发生在即席查询系统或者有很多 SQL 效率低下的系统中，例如，在营销系统中经常会有很多客户经理并发查询符合某些条件的客户，此时该等待事件就会严重，进而导致系统性能急剧下降。通过下列语句可以定位到热块所属的对象：

```
SELECT p1 "file#", p2 "block#", p3 "class#"
 FROM v$session_wait
 WHERE event = 'read by other session';
SELECT relative_fno, owner, segment_name, segment_type
 FROM dba_extents
 WHERE file_id = &file
 AND &block BETWEEN block_id AND block_id + blocks - 1;
```

实际上很多时候如果出现此类事件，通过分析 Top SQL 就可以确定热块对象，这些 SQL 可能是不恰当地选择了索引扫描、全表扫描，或者选择了不恰当的索引。

因此，其解决方案是首先通过分区、使用全表扫描或其他指定优化器提示等方式优化 SQL 语句；当 SQL 语句均已经优化之后，如果还有很多该等待事件，通常意味着 SGA 中的缓冲区缓存太小了，可以通过 AWR 报告的 SGA 顾问查看当前配置的 SGA 及缓冲区缓存是否过小。如果是因为 Oracle 服务器内存太小，就只能让用户增加内存了；如果能够估计哪些表经常访问、哪些表不经常访问，可以考虑给相关表设置 CACHE 属性尽量让其不要被随机全表扫描挤出去，尤其是分区表的最新分区。官方的建议为调整 PCTFREE 和 PCTUSED，但这对于使用较小的数据块通常并不是很有效的解决方法。

10. direct path sync

使用直接路径写时，Oracle 会使用异步 I/O 写入数据库文件，当某些环节会话必须等待异步 I/O 完成时，会话会在该事件上等待。在 UNIX/Linux 系统中，fsync 命令负责同步数据到磁盘。

该事件在 FILESYSTEMIO_OPTIONS=NONE 且磁盘较慢时经常会发生，至于 Metalink 文档 High "direct path sync" Waits on Unix Due to Oracle Not Using Direct I/O to Interact with the Filesystem (Doc ID 1492705.1) 所讲的当 Oracle 运行在 UNIX 系统上没有启用直接 I/O 导致高 direct path sync 并非完全原因，而且启用直接 I/O 并不是在任何系统中都是最佳选择。尤其是在数据库内存充足的批处理系统中，很多步骤会采用直接路径加载但是随后就会被访问，此时启用直接 I/O 会导致

Linux 操作系统没有缓存而增加不必要的 I/O 开销。因此，该事件的建议解决方法如下：

- 如果磁盘较慢，则将数据文件移动到更快的磁盘；
- 如果是 OLTP 系统，可以直接设置 FILESYSTEMIO_OPTIONS=SETALL；
- 如果是批处理系统，需要仔细权衡 FILESYSTEMIO_OPTIONS=ASYNCH 或 SETALL，建议先设置为 ASYNCH。如果该事件等待仍然很高，再考虑设置为 SETALL。

8.5.4 系统I/O相关

同第 8.5.3 小节类似，只不过系统 I/O（System I/O）相关的等待并非用户会话直接导致，它们可能是系统过载、系统某些配置不合理所致。相比用户 I/O 等待，系统 I/O 在优化良好的系统中不应该出现。

1. log file parallel write

当 LGWR 进程将重做条目从重做缓冲写入在线 Redo 日志时，会在该事件上等待。该事件与 Redo 日志组中是否有多个 Redo 日志文件无关。它通常和 log file sync 一起出现，尤其是当很多语句采用循环提交实现或 Redo 日志文件所在磁盘比较慢时，如放在默认的系统盘。

其解决方法和 log file sync 类似，如果有很多小事务提交，尤其是 Java 代码中使用 AOP 事务设置了自动提交，应调整为事务人工控制。除此之外，重建索引也可能导致该等待事件发生，如果经常要重建索引，如不维护索引的直接路径加载，应考虑在重建索引时加上 NOLOGGING 选项。如果使用了全局临时表，应尽可能升级到 Oracle 12c，可以极大地减少 Redo 日志的生成量。

2. db file async I/O submit

该事件是 Oracle 10.2 新增的，如果在数据文件存储到文件系统中时没有将 DISK_ASYNCH_IO 设置为 true，应用中有大量的非核心小事务提交，但是应用又无法立刻修改代码，为了提升系统性能，会将 commit_wait 设置为 NOWAIT、commit_write 设置为 BATCH，此时容易导致该等待事件发生。

如果数据文件存储在文件系统中，且 DISK_ASYNCH_IO 为 true，也可能导致该等待事件很高。根据 Metalink 文档 432854.1 所述，disk_asynch_io 相当于主开关，控制数据文件在所有类型的存储上的异步 I/O 开关，filesystemio_options 则控制数据文件存储在文件系统时的行为。

如果上述这两种情况都不是，那就要根据平均等待事件判断是否为磁盘子系统偏慢。如果是因为磁盘子系统慢，就只能考虑将数据文件移动到更快的磁盘。

3. control file parallel write

该事件会在会话写物理块到所有控制文件时发生，通常是日志文件切换过于频繁导致检查点、3 个控制文件放在一个较慢的磁盘所致，至于其他的备份、增加数据文件等则很少会导致该等待事件成为问题。一般来说，只要解决了 Redo 日志等待相关的事件，该事件就会自动解决。

4. control file sequential read

control file sequential read（控制文件顺序读）表示进程正在等待从控制文件读取数据块，其通常包含下列 4 种类型的读：

- 备份控制文件；
- RAC 中控制文件之间共享信息；
- 从其他控制文件中读取其他块；
- 读取头文件中的块。

一般来说，发生该等待事件是由于控制文件放在相同的磁盘上，磁盘级别有瓶颈。

除了常规的原因外，笔者曾经维护的一个系统有一段时间经常出现大量的 control file sequential read 等待，该等待事件发生在使用 OCI 直接路径多应用服务器并发加载数据时，最后经查是 Oracle 自身 Bug 7515779 Direct path load operations incur waits for "control file sequential read" event 所致，将 Oracle 升级到 Oracle 10.2.0.4 之后，并发直接路径加载时就没有发生过该等待事件。

5. log archive I/O

当 Oracle 运行在归档模式，且归档目录所在的磁盘速度性能较低、有多个归档目的地或者传输到 DG 时可能会发生该等待事件。对于该等待事件，如果有多个归档目的地，应确保它们不在一个共享存储上；如果只有一份归档日志，应确保它们和数据文件、日志文件不在相同的存储上。该等待事件看起来显而易见，但是很多在规划时并没有考虑这个问题，实际上在需要启用归档模式时经常会发生类似问题，如使用了 Oracle GoldenGate/ 久桥等基于 Redo 日志的同步软件。

6. log file sequential read

对于该事件，官方文档的描述是等待从日志文件读取重做条目，该描述对实际诊断该事件毫无用处。实际上，该等待事件通常也发生在归档模式下，如 ARCH 进程进行归档时会发生该等待事件。除此之外，如果用户使用 LogMiner 分析 Redo 日志，也会发生该等待事件。至于 Redo 日志的 DUMP，这不属于常规范畴。

有些应用确实会采用 LogMiner 作为同步机制，因为 LogMiner 对数据库的影响比较大，建议对其他专门的实例进行日志分析。如果是以 ARCH 进程等待为主，主要是因为磁盘性能较低，这种情况只能尽可能将 Redo 日志移动到较快的磁盘。

表 8–1 总结了 Oracle I/O 等待事件及其特性参考。

表8–1　Oracle I/O等待事件及特性参考

等待事件	读/写	同步/异步	单块/多块	合理的延时/ms
control file parallel write	写	异步	多块	< 15
control file sequential read	读	同步	单块	< 20
db file parallel read	读	异步	多块	< 20
db file scattered read	读	同步	多块	< 20

续表

等待事件	读/写	同步/异步	单块/多块	合理的延时/ms
db file sequential read	读	同步	单块	< 20
direct path read	读	异步	多块	< 20
direct path read temp	读	异步	多块	< 20
direct path write	写	异步	多块	< 15
direct path write temp	写	异步	多块	< 15
log file parallel write	写	异步	多块	< 15

8.5.5 并发相关

本小节主要讨论和并发（Concurrency）相关的等待事件，这里的并发是从 Oracle 内部角度来看的，如内部数据结构竞争、内部锁竞争等。它们通常是不恰当地使用 Oracle 所致。

1. os thread startup

该等待事件并没有被文档化，但是在经常使用并行查询的系统中经常会遇到，尤其是在高并发时。Oracle 会在启动时启动 papallel_min_servers 个子进程，默认情况下其为 0，即不启动子进程。当并行执行所需的子进程超出最小值时，它们就会动态创建，并且在空闲超过 5min 后会被回收。

当会话等待创建子进程时，就在等待该事件上。该事件还是比较好模拟的，创建一张几十个字段、几千万条记录的表，使用并行执行 CPU 核心数 ×2 创建一个包含 5 个字段的复合索引，多开几个会话同时执行，该等待事件的大量等待就会出来了。

该等待事件的解决方法比较简单，如果是批处理或者即席查询应用并且该事件总是在前两位，可以考虑将 papallel_min_servers 调整为 CPU 数量或者降低并行度，如下所示：

```
alter system set parallel_min_servers = 64 scope=spfile;
shutdown immediate;
startup
```

读者可以通过 v$px_process_sysstat 查看当前实例的已经启动和可用的 PX 进程数，以及 PX 进程数的峰值，如下所示：

```
SQL> select * from v$px_process_sysstat where statistic like '%Server%';
STATISTIC                                                           VALUE
------------------------------------------------------------ ----------
Servers In Use                                                          0
Servers Available                                                       8
Servers Started                                                         8
Servers Shutdown                                                        0
Servers Highwater                                                       4
Servers Cleaned Up                                                      0
```

```
Server Sessions                                                    4
7 rows selected
```

2. buffer busy waits

buffer busy waits 是 Oracle 数据库中常见的一个等待事件，常发生在具有热点竞争数据的环境中，如财务系统的总账、秒杀抢购中的商品库存、多个子账户共用一个主账户、索引单边递增如使用序列批量插入等。该等待事件和 Oracle 在内存中读 / 写数据块的过程有关，大致步骤如下：

- 判断数据块所在的 HASH BUCKET；
- 申请 CBC（Cache Buffers Chains，缓冲区缓存链表）Latch，定位到数据块；
- 以 S/X 模式获取数据块的 BUFFER PIN/LOCK（读取获得 S 模式，修改获得 X 模式，S 和 S 模式具有兼容性，S 和 X、X 和 X 模式不具有兼容性）；
- 释放 CBC Latch；
- 在 PIN 的保护下，读取 / 修改数据块；
- 获得 CBC Latch；
- 释放 BUFFER PIN（缓冲锁）；
- 释放 CBC Latch。

看似步骤增加了，CBC Latch 获取 / 释放了两次，但该等待事件却大大提高了并发度。上面描述的步骤里，持有 CBC Latch 的目的变得单纯，只是为了修改 BUFFER 的 PIN 模式，然后依靠 PIN 的模式兼容性来保护数据块。例如，S 和 S 模式的 PIN 是兼容的，可以并发读取；S 和 X 模式不兼容，后来的会话需要产生等待。

虽然 Latch 的持有是排他的，但是这个时间极短，所以引起争用的可能性不大。如果所有进程都来读数据块，那么缓冲锁的 S 模式之间都是具有共享性的，不会产生争用。但同一个时刻，如果一个进程以 S 模式持有了数据块的缓冲锁，另一个进程想以 X 模式持有，那么就会出现争用，因为 S 模式的缓冲锁和 X 模式的缓冲锁不兼容。同理，两个缓冲锁同时欲修改同一个数据块的进程也会遭遇缓冲锁冲突。这个冲突以 Oracle 等待事件表示出来就是 buffer busy waits，即 buffer busy waits 等待事件的本质是缓冲锁的争用导致的。

大家平常认为的读不阻塞写，写不阻塞读，那是从物理的数据块级别来说的；在内存里，读写 / 写写在同一个时刻都是互相阻塞的，真正意义上只有读读不阻塞。

为了方便理解，上面很多步骤已做了简化，下面对某些点进行一些补充。

一旦 PIN 住了一个数据块，不需要立即去 UNPIN（移除 PIN）它。Oracle 认为本次调用后还有可能去访问这个数据块，因此保留了 PIN，直到本次调用结束再 UNPIN。

Oracle 在对唯一索引 /Undo 块 / 唯一索引的回表 / 索引 root、branch 块的设计上，在访问（读取）时获取的是共享的 CBC Latch，不需要去 PIN 数据块，在持有共享 CBC Latch 的情况下读取数据块。

可能的原因是这些块修改的可能性比较小，因此 Oracle 单独采用这种机制。对于普通数据块的读取都需要获取 2 次 CBC Latch；而对于这种特殊的数据块，只获取一次共享 CBC Latch 即可。

上面所说的都是数据块已经在内存里的情况；如果数据块不在内存里，则有可能会产生 read by other session 争用等待。

对于该等待事件，现在的解决方案一般不从 Oracle 数据库直接入手，而是从应用层上进行调整。对于一些只需要最终一致性的业务，如财务总账，采用 MQ 队列，让专门的线程负责处理，这样不仅提高了用户体验，而且提升了系统整体吞吐量。

对于秒杀、抢购类，则采用 Redis 或有界队列，根据请求提交的顺序接收，队列为空则直接外层挡住，活动期间不会进入 Oracle 等关系型数据库。唯一存在还会导致该等待事件的就是要求强一致性的金融资金账户，对于这些记录，尽可能降低 PCTFREE，将数据打散到不同的数据块以减少竞争。可以通过下列语句找出在一个块的各记录：

```
SQL> select dbms_rowid.ROWID_RELATIVE_FNO(rowid) fn,dbms_rowid.rowid_
block_number(rowid) bl, test_buffer_busy.object_id,rowid
from test_buffer_busy
where rownum<3;
```

对于这种并发类等待来说，问题大多集中在应用中，缺少多线程和对数据库并发机制理解的开发人员经常会开发出这样的应用。

3. latch: cache buffers chains

该等待事件和 buffer busy waits 类似，主要是争用在查找、新增、删除数据块时保护 SGA 缓冲列表的 Latch。一个 Latch 通常保护很多个数据块，所以即使其中只有一个块是热块，其他都不常访问，也会导致该等待事件。数据块在内存中的访问过程如图 8–39 所示。

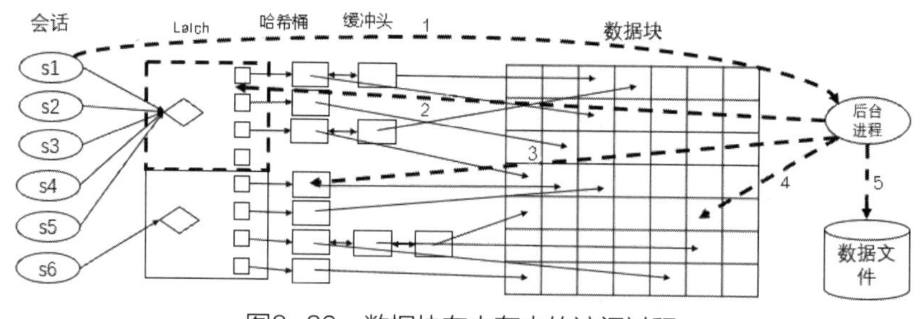

图8–39 数据块在内存中的访问过程

该等待事件通常伴随着比较明显的逻辑读 Top SQL，典型的原因之一是很多应该使用哈希连接的 SQL 语句使用了嵌套循环连接。通过下列查询可以获得所有被 CBC Latch 保护的数据块及访问次数：

```
SELECT c.addr, sleeps, file#, dbablk, class, state, TCH
  FROM v$latch_children c, v$latchname n, X$BH bh
 WHERE n.name = 'cache buffers chains'
   and c.latch# = n.latch#
   and sleeps > 100
   and c.ADDR = HLADDR
```

```
ORDER BY tch desc
```

找到热块的文件编号和 DBA 后，通过 dba_extents 找到具体的对象，如下所示：

```
select * from dba_extents ext
 where ext.file_id = 23
   and (337137 between ext.block_id and ext.block_id + ext.blocks - 1)
```

找到对象和数据块号，最后找到具体记录。

对于历史，可以直接通过 ASH 定位具体的对象数据块，如下所示：

```
select
      count(*),
      SQL_id,
      nvl(o.object_name,ash.current_obj#) objn,
      substr(o.object_type,0,10) otype,
      CURRENT_FILE# fn,
      CURRENT_BLOCK# blockn
from  v$active_session_history ash , all_objects o
where event like 'latch: cache buffers chains'
  and o.object_id (+)= ash.CURRENT_OBJ#
group by SQL_id, current_obj#, current_file#, current_block#, o.object_
name,o.object_type
order by count(*);
```

对于该等待事件，应首先优化 SQL，如果 SQL 优化后仍然没有缓解，然后考虑以下两类解决方法。针对 Oracle 自身的解决方法通常包括：

- 将热块中的某些记录删除并重新插入，这样可以将数据打散到更多的数据块中；
- 增加 PCTFREE；
- 使用更小的数据块存储这些热数据块；
- 增加 _spin_count（为获取 Latch 在进入睡眠前的自旋次数）的值，在 Latch 冲突严重的系统中，增加该值到 8000~10000 能够明显减缓相关等待事件。

对于很多高并发的系统来说，这些方法并非是根本性解决方法，因为这是 Oracle 自身的实现机制所致。为了保护某些数据块不被破坏，根本性的解决方法并不在 Oracle 本身，而是根据数据的易变性和访问这些数据块的典型 SQL 的复杂性确定，具体包括：

- 是否可以在应用层缓存（如 redis/JVM 缓存、MQ）中挡掉大部分流量；
- 在具有 DSS 类查询的系统中，可以使用物化视图或者结果集缓存将一些共用统计预计算。

通过上述解决方法，任何热块相关的等待事件都能够解决。

4. library cache pin

该事件和库缓存并发有关，准确地说和编译有关，当会话希望在库缓存中 PIN 住一个对象，试图修改和检查它时会发生该等待事件。此时，会话必须得到这个 PIN 以便其他会话不会修改对象，PIN 可以在 NULL、SHARE、EXCLUSIVE 模式，所以该事件一般发生在用户编译 PL/SQL 过程或者视图时。

一种常见的情况为，存储过程中使用了动态 SQL，但是该动态 SQL 调用的对象又依赖于该存储过程，此时重新编译存储过程就会发生这种等待。因为各会话持有的锁 PIN 模式不兼容且不存在 NOWAIT 模式，所以不会立刻报错返回，只能等成功获得锁或者超时。一般来说，该事件不会特别多，否则就需要找具体的原因。可以通过下列 SQL 语句找到具体的对象：

```
column h_wait format A20
SELECT s.sid,
       waiter.p1raw w_p1r,
       holder.event h_wait,
       holder.p1raw h_p1r,
       holder.p2raw h_p2r,
       holder.p3raw h_p2r,
       count(s.sid) users_blocked,
       sql.hash_value
  FROM v$sql sql,v$session s,x$kglpn p,v$session_wait waiter,v$session_
wait holder
 WHERE s.sql_hash_value = sql.hash_value
   and p.kglpnhdl = waiter.p1raw
   and s.saddr = p.kglpnuse
   and waiter.event like 'library cache pin'
   and holder.sid = s.sid
 GROUP BY s.sid,waiter.p1raw,
holder.event,holder.p1raw,holder.p2raw,holder.p3raw,sql.hash_value;
```

找到该对象时，查看是什么原因导致的，然后绕开高峰期编译即可。除此之外，还有一种情况是线上突然 SQL 性能下降，需要临时优化。这种情况就没有太好的方式了，因为有很多用户随时在使用，尤其是在很多传统金融系统中，很多庞大的存储过程仍然在广泛使用。

5. library cache lock

该事件和 library cache pin 类似，也是库缓存并发相关的事件。library cache lock 的作用，通俗地说，该事件主要在两个客户端视图同时编译一个 PL/SQL 过程或视图；或者一个会话视图重建索引，另一个在执行的 SQL 语句依赖该索引，业务高峰期收集统计信息时发生，该锁会在这些语句执行完成后释放。很多时候几乎没有使用存储过程的系统发生大量该等待事件就是这个原因，因为在很多批处理过程中，会先将索引至不可用状态，然后重建。通过下列 SQL 语句可以确定具体的对象及原因：

```
column h_wait format A20
SELECT s.sid,
       waiter.p1raw w_p1r,
       waiter.p2raw w_p2r,
       holder.event h_wait,
       holder.p1raw h_p1r,
       holder.p2raw h_p2r,
```

```
       count(s.sid) users_blocked,
       sql.hash_value
  FROM v$sql          sql,
       v$session      s,
       x$kgllk        l,
       v$session_wait waiter,
       v$session_wait holder
 WHERE s.sql_hash_value = sql.hash_value
   and l.kgllkadr = waiter.p2raw
   and s.saddr = l.kgllkuse
   and waiter.event like 'library cache lock'
   and holder.sid = s.sid
 GROUP BY s.sid,waiter.p1raw,waiter.p2raw,holder.event,holder.p1raw,holder.
   p2raw,SQL.hash_value;
```

当 AWR 中有大量该等待事件时，可以通过查询“select * from dba_hist_active_sess_history where event='library cache lock'”，并结合上述 SQL 语句定位到具体对象，并进行针对性优化。

6. cursor: pin S

当一个会话试图更新 mutex pin，但是另一个会话已经在相同对象上更新 mutex pin 时，会发生该等待事件。每次会话执行 SQL 语句时，都需要使用 mutex 将 SQL 语句对应的游标 PIN 在库缓存中，所以当相同的 SQL 语句并发很高时，就会出现该等待事件。例如，在 SQL 中调用自定义 PL/SQL 函数，例如：

```
select my_exec_SQL_fnc(col) from my_table where rownum<10000000;
```

通过 ASH 可以查询出所有等待该事件的 SQL 语句，如下所示：

```
SELECT event,p1,FLOOR (p2/POWER(2,4*ws)) blocking_sid,MOD
(p2,POWER(2,4*ws)) shared_refcount,
       FLOOR (p3/POWER (2,4*ws)) location_id,MOD (p3,POWER(2,4*ws))
         sleeps, blocking_session
  FROM (SELECT DECODE (INSTR (banner, '64bit'), 0, '4', '8') ws FROM
    v$version WHERE ROWNUM = 1) wordsize,
         v$active_session_history
 WHERE event = 'cursor: pin S';
```

输出结果如图 8–40 所示。

EVENT	P1	BLOCKING_SID	SHARED_REFCOUNT	LOCATION_ID	SLEEPS	BLOCKING_SESSION
cursor: pin S …	2874142926	1661	0	5	0	
cursor: pin S …	487379649	2054	8	9	0	
cursor: pin S …	487379649	1623	3	5	0	
cursor: pin S …	2315539950	1801	3	9	0	
cursor: pin S …	2641872548	1952	0	3	0	
cursor: pin S …	2641872548	1985	0	5	0	
cursor: pin S …	611191797	2054	0	5	0	
cursor: pin S …	487379649	1011	9	3	0	
cursor: pin S …	3879155062	1658	0	3	0	
cursor: pin S …	2214650983	1408	2	5	0	
cursor: pin S …	2214650983	1408	2	5	0	

图8–40 输出结果

通过 P1 就可以知道具体的 SQL 语句，如下所示：

```
select case when (kglhdadr =  kglhdpar) then 'Parent' else ' Child
'||kglobt09 end cursor,
         kglhdadr ADDRESS,kglnaobj name, kglnahsh hash_value,kglobtyd
type,kglobt23 LOCKED_TOTAL,kglobt24 PINNED_TOTAL
from x$kglob
where kglnahsh=2641872548;
```

输出结果如图 8–41 所示。

CURSOR	ADDRESS	NAME	HASH_VALUE	TYPE	LOCKED_TOTAL	PINNED_TOTAL
Parent ···	000000055BDB1708	update sum$ set containerobj#=:2, container ···	2641872548	CURSOR ···	1783444	1
Child 9 ···	000000055B23CF88	update sum$ set containerobj#=:2, container ···	2641872548	CURSOR ···	99253	594064
Child 8 ···	000000055BB8A828	update sum$ set containerobj#=:2, container ···	2641872548	CURSOR ···	25406	151896
Child 7 ···	000000055B5D5AA0	update sum$ set containerobj#=:2, container ···	2641872548	CURSOR ···	44401	265561
Child 6 ···	000000055B79C788	update sum$ set containerobj#=:2, container ···	2641872548	CURSOR ···	91792	549318
Child 5 ···	000000055B6ADA28	update sum$ set containerobj#=:2, container ···	2641872548	CURSOR ···	42705	255446
Child 4 ···	000000055AE089E8	update sum$ set containerobj#=:2, container ···	2641872548	CURSOR ···	57682	344581
Child 3 ···	000000055B8ACB10	update sum$ set containerobj#=:2, container ···	2641872548	CURSOR ···	45388	271161
Child 2 ···	000000055B483F78	update sum$ set containerobj#=:2, container ···	2641872548	CURSOR ···	465052	2783806
Child 13 ···	000000055B2C3538	update sum$ set containerobj#=:2, container ···	2641872548	CURSOR ···	236	473

图8–41　输出结果

因为 mutex 是一种轻量级同步机制，所以通常非常快，正常情况下该等待事件应该较少。

7. cursor: pin S wait on X

当会话请求共享 mutex pin，但是另一个会话在该对象上持有排斥 mutex pin 时，请求的会话会在该事件上等待。

在硬解析期间，游标被创建并在排斥锁状态，此时其他会话检查 SQL 是否已经有游标时就会通过 cursor: pin S 实现；当负责解析的会话还没有完成时，就会发生等待事件 cursor: pin S wait on X。这通常发生在 SQL 语句解析成本较高，但是执行很快的 SQL 语句上，如 SQL 中包含了太多的业务逻辑或使用了大量相互嵌套的 case when 等；还有一种情况，使用了自定义的函数，里面又包含 SQL 语句时，这种等待事件也常发生。通过下列 SQL 语句可以查出在 cursor: pin S 及 cursor: pin S wait on X 上等待的所有 SQL：

```
with sum_by_session as (
        select ash.sql_id, ash.session_id,
               trunc(ash.sample_time,'HH') timeframe, min(ash.sample_
                 time) min_time, max(ash.sample_time) max_time,
               sum(ash.wait_time) + sum(ash.time_waited)  total_wait,
               ash.event, ash.p1, ash.p1text, ash.p2, ash.p2text, ash.
                 p3, ash.p3text, ash.in_hard_parse
        from v$active_session_history ash
        join v$active_session_history sqlids on sqlids.sql_id = ash.sql_id
        where (ash.event like 'cursor: pin S%' or ash.in_hard_parse = 'Y' )
        and sqlids.event = 'cursor: pin S wait on X'
        group by  ash.sql_id,  ash.session_id, ash.event, ash.p1, ash.
          p1text, ash.p2, ash.p2text, ash.p3, ash.p3text, ash.in_hard_parse
                 ,trunc(ash.sample_time,'HH')
```

```
        )
select s.sql_id, to_char(s.timeframe,'dd-Mon-RR HH24') timeframe,
       to_char(min(s.min_time),'HH24:MI:SS')||'-'||to_char(max(s.max_
         time),'HH24:MI:SS') timeperiod,
       round(sum(total_wait)/1000000,2)  total_wait_in_s,
       s.event, s.p1, s.p1text, s.p2, s.p2text, s.p3, s.p3text, s.in_
         hard_parse,
       listagg(s.session_id,',') within group (order by s.session_id)
as sids
from sum_by_session s
group by s.sql_id,  s.event, s.p1, s.p1text, s.p2, s.p2text, s.p3,
  s.p3text, s.in_hard_parse, s.timeframe
  order by s.sql_id, s.in_hard_parse desc, s.timeframe;
```

在 Oracle 11.1.0.2 及其之后的版本中，当使用绑定变量在分区表上执行大量并行查询时，可能会触发 Bug 21834574，导致 cursor: pin S wait on X 奇高，所有的 PX 子进程都等待该事件，且接近 1/4~1/3s。如果遇到该 Bug，可在打补丁之后通过启用 _fix_control 隐含参数进行修复。

8. cursor: mutex S

mutex S 是游标缓存的串行化 mutex ，当两个会话试图同时解析（无论是软解析还是硬解析）对应同一个 SQL_ID 的语句时，就会发生该等待事件。伴随该事件的现象是出现了很多子游标的 SQL 语句，即对应 AWR 中 SQL 版本数很高的部分，如图 8–42 所示。

SQL ordered by Version Count

- Only Statements with Version Count greater than 20 are displayed

Version Count	Executions	SQL Id	SQL Module	SQL Text
61	554	5rygsj4dbw6jt		insert into sys.mon_mods$ (obj...
55	48	69k5bhm12sz98		SELECT dbin.instance_number, d...
54	9,409	8vwv6hx92ymmm		UPDATE MGMT_CURRENT_METRICS SE...
54	9,409	8vwv6hx92ymmm		UPDATE MGMT_CURRENT_METRICS SE...
53	8	c8gnrhxma4tas		SELECT owner#, property FROM s...
51	114	fcb5u7n0r523m		SELECT NVL(AVG((VALUE*1000.0)/...
51	114	fcb5u7n0r523m		SELECT NVL(AVG((VALUE*1000.0)/...
51	114	fcb5u7n0r523m		SELECT NVL(AVG((VALUE*1000.0)/...
51	114	fcb5u7n0r523m		SELECT NVL(AVG((VALUE*1000.0)/...
50	2,088	18naypzfmabd6		INSERT INTO MGMT_SYSTEM_PERFOR...
49	7,408	g00cj285jmgsw		update sys.mon_mods$ set inser...
48	42	6wm3n4d7bnddg		SELECT source, (case when tim...
39	10	5s34t44u10q4g		SELECT a.name task_name, nvl(e...
39	2,082	crwtm662ycm4w		select count(*) from sys.job$ ...
35	2,948	3c1kubcdjnppq		update sys.col_usage$ set equa...
30	108	ak5crjygnpk60		UPDATE DBMS_LOCK_ALLOCATED SET...

图8–42　Top *N* 子游标的SQL语句数量

通过下列查询也可以得到所有 SQL 语句的子游标数：

```
select a.cursors, a.sql_id,b.sql_text
from(
select count(*) as cursors, ssc.sql_id
from v$SQL_shared_cursor ssc
group by ssc.sql_id
order by cursors desc) a,
(select sa.sql_id, sa.sql_text, sa.parsing_schema_name from v$sqlarea
```

```
  sa) b
where a.sql_id=b.sql_id and b.parsing_schema_name = 'SCOTT';
```

子游标数和该等待事件有密切的关系。如果该等待事件一直比较严重，可通过下列方式解决。

- 调整隐含参数 _cursor_obsolete_threshold：

```
alter system set "_cursor_obsolete_threshold"=1024;
```

- 刷新共享池：

```
alter system flush shared_pool;
```

- 关闭自适应执行计划：

```
alter system set optimizer_adaptive_plans=false scope=both; -- Oracle 12c
```

- 定时让版本数多的 SQL 失效：

```
DECLARE
SQ_ADD VARCHAR2(100) := '';
BEGIN
execute immediate 'select address from v$sqlarea where sql_id =
  ''someSQLIDfoo''' into SQ_ADD;
dbms_shared_pool.purge (SQ_ADD||',123454321','C');
END;
/
```

在 Oracle 12c 中，该等待事件通常是由自适应计划造成的。这个特性不是很成熟，一般不推荐采用。

9. library cache: mutex X

Oracle 从 10g 开始对库缓存的某些保护操作采用了 mutex；从 Oracle 11g 开始，将所有库缓存相关的 Latch 替换为了 mutex。所以从 Oracle 11g 开始，对于库缓存并发相关的等待，往往更多的是 library cache: mutex X，如图 8–43 所示。

Top 5 Timed Foreground Events

Event	Waits	Time(s)	Avg wait (ms)	% DB time	Wait Class
library cache: mutex X	53,448,946	312,984	6	74.18	Concurrency
DB CPU		43,532		10.32	
library cache lock	29,489	6,245	212	1.48	Concurrency
enq: SQ - contention	13,164	3,781	287	0.90	Configuration
cursor: pin S wait on X	423	3,057	7226	0.72	Concurrency

图8–43　Latch相关等待在Oracle 11g中的名称

library cache: mutex X 等待较高的原因通常如下：

- 没有使用 dbms_shared_pool.markhot 将活跃 PL/SQL 过程 PIN 在共享池；
- shared_pool_size 过小；

- cursor_sharing=similar；
- session_cached_cursors 设置不恰当。

10. latch: shared pool

这个 Latch 负责保护从共享池分配内存，共享池 Latch 冲突通常意味着使用了太多的硬解析，只要应用将硬解析改成绑定变量，该事件通常就很少了。如果一下子无法修改，则可以考虑将参数 cursor_sharing 临时修改为 force。该等待事件也可能意味着共享池太小。

11. latch: row cache objects

该 Latch 主要用来保护数据字典，发生该等待事件通常意味着数据字典有冲突，一个主要原因是共享池太小，此时只要增加共享池即可。

另一个原因是触发了 Bug 5749075 High Requests on dc_rollback_segments，这主要是因为回滚段大量增加，如下所示：

```
SQL> select latch#, child#, sleeps
  2   from v$latch_children
  3   where name='row cache objects'
  4    and sleeps > 0
  5   order by sleeps desc;
    LATCH#     CHILD#     SLEEPS
---------- ---------- ----------
       270          1   24241645
       270          5        523
       270          4         52
```

知道其子 Latch 后，就可以进一步研究它保护的字典缓存，如下所示：

```
SQL> select distinct s.kqrstcln latch#,r.cache#,r.parameter name,r.
type,r.subordinate#
from v$rowcache r,x$kqrst s
where r.cache#=s.kqrstcid
order by 1,4,5;
LATCH# CACHE# NAME                             TYPE        SUBORDINATE#
------- ------ -------------------------------- ----------- ----------
      1      3 dc_rollback_segments             PARENT
      2      1 dc_free_extents                  PARENT
      3      4 dc_used_extents                  PARENT
      4      2 dc_segments                      PARENT
      5      0 dc_tablespaces                   PARENT
      6      5 dc_tablespace_quotas             PARENT
```

第一个子 Latch 保护的是 dc_rollback_segments，进一步确认如下：

```
SQL> select parameter, gets
  2   from v$rowcache
  3   order by gets desc;
PARAMETER                              GETS
```

```
--------------------------------- ----------
dc_rollback_segments              310995555
dc_tablespaces                     76251831
dc_segments                         3912096
dc_users                            2307601
dc_objects                          1460725
dc_users                             608659
......
60 rows selected
```

查看 row cache objects latch 具体是哪部分未命中率最高，如下所示：

```
SQL> select "WHERE", sleep_count, location
  2   from v$latch_misses
  3   where parent_name='row cache objects'
  4    and sleep_count > 0;
WHERE                SLEEP_COUNT LOCATION
-------------------- ----------- ------------------------------
kqrpre: find obj        20612167 kqrpre: find obj
kqrso                          7 kqrso
kqreqd                   1026837 kqreqd
kqreqd: reget            2602576 kqreqd: reget
4 rows selected
```

此时搜索 MOS 可以发现上述 Bug。异常多的撤销段意味着清除遇到了 Bug，可以查询回滚段进一步确认：

```
SQL> select count(*) from dba_rollback_segs;
  COUNT(*)
----------
     14838
```

通过重建 Undo 表空间，该等待事件从 Top *N* 中消失，经查该 Bug 在 Oracle 10.2 之前很少发生。

12. row cache lock

Oracle 会话试图获取 DD 锁时会发生该等待事件；共享池太小时更容易发生该等待事件，考虑增大共享池。在 RAC 下，因为跨节点，所以更易发生。在 RAC 下主要是下列原因所致：

- DC_TABLESPACES，自动扩展分区太小，导致频繁申请扩展空间；
- DC_SEQUENCES，序列缓存太小，竞争过多；
- 其他基本不影响整体性能的原因。

13. latch: In memory undo latch

Oracle 使用 In memory undo latch 保护共享池中的 IMU，所以要访问 IMU 必须先得到该 Latch。如果该等待事件很高，可能有下列几个原因。

- 服务器 CPU 过载，这种情况下应该首先将 CPU 负载降下来，这可能包括 SQL 未优化、服务器 CPU 不够。

- IMU 节点内存不够，可以通过 v$sgastat 查询当前 IMU 的大小，如下所示：

```
SQL> select * from v$sgastat
  2   where lower(name) like '%redo%'
  3      or lower(name) like '%kti%'
  4      or lower(name) like '%strand%';
POOL         NAME                            BYTES
------------ -------------------------- ----------
shared pool  redo allocation latch(es)      106400
shared pool  array 2 for shared redo b         768
shared pool  KTI latch structure            106080
shared pool  KTI freelists                     184
shared pool  KTI-UNDO                     46701720
shared pool  KTI SGA freea                  225280
shared pool  private strands              90295296
shared pool  array 1 for shared redo b         768
shared pool  KTI pool states                   664
shared pool  KKTIN                           25600
shared pool  KTI latches                     21216
11 rows selected
```

- 如果服务器内存充足，可以考虑增大共享池。
- 可能是进程数太小，以至于所需的 Latch 比实际的要少，此时可以增加 processes 的值。
- 如果上述方式解决了之后该等待事件仍然较高，可以考虑禁用 IMU，将 _in_memory_undo 设置为 false。

14. enq: TX - index contention

在 OLTP 系统中，当用户执行大量的 INSERT/DELETE 时，通常可以在索引相关的表上看到索引块冲突。当插入时发现现有索引块没有空间时，就会开始进行索引块拆分，拆分完成前事务会在 TX 锁模式 4 上等待。该等待在递增 ID 的索引列上比较容易发生，如基于序列的自增字段。对于下面的 AWR 报告：

```
top 5 Timed Events:
Event                         Waits      Time(s)   Avg Wait(ms)  % Total Call
Time Wait Class
en: TX - index contention    89,350     40,991    459            63.3
Concurrency
db file sequential read    1,458,288  12,562    9             18.4
User I/O
CPU time                              5,352                   7.3
```

通过搜索 AWR 的 Other Instance Activity Stats，可以看到当前实例的节点拆分情况，如图 8–44 所示。

leaf node 90-10 splits	6,039	0.56	0.10
leaf node splits	709,399	65.61	11.86

图8-44 当前实例的索引节点拆分情况

确定节点拆分较多之后，可以通过 v$segment_statistics 或 AWR 的 Segments by Row Lock Waits 及 Segments by ITL Waits 确定具体的对象：

```
Segments by Row Lock Waits:
Owner     tablespace  Object Name            Obj.Type   Row Lock Waits
% of Capture
ACSSPROD  ACSS_IDX03  ACSS_ORDER_HEADER_PK   INDEX   3,425        43.62
ACSSPROD  ACSS_IDX03  ACSS_ORDER_HEADER_ST   INDEX  883           10.25
ACSSPROD  ACSS_IDX03  ACSS_ORDER_HEADER_DT   INDEX  682           7.69
Segments by ITL Waits
Owner    tablespace Name Object Name     Subobject Name  Obj. Type   ITL
Waits       % of Capture
ACSSPROD  ACSS_IDX03  ACSS_ORDER_HEADER_PK          INDEX       6   50.00
ACSSPROD  ACSS_IDX03  ACSS_ORDER_HEADER_ST        INDEX       3     25.00
ACSSPROD  ACSS_IDX03  ACSS_ORDER_HEADER_DT      INDEX       3      25.00
```

其解决方法具体如下。

- 使用反向键索引。反向键索引对插入性能非常友好，但是对于索引区间扫描则不太合适。
- 哈希分区全局索引。当索引是单向递增时，全局哈希分区索引可以通过打散竞争提升性能，对于该等待事件比较严重的 OLTP 系统特别适用。
- 增加 CACHE 大小。在 RAC 下，如果序列作为索引的一部分，确保 CACHE 值不太小并且 NOORDER 对性能是非常重要的，否则会严重影响性能。
- 重建索引。如果很多记录被删除或者已知比较倾斜，则应该定期重建。

8.5.6 应用（Application）相关

同 enq 相关的等待信息均在 v$enqueue_statistics 视图中，如下所示：

```
SQL> select * from v$enqueue_statistics where eq_type in ('RO','KO');
EQ_NAME      EQ_TYPE REQ_REASON                          TOTAL_REQ# TOTAL_WAIT#
SUCC_REQ# FAILED_REQ# CUM_WAIT_TIME REQ_DESCRIPTION
EVENT#
-------------------------------- ------- ------------------------------
Multiple Object Reuse            RO      fast object reuse
36820        3671      36820           0       5690 Coordinates fast object
reuse           108
Multiple Object Reuse            RO      contention
0            0         0           0             0 Coordinates flushing
of multiple objects     107
Multiple Object Checkpoint       KO      fast object checkpoint
690          69        690          0          770 Coordinates fast object
```

```
checkpoint                  109
```

其中详细描述了每个 enq 的请求次数、等待次数、累计等待时间等，其历史信息维护在 dba_hist_enqueue_stat 中。

1. enq: TM - contention

通常来说，当插入或删除某张含未索引外键约束的表时，会导致该等待事件。例如：

```
CREATE TABLE supplier
( supplier_id number(10) not null,
supplier_name varchar2(50) not null,
contact_name varchar2(50),
CONSTRAINT supplier_pk PRIMARY KEY (supplier_id) );
INSERT INTO supplier VALUES (1, 'Supplier 1', 'Contact 1');
INSERT INTO supplier VALUES (2, 'Supplier 2', 'Contact 2');
COMMIT;
CREATE TABLE product
( product_id number(10) not null,
product_name varchar2(50) not null,
supplier_id number(10) not null,
CONSTRAINT fk_supplier
FOREIGN KEY (supplier_id)
REFERENCES supplier(supplier_id)
ON DELETE CASCADE );
INSERT INTO product VALUES (1, 'Product 1', 1);
INSERT INTO product VALUES (2, 'Product 2', 1);
INSERT INTO product VALUES (3, 'Product 3', 2);
COMMIT;
User 1: DELETE supplier WHERE supplier_id = 1;
User 2: DELETE supplier WHERE supplier_id = 2;
User 3: INSERT INTO supplier VALUES (5, 'Supplier 5', 'Contact 5');
SELECT l.sid, s.blocking_session blocker, s.event, l.type, l.lmode,
l.request, o.object_name, o.object_type
FROM v$lock l, dba_objects o, v$session s
WHERE UPPER(s.username) = UPPER('&User')
AND l.id1 = o.object_id (+)
AND l.sid = s.sid
ORDER BY sid, type;
```

该事件的解决方法很简单，只要找到这些没有索引的外键约束，然后加上索引即可，如下所示：

```
CREATE INDEX fk_supplier ON product (supplier_id);
```

下列 SQL 语句可以查询出所有未索引的外键约束：

```
SELECT * FROM (
SELECT c.table_name, cc.column_name, cc.position column_position
FROM   user_constraints c, user_cons_columns cc
WHERE  c.constraint_name = cc.constraint_name
AND    c.constraint_type = 'R'
```

```
MINUS
SELECT i.table_name, ic.column_name, ic.column_position
FROM   user_indexes i, user_ind_columns ic
WHERE  i.index_name = ic.index_name)
ORDER BY table_name, column_position;
```

虽然现在一般不推荐使用外键约束，因为维护更复杂，但是很多时候业务系统中外键约束该用的时候还是建议使用，不仅是因为它最终维护数据一致性，还因为它可以让 Oracle 优化器有更多的优化空间，如连接消除很大程度上就依赖于外键约束关系。

insert /*+ append */ 也可能会导致该事件的发生，因为其会在目标表上以排斥模式获取 TM 锁，这样只要没有提交，其他会话就会在 enq: TM - contention 事件上等待，从而影响并发性。如果数据量较大必须使用 APPEND 模式，可以考虑对表进行分区，每次插入特定分区，这样也可以避免该等待事件。

2. enq: RO - fast object reuse

该等待事件发生在 TRUNCATE 或 DROP 操作时，有很多与该等待事件相关的 Bug。该等待事件通常伴随着 local write wait，可以通过设置隐含参数 _db_fast_obj_truncate=FALSE 或者在 TRUNCATE 之前执行 ALTER SYSTEM FLUSH buffer_cache 刷新缓冲区缓存来减少该等待事件，一般推荐使用前者，因为后者的影响太大。

3. enq: KO - fast object checkpoint

该等待事件通常和直接路径读相关。当 Oracle 执行直接路径读时，会首先将缓冲区缓存中的脏块刷新到磁盘，此时执行直接路径读的会话就会等待该事件，这通常是混合并行和串行 SQL 语句导致的。要减少该等待事件，可以采用下列方法：

- 将 filesystemio_options 设置为 ASYNCH（对本地磁盘可以设置为 SETALL）；
- 增大 DB_WRITER_PROCESSES。

4. TX - row lock contention

该事件就是开发人员最熟知的行锁等待，和 Java 中的同步基本上是类似的。该事件上的等待有 4 和 6 两种模式，如下所示：

```
#     Type          Name
      --- -------   ---------------------------
        1   Null          Null
        2   SS           Sub share
        3   SX           Sub exclusive
        4   S             Share
        5   SSX         Share/sub exclusive
        6   X             Exclusive
```

模式 6 通常发生在并发操作（包括更新和删除）相同记录时。对于这类锁，一种方法是采用乐观锁实现。另一种方法是对于只需要最终一致性的逻辑，可以采用异步队列更新实现。

模式 4 则通常发生在对唯一索引、外键约束、位图索引等结构的保护上。对于唯一索引，可以考虑在应用中增加一层基于 Redis 的分布式锁先挡掉大部分进入数据库的流量，并尽量减小事务范围；对于后两者，一般出现的概率较小，这里不详细展开。

8.5.7　网络相关

网络（Network）相关的等待事件在很多 Oracle 相关文档和资料中归类为空闲（Idle）事件，对于空闲事件通常无须优化。将网络相关事件全部归类为空闲事件是不合理的，而且它们确实在很多情况下通过优化能够明显提升性能，因此本节专门讨论和网络相关的等待事件。

1. SQL*Net more data from client

Oracle 文档对该等待事件的解释是服务器正在给客户端执行第二次发送，前一次操作也是发送给客户端。显然，这个解释没有太大意义。实际上该等待事件的原因是当客户端发送 SQL 语句给 Oracle 数据库时，因为 SQL 语句太长以至于无法一次性通过一个 SQL*Net 包发送，所以 Oracle 必须等待包含剩下部分 SQL 语句文本的 SQL*Net 包。

这通常是使用 ORM 默认生成 SQL 语句的原因，如批量插入使用拼接方式就会导致该等待事件，这也是开发人员经常犯的错误。该等待事件的解决方法比较简单，如果可以，使用定制版的 ORM SQL 自动生成器，同时设置下列 sqlnet 参数，就可以减少该等待事件：

```
DEFAULT_SDU_SIZE=32767
RECV_BUF_SIZE=65536
SEND_BUF_SIZE=65536
```

2. SQL*Net more data to client

对于每个调用，如果 Oracle 需要发送的数据超过第一个 SDU 缓冲的大小，随后的写会被算作 SQL*Net more data to client 等待事件，而第一个事件则被算作 SQL*Net message to client，所以这两个事件各自等待多少依赖于客户端每次请求多少数据及 SDU。prefetch 越小，SQL*Net more data to client 越少，SQL*Net message to client 就会越多，所以这两个指标要加起来看。

可以通过 sql*plus set arraysize 为不同大小来判断此起彼伏，但是总体来说应该尽可能增加 prefetch，即该事件应该等待时间较多，而 SQL*Nct message to client 等待时间较少。

需要注意的是，这两个事件记录的是从 Oracle 用户态 SDU 缓冲到 OS 内核态 TCP socket 的时间。从服务器 TCP socket 缓冲发到客户端的时间都被算到 SQL*Net message from client 等待上，估算从 TCP socket 缓冲到客户端的时间并没有特别好的方式。如果该等待事件较多，通过 SQLNET 相关参数通常可以提升一定的性能，如下所示：

```
DEFAULT_SDU_SIZE=32767
RECV_BUF_SIZE=65536
SEND_BUF_SIZE=65536
```

通过将监听的跟踪级别设置为 debug，可以查看当前 SDU 的大小，如下所示：

```
2014-08-21 22:18:54.272644 : nsconneg:vsn=313, lov=300,
opt=0x0, sdu=32767, tdu=32767, ntc=0xc60e
```

还可以通过将 sqlnet.ora 中 TCP.NODELAY 设置为 yes 减少该等待事件。

3. SQL*Net more data to/from dblink

这两个等待事件类似于前两个事件，只不过其发生在 dblink 下。除此之外，这两个等待事件还有一个特殊之处，如果包含 dblink 的 SQL 语句涉及两个库关联，那么驱动表选择不正确也会导致其等待严重，此时应该使用 /*+ DRIVING_SITE */ 提示将包含大表的数据作为驱动站点。

8.5.8 其他相关

本小节将分析那些经常出现在 AWR 报告中，但是 Oracle 将其归类为其他（Other）或者 Idle 中的事件。

1. DB CPU

很多系统 AWR 报告 Top 事件中，DB CPU 排在第一位，而 Oracle 并没有对该事件的描述，如图 8-45 所示。

Top 10 Foreground Events by Total Wait Time

Event	Waits	Total Wait Time (sec)	Wait Avg(ms)	% DB time	Wait Class
DB CPU		23.4K		98.6	
log file sync	198,531	355.5	2	1.5	Commit
library cache: mutex X	115,578	55.8	0	.2	Concurrency
db file sequential read	78,755	49.6	1	.2	User I/O
buffer busy waits	41,447	8.4	0	.0	Concurrency
direct path write	11,019	7.7	1	.0	User I/O
local write wait	711	7.5	11	.0	User I/O
direct path write temp	2,681	5.4	2	.0	User I/O
cursor: pin S	8,389	4.9	1	.0	Concurrency
read by other session	1,943	4.7	2	.0	User I/O

图8-45　DB CPU排在首位的Top 10 事件列表

DB CPU 排在首位并不说明服务器 CPU 一定是瓶颈或存在问题，只能说大量语句是 CPU 密集型，I/O 不是整个系统最大的瓶颈。此时最好是分析 AWR 报告的 SQL ordered by CPU Time 部分，确认哪些 SQL 语句消耗了比预期高得多的 CPU，如图 8-46 所示。

SQL ordered by CPU Time

- Resources reported for PL/SQL code includes the resources used by all SQL statements called by the code.
- %Total - CPU Time as a percentage of Total DB CPU
- %CPU - CPU Time as a percentage of Elapsed Time
- %IO - User I/O Time as a percentage of Elapsed Time
- Captured SQL account for 87.1% of Total CPU Time (s): 5,711
- Captured PL/SQL account for 0.0% of Total CPU Time (s): 5,711

CPU Time (s)	Executions	CPU per Exec (s)	%Total	Elapsed Time (s)	%CPU	%IO	SQL Id	SQL Module	SQL Text
3,238.32	44	73.60	56.70	3,241.50	99.90	0.00	40qv5037fzacu	JDBC Thin Client	SELECT CASE WHEN COUNT(1)=0 TH...
341.40	1	341.40	5.98	401.05	85.13	0.45	anfu1k2m8mhb4	hsserver@hs-test-10-20-30-14 (TNS V1-V3)	INSERT /*+ append */ INTO ta_...
339.13	1	339.13	5.94	340.57	99.58	0.00	2x7dr5wm0tyah	hsserver@hs-test-10-20-30-14 (TNS V1-V3)	INSERT INTO ta_tagencynavc3fi...

图8-46　查看SQL语句CPU执行时间占延迟的比例

例如，在上面的示例中，第一个语句 CPU 的时间占整个延迟的 99.9%。通过分析得知该语句在执行 CASE WHEN COUNT(0) 操作，这是一个非常耗 CPU 的操作，但是该语句非常简单，只是一个单表查询。要降低数据库的负载，只能将各种 case when 逻辑移动到应用中，SQL 本身无法通过优化来提高性能。

2. enq: CR - block range reuse ckpt

这是 Oracle 10.2 中开始加入的等待事件（在此之前是 enq: RO – fast object reuse）。在笔者曾维护的一个系统中，该事件一度经常出现在 Top 等待中，该事件发生主要是因为系统中有太多的 truncate 和 drop 操作，同时没有禁用回收站。

因为在会话执行 truncate 或 drop 时 Oracle 需要执行段级别的检查点，此时会话就会在该事件上等待。同时，查看相应时间段的 ASH。对应的 SQL 语句也有可能在操作回收站中的对象，类似于 delete from RecycleBin$ where bo=:1。在禁用 Oracle 回收站之后，该等待事件就会很少。该等待事件可以通过不停地 create/table 相同表较快地模拟出来。

3. enq: TX - contention

该事件并没有被记录在文档中，指除了 enq:TX - row lock contention、enq:TX - index contention 及 enq:TX - ITL 之外的等待事件。例如，有很多并行执行的 insert，但其中一个触发了 AUTOEXTEND 操作，此时该会话会在 Data file init write/read 事件等待，其他会话则在 enq: TX - contention 事件等待。增删改查都可能会造成该等待事件，如下所示：

```
select o.sql_id,
       to_char(substr(SQL_text, 1, 30)) SQL_text,
       o.sql_opname,
       o.sql_plan_operation,
       o.sql_plan_options,
       o.event
  from dba_hist_active_sess_history o, dba_hist_sqltext s
 where o.event = 'enq: TX - contention';
```

4. latch free

当会话在愿意等待模式自旋超过 _SPIN_COUNT（默认为 2000）次没有得到 Latch，进入睡眠模式后，就会发生该等待事件。因为任何时候都会有多个会话竞争相同的 Latch，所以不能保证先来先得。通用的 latch free 看不出什么问题，通常需要确定具体等待的 Latch，然后针对性解决，如图 8–47 所示。

Event	Waits	Total Wait Time (sec)	Wait Avg(ms)	% DB time	Wait Class
latch free	321,429	4014	12	77.2	Other
DB CPU		1443.8		27.8	
db file sequential read	451,591	51.7	0	1.0	User I/O
enq: PS - contention	4	22.9	5725	.4	Other
direct path write temp	58,676	16	0	.3	User I/O
db file scattered read	2,516	3.6	1	.1	User I/O
direct path read temp	104,742	2.6	0	.1	User I/O
direct path write	17,600	2.6	0	.0	User I/O
db file parallel read	6	.8	137	.0	User I/O
SQL*Net message to client	2,003,147	.6	0	.0	Network

图8–47　Latch free排首位的Top *N*等待事件

对于该 AWR，可以查看 Latch 部分的具体等待，如图 8-48 所示。

Latch Name	Where	NoWait Misses	Sleeps	Waiter Sleeps
Real-time plan statistics latch	keswxAddNewPlanEntry	0	2	2
Result Cache: RC Latch	Result Cache: Serialization12	0	279,306	147,709
Result Cache: RC Latch	Result Cache: Serialization01	0	47,387	68,491
Result Cache: RC Latch	Result Cache: Serialization29	0	39,483	104,295
Result Cache: RC Latch	Result Cache: Serialization28	0	7,911	54,220
Result Cache: RC Latch	Result Cache: Serialization02	0	2	2
active checkpoint queue latch	kcbbacq: scan active checkpoints	0	5	5

图8-48　latch free详细等待分析

也可以通过下列 SQL 语句查询较多的 Latch：

```
SQL> SELECT n.name, l.sleeps
  2     FROM v$latch l, v$latchname n
  3     WHERE n.latch#=l.latch# and l.sleeps > 0 order by l.sleeps
  4  desc;
NAME                                                              SLEEPS
---------------------------------------------------------------- ------
In memory undo latch                                             2314052
cache buffers chains                                             1590180
parallel query alloc buffer                                       194593
shared pool                                                        85393
```

下列 SQL 语句可以查看当前等待的 Latch：

```
SQL> SELECT n.name, SUM(w.p3) Sleeps
  2     FROM V$SESSION_WAIT w, V$LATCHNAME n
  3    WHERE w.event = 'latch free'
  4      AND w.p2 = n.latch#
  5    GROUP BY n.name;
```

一般来说，和库缓存相关的 Latch 等待大都是硬解析太多造成的。此时可以查看 AWR 报告的实例效率部分，如下所示：

```
Instance Efficiency Percentages (Target 100%)
~~~~~~~~~~~~~~~~~~~~~~~~~~~~~~~~~~~~~~~~~~~~~
            Buffer Nowait %:  100.00       Redo NoWait %:    100.00
            Buffer  Hit   %:   99.97    In-memory Sort %:    100.00
            Library Hit   %:   99.99        Soft Parse %:     78.81
         Execute to Parse %:   23.01         Latch Hit %:     98.57
Parse CPU to Parse Elapsd %:  100.51     % Non-Parse CPU:     82.93
```

再看游标共享相关的参数设置，如下所示：

```
NAME                                  TYPE
VALUE
------------------------------------ ---------------------------------
cursor_sharing                       string                         EXACT
open_cursors                         integer                        500
session_cached_cursors               integer                        50
```

```
shared_pool_size                    big integer                    524288000
```

此时可以考虑调整 cursor_sharing 为 FALSE、session_cached_cursors 为 200，再观察是否会缓解。

当会话因为 Latch 竞争激烈时，通常会消耗更多的 CPU，因为自旋会消耗 CPU。v$system_event 视图的 total_waits 记录了进程在愿意等待模式无法得到 Latch 的总次数，v$latch 视图的 sleeps 记录了进程在一个特定 Latch 上进入睡眠的次数，如下所示：

```
SQL> select a.total_waits, b.sleeps
  2    from (select * from v$system_event where event = 'latch free') a,
  3         (select sum(sleeps) sleeps from v$latch) b ;
TOTAL_WAITS     SLEEPS
----------- ----------
    2574843    3061113
```

latch free 等待通常很短，只要在 time_waited 较大时关心即可。

5. enq: CF - contention

当用户会话等待控制文件操作时，就会发生该等待事件。一般来说，操作控制较为频繁的主要是检查点及 NOLOGGING 操作，当在线 Redo 日志优化之后，不会有太多的控制文件操作，所以该事件大多是发生在高并发的 NOLOGGING 操作上。当会话执行 NOLOGGING 的 INSERT 操作时，数据库需要每次更新 UNCRECOVERABLE_TIME 和 UNRECOVERABLE_SCN 并写入控制文件，这将导致大量串行化的控制文件写入进而严重影响性能。对于这种情况，一般来说可能是表、分区或者某个 LOB 字段设置了 NOLOGGING 导致，因为正常情况下除非 INSERT…SELECT，否则开发人员不会加上 /*+ APPEND_VALUES*/。可通过下列方式找到这个具体的对象：

```
SQL> select force_logging from v$database;
FOR
---
NO
SQL> select distinct logging from dba_tablespaces where contents='PERMANENT';
LOGGING
---------
LOGGING
```

既然所有表空间都是 LOGGING 模式，那就来看表的 NOLOGGING 设置：

```
SQL> select logging from dba_tables where table_name='TABLE_IN_QUESTION';
LOG
---

SQL> select partitioned,logging from dba_tables where table_name='TABLE_
IN_QUESTION';
PAR LOG
--- ---
YES
```

从上可知该表为分区表，所以需要检查分区本身：

```
SQL> select distinct logging from dba_tab_partitions where table_name='TABLE_
IN_QUESTION';
LOGGING
-------
YES
```

从上可知分区也是 LOGGING 模式，这样唯一的可能性就是表里某个 LOB 字段导致的了，继续查询如下：

```
SQL> select column_name, logging, partitioned
from dba_lobs  where table_name='TABLE_IN_QUESTION';
COLUMN_NAME          LOGGING PAR
-------------------- ------- ---
VALUE                NONE    YES

SQL> select distinct column_name, logging
from dba_lob_partitions  where table_name='TABLE_IN_QUESTION';
COLUMN_NAME          LOGGING
-------------------- -------
VALUE                NO
```

找到问题对象后，可以通过将其改为 NOLOGGING 或者将数据库设置为 FORCE LOGGING 来解决。对于 BLOB 类型的大对象，如文件、PDF、图片等，一般建议存储在专门文件服务器或者对象存储上。

6. latch: redo allocation

当会话执行某些 DML 操作时，如果不是 NOLOGGING 操作，Oracle 会先从重做缓冲申请空间以便写入变更操作的内容，因为任何时候会有很多的会话执行 DML 操作。为了保证有序进行，Oracle 使用 redo allocation latch 作为申请日志缓冲空间的串行化机制。在 Oracle 8.2 之前，只有一个 redo allocation latch 并且无法修改；从 Oracle 8.2 开始，redo allocation latch 的数量由参数 LOG_PARALLELISM 控制。所以，对于高并发写的系统，如果日志缓冲和在线 Redo 日志文件 I/O 足够快，是可能会出现该等待事件的。

对于超过 16 核且高并发写的系统，Oracle 建议将 LOG_PARALLELISM 或 _log_parallelism_max 隐含参数设置为 CPU 核心数 /8，最多不超过 8。

7. kpodplck wait before retrying ORA-54

该等待事件发生在直接路径加载期间，包括使用 SQL*Loader 和 OCI 方式。对于该等待事件，官方的建议是使用 direct=true 增加 parallel=true 对资源锁转换的方式来避免或减少该事件，这需要在加载期间跳过索引维护。如果系统是分布式架构，任何时候会有多个节点并发加载，就可能会影响使用，并且很多开发人员不愿意在代码中增加维护索引的工作。对于该等待事件，还可以考虑数组加载结合 APPEND_VALUES 提示，这样不仅可以解决该问题，还支持任意多节点并发加载而不会出现该异常，但性能可能比直接路径加载慢 30% 左右。

8. enq: TS - contention

此等待事件在单实例中发生较少，主要出现在 RAC 中，其原因在于节点间临时表空间相互争用。在 Oracle RAC 中，因为所有节点共用同一个临时表空间，而临时空间区段（extent）一旦分配给某一个节点，其他节点将不可见，所以一旦某个节点上分配的临时空间区段耗尽，则会发出跨节点调用（CIC）向其他节点请求临时空间区段。此时 SMON 会回收所有节点的空闲临时空间区段，此过程会持有 TS 锁，跨节点调用必须等待 SMON 对所有节点的空闲临时空间区段完成回收才会继续下一步。SMON 每次向每个节点回收 100 个空间区段，如果每个空间区段设置为 1MB，则 4 节点 RAC 一次回收 400MB。但是如果操作的排序很大或者哈希连接数据非常多，SMON 的处理速度可能跟不上应用请求速度，此时就会产生 TS – contention。另外，如果每个节点的临时空间区段分配不均，而大查询正好连接到分配比较少的节点上，情况就会比较严重。

该事件本身可以通过设置 drop_segments 事件定期主动回收的方式减缓等待，如下所示：

```
ALTER SESSION SET events'immediate trace name drop_segments level
  tablespace_number+1′ ;
```

可以将此命令设置成定时任务在每个节点执行，各个节点的空闲临时空间区段会及时返回临时池。最主要是要尽可能让执行大排序和哈希连接的操作在固定节点运行，该问题通常是不理解 Oracle RAC 的存储共享机制，和 MySQL 从库一样使用了负载均衡模式所致。

9. enq: US - contention

这是 Oracle 10g 中开始引入撤销保留时间自调整后新出现的问题，默认设置下 Oracle 会试图维持比 undo_retention 更长的保留时间。当系统活动增加或者降低时，Oracle SMON 进程会自动 ONLINE 或者 OFFLINE 回滚段。这样会使某些与回滚段相关的 Latch 或者 enqueue 被持有太长时间，导致系统很多活跃会话都开始等待 enq: US - contention，可以使用以下解决方法之一。

- 设置 event 让 SMON 不自动 OFFLINE 回滚段：

```
alter system set events '10511 trace name context forever, level 1';
```

- 设置参数 _rollback_segment_count（表示有多少回滚段要处于 ONLINE 状态）为数据库最繁忙时的回滚段数目：

```
alter system set "_rollback_segment_count"=100;
select a.ksppinm name, b.ksppstvl value, a.ksppdesc description
from x$ksppi a, x$ksppcv b
where a.indx = b.indx
and a.ksppinm like '%_rollback_segment_count%';
```

设置该参数时需要注意，如果设置了该参数在升级时可能会触发 Bug 14226559，导致 Latch 冲突相当严重，最好尽量避免设置该隐含参数。

- 因为 UNDO 的自动调整还有一些 Bug，所以如果与 Undo 相关的等待较多，也可以考虑禁用自动调整，如下所示：

```
alter system set "_undo_autotune"= false;
```

这种方法就是关闭了 Undo 的自动调整功能，同时也能解决了 Undo 表空间会在很长时间都一直保持着使用率是接近 100% 的问题（这本身不是问题）。

- Bug 7291739 也可能会导致该等待事件频繁出现，官方提供了一个隐含参数用于设置 Undo 保留的绝对上限作为解决方法。

Oracle 9.2.0.5 及 Oracle 10.2 以上版本：

```
alter system set "_HIGHTHRESHOLD_UNDORETENTION"=900 SCOPE=spfile;
```

其他低版本：

```
alter system set "_first_spare_parameter"=900 SCOPE=spfile;
```

10. buffer exterminate

在 AMM 和 ASMM 管理内存时，SGA 各内存组件会自动按需调整各部分大小。在 buffer cache 执行收缩期间，如果会话试图访问在被收缩数据区域范围内的数据块，此时它是无法搜索数据块的，必须将数据库重新加载到可用的缓冲区缓存后才能进行，这个过程称为 buffer exterminate。该等待事件的解决方法比较简单，如果使用了 AMM，只要禁用 AMM 即可，一般不推荐使用 AMM；如果没有使用 AMM，个别会话在 alter system set shared_pool_size 或者临时调整之后确实会出现，不过通常只持续较短时间，不会影响整体性能。

11. enq: JI - contention

为了确保不会同时刷新物化视图，当多个会话尝试刷新同一个物化视图时，需要先在基表上获取 JI enqueue。因此，当有其他会话正在刷新时将在该时间上等待，这通常意味着不恰当地使用了物化视图，如对于高并发的表使用了基于提交的刷新，或者对于批处理没有设计好定时任务系统。详细的案例可以参考 https://www.cnblogs.com/zhjh256/p/9719764.html。

12. enq: TC - contention

在手动执行检查点操作中，一部分操作需要获得 TC 锁（Tablespace Checkpoint Lock）。若在获得 TC 锁过程中发生争用，则需要等待 enq: TC - contention 事件。enq: TC - contention 等待事件即使在没有多个进程引起争用的情况下也可能会发生，这一点上与其他锁争用引起的等待现象不同。需要理解的是，在等待现象中，存在只有争用才能引发的等待现象，但也存在不发生争用及为了等待执行完成而被作为等待事件。示例如下：

```
SQL> select name,parameter1,parameter2,parameter3 from v$event_name where
name like 'enq: TC - contention';
NAME                         PARAMETER1            PARAMETER2           PARAMETER3
---------------------------- -------------------- --------------------
enq: TC - contention         name|mode            checkpoint ID        0
```

enq: TC - contention 等待事件发生的典型场景如下。

- 并行查询。发生检查点的原因是 PX 引起直接路径读。从数据文件上直接读取数据时，因为不经过 SGA，所以可能发生当前 SGA 上的块和数据文件上的块之间版本不一致的现象。为防止这些现象，Oracle 对数据文件执行直接路径读之前，应该执行检查点。此时，主会话会对要执行直接路径读的对象请求段级别的检查点，检查点发生之前一直处于 enq: TC - contention 等待事件状态，所以会在主会话上看到 enq: TC - contention 等待，PX 会话上则可以发现 direct path read 等待。
- 表空间热备。执行 ALTER TABLESPACE…BEGIN BACKUP 后，将属于此表空间的所有高速缓冲区的脏块记录到磁盘上，这个过程中会在 enq: TC - contention 事件上等待。

TC 锁争用引起的性能问题不在于等待本身，而在于人为执行检查点。假设在混合系统上，每秒发生数百次以上事务，每秒执行数次以上并行查询，每次执行 PQ 时都会发生检查点。检查点不必要地过多发生时，DBWR 上就会出现瓶颈，引发大量等待事件。从 Oracle 10.2 开始，因为并行执行也会直接访问 SGA，减少对磁盘的访问，所以将极大地减少该等待事件。

13. PX Deq Credit: send blkd

当并行查询的进程间交换数据或者消息时，会发生该等待事件。该等待事件在 Oracle 文档中被归类为空闲事件，这在并行语句的并行执行合并为串行执行（即执行计划 IN-OUT 输出列的 P->S 状态）步骤是正确的，如果并非该步骤就不能算是空闲事件了。在很多并行查询中，会话很长时间都在等待该事件，即使在 32 核 CPU 的服务器中并行数只设置了 4 也是如此。其原因是数据在 PX 子进程间分配不均匀，如使用了哈希代替广播，而哈希键不合理导致数据分布极为不均匀，最后导致某个 PX 子进程特别慢，也体现为该等待事件。

如果数据量不是很大，如大部分表都不超过 200MB，在现在主流服务器下，并行和串行执行时间相差并不大，可以考虑调整为串行执行或者根据执行计划判断是否调整为广播更合适；如果数据量特别大，可以考虑在应用层进行并行调度，如将全国的计算在一个 SQL 中拆分为根据省份作为条件，这样将极大地提升性能。该事件也可能是查询协调器的接收缓冲池太小所致，在 parallel_automatic_tuning=false（默认值）时，它从共享池分配，如果并行执行很多，可以考虑调整为 true，此时从大池分配。

14. PX Deq: Execute Reply

该等待事件和上一个等待事件通常配对出现，该等待事件是查询协调器在等待子进程发送应答消息，通常也是有串行步骤或者子进程间处理的工作量不平衡导致。

15. PX Deq: table Q Normal

在并行执行中，Oracle 使用的是类似生产者消费者模型，一个子进程负责从磁盘读取数据，其他子进程等待生产者将数据发送到消费者的输入表队列，当一个并行查询子进程等待其他子进程发送数据时，会在该事件上等待。该等待事件虽然被 Oracle 归类为 Idle 事件，但是它在某些情况下会消耗过多的 CPU，一般来说是并行度过高的原因，如在大部分情况下 4 就足够了，超过 8 是不推荐的。

Oracle 12c 中新增了一个提示指示优化器直接从磁盘读取而不是等待其他子进程发送，尤其是在 RAC 或者高端存储，或者使用了 Linux 系统缓存的环境，这也可以减少该等待事件。

16. PX Deq: Execution Msg

并行执行服务器和 QC 间通过消息来回传输数据，每次传输最大为 PARALLEL_EXECUTION_MESSAGE_SIZE。如果该等待事件太多，通常可以考虑增加该值到 32kB；同时考虑降低并行度，如果对象设置 parallel，应调小，一般建议设置对象的 degree=4。

8.5.9 集群（Cluster）相关

RAC 和单实例的主要区别在于 RAC 中缓冲区缓存是全局一致的，当会话试图读取或更改数据时，Oracle 会首先检查本地节点的缓冲区缓存中是否已经存在。如果不在本地节点中，则需要询问块管理节点其他节点中是否已经包含了该数据块；如果其他节点缓存中已经有了，则会发送给请求节点以避免物理读。

所以，针对 RAC 下的监控和性能分析主要是相关消息和数据库的来回传递，最常见的等待事件是 gc cr request 和 gc buffer busy。

对于 RAC 来说，除非网络配置不合理，否则 RAC 本身基本上没有性能瓶颈。大部分在 RAC 下运行性能较低的系统通常是应用层访问 RAC 不合理或者单节点本身就已经存在问题，如 SQL 效率低、配置不合理，此时 RAC 下由于节点间数据传输可能会性能更差，因此在诊断 RAC 事件之前，应先确保单节点下系统运行良好。

同时理解应用层如 Java 或者 C++ 连接数据库的配置。典型的轮询模式可能适合于 MySQL 一主多从配置，但是用于 RAC 时通常会导致性能急剧下降。

Oracle RAC 等待事件的结构在组织上进行了分层，更易于排查，如图 8-49 所示。

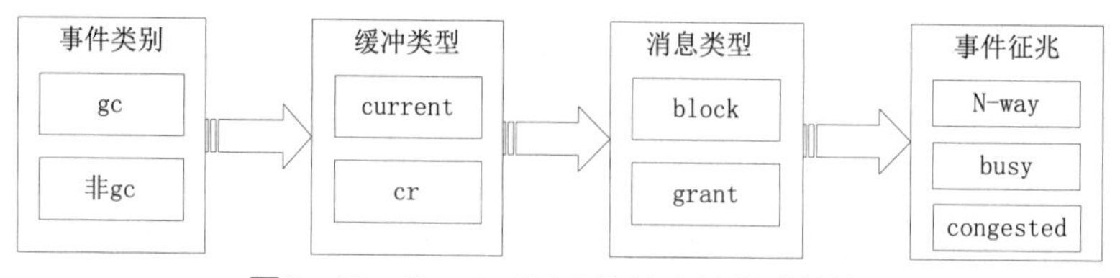

图8-49　Oracle RAC等待事件组成结构

- 事件类别：用于标识事件是 RAC 相关还是 RAC 无关，RAC 相关的等待事件通常以 gc 开头。
- 缓冲类型：用于标识等待事件和哪类缓冲相关，当前读还是一致性读。
- 消息类型：用于描述等待事件相关的消息类型，如和数据块活动相关还是和授权类相关。
- 事件征兆：用于描述具体等待现象，如网络相关的跳跃还是资源忙或系统太忙。

总结起来，RAC 下相关的等待事件如图 8-50 所示。

占位符事件
gc cr request
gc current request
gc cr multi block request
gc current multi block request

面向块
gc cr block 2-way
gc cr block 3-way
gc current block 2-way
gc current block 3-way
gc remaster

面向消息
gc cr grant 2-way
gc current grant 2-way

资源冲突
gc current block busy
gc buffer busy
gc freelist
gc prepare
gc claim
wait for master scn

过载
gc cr block congested
gc current block congested
gc cr block lost
gc current block lost

授权忙
gc cr grant busy
gc cr grant congested
gc current grant busy
gc current grant congested

资源忙
gc cr disk read
gc cr disk request
gc current retry

CPU忙
gc cr cancel
gc cr failure
gc current cancel
gc current split

图8-50　Oracle RAC等待事件

对于 RAC 相关等待事件来说，理解图 8-50 很重要，该图将各种事件进行了归类。理解了图 8-50，基本上通过事件名称就可以大概知道问题在哪里了，否则会觉得没有规律。

1. gc cr/current block 2-way/3-way

在 2 节点的 RAC 中，会发生 2-w ay 等待事件；在 2 节点以上的 RAC 中，可能会同时包含 2-way 和 3-way 等待事件。2-way 是指请求节点给块持有节点发消息，持有节点（管理节点）将数据块直接发送给请求节点；在 2 个以上的 RAC 中，请求首先被发送给块管理者，然后转到持有节点，因此会可能多一次网络转发，因为块持有者不一定是块管理者。以请求排斥锁为例，2-way 等待事件过程如图 8-51 所示。

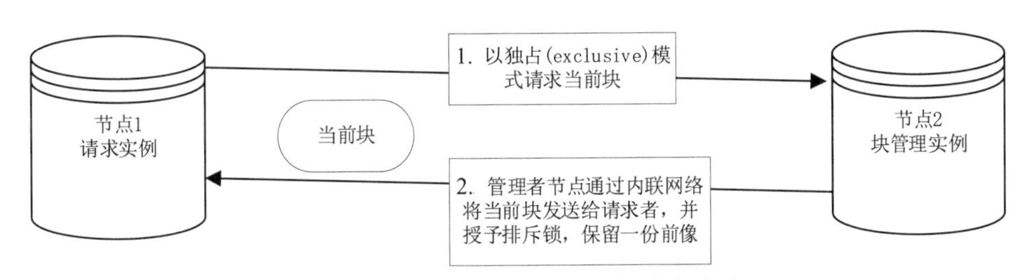

图8-51　Oracle RAC 2-way等待事件过程

3-way 等待事件过程如图 8-52 所示。

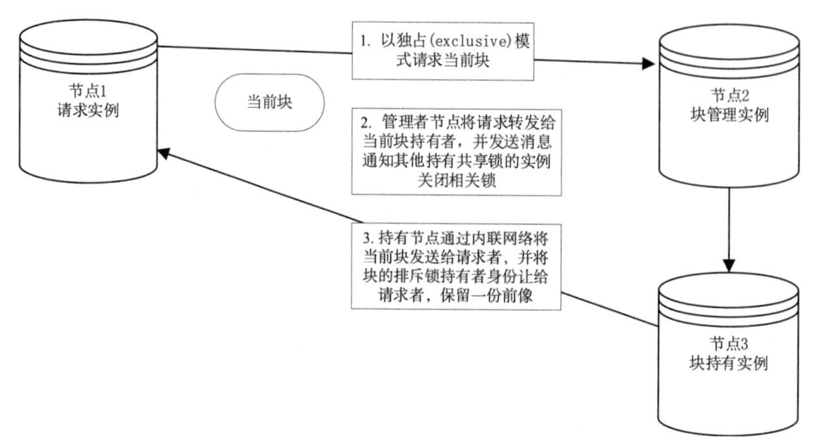

图8–52　Oracle RAC 3-way等待事件过程

2. gc cr/current block congested

当任何实例请求任何节点上的数据块时，其请求都由该数据块的块管理节点（LMS）进程负责提供给请求节点的 LMS 进程；当任何节点的 LMS 进程过载无法及时处理时，用户进程就会在 gc current block congested 事件上等待。这种情况下如果 CPU 不是很忙，可以考虑增加 GCS_SERVER_PROCESS 的数量；如果 CPU 已经很忙，则只能增加 CPU 进行缓解。

3. gc buffer busy

该等待事件和单实例中的 buffer busy waits 属于一个性质，是 RAC 下常见的一个等待事件，常发生在具有热点竞争数据的环境中，具体分为以下两种情况。

- gc buffer busy acquire：当前会话等待本节点的其他会话从其他节点获得锁时，会在该事件上等待。
- gc buffer busy release：当前会话等待其他节点释放锁时，会在该事件上等待。

所以 gc buffer busy 分为直接等待和间接等待两种模式。

4. gc cr/current request

该等待事件记录了从其他节点的缓存请求数据的时间，该等待事件较高通常意味着 RAC 节点间通信速度太慢，或者 SQL 未经优化导致请求了过多的数据，这也会进一步造成从其他节点读取了不必要的数据。对于前者，可以使用 oradebug 确定 RAC 通信使用的网络，如下所示：

```
SQL> oradebug setmypid
Statement processed.
SQL> oradebug ipc
IPC information written to the trace file
SQL> oradebug tracefile_name
/u01/app/oracle/diag/rdbms/ora11g/ora11g/trace/ora11g_ora_8688.trc
```

上述命令会在 user_dump_dest 声明的目录下生成一个跟踪文件，其中记录了 RAC 内联网络使用的协议，如图 8–53 所示。

```
SKGXPCTX: 0xad95d70 ctx
admono 0xbcfc2b9 admport:
SSKGXPT 0xad95e58 flags          info for network 0
        socket no 8      IP 192.168.0.5   UDP 38206
sflags SSKGXPT_UP
        info for network 1
        socket no 0      IP 0.0.0.0       UDP 0
        sflags SSKGXPT_DOWN
        active 0         actcnt 1
context timestamp 0
```

图8-53　RAC内联网络使用的协议

从上述跟踪文件的内容可知，私有网络 192.168.0.5 被用来作为节点间通信网络，并且使用的是 UDP。如果 Top SQL 中有未优化的 SQL，需要先进行优化。

5. gc current/cr multiblock request

在单实例中，对于全表扫描和快速全索引扫描，Oracle 会一次性读取多个数据块以节约 CPU 资源；在 RAC 中也一样，Oracle 会将多个数据块读入一个消息。除此之外，它和 gc cr/current request 等待事件并无区别。

6. gc current retry

该等待事件通常伴随着很多 gc cr request 等待，这通常是 LGWR 写入太慢或者内联网络太慢所致，在 Oracle 12c 之前使用 datapump 导入时，会话也可能在该事件上等待。对于该事件，先参考 gc cr/current request 的解决方法。除此之外，还可以考虑将 _cr_server_log_flush 设置为 false，该参数用于控制是否在处理 CR 请求前刷新 Redo 日志。

7. gc current/cr block busy

该等待事件和 enq:TX - row lock contention 的性质类似。当会话以当前模式请求一个数据块时，它会发请求给该数据库的块管理节点。当数据块因为其他节点中的会话已经在使用或者持有节点写相应的 Redo 日志条目到在线 Redo 日志文件不够快时，就可能发生当前等待事件。用户可通过下列 SQL 语句查询在该事件上等待最后的会话：

```
select a.sid , a.time_waited , b.program , b.module
from v$session_event a , v$session b where a.sid=b.sid and a.event='gc
current block busy'
order by a.time_waited;
```

除了可能是 VIP 不够快外，还可能是 LGWR 写入 Redo 日志文件不够快所致，抑或是 SQL 语句不合理导致请求的数据块过多。

8. gc current/cr block lost

超过 0.5s 没有收到请求的包就被认为丢失，此时就会记录该等待事件。该等待事件太多通常意味着内联网络流量过大，可能是网络配置不正确（在新装系统或者网络环境调整的情况下尤其要注意确认）或者太多的全表扫描所致。不正确的配置内联网络会导致丢包、缓冲溢出、收发包错误、组包。如果该等待事件太多，可通过 netstat 和 ifconfig 查看收包错误和组包失败，如下所示：

```
ifconfig -a:
eth0 Link encap:Ethernet  HWaddr 00:0B:DB:4B:A2:04
          inet addr:130.34.24.110  Bcast:130.34.26.255  Mask:254.254.252.0
          UP BROADCAST RUNNING MULTICAST  MTU:1500  Metric:1
          RX packets:21721236 errors:135 dropped:0 overruns:0 frame:95
          TX packets:273120 errors:0 dropped:0 overruns:0 carrier:0
      netstat -s
Ip:
   84884742 total packets received
   ...
  1201 fragments dropped after timeout
   ...
   3384 packet reassembles failed
```

9. gc cr failure

当申请实例请求 CR 块，但是收到了失败的消息时会记录该等待事件。这通常是由于发生了不可预见的事件，如丢包、块校验失败等；或块持有者无法处理当前请求，如当 Top 1 等待事件是 gc buffer busy 时就可能伴随着很多该等待事件，因为持有块的节点太忙了，如图 8–54 所示。

Top 5 Timed Events

Event	Waits	Time(s)	Avg Wait(ms)	% Total Call Time	Wait Class
gc buffer busy	123,201	83,370	677	30.0	Cluster
row cache lock	35,588	35,905	1,009	12.9	Concurrency
gc cr failure	29,459	35,760	1,214	12.9	Cluster
enq: SQ - contention	10,861	30,496	2,808	11.0	Configuration
gc current retry	26,793	28,344	1,058	10.2	Cluster

图8–54　伴随gc buffer busy等待事件的gc cr failure

对于该等待事件，如果有其他 RAC 相关等待事件排在其之前，如 AWR 报告中的 gc buffer busy，则先解决该等待事件之后再看其影响。

10. wait for master SCN

RAC 中的每个节点都会产生自己的 SCN，然后通过传播方式同步到集群中最高的 SCN。当前台进程在等待集群中的其他节点确认时，就会在该事件上等待。在 Oracle 9.2 之前，SCN 传播方式由参数 MAX_COMMIT_PROPAGATION_DELAY 控制，当该值大于 0 时，Oracle 会使用 Lamport 算法。

在之后的版本中不再使用该参数，并且默认被设置为了 0，新引入了 _IMMEDIATE_COMMIT_PROPAGATION 隐含参数进行控制，表示是否采用阻塞模式同步，默认为 true。它的实现和原来差不多，只不过 SCN 的全局高水位收发一直进行维护，这样就减少了全局 SCN 的同步，在一定程度上提升了性能。

第9章

精通执行计划分析

SQL 执行计划分析是 SQL 优化的一大门槛，很多开发人员和 DBA 都被难在这里，进而导致系统性能不佳。本章从 SQL 内部执行过程讲起，用最容易理解的方式讲解掌握 SQL 执行计划的要领、各种关键操作。本章假设读者熟悉 SQL 语句的编写，对数据库的原理有所了解，但即使是这类读者，本章仍然可能需要进行多次验证、推敲才能深入理解。

9.1 SQL内部执行过程

在开始正式学习 Oracle SQL 执行计划之前，有必要了解 SQL 语句的整体执行过程，这有助于我们更加平滑地过渡到对执行计划的学习。一个 SQL 语句从提交 Oracle 服务器到执行要经过语法检查、语义检查、共享池（Shared Pool）检查、优化、行源（Row Source）生成、执行 6 个步骤，如图 9–1 所示。

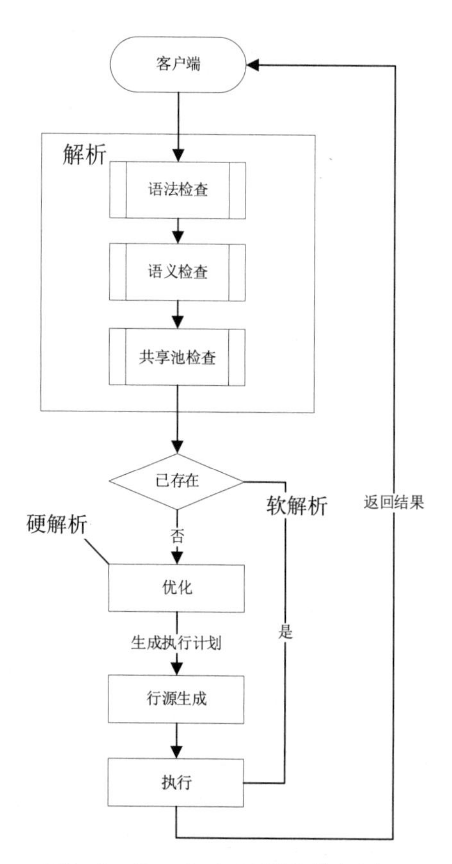

图9–1　Oracle SQL语句执行过程

其中前 3 步语法检查、语义检查、共享池检查统称为解析。

（1）语法检查主要是检查 SQL 语句是否符合 Oracle 的语法，这很简单，本书的主题主要和性能优化相关，因此不详细讲解，有兴趣的读者可以参考 Oracle 官方文档。

（2）语义检查主要检查对象是否存在、字段是否存在、用户是否有权限等，因为相同的对象可能在多个用户中存在，也可能因为 DDL 等导致原先已经在库缓存中的 SQL 失效，所以语法检查和语义检查无论硬解析还是软解析都要执行。

（3）共享池检查。前两步完成之后，数据库会为提交的 SQL 语句生成哈希值，然后在共享池的共享 SQL 区查找是否存在解析过的相同哈希值。如果找到了，数据库进一步判断语义和优化器上下文是否一致，如果都一致，就可以跳过后续资源密集的优化、行源产生等操作，直接进入执行环节，此时被称为软解析；如果没有找到或者任何信息均不匹配，就需要将提交的 SQL 加载到共享池，然后为提交的 SQL 语句执行完整的优化、行源生成过程，解析后的 SQL 最终在数据库中体现为游标，所有未关闭的游标都在 V$OPEN_CURSOR 中。

就应用设计而言，应该以避免硬解析为目标，即使用绑定变量而不是硬编码。在 Java 中使用 PreparedStatment 代替 Statement；在 mybatis 中用 #{value} 代替 ${value}；在 PL/SQL 中默认为绑定变量，无须特殊注意；在 OCI 中使用 OCIBindByPos 或 OCIBindByName。除了硬解析和软解析外，还有一种更加优化的软软解析，它可以绕过在共享池中检查，有时还可以减少网络交互，直接语法、语义检查完成后就进入 SQL 执行。

需要注意，硬解析在 OLTP 系统中是昂贵的操作，因为 OLTP 的 SQL 语句通常都很简单，解析会占据较大比例的资源消耗；在批处理和 CRM 系统中，一味地避免硬解析会适得其反，因为这些应用中数据倾斜度较高，在解析期间尽可能得到准确的关于实际数据分布的信息才能产生更优的执行计划，进而提高执行效率。

（4）对于需要硬解析的 SQL，接下来就开始进行最耗费资源的 SQL 优化步骤。对于任何新提交的 SQL 语句，优化器都会为其执行下列优化操作：

- 评估 SQL 语句中的查询条件及各种表达式，尤其是那些包含了常量的条件和表达式，它们会尽可能第一时间被评估和过滤掉尽可能多的记录。
- 查询转换。对于包含了相关子查询和视图的复杂语句，优化器可能会考虑将其转换为对应的多表连接。
- 选择优化器目标。这主要是在吞吐量优先和响应时间优先之间选择，在绝大部分实际工作中会考虑吞吐量优先。
- 选择恰当的访问路径。对于语句中涉及的每个表，优化器都会选择一个或多个访问路径以得到最终的记录。
- 选择恰当的表连接方式。对于任何超过 2 个表连接的 SQL 语句，优化器都会选择哪两张表先进行连接，以及随后哪张表和前两张表的结果集进行连接。
- 生成优化后执行树（内部可以认为是一颗二叉树）供执行引擎使用。

（5）SQL 引擎根据优化后的执行树执行各种实际操作，如关联、加载数据到内存、排序等。

不管 SQL 执行多久，Oracle 总是使用读一致性机制保证所有数据块是同一时间点的。对于查询，根据 prefetch 设置，一条条或者分组将结果集返回给客户端，并关闭游标。

上面就是对 Oracle SQL 语句执行过程的简单介绍，优化和 SQL 语句执行的深入介绍分散在本书其他各章节的主题中。了解 SQL 语句的总体执行过程之后，就可以开始学习执行计划了。

9.2 SQL性能分析的关键

对于SQL性能优化来说，首要应掌握如何分析SQL的性能。很多开发人员仅了解一些执行计划，仅以是否使用了索引、连接方式确定 SQL 语句是否是优化的，但仅靠这一点是很难确定真正合理与否的。对于 SQL 性能分析来说，最终判断 SQL 优化与否的核心度量指标是分析 SQL 消耗的资源是否过多。本节就来讨论如何分析 SQL 的性能，以及查询与 DML 的差别。

9.2.1 SQL效率分析

当遇到某个 SQL 语句的执行速度较慢时，通常需要对其进行分析以确定如何进行优化。对于很多开发人员来说，遇到的难题在于不知道从哪里开始分析 SQL 语句的效率。网络上各种书籍中有分析和优化各种 SQL 语句性能的例子，但通常只是针对某个点，较少有全面的讲解。

对于 SQL 性能分析来说，其实分析 SQL 效率的方法并不麻烦，无论是 OLTP 系统还是批处理系统，它们所需的技术是一样的，只不过通常关注点会有所不同。例如，在 OLTP 类查询中，通常更加关心索引是否合理，在批处理系统中增加关注表连接方式和顺序。总体来说，分析 SQL 效率主要关注 3 个方面：SQL 执行计划、I/O 资源消耗及内部递归消耗分析，前两个方面通常结合在一起使用，第 3 点在特殊情况下分析会使用到，所以还是将其包含进来。

1. SQL执行计划

对于一个性能较为低下的 SQL 语句来说，通常第一件事就是查看该 SQL 执行计划。SQL 执行计划显示了 SQL 语句各表的访问方式、连接方式、子查询和内嵌视图的查询转换，可以说很大比例的 SQL 语句性能低下是因为优化器选择了不正确的执行计划，只要执行计划正确，SQL 语句的性能一般无法再通过优化数量级提升。此时就需要通过对资源消耗的分析进行进一步的优化，如选择更合适的索引类型、更改字段数据类型，甚至表结构拆分或者字段冗余。

2. I/O资源消耗

对于简单的SQL语句来说，通过分析执行计划通常就足够了；在很多复杂的语句和二次优化中，仅通过分析执行计划是无法得到较好的优化效果的，必须结合分析 SQL 语句的资源消耗来分析效率是否符合预期，进一步确定最合适的表连接顺序、是否进行子查询合并等。

对于纯粹的 SQL 语句性能分析来说，最主要的是关注 SQL 语句的直接消耗资源，主要是逻辑读 / 写、直接读 / 写、Redo 日志和 Undo 日志、磁盘排序等。其他间接导致的资源消耗，如延迟清除虽然也重要，但这些更多属于 Oracle 实例优化范畴，详见第 7 章。

大部分性能分析人员在讨论 SQL 的资源消耗时，通常以逻辑读 / 写（LIO）为例；但是在某些场景（如批处理）中，以逻辑读 / 写为例并不总是合适的，此时必须需要考虑物理读 / 写（PIO），否则会导致推测性能和实际性能总是有较大差距。

3. 内部递归消耗分析

在一些特殊情况下，我们会发现 SQL 语句执行的时间很长，如 delete 10 条记录用了 1s，truncate 使用了 7s，抑或是某些 SQL 语句的递归特别多，执行计划和 I/O 资源消耗看起来都没有问题。这种情况下就需要借助 Oracle sql trace 或 10046 事件结合 TKPROF 进行分析。

9.2.2 查询与DML在优化上的关注异同点

对于增删改 DML 操作来说，和查询相比，其在执行计划上没什么差别。在资源消耗上需要额外关注生成的 Redo 日志、Undo 日志数量，以及因为索引块更新间接导致的资源消耗。虽然有存储层面的缓存，相对读来说，写要慢得多，在一些写负载高的系统中，最小化每个 SQL 语句产生的撤销块和重做块对提升系统性能会非常明显。

9.3 Oracle性能分析工具

Oracle 数据库带了很多性能分析工具，包括命令行和图形化方式。虽然图形化工具看起来很厉害，但是在实际定量分析时并不那么直观。因此，本书主要通过命令行和 SQL 查询统计的方式进行分析，下面将对其使用进行简单的介绍。

9.3.1 SQL*Plus autotrace

SQL*Plus 的 autotrace 命令是分析 SQL 的执行计划、执行效率的最简便的方式，利用 autotrace 命令提供的 SQL 执行计划和统计状态可以为优化 SQL 提供参考依据，对优化效果进行比较。本书将广泛使用 autotrace 命令，它主要包含下列信息。

- recursive calls：递归调用次数。
- db block gets：当前读的块数。
- consistent gets：一致性读的块数，和当前读块数加起来为逻辑读次数。
- physical read：执行 SQL 的过程中，从硬盘上读取的数据块个数。

- redo size：执行 SQL 的过程中，产生的 Redo 日志的大小。
- bytes set via sql*net to client：通过 sql*net 发送给客户端的字节数。
- bytes received via sql*net from client：通过 sql*net 接收客户端的字节数。
- sorts(memory)：在内存中发生的排序。
- sorts(disk)：不能在内存中发生的排序，需要硬盘来协助。
- rows processed：结果的记录数。

一般来说，在分析 SQL 语句性能时，开发人员不太关心和客户端的通信数量及结果集行数；在优化网络相关参数，如预提取大小时，则关心网络通信部分。autotrace 命令的常用选项含义如下。

- SET AUTOTRACE OFF：不生成 AUTOTRACE 报告，是默认模式。
- SET AUTOTRACE ON EXPLAIN：只显示优化器执行路径报告。
- SET AUTOTRACE ON STATISTICS：只显示执行统计信息。
- SET AUTOTRACE ON：包含执行计划和统计信息。
- SET AUTOTRACE TRACEONLY：同 SET AUTOTRACE ON，但是不显示查询输出。

其使用如下所示：

```
SQL> set autotrace traceonly
SQL> select * from scott.emp;
已选择9999行
执行计划
----------------------------------------------------------
Plan hash value: 3956160932
--------------------------------------------------------------------------
| Id  | Operation     | Name | Rows   | Bytes | Cost (%CPU)| Time      |
--------------------------------------------------------------------------
|   0 | SELECT STATEMENT  |      |  9999 |   312K|    15   (0)| 00:00:01 |
|   1 |  TABLE ACCESS FULL| EMP  |  9999 |   312K|    15   (0)| 00:00:01 |
--------------------------------------------------------------------------
统计信息
----------------------------------------------------------
        0  recursive calls
        0  db block gets
      718  consistent gets
        0  physical reads
        0  redo size
   447687  bytes sent via SQL*Net to client
     7849  bytes received via SQL*Net from client
      668  SQL*Net roundtrips to/from client
        0  sorts (memory)
        0  sorts (disk)
     9999  rows processed
```

因为一开始数据很可能不在 SGA 中或者需要延迟清理，前两次的统计值通常并不准确。一般来说，使用 autotrace 应该至少执行 3 次以上，稳定之后再进行验证优化结果。

9.3.2 more than autotrace——extendtrace

虽然 autotrace 提供了 SQL 优化最主要的部分，但是其毕竟很多年没有维护了，而 Oracle 的各种特性不停地在增加，如结果集缓存、IM 列式存储、WITH 等，在使用这些特性时，autotrace 并没能提供足够的信息，如直接路径读 / 写的块数、I/O 等待的时间、临时表空间的读 / 写等，每次都需要到 v$mystat 中进行计算。

为了每次都可以直接获得完整的统计指标，笔者编写了一个自定义工具，包含这些额外的重要信息，其使用如下所示：

```
SQL> call start_trace();
Method called
SQL> select count(1) from emp;
  COUNT(1)
----------
      9999
SQL> select * from table(fn_end_trace());
STAT_NAME
VALUE
----------------------------------------------------------------------
DBWR undo block writes                                    0
consistent gets                                           39
db block changes                                          0
db block gets                                             0
file io service time                                      0
file io wait time                                         0
physical reads                                            0
physical reads direct                                     0
physical reads direct temporary tablespace                0
physical writes                                           0
physical writes direct                                    0
physical writes direct temporary tablespace               0
redo size                                                 0
redo write time                                           0
redo writes                                               0
sorts (disk)                                              0
sorts (rows)                                              0
table scans (direct read)                                 0
workarea executions - multipass                           0
workarea executions - onepass                             0
workarea executions - optimal                             2
21 rows selected
```

和 autotrace 一样，前两次统计的值通常不是很准确，一般来说，使用 extendtrace 应该至少执行 3 次以上稳定之后再进行验证优化结果。源代码可从 https://files.cnblogs.com/files/zhjh256/prepare_extendtrace.zip 下载，然后按照 readme.txt 执行即可，如果读者对这部分信息不关注，可以自定义增加过滤。

9.3.3 10046事件和TKPROF

10046 事件和 SQL_TRACE 作用类似，都用来追踪 SQL，通过生成的 trace 来了解 SQL 的执行过程。和普通的 SQL_TRACE 方法相比，10046 事件提供了可选的追踪级别定制跟踪的内容范围。10046 事件可选 4 个级别：

- Level 1 标准 SQL 跟踪，相当于 SQL_TRACE=TRUE；
- Level 4 在 level 1 的基础上增加绑定变量的信息；
- Level 8 在 level 1 的基础上增加等待事件的信息；
- Level 12 在 level 1 的基础上增加绑定变量和等待事件的信息。

10046 事件不但可以跟踪用户会话（trace 文件位于 USER_DUMP_DEST），也可以跟踪 background 进程（trace 文件位于 BACKGROUND_DUMP_DEST）。跟踪文件通常很大而且内容繁杂，一般会先使用 TKPROF 工具进行处理，然后进行分析。例如：

```
SQL> alter session set tracefile_identifier='yy';
会话已更改
SQL> alter session set events '10046 trace name context forever, level 12';
会话已更改
SQL> select count(1) from emp;
  COUNT(1)
----------
      9999
SQL> alter session set events '10046 trace name context off';
会话已更改
SQL> column tracefile format a64
SQL> select distinct(m.sid),p.pid,p.tracefile from v$mystat m,v$session
  s,v$process p where m.sid=s.sid and s.paddr=p.addr;
       SID     PID TRACEFILE
---------- ---------- ----------------------------------------------------
       142      21 /u01/app/oracle/diag/rdbms/ora11g/ORA11G/trace/
ORA11G_ora_44631_             yy.trc
```

生成跟踪文件后，使用 TKPROF 进行格式化以便于阅读，如下所示：

```
[oracle@oel-12c ~]$ tkprof /u01/app/oracle/diag/rdbms/ora11g/ORA11G/
trace/ORA11G_ora_44631_yy.trc ORA11G_ora_44631_yy.txt aggregate=yes
sys=no waits=yes sort=fchela
[oracle@oel-12c ~]$ more ORA11G_ora_44631_yy.txt
Trace file: /u01/app/oracle/diag/rdbms/ora11g/ORA11G/trace/ORA11G_
ora_44631_yy.trc
Sort options: fchela
********************************************************************************
count    = number of times OCI procedure was executed
cpu      = cpu time in seconds executing
elapsed  = elapsed time in seconds executing
disk     = number of physical reads of buffers from disk
```

```
query    = number of buffers gotten for consistent read
current  = number of buffers gotten in current mode (usually for update)
rows     = number of rows processed by the fetch or execute call
********************************************************************************
SQL ID: 1t385yygmyypw Plan Hash: 1006289799
select count(1) from emp
call     count       cpu    elapsed       disk      query    current        rows
------- ------  -------- ---------- ---------- ---------- ----------
Parse        1      0.00       0.00          0          0          0           0
Execute      1      0.00       0.00          0          0          0           0
Fetch        2      0.00       0.00          0         39          0           1
------- ------  -------- ---------- ---------- ---------- ----------
total        4      0.00       0.00          0         39          0           1
Misses in library cache during parse: 1
Optimizer mode: ALL_ROWS
Parsing user id: 83
Number of plan statistics captured: 1
Rows (1st) Rows (avg) Rows (max)  Row Source Operation
---------- ---------- ----------  ---------------------------------------------------
         1          1          1  SORT AGGREGATE (cr=39 pr=0 pw=0
time=1163 us)
      9999       9999       9999   INDEX FAST FULL SCAN PK_EMP (cr=39
pr=0 pw=0 time=737 us cost=10 size=0 card=9999)(object id 87109)
Elapsed times include waiting on following events:
  Event waited on                             Times   Max. Wait  Total
Waited
  ----------------------------------------   Waited  ----------  ------------
  SQL*Net message to client                       2        0.00          0.00
  SQL*Net message from client                     2        6.34          6.34
********************************************************************************
OVERALL TOTALS FOR ALL NON-RECURSIVE STATEMENTS
call     count       cpu    elapsed       disk      query    current        rows
------- ------  -------- ---------- ---------- ---------- ----------
Parse        2      0.00       0.00          0          0          0           0
Execute      2      0.00       0.00          0          0          0           0
Fetch        2      0.00       0.00          0         39          0           1
------- ------  -------- ---------- ---------- ---------- ----------
total        6      0.00       0.00          0         39          0           1
Misses in library cache during parse: 1
Elapsed times include waiting on following events:
  Event waited on                             Times   Max. Wait  Total
Waited
  ----------------------------------------   Waited  ----------  ------------
  SQL*Net message to client                       3        0.00
0.00
  SQL*Net message from client                     3        6.34
14.60
OVERALL TOTALS FOR ALL RECURSIVE STATEMENTS
call     count       cpu    elapsed       disk      query    current
```

```
rows
------- ------  -------- ---------- ---------- ---------- ----------
Parse        2    0.00      0.00          0          0          0          0
Execute     27    0.00      0.00          0          0          0          0
Fetch       47    0.00      0.00          2         96          0         34
------- ------  -------- ---------- ---------- ---------- ----------
total       76    0.00      0.00          2         96          0         34
Misses in library cache during parse: 1
Misses in library cache during execute: 1
Elapsed times include waiting on following events:
  Event waited on                             Times   Max. Wait  Total
Waited
  ----------------------------------------   Waited  ----------  ------------
  db file sequential read                         2        0.00        0.00
    2  user  SQL statements in session.
   15  internal SQL statements in session.
   17  SQL statements in session.
********************************************************************************
Trace file: /u01/app/oracle/diag/rdbms/ora11g/ORA11G/trace/ORA11G_
ora_44631_yy.trc
Trace file compatibility: 10.1.0.7
Sort options: fchela
       1  session in tracefile.
       2  user  SQL statements in trace file.
      15  internal SQL statements in trace file.
      17  SQL statements in trace file.
      16  unique SQL statements in trace file.
     472  lines in trace file.
       7  elapsed seconds in trace file.
```

格式化后输出的内容简单明了，而且很容易定位问题。

对于实际工作中大部分的性能分析和优化来说，并不需要每次使用 SQL 跟踪，因为它的步骤有些烦琐。但是在某些特殊情况下看不出 SQL 执行计划和资源消耗有问题，而 SQL 执行时间很长时特别有用，因为其中会记录 Oracle 内部执行的一些操作，因此仍然必须了解它，且对于性能优化的新手而言，学习它可以加深对性能优化的过程和方式的理解。

9.3.4 10053事件

10053 事件是用来诊断优化器如何估算成本和选择执行计划的，由它产生的 trace 文件提供了 Oracle 如何选择执行计划、为什么会得到这样的执行计划信息。和 10046 事件类似，10053 事件主要用于特殊情况下的分析和诊断。

对于性能优化的新手而言，学习 10053 事件分析可以更快地理解 Oracle 优化器的工作上下文及决策依据。10053 事件跟踪的生成方式和 10046 事件类似，如下所示：

```
SQL> alter session set tracefile_identifier='yy';
```

```
会话已更改
SQL> ALTER SESSION SET EVENTS='10053 trace name context forever, level
  1';
会话已更改
SQL> select count(1) from emp;
  COUNT(1)
----------
      9999
SQL> alter session set events ' 10053 trace name context off';
会话已更改。
SQL> column tracefile format a64
SQL> select distinct(m.sid),p.pid,p.tracefile from v$mystat m,v$session
  s,v$process p where m.sid=s.sid and s.paddr=p.addr;
       SID        PID TRACEFILE
---------- ---------- ------------------------------------------------------------
       142         21 /u01/app/oracle/diag/rdbms/ora11g/ORA11G/trace/
ORA11G_ora_12321_               yy.trc
```

10053 事件会生成一个很大的跟踪文件，这里不再进行详细讲解。

9.4 高效掌握执行计划

很多开发人员对于执行计划的理解处在似懂非懂的状态，对于很简单的 SQL 语句，能够理解 SQL 语句的连接方式、访问路径；但对于较为复杂的 SQL 语句，就显得束手无策了。究其原因，是没有真正清楚执行计划的运行上下文及执行计划的关键点。本节的目标就是将掌握执行计划的关键之处一一解析，确保读者能够深入浅出地掌握执行计划。

9.4.1 执行计划的组成部分

有多种方式可以查看 Oracle SQL 语句的执行计划，本小节仅以 dbms_xplan.display() 和 PL/SQL Developer 的 F5 为例进行讲解，如果读者对其他方式感兴趣可以在网上搜索相关资料。简单两表关联执行计划，如下所示：

```
SQL> explain plan for
  2  select *
  3    from hr.employees e, hr.departments d
  4   where e.department_id = d.department_id
  5   and e.manager_id != 99;
Explained
SQL> select * from table(dbms_xplan.display());
```

输出结果如图 9–2 所示。

```
PLAN_TABLE_OUTPUT
---------------------------------------------------------------------------------
Plan hash value: 1343509718
---------------------------------------------------------------------------------
| Id  | Operation                    | Name        | Rows  | Bytes | Cost (%CPU)
---------------------------------------------------------------------------------
|   0 | SELECT STATEMENT             |             |   105 |  9450 |     6  (17)
|   1 |  MERGE JOIN                  |             |   105 |  9450 |     6  (17)
|   2 |   TABLE ACCESS BY INDEX ROWID| DEPARTMENTS |    27 |   567 |     2   (0)
|   3 |    INDEX FULL SCAN           | DEPT_ID_PK  |    27 |       |     1   (0)
|*  4 |   SORT JOIN                  |             |   106 |  7314 |     4  (25)
|*  5 |    TABLE ACCESS FULL         | EMPLOYEES   |   106 |  7314 |     3   (0)
---------------------------------------------------------------------------------
Predicate Information (identified by operation id):
---------------------------------------------------
   4 - access("E"."DEPARTMENT_ID"="D"."DEPARTMENT_ID")
       filter("E"."DEPARTMENT_ID"="D"."DEPARTMENT_ID")
   5 - filter("E"."MANAGER_ID"<>99)
```

图9–2 输出结果

默认情况下，并不包含查询块的名称，如果要包含查询块的名称，可以使用“TYPICAL, ALIAS”选项，如下所示：

```
SQL> select * from table(dbms_xplan.display(format => 'TYPICAL,ALIAS'));
```

输出结果如图 9–3 所示。

```
SQL> select * from table(dbms_xplan.display(format => 'TYPICAL,ALIAS'));
PLAN_TABLE_OUTPUT
---------------------------------------------------------------------------------
Plan hash value: 1343509718
---------------------------------------------------------------------------------
| Id  | Operation                    | Name        | Rows  | Bytes | Cost (%CPU)
---------------------------------------------------------------------------------
|   0 | SELECT STATEMENT             |             |   105 | 16170 |     6  (17)
|   1 |  MERGE JOIN                  |             |   105 | 16170 |     6  (17)
|   2 |   TABLE ACCESS BY INDEX ROWID| DEPARTMENTS |    27 |   567 |     2   (0)
|   3 |    INDEX FULL SCAN           | DEPT_ID_PK  |    27 |       |     1   (0)
|*  4 |   SORT JOIN                  |             |   106 | 14098 |     4  (25)
|*  5 |    TABLE ACCESS FULL         | EMPLOYEES   |   106 | 14098 |     3   (0)
---------------------------------------------------------------------------------
Query Block Name / Object Alias (identified by operation id):
-------------------------------------------------------------
   1 - SEL$1
   2 - SEL$1 / D@SEL$1
   3 - SEL$1 / D@SEL$1
   5 - SEL$1 / E@SEL$1
Predicate Information (identified by operation id):
---------------------------------------------------
   4 - access("E"."DEPARTMENT_ID"="D"."DEPARTMENT_ID")
       filter("E"."DEPARTMENT_ID"="D"."DEPARTMENT_ID")
   5 - filter("E"."MANAGER_ID"<>99)
Note
-----
   - dynamic sampling used for this statement (level=2)
31 rows selected
```

图9–3 输出结果

Oracle 自带的执行计划看起来没有 IDE 直接，尤其是 SQL 语句较长时，如图 9–4 所示。

Description	对象名称	Qblock...	耗费	基数	字节	访问谓词	过滤器谓词
SELECT STATEMENT, GOAL = ALL_ROWS			6	105	9,450		
MERGE JOIN		SEL$1	6	105	9,450		
TABLE ACCESS BY INDEX ROWID	DEPARTMENTS	SEL$1	2	27	567		
INDEX FULL SCAN	DEPT_ID_PK	SEL$1	1	27			
SORT JOIN			4	106	7,314	"E"."DEPART...	"E"."DEPARTMENT_ID"="D"."DEPARTMENT_ID"
TABLE ACCESS FULL	EMPLOYEES	SEL$1	3	106	7,314		"E"."MANAGER_ID"<>99

图9–4 PL/SQL Developer中显示执行计划

除了 ALIAS 外，PLAN_TABLE_OUTPUT 还有很多其他选项，上述列出的是几个比较重要的部分，分别包含了 SQL 语句的预期执行计划，如表的连接顺序、访问路径、连接方法、访问谓词、过滤条件，还可以看出子查询是否会被重写等；最后一个 Note 部分是一些额外提示，如动态取样，并不是所有的执行计划都会包含这一部分。

需要注意，dbms_xplan.display() 函数显示的是解析执行计划，并不一定是真正执行时的执行计划，如果要查看实际执行的执行计划，可以调用 dbms_xplan.display_cursor()。在同一个环境中，因为基于相同的统计信息和上下文，在绝大部分情况下，它们的执行计划一样，所以不影响讨论。除非测试时用硬编码，SQL 在程序中时使用绑定变量，此时就不能直接查看查询条件使用常量值替换后的 SQL，必须同样使用绑定变量进行查看才有参考性。

9.4.2 SQL查询块的命名

所有的查询块包括只有一个查询块的主查询，如果没有被自定义，都会被分配一个内部的名称。对于 SQL 优化来说，掌握该查询块名称的生成及如何自定义是非常关键的。对于一些不希望被合并的内嵌视图，如果要控制其连接方式、顺序等就需要通过查询块名称来控制。几乎所有的优化器提示都有一个可选的参数用于指定查询块。

同时，当无法直接修改 SQL 代码时，要想通过 SQL_DIAG 机制调整 SQL 的执行计划，也需要通过查询块名称控制。通过查询块名称，开发人员可以直接在主查询中包含所有的优化器提示，而不必一层层修改。

一般来说，当某些子查询、内嵌视图或 WITH 被认为无法合并到主查询时，就会被生成查询块，如图 9–5 所示。

```
SQL> SELECT * FROM table(dbms_xplan.display(format => 'TYPICAL,ALIAS'));
PLAN_TABLE_OUTPUT
--------------------------------------------------------------------------------
Plan hash value: 523547400
--------------------------------------------------------------------------------
| Id  | Operation                     | Name        | Rows  | Bytes | Cost (%CPU)
--------------------------------------------------------------------------------
|   0 | SELECT STATEMENT              |             |   106 |  4982 |     7  (29)
|   1 |  MERGE JOIN                   |             |   106 |  4982 |     7  (29)
|   2 |   TABLE ACCESS BY INDEX ROWID | DEPARTMENTS |    27 |   567 |     2   (0)
|   3 |    INDEX FULL SCAN            | DEPT_ID_PK  |    27 |       |     1   (0)
|*  4 |   SORT JOIN                   |             |   106 |  2756 |     5  (40)
|   5 |    VIEW                       |             |   106 |  2756 |     4  (25)
|   6 |     HASH GROUP BY             |             |   106 |  4134 |     4  (25)
|*  7 |      TABLE ACCESS FULL        | EMPLOYEES   |   106 |  4134 |     3   (0)
--------------------------------------------------------------------------------
Query Block Name / Object Alias (identified by operation id):
-------------------------------------------------------------
   1 - SEL$1
   2 - SEL$1 / E@SEL$1
   3 - SEL$1 / E@SEL$1
   5 - SEL$2 / D@SEL$1
   6 - SEL$2
   7 - SEL$2 / E@SEL$2
Predicate Information (identified by operation id):
---------------------------------------------------
   4 - access("E"."DEPARTMENT_ID"="D"."DEPARTMENT_ID")
       filter("E"."DEPARTMENT_ID"="D"."DEPARTMENT_ID")
   7 - filter("E"."MANAGER_ID"<>99)
Note
-----
   - dynamic sampling used for this statement (level=2)
35 rows selected
```

图9–5 包含无法合并到主查询的SQL的执行计划

对于命名查询块，可以通过 QB_NAME 提示对子查询块进行命名并在外查询引用。下列示例为内嵌视图定义了名为 inner_block 的查询块：

```
SQL> explain plan for
  2    select /*+ index(@inner_block e EMP_MANAGER_IX)*/*
  3      from (select /*+ QB_NAME(inner_block) */* from hr.employees e
         where e.manager_id != 99) d,
  4            hr.departments e
  5     where e.department_id = d.department_id;
Explained
```

输出结果如图 9–6 所示。

```
PLAN_TABLE_OUTPUT
------------------------------------------------------------------------------
Plan hash value: 2367739718
------------------------------------------------------------------------------
| Id  | Operation                    | Name           | Rows  | Bytes | Cost (%
------------------------------------------------------------------------------
|   0 | SELECT STATEMENT             |                |   105 | 16170 |     7
|   1 |  MERGE JOIN                  |                |   105 | 16170 |     7
|   2 |   TABLE ACCESS BY INDEX ROWID| DEPARTMENTS    |    27 |   567 |     2
|   3 |    INDEX FULL SCAN           | DEPT_ID_PK     |    27 |       |     1
|*  4 |   SORT JOIN                  |                |   106 | 14098 |     5
|   5 |    TABLE ACCESS BY INDEX ROWID| EMPLOYEES     |   106 | 14098 |     4
|*  6 |     INDEX FULL SCAN          | EMP_MANAGER_IX |     5 |       |     2
------------------------------------------------------------------------------
Query Block Name / Object Alias (identified by operation id):
-------------------------------------------------------------
   1 - SEL$692B3DBF
   2 - SEL$692B3DBF / E@SEL$1
   3 - SEL$692B3DBF / E@SEL$1
   5 - SEL$692B3DBF / E@INNER_BLOCK
   6 - SEL$692B3DBF / E@INNER_BLOCK
Predicate Information (identified by operation id):
---------------------------------------------------
   4 - access("E"."DEPARTMENT_ID"="E"."DEPARTMENT_ID")
       filter("E"."DEPARTMENT_ID"="E"."DEPARTMENT_ID")
   6 - filter("E"."MANAGER_ID"<>99)
Note
-----
   - dynamic sampling used for this statement (level=2)
33 rows selected
```

图9–6　输出结果

在此例中，如果不使用 QB_NAME，就无法精确在外查询控制，如下所示：

```
SQL> explain plan for
  2    select /*+ index(e EMP_MANAGER_IX)*/*
  3      from (select /*+ QB_NAME(inner_block) */* from hr.employees e
         where e.manager_id != 99) d,
  4            hr.departments e
  5     where e.department_id = d.department_id;
Explained
```

输出结果如图 9–7 所示。

对于 IN、EXISTS 子查询，都可以通过 QB_NAME 进行自定义，这在 SQL 源码可以访问的情况下是比较好的处理方式。但我们并不总是可以访问源码，这时知道自动生成的查询块的规则就很重要了。

```
PLAN_TABLE_OUTPUT
--------------------------------------------------------------------------------
Plan hash value: 1343509718
--------------------------------------------------------------------------------
| Id  | Operation                     | Name        | Rows  | Bytes | Cost (%CPU)
--------------------------------------------------------------------------------
|   0 | SELECT STATEMENT              |             |   105 | 16170 |     6  (17)
|   1 |  MERGE JOIN                   |             |   105 | 16170 |     6  (17)
|   2 |   TABLE ACCESS BY INDEX ROWID | DEPARTMENTS |    27 |   567 |     2   (0)
|   3 |    INDEX FULL SCAN            | DEPT ID PK  |    27 |       |     1   (0)
|*  4 |   SORT JOIN                   |             |   106 | 14098 |     4  (25)
|*  5 |    TABLE ACCESS FULL          | EMPLOYEES   |   106 | 14098 |     3   (0)
--------------------------------------------------------------------------------
Query Block Name / Object Alias (identified by operation id):
-------------------------------------------------------------
   1 - SEL$692B3DBF
   2 - SEL$692B3DBF / E@SEL$1
   3 - SEL$692B3DBF / E@SEL$1
   5 - SEL$692B3DBF / E@INNER_BLOCK
Predicate Information (identified by operation id):
---------------------------------------------------
   4 - access("E"."DEPARTMENT_ID"="E"."DEPARTMENT_ID")
       filter("E"."DEPARTMENT_ID"="E"."DEPARTMENT_ID")
   5 - filter("E"."MANAGER_ID"<>99)
Note
-----
   - dynamic sampling used for this statement (level=2)
31 rows selected
```

图9–7　输出结果

从上面的例子可以看到，有时查询块名称是 SEL$1，有时是 SEL$ 后面跟 8 个十六进制字符串，看似没什么规则。实际上在 Oracle 中，默认情况下，查询、新增、修改、删除、合并（merge）的查询块默认命名规则为 sel$1、ins$2、upd$3、del$4、misc$5。至于名称类似 SEL$8FA4BC11 的查询块，它们是查询块的确定性哈希值，和 SEL$ 一样，可以被直接引用使用，不会随着环境变化而变化。

9.4.3　导致执行计划变化的因素

因为执行计划是由 Oracle 优化器负责生成的，所以准确地说不是导致执行计划变化的因素是什么，而是导致优化器做出不同执行计划的因素是什么。简单地说，导致优化器做出错误决定的主要是统计信息、优化器相关的系统参数及绑定变量，也可以将优化器提示包括在内，但将其归类进来并不是很合理。实际操作中要比这复杂得多，如并行执行时，让 Oracle 自行确定并行度时，Oracle 经常会做出错误的决定，从而导致性能极其低下。

对优化器工作原理的分析是一个很复杂的过程，将在第 10 章详细讲解优化器的核心部分，以及如何利用好优化器自动得到较优的 SQL 执行计划，而不是过于依赖各种优化器提示。

9.4.4　掌握执行计划的关键

SQL 优化最重要的一环就是 SQL 执行计划的分析。掌握了执行计划，并不意味着读者就精通 SQL 优化了，很多 SQL 性能的问题仅通过 SQL 优化是看不出来的，但是也可以认为已经入门了；反之如果没有掌握执行计划，遇到 SQL 语句的性能问题时就会束手无策。本节要讲的是如何掌握执行计划的精髓，只要掌握了诀窍，理解执行计划并不难，而且可以快速类推到 MySQL、postgreSQL 中。总结起来，SQL 执行计划的核心就是以下几点。

1. 选择性

选择性是指符合过滤条件的记录占总记录数的比例。例如，总共有 100 万行记录，符合条件的记录有 100 条，那选择性就是 $x = 100/1000000 = 0.0001$ 或者 0.01%。选择性一般不会直接体现在执行计划中，而是通过基数的方式体现出来。

2. 基数

基数是指符合过滤条件的记录数，而不是全表或某个分区的数据量大小。在上述例子中，基数就是 100，所以基数 = 选择性 × 总行数。在 Oracle 中，选择全表扫描还是索引访问、哈希连接还是嵌套循环、哪张作为驱动表都是基于这些对象的选择性和基数做出的。选择性主要用于决定表访问方式，基数则用于决定表的连接顺序和方法，基数小的通常被作为驱动表。

选择性和基数计算所基于的信息都来自统计信息，而不是真实的结果，理解这一点很重要。关于基数，最后还要讲的一点是，对于通过索引访问来说，基数是 1 的概率很大，这是因为基数评估时是根据符合某个传递的条件来判断的。通过索引访问时传递了一个值，而实际嵌套循环时循环了 100 万次，所以这个值应该乘以 100 万才是真正的基数。后面章节会讲解导致各种基数估计不正确或者难以估计正确的各种原因及推荐解决方法。

3. 表连接方式

理解了选择性和基数之后，还需要理解 Oracle 支持的表连接方式。实际上 Oracle 最强大的地方之一是它支持表连接方式，其中最常用的是嵌套循环连接（NESTED_LOOPS），适合于两个基数小的结果集进行连接；哈希连接（HASH JOIN），适合于至少有一个大表的连接；排序合并连接（MERGE JOIN）的连接方式其实是嵌套循环的改进，它适用于在两个结果集已经排序的情况下进行连接，至于它是通过什么方式排序的并不重要。

4. 谓词

where 子句中通常会包含各种过滤条件，这些条件可能是索引字段或者普通字段。因为优化器会根据它认为最优的方式对 SQL 语句进行重写，所以写在 where 中的并不一定就是开发人员所希望的。哪些条件被用于访问数据、哪些被用于数据读取后进行过滤是通过谓词来体现的，所以应在执行计划中体现出访问谓词和过滤谓词，如图 9–8 所示。

```
Predicate Information (identified by operation id):
---------------------------------------------------

   4 - access("E"."DEPARTMENT_ID"="E"."DEPARTMENT_ID")
       filter("E"."DEPARTMENT_ID"="E"."DEPARTMENT_ID")
   5 - filter("E"."MANAGER_ID"<>99)
```

图9–8　执行计划中的访问谓词和过滤谓词

在此例中，使用 departments 表的 DEPARTMENT_ID 通过索引全扫描来访问 departments 的数据。MANAGED_ID 则是在数据被读取后进行的过滤。当执行计划不符合预期时，就需要关注访问谓词和过滤谓词是不是被优化器弄错了。

5. 执行计划中的关键列

默认的执行计划显示包含了一般场景足够使用的信息，但在一些特殊情况如分区、并行执行时可能会需要额外的信息，读者可阅读 DBMS_XPLAN.DISPLAY() 查看更多的选项，或者在 PL/SQL Developer 的偏好菜单中进行设置。对于分析执行计划而言，重要的是图 9–9 中标出的 Operation、Name、Rows 和 Bytes 这 4 列，其他的并没有什么太大实际意义，尤其是 Cost 和 Time 列特别容易误导新手。

```
| Id  | Operation                        | Name        | Rows | Bytes | Cost | Time     |

|   0 | SELECT STATEMENT                 |             |  105 |  6300 |    7 | 00:00:01 |
|   1 |  HASH GROUP BY                   |             |  105 |  6300 |    7 | 00:00:01 |
|   2 |   MERGE JOIN                     |             |  105 |  6300 |    6 | 00:00:01 |
|   3 |    TABLE ACCESS BY INDEX ROWID   | DEPARTMENTS |   27 |   567 |    2 | 00:00:01 |
|   4 |     INDEX FULL SCAN              | DEPT_ID_PK  |   27 |       |    1 | 00:00:01 |
| * 5 |    SORT JOIN                     |             |  106 |  4134 |    4 | 00:00:01 |
| * 6 |     TABLE ACCESS FULL            | EMPLOYEES   |  106 |  4134 |    3 | 00:00:01 |

Predicate Information (identified by operation id):

* 5 - access("E"."DEPARTMENT_ID"="E"."DEPARTMENT_ID")
* 5 - filter("E"."DEPARTMENT_ID"="E"."DEPARTMENT_ID")
* 6 - filter("E"."MANAGER_ID"<>99)
```

图9–9　执行计划中的关键列

就 80% 以上的优化情况而言，掌握上面部分就足够了，这并不需要花费太多的时间；剩下的 20% 优化则需要我们花费更多时间去掌握，后面章节将讨论优化最关键的部分。

9.5 Oracle执行计划精解

本节讲解 Oracle 执行计划中比较重要的操作及什么情况下应该使用哪种操作，本节不会穷举所有操作，主要是告诉读者大部分重要执行计划操作的思路。

9.5.1　访问路径类

访问路径（Access Path）是指数据库确定如何从数据块中查询出符合条件的记录的方式。例如，索引访问通常适合于查询小部分的数据，典型的为 OLTP 系统；全表扫描则适合于较大比例的数据，典型的为批处理系统。任何 SQL 语句的执行计划输出中总是包含某种类型的访问路径。在 Oracle 中，主要包括以下访问路径。

1. 全表扫描

在全表扫描（Full table Scans）时，Oracle 会顺序读取低高水位（HWM）之下的所有块和表的段位图，然后确定低高水位和高水位之间哪些块已经格式化了且可以被安全地读取，直到 HWM 位置，因为其后的数据块都未格式化，如图 9–10 所示。

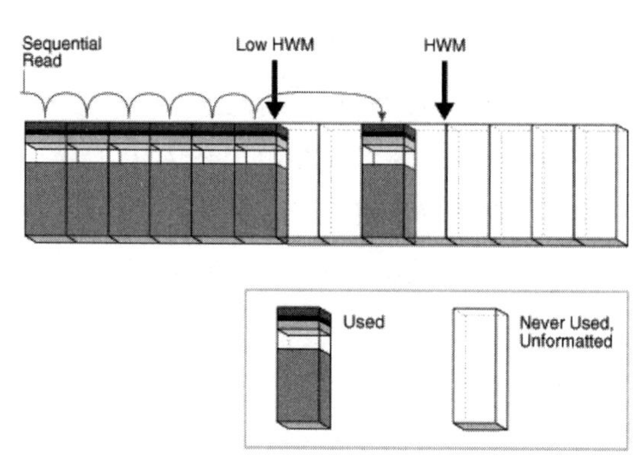

图9–10　Oracle全表扫描

因为大部分情况下，一张表中的很多数据块都是物理上连续存储的，一次请求 I/O 会读取不止一个数据块，以最小化 I/O 请求次数，每次请求的最大块数由参数 DB_FILE_MULTIBLOCK_READ_COUNT 控制，但并不总是这么多块。

对于 Oracle 何时会选择全表扫描，常见情况如索引字段上具有函数等，大部分开发人员应该熟悉，不再细讲。还有些情况会导致 Oracle 选择全表扫描，其中某些合适，某些并不合适，这里重点讲解这些内容，典型的包括以下几种。

- 统计信息严重失真，如刚刚批量加载的表，这会让 Oracle 严重低估全表扫描的成本。如果是这种原因导致的，可以考虑收集统计信息。
- 表包含的数据块低于 DB_FILE_MULTIBLOCK_READ_COUNT，这样只要一次读就可以完成，不会比索引扫描更慢。
- 并行执行时，不管是加了优化器提示还是建表时指定了 DEGREE，此时 Oracle 更加倾向于全表扫描。
- SQL 语句中通过优化器提示 FULL 指定了全表扫描。

在执行计划中，TABLE ACCESS FULL 就代表全表扫描，如下所示：

```
SQL> select count(1) from big_table;
  COUNT(1)
----------
     87589
```

输出结果如图 9–11 所示。

```
SQL> select * from table(dbms_xplan.display());
PLAN_TABLE_OUTPUT
--------------------------------------------------------------------------
Plan hash value: 599409829
--------------------------------------------------------------------------
| Id | Operation           | Name      | Rows  | Cost (%CPU)| Time     |
--------------------------------------------------------------------------
|  0 | SELECT STATEMENT    |           |     1 |   349   (1)| 00:00:05 |
|  1 |  SORT AGGREGATE     |           |     1 |            |          |
|  2 |   TABLE ACCESS FULL | BIG_TABLE | 87589 |   349   (1)| 00:00:05 |
--------------------------------------------------------------------------
9 rows selected
```

图9–11　输出结果

在批处理系统中，使用全表扫描或者全分区扫描是比较多的。

2. 快速全索引扫描

快速全索引扫描（Fast Full Index Scans）也属于索引扫描的一种，但行为上它更接近于全表扫描，所以将其提前来讲。它和常规索引读取不同，其读取的数据并不是按照索引键排序的，和表的数据块一样采用多块读。所以，在某些系统中，快速全索引扫描被当作一些宽表的优化机制使用，如代替物化视图来提高性能。一般情况下，优化器不是特别倾向于选择这种执行计划，除非在执行并行执行或者 SQL 中通过优化器提示指定时，如下所示：

```
SQL> set timing on
SQL> select /*+ parallel */C_TACODE, C_TENANTID, count(1)
  2    from ta_textparameter
  3   group by C_TACODE, C_TENANTID;
C_TACODE C_TENANTID                COUNT(1)
-------- -------------------- ----------
F6       *                       7265826
Executed in 0.209 seconds
SQL> select C_TACODE, C_TENANTID, count(1)
  2    from ta_textparameter
  3   group by C_TACODE, C_TENANTID;
C_TACODE C_TENANTID                COUNT(1)
-------- -------------------- ----------
F6       *                       7265826
Executed in 1.546 seconds
SQL> explain plan for
  2  select C_TACODE, C_TENANTID, count(1)
  3    from ta_textparameter
  4   group by C_TACODE, C_TENANTID;
Explained
SQL> select * from table(dbms_xplan.display());
```

如图 9–12 所示，优化器没有采用快速全索引扫描。

```
PLAN_TABLE_OUTPUT
Plan hash value: 1180675524
| Id | Operation             | Name                 | Rows  | Bytes | Cost (%CPU
|  0 | SELECT STATEMENT      |                      | 8338K|  119M| 3331   (1
|  1 |  SORT GROUP BY NOSORT |                      | 8338K|  119M| 3331   (1
|  2 |   INDEX FULL SCAN     | IDX_TEXTPARAMETER_TA | 8338K|  119M| 3331   (1
Note
-----
   - dynamic sampling used for this statement (level=2)
```

图9–12　输出结果

下面增加 parallel 提示，让优化器选择快速全索引扫描：

```
SQL> explain plan for
  2  select /*+ parallel */
  3   C_TACODE, C_TENANTID, count(1)
```

```
  4    from ta_textparameter
  5   group by C_TACODE, C_TENANTID;
Explained
SQL> select * from table(dbms_xplan.display());
```

输出结果如图 9—13 所示。

```
PLAN_TABLE_OUTPUT
--------------------------------------------------------------------------------
Plan hash value: 2190195345
--------------------------------------------------------------------------------
| Id  | Operation                  | Name                  | Rows  | Bytes | Cos
--------------------------------------------------------------------------------
|   0 | SELECT STATEMENT           |                       | 8338K|   119M|   1
|   1 |  PX COORDINATOR            |                       |      |       |
|   2 |   PX SEND QC (RANDOM)      | :TQ10001              | 8338K|   119M|   1
|   3 |    HASH GROUP BY           |                       | 8338K|   119M|   1
|   4 |     PX RECEIVE             |                       | 8338K|   119M|   1
|   5 |      PX SEND HASH          | :TQ10000              | 8338K|   119M|   1
|   6 |       HASH GROUP BY        |                       | 8338K|   119M|   1
|   7 |        PX BLOCK ITERATOR   |                       | 8338K|   119M|   1
|   8 |         INDEX FAST FULL SCAN| IDX_TEXTPARAMETER_TA | 8338K|   119M|   1
--------------------------------------------------------------------------------
Note
-----
   - dynamic sampling used for this statement (level=5)
   - automatic DOP: skipped because of IO calibrate statistics are missing
20 rows selected
```

图9—13　输出结果

即使统计信息接近 800 万行，优化器仍然默认选择全索引扫描而不是快速全索引扫描。读者可能会提到 group by 需要排序的问题，在 Oracle 中，group by 并不总是需要排序才能实现。所以，如果希望使用快速全索引扫描，建议通过优化器提示设置，这也是少数对优化器提示较强依赖的特性之一。

3. 直接路径读

准确地说，直接路径读（Direct Path Reads）并不能算是一种逻辑独立的访问路径，所以此处单独来讲下。默认情况下，Oracle 在 SGA 中找不到所需的数据块时，会首先将数据块从磁盘读取到 SGA 中，这样后续其他会话需要访问时就不需要重新从磁盘加载。当使用直接路径读时，读取的数据块会绕过 SGA 直接读取到进程的 PGA 中，如图 9—14 所示。

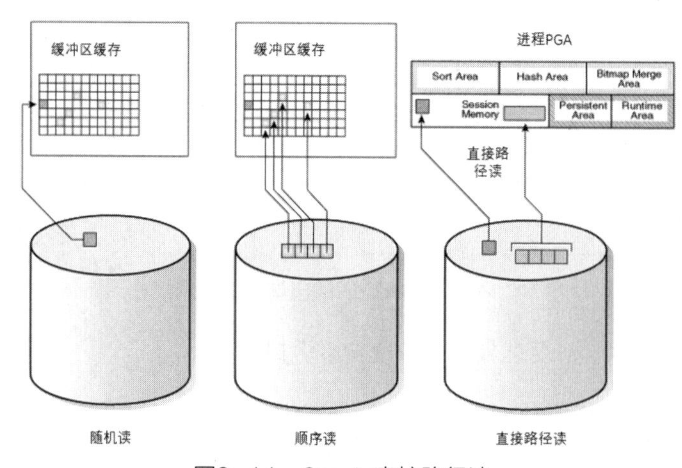

图9—14　Oracle直接路径读

至少在以下情况下，Oracle 可以考虑采用直接路径读：

- CREATE TABLE AS SELECT（CTAS）；
- ALTER REBUILD 和 ALTER MOVE；
- 从临时表空间读取，包括 WITH 子句自动创建的语句级临时表；
- 并行查询（包括快速索引全扫描）；
- 读取 LOB。

4. IM表扫描

IM 表扫描（In-Memory table Scans）是 Oracle 12c 内存选项新增的一种扫描方式，它也不是一种逻辑意义的新的访问路径，它从 IM 列式存储查询数据行，算是一种潜在的加速器。对于指定了 INMEMORY 选项的表，优化器会优先选择使用 INMEMORY 扫描，和结果集缓存类似，这只是一个选项，并不表示一定会从 INMEMORY 读取。如果访问的记录并不在 IM 中，Oracle 不会等待其加载完成再继续，而是切换回常规的全表扫描。不过它会在 IM 初始化，这样怎么知道到底有多少读使用了 IM 呢？可以通过 v$mystat 的 IM scan rows 统计看到，如下所示：

```
SQL> select s.name, m.value
  2    from v$mystat m, v$statname s
  3   where m.statistic# = s.statistic#
  4     and name like '%IM scan rows%';
NAME                                                                VALUE
---------------------------------------------------------------- ------
IM scan rows                                                      2319832
IM scan rows discontinuous                                              0
IM scan rows cache                                                  23737
IM scan rows journal                                                    0
……
11 rows selected
```

参数 INMEMORY_QUERY 用于控制是否启用 IM，同时必须将优化器参数 OPTIMIZER_FEATURES_ENABLE 设置为 Oracle 11.1.0.2 及以上。IM 表扫描的执行计划如下所示：

```
SQL> alter table EMPLOYEES INMEMORY;
SQL> explain plan for
  2  select count(1),sum(e.COMMISSION_PCT) from EMPLOYEES e where job_id=100;
Explained
SQL> select * from table(dbms_xplan.display());
```

输出结果如图 9–15 所示。

需要注意的是，IM 并不总是会提高性能，它主要适用于批处理场景，而且适合于有很多列值相同的表，如历史订单信息表。

```
PLAN_TABLE_OUTPUT
------------------------------------------------------------------------------------
Plan hash value: 1756381138
------------------------------------------------------------------------------------
| Id  | Operation                    | Name      | Rows  | Bytes | Cost (%CPU)| T
------------------------------------------------------------------------------------
|   0 | SELECT STATEMENT             |           |     1 |    11 |     3   (0)| 0
|   1 |  SORT AGGREGATE              |           |     1 |    11 |            |
|*  2 |   TABLE ACCESS INMEMORY FULL| EMPLOYEES |     1 |    11 |     3   (0)| 0
------------------------------------------------------------------------------------
Predicate Information (identified by operation id):
---------------------------------------------------
   2 - inmemory(TO_NUMBER("JOB_ID")=100)
       filter(TO_NUMBER("JOB_ID")=100)
15 rows selected
```

图9–15　输出结果

5. 索引唯一扫描

当在基于唯一索引机制如主键、唯一约束、唯一索引的非空（not null）列上进行等值查询或关联时，优化器才会考虑使用索引唯一扫描（Index Unique Scans），否则仍然是非唯一索引。因为索引唯一扫描要求任何一个符合条件的索引值只能返回一个 ROWID，所以当找到第一个匹配的索引值时就获取其 ROWID，不再继续查找。索引唯一扫描的执行计划如下所示：

```
SQL> explain plan for select * from EMPLOYEES e where employee_id=100;
Explained
SQL> select * from table(dbms_xplan.display());
```

输出结果如图 9–16 所示。

```
PLAN_TABLE_OUTPUT
------------------------------------------------------------------------------------
Plan hash value: 1833546154
------------------------------------------------------------------------------------
| Id  | Operation                   | Name          | Rows  | Bytes | Cost (%CPU
------------------------------------------------------------------------------------
|   0 | SELECT STATEMENT            |               |     1 |    69 |     1   (0
|   1 |  TABLE ACCESS BY INDEX ROWID| EMPLOYEES     |     1 |    69 |     1   (0
|*  2 |   INDEX UNIQUE SCAN         | EMP_EMP_ID_PK |     1 |       |     0   (0
------------------------------------------------------------------------------------
Predicate Information (identified by operation id):
---------------------------------------------------
   2 - access("EMPLOYEE_ID"=100)
14 rows selected
```

图9–16　输出结果

用户只能指定使用某个索引，不能要求必须使用索引唯一扫描。

6. 索引区间扫描

对于非复合索引或复合索引前置列的非等值查询，以及不允许为空的唯一约束列以外的列等值查询，以及某些情况下的 like '× ×%'，Oracle 会考虑使用索引区间扫描（Index Range Scans）。

虽然索引的存储和访问都是有序的，但是并不能总是保证基于索引访问返回的数据就一定是有序的，所以当需要排序时，仍然需要加上 order by，如果优化器认为合理，则会自动进行优化。即使是非降序索引，对于 order by desc，数据库可以选择反向遍历，仍然可以利用索引避免排序。所以根据概率，除非总是要访问最新的数据，一般没有必要创建降序索引。索引区间扫描的执行计划如下所示：

```
SQL> explain plan for select * from EMPLOYEES e where manager_id=100;
Explained
SQL> select * from table(dbms_xplan.display());
```

输出结果如图 9–17 所示。

```
PLAN_TABLE_OUTPUT
-------------------------------------------------------------------------
Plan hash value: 621391157
-------------------------------------------------------------------------
| Id  | Operation                            | Name           | Rows  | Bytes | C
-------------------------------------------------------------------------
|   0 | SELECT STATEMENT                     |                |    14 |   966 |
|   1 |  TABLE ACCESS BY INDEX ROWID BATCHED| EMPLOYEES      |    14 |   966 |
|*  2 |   INDEX RANGE SCAN                   | EMP_MANAGER_IX |    14 |       |
-------------------------------------------------------------------------
Predicate Information (identified by operation id):
---------------------------------------------------
   2 - access("MANAGER_ID"=100)
14 rows selected
```

图9–17　输出结果

BATCHED 类型是 Oracle 12c 新增的访问方式，根据网上相关用户在 Oracle 11.1.0.1 的测试，其性能不如 Oracle 11g 版本。但是在笔者的测试环境 Oracle 11.2 中，通过比较 v$mystat 各 I/O 资源消耗，两者完全一致（根据经验，一般新增的某些特性前几个版本性能都不如老版本，无论是 Oracle、MySQL 还是 Java）。如果读者选择 Oracle 11.1.0.1 版本，可以通过将隐含参数 _optimizer_batch_table_access_by_rowid 设置为 FALSE 或 NO_BATCH_TABLE_ACCESS_BY_ROWID 优化器提示禁用该特性，如下所示：

```
SELECT /*+ opt_param('_optimizer_batch_table_access_by_rowid','false')
*/
 last_name
  FROM hr.employees e
 WHERE first_name = 'Steven';
```

输出结果如图 9–18 所示。

```
-------------------------------------------------------------------------------------
| Id  | Operation                    | Name           | Rows | Bytes | Cost | Time     |
-------------------------------------------------------------------------------------
|   0 | SELECT STATEMENT             |                |    2 |    30 |    2 | 00:00:01 |
|   1 |  TABLE ACCESS BY INDEX ROWID | EMPLOYEES      |    2 |    30 |    2 | 00:00:01 |
| * 2 |   INDEX SKIP SCAN            | EMP_MANAGER_IX |    2 |       |    1 | 00:00:01 |
-------------------------------------------------------------------------------------
```

图9–18　输出结果

7. 全索引扫描

一般情况下，当需要查询的所有列和条件都包含在索引中，或者优化器认为查询条件的选择性太低，索引列被 order by 时，优化器会考虑全索引扫描（Full Index Scans）。

全索引扫描和快速全索引扫描的逻辑区别在于前者是有序的，后者是无序的，前者是一个个块访问，后者是多块一次性访问，所以前者效率不如后者。全索引扫描的执行计划如下：

```
SQL> explain plan for
  2  select C_TACODE, C_TENANTID, count(1)
```

```
  3     from ta_textparameter
  4   group by C_TACODE, C_TENANTID;
Explained
SQL> select * from table(dbms_xplan.display());
```

输出结果如图 9—19 所示。

```
PLAN_TABLE_OUTPUT
Plan hash value: 1180675524

| Id | Operation          | Name                  | Rows  | Bytes | Cost (%CPU
|  0 | SELECT STATEMENT   |                       | 8338K|  119M| 3331  (1
|  1 |  SORT GROUP BY NOSORT|                     | 8338K|  119M| 3331  (1
|  2 |   INDEX FULL SCAN  | IDX_TEXTPARAMETER_TA  | 8338K|  119M| 3331  (1

Note
  - dynamic sampling used for this statement (level=2)
```

图9—19 输出结果

8. 索引跳跃扫描

索引跳跃扫描（Index Skip Scans）是 Oracle 9i 引入的特性，有些索引不是特别好创建，如包含网点和客户的订单表，有时需要根据客户编号进行查询、有时需要根据网点直接查询、有时需要同时根据这两者进行查询，所以到底应该是一个复合索引还是两个独立索引呢？

假设表有几千万条记录，因为考虑到网点数量有限，一个网点下会有很多客户，所以很多时候为了尽量减少索引的数量，又保证性能可接受，会建立一个网点加客户的复合索引。这样当只有客户作为查询条件时，优化器就会选择索引跳跃扫描。因为跳跃扫描索引块通常比全索引扫描要快得多，所以也可以认为多列索引其实是物理上的多个子树。

```
create index EMP_MANAGER_IX on EMPLOYEES (MANAGER_ID, FIRST_NAME);
SQL> explain plan for select * from EMPLOYEES e where FIRST_NAME='abc';
Explained
SQL> select * from table(dbms_xplan.display());
```

输出结果如图 9—20 所示。

```
PLAN_TABLE_OUTPUT
Plan hash value: 3821122513

| Id | Operation                          | Name           | Rows | Bytes | C
|  0 | SELECT STATEMENT                   |                |      |       |
|  1 |  TABLE ACCESS BY INDEX ROWID BATCHED| EMPLOYEES     |    1 |   69 |
|* 2 |   INDEX SKIP SCAN                  | EMP_MANAGER_IX |    1 |       |

Predicate Information (identified by operation id):

   2 - access("FIRST_NAME"='abc')
       filter("FIRST_NAME"='abc')
15 rows selected
```

图9—20 输出结果

一般来说，索引跳跃扫描是在索引的 DML 维护成本和查询性能之间的一个折中选择，两边都不是最优的，因为索引更大，所以性能会稍微差些；但因为只维护了一个索引，所以 DML 会更快。

一般来说，它适合于后置列附属于前置列，但是它们在任何时候可能会同时作为查询条件，也可能独立作为查询条件比较合适。前置列唯一值数量越多，性能越差，存在线性负相关，如下所示：

```
SQL> select count(distinct deptno),count(distinct mgr),count(1) from emp;
COUNT(DISTINCTDEPTNO) COUNT(DISTINCTMGR)    COUNT(1)
--------------------- ------------------ ----------
                  100               1000     995001
SQL> create index idx_emp_ss1 on emp(deptno,empno);
Index created
SQL> set autotrace traceonly statistics
SQL> select * from emp where empno=10;
统计信息
----------------------------------------------------------
          0  recursive calls
          0  db block gets
        233  consistent gets
0  physical reads
SQL> alter index idx_emp_ss1 invisible;
SQL> create index idx_emp_ss2 on emp(mgr,empno);
Index created
SQL> select * from emp where empno=10;
统计信息
----------------------------------------------------------
          0  recursive calls
          0  db block gets
       1130  consistent gets
          0  physical reads
```

虽然符合条件的 empno 数量相同，但是后者比前者多了 900 次左右逻辑读，差不多就是子索引树的数量，所以索引跳跃扫描不适合于前置列唯一值太多的场景。

9. 索引连接扫描

索引连接扫描（Index Joins Scans）是对多个索引返回的结果基于 ROWID 执行哈希连接，最后返回匹配的结果集。它一般适用于多个索引列包含了查询所需的所有列。例如：

```
SQL> explain plan for
  2  SELECT /*+ INDEX_JOIN(employees) */ FIRST_NAME
  3  FROM   employees
  4  WHERE  job_id = '123' and manager_id='123';
Explained
SQL> select * from table(dbms_xplan.display());
```

输出结果如图 9–21 所示。

相比于 CPU 资源来说，大部分情况下数据库服务器 I/O 会更加紧张，所以一般只要合理，优化器会自己考虑采用索引连接扫描。一般来说，很少一个索引连接就可以满足整个查询，所以更多时候索引连接是作为主查询块的一个内嵌视图，和其他部分一起满足整个查询需求。

```
PLAN_TABLE_OUTPUT
-----------------------------------------------------------------------------------------
Plan hash value: 2034938941
-----------------------------------------------------------------------------------------
| Id  | Operation          | Name              | Rows  | Bytes | Cost (%CPU)| Time     |
-----------------------------------------------------------------------------------------
|   0 | SELECT STATEMENT   |                   |     1 |    20 |     2   (0)| 00:00:01 |
|*  1 |  VIEW              | index$_join$_001  |     1 |    20 |     2   (0)| 00:00:01 |
|*  2 |   HASH JOIN        |                   |       |       |            |          |
|*  3 |    INDEX RANGE SCAN| EMP_JOB_IX        |     1 |    20 |     1   (0)| 00:00:01 |
|*  4 |    INDEX RANGE SCAN| EMP_MANAGER_IX    |     1 |    20 |     1   (0)| 00:00:01 |
-----------------------------------------------------------------------------------------
Predicate Information (identified by operation id):
---------------------------------------------------
   1 - filter("JOB_ID"='123' AND "MANAGER_ID"=123)
   2 - access(ROWID=ROWID)
   3 - access("JOB_ID"='123')
   4 - access("MANAGER_ID"=123)
19 rows selected
```

图9—21　输出结果

10. 位图索引扫描

位图索引扫描（Bitmap Index Scans）基本上和星型转换一起使用，如果单独使用 CPU 消耗会很高，性能并不比 B* 树索引好，因此这里不展开详述，在第 10.1.2 查询转换小节讲到星型转换时将一并讲解。

9.5.2　表连接方法类（Join Method）

恰当的表连接方式是 SQL 语句优化的关键，不理解什么情况下应该用哪种连接方式、哪个作为驱动表就无法掌握 SQL 语句优化，对涉及大表关联的语句来说更是如此。很多开发人员只知道外连接、左连接、右连接，这些连接是指语义上的概念，而非算法层面。

对优化器来说，它关心的是是否外连接、哪张是主表。对于任何一个至少包含两张表关联的 SQL 语句，优化器都要确定应该对这两张表采用哪种连接方式、哪张表作为驱动表、是否为外连接、某些表是否只是用来判断等，以便尽可能早地过滤掉大部分数据。在最终确定表的连接顺序和方式之前，优化器会尝试各种 SQL 重写，并基于统计信息和优化器提示判断各种不同连接方式的代价。关于 Oracle 优化器的详细工作机制，参见第 10 章。

目前 Oracle 中包括 3 种类型的连接方式：嵌套循环连接（Nested Loops Joins）、哈希连接（Hash Joins）、排序合并连接（Sort Merge Joins）。其他连接并不算本质上的连接方式，更多的是一种可选的特殊情况下能够进一步优化的方式。和编写代码时可以一个 for 循环中并行套 *N* 个子循环不同，在 Oracle 中任何时候只有两张表会进行关联，如图 9—22 所示。

table2 和 table3 先进行连接，得到的结果和 table1 再进行连接，最后和 table4 进行连接，得到最终结果集。如果 table2 是一张大表，其他表都是小表，这样不是要重复处理和 table2 匹配的记录很多次吗？如果都匹配，则需要重复处理 3 次，正常情况确实是的，在其他很多数据库如 MySQL 中也是如此。但是 Oracle 有很多查询重写和转换可以对此类典型场景进行优化，使只要遍历一遍 table2 就可以完成整个查询，典型的如星型转换等。

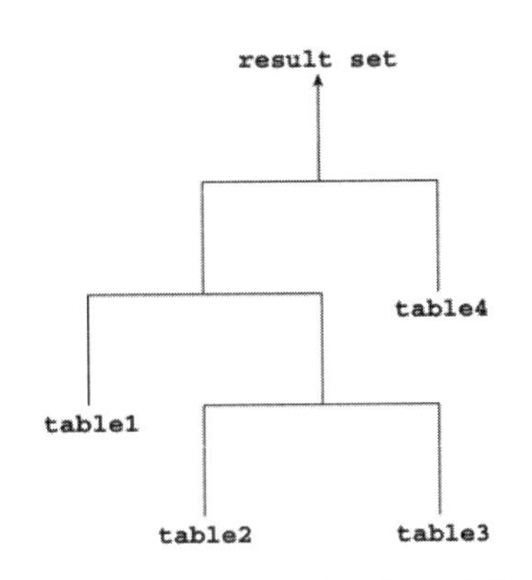

图9–22　Oracle表连接示意图

1. 嵌套循环连接

简单来说，嵌套循环连接就是我们编写代码时熟知的双重 for 循环。对于驱动表中每行符合条件的记录，对其子表执行一次扫描，匹配出符合条件的记录，直到驱动表处理完所有符合条件的记录，如下所示：

```
FOR erow IN (select * from employees where X=Y) LOOP
FOR drow IN (select * from departments where erow is matched) LOOP
output values from erow and drow
END LOOP
END LOOP
```

一般来说，对子表的访问会采用索引访问。但是如果从表记录很少，如少于 10 条，是否使用索引没有太大区别。因为当数据都在缓存中时，每次先访问索引根节点，然后访问分支节点，最后查找叶子节点中的索引值并得到 ROWID，最后去数据块中找到记录，最理想的情况也需要 4 次访问。对于数千万的表，如果索引的层次增加一级，每通过索引访问一次也要加 1。

当然数据库实现时一般不会真的一行行去遍历，而是批量进行，因为很多 key 是连续的，这样就可以省去很多根节点和分支节点的遍历和判断。所以，嵌套循环连接适合驱动表符合条件的记录较少的查询。嵌套循环连接的执行计划如下所示：

```
SQL> explain plan for
  2
  2  SELECT /*+ use_nl(d e) ordered */e.first_name, e.last_name,
e.salary, d.department_name
  3  FROM hr.employees e, hr.departments d
  4  WHERE d.department_name IN ('Marketing', 'Sales')
  5  AND e.department_id = d.department_id;
Explained
SQL> select * from table(dbms_xplan.display());
```

输出结果如图 9–23 所示。

```
PLAN_TABLE_OUTPUT
---------------------------------------------------------------------------------------
Plan hash value: 919050303
---------------------------------------------------------------------------------------
| Id  | Operation                     | Name        | Rows  | Bytes | Cost (%CPU)
---------------------------------------------------------------------------------------
|   0 | SELECT STATEMENT              |             |    19 |  1292 |   110   (0)
|   1 |  NESTED LOOPS                 |             |    19 |  1292 |   110   (0)
|   2 |   NESTED LOOPS                |             |   107 |  1292 |   110   (0)
|   3 |    TABLE ACCESS FULL          | EMPLOYEES   |   107 |  5564 |     3   (0)
|*  4 |    INDEX UNIQUE SCAN          | DEPT_ID_PK  |     1 |       |     0   (0)
|*  5 |   TABLE ACCESS BY INDEX ROWID | DEPARTMENTS |     1 |    16 |     1   (0)
---------------------------------------------------------------------------------------
Predicate Information (identified by operation id):
---------------------------------------------------
   4 - access("E"."DEPARTMENT_ID"="D"."DEPARTMENT_ID")
   5 - filter("D"."DEPARTMENT_NAME"='Marketing' OR "D"."DEPARTMENT_NAME"='Sales'
```

图9–23　输出结果

2. 哈希连接

哈希连接的原理和 K/V 及 Java 中的 map 类似，在 Oracle 中，优化器会使用小的结果集在 PGA 中建立哈希表，然后扫描大的结果集，最后得到匹配的结果集。哈希连接通常比较适合于较大的结果集的关联，在并行执行中使用更频繁，但是哈希连接仅适用于等值连接。对哈希连接来说，确保会话的 PGA 足以容纳哈希表很重要，否则会导致数据库将部分数据交换到临时段，这会导致性能迅速下降数倍甚至数十倍。

因为哈希表建立在 PGA 中，所以 Oracle 在访问记录前不需要为数据结构增加 Latch，这可以避免不必要的逻辑 I/O。所以，在高并发使用索引扫描的系统中，可能会出现很多 latch: cache buffers chains，而 DSS 则很少会出现这种等待事件。哈希连接的执行计划如下所示：

```
  SQL> explain plan for
  2  select count(1)
  3    from big_table b1, big_table1 b2
  4   where b1.owner = b2.owner
  5     and b2.table_name = b1.object_name;
Explained
```

输出结果如图 9–24 所示。

```
PLAN_TABLE_OUTPUT
-----------------------------------------------------------------------------------
Plan hash value: 894899960
-----------------------------------------------------------------------------------
| Id  | Operation             | Name       | Rows  | Bytes | Cost (%CPU)| Time
-----------------------------------------------------------------------------------
|   0 | SELECT STATEMENT      |            |     1 |    58 |   378   (1)| 00:00:01
|   1 |  SORT AGGREGATE       |            |     1 |    58 |            |
|*  2 |   HASH JOIN           |            |  2865 |  162K |   378   (1)| 00:00:01
|   3 |    TABLE ACCESS FULL  | BIG_TABLE1 |  2865 | 77355 |    31   (0)| 00:00:01
|   4 |    TABLE ACCESS FULL  | BIG_TABLE  | 86979 | 2633K |   347   (1)| 00:00:01
-----------------------------------------------------------------------------------
Predicate Information (identified by operation id):
---------------------------------------------------
   2 - access("B1"."OWNER"="B2"."OWNER" AND
              "B2"."TABLE_NAME"="B1"."OBJECT_NAME")
```

图9–24　输出结果

3. 排序合并连接

排序合并连接的原理和嵌套循环连接类似，只是排序合并连接要求结果集已经排序。在实际中，Oracle 12c 引入的波段连接（Band Join）优化之前，排序合并使用并不多，这里不展开细讲，后面涉及时会具体展开。其执行计划如下所示：

```
  SQL> explain plan for
  2   SELECT e.first_name, e.last_name, e.salary, d.department_name
  3     FROM hr.employees e, hr.departments d
  4    WHERE e.department_id = d.department_id;
Explained
SQL> select * from table(dbms_xplan.display());
```

输出结果如图 9–25 所示。

```
PLAN_TABLE_OUTPUT
--------------------------------------------------------------------------------------
Plan hash value: 1343509718
--------------------------------------------------------------------------------------
| Id  | Operation                      | Name        | Rows  | Bytes | Cost (%CPU)
--------------------------------------------------------------------------------------
|   0 | SELECT STATEMENT               |             |   106 |  4028 |     6   (17)
|   1 |  MERGE JOIN                    |             |   106 |  4028 |     6   (17)
|   2 |   TABLE ACCESS BY INDEX ROWID  | DEPARTMENTS |    27 |   432 |     2    (0)
|   3 |    INDEX FULL SCAN             | DEPT_ID_PK  |    27 |       |     1    (0)
|*  4 |   SORT JOIN                    |             |   107 |  2354 |     4   (25)
|   5 |    TABLE ACCESS INMEMORY FULL  | EMPLOYEES   |   107 |  2354 |     3    (0)
--------------------------------------------------------------------------------------
Predicate Information (identified by operation id):
---------------------------------------------------
   4 - access("E"."DEPARTMENT_ID"="D"."DEPARTMENT_ID")
       filter("E"."DEPARTMENT_ID"="D"."DEPARTMENT_ID")
```

图9–25　输出结果

4. 布隆过滤器

布隆过滤器（Bloom Filters）是一个低内存要求的数据结构，用来测试数据集的成员关系，是一个偏向概率计算的算法，在并行执行的场景下用得比较多。在执行计划输出的操作中，布隆过滤器体现为 JOIN FILTER CREATE。在分区表中，如果分区剪除利用了布隆过滤器，Pstart 和 Pstop 会以“:BF”开头，如图 9–26 所示。

```
----------------------------------------------...-----------------
| Id  | Operation                     | Name     | ...| Pstart| Pstop |
----------------------------------------------...-----------------
|   0 | SELECT STATEMENT              |          | ...|       |       |
|*  1 |  HASH JOIN                    |          | ...|       |       |
|   2 |   PART JOIN FILTER CREATE     | :BF0000  | ...|       |       |
|   3 |    TABLE ACCESS FULL          | TESTS    | ...|       |       |
|   4 |   PARTITION RANGE JOIN-FILTER |          | ...|:BF0000|:BF0000|
|   5 |    TABLE ACCESS FULL          | TEST     | ...|:BF0000|:BF0000|
----------------------------------------------...-----------------
```

图9–26　使用布隆过滤器进行分区剪除的执行计划示例

该特性在 Oracle 10g 中其实就已经引入，但是 Oracle 12c 才开始有对应支持的优化器提示，参见第 10.4 节。

9.5.3 表连接类型

对于最简单的表连接之外的一些关联或者子查询，优化器出于效率考虑，在可能的情况下会将其转换为连接，如将 IN/EXISTS 转换为连接，这些连接转换在执行计划中体现为连接类型（Join Type）。

1. 内连接

内连接（Inner Joins）是最常用的连接，返回同时匹配两边的记录，包括等值连接和非等值连接。内连接在执行计划中没有任何修饰词，如下面的排序合并连接：

```
explain plan for
select * from scott.emp e,scott.dept d where e.deptno=d.deptno;
```

输出结果如图 9–27 所示。

Id	Operation	Name	Rows	Bytes	Cost	Time
0	SELECT STATEMENT		12	708	6	00:00:01
1	MERGE JOIN		12	708	6	00:00:01
2	TABLE ACCESS BY INDEX ROWID	DEPT	4	80	2	00:00:01
3	INDEX FULL SCAN	PK_DEPT	4		1	00:00:01
* 4	SORT JOIN		12	468	4	00:00:01
5	TABLE ACCESS FULL	EMP	12	468	3	00:00:01

图9–27　输出结果

2. 外连接

外连接（Outer Joins）在执行计划中体现为 ××× JOIN OUTER，如下所示：

```
explain plan for
select * from scott.emp e,scott.dept d where e.deptno=d.deptno(+)
```

输出结果如图 9–28 所示。

Id	Operation	Name	Rows	Bytes	Cost	Time
0	SELECT STATEMENT		12	708	6	00:00:01
* 1	HASH JOIN OUTER		12	708	6	00:00:01
2	TABLE ACCESS FULL	EMP	12	468	3	00:00:01
3	TABLE ACCESS FULL	DEPT	4	80	3	00:00:01

图9–28　输出结果

在外连接中，主表和驱动表并无关系，并不是主表一定就要作为驱动表。在 Oracle 11g 开始，还支持全外连接，其在执行计划中体现为 ××× JOIN FULL OUTER，如图 9–29 所示。

Id	Operation	Name	Rows	Bytes	Cost	Time
0	SELECT STATEMENT		122	3172	6	00:00:01
1	SORT ORDER BY		122	3172	6	00:00:01
2	VIEW	VW_FOJ_0	122	3172	5	00:00:01
* 3	HASH JOIN FULL OUTER		122	1342	5	00:00:01
4	INDEX FAST FULL SCAN	DEPT_ID_PK	27	108	2	00:00:01
5	TABLE ACCESS INMEMORY FULL	EMPLOYEES	107	749	3	00:00:01

图9–29 全外连接在执行计划中的体现

3. 半连接

半连接（Semijoins）指的是返回第一个结果集中连接值在第二个结果集中的连接，主要用于查询条件包含 IN 和 EXISTS 子句。对于子查询块包含很多符合条件的记录，其通过避免遍历子查询块所有符合条件的记录来极大地提高性能，其在执行计划中使用 SEMI 修饰，如图 9–30 所示。

Id	Operation	Name	Rows	Bytes	Cost	Time
0	SELECT STATEMENT		11	209	3	00:00:01
1	NESTED LOOPS SEMI		11	209	3	00:00:01
2	TABLE ACCESS FULL	DEPARTMENTS	27	432	3	00:00:01
* 3	INDEX RANGE SCAN	EMP_DEPARTMENT_IX	44	132	0	00:00:01

图9–30 半连接在执行计划中的体现

4. 反连接

反连接(Antijoins)和半连接相反，指的是返回第一个结果集中连接值不在第二个结果集中的连接，主要用于查询条件包含 NOT IN 和 NOT EXISTS 子句。子查询块包含很多符合条件的记录通过避免遍历子查询块所有符合条件的记录来极大地提高性能，其在执行计划中使用 ANTI 修饰，如图 9–31 所示。

Id	Operation	Name	Rows	Bytes	Cost	Time
0	SELECT STATEMENT		17	323	3	00:00:01
1	NESTED LOOPS ANTI		17	323	3	00:00:01
2	TABLE ACCESS FULL	DEPARTMENTS	27	432	3	00:00:01
* 3	INDEX RANGE SCAN	EMP_DEPARTMENT_IX	41	123	0	00:00:01

图9–31 反连接在执行计划中的体现

5. 波段连接

波段连接（Band Joins）是 Oracle 12c 中引入的一种特殊非等值连接，它适用于一个结果集中的键必须在另一个结果集的特定区间，使匹配时要处理的记录数量大大减少，通过将原来的两次比较合并为一次比较极大地减少重复判断和数据复制。它在执行计划上体现为将原来的 FILTER 步骤下推到了排序阶段，如下所示：

```
SQL> explain plan for
  2  SELECT e1.last_name || e2.last_name AS "SALARY COMPARE"
  3    FROM employees e1, employees e2
  4   WHERE e1.salary BETWEEN e2.salary - 1000 AND e2.salary + 1000;
Explained
SQL> select * from table(dbms_xplan.display());
```

输出结果如图 9–32 所示。

```
PLAN_TABLE_OUTPUT
--------------------------------------------------------------------------------
Plan hash value: 2441412282
--------------------------------------------------------------------------------
| Id  | Operation                    | Name      | Rows  | Bytes | Cost (%CPU)|
--------------------------------------------------------------------------------
|   0 | SELECT STATEMENT             |           |  1243 | 29832 |     8  (25)|
|   1 |  MERGE JOIN                  |           |  1243 | 29832 |     8  (25)|
|   2 |   SORT JOIN                  |           |   107 |  1284 |     4  (25)|
|   3 |    TABLE ACCESS INMEMORY FULL| EMPLOYEES |   107 |  1284 |     3   (0)|
|*  4 |   SORT JOIN                  |           |   107 |  1284 |     4  (25)|
|   5 |    TABLE ACCESS INMEMORY FULL| EMPLOYEES |   107 |  1284 |     3   (0)|
--------------------------------------------------------------------------------
Predicate Information (identified by operation id):
---------------------------------------------------

   4 - access(INTERNAL_FUNCTION("E1"."SALARY")>="E2"."SALARY"-1000)
       filter("E1"."SALARY"<="E2"."SALARY"+1000 AND
              INTERNAL_FUNCTION("E1"."SALARY")>="E2"."SALARY"-1000)
```

图9–32 输出结果

9.5.4 分区和并行执行相关

分区和并行是 Oracle 非常有价值的特性之一，但是在编写 SQL 时利用好它们并不容易。当两个分区表关联时没有使用完全分区范围连接或并行执行比串行执行还慢时，我们就需要分析它们的执行计划是否出了问题，本小节就来讨论这些方面。

1. 并行执行

在批处理系统中，并行执行是非常常见的一种优化手段。一个典型的并行执行语句的执行计划如图 9–33 所示。

```
---------------------------------------------------------------------------------------------------------
| Id  | Operation                   | Name     | Rows  | Bytes | Cost  |    TQ  |IN-OUT| PQ Distrib |
---------------------------------------------------------------------------------------------------------
|   0 | SELECT STATEMENT            |          |       |       |   345 |        |      |            |
|   1 |  SORT AGGREGATE             |          |     1 |    38 |       |        |      |            |
|   2 |   PX COORDINATOR            |          |       |       |       |        |      |            |
|   3 |    PX SEND QC (RANDOM)      | :TQ10003 |     1 |    38 |       |  Q1,03 | P->S | QC (RAND)  |
|   4 |     SORT AGGREGATE          |          |     1 |    38 |       |  Q1,03 | PCWP |            |
|*  5 |      HASH JOIN              |          |    26 |   988 |   345 |  Q1,03 | PCWP |            |
|   6 |       PX RECEIVE            |          |     3 |    18 |     2 |  Q1,03 | PCWP |            |

|   7 |        PX SEND BROADCAST    | :TQ10000 |     3 |    18 |     2 |  Q1,00 | P->P | BROADCAST  |
|   8 |         PX BLOCK ITERATOR   |          |     3 |    18 |     2 |  Q1,00 | PCWC |            |
|*  9 |          TABLE ACCESS FULL  | T3       |     3 |    18 |     2 |  Q1,00 | PCWP |            |

|* 10 |       HASH JOIN             |          |   612 | 19584 |   343 |  Q1,03 | PCWP |            |
|  11 |        PX RECEIVE           |          |     3 |    18 |     2 |  Q1,03 | PCWP |            |

|  12 |         PX SEND BROADCAST   | :TQ10001 |     3 |    18 |     2 |  Q1,01 | P->P | BROADCAST  |
|  13 |          PX BLOCK ITERATOR  |          |     3 |    18 |     2 |  Q1,01 | PCWC |            |
|* 14 |           TABLE ACCESS FULL | T2       |     3 |    18 |     2 |  Q1,01 | PCWP |            |

|* 15 |        HASH JOIN            |          | 14491 |   367K|   341 |  Q1,03 | PCWP |            |
|  16 |         PX RECEIVE          |          |     3 |    18 |     2 |  Q1,03 | PCWP |            |

|  17 |          PX SEND BROADCAST  | :TQ10002 |     3 |    18 |     2 |  Q1,02 | P->P | BROADCAST  |
|  18 |           PX BLOCK ITERATOR |          |     3 |    18 |     2 |  Q1,02 | PCWC |            |
|* 19 |            TABLE ACCESS FULL| T1       |     3 |    18 |     2 |  Q1,02 | PCWP |            |

|  20 |         PX BLOCK ITERATOR   |          |   343K|  6699K|   339 |  Q1,03 | PCWC |            |
|* 21 |          TABLE ACCESS FULL  | T4       |   343K|  6699K|   339 |  Q1,03 | PCWP |            |
---------------------------------------------------------------------------------------------------------
```

图9–33 典型的并行执行语句的执行计划

在上述执行计划中，可以看到绝大部分并行执行时，TABLE ACCESS FULL 都是 PX BLOCK ITERATOR 的子节点，这代表优化器选择了并行执行，并且根据 ROWID 分块。PX SEND / PX RECEIVE 对代表一个并行 slave 集合将数据传给下一个 slave 集合。对于并行执行来说，我们需要关注的是数据集在 slave 间的分布（Distribution）方式，即上述中的 PX SEND BROADCAST。除此之外，还会经常看到PX SEND HASH、PX SEND QC (RANDOM)、PX SEND RANGE、PX SEND QC (ORDER)等。通常在两个数据集都比较大时会采用哈希重分布，如图 9–34 所示。

Id	Operation	Name	Rows	Bytes	Cost	Time
0	SELECT STATEMENT		19549185	6627173715	4362	00:00:01
1	PX COORDINATOR					
2	PX SEND QC (RANDOM)	:TQ10002	19549185	6627173715	4362	00:00:01
* 3	HASH JOIN BUFFERED		19549185	6627173715	4362	00:00:01
4	PX RECEIVE		366720	88379520	497	00:00:01
5	PX SEND HASH	:TQ10000	366720	88379520	497	00:00:01
6	PX BLOCK ITERATOR		366720	88379520	497	00:00:01
7	TABLE ACCESS FULL	BIG_TABLE1	366720	88379520	497	00:00:01
8	PX RECEIVE		2783328	272766144	1498	00:00:01
9	PX SEND HASH	:TQ10001	2783328	272766144	1498	00:00:01
10	PX BLOCK ITERATOR		2783328	272766144	1498	00:00:01
11	TABLE ACCESS FULL	BIG_TABLE	2783328	272766144	1498	00:00:01

图9–34　采用哈希重分布的执行计划

使用哈希重分布相对来说比较节省内存，但是在返回给客户端之前需要 BUFFERED 连接，会花费额外的时间，所以更加倾向于 CPU 密集型。而一大一小数据集会采用对小表广播的分布方式，这种方式和哈希重分布刚好相反，因为小表数据复制了多份，所以会有浪费，只要 PGA 能够同时容纳所有并行 slave 所需的内存，性能就不比哈希重分布差。例如：

```
SQL> select /*+ PARALLEL(2) CARDINALITY(T2 2000000) PQ_DISTRIBUTE(T2
    HASH HASH)*/
2   count(1)
3    from big_table t1, big_table1 t2
4   where t1.object_name = t2.table_name;
COUNT(1)
----------
13086720
Executed in 1.518 seconds
```

输出结果如图 9–35 所示。

Id	Operation	Name	Rows	Bytes	Cost	Time
0	SELECT STATEMENT		1	45	12081	00:00:01
1	SORT AGGREGATE		1	45		
2	PX COORDINATOR					
3	PX SEND QC (RANDOM)	:TQ10002	1	45		
4	SORT AGGREGATE		1	45		
* 5	HASH JOIN		106616410	4797738450	12081	00:00:01
6	PX RECEIVE		2000000	40000000	1984	00:00:01
7	PX SEND HASH	:TQ10000	2000000	40000000	1984	00:00:01
8	PX BLOCK ITERATOR		2000000	40000000	1984	00:00:01
9	TABLE ACCESS FULL	BIG_TABLE1	2000000	40000000	1984	00:00:01
10	PX RECEIVE		2783328	69583200	5982	00:00:01
11	PX SEND HASH	:TQ10001	2783328	69583200	5982	00:00:01
12	PX BLOCK ITERATOR		2783328	69583200	5982	00:00:01
13	TABLE ACCESS FULL	BIG_TABLE	2783328	69583200	5982	00:00:01

图9–35　输出结果

广播方式的执行时间如下所示：

```
SQL> select /*+ PARALLEL(2) */
2   count(1)
3    from big_table t1, big_table1 t2
```

```
  4   where t1.object_name = t2.table_name;
  COUNT(1)
----------
  13086720
Executed in 1.2 seconds
```

输出结果如图 9–36 所示。

Id	Operation	Name	Rows	Bytes	Cost	Time
0	SELECT STATEMENT		1	45	7995	00:00:01
1	SORT AGGREGATE		1	45		
2	PX COORDINATOR					
3	PX SEND QC (RANDOM)	:TQ10001	1	45		
4	SORT AGGREGATE		1	45		
* 5	HASH JOIN		19549185	879713325	7995	00:00:01
6	PX RECEIVE		366720	7334400	1983	00:00:01
7	PX SEND BROADCAST	:TQ10000	366720	7334400	1983	00:00:01
8	PX BLOCK ITERATOR		366720	7334400	1983	00:00:01
9	TABLE ACCESS FULL	BIG_TABLE1	366720	7334400	1983	00:00:01
10	PX BLOCK ITERATOR		2783328	69583200	5982	00:00:01
11	TABLE ACCESS FULL	BIG_TABLE	2783328	69583200	5982	00:00:01

图9–36　输出结果

在此例中，广播比哈希重分布快 25% 多。总体来说，并行度越高，使用哈希重分布越有优势，反之广播更有优势。在此例中，当并行度为 8 时，哈希重分布比广播快 15% 多。

2. 分区范围连接

分区范围连接（Partition-Wise Joins）指的是当表之间包含分区键作为连接字段时，优化器会进行分而治之，相同分区间的分区会进行各自连接，不会跨分区进行连接，这样在数据量大如数千万时，可以极大地提升性能。视两表的分区键相同与否，优化器会选择完全分区范围连接和部分分区范围连接。完全分区范围连接如下所示：

```
CREATE TABLE T_NEW_P1 (ID, TIME) PARTITION BY RANGE (TIME)
    (PARTITION P1 VALUES LESS THAN (TO_DATE('2015-1-1', 'YYYY-MM-DD')),
    PARTITION P2 VALUES LESS THAN (TO_DATE('2016-1-1', 'YYYY-MM-DD')),
    PARTITION P3 VALUES LESS THAN (TO_DATE('2017-1-1', 'YYYY-MM-DD')),
    PARTITION P4 VALUES LESS THAN (MAXVALUE))
    AS SELECT rownum, sysdate-rownum from dual connect by level<1000;
CREATE TABLE T_NEW_P2 (ID, TIME) PARTITION BY RANGE (TIME)
    (PARTITION P1 VALUES LESS THAN (TO_DATE('2015-1-1', 'YYYY-MM-DD')),
    PARTITION P2 VALUES LESS THAN (TO_DATE('2016-1-1', 'YYYY-MM-DD')),
    PARTITION P3 VALUES LESS THAN (TO_DATE('2017-1-1', 'YYYY-MM-DD')),
    PARTITION P4 VALUES LESS THAN (MAXVALUE))
    AS SELECT rownum, sysdate-rownum from dual connect by level<1000;
CREATE TABLE T_NEW_NP (ID, TIME)
AS SELECT rownum, sysdate-rownum from dual connect by level<1000;
select * from t_new_p1 p1,t_new_p2 p2 where p1.id = p2.id and p1.time =
p2.time
```

输出结果如图 9–37 所示。

Id	Operation	Name	Rows	Bytes	Cost	Time
0	SELECT STATEMENT		999	23976	24	00:00:01
1	PARTITION RANGE ALL		999	23976	24	00:00:01
* 2	HASH JOIN		999	23976	24	00:00:01
3	TABLE ACCESS FULL	T_NEW_P1	999	11988	12	00:00:01
4	TABLE ACCESS FULL	T_NEW_P2	999	11988	12	00:00:01

图9–37　输出结果

在执行计划中，PARTITION XXX ALL 在 YYY JOIN 之前就代表是完全分区范围连接。那反过来是什么意思呢？如图 9–38 所示。

0	SELECT STATEMENT		1	96	4	00:00:01
* 1	HASH JOIN		1	96	4	00:00:01
2	PARTITION HASH ALL		1	48	2	00:00:01
3	TABLE ACCESS FULL	SALES_HASH	1	48	2	00:00:01
4	TABLE ACCESS FULL	SALES_HASH_D	1	48	2	00:00:01

图9–38　完全分区范围连接的执行计划

其实就是全表扫描，但是执行访问可能是并行的。完全分区范围连接原理如图 9–39 所示。

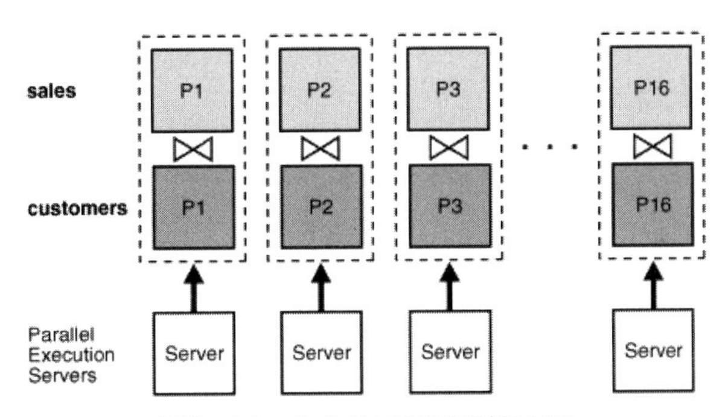

图9–39　完全分区范围连接原理

部分分区范围连接如下所示：

```
  CREATE TABLE sales_hash
  (s_productid  NUMBER,
   s_saledate   DATE,
   s_custid     NUMBER,
   s_totalprice NUMBER)
PARTITION BY HASH(s_productid)
( PARTITION p1
, PARTITION p2
, PARTITION p3
, PARTITION p4);

CREATE TABLE sales_hash_d
  (s_productid  NUMBER,
   s_saledate   DATE,
   s_custid     NUMBER,
```

```
  s_totalprice NUMBER);
select /*+ use_hash(s sd) parallel*/ *
  from sales_hash s, sales_hash_d sd
 where s.s_productid = sd.s_productid
```

输出结果如图 9—40 所示。

Id	Operation	Name	Rows	Bytes	Cost	Time
0	SELECT STATEMENT		1	96	4	00:00:01
1	PX COORDINATOR					
2	PX SEND QC (RANDOM)	:TQ10001	1	96	4	00:00:01
* 3	HASH JOIN BUFFERED		1	96	4	00:00:01
4	PX PARTITION HASH ALL		1	48	2	00:00:01
5	TABLE ACCESS FULL	SALES_HASH	1	48	2	00:00:01
6	PX RECEIVE		1	48	2	00:00:01
7	PX SEND PARTITION (KEY)	:TQ10000	1	48	2	00:00:01
8	PX BLOCK ITERATOR		1	48	2	00:00:01
9	TABLE ACCESS FULL	SALES_HASH_D	1	48	2	00:00:01

Predicate Information (identified by operation id):

* 3 - access("S"."S_PRODUCTID"="SD"."S_PRODUCTID")

图9—40　输出结果

需要注意的是，部分分区范围连接只有列表分区和哈希分区，并且只适用于并行执行。

9.5.5　查询转换相关

执行计划中一个经常让初学者难以理解的是，执行计划通常并非与编写的 SQL 逻辑一一对应，如编写了一个 exists 子查询，但是执行计划中却是两表关联。以下列查询为例：

```
explain plan for
select d.department_id, eo.sum_sal, eo.sum_comm
  from hr.departments d,
       (select e.department_id,
               sum(e.salary) sum_sal,
               sum(e.commission_pct) sum_comm
          from hr.employees e
         where e.department_id = 100
         group by e.department_id) eo
 where d.department_id = eo.department_id;
```

其执行计划如图 9—41 所示。

Id	Operation	Name	Rows	Bytes	Cost	Time
0	SELECT STATEMENT		1	55	3	00:00:01
1	HASH GROUP BY		1	55	3	00:00:01
2	NESTED LOOPS		6	330	3	00:00:01
* 3	INDEX UNIQUE SCAN	DEPT_ID_PK	1	16	0	00:00:01
* 4	TABLE ACCESS FULL	EMPLOYEES	6	234	3	00:00:01

Predicate Information (identified by operation id):

* 3 - access("D"."DEPARTMENT_ID"=100)
* 4 - filter("E"."DEPARTMENT_ID"=100)

图9—41　执行计划

从执行计划输出的 3、4 可以看出，虽然将对 employees 的 group by 写在内嵌视图中，但优化器认为将其合并到主查询块性能更佳，因此将其合并了，所以在执行计划中并没有物化视图。给内嵌视图加上 no_merge 提示，如图 9–42 所示。

Id	Operation	Name	Rows	Bytes	Cost	Time
0	SELECT STATEMENT		6	258	3	00:00:01
1	NESTED LOOPS		6	258	3	00:00:01
2	VIEW		6	234	3	00:00:01
3	HASH GROUP BY		6	234	3	00:00:01
* 4	TABLE ACCESS FULL	EMPLOYEES	6	234	3	00:00:01
* 5	INDEX UNIQUE SCAN	DEPT_ID_PK	1	4	0	00:00:01

图9–42　增加no_merge提示让优化器不要合并子查询的执行计划

这样就和编写 SQL 时预期的目标保持一致了，至于是否需要让优化器自己进行查询转换，需要根据每个节点的基数判断哪个先进行关联，哪个后进行关联。如果认为优化器进行的查询转换不合理，可以通过收集、锁定统计信息、调整系统参数或优化器提示影响优化器的查询转换决策。

经常发生的查询转换主要包括 in 或 or 常量被改写为 union all、内嵌视图被合并到主查询块、子查询被改写为两表关联、WITH 子句被合并到主查询块，还包括其他一些不常用的转换技术，这些查询转换技术的深入解析详见第 10.1 节。

9.5.6　group by操作

当执行 group by 时，通常执行计划中会出现 hash group by 和 sort group by。有时某个聚合操作在子查询中时显示为 sort group by，单独执行时又是 hash group by，反之亦然。示例如下：

```
select
e.department_id, sum(e.salary) sum_sal, sum(e.commission_pct) sum_comm
 from hr.employees e
where e.department_id = 100
group by e.department_id
```

输出结果如图 9–43 所示。

Id	Operation	Name	Rows	Bytes	Cost	Time
0	SELECT STATEMENT		6	234	3	00:00:01
1	SORT GROUP BY NOSORT		6	234	3	00:00:01
* 2	TABLE ACCESS FULL	EMPLOYEES	6	234	3	00:00:01

图9–43　输出结果

执行计划中使用了 hash group by 操作的示例如下：

```
select d.department_id, eo.sum_sal, eo.sum_comm
  from hr.departments d,
       (select /*+ no_merge */e.department_id,
```

```
                sum(e.salary) sum_sal,
                sum(e.commission_pct) sum_comm
           from hr.employees e
          where e.department_id = 100
          group by e.department_id) eo
 where d.department_id = eo.department_id;
```

输出结果如图 9—44 所示。

Id	Operation	Name	Rows	Bytes	Cost	Time
0	SELECT STATEMENT		6	258	3	00:00:01
1	NESTED LOOPS		6	258	3	00:00:01
2	VIEW		6	234	3	00:00:01
3	HASH GROUP BY		6	234	3	00:00:01
* 4	TABLE ACCESS FULL	EMPLOYEES	6	234	3	00:00:01
* 5	INDEX UNIQUE SCAN	DEPT_ID_PK	1	4	0	00:00:01

图9—44　输出结果

从第一个执行计划可以看到，优化器虽然选择了 sort group by，但也不执行排序。hash group by 是 Oracle 9.2 引入的，无论是否同时需要排序，使用它在数据量较大时一般都可以极大地提高性能。在此之前 group by 需要对这些列进行排序，通过 hash group by 可以避免昂贵的排序，但是如果在语句中同时包含 order by，优化器默认情况下就会退化为 sort group by。例如：

```
select e.department_id, e.job_id, sum(e.commission_pct) sum_comm
  from hr.employees e
 where e.department_id = 100
 group by e.department_id, e.job_id
 order by e.department_id, e.job_id;
```

输出结果如图 9—45 所示。

Id	Operation	Name	Rows	Bytes	Cost	Time
0	SELECT STATEMENT		4	72	3	00:00:01
1	SORT GROUP BY		4	72	3	00:00:01
2	TABLE ACCESS BY INDEX ROWID	EMPLOYEES	6	108	2	00:00:01
* 3	INDEX RANGE SCAN	EMP_DEPARTMENT_IX	6		1	00:00:01

图9—45　输出结果

这种情况下如果仍然希望使用 hash group by，可以加一层不可合并内嵌视图，如下所示：

```
 select *
 from (select /*+ no_merge */e.department_id,
              e.job_id,
              sum(e.commission_pct) sum_comm
         from hr.employees e
        where e.department_id = 100
        group by e.department_id, e.job_id)
order by department_id, job_id;
```

其执行计划如图 9—46 所示。

Id	Operation	Name	Rows	Bytes	Cost	Time
0	SELECT STATEMENT		4	184	3	00:00:01
1	SORT ORDER BY		4	184	3	00:00:01
2	VIEW		4	184	3	00:00:01
3	HASH GROUP BY		4	72	3	00:00:01
4	TABLE ACCESS BY INDEX ROWID	EMPLOYEES	6	108	2	00:00:01
* 5	INDEX RANGE SCAN	EMP_DEPARTMENT_IX	6		1	00:00:01

图9–46　执行计划

虽然外面还需要一次排序，但是在很多情况下 group by 之后结果集已经很小了，性能会大幅度提升，根据 Oracle 白皮书所述，性能最高可以提升 130%。但是，根据 metalink 所述，在 Oracle 9.2.0.4 及 Oracle 10.1.0.7 之前，hash group by 会返回错误的结果，使用这些版本的开发人员可以考虑将隐含参数 _GBY_HASH_AGGREGATION_ENABLED 设置为 false 或使用 no_use_hash_aggregation 优化器提示来禁用。最后，来看 hash group by 的实测性能：

```
create table big_table as select * from dba_objects;
insert into big_table select * from big_table; --一共插入280万行左右
select count(1) from (
select /*+ no_merge */owner, object_type, sum(namespace), count(status)
  from big_table
 group by owner, object_type); --执行3次，平均0.85s
 select count(1) from (
 select /*+ no_use_hash_aggregation no_merge */owner, object_type,
sum(namespace), count(status)
  from big_table
 group by owner, object_type); --执行3次，平均0.58s
```

sort group by 和 hash group by 相差 30% 左右。如果再增加 data_object_id 作为 group by 字段，则 sort group by 增加至 1.26s 左右，hash group by 则和原来差不多，这样就相差 1 倍多了。所以，分组结果集越大，hash group by 的优势越明显。

9.5.7　过滤器

这里所说的 filter（过滤器）并不是谓词部分的 filter，而是在执行计划主体部分的 filter，这种情况一般出现在某些子查询无法展开为连接时。例如：

```
select d.*
  from hr.departments d
 where exists
 (select 1 from hr.employees e
        where (e.first_name = 'ABC' and e.department_id = d.department_id)
           or e.first_name = '*');
```

其输出结果如图 9–47 所示。

Id	Operation	Name	Rows	Bytes	Cost	Time
0	SELECT STATEMENT		1	21	44	00:00:01
* 1	FILTER					
2	TABLE ACCESS FULL	DEPARTMENTS	27	567	3	00:00:01
* 3	TABLE ACCESS FULL	EMPLOYEES	1	25	3	00:00:01

图9–47　输出结果

这种情况在监管和营销类场景中出现得比较多，这个 filter 代表两张表执行了嵌套循环连接，而且驱动表和子表都使用全表扫描，性能极差。对于这种 SQL 语句的优化，主要是将语句拆分为两个子查询，然后 union 或 union all 起来。就实际业务来说，一般使用 union all 就可以满足，因为 or 的这两部分基本上不会有重叠。

9.5.8　其他重要信息

对于执行计划，还有一些操作和提示在特殊情况下（如使用 SQL 补丁、并行执行及知道哪些谓词应该先应用时）需要关注，它们可能会体现在 Note、Predicate Information 中，读者可以在用到时参考手册进行排查。

9.6 其他执行计划相关要点

除了掌握 SQL 执行计划中的各种操作外，有时避免不了会遇到正在执行的 SQL 语句性能低下，但是执行计划看起来又很合理的情况；也会遇到执行计划看起来很合理，但是运行时性能却与期望的相差很大的情况。对于这些情况，应知道如何去分析，本节就来讨论这些要点。

9.6.1　查看SQL语句哪个环节最耗资源

有时会出现某些正在运行的 SQL 突然性能下降的情况，此时应即时查看这个 SQL 语句的执行计划。对于一些层次嵌套比较复杂的 SQL 语句，我们希望看到每个节点的 PGA 占用情况，这些信息可以通过查询 v$sql_plan_statistics_all 动态视图来获得，它合并了 V$SQL_PLAN、V$SQL_PLAN_STATISTICS 和 V$SQL_WORKAREA 的信息，其中包含了每个执行计划节点的资源消耗情况。示例如下：

```
SQL> column QBLOCK_NAME format a15
SQL> column POLICY format a8
SQL> column ESTIMATED_OPTIMAL_SIZE format a12
SQL> column LAST_TEMPSEG_SIZE format a12
SQL> column OPERATION format a30
SQL> select lpad(' ', depth * 2, ' ') || operation || ' ' || options
```

```
operation,
  2          object_name,
  3          qblock_name,
  4          policy,
  5          x.LAST_MEMORY_USED,
  6          x.ESTIMATED_OPTIMAL_SIZE,
  7          x.LAST_EXECUTION
  8          last_tempseg_size
  9     from v$sql_plan_statistics_all x
 10    where sql_id = '73hpzf4zrmkxq';
```

输出结果如图 9—48 所示。

```
OPERATION                      OBJECT_NAME                    QBLOCK_NAME     POLICY   LAST_MEMORY_USED ESTIMATED_OP LAST_TEMF
------------------------------ ------------------------------ --------------- -------- ---------------- ------------ ---------
DELETE STATEMENT
  PX COORDINATOR                                              SEL$3BA1AD7C
    PX SEND QC (RANDOM)        :TQ10002
      INDEX MAINTENANCE        TA_TCONFIRM_TMP
        PX RECEIVE
          PX SEND RANGE        :TQ10001
            DELETE             TA_TCONFIRM_TMP
              BUFFER SORT                                                     AUTO              3530752      4335616 OPTIMAL
                PX RECEIVE
                  PX SEND HASH :TQ10000
 (BLOCK ADDRESS)
                    HASH JOIN                                                 AUTO             11660288     12476416 OPTIMAL
                      SORT UNI                                                AUTO             10369024     11665408 OPTIMAL
QUE
                        INDEX  IDX_TA_TREQUESTMP_SERIALNO     SEL$3BA1AD7C
SKIP SCAN
                      INDEX SK UIDX_TCONFIRM_TMP              SEL$3BA1AD7C
IP SCAN
14 rows selected
```

图9—48 输出结果

也可以通过 dbms_xplan.display_cursor 查看，如下所示：

```
SQL> select /*+ gather_plan_statistics */count(1) from big_table;
  COUNT(1)
----------
     87589
SQL> select * from table(dbms_xplan.display_cursor(sql_id =>
'a1q0mskqg4bsm',format => 'allstats last'));
```

输出结果如图 9—49 所示。

```
PLAN_TABLE_OUTPUT
---------------------------------------------------------------------------
SQL_ID  a1q0mskqg4bsm, child number 0
-------------------------------------
select /*+ gather_plan_statistics */count(1) from big_table
Plan hash value: 599409829
---------------------------------------------------------------------------
| Id  | Operation          | Name      | Starts | E-Rows | A-Rows |   A-Time    |
---------------------------------------------------------------------------
|   0 | SELECT STATEMENT   |           |      1 |        |      1 |00:00:00.03 |
|   1 |  SORT AGGREGATE    |           |      1 |      1 |      1 |00:00:00.03 |
|   2 |   TABLE ACCESS FULL| BIG_TABLE |      1 |  78242 |  87589 |00:00:00.02 |
---------------------------------------------------------------------------
Note
-----
   - dynamic sampling used for this statement (level=2)
18 rows selected
```

图9—49 输出结果

除了上述这些主要信息外，还有基数、一次交换、多次交换所需 PGA 大小等。一般来说，通过查看 SQL 语句每个行源的 PGA 需求，我们就能根据预计符合条件的数据量估计出合理与否，然后考虑是否需要进一步优化。应尽可能避免 SQL 语句需要交换到临时表空间的排序和哈希连接，否则性能会受到极大的影响。

默认情况下，有些 SQL 语句并没有记录到该视图中，如果希望明确记录，可以加上 gather_plan_statistics 优化器提示或者将 STATISTICS_LEVEL 参数设置为 ALL；同时，根据 Oracle 相关资料，还有一个隐含参数 _rowsource_execution_statistics 控制是否限制逻辑读 / 写、物理读 / 写这些信息。但是，根据笔者在 Oracle 10.2.0.4 上的测试，即使把这 3 个参数都加上，仍然没有统计到此类信息。对于这类比较耗资源的，建议使用优化器提示方式微控。

9.6.2 查看SQL还需多久运行完

对于长时间执行的 SQL，有时希望大概知道还需要多久运行完。默认情况下，只要 TIMED_STATISTICS 为 TRUE 或对象使用 DBMS_STATS 收集了统计信息，Oracle 会将执行超过 6s 的 SQL 语句存储到 V$SESSION_LONGOPS 性能视图中，其中包括预计需要执行的总时间、逻辑读次数、当前已完成进度等，如下所示：

```
SQL> select f.SQL_ID,
  2         f.OPNAME,
  3         f.TARGET,
  4         f.SOFAR,
  5         f.TOTALWORK,
  6         f.START_TIME,
  7         f.TIME_REMAINING
  8    from V$SESSION_LONGOPS f
  9   where sql_id = '833dd59kg54zp'
 10   order by start_time desc;
```

输出结果如图 9–50 所示。

SQL_ID	OPNAME	TARGET	SOFAR	TOTALWORK	START_TIME	TIME_REMAINING
833dd59kg54zp	Rowid Range Scan	HS_TATRADE1.TA_TACCOCONFIRM	31580	31580	2018/10/22	0
833dd59kg54zp	Rowid Range Scan	HS_TATRADE1.TA_TACCOREQUEST	63160	63160	2018/10/22	0
833dd59kg54zp	Rowid Range Scan	HS_TATRADE1.TA_TEXTPARAMETER	208120	208120	2018/10/22	0
833dd59kg54zp	Rowid Range Scan	HS_TATRADE1.TA_TEXTPARAMETER	208120	208120	2018/10/19	0
833dd59kg54zp	Rowid Range Scan	HS_TATRADE1.TA_TEXTPARAMETER	208120	208120	2018/10/19	0
833dd59kg54zp	Rowid Range Scan	(stale or locked) obj# 148199	208120	208120	2018/10/18	0
833dd59kg54zp	Rowid Range Scan	(stale or locked) obj# 148199	208120	208120	2018/10/18	0
833dd59kg54zp	Rowid Range Scan	(stale or locked) obj# 145681	208120	208120	2018/10/18	0
833dd59kg54zp	Rowid Range Scan	(stale or locked) obj# 145681	208120	208120	2018/10/18	0
833dd59kg54zp	Rowid Range Scan	(stale or locked) obj# 143425	208120	208120	2018/10/18	0

10 rows selected

图9–50 输出结果

上述信息虽然比较接近，但不是非常准确，用来预估具有参考性。

9.6.3　保持执行计划的稳定性

由于 SQL 的执行计划会随着环境的变化而发生改变，因此在测试或者生产环境的 SQL 执行计划符合预期时，对于一些复杂的 SQL 语句，希望相对比较稳定，即使并不总是最优的，但也愿意接受。

在 Oracle 中，除了让优化器根据上下文选择最佳执行计划外，还有多种方式可以加强执行计划的稳定性，包括优化器提示、存储纲要（Stored Outlines）及 SQL 计划管理。优化器提示通常用于人为地影响执行计划。本小节主要讲述存储纲要和 SQL 计划管理。

1. 存储纲要

存储纲要是 Oracle 11g 之前一直不接触源代码固定执行计划的唯一方式，其本质和优化器提示相同，在内部将用户接受的执行计划通过一个提示集合保存在数据字典中，在 SQL 语句解析时，优化器检查是否有可用的存储纲要，如果有则直接使用，而不生成新的执行计划。存储纲要及其提示分别存储在 OL$、OL$HINTS 和 OL$NODES 中，但是用户应该通过 *_OUTLINES 及 *_OUTLINE_HINTS 数据字典访问。首先基于对统计信息的调整得到较优的执行计划，然后根据此创建存储纲要，如下所示。

将 SQL 进行优化，生成所希望的执行计划：

```
conn sys/123456 as sysdba
SQL> GRANT CREATE ANY OUTLINE TO SCOTT;
Grant succeeded
SQL> GRANT EXECUTE_CATALOG_ROLE TO SCOTT;
Grant succeeded
conn hr/hr
SQL> explain plan for
  2  SELECT e.empno, e.ename, d.dname FROM scott.emp e, scott.dept d WHERE
e.deptno = d.deptno;
Explained
SQL> select * from table(dbms_xplan.display());
PLAN_TABLE_OUTPUT
--------------------------------------------------------------------------------
Plan hash value: 844388907
--------------------------------------------------------------------------------
| Id  | Operation                    | Name    | Rows  | Bytes | Cost
(%CPU)| Ti
--------------------------------------------------------------------------------
|   0 | SELECT STATEMENT             |         |    12 |   312 |     6
(17)| 00
|   1 |  MERGE JOIN                  |         |    12 |   312 |     6
(17)| 00
|   2 |   TABLE ACCESS BY INDEX ROWID| DEPT    |     4 |    52 |     2
(0)| 00
|   3 |    INDEX FULL SCAN           | PK_DEPT |     4 |       |     1
(0)| 00
```

```
|*  4 |   SORT JOIN                    |          |    12 |   156 |     4
(25)| 00
|   5 |    TABLE ACCESS FULL           | EMP      |    12 |   156 |     3
(0)| 00
--------------------------------------------------------------------------------
Predicate Information (identified by operation id):
---------------------------------------------------
   4 - access("E"."DEPTNO"="D"."DEPTNO")
       filter("E"."DEPTNO"="D"."DEPTNO")
18 rows selected
SQL> exec dbms_stats.set_table_stats(ownname => 'SCOTT',tabname =>
   'EMP',numrows => 1000000);
PL/SQL procedure successfully completed
SQL> explain plan for
  2  SELECT e.empno, e.ename, d.dname
FROM scott.emp e, scott.dept d WHERE e.deptno = d.deptno;
Explained
SQL> select * from table(dbms_xplan.display());
PLAN_TABLE_OUTPUT
--------------------------------------------------------------------------------
Plan hash value: 615168685
--------------------------------------------------------------------------------
| Id  | Operation           | Name | Rows  | Bytes | Cost (%CPU)| Time
|
--------------------------------------------------------------------------------
|   0 | SELECT STATEMENT    |      |  1000K|    24M|    22  (73)|
00:00:01 |
|*  1 |  HASH JOIN          |      |  1000K|    24M|    22  (73)|
00:00:01 |
|   2 |   TABLE ACCESS FULL| DEPT |     4 |    52 |     3   (0)|
00:00:01 |
|   3 |   TABLE ACCESS FULL| EMP  |  1000K|    12M|    15  (80)|
00:00:01 |
--------------------------------------------------------------------------------
Predicate Information (identified by operation id):
---------------------------------------------------
   1 - access("E"."DEPTNO"="D"."DEPTNO")
15 rows selected
```

为优化后的 SQL 语句创建存储纲要：

```
SQL> CREATE OUTLINE emp_dept FOR CATEGORY scott_outlines ON SELECT
e.empno, e.ename, d.dname FROM scott.emp e, scott.dept d WHERE e.deptno
  = d.deptno;
Outline created
SQL> SELECT name, category, sql_text FROM user_outlines WHERE category
  = 'SCOTT_OUTLINES';
NAME          CATEGORY                  SQL_TEXT
------------ -------------------  ----------------------------------------
```

```
EMP_DEPT     SCOTT_OUTLINES        SELECT e.empno, e.ename, d.dname FRO
M scott.emp e, scott.dept
SQL> SELECT e.empno, e.ename, d.dname FROM scott.emp e, scott.dept d
  WHERE e.deptno = d.deptno;
EMPNO ENAME      DNAME
----- ---------- --------------
 7369 SMITH      RESEARCH
 7499 ALLEN      SALES
-- 确认存储纲要为SQL保存的执行计划是所希望得到的
SQL> SELECT node, stage, join_pos, hint FROM user_outline_hints WHERE
name = 'EMP_DEPT';
      NODE      STAGE   JOIN_POS HINT
---------- ---------- ---------- --------------------------------------
         1          1          0 USE_HASH(@"SEL$1" "E"@"SEL$1")
         1          1          0 LEADING(@"SEL$1" "D"@"SEL$1" "E"@"SEL$1")
         1          1          2 FULL(@"SEL$1" "E"@"SEL$1")
         1          1          1 FULL(@"SEL$1" "D"@"SEL$1")
         1          1          0 OUTLINE_LEAF(@"SEL$1")
         1          1          0 ALL_ROWS
         1          1          0 DB_VERSION('11.2.0.1')
         1          1          0 OPTIMIZER_FEATURES_ENABLE('11.2.0.1')
         1          1          0 IGNORE_OPTIM_EMBEDDED_HINTS
9 rows selected
SQL> SELECT name, category, used FROM user_outlines;
NAME   CATEGORY                       USED
------------ ------------------------------  ------
EMP_DEPT SCOTT_OUTLINES   UNUSED
```

启用存储纲要和重写，删除统计信息，然后执行 SQL，确认即使没有统计信息，执行计划仍然是所希望得到的。

```
SQL> ALTER SESSION SET query_rewrite_enabled=TRUE;
Session altered
SQL> ALTER SESSION SET use_stored_outlines=SCOTT_OUTLINES;
Session altered
SQL> SELECT e.empno, e.ename, d.dname FROM scott.emp e, scott.dept d
  WHERE e.deptno = d.deptno;
EMPNO ENAME      DNAME
----- ---------- --------------
 7369 SMITH      RESEARCH
 7499 ALLEN      SALES
SQL> SELECT name, category, used FROM user_outlines;
NAME   CATEGORY                       USED
------------ ------------------------------  ------
EMP_DEPT SCOTT_OUTLINES   USED
SQL> exec dbms_stats.delete_table_stats(ownname => 'SCOTT',tabname =>
  'EMP');
PL/SQL procedure successfully completed
SQL> explain plan for
```

```
  2  SELECT e.empno, e.ename, d.dname FROM scott.emp e, scott.dept d
  WHERE e.deptno = d.deptno;
Explained
SQL> select * from table(dbms_xplan.display());
PLAN_TABLE_OUTPUT
-----------------------------------------------------------------------
Plan hash value: 615168685
-----------------------------------------------------------------------
| Id  | Operation            | Name | Rows  | Bytes | Cost (%CPU)| Time
|
-----------------------------------------------------------------------
|   0 | SELECT STATEMENT     |      |   409 | 18814 |     6   (0)|
00:00:01 |
|*  1 |  HASH JOIN           |      |   409 | 18814 |     6   (0)|
00:00:01 |
|   2 |   TABLE ACCESS FULL| DEPT |     4 |    52 |     3   (0)|
00:00:01 |
|   3 |   TABLE ACCESS FULL| EMP  |   409 | 13497 |     3   (0)|
00:00:01 |
-----------------------------------------------------------------------
Predicate Information (identified by operation id):
---------------------------------------------------
   1 - access("E"."DEPTNO"="D"."DEPTNO")
Note
-----
   - outline "EMP_DEPT" used for this statement
19 rows selected
```

禁用存储纲要，并执行 SQL，确保执行计划又回到了不希望得到的非优化状态。

```
SQL> ALTER SESSION SET use_stored_outlines=FALSE;
Session altered
SQL> explain plan for
  2  SELECT e.empno, e.ename, d.dname FROM scott.emp e, scott.dept d
    WHERE e.deptno = d.deptno;
Explained
SQL> select * from table(dbms_xplan.display());
PLAN_TABLE_OUTPUT
-----------------------------------------------------------------------
Plan hash value: 844388907
-----------------------------------------------------------------------
| Id  | Operation                    | Name    | Rows  | Bytes | Cost
(%CPU)| Ti
-----------------------------------------------------------------------
|   0 | SELECT STATEMENT             |         |    12 |   552 |     6
(17)| 00
|   1 |  MERGE JOIN                  |         |    12 |   552 |     6
(17)| 00
|   2 |   TABLE ACCESS BY INDEX ROWID| DEPT    |     4 |    52 |     2
(0)| 00
```

```
|   3 |     INDEX FULL SCAN            | PK_DEPT |      4 |       |     1
(0)| 00
|*  4 |    SORT JOIN                   |         |     12 |   396 |     4
(25)| 00
|   5 |     TABLE ACCESS FULL          | EMP     |     12 |   396 |     3
(0)| 00
-----------------------------------------------------------------------
Predicate Information (identified by operation id):
---------------------------------------------------
   4 - access("E"."DEPTNO"="D"."DEPTNO")
       filter("E"."DEPTNO"="D"."DEPTNO")
Note
PLAN_TABLE_OUTPUT
-----------------------------------------------------------------------
   - dynamic statistics used: dynamic sampling (level=2)
```

这样就可以确保 emp 和 dept 总是通过哈希连接进行关联了。除了直接 CREATE STORED OUTLINE 外，还可以通过 DBMS_OUTLN.create_outline 创建存储纲要。

2. SQL计划管理

SQL 计划管理是 Oracle 11g 中引入的。存储纲要的缺点在于当为 SQL 创建了存储纲要之后，优化器就不再考虑其他执行计划，即使根据最新的统计信息可以生成更合理的执行计划。SQL 计划管理补充了这一空白，它会考虑其他的计划，但是将是否接受的决定权仍然留给用户。但是其管理更复杂，在实际中用得不是很多，因此不再进行详述，有兴趣的读者可以参考 Oracle 相关文档进行测试。

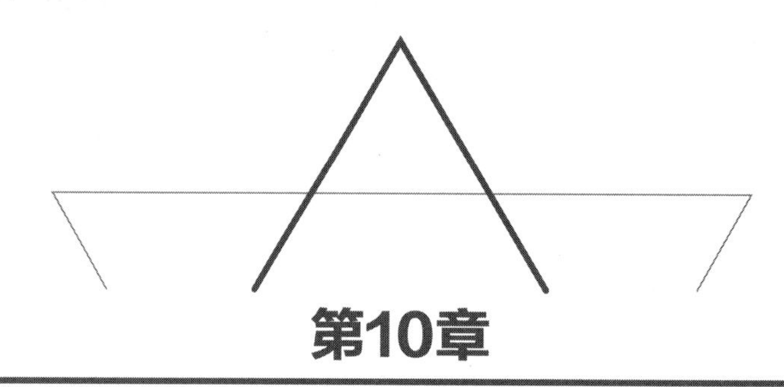

第10章

Oracle SQL性能分析与优化

精通 SQL 优化并不是调整优化器提示、更改索引那么简单，遇到打包或线上应用没有源码怎么办？简单的 delete 很慢怎么办？本章在第 9 章的基础上，将详细介绍影响优化器选择执行计划的统计信息、直方图、优化器提示等因素，以及 Oracle 12c 中的增强，并给出在各种不同类型的系统中应如何权衡管理这些信息以期取得良好、稳定的效果。

10.1 优化器

不仅数据库有优化器，C/C++、Java 等各种编程语言也有优化器，如 C/C++ 有编译优化级别，Java 有客户端模式和服务端模式、JIT、各种垃圾回收模式，虽然名字不一定是优化器，但都属于优化器的范畴。只不过数据库优化相对其他编程语言更复杂、出错时后果更严重，所以优化器这个组件被更加明确地前置，并开放给了开发人员和 DBA。

从逻辑上来说，优化器负责在其能力范围内为 SQL 语句生成最优的执行计划。在此过程中，优化器会考虑各种因素，如可用的索引、统计信息、系统参数设置、I/O、CPU、网络等，并采用启发式算法最终生成其认为最优的执行计划。

从理论上来说，优化器确实可以做到生成最优的执行计划，但是由于实际系统环境的复杂性及不规律性，完全依靠优化器生成最优的甚至可接受的执行计划成本太高，甚至很多时候会得不偿失。因此，用户经常通过各种方式干预优化器的优化决策，以最小的成本得到最大化的收益，在这一点上，无论是 Oracle 还是 MySQL 都类似。

10.1.1 Oracle优化器的类型

在 Oracle 9i 及之前的版本中，大部分系统使用的是基于规则的优化 RBO。从 Oracle 9.1 开始，官方名义上就不再支持 RBO，而是使用基于成本的优化 CBO，大部分的新特性也都在 CBO 上加强，在 RBO 上不再加强。Oracle 数据库自身的很多代码都指定 RBO，一方面是因为历史遗留；另一方面是因为数据字典本身数据量就不大，没有必要切换到 CBO。

因为现在大部分的生产系统都以 Oracle 10g 和 Oracle 11g 为主，本书大部分示例主要也是基于 Oracle 11g 企业版测试，因此本章假设都使用 CBO 优化器。因此，本章不再讲解哪些特性必须使用 CBO，读者如果感兴趣，可以参考 Oracle 9.1 官方文档相关章节。

要查看当前数据库的优化器模式，用户可以通过 optimizer_mode 初始化参数查看当前的优化器目标，然后对应到 CBO 或者 RBO。需要注意的是，并不存在一个叫作 optimizer_type 的参数。Oracle 优化器模式和优化器类型对照如表 10–1 所示。

表10–1 Oracle优化器模式和优化器类型对照

优化器模式	优化器类型	描 述
ALL_ROWS	CBO	优化器基于成本考虑，找到最快完成执行整个语句的执行计划
FIRST_ROWS_n	CBO	优化器基于成本考虑，找到最快返回前N行的执行计划
FIRST_ROWS	半CBO	优化器结合考虑成本及启发式算法，找到最快返回前N行的执行计划
CHOOSE	有dbms_stats的统计信息则CBO，否则RBO	根据dbms_stats是否收集了统计信息，在RBO和CBO之间启动选择。从Oracle 10g开始不再支持
RULE	RBO	基于规则的成本法则，从Oracle 10g开始不再支持

查看当前系统的优化器模式，如下所示：

```
SQL> show parameter optimizer_mode
NAME                                 TYPE        VALUE
------------------------------------ ----------- ------------------------
optimizer_mode                       string      ALL_ROWS
```

当前的优化器模式是 ALL_ROWS，即默认的 CBO 优化器模式。

10.1.2 查询转换

查询转换是优化器主要的职责之一，在语句优化时，优化器会基于解析器生成的语法树评估是否将当前 SQL 语句重写为逻辑等价的其他形式语句成本更低。如果原查询语句可以重写为多个逻辑等价的 SQL，查询转换器会一一评估，并选择其认为成本最低的那个语句。

这里深入探讨 Oracle 的各种查询转换特性，理解什么情况下优化器能够进行查询转换是掌握分析执行计划和 SQL 调优的前提，否则在复杂的 SQL 优化场景中遇到优化器提示没有按预期行为工作时会觉得毫无规律。

1. OR扩展

查询条件中多个列之间有 OR 运算符时，如果优化器认为将 OR 扩展为 UNION ALL 能获得更好的访问路径或者连接方式，其会考虑对 OR 条件进行扩展。例如：

```
create table big_table as select * from dba_objects;
create index IDX_BIG_TABLE_OBJ_TYPE on BIG_TABLE (OBJECT_TYPE);
create index IDX_BIG_TABLE_OWNER on BIG_TABLE (OWNER);
explain plan for select * from BIG_TABLE t where t.owner=:owner1 or
object_type=:owner2;
```

其输出结果如图 10–1 所示。

```
Plan Hash Value  : 26651081

| Id  | Operation                        | Name                   | Rows | Bytes  | Cost | Time     |

|   0 | SELECT STATEMENT                 |                        | 1697 | 351279 |  235 | 00:00:03 |
|   1 |  TABLE ACCESS BY INDEX ROWID     | BIG_TABLE              | 1697 | 351279 |  235 | 00:00:03 |
|   2 |   BITMAP CONVERSION TO ROWIDS    |                        |      |        |      |          |
|   3 |    BITMAP OR                     |                        |      |        |      |          |
|   4 |     BITMAP CONVERSION FROM ROWIDS|                        |      |        |      |          |
| * 5 |      INDEX RANGE SCAN            | IDX_BIG_TABLE_OWNER    |      |        |    7 | 00:00:01 |
|   6 |     BITMAP CONVERSION FROM ROWIDS|                        |      |        |      |          |
| * 7 |      INDEX RANGE SCAN            | IDX_BIG_TABLE_OBJ_TYPE |      |        |    5 | 00:00:01 |

Predicate Information (identified by operation id):

* 5 - access("T"."OWNER"=:OWNER1)
* 7 - access("OBJECT_TYPE"=:OWNER2)

Note

- dynamic sampling used for this statement
```

图10–1　输出结果

虽然该语句从语义上符合 OR 扩展转换，但是优化器认为采用位图转换合并效率更高，这主要是因为这两个索引列的选择性都不高，因此优化器选择了位图转换合并。假设希望优化器进行 OR 扩展转换，可以加上 use_concat 提示，如下所示：

```
explain plan for select /*+ use_concat */* from BIG_TABLE t where
t.owner=:owner1 or object_type=:owner2
```

输出结果如图 10–2 所示。

```
Plan Hash Value  : 1461684568

| Id  | Operation                      | Name                   | Rows | Bytes  | Cost | Time     |

|   0 | SELECT STATEMENT               |                        | 1697 | 351279 |   37 | 00:00:01 |
|   1 |  CONCATENATION                 |                        |      |        |      |          |
|   2 |   TABLE ACCESS BY INDEX ROWID  | BIG_TABLE              |  853 | 176571 |   20 | 00:00:01 |
| * 3 |    INDEX RANGE SCAN            | IDX_BIG_TABLE_OBJ_TYPE |  415 |        |    5 | 00:00:01 |
| * 4 |   TABLE ACCESS BY INDEX ROWID  | BIG_TABLE              |  844 | 174708 |   17 | 00:00:01 |
| * 5 |    INDEX RANGE SCAN            | IDX_BIG_TABLE_OWNER    |  415 |        |    7 | 00:00:01 |

Predicate Information (identified by operation id):

* 3 - access("OBJECT_TYPE"=:OWNER2)
* 4 - filter(LNNVL("OBJECT_TYPE"=:OWNER2))
* 5 - access("T"."OWNER"=:OWNER1)

Note

- dynamic sampling used for this statement
```

图10–2　输出结果

可以发现，使用 OR 扩展之后，在谓词信息部分的第二个查询中增加了 LNNVL("OBJECT_TYPE"=:OWNER2) 过滤条件，内部改写后的 SQL 语句就等价于下列 SQL 语句：

```
select * from big_table where object_type=:owner2
union all
select * from BIG_TABLE t where t.owner=:owner1
and LNNVL("OBJECT_TYPE"=:OWNER2)
```

其输出结果如图 10–3 所示。

```
Plan Hash Value  : 1946800180

| Id  | Operation                      | Name                   | Rows | Bytes  | Cost | Time     |

|   0 | SELECT STATEMENT               |                        | 1697 | 351279 |   37 | 00:00:01 |
|   1 |  UNION-ALL                     |                        |      |        |      |          |
|   2 |   TABLE ACCESS BY INDEX ROWID  | BIG_TABLE              |  853 | 176571 |   20 | 00:00:01 |
| * 3 |    INDEX RANGE SCAN            | IDX_BIG_TABLE_OBJ_TYPE |  341 |        |    5 | 00:00:01 |
| * 4 |   TABLE ACCESS BY INDEX ROWID  | BIG_TABLE              |  844 | 174708 |   17 | 00:00:01 |
| * 5 |    INDEX RANGE SCAN            | IDX_BIG_TABLE_OWNER    |  341 |        |    7 | 00:00:01 |

Predicate Information (identified by operation id):

* 3 - access("OBJECT_TYPE"=:OWNER2)
* 4 - filter(LNNVL("OBJECT_TYPE"=:OWNER2))
* 5 - access("T"."OWNER"=:OWNER1)

Note

- dynamic sampling used for this statement
```

图10-3　输出结果

可见唯一的差别就是原始 SQL 语句是 UNION ALL 时，Operation 列是 UNION-ALL；优化器通过 OR 扩展时，Operation 是 CONCATENATION。从 Oracle 11.2 开始，当通过 OR扩展时，Operation 列统一为 UNION-ALL。

2. 视图合并

为了编写的 SQL 语句可读性更好，开发人员会按照结构化的思想编写 SQL，对于一些复杂的 SQL，则会层层嵌套至五六层乃至更多。如果优化器按照编写的 SQL 由内而外一个个产生执行计划，最后得到的整体执行计划并不是最优的，因此优化器会考虑对这些嵌套的查询块进行必要的合并，以期达到 1+1>2 的效果。根据子查询块包含的 SQL 子句不同，视图合并分为简单视图合并和复杂视图合并，这两种视图合并的处理方式和能够合并的程度各不相同，下面分情况讲解。

简单视图合并，指不包含 GROUP BY、DISTINCT、外连接、聚合函数且不是作为外查询外连接主表的视图。例如：

```
explain plan for
select b.*, s.DNAME, s.loc
  from bonus b, (select * from emp, dept where emp.deptno = dept.deptno) s
 where b.ename = s.ename
```

输出结果如图 10-4 所示。

```
Plan Hash Value  : 1315453310

| Id  | Operation                      | Name    | Rows | Bytes | Cost | Time     |

|   0 | SELECT STATEMENT               |         |    1 |    69 |   18 | 00:00:01 |
|   1 |  NESTED LOOPS                  |         |    1 |    69 |   18 | 00:00:01 |
|   2 |   NESTED LOOPS                 |         |    1 |    69 |   18 | 00:00:01 |
| * 3 |    HASH JOIN                   |         |    1 |    49 |   17 | 00:00:01 |
|   4 |     TABLE ACCESS FULL          | BONUS   |    1 |    39 |    2 | 00:00:01 |
|   5 |     TABLE ACCESS FULL          | EMP     | 9999 | 99990 |   15 | 00:00:01 |
| * 6 |    INDEX UNIQUE SCAN           | PK_DEPT |    1 |       |    0 | 00:00:01 |
|   7 |   TABLE ACCESS BY INDEX ROWID  | DEPT    |    1 |    20 |    1 | 00:00:01 |

Predicate Information (identified by operation id):

* 3 - access("B"."ENAME"="EMP"."ENAME")
* 6 - access("EMP"."DEPTNO"="DEPT"."DEPTNO")
```

图10-4　输出结果

假设子查询块不和外查询块合并，则如下所示：

```
explain plan for
select b.*, s.DNAME, s.loc
  from bonus b, (select /*+ no_merge */* from emp, dept where emp.deptno
= dept.deptno) s
 where b.ename = s.ename
```

输出结果如图 10–5 所示。

```
Plan Hash Value  : 178402803

| Id  | Operation              | Name  | Rows | Bytes  | Cost | Time     |

|   0 | SELECT STATEMENT       |       |    1 |     63 |   20 | 00:00:01 |
| * 1 |   HASH JOIN            |       |    1 |     63 |   20 | 00:00:01 |
|   2 |    TABLE ACCESS FULL   | BONUS |    1 |     39 |    2 | 00:00:01 |
|   3 |    VIEW                |       | 9999 | 239976 |   18 | 00:00:01 |
| * 4 |     HASH JOIN          |       | 9999 | 299970 |   18 | 00:00:01 |
|   5 |      TABLE ACCESS FULL | DEPT  |    4 |     80 |    3 | 00:00:01 |
|   6 |      TABLE ACCESS FULL | EMP   | 9999 |  99990 |   15 | 00:00:01 |

Predicate Information (identified by operation id):

* 1 - access("B"."ENAME"="S"."ENAME")
* 4 - access("EMP"."DEPTNO"="DEPT"."DEPTNO")
```

图10–5　输出结果

从上述两个输出结果来看，前者的输出结果更优，合并更合理。通常对于简单视图来说，合并比不合并的场景更多。

复杂视图合并。可合并的复杂视图主要指的是包含 GROUP BY、DISTINCT 等聚合类操作的视图，但是不包括 UNION、GROUPING SET 这些集合操作符。这些视图是否会被合并通常取决于合并后是否可以在聚合前过滤掉更多的数据，否则可能会出现原来子查询块是一个小结果集和外部查询的表关联，变成了几张大表和外部查询的表进行关联，性能反而下降。例如：

```
create table big_table1 as select * from dba_tables;
create table big_object1 as select * from dba_col_comments;
explain plan for
select *
  from big_table1 a,
       (select b.table_name, b.owner, count(1)
          from big_object1 b
         group by b.table_name, b.owner) bx
 where a.table_name = bx.table_name
   and a.owner = bx.owner
```

输出结果如图 10–6 所示。

```
Plan Hash Value  : 2972766634

| Id  | Operation            | Name        | Rows   | Bytes    | Cost | Time     |

|   0 | SELECT STATEMENT     |             |  33228 | 18674136 |  517 | 00:00:07 |
|   1 |   HASH GROUP BY      |             |  33228 | 18674136 |  517 | 00:00:07 |
| * 2 |    HASH JOIN         |             |  33228 | 18674136 |  515 | 00:00:07 |
|   3 |     TABLE ACCESS FULL | BIG_TABLE1  |   3261 |  1721808 |   31 | 00:00:01 |
|   4 |     TABLE ACCESS FULL | BIG_OBJECT1 | 101170 |  3439780 |  180 | 00:00:03 |

Predicate Information (identified by operation id):

* 2 - access("A"."TABLE_NAME"="B"."TABLE_NAME" AND "A"."OWNER"="B"."OWNER")
```

图10–6　输出结果

在这个示例中，可以知道子查询块先执行完成后可以大大减少结果集数量，但是优化器却选择了复杂视图合并，即使它并不合理。下面再来看强制优化器不进行视图合并时的执行计划：

```
explain plan for
select *
  from big_table1 a,
       (select /*+ no_merge */b.table_name, b.owner, count(1)
          from big_object1 b
         group by b.table_name, b.owner) bx
 where a.table_name = bx.table_name
   and a.owner = bx.owner
```

输出结果如图 10–7 所示。

```
Plan Hash Value  : 25306422

| Id | Operation              | Name        | Rows   | Bytes   | Cost | Time     |

|  0 | SELECT STATEMENT       |             |   4824 | 2715912 |  572 | 00:00:07 |
|  1 |  MERGE JOIN            |             |   4824 | 2715912 |  572 | 00:00:07 |
|  2 |   SORT JOIN            |             | 101170 | 4754990 |  183 | 00:00:03 |
|  3 |    VIEW                |             | 101170 | 4754990 |  183 | 00:00:03 |
|  4 |     HASH GROUP BY      |             | 101170 | 3439780 |  183 | 00:00:03 |
|  5 |      TABLE ACCESS FULL | BIG_OBJECT1 | 101170 | 3439780 |  180 | 00:00:03 |
| *6 |   SORT JOIN            |             |   3261 | 1682676 |  389 | 00:00:05 |
|  7 |    TABLE ACCESS FULL   | BIG_TABLE1  |   3261 | 1682676 |   31 | 00:00:01 |

Predicate Information (identified by operation id):

* 6 - access("A"."TABLE_NAME"="BX"."TABLE_NAME" AND "A"."OWNER"="BX"."OWNER")
* 6 - filter("A"."OWNER"="BX"."OWNER" AND "A"."TABLE_NAME"="BX"."TABLE_NAME")

Note
-----
- dynamic sampling used for this statement
```

图10–7 输出结果

所以，并非合并就一定更优，实际上有很多的场景不合并子查询块却可以获得更优的执行计划。

3. 谓词下推

所谓谓词下推，更准确地说，应该称为连接条件谓词下推，指的是对于无法合并的视图，优化器将某些外部查询块的关联查询条件推入子查询块中，这些条件通常是外部查询最终和子查询块关联的字段。在很多情况下，谓词下推的性能要比不下推更佳。例如：

```
explain plan for
SELECT *
  FROM hr.employees e,
       (SELECT manager_id FROM hr.employees
        union
        select employee_id from hr.employees) v
 WHERE e.manager_id = v.manager_id(+) AND e.employee_id = 100;
```

输出结果如图 10–8 所示。

Description	对象所有者	对象名称	耗费	基数	字节	访问谓词
SELECT STATEMENT, GOAL = ALL_ROWS			4	12	852	
NESTED LOOPS OUTER			4	12	852	
TABLE ACCESS BY INDEX ROWID	HR	EMPLOYEES	1	1	69	
INDEX UNIQUE SCAN	HR	EMP_EMP_ID_PK	0	1		"E"."EMPLOYEE_ID"=100
VIEW	SCOTT		3	1	2	
SORT UNIQUE			3	7	28	
UNION ALL PUSHED PREDICATE						
INDEX RANGE SCAN	HR	EMP_MANAGER_IX	1	6	24	"MANAGER_ID"="E"."MANAGER_ID"
INDEX UNIQUE SCAN	HR	EMP_EMP_ID_PK	0	1	4	"EMPLOYEE_ID"="E"."MANAGER_ID"

图10–8 输出结果

从上面的输出结果可以看出，对于外查询中每条符合条件的记录，其 manager_id 都被下推到内嵌视图 v 中被作为访问谓词，所以在内嵌视图内部，分别进行的是唯一索引扫描和索引区间扫描，其从 Operation 为 UNION ALL PUSHED PREDICATE 也可以看出。现在来看谓词不下推时该语句的执行计划：

```
explain plan for
SELECT /*+ NO_PUSH_PRED(v) */*
  FROM hr.employees e,
       (SELECT manager_id FROM hr.employees
        union
        select employee_id from hr.employees) v
 WHERE e.manager_id = v.manager_id(+) AND e.employee_id = 100;
```

输出结果如图 10–9 所示。

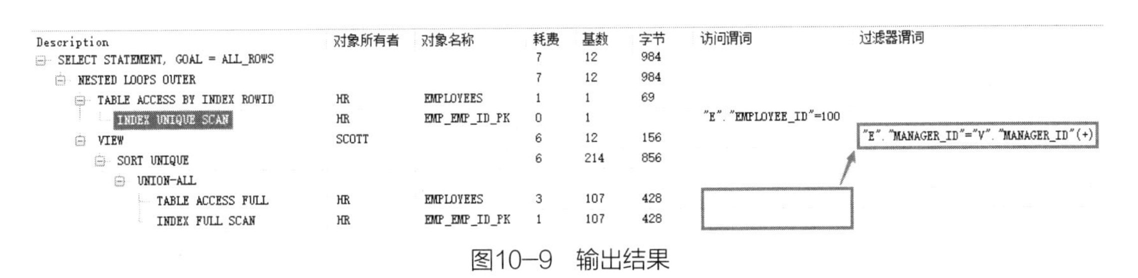

Description	对象所有者	对象名称	耗费	基数	字节	访问谓词	过滤器谓词
SELECT STATEMENT, GOAL = ALL_ROWS			7	12	984		
NESTED LOOPS OUTER			7	12	984		
TABLE ACCESS BY INDEX ROWID	HR	EMPLOYEES	1	1	69		
INDEX UNIQUE SCAN	HR	EMP_EMP_ID_PK	0	1		"E"."EMPLOYEE_ID"=100	
VIEW	SCOTT		6	12	156		"E"."MANAGER_ID"="V"."MANAGER_ID"(+)
SORT UNIQUE			6	214	856		
UNION-ALL							
TABLE ACCESS FULL	HR	EMPLOYEES	3	107	428		
INDEX FULL SCAN	HR	EMP_EMP_ID_PK	1	107	428		

图10–9 输出结果

可以看到原来在内嵌视图中用来访问数据的访问谓词没有了，变成了 VIEW 上面的过滤器谓词，内嵌视图中的第一个查询分支也从索引区间扫描变成了全表扫描。

对于包含视图（无论是内嵌视图还是常规视图）的 SQL 语句优化，知道哪些谓词会被下推是有必要的，这样就不需要将各个查询条件重复在各个子查询块中复制。

4. 子查询展开

子查询展开（Unnesting）是指对于某些符合条件的子查询，优化器将其重写为等价的等值或非等值连接。在实际情况下，有一部分子查询可以重写为表之间的连接，只不过从可读性方面来说，用子查询方式来写会好很多。最简单的包含子查询的 SQL 语句如下所示：

```
explain plan for
SELECT * FROM sh.sales WHERE cust_id IN (SELECT cust_id FROM sh.customers)
```

输出结果如图 10–10 所示。

Description	对象所有者	对象名称	耗费	基数	字节	访问谓词
SELECT STATEMENT, GOAL = ALL_ROWS			561	918,843	31,240,662	
HASH JOIN			561	918,843	31,240,662	"CUST_ID"="CUST_ID"
INDEX FAST FULL SCAN	SH	CUSTOMERS_PK	33	55,500	277,500	
PARTITION RANGE ALL			525	918,843	26,646,447	
TABLE ACCESS FULL	SH	SALES	525	918,843	26,646,447	

图10–10　输出结果

从上可知，优化器将子查询展开，重写为 sales 和 customers 之间的关联，等价于下列查询：

```
SELECT sales.* FROM sh.sales, sh.customers WHERE sales.cust_id =
 customers.cust_id;
```

上述子查询之所以能够直接展开为 sales 和 customers 之间的关联，是因为 cust_id 是 customers 的唯一索引，因此可以保证子查询中的 cust_id 不会出现多次。假设删除 cust_id 上的唯一索引，就不能简单地重写为两表关联，而必须使用半连接，如图 10–11 所示。

Description	对象所有者	对象名称	耗费	基数	字节	访问谓词
SELECT STATEMENT, GOAL = ALL_ROWS			563	918,843	31,240,662	
HASH JOIN RIGHT SEMI			563	918,843	31,240,662	"CUST_ID"="CUST_ID"
INDEX FAST FULL SCAN	SH	CUSTOMERS_PK	35	55,500	277,500	
PARTITION RANGE ALL			525	918,843	26,646,447	
TABLE ACCESS FULL	SH	SALES	525	918,843	26,646,447	

图10–11　关联字段不含唯一约束的执行计划

这样在找到第一条匹配的 cust_id 之后，数据库就会停止继续查找匹配。

5. 星型转换

星型转换主要用于数据仓库场景，目的是在星型模型中尽可能最小化对事实表的全表扫描。其原理是通过事实表上的对应各维度表关联字段的位图索引，先扫描维度表，然后从事实表查询仅相关的记录，而不是所有记录，以此达到最小化全表扫描事实表的效果。默认情况下，星型转换是不启用的，如果要启用星型转换，需将初始化参数 STAR_TRANSFORMATION_ENABLED 设置为 TRUE。例如：

```
explain plan for
SELECT c.cust_city,
       t.calendar_quarter_desc,
       SUM(s.amount_sold) sales_amount
  FROM sh.sales s, sh.times t, sh.customers c, sh.channels ch
 WHERE s.time_id = t.time_id
   AND s.cust_id = c.cust_id
   AND s.channel_id = ch.channel_id
   AND c.cust_state_province = 'CA'
   AND ch.channel_desc = 'Internet'
   AND t.calendar_quarter_desc IN ('1999-01', '1999-02')
 GROUP BY c.cust_city, t.calendar_quarter_desc;
```

输出结果如图 10–12 所示。

```
Plan Hash Value  : 1865285285

| Id  | Operation                      | Name      | Rows   | Bytes    | Cost | Time     |

|   0 | SELECT STATEMENT               |           |    405 |    30780 |  955 | 00:00:12 |
|   1 |   HASH GROUP BY                |           |    405 |    30780 |  955 | 00:00:12 |
| * 2 |    HASH JOIN                   |           |   1558 |   118408 |  954 | 00:00:12 |
|   3 |     PART JOIN FILTER CREATE    | :BF0000   |    183 |     2928 |   18 | 00:00:01 |
| * 4 |      TABLE ACCESS FULL         | TIMES     |    183 |     2928 |   18 | 00:00:01 |
| * 5 |     HASH JOIN                  |           |  12456 |   747360 |  935 | 00:00:12 |
|   6 |      MERGE JOIN CARTESIAN      |           |    383 |    14937 |  408 | 00:00:05 |
| * 7 |       TABLE ACCESS FULL        | CHANNELS  |      1 |       13 |    3 | 00:00:01 |
|   8 |       BUFFER SORT              |           |    383 |     9958 |  405 | 00:00:05 |
| * 9 |        TABLE ACCESS FULL       | CUSTOMERS |    383 |     9958 |  405 | 00:00:05 |
|  10 |      PARTITION RANGE JOIN-FILTER |         | 918843 | 19295703 |  525 | 00:00:07 |
|  11 |       TABLE ACCESS FULL        | SALES     | 918843 | 19295703 |  525 | 00:00:07 |

Predicate Information (identified by operation id):

* 2 - access("S"."TIME_ID"="T"."TIME_ID")
* 4 - filter("T"."CALENDAR_QUARTER_DESC"='1999-01' OR "T"."CALENDAR_QUARTER_DESC"='1999-02')
* 5 - access("S"."CUST_ID"="C"."CUST_ID" AND "S"."CHANNEL_ID"="CH"."CHANNEL_ID")
* 7 - filter("CH"."CHANNEL_DESC"='Internet')
* 9 - filter("C"."CUST_STATE_PROVINCE"='CA')
```

图10–12　输出结果

可以看到，优化器并没有为该语句进行星型转换，其首先对两张小的维表 channels、customers 执行笛卡儿连接，这也是常见的优化做法之一。现在来看启用星型转换之后，优化器的选择：

```
explain plan for
SELECT /*+ opt_param('STAR_TRANSFORMATION_ENABLED', 'TRUE') */c.cust_city,
       t.calendar_quarter_desc,
       SUM(s.amount_sold) sales_amount
  FROM sh.sales s, sh.times t, sh.customers c, sh.channels ch
 WHERE s.time_id = t.time_id
   AND s.cust_id = c.cust_id
   AND s.channel_id = ch.channel_id
   AND c.cust_state_province = 'CA'
   AND ch.channel_desc = 'Internet'
   AND t.calendar_quarter_desc IN ('1999-01', '1999-02')
 GROUP BY c.cust_city, t.calendar_quarter_desc;
```

输出结果如图 10–13 所示。

```
| Id   | Operation                             | Name                        | Rows | Bytes  | Cost | Time     |

|    0 | SELECT STATEMENT                      |                             |  542 |  30894 |  533 | 00:00:07 |
|    1 |   TEMP TABLE TRANSFORMATION           |                             |      |        |      |          |
|    2 |    LOAD AS SELECT                     | SYS_TEMP_0FD9D662B_1B2105   |      |        |      |          |
|  * 3 |     TABLE ACCESS FULL                 | CUSTOMERS                   |  383 |   9958 |  405 | 00:00:05 |
|    4 |    HASH GROUP BY                      |                             |  542 |  30894 |  128 | 00:00:02 |
|  * 5 |     HASH JOIN                         |                             | 1949 | 111093 |  127 | 00:00:02 |
|    6 |      TABLE ACCESS FULL                | SYS_TEMP_0FD9D662B_1B2105   |  383 |   5745 |    2 | 00:00:01 |
|  * 7 |      HASH JOIN                        |                             | 1949 |  81858 |  125 | 00:00:02 |
|  * 8 |       TABLE ACCESS FULL               | TIMES                       |  183 |   2928 |   18 | 00:00:01 |
|    9 |       VIEW                            | VW_ST_A3F94988              | 1953 |  50778 |  107 | 00:00:02 |
|   10 |        NESTED LOOPS                   |                             | 1953 | 111321 |   84 | 00:00:02 |
|   11 |         PARTITION RANGE SUBQUERY      |                             | 1952 |  54676 |   54 | 00:00:01 |
|   12 |          BITMAP CONVERSION TO ROWIDS  |                             | 1952 |  54676 |   54 | 00:00:01 |
|   13 |           BITMAP AND                  |                             |      |        |      |          |
|   14 |            BITMAP MERGE               |                             |      |        |      |          |
|   15 |             BITMAP KEY ITERATION      |                             |      |        |      |          |
|   16 |              BUFFER SORT              |                             |      |        |      |          |
| * 17 |               TABLE ACCESS FULL       | CHANNELS                    |    1 |     13 |    3 | 00:00:01 |
| * 18 |              BITMAP INDEX RANGE SCAN  | SALES_CHANNEL_BIX           |      |        |      |          |
|   19 |            BITMAP MERGE               |                             |      |        |      |          |
|   20 |             BITMAP KEY ITERATION      |                             |      |        |      |          |
|   21 |              BUFFER SORT              |                             |      |        |      |          |
| * 22 |               TABLE ACCESS FULL       | TIMES                       |  183 |   2928 |   18 | 00:00:01 |
| * 23 |              BITMAP INDEX RANGE SCAN  | SALES_TIME_BIX              |      |        |      |          |
|   24 |            BITMAP MERGE               |                             |      |        |      |          |
|   25 |             BITMAP KEY ITERATION      |                             |      |        |      |          |
|   26 |              BUFFER SORT              |                             |      |        |      |          |
|   27 |               TABLE ACCESS FULL       | SYS_TEMP_0FD9D662B_1B2105   |  383 |   1915 |    2 | 00:00:01 |
| * 28 |              BITMAP INDEX RANGE SCAN  | SALES_CUST_BIX              |      |        |      |          |
|   29 |         TABLE ACCESS BY USER ROWID    | SALES                       |    1 |     29 |   53 | 00:00:01 |

Predicate Information (identified by operation id):

* 3 - filter("C"."CUST_STATE_PROVINCE"='CA')
* 5 - access("ITEM_1"="C0")
* 7 - access("ITEM_2"="T"."TIME_ID")
* 8 - filter("T"."CALENDAR_QUARTER_DESC"='1999-01' OR "T"."CALENDAR_QUARTER_DESC"='1999-02')
* 17 - filter("CH"."CHANNEL_DESC"='Internet')
* 18 - access("S"."CHANNEL_ID"="CH"."CHANNEL_ID")
* 22 - filter("T"."CALENDAR_QUARTER_DESC"='1999-01' OR "T"."CALENDAR_QUARTER_DESC"='1999-02')
* 23 - access("S"."TIME_ID"="T"."TIME_ID")
* 28 - access("S"."CUST_ID"="C0")
```

图10–13　输出结果

在访问 sales 表之前，数据库就可以通过合并各位图确定匹配的 ROWID，最后通过 ROWID 访问 sales 表得到最终符合条件的记录，可避免对 sales 表的全表扫描。如果各个维度过滤的数据比较多，星型转换的效果还是很明显的。星型转换要求事实表上和维度表关联的字段必须创建位图索引，否则无法使用星型转换。而位图索引的缺点在于其并发性很低，适用于报表统计类场景。

从 Oracle 12c 开始，事实表上的维度 ID 字段即使是 B* 树索引，也能够使用星型转换。

6. 表扩展

表扩展（Table Expansion）是 Oracle 11gR2 新增的一个查询转换，从严格角度来说算不上是全新的机制，应该说是一个更加自动化的机制，主要用于分区表场景。当一个表很大（如数千万条、上亿条记录）时，对于 DML 操作来说，维护索引成了很大的一笔性能成本。所以，对于一些很老的数据，通常采取的策略要么是物理分表，要么是仅维护最近活跃的一些分区上的索引。

但是对后者而言，存在的问题在于，在之前的版本中对于任何一个表访问，优化器要么选择全表扫描，要么选择索引扫描，无法部分分区使用索引扫描、部分分区使用全表扫描。如果强行使用索引扫描，则会出现运行时分区不可用的错误。

表扩展就是为了解决这个问题，通过查询谓词确定要访问哪些分区后，它会进一步判断所在分区的索引是否可用，如果可用且认为通过索引访问该分区的成本更低，则会选择分区访问，否则将使用全表扫描。例如：

```
explain plan for
SELECT /*+ NO_EXPAND_TABLE(sales)*/ * FROM sh.sales
 WHERE time_id >= TO_DATE('2000-01-01 00:00:00', 'SYYYY-MM-DD HH24:MI:SS')
   AND prod_id = 38
```

不启用表扩展时，其输出结果如图 10—14 所示。

Description	对象所有者	对象名称	耗费	基数	字节	访问谓词	过滤器谓词
SELECT STATEMENT, GOAL = ALL_ROWS			280	4,768	138,272		
PARTITION RANGE ITERATOR			280	4,768	138,272		
TABLE ACCESS FULL	SH	SALES	280	4,768	138,272		"PROD_ID"=38

图10—14　输出结果

采用默认的启用表扩展时，执行计划相当于改写成了 UNION ALL，如下所示：

```
explain plan for
SELECT * FROM sh.sales
 WHERE time_id >= TO_DATE('2000-01-01 00:00:00', 'SYYYY-MM-DD HH24:MI:SS')
   AND prod_id = 38
```

输出结果如图 10—15 所示。

Description	对...	对象名称	耗费	基数	字节	访问谓词	过滤器谓词
SELECT STATEMENT, GOAL = ALL_ROWS			232	4, 768	138, 272		
VIEW	SYS	VW_TE_2	232	4, 769	414, 903		
UNION-ALL							
PARTITION RANGE ITERATOR			232	4, 768	138, 272		
TABLE ACCESS BY LOCAL INDEX ROWID	SH	SALES	232	4, 768	138, 272		
BITMAP CONVERSION TO ROWIDS							
BITMAP INDEX SINGLE VALUE	SH	SALES_PROD_BIX				"PROD_ID"=38	
PARTITION RANGE SINGLE			0	1	87		
TABLE ACCESS BY LOCAL INDEX ROWID	SH	SALES	0	1	87		"PROD_ID"=38
BITMAP CONVERSION TO ROWIDS							
BITMAP INDEX RANGE SCAN	SH	SALES_TIME_BIX				"SALES"."TIME_ID">=TO_DATE('...	

图10–15　输出结果

这里举的例子比较简单，在实际中考虑到扩展为 UNION ALL 之后，其他关联表可能会重复访问，表扩展不一定合适。

7. 连接因式分解

连接因式分解（Join Factorization）是 Oracle 11gR2 新增的一种转换，其也可以称为公因式提取，主要用于 UNION ALL 语句。当 UNION ALL 语句的多个分支中有公共表关联时，优化器会判断是否可以将公共表抽取到最后进行处理。例如：

```
explain plan for
select s.*
  from sh.sales s, sh.channels cn, sh.products p
 where s.channel_id = cn.channel_id
   and cn.channel_id != 3
   and s.prod_id = p.prod_id
union all
select s.*
  from sh.sales s, sh.channels cn, sh.customers c
 where s.channel_id = cn.channel_id
   and cn.channel_id != 3
   and s.cust_id = c.cust_id
```

输出结果如图 10–16 所示。

```
Plan Hash Value  : 2528011926

| Id   | Operation                  | Name                | Rows    | Bytes     | Cost | Time     |

|    0 | SELECT STATEMENT           |                     | 1837686 | 189281658 | 1098 | 00:00:14 |
|  * 1 |  HASH JOIN                 |                     | 1837686 | 189281658 | 1098 | 00:00:14 |
|  * 2 |   INDEX FULL SCAN          | CHANNELS_PK         |       4 |        12 |    1 | 00:00:01 |
|    3 |   VIEW                     | VW_JF_SET$8C3EC42A  | 1837686 | 183768600 | 1092 | 00:00:14 |
|    4 |    UNION-ALL               |                     |         |           |      |          |
|  * 5 |     HASH JOIN              |                     |  918843 |  30321819 |  529 | 00:00:07 |
|    6 |      INDEX FULL SCAN       | PRODUCTS_PK         |      72 |       288 |    1 | 00:00:01 |
|    7 |      PARTITION RANGE ALL   |                     |  918843 |  26646447 |  525 | 00:00:07 |
|  * 8 |       TABLE ACCESS FULL    | SALES               |  918843 |  26646447 |  525 | 00:00:07 |
|  * 9 |     HASH JOIN              |                     |  918843 |  31240662 |  563 | 00:00:07 |
|   10 |      INDEX FAST FULL SCAN  | CUSTOMERS_PK        |   55500 |    277500 |   35 | 00:00:01 |
|   11 |      PARTITION RANGE ALL   |                     |  918843 |  26646447 |  525 | 00:00:07 |
| * 12 |       TABLE ACCESS FULL    | SALES               |  918843 |  26646447 |  525 | 00:00:07 |

Predicate Information (identified by operation id):

* 1 - access("ITEM_1"="CN"."CHANNEL_ID")
* 2 - filter("CN"."CHANNEL_ID"<>3)
* 5 - access("S"."PROD_ID"="P"."PROD_ID")
* 8 - filter("S"."CHANNEL_ID"<>3)
* 9 - access("S"."CUST_ID"="C"."CUST_ID")
* 12 - filter("S"."CHANNEL_ID"<>3)
```

图10–16　输出结果

从上述可知，优化器选择了提取 channels 在最后进行关联。如果不希望优化器提取公因式部分，可以使用 _optimizer_join_factorization 隐含参数或 NO_FACTORIZE_JOIN 优化器提示，如下所示：

```
explain plan for
select /*+ opt_param('_optimizer_join_factorization','false')*/s.*
  from sh.sales s, sh.channels cn, sh.products p
 where s.channel_id = cn.channel_id
   and cn.channel_id != 3
   and s.prod_id = p.prod_id
union all
select s.*
  from sh.sales s, sh.channels cn, sh.customers c
 where s.channel_id = cn.channel_id
   and cn.channel_id != 3
   and s.cust_id = c.cust_id
```

输出结果如图 10–17 所示。

Id	Operation	Name	Rows	Bytes	Cost	Time
0	SELECT STATEMENT		1837686	67075539	1098	00:00:14
1	UNION-ALL					
* 2	HASH JOIN		918843	33078348	532	00:00:07
3	MERGE JOIN CARTESIAN		288	2016	4	00:00:01
* 4	INDEX FULL SCAN	CHANNELS_PK	4	12	1	00:00:01
5	BUFFER SORT		72	288	3	00:00:01
6	INDEX FAST FULL SCAN	PRODUCTS_PK	72	288	1	00:00:01
7	PARTITION RANGE ALL		918843	26646447	525	00:00:07
* 8	TABLE ACCESS FULL	SALES	918843	26646447	525	00:00:07
* 9	HASH JOIN		918843	33997191	567	00:00:07
10	INDEX FAST FULL SCAN	CUSTOMERS_PK	55500	277500	35	00:00:01
* 11	HASH JOIN		918843	29402976	529	00:00:07
* 12	INDEX FULL SCAN	CHANNELS_PK	4	12	1	00:00:01
13	PARTITION RANGE ALL		918843	26646447	525	00:00:07
* 14	TABLE ACCESS FULL	SALES	918843	26646447	525	00:00:07

```
Predicate Information (identified by operation id):

* 2 - access("S"."CHANNEL_ID"="CN"."CHANNEL_ID" AND "S"."PROD_ID"="P"."PROD_ID")
* 4 - filter("CN"."CHANNEL_ID"<>3)
* 8 - filter("S"."CHANNEL_ID"<>3)
* 9 - access("S"."CUST_ID"="C"."CUST_ID")
* 11 - access("S"."CHANNEL_ID"="CN"."CHANNEL_ID")
* 12 - filter("CN"."CHANNEL_ID"<>3)
* 14 - filter("S"."CHANNEL_ID"<>3)
```

图10–17　输出结果

和其他转换一样，连接因式分解也是基于成本的转换，它可以从 UNION ALL 查询的分支中提取出公共计算表达式，在某些情况下，这可以极大地提升性能。

8. In-Memory聚合

In-Memory 聚合是 Oracle 12cR1 新增的一种查询转换（该特性需要购买 In Memory Option 的许可证）。In-Memory 可以认为是星型转换的特殊优化，主要用于统计类查询场景，一张大表和多张小表关联时，内部使用矢量数组进行连接和聚合，但是它不要求主表在关联字段上创建位图索引，特别适合使用 In-Memory 列式存储的表，如下所示：

```
--创建测试In-Memory聚合特性的基础数据
create table towns as
select
        rownum                                          id,
        trunc(dbms_random.value(1,51))                  id_state,
        rpad(dbms_random.string('U',3),12)              name,
        cast (rpad('x',trunc(dbms_random.value(50,60)),'x') as
varchar2(60))    padding
from all_objects
where rownum <= 2000;
alter table towns add constraint to_pk primary key(id);
create index to_i1 on towns(name);
create table people(
        id_town_work    number(6,0)     not null
                constraint pe_fk_wo references towns,
        id_town_home    number(6,0)     not null
                constraint pe_fk_ho references towns,
        dummy1          varchar2(10),
        dummy2          varchar2(10),
        padding         varchar2(110));
insert /*+ append */  into people
with generator as (
        select
                rownum id
        from dual
        connect by
                level <= 10000
)
select
        trunc(dbms_random.value(1,2001)),
        trunc(dbms_random.value(1,2001)),
        lpad(rownum,10),
        lpad(rownum,10),
        cast (rpad('x',trunc(dbms_random.value(50,60)),'x') as
varchar2(60))    padding
from
        generator       v1,
        generator       v2
where rownum <= 100000;
commit;
--使用In-Memory聚合的用法
explain plan for
select /*+ vector_transform */wt.padding, ht.padding, max(pe.padding)
  from towns wt, towns ht, people pe
 where wt.id_state = 1
   and pe.id_town_work = wt.id
   and ht.id_state = 2
   and pe.id_town_home = ht.id
 group by wt.padding, ht.padding
```

输出结果如图 10—18 所示。

Id	Operation	Name	Rows	Bytes	Cost	Time
0	SELECT STATEMENT		71	15975	365	00:00:01
1	TEMP TABLE TRANSFORMATION					
2	LOAD AS SELECT (CURSOR DURATION MEMORY)	SYS_TEMP_0FD9D6641_50974A				
3	HASH GROUP BY		10	670	9	00:00:01
4	KEY VECTOR CREATE BUFFERED	:KV0000	10	670	8	00:00:01
* 5	TABLE ACCESS FULL	TOWNS	40	2520	8	00:00:01
6	LOAD AS SELECT (CURSOR DURATION MEMORY)	SYS_TEMP_0FD9D6642_50974A				
7	HASH GROUP BY		10	670	9	00:00:01
8	KEY VECTOR CREATE BUFFERED	:KV0001	10	670	8	00:00:01
* 9	TABLE ACCESS FULL	TOWNS	40	2520	8	00:00:01
10	HASH GROUP BY		71	15975	347	00:00:01
* 11	HASH JOIN		71	15975	346	00:00:01
12	TABLE ACCESS FULL	SYS_TEMP_0FD9D6642_50974A	10	670	2	00:00:01
* 13	HASH JOIN		71	11218	344	00:00:01
14	TABLE ACCESS FULL	SYS_TEMP_0FD9D6641_50974A	10	670	2	00:00:01
15	VIEW	VW_VT_C444E4CB	71	6461	342	00:00:01
16	VECTOR GROUP BY		71	5112	342	00:00:01
17	HASH GROUP BY		71	5112	342	00:00:01
18	KEY VECTOR USE	:KV0000	71	5112	342	00:00:01
19	KEY VECTOR USE	:KV0001	2000	136000	342	00:00:01
* 20	TABLE ACCESS FULL	PEOPLE	100000	6400000	342	00:00:01

```
Predicate Information (identified by operation id):
---------------------------------------------------
* 5 - filter("WT"."ID_STATE"=1)
* 9 - filter("HT"."ID_STATE"=2)
* 11 - access("ITEM_10"=INTERNAL_FUNCTION("C0") AND "ITEM_11"="C2")
* 13 - access("ITEM_8"=INTERNAL_FUNCTION("C0") AND "ITEM_9"="C2")
* 20 - filter(SYS_OP_KEY_VECTOR_FILTER("PE"."ID_TOWN_HOME",:KV0001) AND SYS_OP_KEY_VECTOR_FILTER("PE"."ID_TOWN_WORK",:KV0000))
```

图10—18 输出结果

从上述输出结果可知，采用 In-Memory 聚合时，数据库为每个表首先创建 KEY VECTOR，最后连接回去。

9. 游标级内存临时表

游标级（Cursor-Duration）内存临时表是 Oracle 12cR2 新增的一种转换。这其实并不是一种全新的转换，可能读者很早就已经在使用了，最典型的就是带 materialize 优化器提示的 WITH 子句。此时 Oracle 会创建一个语句级的临时表，其数据会通过直接路径写写到临时表空间，然后通过直接路径读被主查询块引用。如果一个子查询或者内嵌视图会被引用 2 次以上，那么使用语句级的临时表通常可以提高性能。只不过在 Oracle 12.2 中，优化器会自动考虑该因素，确定是否采用游标级内存临时表，其数据可能位于内存，也可能位于临时表空间，例如：

```
explain plan for
WITH q1 AS
 (SELECT department_id, salary sum_sal, employee_id
    FROM hr.employees
   where employee_id > 0 or department_id >= 100)
SELECT * FROM q1 where department_id = 100
UNION
SELECT * FROM q1 where department_id = 200
```

在 Oracle 10.2 中，其转换后为图 10—19 所示的结果。

```
| Id  | Operation                 | Name                      | Rows | Bytes | Cost | Time     |

|   0 | SELECT STATEMENT          |                           |  214 |  8346 |    6 | 00:00:01 |
|   1 |  TEMP TABLE TRANSFORMATION |                          |      |       |      |          |
|   2 |   LOAD AS SELECT          | SYS_TEMP_0FD9D663D_1B2105 |      |       |      |          |
| * 3 |    TABLE ACCESS FULL      | EMPLOYEES                 |  107 |  1177 |    3 | 00:00:01 |
|   4 |   SORT UNIQUE             |                           |  214 |  8346 |    6 | 00:00:01 |
|   5 |    UNION-ALL              |                           |      |       |      |          |
| * 6 |     VIEW                  |                           |  107 |  4173 |    2 | 00:00:01 |
|   7 |      TABLE ACCESS FULL    | SYS_TEMP_0FD9D663D_1B2105 |  107 |  1177 |    2 | 00:00:01 |
| * 8 |     VIEW                  |                           |  107 |  4173 |    2 | 00:00:01 |
|   9 |      TABLE ACCESS FULL    | SYS_TEMP_0FD9D663D_1B2105 |  107 |  1177 |    2 | 00:00:01 |

Predicate Information (identified by operation id):

* 3 - filter("EMPLOYEE_ID">0 OR "DEPARTMENT_ID">=100)
* 6 - filter("DEPARTMENT_ID"=100)
* 8 - filter("DEPARTMENT_ID"=200)
```

图10–19　WITH子句在Oracle 11g中的输出结果

在 Oracle 12.2 中，其转换后为图 10–20 所示的结果。

```
| Id  | Operation                                         | Name                      | Rows | Bytes | Cost | Time     |

|   0 | SELECT STATEMENT                                  |                           |  214 |  8346 |    6 | 00:00:01 |
|   1 |  TEMP TABLE TRANSFORMATION                        |                           |      |       |      |          |
|   2 |   LOAD AS SELECT (CURSOR DURATION MEMORY)         | SYS_TEMP_0FD9D6605_50D444 |      |       |      |          |
| * 3 |    TABLE ACCESS FULL                              | EMPLOYEES                 |  107 |  4173 |    3 | 00:00:01 |
|   4 |   SORT UNIQUE                                     |                           |  214 |  8346 |    6 | 00:00:01 |
|   5 |    UNION-ALL                                      |                           |      |       |      |          |
| * 6 |     VIEW                                          |                           |  107 |  4173 |    2 | 00:00:01 |
|   7 |      TABLE ACCESS FULL                            | SYS_TEMP_0FD9D6605_50D444 |  107 |  4173 |    2 | 00:00:01 |
| * 8 |     VIEW                                          |                           |  107 |  4173 |    2 | 00:00:01 |
|   9 |      TABLE ACCESS FULL                            | SYS_TEMP_0FD9D6605_50D444 |  107 |  4173 |    2 | 00:00:01 |

Predicate Information (identified by operation id):

* 3 - filter("EMPLOYEE_ID">0 OR "DEPARTMENT_ID">=100)
* 6 - filter("DEPARTMENT_ID"=100)
* 8 - filter("DEPARTMENT_ID"=200)

Notes

- Dynamic sampling used for this statement ( level = 2 )
```

图10–20　WITH子句在Oracle 12c中的输出结果

所以，从本质上来说，游标级内存临时表并不算是一种根本性的全新转换，但它确实是一种更好的改进，也是真正意义上内存临时表的概念，尤其是在临时表比较大时，如有数十万行记录，其性能提升将非常明显。

10. 重复group by消除

重复 group by 消除是 Oracle 12cR1 新增的一种转换类型，在 Oracle 11.2 中稳定。重复 group by 指的是在外部查询和子查询块中同时包含 group by 聚合操作时，优化器如果确定这两个 group by 能够合并，则会进行合并。对于聚合后结果集比较大的语句来说，其性能提升将非常明显。例如：

```
select prod_id, channel_id, max(sum_amount_sold), sum(sum_amount_sold)
  from (select prod_id, channel_id, sum(amount_sold) sum_amount_sold
          from sh.sales
         group by prod_id, channel_id)
 group by prod_id, channel_id
```

在 Oracle 11g 中，它的输出结果如图 10–21 所示。

```
| Id | Operation              | Name  | Rows   | Bytes    | Cost | Time     |
-------------------------------------------------------------------------------
|  0 | SELECT STATEMENT       |       |    204 |     4080 |  548 | 00:00:07 |
|  1 |  HASH GROUP BY         |       |    204 |     4080 |  548 | 00:00:07 |
|  2 |   VIEW                 |       |    204 |     4080 |  548 | 00:00:07 |
|  3 |    HASH GROUP BY       |       |    204 |     2448 |  548 | 00:00:07 |
|  4 |     PARTITION RANGE ALL|       | 918843 | 11026116 |  525 | 00:00:07 |
|  5 |      TABLE ACCESS FULL | SALES | 918843 | 11026116 |  525 | 00:00:07 |
```

图10-21　输出结果

在 Oracle 12c 中，默认只有一次 group by，内嵌视图被合并，如图 10-22 所示。

```
| Id | Operation             | Name  | Rows | Bytes | Cost | Time     |
-----------------------------------------------------------------------
|  0 | SELECT STATEMENT      |       |    1 |    29 |    3 | 00:00:01 |
|  1 |  HASH GROUP BY        |       |    1 |    29 |    3 | 00:00:01 |
|  2 |   PARTITION RANGE ALL |       |    1 |    29 |    2 | 00:00:01 |
|  3 |    TABLE ACCESS FULL  | SALES |    1 |    29 |    2 | 00:00:01 |

Notes
- Dynamic sampling used for this statement ( level = 2 )
```

图10-22　重复group by被消除后的输出结果

在 Oracle 11.1 中，该特性在某些复杂情况下可能会返回错的结果集，如果不确定，可通过 set "_optimizer_aggr_groupby_elim"=false 不启用该特性；在 Oracle 11.2 中，该 Bug 被修复。除此之外，优化器还能对某些表连接进行优化，甚至在优化期间会直接将其认为完全多余的表从整个 SQL 执行中排除，在此不再赘述。

11. 其他查询转换

除了上述常规的查询转换外，还有一些查询转换在特殊情况下会发生。例如，使用物化视图重写查询，这在有些报表或者数据仓库系统中可能会使用的比较多，因为大部分系统较少使用，而且各种问题比较多，稳定性不是很好，所以这里就不详细展开了，有兴趣的读者可以参考 Oracle 官方文档相关章节。

需要注意的是，并不是所有上述查询转换一定会进行，仅当优化器认为其效率会更高时才会进行。否则，就不存在性能问题，也没有必要进行 SQL 优化了。同时，随着 Oracle 新版本的发布，会不停地有新的查询转换算法引入，读者可以多关注新版本的变化。

10.1.3　影响优化器决策的因素

讲到优化器，不介绍哪些因素会影响优化器决策是不完整的，所以本小节将介绍影响优化器决策的各种因素。因为本书各个章节详细覆盖了各主题的细节讨论，所以这里更多的是系统性的归纳。

- 表结构物理属性。在各大数据库中，数据库厂商都为各种表提供了很多选项用于优化表结构的属性，Oracle 数据库更是如此。例如，对于 Oracle 的堆表，可以选择默认并行度、压缩、空间扩展属性、分区、组织方式、字段类型、唯一性、空值、分区、是否虚拟列等；对于索引，除了最常用的唯一索引、非唯一索引外，还有位图索引、反转索引、基于函数的索引；对于分区的索引，有本地索引和全局索引之分。

- 索引前缀长度、是否记录 Redo 日志、是否可见等。其中的很多属性和选项都会影响优化器选择连接方式、访问路径、查询转换，进而很大程度上影响 SQL 语句的可优化空间。例如，在前面子查询扩展中可以看到，子查询列的唯一与否会产生完全不同的连接方式，唯一时可以转换为对应的等值连接，非唯一时产生的是半连接。
- 系统参数。很多系统参数会影响优化器的选择，如 star_transformation_enabled 控制是否启用星型转换，optimizer_mode 指示优化器以返回前几行最快的方式优化还是以执行整个 SQL 最快的方式优化。除此之外，还有很多隐含参数用来控制优化器的行为，如 _optim_peek_user_binds 指示优化器是否检查绑定变量的值。这些系统参数可以从实例级、会话级及语句级设置。
- 统计信息。CBO 的成本模型极大地依赖语句中各对象及数据库、操作系统的统计信息完整性，可以说 80% 的执行计划不理想都是因为统计信息的缺失。如何最低成本地保证维护统计信息的时效性和准确性是性能优化人员必须掌握的技能。第 10.2 节将详细阐述大型系统中应如何有效地收集统计信息，同时尽量减少对交易的影响。
- 直方图和绑定变量窥视（Peek）。虽然强烈建议除非特殊说明，否则应该使用绑定变量以最小化硬解析，但是在批处理和统计类查询中，很多相同的查询语句查询到符合条件的数据可能差别很大，有时符合条件的记录只有数十行，有时有数百万行。此时理想的优化效果应该是不同的参数产生不同的执行计划，这仅仅依赖静态统计信息是无法实现的。因此它需要依赖于运行时绑定变量窥视，结合直方图为不同的查询条件生成不同的执行计划。第 10.3 节将详细阐述直方图信息的维护及绑定变量窥视的价值。
- 优化器提示。优化器还受到嵌入在 SQL 语句中的优化器提示的影响，其影响面最小，也最直接。第 9 章详细讲解了如何使用优化器提示进行 SQL 优化及完全依靠优化器提示进行优化的缺点。
- SQL 计划管理。除了上述环境相关的因素外，优化器还受到 SQL 计划管理的影响。SQL 计划管理是指 Oracle 数据库允许性能优化人员在内部为各 SQL 语句维护一个执行计划集合以保证系统稳定性，优化器在下次遇到同样的 SQL 时，除非可以确定新的执行计划更佳，否则仅在这些执行计划之间进行选择。
- 其他因素。除了上述主要因素外，还有其他很多因素如 I/O 成本、CPU 成本等都会影响执行优化器选择执行计划，但总体来说，都没有上述因素对优化器的影响大，故不再一一展开。

10.1.4 优化器有多智能

Oracle 的优化器有多智能？关于这个问题，以无人驾驶汽车上路来作类比比较合适，因为它们的上下文和实际情况比较类似，尽可能多地收集上下文信息，包含各种智能算法，以期达到自动化的效果。

就生产系统而言，实际的情况应分两类进行讨论。

在 OLTP 系统中，绝大部分的 SQL 都不会干预优化器，只要应用设计对数据库友好、各种参数优化到位，较少会出现 SQL 语句本身方面的性能问题，这类系统大多在应用扩展性和对具体数据库如 Oracle/MySQL 的特性方面理解不足，进而导致扩展性差、性能低下。至于 *N* 张表关联、有各种子查询等，这些对 Oracle 优化器而言都不是问题，Oracle 的查询转换已经强大到可以消除不必要的冗余操作。

对于批处理系统来说，实际情况是截止 Oracle 11gR2 版本，按 Oracle 默认周期收集统计信息，各种初始化参数均已经调整合理，不少 SQL 甚至是比较简单的语句，仍然较容易出现统计信息过时进而导致性能问题，如果统计信息管理的好，大部分比较简单的 SQL 如不超过三四张表且没有各种复杂超过 2 层以上嵌套优化器大部分也都应该能够产生比较理想的执行计划，对于更加复杂的语句，无论如何是需要人工通过 hint 或 SQL 计划管理进行干预。所以对于 SQL 性能的管理，读者的目标应该是让Oracle优化器能够完成80%以上简单语句的优化,剩下的20%进行必要的人工干预，不然，很难说已掌握了 SQL 的性能优化。

10.2 统计信息

对于特定的 SQL 语句来说，使用优化器提示的好处是通常能够做到立竿见影的效果。但是为什么完全依靠优化器提示进行 SQL 优化不是根本性解决方法呢？因为它会使所有简单的 SQL 如三四表以内关联的语句都不得不增加提示，而且 Oracle 和 MySQL 还必须各自优化，这会使应用开发和维护的成本剧增。

但在很多系统中，存在的一个现象是要么让 Oracle 的后台定时任务自动收集统计信息，要么不依赖于统计信息，把维护统计信息的正确性作为保持 SQL 高性能和稳定方式之一对待的系统并不多，特别是在更加需要统计信息的混合型系统中。

10.2.1 统计信息的用途和类别

CBO 使用各种对象上的统计信息来评估哪种访问路径、连接方式成本更低，如优化器使用存储在 DBA_TAB_STATISTICS 中的行数来确定基数，使用该表的 BLOCKS 列和 DB_FILE_MULTIBLOCK_READ_COUNT 参数来确定全表扫描的成本，因此其优化准确性非常依赖于在各种对象上收集的统计信息的准确性，统计信息越精确，优化结果通常越好。优化器主要依赖的统计信息主要包括以下几类。

1. 表统计信息

表统计信息主要包括行数、块数、平均行长度。表统计信息存储在 dba_tab_statistics 字典中，如下所示：

```
SQL> select table_name,
  2         object_type,
  3         num_rows,
  4         sample_size,
  5         blocks,
  6         avg_row_len,
  7         stale_stats,
  8         to_char(last_analyzed,'yyyy-mm-dd hh24:mi:ss') "last_analyzed"
  9    from dba_tab_statistics
 10   where owner = USER
 11     and table_name = 'TA_TAGENCYNAVC3FILE'
 12   order by num_rows desc nulls last;
```

输出结果如图 10—23 所示。

TABLE_NAME	OBJECT_TYPE	NUM_ROWS	SAMPLE_SIZE	BLOCKS	AVG_ROW_LEN	STALE_STATS	last_analyzed
TA_TAGENCYNAVC3FILE	TABLE	32080	32080	298	64	NO	2018-10-18 22:01:36
TA_TAGENCYNAVC3FILE	PARTITION	32080	32080	298	64	NO	2018-10-18 22:11:16
TA_TAGENCYNAVC3FILE	PARTITION	0		0	0	NO	2018-10-15 22:20:02

图10—23　输出结果

从上可知，表 TA_TAGENCYNAVC3FILE 的两个分区都收集了统计信息，其中一个分区为空，共有 298 个数据块，32080 行。表统计信息的准确性在一定程度上和取样大小成正比，取样大小越接近全表则越准确。

再看这个表的总行数：

```
SQL> select count(1) from TA_TAGENCYNAVC3FILE;
  COUNT(1)
----------
     32080
```

可知表的统计信息还是相当准确的，因为统计信息在前一日晚 10 点由 Oracle 后台的定时任务自动收集过。单独表统计信息只能判断到进行全表扫描的代价是多少，所以没有太大用处，需要和列统计信息结合使用。

2. 全局临时表统计信息

因为目前 Oracle 12c 还不是主流，全局临时表仍然有较多场景在使用，所以需要包含这部分信息。在 Oracle 12c 之前，全局临时表上的统计信息是共享的，而开发人员使用全局临时表的目的通常在于每个会话有一份私有数据，所以可能会导致统计信息和实际偏离太大，在多表关联中会影响表连接和访问路径的正确性。下面来看 Oracle 11g 中的实际表现。

会话 1：

```
SQL> create global temporary table gtt (A Int) on commit PRESERVE rows;
表已创建
SQL> exec dbms_stats.GATHER_TABLE_STATS (ownname => user, tabname => 'GTT') ;
PL/SQL 过程已成功完成
SQL> select table_name,
  2             object_type,
  3             num_rows,
  4             sample_size,
  5             blocks,
  6             avg_row_len,
  7             stale_stats,
  8             to_char(last_analyzed,'yyyy-mm-dd hh24:mi:ss') "last_
                  analyzed"
  9        from dba_tab_statistics
 10       where owner = USER
 11         and table_name = 'GTT'
 12       order by num_rows desc nulls last;
```

因为临时表中记录为空，所以所有统计都为 0，如图 10–24 所示。

TABLE_NAME	OBJECT_TYPE	NUM_ROWS	SAMPLE_SIZE	BLOCKS	AVG_ROW_LEN	STALE_STATS	last_analyzed
GTT	TABLE	0	0	0	0	NO	2018-10-19 12:55:18

图10–24　输出结果

插入记录，然后进行测试验证优化器是否使用了统计信息，如下所示：

```
SQL> insert into gtt (select rownum from dual connect by rownum < 1001);
1000 rows inserted
SQL> commit;
Commit complete
SQL> explain plan for select count(*) from gtt;
Explained
SQL> select * from table(dbms_xplan.display);
PLAN_TABLE_OUTPUT
--------------------------------------------------------------------------
Plan hash value: 3344941513
----------------------------------------------------------------------
| Id  | Operation          | Name | Rows  | Cost (%CPU)| Time     |
----------------------------------------------------------------------
|   0 | SELECT STATEMENT   |      |     1 |     2   (0)| 00:00:01 |
|   1 |  SORT AGGREGATE    |      |     1 |            |          |
|   2 |   TABLE ACCESS FULL| GTT  |     1 |     2   (0)| 00:00:01 |
----------------------------------------------------------------------
9 rows selected
```

因为有统计信息存在（虽然为 0，但是仍然认为有），所以不会进行动态取样。

注意：创建表时会自动插入统计信息记录，所以如果执行了批量插入操作，在下一个统计信息收集到来之前需要访问的，最好在后面为表收集统计信息，这样可以保证统计信息尽可能准确，否则仍然是创建表时的统计信息。

删除 gtt 表的统计信息，然后验证其行为如下所示：

```
SQL> EXEC dbms_stats.delete_table_stats(user, tabname=>'GTT');
PL/SQL procedure successfully completed
SQL> select table_name,
  2             object_type,
  3             num_rows,
  4             sample_size,
  5             blocks,
  6             avg_row_len,
  7             stale_stats,
  8             to_char(last_analyzed,'yyyy-mm-dd hh24:mi:ss') "last_
analyzed"
  9         from dba_tab_statistics
 10        where owner = USER
 11          and table_name = 'GTT'
 12        order by num_rows desc nulls last;
TABLE_NAME    OBJECT_TYPE  NUM_ROWS SAMPLE_SIZE BLOCKS AVG_ROW_LEN
STALE_STATS last_analyzed
------------------------------ ------------ ---------- ----------- ----
GTT                            TABLE
```

删除统计信息之后，相关信息均为 NULL，如下所示：

```
SQL> insert into gtt (select rownum from dual connect by rownum < 1001);
1000 rows inserted
SQL> Commit;
Commit complete
SQL> explain plan for select count(*) from gtt;
Explained
SQL> select * from table(dbms_xplan.display);
PLAN_TABLE_OUTPUT
--------------------------------------------------------------------------------
Plan hash value: 3344941513
---------------------------------------------------------------------------
| Id  | Operation          | Name | Rows  | Cost  (%CPU)| Time     |
---------------------------------------------------------------------------
|   0 | SELECT STATEMENT   |      |     1 |     3   (0)| 00:00:01 |
|   1 |  SORT AGGREGATE    |      |     1 |            |          |
|   2 |   TABLE ACCESS FULL| GTT  |  2000 |     3   (0)| 00:00:01 |
---------------------------------------------------------------------------
Note
-----
   - dynamic sampling used for this statement (level=2)
13 rows selected
```

此时发生了动态取样，并且比较准确。

```
SQL> select count(1) from gtt;
  COUNT(1)
----------
      2000
```

会话 2:

```
SQL> insert into gtt (select rownum from dual connect by rownum < 50);
49 rows inserted
SQL> explain plan for select count(*) from gtt;
Explained
SQL> select * from table(dbms_xplan.display);
PLAN_TABLE_OUTPUT
-----------------------------------------------------------------------
Plan hash value: 3344941513
-------------------------------------------------------------------
| Id  | Operation          | Name | Rows  | Cost (%CPU)| Time     |
-------------------------------------------------------------------
|   0 | SELECT STATEMENT   |      |     1 |     2   (0)| 00:00:01 |
|   1 |  SORT AGGREGATE    |      |     1 |            |          |
|   2 |   TABLE ACCESS FULL| GTT  |    49 |     2   (0)| 00:00:01 |
-------------------------------------------------------------------
Note
-----
   - dynamic sampling used for this statement (level=2)
13 rows selected
```

因为 gtt 上没有统计信息，所以发生了动态取样。接下来，回到会话 1 收集统计信息，然后看会话 2，会发现其就是会话 1 收集的统计信息。

会话 1:

```
SQL> exec dbms_stats.GATHER_TABLE_STATS (ownname => user, tabname =>
'GTT') ;
PL/SQL procedure successfully completed
SQL> explain plan for select count(*) from gtt;
Explained
SQL> select * from table(dbms_xplan.display);
PLAN_TABLE_OUTPUT
-----------------------------------------------------------------------
Plan hash value: 3344941513
-------------------------------------------------------------------
| Id  | Operation          | Name | Rows  | Cost (%CPU)| Time     |
-------------------------------------------------------------------
|   0 | SELECT STATEMENT   |      |     1 |     3   (0)| 00:00:01 |
|   1 |  SORT AGGREGATE    |      |     1 |            |          |
|   2 |   TABLE ACCESS FULL| GTT  |  2000 |     3   (0)| 00:00:01 |
-------------------------------------------------------------------
9 rows selected
```

会话 2：

```
SQL> explain plan for select count(*) from gtt;
Explained
SQL> select * from table(dbms_xplan.display);
PLAN_TABLE_OUTPUT
--------------------------------------------------------------------------------
Plan hash value: 3344941513
---------------------------------------------------------------------------
| Id  | Operation           | Name | Rows  | Cost (%CPU)| Time      |
---------------------------------------------------------------------------
|   0 | SELECT STATEMENT    |      |     1 |      3   (0)| 00:00:01 |
|   1 |  SORT AGGREGATE     |      |     1 |             |          |
|   2 |   TABLE ACCESS FULL| GTT  |  2000 |      3   (0)| 00:00:01 |
---------------------------------------------------------------------------
9 rows selected
SQL> select count(1) from gtt;
  COUNT(1)
----------
        49
```

所以，在 Oracle 12c 之前，不维护统计信息而是采用动态取样是更加可取的。在 Oracle 12c 中为全局临时表新增了会话相关的统计信息，USER_TAB_COL_STATISTICS 新增了一个 SCOPE 字段用于标识会话相关还是全局，也是默认方式，可以通过 DBMS_STAT 的 GLOBAL_TEMP_TABLE_STATS 偏好项设置会话相关还是共享，举例如下。

会话 1：

```
SQL> create global temporary table gtt1 (id number(10)) on commit
preserve rows;
table created
SQL> insert into gtt1 values (10);
1 row inserted
SQL> commit;
Commit complete
SQL> 设置仅使用默认的统计信息偏好，即"SESSION":
SQL>exec dbms_stats.set_table_prefs(user,'GTT1','GLOBAL_TEMP_TABLE_
  STATS','SESSION')
PL/SQL procedure successfully completed
SQL> exec dbms_stats.gather_table_stats(user,'gtt1');
PL/SQL procedure successfully completed
SQL> explain plan for select * from gtt1;
Explained
SQL> select * from table(dbms_xplan.display);
PLAN_TABLE_OUTPUT
--------------------------------------------------------------------------------
Plan hash value: 2619400964
--------------------------------------------------------------------------------
| Id  | Operation          | Name | Rows  | Bytes | Cost (%CPU)| Time     |
```

```
-----------------------------------------------------------------------------
|   0 | SELECT STATEMENT  |      |     1 |     3 |     2   (0)| 00:00:01 |
|   1 |  TABLE ACCESS FULL| GTT1 |     1 |     3 |     2   (0)| 00:00:01 |
-----------------------------------------------------------------------------
Note
-----
   - Global temporary table session private statistics used
12 rows selected
```

会话 2：

```
SQL> insert into gtt1 select rownum from dual connect by level<10000;
9999 rows inserted
SQL> explain plan for select * from gtt1;
Explained
SQL> select * from table(dbms_xplan.display);
PLAN_TABLE_OUTPUT
-----------------------------------------------------------------------------
Plan hash value: 2619400964
-----------------------------------------------------------------------------
| Id  | Operation         | Name | Rows  | Bytes | Cost (%CPU)| Time     |
-----------------------------------------------------------------------------
|   0 | SELECT STATEMENT  |      |  9999 |  126K|     7   (0)| 00:00:01 |
|   1 |  TABLE ACCESS FULL| GTT1 |  9999 |  126K|     7   (0)| 00:00:01 |
-----------------------------------------------------------------------------
Note
-----
   - dynamic statistics used: dynamic sampling (level=2)
12 rows selected
```

可见，Oracle 12c 中可以避免这个问题，尤其是在目前的多租户体系架构下更加有意义。对于全局临时表，Oracle 的自动维护任务不会为其收集统计信息。

3. 列统计信息

列统计信息存储在 DBA_TAB_COL_STATISTICS 字典中，其中包含每个列中不重复值的数量是否为空；数据的分布情况也就是直方图，针对某些经常一起作为查询条件的多个列的组合统计信息；优化器使用列统计信息来计算特定条件下的准确基数，并据此确定使用索引的成本，表连接的顺序、方法等，如下所示：

```
SQL> select column_name,
  2         num_distinct,
  3         substr(low_value,1,16) low_value,
  4         substr(high_value,1,16) high_value,
  5         density "密度",
  6         num_buckets,
  7         sample_size,
  8         avg_col_len,
  9         histogram,
```

```
10         to_char(last_analyzed,'yyyy-mm-dd hh24:mi:ss')
11    from DBA_TAB_COL_STATISTICS
12   where table_name = 'TA_TAGENCYNAVC3FILE'
13     and sample_size is not null;
```

输出结果如图 10–25 所示。

COLUMN_NAME	NUM_DIST	LOW_VALUE	HIGH_VALUE	密度	NUM_BUCKETS	SAMPLE_SIZE	AVG_COL_LEN	HISTOGRAM	TO_CHAR(LAST_ANALYZ
C_TENANTID	1	2A	2A	1.52749807	1	5612	2	FREQUENCY	2018-10-18 22:01:36
C_TACODE	1	4636	4636	1.52749807	1	5612	3	FREQUENCY	2018-10-18 22:01:36
C_AGENCYNO	15	303032	593035	1.52749807	15	5612	4	FREQUENCY	2018-10-18 22:01:36
L_SERIALNO	1	80	80	1	1	32080	2	NONE	2018-10-18 22:01:36
C_TXTFUNDCODE	34	303237303230	444A47483238	0.02941176	1	32080	7	NONE	2018-10-18 22:01:36
C_CHARGETYPE	1	30	30	1	1	32080	2	NONE	2018-10-18 22:01:36
F_SHAREMIN	3	80	C203	0.33333333	1	32080	3	NONE	2018-10-18 22:01:36
F_SHAREMAX	1	C764646464646464	C764646464646464	1	1	32080	10	NONE	2018-10-18 22:01:36
L_HOLD	1	80	80	1	1	32080	2	NONE	2018-10-18 22:01:36
C_TXTOTHERCODE	72	303237303130	444A47483238	0.01388888	1	32080	7	NONE	2018-10-18 22:01:36
C_TARGETCHARGETYPE	1	30	30	1	1	32080	2	NONE	2018-10-18 22:01:36
C_CUSTTYPE	1	32	32	1	1	32080	2	NONE	2018-10-18 22:01:36
C_FLAG	1	31	31	1	1	32080	2	NONE	2018-10-18 22:01:36
D_OPERATEDATE	1	C415010202	C415010202	1	1	32080	6	NONE	2018-10-18 22:01:36
D_CDATE	1	C4150B061F	C4150B061F	1	1	32080	6	NONE	2018-10-18 22:01:36
C_PARTITION	1	2A5F4636	2A5F4636	1	1	32080	5	NONE	2018-10-18 22:01:36

16 rows selected

图10–25　输出结果

从上面可以看到每个列的唯一值数量、最大值、最小值、密度，收集该列统计信息使用的样本大小、最后时间、直方图信息等。除了在收集表统计信息时一并收集列统计信息外，每个列还会各自收集统计信息，该内容会在后面章节介绍。

4. 扩展统计信息

扩展统计信息也称多列统计信息或列分组统计信息。很多情况下，查询条件中都包含很多个列，它们之间使用 and、or 等逻辑组合，此时单列的统计信息不足以推断出逻辑组合后的基数，会导致优化器基于错误的结果选择执行计划，因此需要更多的关于这些组合列的统计信息。这些信息存储在 user_stat_extensions 中，在收集后，user_tab_col_statistics 会增加一个以 SYS_STU 开头的字段。例如：

```
SQL> explain plan for select * from emp where job='SALESMAN' and
deptno='30';
Explained
SQL> SELECT * FROM table(dbms_xplan.display());
PLAN_TABLE_OUTPUT
--------------------------------------------------------------------------
Plan hash value: 3956160932
--------------------------------------------------------------------------
| Id  | Operation            | Name | Rows  | Bytes | Cost (%CPU)| Time     |
--------------------------------------------------------------------------
|   0 | SELECT STATEMENT     |      |  1227 | 39264 |    15   (0)| 00:00:01 |
|*  1 |  TABLE ACCESS FULL| EMP  |  1227 | 39264 |    15   (0)| 00:00:01 |
--------------------------------------------------------------------------
Predicate Information (identified by operation id):
---------------------------------------------------
   1 - filter("JOB"='SALESMAN' AND "DEPTNO"=30)
13 rows selected
```

```
SQL> select * from user_stat_extensions;
TABLE_NAME EXTENSION_NAME           EXTENSION             CREATOR DROPPABLE
---------- ------------------------------ ------------------------------
SQL> DECLARE
  2     l_cg_name VARCHAR2(30);
  3  BEGIN
  4     l_cg_name := DBMS_STATS.create_extended_stats(ownname    => 'SCOTT',
  5                                                  tabname    => 'EMP',

  6                                                  extension =>
'(JOB,DEPTNO)');
  7     DBMS_OUTPUT.put_line('l_cg_name=' || l_cg_name);
  8  END;
  9  /
PL/SQL procedure successfully completed
SQL> select * from user_stat_extensions;
TABLE_NAME EXTENSION_NAME              EXTENSION          CREATOR DROPPABLE
---------- ------------------------------ ------------------------------
EMP   SYS_STUA11ZDTGW$SYV6W40D3EV5X5  ("ENAME","SAL")          USER    YES
```

此时 user_tab_col_statistics 中没有 SYS_STUA11ZDTGW$SYV6W40D3EV5X5 的统计信息。收集统计信息，如下所示：

```
SQL> EXEC DBMS_STATS.gather_table_stats('SCOTT', 'EMP',method_opt =>
'for all columns size auto');
SQL> select column_name,
  2         num_distinct,
  3         low_value,
  4         high_value,
  5         density,
  6         num_buckets,
  7         avg_col_len,
  8         sample_size,
  9         histogram,
 10         to_char(last_analyzed,'yyyy-mm-dd hh24:mi:ss')
 11    from user_tab_col_statistics
 12   where table_name = 'EMP'
 13     and column_name = 'SYS_STUA11ZDTGW$SYV6W40D3EV5X5';
```

其输出结果如图 10-26 所示：

COLUMN_NAME	NUM_DI	LOW_VALUE	HIGH_VALUE	DENSITY	NUM_BU	AVG_CO	SAMPLE_SIZE	HISTOGRA	TO_CHAR(LAST_ANALYZE
SYS_STUA11ZDTGW$SYV6W40D3EV5X5	14	CA03514950355A1C0E4622	CA132B29520B010A070C50	0.07142857	1	12	9999	NONE	2018-10-20 09:40:07

图10–26　输出结果

收集统计信息后，再来看执行计划中是否反映了实际的基数：

```
SQL> explain plan for select * from emp where job='SALESMAN' and
  deptno='30';
```

```
Explained
SQL> SELECT * FROM table(dbms_xplan.display());
PLAN_TABLE_OUTPUT
---------------------------------------------------------------------------
Plan hash value: 3956160932
---------------------------------------------------------------------------
| Id  | Operation          | Name | Rows  | Bytes | Cost (%CPU)| Time     |
---------------------------------------------------------------------------
|   0 | SELECT STATEMENT   |      |  1227 | 39264 |    15   (0)| 00:00:01 |
|*  1 |  TABLE ACCESS FULL| EMP  |  1227 | 39264 |    15   (0)| 00:00:01 |
---------------------------------------------------------------------------
Predicate Information (identified by operation id):
---------------------------------------------------
   1 - filter("JOB"='SALESMAN' AND "DEPTNO"=30)
13 rows selected
```

此时虽然收集了扩展统计信息，但是基数并没有发生变化，和没有扩展统计信息一样。再次收集统计信息，即可收集到直方图，如下所示：

```
SQL> BEGIN
  2     DBMS_STATS.gather_table_stats(
  3       'SCOTT',
  4       'EMP',
  5       method_opt => 'for all columns size auto');
  6   END;
  7   /
PL/SQL procedure successfully completed
SQL> explain plan for select * from emp where job='SALESMAN' and deptno='30';
Explained
SQL> SELECT * FROM table(dbms_xplan.display());
PLAN_TABLE_OUTPUT
---------------------------------------------------------------------------
Plan hash value: 3956160932
---------------------------------------------------------------------------
| Id  | Operation          | Name | Rows  | Bytes | Cost (%CPU)| Time     |
---------------------------------------------------------------------------
|   0 | SELECT STATEMENT   |      |  2862 | 91584 |    15   (0)| 00:00:01 |
|*  1 |  TABLE ACCESS FULL| EMP  |  2862 | 91584 |    15   (0)| 00:00:01 |
---------------------------------------------------------------------------
Predicate Information (identified by operation id):
---------------------------------------------------
   1 - filter("JOB"='SALESMAN' AND "DEPTNO"=30)
13 rows selected
```

此时，可以发现基数已经比较接近了。除了多个字段可以一起收集统计信息外，还可以对表达式如 LOWER(ename) 进行收集，因为用法完全相同，限于篇幅，在此不再重复讲解。但是对于此类非 and、or 的逻辑组合，建议在应用层通过 AOP 处理增加通用性和伸缩性。

默认情况下，如果创建了扩展统计，则 Oracle 会自动收集扩展统计信息。

5. 索引统计信息

索引统计信息包括叶子节点的块数、索引层数、唯一性、索引的聚簇因子等，优化器据此评估全表扫描和索引扫描谁的成本更低，第 4 章详细讲解了选择合适的索引对性能的影响。例如：

```
SQL> select index_name,
  2           blevel,
  3           leaf_blocks,
  4           distinct_keys,
  5           avg_leaf_blocks_per_key,
  6           avg_data_blocks_per_key,
  7           clustering_factor,
  8           num_rows,
  9           sample_size,
 10           stale_stats,
 11           to_char(last_analyzed, 'yyyy-mm-dd hh24:mi:ss')
 12      from dba_ind_statistics
 13     where table_name = 'TA_TAGENCYNAVC3FILE'
 14       and owner = user;
```

表 TA_TAGENCYNAVC3FILE 上的索引统计信息如图 10—27 所示。

INDEX_NAME	BLEVEL	LEAF_BLOCKS	DISTINCT	AVG_LEAF	AVG_DATA	CLUSTERI	NUM_ROWS	SAMPLE_SIZE	STALE_STATS	TO_CHAR(LAST_ANALYZE
IDX_TAGENCYNAVC3FILE	1	86	15	5	78	1177	32080	32080	YES	2018-10-15 16:34:59
IDX_C_TXTOTHERCODE	1	99	72	1	273	19712	32080	32080	NO	2018-10-19 07:34:12

图10—27　输出结果

从图 10—27 中可以看到表 TA_TAGENCYNAVC3FILE 的两个索引一共使用了多少个页块、唯一值数量、其所在 B 树有几层、每个索引的 KEY 平均包含几个数据块、索引的叶子节点块数、聚簇因子，以及是否过期等。在上述示例中，IDX_TAGENCYNAVC3FILE 被认为是过期的。当 where 条件中包含索引列的查询条件时，首先就是基于索引统计信息和表统计信息确定是采用全表扫描还是索引扫描。

当同时看表统计信息和索引统计信息时，可以看到索引统计信息中包含的数据块数和表统计信息中的数据库块数并不是完全相同的，这涉及 Oracle 内部算法的四舍五入问题。通常来说，该问题不会影响优化器选择执行计划，除非刚好在选择全表扫描或索引扫描的边界处可能会有一定影响，但不会很大。

6. 系统统计信息

系统统计信息主要是指 I/O 和 CPU 计算资源相关的统计信息，这些信息相对上面的对象统计信息来说没有那么重要，所以在此不进行讨论。

7. 挂起统计信息

挂起（pending）统计信息是 Oracle 11gR1 引入的一个新特性，与不可见索引的性质类似，允许管理员在收集统计信息之后不直接开放，验证之后再对优化器可见。该特性通过 DBMS_STATS 的 PUBLISH 控制，默认为 TRUE，即立刻可见，如下所示：

```
SQL> select dbms_stats.get_prefs('PUBLISH') publish from dual;
PUBLISH
------------------------------------------------------------------------
TRUE
```

这些挂起统计信息并不和默认统计信息一起存储在各种 %_STATISTICS 字典中，而是在 %_PENDING_STATS 表中，如下所示：

```
SQL> EXPLAIN PLAN FOR
  2  SELECT * FROM   SH.CUSTOMERS
  2  WHERE  cust_city             = 'Los Angeles'
  3  AND    cust_state_province = 'CA';
Explained
SQL> SELECT * FROM table(dbms_xplan.display());
PLAN_TABLE_OUTPUT
------------------------------------------------------------------------
Plan hash value: 2008213504
------------------------------------------------------------------------
| Id  | Operation          | Name      | Rows  | Bytes | Cost (%CPU)|
Time     |
------------------------------------------------------------------------
|   0 | SELECT STATEMENT   |           |    67 | 12127 |   405   (1)|
00:00:01 |
|*  1 |  TABLE ACCESS FULL| CUSTOMERS |    67 | 12127 |   405   (1)|
00:00:01 |
------------------------------------------------------------------------
Predicate Information (identified by operation id):
---------------------------------------------------
   1 - filter("CUST_CITY"='Los Angeles' AND "CUST_STATE_PROVINCE"='CA')
13 rows selected
SQL> Exec dbms_stats.set_table_prefs('SH', 'CUSTOMERS', 'PUBLISH',
'false');
PL/SQL procedure successfully completed
SQL> exec dbms_stats.gather_table_stats('SH', 'CUSTOMERS');
PL/SQL procedure successfully completed
```

此时再次执行，可以发现基数没有变，还是 67。如果想要在不发布的情况下验证，可以通过会话参数 optimizer_use_pending_statistics 进行控制，如下所示：

```
SQL> alter session set optimizer_use_pending_statistics = TRUE;
Session altered
SQL> EXPLAIN PLAN FOR
  2  SELECT * FROM   SH.CUSTOMERS
  3  WHERE  cust_city             = 'Los Angeles'
  4  AND    cust_state_province = 'CA';
Explained
SQL> SELECT * FROM table(dbms_xplan.display());
PLAN_TABLE_OUTPUT
------------------------------------------------------------------------
```

```
Plan hash value: 2008213504
--------------------------------------------------------------------------------
| Id  | Operation            | Name       | Rows  | Bytes | Cost (%CPU)|
Time     |
--------------------------------------------------------------------------------
|   0 | SELECT STATEMENT  |            |    53 |  9593 |   405   (1)|
00:00:01 |
|*  1 |  TABLE ACCESS FULL| CUSTOMERS |    53 |  9593 |   405   (1)|
00:00:01 |
--------------------------------------------------------------------------------
Predicate Information (identified by operation id):
---------------------------------------------------
   1 - filter("CUST_CITY"='Los Angeles' AND "CUST_STATE_PROVINCE"='CA')
13 rows selected
```

此时符合条件的基数就变了。对于很大的表来说，这个特性还是很有价值的。凌晨系统自动收集好统计信息，次日 DBA 检查之后发布，这样可以确保执行计划的稳健性，当 DBA 熟悉主要的业务表之后更是如此。

从上述各示例可以看出，除非在纯 OLTP 系统中统计信息并不重要，因为这种情况每次满足符合条件的数据的比例通常在数行到数十行之间，只要索引正确基本上不会有问题。而对一些业务管理系统或者批处理业务来说，根据 80/20 原则，一部分请求会访问较大的数据集，在这种情况下，纯粹的优化器提示无法同时满足这两种情况，这也是统计信息应解决的问题。

根据实际经验，如果优化期间缺乏必要的信息（如某些表的统计信息），即使硬件和参数设置都合理，优化器还是有可能选择最保守的执行计划，即理论上能够运行出来，因此应尽可能保证统计信息的有效性。

所有上述这些统计信息都存储在以 _statistics 或 _histograms 结尾的数据字典中，不只是优化器，也可以通过 SQL 进行查看。在接下来的两小节中，将会频繁查看这些信息来验证对优化器的影响。

10.2.2 统计信息的管理

对统计信息收集来说，知道有哪些类别统计信息之后，更重要的是知道收集到什么粒度，不仅不同的系统对统计信息要求不同，相同系统中不同的表也有可能需要不同的详细程度。例如，对于比较稳定的信息如某些行情或者价格表，相对比较具有可预测性；而对于一些交易表，其波动性和各种查询条件可能就差别很大，此时需要更加详细的统计信息让优化器做出更加正确的决定，千篇一律地收集统计信息甚至可能不如完全没有统计信息。

1. analyze和dbms_stat的关系

Oracle 中有两种方式可以收集统计信息，这两种方式的使用以 Oracle 10g 为边界，之前的版本使用 analyze 较多，在此之后大部分使用 dbms_stat。使用 CBO 优化器时，只能使用通过 dbms_stat 收集的统计信息，并且在随后的几个版本包括 Oracle 12c 中都有极大的增强。因此，本小节重点以

dbms_stat 为主，不讲 analyze 和 dbms_stat 如何使用，而是讲收集哪些统计信息比较有用，dbms_stat 的所有接口参见 Oracle 相关手册。

2. 统计信息的过期判断

当 STATISTICS_LEVEL 为 typical（默认值）或者 all 时，Oracle 的表监控工具会监控各表的数据修改情况，当 INSERT/UDPATE/DELETE 超过 10%（通过 DBMS_STATS 的偏好项 STALE_PERCENT 控制）或者执行过 TRUNCATE 操作之后，这些统计信息就会被当作过期，这样在 DBMS_STATS 的 GATHER_DATABASE_STATS 和 GATHER_SCHEMA_STATS 过程使用 GATHER STALE 或者 GATHER AUTO 选项进行收集时，这些对象上的过期统计信息就会被重新收集。

每个表当前的修改量维护在 USER_TAB_MODIFICATIONS 动态视图中，但是它是后台异步运行的，有一定的延迟，可以通过 DBMS_STATS.FLUSH_DATABASE_MONITORING_INFO 进行强制刷新，如下所示：

```
SQL> select count(1) from new_emp;
 COUNT(1)
----------
  7339033
SQL> delete from new_emp where rownum<1000;
999 rows deleted
SQL> commit;
Commit complete
SQL> update new_emp set job='job' || rownum where rownum<1000;
999 rows updated
SQL> commit;
Commit complete
SQL> select * from user_tab_modifications;
```

NEW_EMP 表上次收集统计信息以来的修改量如图 10–28 所示。

TABLE_NAME	PARTITION_	SUBPARTITI	INSERTS	UPDATES	DELETES	TIMESTAMP	TRUNCATED	DROP
NEW_EMP			0	2	999	2018/10/19	NO	0

图10–28　输出结果

等待 5min，再次查询，发现仍然没有刷新进来。

手工调用 DBMS_STATS.FLUSH_DATABASE_MONITORING_INFO 进行刷新，如下所示：

```
SQL> EXEC DBMS_STATS.FLUSH_DATABASE_MONITORING_INFO();
PL/SQL procedure successfully completed
SQL> select * from user_tab_modifications;
```

可以发现已经变更刷新了，如图 10–29 所示。

```
SQL> select * from user_tab_modifications;
TABLE_NAME                        PARTITION_ SUBPARTITI   INSERTS   UPDATES   DELETES TIMESTAMP  TRUNCATED DROP
--------------------------------- ---------- ---------- --------- --------- --------- ---------- --------- ----
NEW_EMP                                                         0      1001      1998 2018/10/19 NO           0
```

图10–29　输出结果

但是，一般不需要手工刷新，收集统计信息时会自动刷新。

DBMS_STATS 是一个非常大的包，可以用来收集、删除、人工设置、锁定、导入 / 导出统计信息、备份和恢复，以及管理统计信息的历史版本，甚至将统计信息收集到用户自定义表等，不过应重点聚焦在收集、删除、锁定和导入 / 导出，其他的信息也有用但是并不如它们重要，同时 DBMS_STATS 还提供了接口 get_prefs 和 set_prefs 可以设置收集统计信息的偏好。在 DBMS_STATS 中，GATHER_*_STATS 和 DELETE_*_STATS 分别用来收集和删除各种层面的统计信息，从整个数据库到用户到表及索引等。

3. 统计信息收集的主要选项

所有的 GATHER_*_STATS 方法除了包含指定收集对象外，还包含很多确定收集行为的参数及选项，默认这些选项通常适合于 80% 的对象，其中一部分需要进行特殊的自定义，所以读者有必要知道这些选项以便采取更合适的方法为其管理统计信息。以 GATHER_TABLE_STATS 为例，其接口如下：

```
DBMS_STATS.GATHER_TABLE_STATS (
   ownname          VARCHAR2,
   tabname          VARCHAR2,
   partname         VARCHAR2 DEFAULT NULL,
   estimate_percent NUMBER   DEFAULT to_estimate_percent_type
                                        (get_param('ESTIMATE_
                                         PERCENT')),
   block_sample     BOOLEAN  DEFAULT FALSE,
   method_opt       VARCHAR2 DEFAULT get_param('METHOD_OPT'),
   degree           NUMBER   DEFAULT to_degree_type(get_param('DEGREE')),
   granularity      VARCHAR2 DEFAULT GET_PARAM('GRANULARITY'),
   cascade        BOOLEAN  DEFAULT to_cascade_type(get_param('CASCADE')),
   stattab          VARCHAR2 DEFAULT NULL,
   statid           VARCHAR2 DEFAULT NULL,
   statown          VARCHAR2 DEFAULT NULL,
   no_invalidate BOOLEAN DEFAULT to_no_invalidate_type (get_param('NO_
INVALIDATE')),
   force            BOOLEAN DEFAULT FALSE);
```

DBMS_STATS 重要参数如表 10–2 所示。

表10–2　DBMS_STATS重要参数

参　数	作　用
estimate_percent	评估数据的百分比，其范围为[0.000001,100]。默认情况下，其值为DBMS_STATS.AUTO_SAMPLE_SIZE，即让Oracle自己确定合适的值
block_sample	使用行随机采样还是块随机采样，块随机采样更加高效，但是行随机更准确，该参数仅在评估统计时才起作用。默认是基于块随机采样
method_opt	这是一个关键选项，其取值如下： FOR ALL [INDEXED | HIDDEN] COLUMNS [size_clause] FOR COLUMNS [size clause] column|attribute [size_clause] [,column|attribute [size_clause]...] size_clause主要用来声明创建直方图相关选项，其取值如下。 - integer：直方图的数量，主要用于决定直方图类型，取值为[1,254]，具体见10.3节。 - REPEAT：仅为已有直方图的列收集直方图。 - AUTO：让Oracle根据负载和数据分区确定是否创建直方图。 - SKEWONLY：让Oracle仅根据数据分区确定是否创建直方图。 其默认值为FOR ALL COLUMNS SIZE AUTO
degree	收集并行度，除非临时需要为数千万、上亿的表即时收集，一般来说不用修改
granularity	这个选项仅用于分区表，其取值如下。 'ALL'：收集所有全局、分区、子分区的统计信息。 'AUTO'：根据分区类型确定收集哪个粒度的统计信息，也是默认值。 'DEFAULT'：等同于GLOBAL AND PARTITION选项。 'GLOBAL'：仅收集全局统计信息。 'GLOBAL AND PARTITION'：仅收集全局和分区统计信息，不收集子分区统计信息。一般来说，收集到分区层面确实足够了。因为采用两级分区一般是一级时间，另外一级为管理维度。 'PARTITION'：收集分区级别的统计信息。 'SUBPARTITION'：收集子分区级别的统计信息
cascade	这个选项用于控制是否自动为索引收集统计信息，默认情况下由Oracle自动确定
no_invalidate	这个选项控制是否让所有共享池中现有依赖本对象的SQL失效
force	这个选项控制对于统计信息被锁定的对象，是否强行覆盖

对于 SCHEMA 和 DATABASE 层面，还有一个选项控制为哪些对象收集统计信息，如表 10–3 所示。

表10–3　数据库和用户层面收集范围选项

选　项	作　　用
options	GATHER：为所有对象收集统计信息。 GATHER AUTO：让Oracle自动确定要收集哪些对象的统计信息。 GATHER STALE：根据*_tab_modifications判断哪些对象的统计信息过，然后进行收集。 GATHER EMPTY：为没有统计信息的对象收集。 LIST AUTO：返回GATHER AUTO选项将处理的对象列表。 LIST STALE：返回过期的对象。 LIST EMPTY：返回没有统计信息的对象。 最后3个选项并不执行统计信息收集，而是返回符合条件的对象，返回结果存储在方法的objlist出参中

上述这些选项除了可以在每个调用时指定外，还可以通过 SET_PARAM 进行全局修改。

4. 锁定统计信息

有些对象不适合自动收集统计信息，如在批处理系统中的一些加载表、中间临时表等。对于这些表，可将其删除并锁定，这样 DBMS_STATS 就不会为其自动收集统计信息。这样在 SQL 语句编译时，Oracle 就会为其自动取样并据此确定执行计划；或者先收集再锁定，这样就总能使用稳定的统计信息。例如：

```
SQL> explain plan for select * from emp where job='SALESMAN' and
deptno='30';
Explained
SQL> SELECT * FROM table(dbms_xplan.display());
PLAN_TABLE_OUTPUT
--------------------------------------------------------------------------
Plan hash value: 3956160932
--------------------------------------------------------------------------
| Id  | Operation         | Name | Rows  | Bytes | Cost (%CPU)| Time     |
--------------------------------------------------------------------------
|   0 | SELECT STATEMENT  |      |  2862 |   243K|    15   (0)| 00:00:01 |
|*  1 |  TABLE ACCESS FULL| EMP  |  2862 |   243K|    15   (0)| 00:00:01 |
--------------------------------------------------------------------------
Predicate Information (identified by operation id):
---------------------------------------------------
   1 - filter("JOB"='SALESMAN' AND "DEPTNO"=30)
Note
-----
   - dynamic sampling used for this statement (level=2)
17 rows selected
SQL> exec dbms_stats.gather_table_stats(ownname => user,tabname => 'EMP');
begin dbms_stats.gather_table_stats(ownname => user,tabname => 'EMP'); end;
ORA-20005: object statistics are locked (stattype = ALL)
ORA-06512: 在 "SYS.DBMS_STATS", line 24281
```

```
ORA-06512: 在 "SYS.DBMS_STATS", line 24332
ORA-06512: 在 line 1
```

5. 导入/导出统计信息

统计信息收集存在的一个缺点在于，因为其通常采用取样方式，所以即使是相同的数据集，在不同时间、不同服务器上生成的统计信息也不一定完全相同。所以，即使都收集了统计信息，也会出现在 × 服务器上运行很快，其他服务器上运行很慢的情况。

因此，对于大规模部署的系统来说，保持能够产生较优执行计划的稳定统计信息是很重要的，虽然可以在每个安装上不停进行重试，但这样管理成本就会很高。所以，可以使用 DBMS_STAT 的 EXPORT_*_STATS 和 IMPORT_*_STATS 在不同的实例或者用户之间导出和导入统计信息。例如：

```
SQL> exec dbms_stats.create_stat_table(ownname => user,stattab =>
  'stat$emp');
PL/SQL procedure successfully completed
SQL> exec dbms_stats.unlock_table_stats(ownname => user,tabname =>
  'EMP');
PL/SQL procedure successfully completed
SQL> exec dbms_stats.gather_table_stats(ownname => user,tabname =>
  'EMP');
PL/SQL procedure successfully completed
SQL> exec dbms_stats.export_table_stats(ownname => user,tabname =>
  'EMP',stattab => 'stat$emp');
PL/SQL procedure successfully completed
SQL> create table hr.emp as select * from emp where rownum<100;
table created
SQL> create table hr.stat$emp as select * from stat$emp;
table created
connect hr/hr
SQL> explain plan for select * from hr.emp where job='SALESMAN';
Explained
SQL> SELECT * FROM table(dbms_xplan.display());
PLAN_TABLE_OUTPUT
--------------------------------------------------------------------------
Plan hash value: 3956160932
--------------------------------------------------------------------------
| Id  | Operation          | Name | Rows  | Bytes | Cost (%CPU)| Time     |
--------------------------------------------------------------------------
|   0 | SELECT STATEMENT   |      |    29 |  2523 |     3   (0)| 00:00:01 |
|*  1 |  TABLE ACCESS FULL| EMP  |    29 |  2523 |     3   (0)| 00:00:01 |
--------------------------------------------------------------------------
Predicate Information (identified by operation id):
---------------------------------------------------
   1 - filter("JOB"='SALESMAN')
Note
-----
```

```
   - dynamic sampling used for this statement (level=2)
17 rows selected
```

可以发现，没有统计信息，优化器使用了动态采样。下面导入统计信息看看：

```
SQL> update stat$emp set c5='HR';
43 rows updated
SQL> commit;
Commit complete
SQL> exec dbms_stats.import_table_stats(ownname => 'HR',tabname =>
  'EMP',stattab => 'STAT$EMP');
PL/SQL procedure successfully completed
SQL> explain plan for select * from hr.emp where job='SALESMAN';
Explained
SQL> SELECT * FROM table(dbms_xplan.display());
PLAN_TABLE_OUTPUT
---------------------------------------------------------------------------
Plan hash value: 3956160932
---------------------------------------------------------------------------
| Id  | Operation         | Name | Rows  | Bytes | Cost (%CPU)| Time     |
---------------------------------------------------------------------------
|   0 | SELECT STATEMENT  |      |  2862 | 91584 |    15   (0)| 00:00:01 |
|*  1 |  TABLE ACCESS FULL| EMP  |  2862 | 91584 |    15   (0)| 00:00:01 |
---------------------------------------------------------------------------
Predicate Information (identified by operation id):
---------------------------------------------------
   1 - filter("JOB"='SALESMAN')
13 rows selected
```

从上可知，基数为 2862 就是移动过来的统计信息。通过这种方式，就可以在一处维护稳定的统计信息，并在其他 Oracle 服务器上得到同样的执行计划；也可以将生产环境中有问题的语句涉及的表的统计信息导出来，在测试环境下验证和排查。

6. Oracle自动统计信息收集

Oracle 10g 中有一个名为 GATHER_STATS_JOB 的定时任务，其在周一到周五的每天晚上 10 点到次日早上 6 点和周末全天收集统计信息，该定时任务调用一个内部存储过程 DBMS_STATS.GATHER_DATABASE_STATS_JOB_PROC 为缺少统计信息或统计信息过时的对象收集；在 Oracle 11g 中，auto optimizer stats collection（自动优化器统计收集）负责收集优化器的统计信息，在周一到周五的每天晚上 10 点到次日凌晨 2 点和周末早上 6 点到次日凌晨 2 点运行。它们和使用 GATHER AUTO 选项调用 DBMS_STATS.GATHER_DATABASE_STATS 的作用类似。

自动维护任务收集的统计信息和手工收集存在一定的差别，自动统计信息收集需要调整注意避开业务的高峰期，因为其比较耗费 I/O 和 CPU，和业务一起进行会严重影响性能。

7. 统计信息动态取样

当 statistics_level 为 typical（默认值）或者 all 时，对于目前没有统计信息的对象或者 Oracle 认为统计信息失真的情况，Oracle 会在编译 SQL 时自动收集统计信息，这些统计信息在表很大的情况下通常准确性比 DBMS_STATS 统计要高。另外，如果 SQL 语句包含复杂的条件或者组合条件但是没有扩展统计信息时，也会考虑取样收集统计信息。例如：

```
SQL> EXPLAIN PLAN FOR
  2  SELECT * FROM   SH.CUSTOMERS
  3  WHERE  cust_city          = 'Los Angeles'
  4  AND    cust_state_province = 'CA';
Explained
SQL> SELECT * FROM table(dbms_xplan.display());
PLAN_TABLE_OUTPUT
------------------------------------------------------------------------
Plan hash value: 2008213504
------------------------------------------------
| Id  | Operation          | Name        | Rows  |
------------------------------------------------
|   0 | SELECT STATEMENT   |             |     1 |
|   1 |  TABLE ACCESS FULL| CUSTOMERS |     1 |
------------------------------------------------
8 rows selected
```

可以发现，该示例默认情况下没有取样，基数为 1，但是实际上统计信息已经严重失真。现在将统计信息收集级别设置为 4，如下所示：

```
SQL> ALTER SESSION SET optimizer_dynamic_sampling=4;
Session altered
SQL> EXPLAIN PLAN FOR
  2  SELECT *
  3  FROM   SH.CUSTOMERS
  4  WHERE  cust_city          = 'Los Angeles'
  5  AND    cust_state_province = 'CA';
Explained
SQL> SELECT * FROM table(dbms_xplan.display());
PLAN_TABLE_OUTPUT
------------------------------------------------------------------------
Plan hash value: 2008213504
------------------------------------------------
| Id  | Operation          | Name        | Rows  |
------------------------------------------------
|   0 | SELECT STATEMENT   |             |   854 |
|   1 |  TABLE ACCESS FULL| CUSTOMERS |   854 |
------------------------------------------------
8 rows selected
SQL> SELECT count(1)
  2  FROM   SH.CUSTOMERS
  3  WHERE  cust_city          = 'Los Angeles'
  4  AND    cust_state_province = 'CA';
  COUNT(1)
```

```
----------
       932
```

实际符合条件的数据为 932 行，虽然还是相差近 10%，但是已经相当不错了，对于不是很复杂的 SQL 语句来说应该足够了。optimizer_dynamic_sampling 控制着动态取样的行为，其取值为 0~11，但是一般只需要使用 0、2、4。0~4 级别的收集内容和块数如表 10—4 所示。

表10—4　动态收集级别及含义

级　别	收集内容	块　数
0	禁用动态采样	0
1	对查询中所有满足下列条件且没有统计信息的表采样： • 至少一个非分区表没有统计信息； • 没有索引； • 表的数据块数比动态采样所需的块多	32
2	至少有一个表没有统计信息	64
3	至少有一个表没有统计信息，且查询条件中包含表达式，如WHERE SUBSTR(CUSTLASTNAME,1,3)	64
4	3的基础上，增加查询条件中某个表具有的复合表达式，如and、or等	64

所以，收集统计信息也是有代价的，除非每次访问超过几千个块的，否则动态采样就占了很大一部分资源。除了通过设置会话参数采样统计信息外，还可以通过 DYNAMIC_SAMPLING 提示在语句级别指示优化器动态取样。

需要注意的是，考虑到数据分布的不均衡，除非全表收集，否则并不是级别越高越准确，很可能会出现 2 比 4 准确。经常会遇到这种情况，而且不能保证每次收集都是一样的结果。

10.2.3　如何保持统计信息的有效性

经过前两节的学习，我们已经知道统计信息是如何影响执行计划的，以及各种采样比例对统计信息精确度的影响、如何设置统计信息过期比例等。

不同环境、不同时间之所以会产生完全不同的执行计划，归根结底是因为统计信息的变化，导致优化器在生成执行计划评估期间基于错误的统计信息值做了错误的决定。所以，对于类似的负载，维护一个优化过后可类比的统计信息集对保证性能持续稳定是很重要的。

而统计信息的准确性又依赖于采样比例，那怎样选择合适的采样比例 ESTIMATE_PRECENT 呢？这是通常会遇到的一个问题，尤其是在数据量已经数百 GB 或者数 TB 时。在就数据总体而言不倾斜的情况下，即 OLTP 类查询，通常默认值 AUTO_SAMPLE_SIZE 或者 10% 左右已经足够了。但是在数据倾斜度较高时，默认采样就会出现严重的问题，因为默认的取样比例太小了，不足以推算不同数据值的分布情况。

那 Oracle 是如何确定 AUTO_SAMPLE_SIZE 多少合适呢？这个算法从 Oracle 10g 到 Oracle 12c 这 3 个版本分别做了较大的调整，其总体计算逻辑如下。

- 对于列的基本信息，使用全表扫描进行收集，所以 NDV 非常接近 100% 采样得到的值，其他的信息如 null 值数量、平均列长度、最大 / 最小值等，同 100% 采样得到的值是一样的。
- 对于直方图和索引统计信息，仍然使用采样计算，其和之前版本的差别在于，如果扩展统计信息包含了相同的列且统计信息没有过时，则直接使用该统计信息，而不重复收集，这样就会极大地提高性能，具体可参考 https://www.cnblogs.com/zhjh256/category/952439.html。
- 对于直方图，在 Oracle 11g 中收集成本是相对较高的，所以应仅对数据比较倾斜且明显无法通过一种访问方式满足的 SQL 查询条件列收集直方图，它甚至不一定适合直接在表级别进行管理。

从数据特性角度来看，通常会存在几种类型的业务表：数据比较均匀的 OLTP 表、数据比较倾斜的表、中间一次性表、全局临时表、ID 或者时间递增的表。除了第一类表让 Oracle 自定维护任务自动收集统计信息外；其他类型的表通常需要关闭统计信息自动收集，并需要采取不同的方法管理相应的统计信息。总体原则如下。

- 中间一次性表。在 Oracle 12c 之前，应每次在批量加载后收集统计信息，或者在典型的数据加载之后进行一次统计信息收集然后锁定统计信息，或者数据的特性会随着时间的推移变化，可以直接删除并锁定统计信息，每次 SQL 运行时让 Oracle 去动态采样。从 Oracle 12c 开始虽有所改进，但仍远不够完善，数据库会在 INSERT /*+ append */ INTO ... SELECT 和 CREATE TABLE AS SELECT 时自动收集基本统计信息，这样就可以避免再全表扫描一次。如果不想要收集统计信息，可以增加 NO_GATHER_OPTIMIZER_STATISTICS 提示明确禁用，但是对分区表来说仍然存在一个问题，即指定分区时仅为分区收集统计信息，否则仅收集全局统计信息。
- 全局临时表。因为数据是与会话相关的，所以可以采用和中间一次性表一样的处理策略。
- ID 或者时间递增的表。这些通常包括交易处理表，每天日期都递增，而且每天的数据量可能会波动很大，通常当日就要全部进行批处理。这些表可能是分区表或非分区表，因为上一次统计信息收集期间还没有这些值的数据，这种情况下，优化器会根据谓词和已知最大值的距离计算选择性，相差越远，选择性越低，这可能会导致优化器选择错误的执行计划。
- 数据比较倾斜的表。应为这些表常用的列创建扩展统计信息，并收集直方图，否则极容易导致优化器选择错误的计划，这也是混合型系统最容易出现性能问题的场景。

最后需要说明的是，和应用优化一样，应该把维护统计信息的有效性当作日常的一部分提前规划和考虑到开发中，而不是在出现性能问题时临时进行调整，这只会降低用户体验和满意度。

因为多个安装实例并不总是相同的数据量级别，可能是比较小的数十万，也可能是几百万或者千万到数亿的，对此需要维护各自相应的统计信息以便优化器选择正确的表连接方式，并定期作为运维任务根据业务量变化重新收集某些表的统计信息。

10.3 直方图和绑定变量窥视

在前面几节，已经知道了优化器存在的一个问题是默认情况下，它假设一个列中各个唯一值上的数据量分布是均匀的，这也是导致执行计划出错的最主要原因。Oracle 早在 9i 开始就意识到了这个问题，如果能知道不同值所占的比例情况，这个问题就能解决了，于是就有了直方图。

但是仅有直方图知道不同值的比例还不够，如果都是绑定变量，不知道具体的值也无法确定哪种访问路径合适，于是又引入了绑定变量窥视。本节就来讨论数据倾斜时如何让优化器生成优化的执行计划。

10.3.1 直方图的作用

简单地说，直方图的作用就是对所有的数据进行分析、画像，让数据的特性更好地反映在统计信息上，期望优化器可以生成更加准确的基数估计，并据此生成更优的执行计划。各种交易通常符合长尾理论，20% 的用户产生了 80% 的交易，剩下的 80% 用户产生了 20% 的交易，所以访问那 80% 的数据通常应该使用全表扫描，剩下的 20% 则使用索引扫描。

默认情况下，Oracle 在收集统计信息时并不会自动为列创建直方图，用户必须先在这些表上执行一次查询，这样 Oracle 就会在 SYS.COL_USAGE$ 表中插入相关记录，随后再次收集统计信息时，发现 SYS.COL_USAGE$ 不为空，然后收集统计信息，这也是前面关于扩展统计的示例需要执行两次统计信息收集的原因。直方图信息维护在 USER_TAB_COL_STATISTICS（维护了直方图类型）和 USER_HISTOGRAMS（维护了直方图每个桶的数据分布）中，如下所示：

```
SQL> SELECT TABLE_NAME, COLUMN_NAME, NUM_DISTINCT, HISTOGRAM
  2    FROM USER_TAB_COL_STATISTICS
  3   WHERE TABLE_NAME = 'EMPLOYEES'
  4     AND COLUMN_NAME = 'JOB_ID';
TABLE_NAME       COLUMN_NAME      NUM_DISTINCT HISTOGRAM
---------------- ---------------- ------------ ---------------
EMPLOYEES        JOB_ID                     19 TOP-FREQUENCY
```

注意：这里使用的环境是 Oracle 11.2，如果是 Oracle 11g，则只有 FREQUENCY 和 HEIGHT BALANCED 这两种。示例如下：

```
SQL> select TABLE_NAME,
  2         COLUMN_NAME,
  3         ENDPOINT_NUMBER,
  4         ENDPOINT_VALUE,
  5         ENDPOINT_ACTUAL_VALUE,
  6         ENDPOINT_REPEAT_COUNT
  7    from USER_HISTOGRAMS
  8   where table_name = 'EMPLOYEES'
  9     and column_name = 'JOB_ID';
```

EMPLOYEES.JOB_ID 字段的直方图统计如图 10–30 所示。

TABLE_NAME	COLUMN_NAME	ENDPOINT_NUMBER	ENDPOINT_VALUE	ENDPOINT_ACTUAL_	ENDPOINT_REPEAT_COUNT
EMPLOYEES	JOB_ID	1	3.388657641214	AC_ACCOUNT	0
EMPLOYEES	JOB_ID	3	3.388860530456	AD_VP	0
EMPLOYEES	JOB_ID	8	3.649489428717	FI_ACCOUNT	0
EMPLOYEES	JOB_ID	13	3.807489446134	IT_PROG	0
EMPLOYEES	JOB_ID	18	4.171153010022	PU_CLERK	0
EMPLOYEES	JOB_ID	23	4.322865464673	SA_MAN	0
EMPLOYEES	JOB_ID	53	4.322865480196	SA_REP	0
EMPLOYEES	JOB_ID	73	4.324285202529	SH_CLERK	0
EMPLOYEES	JOB_ID	93	4.326719091682	ST_CLERK	0
EMPLOYEES	JOB_ID	98	4.326719122498	ST_MAN	0

10 rows selected

图10–30　输出结果

和基本统计信息类似，直方图也根据数据的分布特性有多种类型以满足不同情况，而这在 Oracle 12c 中发生了较大的变化。如果取样比例为默认，先前基于高度平衡的直方图被替换为混合直方图和 Top 频率直方图，以便产生更加合理的统计信息。Oracle 优化器选择直方图的过程如图 10–31 所示。

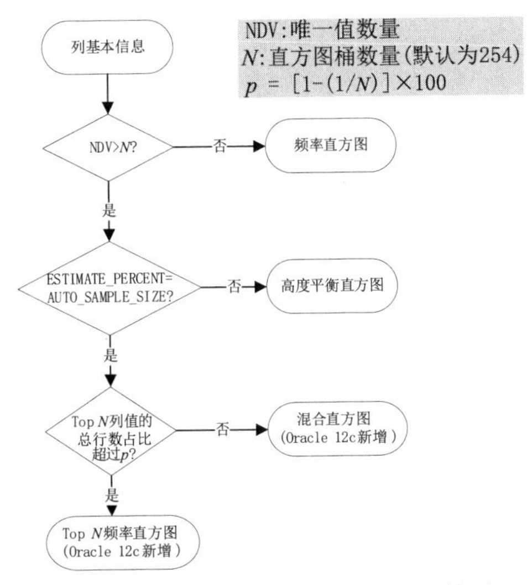

图10–31　Oracle优化器选择直方图的过程

- 频率直方图。当统计列唯一值数量小于等于桶的数量时，Oracle 会为列创建频率直方图。桶的数量默认为 254，它可以通过 GATHER_*_STAT 过程 method_opt 选项的 SIZE 指定。在 Oracle 12c 之前，如果 estimate_percent 为 AUTO_SAMPLE_SIZE，则会采用全表扫描创建频率直方图，这样就很准确；否则和 Oracle 11g 及之前一样，基于采样计算，这会导致的一个问题就是某些值没有被取到，从而基数被高估，如国家、省份就比较适合频率直方图。

- 高度平衡直方图。当统计列唯一值数量大于桶的数量且取样比例不为自动（ESTIMATE_PERCENT= AUTO_SAMPLE_SIZE）时，Oracle 会为列创建高度平衡直方图。这也是 Oracle 12c 之前支持的另一种直方图。它的问题在于有些值处于两个桶中，但是因为第二个桶没有全部占满，所以会被当作非频繁值对待，这样会导致基数被低估，进而影响执行计划。混合直方图就是为了解决这个问题而产生的。
- 混合直方图。该直方图为 Oracle 12c 新增直方图类型，它是高度平衡直方图和频率直方图的组合。当统计列唯一值数量大于桶的数量、取样比例为自动（ESTIMATE_PERCENT= AUTO_SAMPLE_SIZE）且 Top *N* 个值所占的总行数小于 [1–(1/ 桶数)] × 100 时，Oracle 会为列创建混合直方图。在混合直方图中，每个桶包含的数据量范围比较接近，它比较适合于区间查询。
- Top 频率直方图。该直方图为 Oracle 12c 新增直方图类型，是频率直方图的变种，忽略了部分不重要的值，这些值通常占总行数的比例很小，适合于索引扫描。准确地说，它能真正解决长尾问题，如网点、城市这些信息就适合 Top 频率直方图。当统计列唯一值数量大于桶的数量、取样比例为自动（ESTIMATE_PERCENT= AUTO_SAMPLE_SIZE）且 Top *N* 个值所占的总行数大于 [1–(1/ 桶数)] × 100 时，Oracle 会为列创建 Top 频率直方图。

根据上述定义，如果不希望 Oracle 自己选择直方图类型，则通过 SIZE 值的调整，就可以进行控制，如下所示：

```
SQL> BEGIN
  2     DBMS_STATS.GATHER_TABLE_STATS(ownname     => 'HR',
  3                                   tabname     => 'EMPLOYEES',
  4                                   method_opt => 'FOR COLUMNS JOB_ID
SIZE 7');
  5   END;
  6   /
PL/SQL procedure successfully completed
SQL> SELECT TABLE_NAME, COLUMN_NAME, NUM_DISTINCT, HISTOGRAM
  2     FROM USER_TAB_COL_STATISTICS
  3    WHERE TABLE_NAME = 'EMPLOYEES'
  4      AND COLUMN_NAME = 'JOB_ID';
TABLE_NAME       COLUMN_NAME      NUM_DISTINCT HISTOGRAM
---------------- ---------------- ------------ ---------------
EMPLOYEES        JOB_ID                     19 HYBRID
SQL> BEGIN
  2     DBMS_STATS.GATHER_TABLE_STATS(ownname     => 'HR',
  3                                   tabname     => 'EMPLOYEES',
  4                                   method_opt => 'FOR COLUMNS JOB_ID
SIZE 10');
```

```
  5  END;
  6  /
PL/SQL procedure successfully completed
SQL> SELECT TABLE_NAME, COLUMN_NAME, NUM_DISTINCT, HISTOGRAM
  2    FROM USER_TAB_COL_STATISTICS
  3   WHERE TABLE_NAME = 'EMPLOYEES'
  4     AND COLUMN_NAME = 'JOB_ID';
TABLE_NAME       COLUMN_NAME      NUM_DISTINCT HISTOGRAM
---------------- ---------------- ------------ ---------------
EMPLOYEES        JOB_ID                     19 TOP-FREQUENCY
```

从上述可知，在 Oracle 12c 之前，要想很好地解决数据倾斜这个问题不是特别容易，存在出现次优执行计划的可能性。

10.3.2 绑定变量窥视

对于使用绑定变量或者参数 cursor_sharing 为 force 的会话，相同 SQL 语句不同值采用的都是软解析，重用相同的执行计划，所以单独的直方图是没有用处的，它必须和具体的绑定变量值结合才能发挥价值，反之亦然。绑定变量窥视只有创建了直方图才有意义，它是 Oracle 9i 引入的特性。

所以，CBO 会在运行时查看绑定变量的值，然后和直方图的数据进行对比，以确定是否需要为 SQL 生成新的执行计划。判断一个 SQL 语句有没有进行绑定变量窥视可以查看 V$SQL_PLAN.OTHER_XML 或 V$SQL.BIND_DATA，每个 SQL 语句绑定变量的空间占用大小由隐含参数 _xpl_peeked_binds_log_size 控制。例如：

```
SQL> select s.SQL_ID,s.SQL_TEXT,s.bind_data from V$SQL s where rownum<10;
```

输出结果如图 10—32 示。

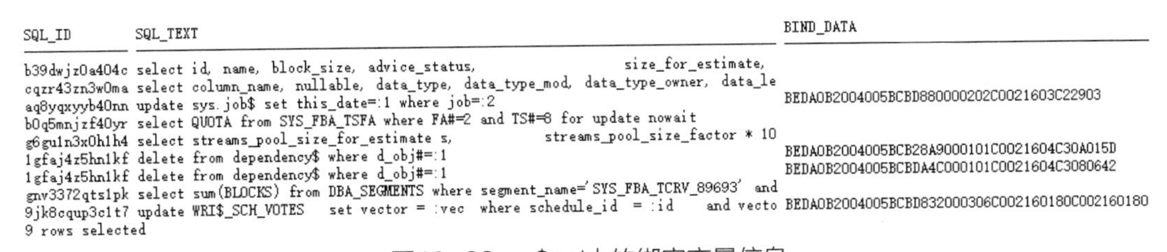

SQL_ID	SQL_TEXT	BIND_DATA
b39dwjz0a404c	select id, name, block_size, advice_status, size_for_estimate,	
cqzr43zn3w0ma	select column_name, nullable, data_type, data_type_mod, data_type_owner, data_le	
aq8yqxyyb40nn	update sys.job$ set this_date=:1 where job=:2	BEDA0B2004005BCBD880000202C0021603C22903
b0q5mnjzf40yr	select QUOTA from SYS_FBA_TSFA where FA#=2 and TS#=8 for update nowait	
g6gu1n3x0h1h4	select streams_pool_size_for_estimate s, streams_pool_size_factor * 10	
1gfaj4z5hn1kf	delete from dependency$ where d_obj#=:1	BEDA0B2004005BCB28A9000101C0021604C30A015D
1gfaj4z5hn1kf	delete from dependency$ where d_obj#=:1	BEDA0B2004005BCBDA4C000101C0021604C3080642
gnv3372qts1pk	select sum(BLOCKS) from DBA_SEGMENTS where segment_name='SYS_FBA_TCRV_89693' and	
9jk8cqup3c1t7	update WRI$_SCH_VOTES set vector = :vec where schedule_id = :id and vecto	BEDA0B2004005BCBD832000306C002160180C002160180

9 rows selected

图10—32 v$sql中的绑定变量信息

对于这些数据倾斜必须依赖绑定变量窥视执行计划的场景，通过 SQL 优化器提示是无法做到的，因为不同的基数会导致连接方式、连接顺序发生变化，尤其是在某些查询条件是可选时更是如此。

1. Oracle 11g自适应游标

在此之前的绑定变量窥视存在的一个问题是，它只会在 SQL 语句第一次执行时检查绑定变量，随后相同的 SQL 语句即使绑定变量的值不同，也还是和常规一样，直接重用执行计划，这就导致其无法适应各种场景。

Oracle 11g 的自适应游标就是为了解决这个问题出现的，它同样依赖于直方图信息，该特性使数据库会持续监控 SQL 语句上的绑定变量的值，并判断是否应该将语句标记为下次重新解析。当经过一段时间之后发生波动较大，自适应游标就会将语句标记为绑定变量感知，此时语句下次就会重新解析。一个语句是否绑定变量敏感和感知记录在 v$sql 的 IS_BIND_SENSITIVE 和 IS_BIND_AWARE 字段中，如下所示：

```
SQL> select f.PARSING_SCHEMA_NAME,
  2         f.SQL_ID,
  3         f.SQL_TEXT,
  4         f.IS_BIND_SENSITIVE,
  5         f.IS_BIND_AWARE
  6    from v$sql f
  7   where f.PARSING_SCHEMA_NAME = 'SCOTT'
  8     and rownum < 10;
```

其输出结果如下所示。

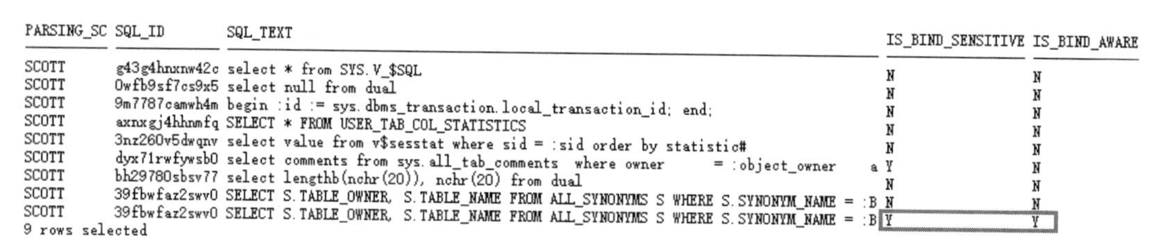

PARSING_SC	SQL_ID	SQL_TEXT	IS_BIND_SENSITIVE	IS_BIND_AWARE
SCOTT	g43g4hnxnw42c	select * from SYS.V_$SQL	N	N
SCOTT	0wfb9sf7cs9x5	select null from dual	N	N
SCOTT	9m7787camwh4m	begin :id := sys.dbms_transaction.local_transaction_id; end;	N	N
SCOTT	axnxgj4hhnmfq	SELECT * FROM USER_TAB_COL_STATISTICS	N	N
SCOTT	3nz260v5dwqnv	select value from v$sesstat where sid = :sid order by statistic#	N	N
SCOTT	dyx71rwfywsb0	select comments from sys.all_tab_comments where owner = :object_owner a	Y	N
SCOTT	bh29780sbsv77	select lengthb(nchr(20)), nchr(20) from dual	N	N
SCOTT	39fbwfaz2swv0	SELECT S.TABLE_OWNER, S.TABLE_NAME FROM ALL_SYNONYMS S WHERE S.SYNONYM_NAME = :B	N	N
SCOTT	39fbwfaz2swv0	SELECT S.TABLE_OWNER, S.TABLE_NAME FROM ALL_SYNONYMS S WHERE S.SYNONYM_NAME = :B	Y	Y

9 rows selected

图10–33　输出结果

在当前的版本中，自适应游标共享默认情况下只会在 SQL 语句执行至少一次之后才会去判断是否应该检查绑定变量，这在某些情况下并不合理，尤其是每次统计信息收集后的第一次执行就无法享受这个特性。如果要绕过，则需要通过优化器提示 BIND_AWARE 指定。伴随着这个特性引入了 3 个表 v$sql_cs_histogram、v$sql_cs_selectivity 及 v$sql_cs_statistics。

查询 v$sql_cs_histogram，其中记录了 SQL 处理行数的直方图：

```
SQL> select s.SQL_TEXT, ch.*
  2    from v$sql_cs_histogram ch, v$sql s
  3   where s.SQL_ID = ch.SQL_ID
  4     and rownum < 11;
```

输出结果如图 10–34 示。

SQL_TEXT	ADDRESS	HASH_VALUE	SQL_ID	CHILD_NUMBER	BUCKET_ID	COUNT
SELECT MIN(END_INTERVAL_TIME), COUNT(*) FROM WRM$_SNAPSHOT WHERE SNAP_ID = :B2 AND DBID = :B1	0000000063C82FB8	3731097375	cfk4qsrg681sz	0	0	1
SELECT MIN(END_INTERVAL_TIME), COUNT(*) FROM WRM$_SNAPSHOT WHERE SNAP_ID = :B2 AND DBID = :B1	0000000063C82FB8	3731097375	cfk4qsrg681sz	0	1	0
SELECT MIN(END_INTERVAL_TIME), COUNT(*) FROM WRM$_SNAPSHOT WHERE SNAP_ID = :B2 AND DBID = :B1	0000000063C82FB8	3731097375	cfk4qsrg681sz	0	2	0

图10–34　输出结果

查询 v$sql_cs_histogram，其中记录了 SQL 语句的谓词的选择性及谓词本身、上下边界：

```
SQL> select s.SQL_TEXT, csel.*
  2    from v$sql_cs_selectivity csel, v$sql s
  3   where s.SQL_ID = csel.SQL_ID
  4     and rownum < 11;
```

输出结果如图 10—35 示。

SQL_TEXT	ADDRESS	HASH_VALUE	SQL_ID	CHILD_NUMB	PREDICATE	RANGE_ID	LOW	HIGH
SELECT S.TABLE_OWNER, S.TABLE_NAME FROM ALL_SYNONYMS S WHERE S.SYNONYM_NAME = :B1 AND S.OWNER = 'PUBLIC' AND ROWNUM = 1	00000000663B4450	3190584160	39fbwfaz2swv0	7	=B1	0	0.000017	0.000021
SELECT S.TABLE_OWNER, S.TABLE_NAME FROM ALL_SYNONYMS S WHERE S.SYNONYM_NAME = :B1 AND S.OWNER = 'PUBLIC' AND ROWNUM = 1	00000000663B4450	3190584160	39fbwfaz2swv0	7	=B1	0	0.000017	0.000021

图10—35　输出效果

查询 v$sql_cs_statistics，其中记录了 SQL 语句的资源消耗统计：

```
SQL> select s.SQL_TEXT,
  2         cst.SQL_ID,
  3         cst.CHILD_NUMBER,
  4         cst.PEEKED,
  5         cst.EXECUTIONS,
  6         cst.ROWS_PROCESSED,
  7         cst.BUFFER_GETS,
  8         cst.CPU_TIME
  9    from v$sql_cs_statistics cst, v$sql s
 10   where s.SQL_ID = cst.SQL_ID
 11     and rownum < 5;
```

输出结果如图 10—36 示。

SQL_TEXT	SQL_ID	CHILD_NUMB	PEEKED	EXECUTIONS	ROWS_PROCESSED	BUFFER_GETS	CPU_TIME
SELECT MIN(END_INTERVAL_TIME), COUNT(*) FROM WRM$_SNAPSHOT WHERE SNAP_ID = :B2 AND DBID = :B1	cfk4qsrg681sz	0	Y	1	3	2	0
SELECT A.ID,A.TYPE FROM SYS.WRI$_ADV_DEFINITIONS A WHERE A.NAME = :B1	14wnf35dahb7v	0	Y	1	1	1895	0
SELECT STATUS#, HOW_CREATED, LAST_EXECUTION FROM SYS.DBA_ADVISOR_TASKS WHERE TASK_ID = :B1 FOR UPDATE	86w49kdq48gk9	0	Y	1	6	17	0
SELECT CASE WHEN VALUE IN ('ALL', 'UNUSED') THEN 'N' ELSE 'Y' END FROM WRI$_ADV_PARAMETERS WHERE TASK_ID = :B1 AND NAME = 'INSTANCES'	brrrt3h13sgwp	0	Y	1	2	3	0

图10—36　输出结果

在 Oracle 12c 中还引入了自适应执行计划的特性，当 SQL 执行到一半时，如果发现目前的执行计划好像不对，它就会自己更改执行计划。总体来说，这个功能目前还比较“鸡肋”，即使执行计划不合理，也还是希望执行能可控。

2. 绑定变量捕获

绑定变量捕获和绑定变量窥视不同，它是 Oracle 10g 引入的特性，其并不会影响 SQL 运行时执行计划，只是定期将 SQL 语句的绑定变量保存到 V$SQL_BIND_CAPTURE 中，用于用户分析使用。捕获间隔通过参数 _cursor_bind_capture_interval 控制，其默认值为 900；绑定变量的空间由参数 _cursor_bind_capture_area_size 控制，其默认值为 400。

10.4 深入理解Oracle优化器提示

就 SQL 优化而言，只要掌握了前面几个 SQL 执行计划的含义及导致执行计划不同的因素，剩下就比较简单了。与其他的系统和应用性能优化一样，理解了各指标的含义，用于订正的技术通常就知道了，能否立刻执行或者使用什么方式则是另外一回事。

Oracle 优化器提示在 Oracle 10.2 中有 277 个，在 Oracle 11.2 中有 355 个。本节只重点阐述比较重要的优化器提示，以及它们的适用场景。完整的优化器提示可参见 Oracle SQL 手册相关章节；或者从 Oracle 11g 开始，可以查询数据字典 V$SQL_HINT。优化器提示的语法很简单，就是多行注释前半部分后面加一个“+”，当然也可以加“-- +”，具体可视开发人员的习惯，一般建议使用前者。其语法结构如图 10–37 所示。

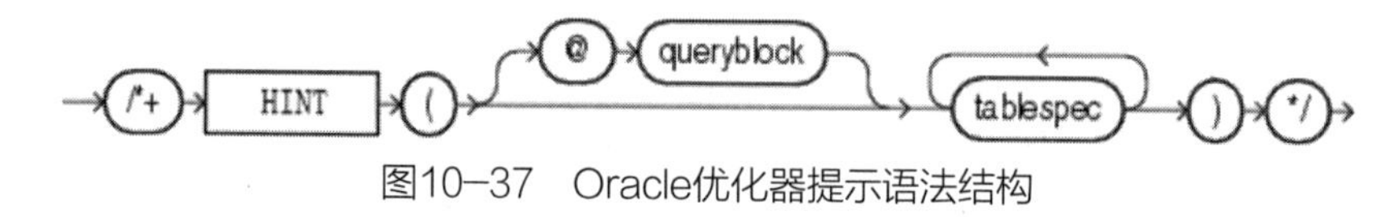

图10–37　Oracle优化器提示语法结构

和注释一样，当优化器无法应用优化器提示、优化器提示本身无效或优化器认为统计信息足够准确时，优化器会自动忽略而不会报错，此时在执行计划中的反应可能是用了某提示，却没有生效。遇到这种情况时，应查看具体优化器提示的语法。和 SQL 语句一样，优化器提示不区分大小写，但一般建议使用大写。有些优化器提示并不是用于生产环境优化，可能是为了测试便利。

由于很多优化器提示同时包含肯定和否定，因此本节各小节标题中仅列出肯定部分，正文中会说明对应的否定用法。

10.4.1　表连接顺序相关

对于任何涉及多个表关联的 SQL 语句来说，表连接顺序的合理与否将极大地影响 SQL 语句的性能，本小节主要讨论可以用来影响或调整表连接顺序的优化提示。

1. LEADING

LEADING 提示指示优化器将声明的表集合作为整个执行计划的最早关联表，但并不一定是第一个被访问的表，如下所示：

```
SELECT *
  FROM hr.employees e, hr.departments d, hr.job_history j
 WHERE e.department_id = d.department_id
   AND e.hire_date = j.start_date
```

输出结果如图 10—38 所示。

Id	Operation	Name	Rows	Bytes	Cost	Time
0	SELECT STATEMENT		11	1331	9	00:00:01
* 1	HASH JOIN		11	1331	9	00:00:01
2	TABLE ACCESS FULL	JOB_HISTORY	10	310	3	00:00:01
3	MERGE JOIN		106	9540	6	00:00:01
4	TABLE ACCESS BY INDEX ROWID	DEPARTMENTS	27	567	2	00:00:01
5	INDEX FULL SCAN	DEPT_ID_PK	27		1	00:00:01
* 6	SORT JOIN		107	7383	4	00:00:01
7	TABLE ACCESS FULL	EMPLOYEES	107	7383	3	00:00:01

图10—38　输出结果

默认情况下，优化器将 departments 作为第一张驱动表，如果希望将 job_history 作为驱动表，可以指定 /*+ LEADING(j) */，如图 10—39 所示。

Id	Operation	Name	Rows	Bytes	Cost	Time
0	SELECT STATEMENT		11	1331	9	00:00:01
* 1	HASH JOIN		11	1331	9	00:00:01
* 2	HASH JOIN		11	1100	6	00:00:01
3	TABLE ACCESS FULL	JOB_HISTORY	10	310	3	00:00:01
4	TABLE ACCESS FULL	EMPLOYEES	107	7383	3	00:00:01
5	TABLE ACCESS FULL	DEPARTMENTS	27	567	3	00:00:01

图10—39　指定执行

如果希望 departments 和 job_history 作为前两张驱动表，但是不关心具体谁先谁后，可以指定 /*+ LEADING(e j) */，如图 10—40 所示。

Id	Operation	Name	Rows	Bytes	Cost	Time
0	SELECT STATEMENT		11	1331	9	00:00:01
* 1	HASH JOIN		11	1331	9	00:00:01
* 2	HASH JOIN		11	1100	6	00:00:01
3	TABLE ACCESS FULL	EMPLOYEES	107	7383	3	00:00:01
4	TABLE ACCESS FULL	JOB_HISTORY	10	310	3	00:00:01
5	TABLE ACCESS FULL	DEPARTMENTS	27	567	3	00:00:01

图10—40　指定执行

如果同时指定了 ORDERED 提示，则 LEADING 会被忽略。相对于 ORDERED，LEADING 更加灵活，如果某些表相差不大，希望优化器自己确定时，可以选择 LEADING。

2. ORDERED

ORDERED 提示指示优化器按照 SQL 语句中表书写的顺序进行关联，相当于由用户自己确定关联顺序。仍以 LEADING 的语句为例，加上 ORDERED 后的输出结果如图 10—41 所示。

Id	Operation	Name	Rows	Bytes	Cost	Time
0	SELECT STATEMENT		11	1331	9	00:00:01
* 1	HASH JOIN		11	1331	9	00:00:01
2	TABLE ACCESS FULL	JOB_HISTORY	10	310	3	00:00:01
* 3	HASH JOIN		106	9540	6	00:00:01
4	TABLE ACCESS FULL	EMPLOYEES	107	7383	3	00:00:01
5	TABLE ACCESS FULL	DEPARTMENTS	27	567	3	00:00:01

图10–41　输出结果

假设将 employees 挪到最后，使用 ORDERED 将导致笛卡儿积，如下所示：

```
SELECT /*+ ORDERED */ *
  FROM hr.departments d, hr.job_history j,hr.employees e
 WHERE e.department_id = d.department_id
   AND e.hire_date = j.start_date
```

输出结果如图 10–42 所示。

Id	Operation	Name	Rows	Bytes	Cost	Time
0	SELECT STATEMENT		11	1331	44	00:00:01
* 1	HASH JOIN		11	1331	44	00:00:01
2	TABLE ACCESS FULL	EMPLOYEES	107	7383	3	00:00:01
3	MERGE JOIN CARTESIAN		270	14040	41	00:00:01
4	TABLE ACCESS FULL	DEPARTMENTS	27	567	3	00:00:01
5	BUFFER SORT		10	310	38	00:00:01
6	TABLE ACCESS FULL	JOB_HISTORY	10	310	1	00:00:01

图10–42　输出结果

ORDERED 提示适合于各表之间相对数据量比较稳定的场景，如固定报表。

10.4.2　表访问方式相关

在 Oracle 中，对于任何表的遍历都会使用一种访问方式，它可能是全表扫描、索引扫描等。当认为优化器选择的表访问方式不恰当时，就可以用本小节描述的各种表访问方式相关的优化器提示影响优化器的选择。

1. FULL

FULL 提示指示优化器对声明的表执行全表扫描，主要用于访问较大一部分数据时，在并行执行、采用哈希连接时使用比较多。例如：

```
SELECT employee_id, last_name
  FROM hr.employees e
  WHERE last_name LIKE :b1;
```

输出结果如图 10–43 所示。

Id	Operation	Name	Rows	Bytes	Cost	Time
0	SELECT STATEMENT		5	60	2	00:00:01
1	TABLE ACCESS BY INDEX ROWID	EMPLOYEES	5	60	2	00:00:01
* 2	INDEX RANGE SCAN	EMP_NAME_IX	2		1	00:00:01

图10–43　输出结果

如果认为使用 EMP_NAME_IX 索引不合理，可以通过 FULL 提示让优化器对 employees 执行全表扫描，如下所示：

```
SELECT /*+ FULL(e) */ employee_id, last_name
FROM hr.employees e WHERE last_name LIKE :b1;
```

输出结果如图 10–44 所示。

Id	Operation	Name	Rows	Bytes	Cost	Time
0	SELECT STATEMENT		5	60	3	00:00:01
* 1	TABLE ACCESS FULL	EMPLOYEES	5	60	3	00:00:01

图10–44　输出结果

2. [NO_]INDEX

INDEX 提示指示优化器对声明的表使用任意或指定索引进行访问，NO_INDEX 则告诉优化器不要使用索引或某些索引，一般情况下用户会明确指定某个具体索引。例如，对于下列查询：

```
SELECT employee_id, last_name
FROM hr.employees e WHERE manager_id > 1 and employee_id > 1;
```

优化器默认选择了全表扫描，如图 10–45 所示。

Id	Operation	Name	Rows	Bytes	Cost	Time
0	SELECT STATEMENT		106	1696	3	00:00:01
* 1	TABLE ACCESS FULL	EMPLOYEES	106	1696	3	00:00:01

图10–45　输出结果

当仅指定 INDEX(e) 时，优化器会选择可用索引中它认为最合适的那个，如图 10–46 所示。

Id	Operation	Name	Rows	Bytes	Cost	Time
0	SELECT STATEMENT		106	1696	3	00:00:01
* 1	TABLE ACCESS BY INDEX ROWID	EMPLOYEES	106	1696	3	00:00:01
* 2	INDEX RANGE SCAN	EMP_EMP_ID_PK	107		1	00:00:01

图10–46　输出结果

如果认为 manager_id 上的索引选择性更好，可以指定 INDEX(e EMP_MANAGER_IX)，如图 10–47 所示。

Id	Operation	Name	Rows	Bytes	Cost	Time
0	SELECT STATEMENT		106	1696	8	00:00:01
* 1	TABLE ACCESS BY INDEX ROWID	EMPLOYEES	106	1696	8	00:00:01
* 2	INDEX RANGE SCAN	EMP_MANAGER_IX	106		1	00:00:01

图10–47　输出结果

除此之外，如果没有明确指定索引，优化器还可能会选择使用多个索引并对结果进行合并，和指定 INDEX_COMBINE 效果一样。对于 NO_INDEX，读者可以自己测试。

3. INDEX_COMBINE

INDEX_COMBINE 提示指示优化器对声明的表采用基于对多个索引 ROWID 做位图合并的访问方式。例如：

```
SELECT /*+ INDEX_COMBINE(e IDX_BIG_TABLE_OBJECT_ID IDX_BIG_TABLE_OWNER)
*/ *
  FROM big_table e
 WHERE e.object_id = 1000 or e.owner = 'USER';
```

输出结果如图 10–48 所示。

Id	Operation	Name	Rows	Bytes	Cost	Time
0	SELECT STATEMENT		284	27832	47	00:00:01
1	CONCATENATION					
2	TABLE ACCESS BY INDEX ROWID	BIG_TABLE	32	3136	35	00:00:01
* 3	INDEX RANGE SCAN	IDX_BIG_TABLE_OBJECT_ID	32		3	00:00:01
* 4	TABLE ACCESS BY INDEX ROWID	BIG_TABLE	252	24696	12	00:00:01
* 5	INDEX RANGE SCAN	IDX_BIG_TABLE_OWNER	256		3	00:00:01

图10–48　输出结果

这种方式在星型转换场景中使用较多。

4. INDEX_JOIN

INDEX_JOIN 提示指示优化器采用索引哈希连接作为访问记录的方式，它主要用于查询涉及的所有列包含在多个索引列中，如下所示：

```
SELECT /*+ INDEX_JOIN(e emp_manager_ix emp_department_ix) */ department_
id,manager_id
  FROM hr.employees e
  WHERE manager_id < 110
    AND department_id < 50;
```

输出结果如图 10–49 所示。

Id	Operation	Name	Rows	Bytes	Cost	Time
0	SELECT STATEMENT		3	21	2	00:00:01
* 1	VIEW	index$_join$_001	3	21	2	00:00:01
* 2	HASH JOIN					
* 3	INDEX RANGE SCAN	EMP_DEPARTMENT_IX	3	21	1	00:00:01
* 4	INDEX RANGE SCAN	EMP_MANAGER_IX	3	21	1	00:00:01

图10–49　输出结果

这种方式一般用于访问一张大表中的小部分字段时减少 I/O 读，对 OLTP 帮助不大。

5. [NO_]INDEX_FFS

INDEX_FFS 提示指示优化器对给定的表执行快速全索引扫描，如下所示：

```
SELECT /*+ INDEX_FFS(e)*/ e.last_name
  FROM hr.employees e
 order by e.first_name, e.last_name;
```

输出结果如图 10–50 所示。

Id	Operation	Name	Rows	Bytes	Cost	Time
0	SELECT STATEMENT		107	1605	3	00:00:01
1	SORT ORDER BY		107	1605	3	00:00:01
2	INDEX FAST FULL SCAN	EMP_NAME_IX	107	1605	2	00:00:01

图10—50　输出结果

NO_INDEX_FFS 则提示指示优化器对给定的表避免选择快速索引全扫描。后续带有 NO_ 的优化器提示均指的是某操作的方面，即“指示优化器对给定的表避免选择相应的 ×× 操作”，因此后面不再重复阐述。

6. [NO_]INDEX_SS

INDEX_SS 提示指示优化器对给定的表执行索引跳跃扫描，如下所示：

```
SELECT /*+ INDEX_SS(e emp_name_ix) */ last_name
  FROM hr.employees e
 WHERE first_name = 'Steven';
```

输出结果如图 10—51 所示。

Id	Operation	Name	Rows	Bytes	Cost	Time
0	SELECT STATEMENT		2	30	1	00:00:01
* 1	INDEX SKIP SCAN	EMP_NAME_IX	2	30	1	00:00:01

图10—51　输出结果

7. USE_INVISIBLE_INDEXES

默认情况下，优化器是不使用不可见索引的。如果要测试不可见索引的效果，可以使用该提示，如下所示：

```
alter index HR.EMP_NAME_IX invisible;
SELECT /*+ USE_INVISIBLE_INDEXES(e emp_name_ix) */ last_name
  FROM hr.employees e
 WHERE first_name = 'Steven';
```

输出结果如图 10—52 所示。

Id	Operation	Name	Rows	Bytes	Cost	Time
0	SELECT STATEMENT		2	30	1	00:00:01
* 1	INDEX SKIP SCAN	EMP_NAME_IX	2	30	1	00:00:01

图10—52　输出结果

如果不加 USE_INVISIBLE_INDEXES 提示，将使用全表扫描。

8. BATCH_TABLE_ACCESS_BY_ROWID

在 Oracle 12c 中，优化器对于索引访问，会先一次性从索引中收集一批 ROWID，然后以批的方式读取记录，以减少数据库访问数据库的次数，如下所示：

```
SELECT last_name FROM hr.employees e WHERE first_name = 'Steven';
```

输出结果如图 10—53 所示。

Id	Operation	Name
0	SELECT STATEMENT	
1	TABLE ACCESS BY INDEX ROWID BATCHED	EMPLOYEES
* 2	INDEX SKIP SCAN	EMP_MANAGER_IX

图10–53 输出结果

该提示指示优化器不要启用该特性，如下：

```
SELECT /*+ NO_BATCH_TABLE_ACCESS_BY_ROWID(e) */
 last_name
  FROM hr.employees e
 WHERE first_name = 'Steven';
```

输出结果如图 10–54 所示。

Id	Operation	Name	Rows	Bytes	Cost	Time
0	SELECT STATEMENT		2	30	2	00:00:01
1	TABLE ACCESS BY INDEX ROWID	EMPLOYEES	2	30	2	00:00:01
* 2	INDEX SKIP SCAN	EMP_MANAGER_IX	2		1	00:00:01

图10–54 输出结果

该提示只能在表级别声明，不能具体到某个索引。

注意：它是一个未文档化的提示。

10.4.3 表连接方法相关

有时我们知道 A 表和 B 表应该采用哈希连接，但是优化器却选择了嵌套循环连接，反之亦然。此时，就可以使用本小节讨论的优化器提示影响优化器的选择。

1. [NO_]NATIVE_FULL_OUTER_JOIN

该提示指示优化器使用原生全外连接，它是 Oracle 11gR1 才开始支持的 SQL 标准外连接方法，在此之前，Oracle 不支持全外连接。例如：

```
select * from employees e
  full outer join departments d
    on e.department_id = d.department_id
```

输出结果如图 10–55 所示。

Id	Operation	Name	Rows	Bytes	Cost	Time
0	SELECT STATEMENT		122	23058	6	00:00:01
1	VIEW	VW_FOJ_0	122	23058	6	00:00:01
* 2	HASH JOIN FULL OUTER		122	10980	6	00:00:01
3	TABLE ACCESS FULL	DEPARTMENTS	27	567	3	00:00:01
4	TABLE ACCESS INMEMORY FULL	EMPLOYEES	107	7383	3	00:00:01

图10–55 输出结果

如果不想要使用全外连接，可以加上 NO_NATIVE_FULL_OUTER_JOIN 提示，如图 10–56 所示。

Id	Operation	Name	Rows	Bytes	Cost	Time
0	SELECT STATEMENT		124	23436	9	00:00:01
1	VIEW		124	23436	9	00:00:01
2	UNION-ALL					
* 3	HASH JOIN RIGHT OUTER		107	9630	6	00:00:01
4	TABLE ACCESS FULL	DEPARTMENTS	27	567	3	00:00:01
5	TABLE ACCESS INMEMORY FULL	EMPLOYEES	107	7383	3	00:00:01
6	NESTED LOOPS ANTI		17	408	3	00:00:01
7	TABLE ACCESS FULL	DEPARTMENTS	27	567	3	00:00:01
* 8	INDEX RANGE SCAN	EMP_DEPARTMENT_IX	41	123	0	00:00:01

图10–56　输出结果

2. [NO_]USE_HASH

USE_HASH 提示指示优化器对声明的表和其他行源执行哈希连接，但是并没有指定谁作为驱动表（在哈希连接中，驱动表指示用来建立哈希表的表）。例如：

```
select /*+ use_hash(d e) */*
  from employees e, departments d
 where e.department_id = d.department_id
```

输出结果如图 10–57 所示。

Id	Operation	Name	Rows	Bytes	Cost	Time
0	SELECT STATEMENT		106	9540	6	00:00:01
* 1	HASH JOIN		106	9540	6	00:00:01
2	TABLE ACCESS FULL	DEPARTMENTS	27	567	3	00:00:01
3	TABLE ACCESS INMEMORY FULL	EMPLOYEES	107	7383	3	00:00:01

图10–57　输出结果

如果默认的驱动表不合理，可以通过 SWAP_JOIN_INPUTS、CARDINALITY 或 ORDERED 提示进行修正，但是 SWAP_JOIN_INPUTS 经常不被优化器采用，所以如果确定性强（各表之间的数据量比例不随着查询条件而发生反转），笔者一般选用 ORDERED，具体还要看读者习惯。

3. SWAP_JOIN_INPUTS

该提示指示优化器将声明的行源作为建立内存哈希表的数据源，即作为哈希连接的驱动表，如下所示：

```
select /*+ use_hash(d e) SWAP_JOIN_INPUTS(e) leading(d e) */ *
  from hr.employees e, hr.departments d
 where e.department_id = d.department_id
```

输出结果如图 10–58 所示。

Id	Operation	Name	Rows	Bytes	Cost	Time
0	SELECT STATEMENT		106	9540	6	00:00:01
* 1	HASH JOIN		106	9540	6	00:00:01
2	TABLE ACCESS FULL	EMPLOYEES	107	7383	3	00:00:01
3	TABLE ACCESS FULL	DEPARTMENTS	27	567	3	00:00:01

图10–58　输出结果

同时加上 LEADING 是因为 SWAP_JOIN_INPUTS 独立使用时被优化器忽略的概率过高，加上 LEADING 之后基本上总是会被采用，即使声明为 LEADING(d) 也如此。NO_SWAP_JOIN_INPUTS 则指示优化器将声明的行源作为探测表，具体读者可以自行测试。

4. SEMIJOIN_DRIVER

该提示是 Oracle 12c 引入的，其指示优化器将声明的子查询块作为半连接的驱动表。在使用 IN 不相关子查询且 IN 中数据量比较小时，该提示会很有用。示例如下：

```
select /*+ semijoin_driver(@subq)*/ l.EMPLOYEE_ID, max(l.SALARY),max(l.
  COMMISSION_PCT)
  from hr.employees l
 where l.department_id in (select /*+ qb_name(subq) */
                           e.department_id
                            from hr.departments e)
group by l.EMPLOYEE_ID;
```

其输出结果如图 10–59 所示。

Id	Operation	Name	Rows	Bytes	Cost	Time
0	SELECT STATEMENT		107	1391	13	00:00:01
1	TABLE ACCESS BY INDEX ROWID BATCHED	EMPLOYEES	107	1391	12	00:00:01
2	BITMAP CONVERSION TO ROWIDS					
3	BITMAP MERGE					
4	BITMAP KEY ITERATION					
5	INDEX FULL SCAN	DEPT_ID_PK	27	108	1	00:00:01
6	BITMAP CONVERSION FROM ROWIDS					
* 7	INDEX RANGE SCAN	EMP_DEPARTMENT_IX			1	00:00:01

图10–59 输出结果

5. USE_NL

该提示指示优化器对每个声明的表和其他行源使用嵌套循环连接，声明的表作为内表，如下所示：

```
select /*+ use_nl(e d) leading(e) */* from hr.employees e,hr.departments d
where e.department_id=d.department_id
```

输出结果如图 10–60 所示。

Id	Operation	Name	Rows	Bytes	Cost	Time
0	SELECT STATEMENT		106	9540	110	00:00:01
1	NESTED LOOPS		106	9540	110	00:00:01
2	NESTED LOOPS		107	9540	110	00:00:01
3	TABLE ACCESS FULL	EMPLOYEES	107	7383	3	00:00:01
* 4	INDEX UNIQUE SCAN	DEPT_ID_PK	1		0	00:00:01
5	TABLE ACCESS BY INDEX ROWID	DEPARTMENTS	1	21	1	00:00:01

图10–60 输出结果

和 USE_HASH 类似，纯粹通过 USE_NL 无法强制指定的表作为内表。该提示一般用于 OLTP 查询中。

6. USE_NL_WITH_INDEX

该提示类似于 USE_NL，只不过它还指定了用于查找内表的索引，如下所示：

```
select /*+ USE_NL_WITH_INDEX(d DEPT_LOCATION_IX) leading(e) */*
from hr.employees e,hr.departments d
where e.department_id=d.department_id and d.location_id = e.job_id
```

输出结果如图 10–61 所示。

Id	Operation	Name	Rows	Bytes	Cost	Time
0	SELECT STATEMENT		6	540	110	00:00:01
1	NESTED LOOPS		6	540	110	00:00:01
2	NESTED LOOPS		428	540	110	00:00:01
3	TABLE ACCESS FULL	EMPLOYEES	107	7383	3	00:00:01
* 4	INDEX RANGE SCAN	DEPT_LOCATION_IX	4		0	00:00:01
* 5	TABLE ACCESS BY INDEX ROWID	DEPARTMENTS	1	21	1	00:00:01

图10–61 输出结果

7. HASH_AJ

该提示指示优化器将子查询展开重写为哈希反连接，常用于 NOT IN 或 NOT EXISTS 两张大表时，它包含在希望和主查询块进行反连接的子查询块中，不需要声明对象。例如：

```
select * from big_table b
where b.object_name not in (select /*+ HASH_AJ */o.table_name from
big_table1 o)
```

输出结果如图 10–62 所示。

Id	Operation	Name	Rows	Bytes	Cost	Time
0	SELECT STATEMENT		2630973	310454814	29411	00:00:01
* 1	HASH JOIN RIGHT ANTI SNA		2630973	310454814	29411	00:00:01
2	TABLE ACCESS FULL	BIG_TABLE1	366720	7334400	3572	00:00:01
3	TABLE ACCESS FULL	BIG_TABLE	2783328	272766144	10795	00:00:01

图10–62 输出结果

对于 NOT IN 来说，Oracle 11g 之前和之后的行为有所不同，在 Oracle 11g 之前，如果子查询列允许为空，则无法使用反连接，这也是很多 DBA 和开发人员一直认为 NOT EXISTS 比 NOT IN 性能高的原因，实际上并非 NOT EXISTS 真的比 NOT IN 高，只是在设计上没有仔细去考虑 null 值导致；从 Oracle 11g 开始则允许使用，上述的 ANTI SNA 是指 single null-aware antijoin，有时会出现 aware antijoin，它使优化器可以在允许为空的列上使用半连接优化。

8. NL_AJ

该提示指示优化器将子查询展开重写为哈希反连接，常用于 NOT IN 或 NOT EXISTS 两张小表时。它包含在希望和主查询块进行反连接的子查询块中，不需要声明对象。例如：

```
select * from big_table1 b
 where b.table_name not in (select /*+ NL_AJ */ o.object_id from big_
table o)
```

输出结果如图 10–63 所示。

Id	Operation	Name	Rows	Bytes	Cost	Time
0	SELECT STATEMENT		1	246	3882	00:00:01
* 1	FILTER					
2	NESTED LOOPS ANTI SNA		1	246	3882	00:00:01
3	TABLE ACCESS FULL	BIG_TABLE1	100	24100	3572	00:00:01
* 4	INDEX RANGE SCAN	IDX_BIG_TABLE_OBJECT_ID	100	500	2	00:00:01
* 5	TABLE ACCESS FULL	BIG_TABLE	100	500	110	00:00:01

图10–63 输出结果

9. NO_SEMIJOIN

该提示指示优化器对给定子查询不要使用半连接。例如：

```
select * from big_table1 b
 where b.table_name in (select /*+ NO_SEMIJOIN */ o.object_id from
   big_table o)
```

输出结果如图 10–64 所示。

Id	Operation	Name	Rows	Bytes	Cost	Time
0	SELECT STATEMENT		366720	88379520	12159	00:00:01
* 1	FILTER					
2	TABLE ACCESS FULL	BIG_TABLE1	366720	88379520	3583	00:00:01
* 3	INDEX RANGE SCAN	IDX_BIG_TABLE_OBJECT_ID	2	10	3	00:00:01

图10–64　输出结果

在大部分情况下，FILTER 的效率都低于半连接，所以该提示并不太会常用。

10. HASH_SJ

该提示指示优化器对给定子查询使用哈希半连接，常用于两个较大的结果集关联。例如：

```
select * from big_table b
 where exists (select /*+ HASH_SJ */ o.table_name from big_table1 o
        where o.table_name = b.object_name)
```

输出结果如图 10–65 所示。

Id	Operation	Name	Rows	Bytes	Cost	Time
0	SELECT STATEMENT		152355	17977890	29411	00:00:01
* 1	HASH JOIN RIGHT SEMI		152355	17977890	29411	00:00:01
2	TABLE ACCESS FULL	BIG_TABLE1	366720	7334400	3572	00:00:01
3	TABLE ACCESS FULL	BIG_TABLE	2783328	272766144	10795	00:00:01

图10–65　输出结果

11. NL_SJ

该提示指示优化器对给定子查询使用嵌套循环半连接，常用于两个较小的结果集关联。例如：

```
select * from big_table b
 where exists (select /*+ NL_SJ */ o.table_name from big_table1 o
        where o.table_name = b.object_name)
```

输出结果如图 10–66 所示。

Id	Operation	Name	Rows	Bytes	Cost	Time
0	SELECT STATEMENT		152355	17977890	9936556836	30:22:18
1	NESTED LOOPS SEMI		152355	17977890	9936556836	30:22:18
2	TABLE ACCESS FULL	BIG_TABLE	2783328	272766144	10795	00:00:01
* 3	TABLE ACCESS FULL	BIG_TABLE1	20074	401480	3570	00:00:01

图10–66　输出结果

12. [NO_]USE_MERGE

该提示指示优化器对每个声明的表和其他行源使用排序合并连接。因为排序合并使用较少，所以这里不再展开，详见 USE_BAND。

13. USE_BAND（Oracle 12c新增）

该提示指示优化器对声明的表执行 BAND 连接。例如，对于下列语句：

```
create table t1 as select rownum id,rownum value from dual connect by
level < 10001;
create table t2 as select rownum id,rownum value from dual connect by
level < 10001;
select count(1) from t1, t2 where t2.id between t1.id - 1 and t1.id + 2;
```

非 BAND 连接的输出结果如图 10–67 所示。

Id	Operation	Name	Rows	Bytes	Cost	Time
0	SELECT STATEMENT		1	26	130	00:00:01
1	SORT AGGREGATE		1	26		
2	MERGE JOIN		250000	6500000	130	00:00:01
3	SORT JOIN		10000	130000	58	00:00:01
4	TABLE ACCESS FULL	T1	10000	130000	8	00:00:01
* 5	FILTER					
* 6	SORT JOIN		10000	130000	58	00:00:01
7	TABLE ACCESS FULL	T2	10000	130000	8	00:00:01

```
Predicate Information (identified by operation id):
---------------------------------------------------
* 5 - filter("T2"."ID"<="T1"."ID"+2)
* 6 - access("T2"."ID">="T1"."ID"-1)
* 6 - filter("T2"."ID">="T1"."ID"-1)
```

图10–67　输出结果

从图 10–67 可知，需要执行 6s 多。BAND 连接的输出结果如图 10–68 所示。

Id	Operation	Name	Rows	Bytes	Cost	Time
0	SELECT STATEMENT		1	8	19	00:00:01
1	SORT AGGREGATE		1	8		
2	MERGE JOIN		40000	320000	19	00:00:01
3	SORT JOIN		10000	40000	9	00:00:01
4	TABLE ACCESS FULL	T1	10000	40000	8	00:00:01
* 5	SORT JOIN		10000	40000	9	00:00:01
6	TABLE ACCESS FULL	T2	10000	40000	8	00:00:01

```
Predicate Information (identified by operation id):
---------------------------------------------------
* 5 - access("T2"."ID">="T1"."ID"-1)
* 5 - filter("T2"."ID"<="T1"."ID"+2 AND "T2"."ID">="T1"."ID"-1)
```

图10–68　输出结果

从图 10–68 可知，只需要几毫秒即执行完成。

10.4.4　查询转换相关

在 SQL 中使用了内嵌视图时，开发人员通常希望内嵌视图先执行，而不是合并到主查询再执行，如果此时优化器没有这么做，说明优化器执行了查询转换。如果不希望优化器执行这些查询转换，就可以使用本小节描述的优化器提示指示优化器做或不做查询转换。

1. MERGE

该提示指示优化器将视图或者内嵌视图进行查询转换合并到主查询块，而不是物化，如下所示：

```
SELECT e1.last_name, e1.salary, v.avg_salary
  FROM hr.employees e1,
```

```
      (SELECT /*+ MERGE */department_id, avg(salary) avg_salary
         FROM hr.employees e2
        GROUP BY department_id) v
 WHERE e1.department_id = v.department_id AND e1.salary > v.avg_salary
 ORDER BY e1.last_name;
```

输出结果如图 10—69 所示。

Id	Operation	Name	Rows	Bytes	Cost	Time
0	SELECT STATEMENT		165	5610	7	00:00:01
* 1	FILTER					
2	SORT GROUP BY		165	5610	7	00:00:01
* 3	HASH JOIN		3296	112064	6	00:00:01
4	TABLE ACCESS FULL	EMPLOYEES	107	2889	3	00:00:01
5	TABLE ACCESS FULL	EMPLOYEES	107	749	3	00:00:01

图10—69　输出结果

除了这种方式外，还可以在主查询块使用该提示，此时要指定合并的视图，如下所示：

```
SELECT /*+ MERGE(v) */ e1.last_name, e1.salary, v.avg_salary
  FROM hr.employees e1,
       (SELECT department_id, avg(salary) avg_salary
          FROM hr.employees e2
         GROUP BY department_id) v
 WHERE e1.department_id = v.department_id AND e1.salary > v.avg_salary
 ORDER BY e1.last_name;
```

2. NO_EXPAND

该提示指示优化器不要将查询中包含 OR 或者 IN 的列表展开，对于下列查询：

```
SELECT * FROM hr.employees e, hr.departments d
 WHERE e.manager_id = 108 OR d.department_id = 110;
```

默认展开时的输出结果如图 10—70 所示。

Id	Operation	Name	Rows	Bytes	Cost	Time
0	SELECT STATEMENT		237	21330	15	00:00:01
1	CONCATENATION					
2	NESTED LOOPS		107	9630	4	00:00:01
3	TABLE ACCESS BY INDEX ROWID	DEPARTMENTS	1	21	1	00:00:01
* 4	INDEX UNIQUE SCAN	DEPT_ID_PK	1		0	00:00:01
5	TABLE ACCESS FULL	EMPLOYEES	107	7383	3	00:00:01
6	MERGE JOIN CARTESIAN		130	11700	11	00:00:01
7	TABLE ACCESS BY INDEX ROWID	EMPLOYEES	5	345	2	00:00:01
* 8	INDEX RANGE SCAN	EMP_MANAGER_IX	5		1	00:00:01
9	BUFFER SORT		26	546	9	00:00:01
* 10	TABLE ACCESS FULL	DEPARTMENTS	26	546	2	00:00:01

图10—70　输出结果

如果加上 NO_EXPAND 提示不展开，则输出结果如图 10—71 所示。

Id	Operation	Name	Rows	Bytes	Cost	Time
0	SELECT STATEMENT		237	21330	41	00:00:01
1	NESTED LOOPS		237	21330	41	00:00:01
2	TABLE ACCESS FULL	DEPARTMENTS	27	567	3	00:00:01
* 3	TABLE ACCESS FULL	EMPLOYEES	9	621	1	00:00:01

图10—71　输出结果

该提示的反向提示是 USE_CONCAT，读者可自行测试。

3. UNNEST

该提示类似于 MERGE，只不过它应用于子查询而不是视图。它指示优化器将子查询块的内容合并到主查询块。例如：

```
SELECT * FROM sh.sales WHERE cust_id IN (SELECT /*+ UNNEST */cust_id
  FROM sh.customers);
```

输出结果如图 10–72 所示。

Id	Operation	Name	Rows	Bytes	Cost	Time
0	SELECT STATEMENT		918843	31240662	563	00:00:01
* 1	HASH JOIN RIGHT SEMI		918843	31240662	563	00:00:01
2	INDEX FAST FULL SCAN	CUSTOMERS_PK	55500	277500	35	00:00:01
3	PARTITION RANGE ALL		918843	26646447	525	00:00:01
4	TABLE ACCESS FULL	SALES	918843	26646447	525	00:00:01

图10–72　输出结果

一般来说，能够合并的子查询应该尽可能合并，否则会退化为 FILTER，性能下降明显。例如：

```
SELECT * FROM sh.sales
WHERE cust_id IN (SELECT /*+ NO_UNNEST */cust_id FROM sh.customers);
```

输出结果如图 10–73 所示。

Id	Operation	Name	Rows	Bytes	Cost	Time
0	SELECT STATEMENT		130	3770	7586	00:00:01
* 1	FILTER					
2	PARTITION RANGE ALL		918843	26646447	526	00:00:01
3	TABLE ACCESS FULL	SALES	918843	26646447	526	00:00:01
* 4	INDEX RANGE SCAN	CUSTOMERS_PK	1	5	1	00:00:01

图10–73　输出结果

4. ORDERED_PREDICATES

该提示指示优化器按照 WHERE 中声明的顺序应用谓词条件。该提示和 ORDERED 结合可以让 SQL 语句完全按照书写的顺序进行执行。例如：

```
SELECT * FROM hr.employees e WHERE e.job_id = 12 or first_name = 'Steven';
```

输出结果如图 10–74 所示。

Id	Operation	Name	Rows	Bytes	Cost	Time
0	SELECT STATEMENT		3	207	3	00:00:01
* 1	TABLE ACCESS FULL	EMPLOYEES	3	207	3	00:00:01

Predicate Information (identified by operation id):

* 1 - filter("FIRST_NAME"='Steven' OR TO_NUMBER("E"."JOB_ID")=12)

图10–74　输出结果

该语句会先判断 first_name，然后判断 job_id。如果希望先判断 job_id，然后判断 first_name，就可以使用如下提示：

```
SELECT /*+ ORDERED_PREDICATES */ * FROM hr.employees e
 WHERE e.job_id = 12 or first_name = 'Steven';
```

输出结果如图 10–75 所示。

```
Predicate Information (identified by operation id):
---------------------------------------------------
* 1 - filter(TO_NUMBER("E"."JOB_ID")=12 OR "FIRST_NAME"='Steven')
```

图10–75 输出结果

这是一个未文档化的提示。

5. QB_NAME

该提示用来为查询块定义一个自定义名称。该名称可以在外查询中应用，常用于内嵌视图。例如：

```
select /*+ FULL(@qb e)*/ *
  from (SELECT /*+ QB_NAME(qb) */ employee_id, last_name
          FROM hr.employees e WHERE last_name = 'Smith')
```

输出结果如图 10–76 所示。

```
PLAN_TABLE_OUTPUT
--------------------------------------------------------------------------------
Plan hash value: 1445457117
--------------------------------------------------------------------------------
| Id | Operation          | Name      | Rows | Bytes | Cost (%CPU)| Time     |
--------------------------------------------------------------------------------
|  0 | SELECT STATEMENT   |           |    2 |    24 |     3   (0)| 00:00:01 |
|* 1 |  TABLE ACCESS FULL | EMPLOYEES |    2 |    24 |     3   (0)| 00:00:01 |
--------------------------------------------------------------------------------
Query Block Name / Object Alias (identified by operation id):
-------------------------------------------------------------
   1 - SEL$61DA7461 / E@QB
```

图10–76 输出结果

6. PUSH_PRED

该提示指示优化器将关联谓词下推到视图中。例如：

```
SELECT /*+ NO_MERGE(v) */ *
  FROM hr.employees e,
    (SELECT manager_id FROM hr.employees) v
  WHERE e.manager_id = v.manager_id(+) AND e.employee_id = 100;
```

输出结果如图 10–77 所示。

```
-----------------------------------------------------------------------------------------------
| Id | Operation                      | Name          | Rows | Bytes | Cost | Time     |
-----------------------------------------------------------------------------------------------
|  0 | SELECT STATEMENT               |               |    7 |   574 |    4 | 00:00:01 |
|  1 |  NESTED LOOPS OUTER            |               |    7 |   574 |    4 | 00:00:01 |
|  2 |   TABLE ACCESS BY INDEX ROWID  | EMPLOYEES     |    1 |    69 |    1 | 00:00:01 |
|* 3 |    INDEX UNIQUE SCAN           | EMP_EMP_ID_PK |    1 |       |    0 | 00:00:01 |
|* 4 |   VIEW                         |               |    7 |    91 |    3 | 00:00:01 |
|  5 |    TABLE ACCESS FULL           | EMPLOYEES     |  107 |   428 |    3 | 00:00:01 |
-----------------------------------------------------------------------------------------------
```

图10–77 输出结果

增加 PUSH_PRED 提示后，如下所示：

```
SELECT /*+ NO_MERGE(v) PUSH_PRED(v) */ *
  FROM hr.employees e,
    (SELECT manager_id FROM hr.employees) v
  WHERE e.manager_id = v.manager_id(+) AND e.employee_id = 100;
```

输出结果如图 10–78 所示。

Id	Operation	Name
0	SELECT STATEMENT	
1	NESTED LOOPS OUTER	
2	TABLE ACCESS BY INDEX ROWID	EMPLOYEES
* 3	INDEX UNIQUE SCAN	EMP_EMP_ID_PK
4	VIEW PUSHED PREDICATE	
* 5	INDEX RANGE SCAN	EMP_MANAGER_IX

```
Predicate Information (identified by operation id):

* 3 - access("E"."EMPLOYEE_ID"=100)
* 5 - access("MANAGER_ID"="E"."MANAGER_ID")
```

图10–78　输出结果

谓词下推到视图会导致访问方式和表连接方法发生变化，所以并不是下推就是好的。

7. PUSH_SUBQ

默认情况下，不可合并的子查询会在执行计划的最后步骤进行过滤。有时子查询可以过滤掉大部分数据，此时就可以使用该提示指示优化器先应用子查询进行过滤，如下所示：

```
SELECT * FROM sh.sales s
 WHERE cust_id IN (SELECT /*+ NO_UNNEST */ cust_id
                   FROM sh.customers c
                  where c.cust_first_name = 'ABC')
   and s.time_id > sysdate - 10000;
```

输出结果如图 10–79 所示。

Id	Operation	Name	Rows	Bytes	Cost	Time
0	SELECT STATEMENT		130	3770	14662	00:00:01
* 1	FILTER					
2	PARTITION RANGE ITERATOR		918843	26646447	541	00:00:01
* 3	TABLE ACCESS FULL	SALES	918843	26646447	541	00:00:01
* 4	TABLE ACCESS BY INDEX ROWID	CUSTOMERS	1	12	2	00:00:01
* 5	INDEX RANGE SCAN	CUSTOMERS_PK	1		1	00:00:01

```
Predicate Information (identified by operation id):

* 1 - filter( EXISTS (SELECT /*+ NO_UNNEST */ 0 FROM "SH"."CUSTOMERS" "C" WHERE "CUST_ID"=:B1 
* 3 - filter("S"."TIME_ID">SYSDATE@!-10000)
* 4 - filter("C"."CUST_FIRST_NAME"='ABC')
* 5 - access("CUST_ID"=:B1)
```

图10–79　输出结果

加上 PUSH_SUBQ 之后，如下所示：

```
SELECT * FROM sh.sales s
 WHERE cust_id IN (SELECT /*+ PUSH_SUBQ NO_UNNEST */ cust_id
                    FROM sh.customers c
                   where c.cust_first_name = 'ABC')
   and s.time_id > sysdate - 10000;
```

输出结果如图 10–80 所示。

Id	Operation	Name	Rows	Bytes	Cost	Time
0	SELECT STATEMENT		45942	1332318	541	00:00:01
1	PARTITION RANGE ITERATOR		45942	1332318	539	00:00:01
* 2	TABLE ACCESS FULL	SALES	45942	1332318	539	00:00:01
* 3	TABLE ACCESS BY INDEX ROWID	CUSTOMERS	1	12	2	00:00:01
* 4	INDEX RANGE SCAN	CUSTOMERS_PK	1		1	00:00:01

```
Predicate Information (identified by operation id):

* 2 - filter("S"."TIME_ID">SYSDATE@!-10000 AND EXISTS (SELECT /*+ NO_UNNEST PUSH_SUBQ */ 0 :
* 3 - filter("C"."CUST_FIRST_NAME"='ABC')
* 4 - access("CUST_ID"=:B1)
```

图10–80　输出结果

Oracle 12c 还增加了一个未文档化的 ORDER_SUBQ 提示，作用类似，读者可自行测试。

8. BIND_AWARE

在讨论直方图时，我们提到了自适应游标共享的缺点在于它只会在 SQL 语句至少执行一次后生效。如果希望 SQL 语句第一次执行时也进行绑定变量检查，并且根据直方图的倾斜度自己决定是否生成新的执行计划，可以使用 BIND_AWARE 提示，如下所示：

```
select /*+ BIND_AWARE */ count(*), max(empno) from scott.emp where
deptno = :deptno;
```

遗憾的是，目前还无法在系统或者会话层面通过系统参数进行控制，另一种取巧的方式就是对于复杂的非 OLTP 类 SQL 使用硬编码。

9. STAR_TRANSFORMATION

该提示指示优化器在选择执行计划时考虑星型转换。默认情况下，优化器不考虑星型转换，使用星型转换必须将 STAR_TRANSFORMATION_ENABLED 设置为 true。示例如下：

```
SELECT /*+ STAR_TRANSFORMATION */ s.time_id, s.prod_id, s.channel_id
  FROM sh.sales s, sh.times t, sh.products p, sh.channels c
 WHERE s.time_id = t.time_id
   AND s.prod_id = p.prod_id
   AND s.channel_id = c.channel_id
   AND c.channel_desc = 'Tele Sales';
```

输出结果如图 10–81 所示。

Id	Operation	Name	Rows	Bytes	Cost	Time
0	SELECT STATEMENT		229711	9188440	538	00:00:01
* 1	HASH JOIN		229711	21822545	538	00:00:01
2	INDEX FAST FULL SCAN	TIMES_PK	1826	14608	3	00:00:01
* 3	HASH JOIN		229711	19984857	534	00:00:01
4	MERGE JOIN CARTESIAN		72	1224	4	00:00:01
* 5	TABLE ACCESS FULL	CHANNELS	1	13	3	00:00:01
6	BUFFER SORT		72	288	1	00:00:01
7	INDEX FULL SCAN	PRODUCTS_PK	72	288	1	00:00:01
8	VIEW	VW_JF_SET$027ED443	918844	64319080	528	00:00:01
9	UNION-ALL					
10	PARTITION RANGE SINGLE		1	35	0	00:00:01
11	TABLE ACCESS BY LOCAL INDEX ROWID	SALES	1	35	0	00:00:01
12	BITMAP CONVERSION TO ROWIDS					
* 13	BITMAP INDEX RANGE SCAN	SALES_TIME_BIX				
14	PARTITION RANGE ITERATOR		918843	13782645	528	00:00:01
15	TABLE ACCESS FULL	SALES	918843	13782645	528	00:00:01

图10–81　输出结果

10.4.5　并行执行相关

并行执行本质上就是多线程执行，只不过在 Oracle 中是多进程方式（截至 mysql 8.0/MariaDB 9.3 不支持 SQL 语句并行执行）。

1. PARALLEL

该提示指示优化器为 SELECT、INSERT、MERGE、UPDATE 和 DELETE 并行执行语句创建给定数量的并行执行子进程，它会覆盖 PARALLEL_DEGREE_POLICY 的设置。

从 Oracle 10.2 开始，PARALLEL 和 NO_PARALLEL 提示的作用范围发生了变化，在此之前为对象级，目前则是语句级。所以对于 PARALLEL 提示，如果声明并行度为 *N*，实际上是设置语句级别的并行度，而非对象级。它意味着能够进行并行的所有对象访问都进行并发了。

曾因为自动导致服务器 CPU 利用率为 100%，复杂的 SQL 语句并发 slave 有 500 多个，性能急剧下降，这意味着在涉及对象较多的情况下并发数不宜设置过高。当前版本同时支持语句级和对象级并发。PARALLEL 的语句级并发提示语法如图 10–82 所示。

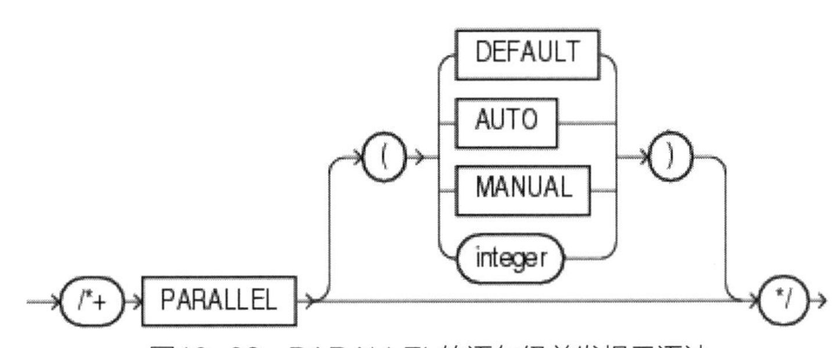

图10–82　PARALLEL的语句级并发提示语法

其各自的含义如下。

- PARALLEL：数据库自动计算并行度，但是语句的并行度至少为 2，即使不适合采用并行执行亦如此。该选项应尽可能避免采用。
- PARALLEL(DEFAULT)：优化器根据服务器可用 CPU 数量 ×PARALLEL_THREADS_

PER_CPU 计算并行度。

- PARALLEL(AUTO): 数据库自动计算并行度，但是语句的并行度可以为 1，此时降级为串行。
- PARALLEL(MANUAL)：使用对象上设置的并行度。
- PARALLEL(integer)：使用声明的并行度。

PARALLEL 的对象级并发提示语法如图 10–83 所示。

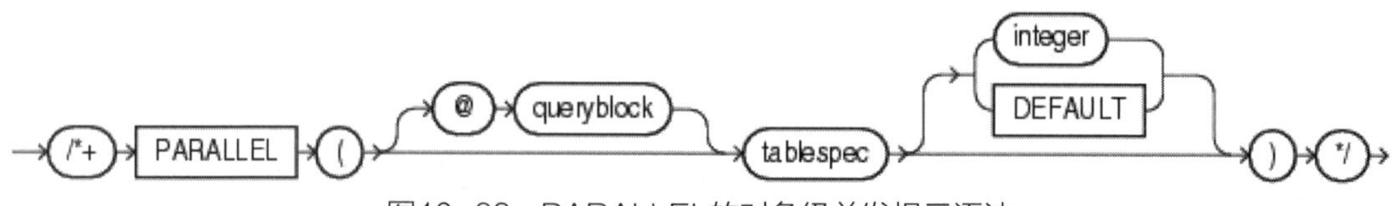

图10–83　PARALLEL的对象级并发提示语法

其各自的含义如下。

- PARALLEL：查询协调器在查询执行前，通过初始化参数、当前系统负载等因素自行确定合理的并行度。
- PARALLEL(integer)：使用声明的并行度。
- PARALLEL(DEFAULT)：优化器根据服务器可用 CPU 数量 ×PARALLEL_THREADS_PER_CPU 计算并行度。

在实际中，并行度超过 4 之后效果就不是很好了，一般会考虑结合应用架构层的并行计算调度。好的并行执行效果应该是所有的子进程并行执行，如图 10–84 所示。

```
top - 11:44:11 up 6 days, 14:00,  7 users,  load average: 1.39, 1.21, 1.30
Tasks: 763 total,   3 running, 760 sleeping,   0 stopped,   0 zombie
%Cpu(s):  5.7 us,  0.7 sy,  0.0 ni, 90.5 id,  3.1 wa,  0.0 hi,  0.0 si,  0.0 s
KiB Mem : 13174908+total,  9802628 free, 11274555+used,  9200912 buff/cache
KiB Swap:        0 total,        0 free,        0 used. 17218108 avail Mem

   PID USER      PR  NI    VIRT    RES    SHR S  %CPU %MEM     TIME+ COMMAND
133594 bomp      20   0 33.889g 1.950g   5280 S  46.4  1.6 156:35.45 java
  1303 oracle    20   0 45.237g  17236  13448 S  32.1  0.0   0:43.80 oracle
  1301 oracle    20   0 45.237g  17424  13620 S  31.8  0.0   0:44.54 oracle
  1305 oracle    20   0 45.237g  17224  13448 S  29.1  0.0   0:38.42 oracle
  1307 oracle    20   0 45.237g  17228  13448 S  29.1  0.0   0:39.12 oracle
  1309 oracle    20   0 45.240g  19680  13732 D  28.5  0.0   0:25.89 oracle
  1313 oracle    20   0 45.240g  19676  13720 D  27.8  0.0   0:26.27 oracle
  1311 oracle    20   0 45.240g  19628  13728 D  27.2  0.0   0:25.69 oracle
  1315 oracle    20   0 45.240g  19712  13756 D  25.2  0.0   0:24.18 oracle
133750 oracle    20   0 45.239g   8372   3696 S  12.6  0.0  36:55.66 oracle
```

图10–84　输出结果

效果较差的并行执行通常是一个 Oracle 进程很忙，其他进程的 CPU 利用率很低。

2. PARALLEL_INDEX

该提示指示优化器为分区索引并行区间扫描、全扫描、快速全扫描使用给定数量的并行执行器。例如：

```
SELECT /*+ PARALLEL_INDEX(s, SALES_TIME_BIX, 3) */ * from sh.sales s
where s.time_id <= sysdate - 10000
```

输出结果如图 10–85 所示。

Id	Operation	Name	Rows	Bytes	Cost	Time
0	SELECT STATEMENT		1	87	0	00:00:01
1	PX COORDINATOR					
2	PX SEND QC (RANDOM)	:TQ10000	1	87	0	00:00:01
3	PX PARTITION RANGE ITERATOR		1	87	0	00:00:01
4	TABLE ACCESS BY LOCAL INDEX ROWID	SALES	1	87	0	00:00:01
5	BITMAP CONVERSION TO ROWIDS					
* 6	BITMAP INDEX RANGE SCAN	SALES_TIME_BIX				

图10–85　输出结果

对于非分区表来说，如果是执行快速全索引扫描，也可以使用并行执行，如下所示：

```
SELECT /*+ PARALLEL_INDEX(s, CUSTOMERS_PK) INDEX_FFS(s CUSTOMERS_PK) */
 s.cust_id
  from sh.customers s
 where s.cust_id <= 5000
```

输出结果如图 10–86 所示。

Id	Operation	Name	Rows	Bytes	Cost	Time
0	SELECT STATEMENT		2656	13280	35	00:00:01
1	PX COORDINATOR					
2	PX SEND QC (RANDOM)	:TQ10000	2656	13280	35	00:00:01
3	PX BLOCK ITERATOR		2656	13280	35	00:00:01
* 4	INDEX FAST FULL SCAN	CUSTOMERS_PK	2656	13280	35	00:00:01

图10–86　输出结果

3. PQ_DISTRIBUTE

该提示的用法是 /+ PQ_DISTRIBUTE(tablespec outer_distribution inner_distribution)/，告诉优化器在生产和消费查询服务器分发两个连接表的记录集采用的方式，不同的分发方式会极大地影响性能。各种分发方式的特性及适用场景如下。

- HASH, HASH。告诉优化器对两个表先采用哈希重分布，然后进行连接，它适合于两个表都非常大，但是都没有分区的场景。出现这种情况，说明表需要进行分区或者没有必要执行并行执行。
- BROADCAST, NONE 和 NONE、BROADCAST。这种重分发方式告诉优化器对外表或内表采用广播重分发到每个并行查询服务器。它适合于表没有分区，但是两张表的数据量相差很大（一般为小表 × 并行执行服务器数量 < 大表）时。
- （3）PARTITION, NONE 和 NONE, PARTITION。使用这种重分发方法要求至少有一张表是分区表，此时另外一张表根据分区键重分发。它通常是部分分区范围连接的最佳选择。
- （4）NONE, NONE。所有的表都在连接键上对等分区，每个查询服务器只需和自己匹配的分区执行连接。这是最好的连接方式，也只会在完全分区范围连接的情况下发生。

4. PX_JOIN_FILTER

该提示是 Oracle 12c 中引入的，它指示优化器使用布隆过滤器，如下所示：

```
select /*+ PARALLEL(4) PX_JOIN_FILTER(c1) */ *
```

```
 from hr.employees c, hr.employees1 c1
where c.employee_id = c1.employee_id and c.job_id = 10
```

输出结果如图 10–87 所示。

```
| Id  | Operation                      | Name       | Rows | Bytes | Cost | Time     |
|   0 | SELECT STATEMENT               |            |    1 |   138 |    4 | 00:00:01 |
|   1 |  PX COORDINATOR                |            |      |       |      |          |
|   2 |   PX SEND QC (RANDOM)          | :TQ10000   |    1 |   138 |    4 | 00:00:01 |
| * 3 |    HASH JOIN                   |            |    1 |   138 |    4 | 00:00:01 |
|   4 |     JOIN FILTER CREATE         | :BF0000    |    1 |    69 |    2 | 00:00:01 |
| * 5 |      TABLE ACCESS INMEMORY FULL| EMPLOYEES  |    1 |    69 |    2 | 00:00:01 |
|   6 |     JOIN FILTER USE            | :BF0000    |  107 |  7383 |    2 | 00:00:01 |
|   7 |      PX BLOCK ITERATOR         |            |  107 |  7383 |    2 | 00:00:01 |
| * 8 |       TABLE ACCESS FULL        | EMPLOYEES1 |  107 |  7383 |    2 | 00:00:01 |

Predicate Information (identified by operation id):

* 3 - access("C"."EMPLOYEE_ID"="C1"."EMPLOYEE_ID")
* 5 - access(TO_NUMBER("C"."JOB_ID")=10)
* 5 - filter(TO_NUMBER("C"."JOB_ID")=10)
* 8 - filter(SYS_OP_BLOOM_FILTER(:BF0000,"C1"."EMPLOYEE_ID"))
```

图10–87 输出结果

5. PQ_CONCURRENT_UNION

该提示指示优化器对 UNION 和 UNION ALL 操作使用并行执行。例如：

```
SELECT /*+ PQ_CONCURRENT_UNION */ * from sh.customers s where s.cust_id
  <= 5000
union
select * from sh.customers s where s.cust_gender = 'F'
```

输出结果如图 10–88 所示。

```
| Id   | Operation                                | Name         | Rows | Bytes | Cost | Time     |
|    0 | SELECT STATEMENT                         |              |    2 |   416 |    4 | 00:00:01 |
|    1 |  PX COORDINATOR                          |              |      |       |      |          |
|    2 |   PX SEND QC (RANDOM)                    | :TQ10001     |    2 |   416 |    4 | 00:00:01 |
|    3 |    SORT UNIQUE                           |              |    2 |   416 |    4 | 00:00:01 |
|    4 |     PX RECEIVE                           |              |      |       |      |          |
|    5 |      PX SEND HASH                        | :TQ10000     |      |       |      |          |
|    6 |       UNION-ALL                          |              |      |       |      |          |
|    7 |        PX SELECTOR                       |              |      |       |      |          |
|    8 |         TABLE ACCESS BY INDEX ROWID BATCHED | CUSTOMERS |    1 |   208 |    0 | 00:00:01 |
|  * 9 |          INDEX RANGE SCAN                | CUSTOMERS_PK |    1 |       |    0 | 00:00:01 |
|   10 |        PX SELECTOR                       |              |      |       |      |          |
| * 11 |         TABLE ACCESS FULL                | CUSTOMERS    |    1 |   208 |    2 | 00:00:01 |
```

图10–88 输出结果

该特性由 Oracle 12c 引入，在分库分表的场景中特别有用。

6. ENABLE_PARALLEL_DML

该特性在 Oracle 12c 中引入，提示可以在语句级别启用并行 DML，而不是像之前的版本必须通过 ALTER SESSION 实现，如下所示：

```
insert /*+ APPEND ENABLE_PARALLEL_DML */ into sh.customers1 select *
from sh.customers;
```

输出结果如图 10–89 所示。

Id	Operation	Name	Rows	Bytes	Cost	Time
0	INSERT STATEMENT		1	208	2	00:00:01
1	PX COORDINATOR					
2	PX SEND QC (RANDOM)	:TQ10001	1	208	2	00:00:01
3	LOAD AS SELECT (HYBRID TSM/HWMB)	CUSTOMERS1				
4	OPTIMIZER STATISTICS GATHERING		1	208	2	00:00:01
5	PX RECEIVE		1	208	2	00:00:01
6	PX SEND ROUND-ROBIN	:TQ10000	1	208	2	00:00:01
7	PX SELECTOR					
8	TABLE ACCESS FULL	CUSTOMERS	1	208	2	00:00:01

图10–89　输出结果

要使该特性生效，表必须包含 PARALLEL 选项。

7. PQ_FILTER

该提示指示优化器处理相关子查询时处理记录的策略。

8. PQ_SKEW

该提示指示优化器连接列数据高度倾斜，这样优化器就可能会选择混合分发而不是纯粹广播或者哈希。

9. PQ_REPLICATE

该提示指示优化器，对于声明的表直接进行读取而不是依赖于 PQ 进程的广播。该提示特别适合于 RAC，因为从本地访问数据通常比节点间广播快得多。

10.4.6　系统参数相关

本小节讨论和设置系统参数相关的优化器提示，通过它们能够为当前语句修改某些优化器参数，而不是用会话参数或 Oracle 实例级别的参数。

1. OPT_PARAM

该提示用于更改语句级别的初始化参数，如设置 STAR_TRANSFORMATION_ENABLED。该提示还是很有价值的，更多地用于控制启用和停用某些特性。例如：

```
SELECT /*+ opt_param('_optimizer_batch_table_access_by_rowid','false')
  */ last_name
  FROM hr.employees e WHERE first_name = 'Steven';
```

字符串值用单引号括起来，数字值不用括起来。

2. CURSOR_SHARING_EXACT

该提示指示优化器忽略 CURSOR_SHARING 参数的设置。

10.4.7　缓存相关

本小节讨论和 Oracle 各种缓存特性相关的优化器提示。

1. CACHE

该提示指示优化器将全表扫描的数据块放在缓存 LRU 列表的最近最常使用端，比较适用于信息列表而非流水表。示例如下：

```
SELECT /*+ FULL (hr_emp) CACHE(hr_emp) */ last_name
  FROM employees hr_emp;
```

执行计划中不反应该行为，需通过 V$SYSSTAT 动态性能视图的 table scans (long tables) 和 table scans (short tables) 进行监控。

2. RESULT_CACHE

该提示指示数据库将当前查询或某个子查询块的结果集缓存到共享池的结果集缓存，如果查询库包含非确定性函数则无法缓存。如果客户端是 OCI 且启用了结果集缓存，则该提示会使客户端进行缓存。

3. INMEMORY

该提示指示优化器使用 IM 查询，但是如果数据当前不在 IM 中，则仍然会退化为原来的全表扫描模式，但是会初始化加载。例如：

```
select /*+ INMEMORY(e) */* from hr.employees e
```

输出结果如图 10–90 所示。

Id	Operation	Name	Rows	Bytes	Cost	Time
0	SELECT STATEMENT		107	7383	3	00:00:01
1	TABLE ACCESS INMEMORY FULL	EMPLOYEES	107	7383	3	00:00:01

图10–90　输出结果

10.4.8　其他重要优化器提示

除了上面讨论的各种优化器提示外，Oracle 还有其他一些对优化器选择执行计划很重要的因素，如基数、是否为子查询创建临时表等，本小节就讨论这些不属于上述各种类别，但实际中也很有帮助的优化器提示。

1. CARDINALITY

该提示指示优化器以开发人员提供的基数为基准考虑表的成本，而不是自己计算的值，它通常会影响表的连接方式和顺序。例如：

```
select /*+ CARDINALITY(o 10000)*/* from hr.employees o,hr.employees1 o1
where o.employee_id=o1.employee_id
```

输出结果如图 10–91 所示。

Id	Operation	Name	Rows	Bytes	Cost	Time
0	SELECT STATEMENT		10000	1380000	6	00:00:01
* 1	HASH JOIN		10000	1380000	6	00:00:01
2	TABLE ACCESS FULL	EMPLOYEES1	107	7383	3	00:00:01
3	TABLE ACCESS INMEMORY FULL	EMPLOYEES	10000	690000	3	00:00:01

图10–91　输出结果

2. MATERIALIZE

该提示指示优化器为 WITH 子句的查询块创建语句级临时表，主要用于被重用的场景，只不过它会采用直接路径读写来实现。在 Oracle 12c 中新引入的游标级内存临时表可以实现纯内存临时表，其性能更优，所以该提示在 Oracle 12c 之后不太建议使用。例如：

```
WITH q1 AS
 (SELECT department_id, salary sum_sal, employee_id
    FROM hr.employees
   where employee_id > 0
      or department_id >= 100)
SELECT * FROM q1 where department_id = 100
UNION
SELECT * FROM q1 where department_id = 200
```

输出结果如图 10—92 所示。

Id	Operation	Name	Rows	Bytes	Cost	Time
0	SELECT STATEMENT		214	8346	6	00:00:01
1	TEMP TABLE TRANSFORMATION					
2	LOAD AS SELECT	SYS_TEMP_0FD9D663D_1B2105				
* 3	TABLE ACCESS FULL	EMPLOYEES	107	1177	3	00:00:01
4	SORT UNIQUE		214	8346	6	00:00:01
5	UNION-ALL					
* 6	VIEW		107	4173	2	00:00:01
7	TABLE ACCESS FULL	SYS_TEMP_0FD9D663D_1B2105	107	1177	2	00:00:01
* 8	VIEW		107	4173	2	00:00:01
9	TABLE ACCESS FULL	SYS_TEMP_0FD9D663D_1B2105	107	1177	2	00:00:01

```
Predicate Information (identified by operation id):

* 3 - filter("EMPLOYEE_ID">0 OR "DEPARTMENT_ID">=100)
* 6 - filter("DEPARTMENT_ID"=100)
* 8 - filter("DEPARTMENT_ID"=200)
```

图10—92　输出结果

3. DRIVING_SITE和REMOTE_MAPPED

这两个提示主要用于 DBLINK 场景，指示优化器将目标表所在的数据库服务器作为驱动节点，而不是本 SQL 所在的节点作为驱动连接，常用于数据同步场景。REMOTE_MAPPED 是 Oracle 使用的早期版本，目前大多使用 DRIVING_SITE。例如

```
SELECT /*+ DRIVING_SITE(departments) */ *
  FROM employees, departments@rsite
  WHERE employees.department_id = departments.department_id;
```

4.APPEND

该提示指示优化器对 INSERT SELECT 使用直接路径加载。例如：

```
insert /*+ APPEND */ into hr.employees1 select * from hr.employees;
```

输出结果如图 10—93 所示。

Id	Operation	Name	Rows	Bytes	Cost	Time
0	INSERT STATEMENT		107	7383	3	00:00:01
1	LOAD AS SELECT	EMPLOYEES1				
2	OPTIMIZER STATISTICS GATHERING		107	7383	3	00:00:01
3	TABLE ACCESS INMEMORY FULL	EMPLOYEES	107	7383	3	00:00:01

图10—93　输出结果

但是它要求目标表满足直接路径加载的要求。

5. APPEND_VALUES和SYS_DL_CURSOR

APPEND 只能适用于 INSERT SELECT 场景，使用批处理模式 INSERT VALUES 如 PL/SQL BULK、OCI 或 JDBC 数组提交则无法适用。这两个提示就是用于这种场景，让 INSERT VALUES 达到直接路径加载的效果，即使是空表的情况，加载数百万记录时使用 APPEND_VALUES 要比不使用至少提升 15%。SYS_DL_CURSOR 是从 Oracle 8.1 就存在的一个未文档化提示，APPEND_VALUES 则是 Oracle 11g 才引入的。

6. DYNAMIC_SAMPLING

该提示用于在语句级控制针对指定表的动态取样行为，主要用于统计信息不准的情况，如批量加载并随后要使用的表，其在 Oracle 12c 之后不再需要。示例如下：

```
SELECT /*+ DYNAMIC_SAMPLING(e 1) */ count(*) FROM hr.employees e;
```

7. MONITOR

该提示指示优化器实时监控SQL，这样语句的执行进度会被记录到V$SQL_MONITOR性能视图。

8. GATHER_PLAN_STATISTICS

该提示指示优化器将 SQL 每个节点的资源消耗信息记录到 v$sql_plan_statistics_all。

9. GATHER_OPTIMIZER_STATISTICS

该提示指示优化器为 CREATE TABLE…AS SELECT 和 INSERT INTO…SELECT 直接路径加载到空表收集统计信息，这是 Oracle 12c 新增的特性。

10. USE_VECTOR_AGGREGATION

该提示指示优化器使用高效数组分组聚合，该特性需要 INMEMORY_SIZE 不为 0，但是不要求表已经在 IM 中。

11. USE_HASH_AGGREGATION

该提示指示优化器使用哈希分组。

10.4.9 无法修改SQL时如何处理

我们经常会在生产环境中遇到 SQL 语句效率低下的情况，但是并非任何时候都可以直接重写 SQL 语句以便让优化器选择较优的执行计划，这可能是由于代码是第三方开发的，也可能是无法重启应用服务器。我们可以采用的第一种方式就是为相应的表收集并锁定统计信息，或者删除统计信息然后让优化器每次执行动态采样。对于复杂的 SQL 语句，仅通过统计信息并不总是能够取得预期效果，即使统计信息准确也可能会产生很差的执行计划，这种情况下，仍然应用必要的优化器提示。

虽然 SQL 计划管理、存储大纲可以用于稳定执行计划，但它们主要用于已经存在某个合理的执行计划，却无法影响执行计划。Oracle 11g 开始引入 SQL 修复建议器（SQL Repair Advisor），其包含了对共享池中的 SQL 语句应用优化器提示的接口，包含在 DBMS_SQLDIAG_INTERNAL 中；在 Oracle 12c 中被重命名为 DBMS_SQLDIAG，其中的函数名也有所不同。

以 SQL 语句 select /*+ use_nl(x f) */count(1) from big_table x,big_object1 f where mod(x.object_id,100)=0 and to_char(x.object_id)=f.table_name 为例，其默认执行计划如图 10–94 所示。

```
| Id  | Operation            | Name        | Rows  | Bytes | Cost (%CPU)| Time
|   0 | SELECT STATEMENT     |             |     1 |    25 |  4971K  (1)| 00:00:5
|   1 |  SORT AGGREGATE      |             |     1 |    25 |            |
|   2 |   NESTED LOOPS       |             |  107K|  2623K|  4971K  (1)| 00:00:5
|*  3 |    TABLE ACCESS FULL| BIG_TABLE    | 27833 |   135K| 10797   (1)| 00:00:0
|*  4 |    TABLE ACCESS FULL| BIG_OBJECT1  |     4 |    80 |   178   (0)| 00:00:0

Query Block Name / Object Alias (identified by operation id):

   1 - SEL$1
   3 - SEL$1 / X@SEL$1
   4 - SEL$1 / F@SEL$1
```

图10–94　执行结果

根据这两个表的数据量，使用嵌套循基本上是运行不出来的，可以为此创建 SQL 补丁。在 Oracle 11g 中可以使用方法 i_create_patch 为 SQL 语句应用优化器提示，如下所示：

```
grant execute on DBMS_SQLDIAG_INTERNAL to scott;
BEGIN
  SYS.DBMS_SQLDIAG_INTERNAL.i_create_patch(
    sql_text  => 'select /*+ use_nl(x f) */count(1) from big_table
x,big_object1 f where mod(x.object_id,100)=0 and to_char(x.object_id)=f.
table_name',
    hint_text => 'USE_HASH(X@SEL$1 F@SEL$1)',
    name      => 'big_table_sql_patch');
END;
/
```

查看执行计划，可以发现连接方式变成了哈希连接，同时可以看到 Note 部分标注应用了 big_table_sql_patch 这个补丁，如图 10–95 所示。

```
| Id  | Operation            | Name        | Rows  | Bytes | Cost (%CPU)| Time
|   0 | SELECT STATEMENT     |             |     1 |    25 | 10977   (1)| 00:00:0
|   1 |  SORT AGGREGATE      |             |     1 |    25 |            |
|*  2 |   HASH JOIN          |             |  107K|  2623K| 10977   (1)| 00:00:0
|*  3 |    TABLE ACCESS FULL| BIG_TABLE    | 27833 |   135K| 10797   (1)| 00:00:0
|   4 |    TABLE ACCESS FULL| BIG_OBJECT1  | 92540 |  1807K|   180   (1)| 00:00:0

Query Block Name / Object Alias (identified by operation id):

   1 - SEL$1
   3 - SEL$1 / X@SEL$1
   4 - SEL$1 / F@SEL$1
Predicate Information (identified by operation id):
PLAN_TABLE_OUTPUT

   2 - access("F"."TABLE_NAME"=TO_CHAR("X"."OBJECT_ID"))
   3 - filter(MOD("X"."OBJECT_ID",100)=0)
Column Projection Information (identified by operation id):

   1 - (#keys=0) COUNT(*)[22]
   2 - (#keys=1)
   3 - "X"."OBJECT_ID"[NUMBER,22]
   4 - "F"."TABLE_NAME"[VARCHAR2,30]
Note

   - SQL patch "big_table_sql_patch" used for this statement
```

图10–95　输出结果

在 hint_text 参数中不能直接使用别名和查询块名，必须使用对象别名才能匹配上，否则可能会出现虽然提示 SQL 补丁被应用，但是执行计划仍然没有变化，所以使用该特性必须理解对象别名的生成规则。如果不需要了，可以使用下列过程删除：

```
EXEC DBMS_SQLDIAG.drop_sql_patch(name => 'big_table_sql_patch');
```

DBMS_SQLDIAG_INTERNAL 的缺点是必须先把 SQL 语句本文复制出来，对于很长的 SQL 语句，通常需要验证很多次才能通过，虽然 Oracle 已经尽可能排除了不必要的空格，但仍然不够友好。在 Oracle 11.2 中（对于 Oracle 11.1.0.2 企业版，可以打补丁 #17203284 加入该特性），DBMS_SQLDIAG 增强为同时支持为 SQL 语句或 SQL_ID 创建补丁。创建补丁的过程如下所示：

```
DECLARE
  l_patch_name  VARCHAR2(32767);
BEGIN
  -- SQL Text
  l_patch_name := SYS.DBMS_SQLDIAG.create_sql_patch(
    sql_text  => 'SELECT * FROM big_table WHERE id >= 8000',
    hint_text => 'PARALLEL(big_table,10)',
    name      => 'big_table_sql_patch_1');
  -- SQL ID
  l_patch_name := SYS.DBMS_SQLDIAG.create_sql_patch(
    sql_id    => '19v5guvsgcd1v',
    hint_text => 'PARALLEL(big_table,10)',
    name      => 'big_table_sql_patch_2');
END;
/
```

删除 SQL 补丁的过程如下所示：

```
BEGIN
  DBMS_SQLDIAG.drop_sql_patch(name => 'big_table_sql_patch_1');
  DBMS_SQLDIAG.drop_sql_patch(name => 'big_table_sql_patch_2');
END;
/
```

建议读者自行针对该接口进行测试，理解该特性对关键时刻修复异常的执行计划让系统尽快恢复正常是非常有价值的。

关于优化器提示，最后的建议是，这种方法虽然可以立竿见影，但在数据倾斜时无法产生适应于各种绑定变量的执行计划。除非维护的系统只有三五个，如果要维护数十、数百甚至数千个系统，每个系统有数千个甚至上万个 SQL 语句，如果全部哪怕是简单的两三个表关联也通过优化器提示进行控制，这会导致维护噩梦。所以，优化器提示应该是最后的选择，而且仅对部分重要的节点添加即可，不要过于依赖它。

10.5 典型性能优化案例

本节分析几种典型的 SQL 语句效率低下或者表面看起来问题在 SQL 语句上的案例，这些案例大部分反映了表结构设计或 Oracle 配置不合理、环境未优化等各方面导致的看似是 SQL 性能低下，但是其中很多并非通过优化 SQL 语句就能解决。这也是为了让读者更加深刻地理解 SQL 优化是很重要的一部分，但是问题很可能并不在 SQL 优化本身上。

10.5.1 SQL执行计划不合理

就 SQL 语句的性能来说，相信读者掌握了本章各节的内容之后，对于绝大部分执行计划导致的 SQL 效率低下都可以解决，所以对于各种常见的执行计划不合理的优化如表访问路径、连接方式不合理等这里不再讲解。但是有些 SQL 语句的性能低下并非因为统计信息不准确或者缺少索引导致，而是根据上下文优化器无法进行优化。

我们知道业务的特性，如对于下面的 SQL 语句，ta_tcusttainfoexpfnd 表有 15000 条记录，ta_tchangelimit 表有两三千条记录，但是在 64 核 /64GB 内存的服务器上该语句要执行 1h 才能完成（当 ta_tcusttainfoexpfnd 增加到 100 万条，它最终会以报 ORA-01652: 无法通过 128 扩展 temp 段结束）：

```
insert into ta_tcusttainfo_changelimit
  (c_tenantid, c_tacode, c_fundcode, c_othercode, c_memo, c_managercode)
  SELECT f.c_tenantid,
         f.c_tacode,
         f.c_fundcode,
         f.c_othercode,
         ' ' c_memo,
         f.c_managercode
    FROM (SELECT fi.c_tenantid,
                 fi.c_tacode,
                 fi.c_managercode,
                 fi.c_fundcode    c_fundcode,
                 fo.c_fundcode    c_othercode
            FROM ta_tcusttainfoexpfnd fi, ta_tcusttainfoexpfnd fo
           WHERE fi.c_tacode = fo.c_tacode
             AND fi.c_tenantid = fo.c_tenantid
             AND fi.c_fundcode <> fo.c_fundcode
             AND NOT EXISTS
           (SELECT 1 FROM ta_tchangelimit b
                   WHERE b.c_tacode = fi.c_tacode
                     AND b.c_tenantid = fi.c_tenantid
                     AND (fi.c_fundcode = b.c_fundcode OR b.c_fundcode =
                      '*')
                     AND (fo.c_fundcode = b.c_othercode OR b.c_othercode
                      = '*')) ) f
```

输出结果如图 10–96 所示。

Id	Operation	Name	Rows	Bytes	Cost	Time
0	INSERT STATEMENT		1	53	5	00:00:01
1	LOAD TABLE CONVENTIONAL	TA_TCUSTTAINFO_CHANGELIMIT				
* 2	FILTER					
* 3	HASH JOIN		1	53	4	00:00:01
4	TABLE ACCESS FULL	TA_TCUSTTAINFOEXPFND	1	30	2	00:00:01
5	TABLE ACCESS FULL	TA_TCUSTTAINFOEXPFND	1	23	2	00:00:01
6	INLIST ITERATOR					
* 7	TABLE ACCESS BY INDEX ROWID	TA_TCHANGELIMIT	1	31	1	00:00:01
* 8	INDEX RANGE SCAN	UIDX_TCHANGELIMIT	1		1	00:00:01

图10–96　输出结果

执行计划看起来很简单，两个大表关联使用了哈希连接也正确，其问题就在于 NOT EXISTS 导致的 FILTER。因为 ta_tchangelimit 用来设置不能相互转产品，所以当没有设置或者设置了转入或者转出为 * 时，就都允许转，理论情况下会出现 100 万 ×(100 万 –1) 这个巨大的结果集，而实际业务至少 99% 产品因为各种原因是不允许互转的。

所以它们都会被设置为 *，最多会出现 1 万 ×1 万的结果集。在子查询中直接使用 OR 之后，优化器不知道该特性，所以优化器无法事先过滤掉那 99.99%，最终导致运行失败。而开发人员知道该特性，就可以将 * 部分单独拆出来，让 Oracle 事先过滤掉，如下所示：

```
insert into ta_tcusttainfo_changelimit
  (c_tenantid, c_tacode, c_fundcode, c_othercode, c_memo, c_managercode)
  SELECT f.c_tenantid,
         f.c_tacode,
         f.c_fundcode,
         f.c_othercode,
         ' ' c_memo,
         f.c_managercode
    FROM (SELECT fi.c_tenantid,
                 fi.c_tacode,
                 fi.c_managercode,
                 fi.c_fundcode     c_fundcode,
                 fo.c_fundcode     c_othercode
            FROM ta_tcusttainfoexpfnd fi, ta_tcusttainfoexpfnd fo
           WHERE fi.c_tacode = fo.c_tacode
             AND fi.c_tenantid = fo.c_tenantid
             AND fi.c_fundcode <> fo.c_fundcode
             AND NOT EXISTS (SELECT /*+ hash_aj full(b) */ 1
                    FROM ta_tchangelimit b
                   WHERE b.c_tacode = fi.c_tacode
                     AND b.c_tenantid = fi.c_tenantid
                     AND (b.c_fundcode = '*')
                     AND (b.c_othercode = '*'))
             AND NOT EXISTS
           (SELECT 1 FROM ta_tchangelimit b
                   WHERE b.c_tacode = fi.c_tacode
                     AND b.c_tenantid = fi.c_tenantid
                     AND (fi.c_fundcode = b.c_fundcode OR b.c_fundcode =
                      '*')
```

```
                    AND (fo.c_fundcode = b.c_othercode OR
                        b.c_othercode = '*'))) f
```

输出结果如图 10—97 所示。

Id	Operation	Name	Rows	Bytes	Cost	Time
0	INSERT STATEMENT		1	84	14	00:00:01
1	LOAD TABLE CONVENTIONAL	TA_TCUSTTAINFO_CHANGELIMIT				
* 2	FILTER					
* 3	HASH JOIN ANTI		1	84	13	00:00:01
* 4	HASH JOIN		1	53	4	00:00:01
5	TABLE ACCESS FULL	TA_TCUSTTAINFOEXPFND	1	30	2	00:00:01
6	TABLE ACCESS FULL	TA_TCUSTTAINFOEXPFND	1	23	2	00:00:01
* 7	TABLE ACCESS FULL	TA_TCHANGELIMIT	1	31	9	00:00:01
8	INLIST ITERATOR					
* 9	TABLE ACCESS BY INDEX ROWID	TA_TCHANGELIMIT	1	31	1	00:00:01
* 10	INDEX RANGE SCAN	UIDX_TCHANGELIMIT	1		1	00:00:01

图10—97 输出结果

虽然多关联了一步，看起来效率应该比原来还低才对，但是其运行时间从优化前几个小时降低到了 10min，这是因为通过对第一个 NOT EXISTS 应用反连接将绝大部分不符合条件的数据过滤了。

10.5.2 运行时执行计划不一致

有时会遇到将 SQL 语句复制到 SQL*Plus 执行时很快，但是在应用中执行时效率就非常低下的情况，即使没有使用绑定变量也是如此。在使用绑定变量时，这种情况并不少见；但是如果都使用绑定变量或者都不使用绑定，相对而言会比较少见一些，但其本质是一样的。

EXPLAIN PLAN 显示的执行计划是优化器根据当前的会话设置、统计信息评估出来的，在应用程序中执行时可能相关上下文会话设置不一致，如 OCI、JDBC 都有很多默认设置，它们和 SQL*Plus 中的设置并不完全一致，所以就可能会出现不同的会话中相同语句执行计划不同的情况。不理解 Oracle 优化器生成执行计划机制的开发人员经常会被这种现象所困扰，并且觉得不可思议，而这并不奇怪。

例如，下面的 SQL 语句就是这种类型的例子，用户反馈某个流程一直运行失败，开发人员说直接根据日志复制出来，1s 就可以运行了，但是用户执行时最终总是报 ORA-1652，看执行计划也没什么问题，如下所示：

```
INSERT INTO ta_tcustmgrrelation
                   (c_tenantid, c_tacode, c_managercode, c_fundacco,
d_opendate,d_cdate)
            SELECT a.c_tenantid, a.c_tacode, a.c_managercode, a.c_
fundacco,a.d_cdate,a.d_cdate
              FROM (SELECT /*+ ordered use_hash(a b) use_hash(c) use_
                hash(d) */a.c_tenantid, a.c_tacode, b.c_managercode,
                a.c_fundacco,                                 a.d_cdate

                     FROM ta_tcustexpbatch c,ta_tfundinfo b, ta_tconfirm
                       a, ta_tcustomerinfo d
                     WHERE a.c_tacode = 'F6'
                       AND a.c_tenantid = '*'
```

```
                AND a.d_cdate = 20181009
                and a.c_fundacco = d.c_fundacco
                and a.c_tenantid = d.c_tenantid
                AND a.c_fundcode = b.c_fundcode
                AND a.c_tacode = b.c_tacode
                AND a.c_tenantid = b.c_tenantid
                and b.c_managercode = c.c_managercode
                and b.c_tacode = c.c_tacode
                and b.c_tenantid = c.c_tenantid
              UNION
             SELECT /*+ leading(c) use_hash(c,a,d,b) */
                 a.c_tenantid, a.c_tacode, b.c_managercode,
                   a.c_fundacco, a.d_cdate
               FROM ta_ttransfercommission a, ta_tcustomerinfo
                 d, ta_tfundinfo b, ta_tcustexpbatch c
              WHERE a.c_tacode = 'F6'
                AND a.c_tenantid = '*'
                AND a.d_cdate = 20181009
                and a.c_fundacco = d.c_fundacco
                and a.c_tenantid = d.c_tenantid
                AND a.c_fundcode = b.c_fundcode
                AND a.c_tacode = b.c_tacode
                AND a.c_tenantid = b.c_tenantid
                and b.c_managercode = c.c_managercode
                and b.c_tacode = c.c_tacode
                and b.c_tenantid = c.c_tenantid) a
        where not exists (select /*+ hash_aj */1 from ta_
          tcustmgrrelation m
                          where m.c_fundacco = a.c_fundacco
                            and m.c_managercode = a.c_managercode
                            and m.c_tenantid = a.c_tenantid)
        group by a.c_fundacco,a.c_managercode,a.c_tenantid,a.
          c_tacode,a.d_cdate
```

输出结果如图 10—98 所示。

Id	Operation	Name	Rows	Bytes	Cost	Time
0	INSERT STATEMENT		247414	17318980	8704	00:01:45
1	LOAD TABLE CONVENTIONAL	TA_TCUSTMGRRELATION				
2	HASH GROUP BY		247414	17318980	8704	00:01:45
* 3	HASH JOIN RIGHT ANTI		247414	17318980	8697	00:01:45
4	INDEX FULL SCAN	SYS_C00157006	1	27	1	00:00:01
5	VIEW		247414	10638802	8695	00:01:45
6	SORT UNIQUE		247414	19050895	8695	00:01:45
7	UNION-ALL					
* 8	HASH JOIN		247413	19050801	3972	00:00:48
* 9	INDEX FAST FULL SCAN	SYS_C00157007	299973	4499595	185	00:00:03
* 10	HASH JOIN		247414	15339668	2537	00:00:31
* 11	HASH JOIN		9899	346465	89	00:00:02
* 12	INDEX SKIP SCAN	SYS_C00109365_TMP	99	1386	1	00:00:01
* 13	MAT_VIEW ACCESS BY INDEX ROWID	TA_TFUNDINFO	9999	209979	88	00:00:02
* 14	INDEX SKIP SCAN	IDX_TFUNDINFO_FUNDSTATUS	10000		8	00:00:01
* 15	TABLE ACCESS FULL	TA_TCONFIRM	249932	6748164	2446	00:00:30
* 16	HASH JOIN		1	94	276	00:00:04
* 17	HASH JOIN		1	79	91	00:00:02
* 18	TABLE ACCESS BY INDEX ROWID	TA_TTRANSFERCOMMISSION	1	44	1	00:00:01
* 19	INDEX RANGE SCAN	IDX_TTRANSFERCOM_CDATE	1		1	00:00:01
* 20	HASH JOIN		9899	346465	89	00:00:02
* 21	INDEX SKIP SCAN	SYS_C00109365_TMP	99	1386	1	00:00:01
* 22	MAT_VIEW ACCESS BY INDEX ROWID	TA_TFUNDINFO	9999	209979	88	00:00:02
* 23	INDEX SKIP SCAN	IDX_TFUNDINFO_FUNDSTATUS	10000		8	00:00:01
* 24	INDEX FAST FULL SCAN	SYS_C00157007	299973	4499595	185	00:00:03

图10—98　输出结果

该语句执行时主要的等待事件是 local write wait，偶尔会变成 control file parallel write，如图 10–99 所示。

vent#	Event	P1text	P1	P1raw	P2text	P2
0	local write wait	file#	209	00000000000000D1	block#	2
05	enq: TS - contention	name|mode	1414725638	0000000054530006	tablespace ID	18
54	SQL*Net message from client	driver id	1413697536	0000000054435000	#bytes	1

. 文本　统计表　锁　SQL 监视器

```
INSERT INTO ta_tcustmgrrelation
       (c_tenantid, c_tacode, c_managercode, c_fundacco, d_opendate, d_cdate)
SELECT a.c_tenantid, a.c_tacode, a.c_managercode, a.c_fundacco, a.d_cdate, a.d_cdate
  FROM (SELECT /*+ ordered use_hash(a b) use_hash(c) use_hash(d) */a.c_tenantid, a.c_taco
          FROM ta_tcustexpbatch c, ta_tfundinfo b, ta_tconfirm a, ta_tcustomerinfo d
         WHERE a.c_tacode = 'F6'
           AND a.c_tenantid = '*'
```

图10–99　输出结果

输出结果如图 10–100 所示。

ion	Seq#	Event#	Event	P1text
	55172	83	control file parallel write	files
	544	354	SQL*Net message from client	driver id

图10–100　输出结果

根据 sql_id 查询 v$sql_plan_statistics_all，运行时输出结果如图 10–101 所示。

	OPERATION	OBJECT_NAME	QBLOCK_NAME	POLICY	LAST_MEMORY_USED
1	INSERT STATEMENT				
2	LOAD TABLE CONVENTIONAL		SEL$6590669A		
3	HASH GROUP BY			AUTO	0
4	HASH JOIN ANTI			AUTO	0
5	VIEW		SET$1		
6	SORT UNIQUE		SET$1	AUTO	0
7	UNION-ALL				
8	HASH JOIN		SEL$2	AUTO	46992384
9	HASH JOIN			AUTO	1680384
10	HASH JOIN			AUTO	1610752
11	MAT_VIEW ACCESS BY INDEX ROWID	TA_TCUSTEXPBATCH	SEL$2		
12	INDEX RANGE SCAN	IDX_CUSTEXPBATCH_TENANTID	SEL$2		
13	MAT_VIEW ACCESS BY INDEX ROWID	TA_TFUNDINFO	SEL$2		
14	INDEX SKIP SCAN	IDX_TFUNDINFO_FUNDSTATUS	SEL$2		
15	TABLE ACCESS BY INDEX ROWID	TA_TCONFIRM	SEL$2		
16	INDEX RANGE SCAN	IDX_TCONFIRM_CDATEBUS	SEL$2		
17	INDEX SKIP SCAN	SYS_C00157007	SEL$2		
18	HASH JOIN		SEL$3	AUTO	0
19	MERGE JOIN CARTESIAN				
20	HASH JOIN			AUTO	1622016
21	MAT_VIEW ACCESS BY INDEX ROWID	TA_TCUSTEXPBATCH	SEL$3		
22	INDEX RANGE SCAN	IDX_CUSTEXPBATCH_TENANTID	SEL$3		
23	MAT_VIEW ACCESS BY INDEX ROWID	TA_TFUNDINFO	SEL$3		
24	INDEX SKIP SCAN	IDX_TFUNDINFO_FUNDSTATUS	SEL$3		
25	BUFFER SORT			AUTO	16820224
26	INDEX SKIP SCAN	SYS_C00157007	SEL$3		
27	TABLE ACCESS BY INDEX ROWID	TA_TTRANSFERCOMMISSION	SEL$3		
28	INDEX RANGE SCAN	IDX_TTRANSFERCOM_CDATE	SEL$3		
29	INDEX FULL SCAN	SYS_C00157006	SEL$6590669A		

图10–101　输出结果

从上可知，在应用中执行，UNION 块的后面部分优化器竟然选择了笛卡儿连接。找到原因之后，解决就很简单了，只要稍微调整下优化器提示即可。

10.5.3 系统配置不合理

很多关于性能优化的书籍花了很大的篇幅讲解 Oracle SGA/PGA 的优化，有些也讲解了一些 Redo 日志单独存储的重要性，但是对数据文件存储位置的重要性并没有详细讲解。对于写负载高的系统来说，数据文件的合理存储同样重要，否则即使内存充足也会导致性能低下的系统，本小节就介绍产生这种问题的原因。

一套完全相同配置的新系统在试运行期间，用户测试发现逻辑恢复非常缓慢，经查看，发现在 impdp 期间一直在等待 direct path sync，如图 10—102 所示。

```
Data Pump Master      wait for unread message on broadcast channel  channel context  27041876760
Data Pump Worker      wait for unread message on broadcast channel  channel context  27041876760
Data Pump Worker      direct path sync                              File number      6
Data Pump Worker      direct path sync                              File number      6
Data Pump Worker      direct path sync                              File number      6
Data Pump Worker      direct path sync                              File number      6
Data Pump Worker      direct path sync                              File number      6
Data Pump Worker      direct path sync                              File number      6
Data Pump Worker      direct path sync                              File number      6
PL/SQL Developer      SQL*Net message from client                   driver id        1413697536
```

图10—102　输出结果

图 10—102 说明系统一直在等待磁盘同步完成，用户于是登录 Linux 服务器查看当前负载，发现 I/O 等待极高，如图 10—103 所示。

```
top - 15:09:48 up 32 days,  3:32,  7 users,  load average: 11.84, 5.62, 2.88
Tasks: 520 total,   2 running, 518 sleeping,   0 stopped,   0 zombie
Cpu(s):  0.7%us,  0.3%sy,  0.0%ni, 50.0%id, 49.1%wa,  0.0%hi,  0.0%si,  0.0%st
Mem:  49412112k total, 48970280k used,   441832k free,     3012k buffers
Swap: 10239992k total,   393788k used,  9846204k free, 43746472k cached

  PID USER      PR  NI  VIRT  RES  SHR S %CPU %MEM    TIME+  COMMAND
22346 root      20   0 2055m 154m 3896 R 10.3  0.3 116:16.40 glances
18632 uft_cres  20   0 9974m 864m  16m S  3.3  1.8  49:12.81 hsserver
 2602 oracle    -2   0 24.2g  14m  14m S  1.0  0.0 494:17.00 oracle
 2612 oracle    20   0 24.2g 122m 108m S  0.7  0.3 313:10.50 oracle
21446 root      20   0 15408 1608  944 R  0.7  0.0   0:00.81 top
   70 root      20   0     0    0    0 S  0.3  0.0   0:46.12 events/3
```

图10—103　高I/O等待输出

因为目标系统使用的是相同规格的 SAN 存储，并且测试过 IOPS，按理不会出现这种问题，于是进一步查看具体是哪个设备繁忙，如图 10—104 所示。

```
[root@                    log]# sar -d -p 10 1000
Linux 2.6.32-431.el6.x86_64 (                    )      10/23/2018      _x86_64_        (16 CPU)

03:13:41 PM       DEV       tps  rd_sec/s  wr_sec/s  avgrq-sz  avgqu-sz     await     svctm     %util
03:13:51 PM       sdb     20.98      0.80   3111.65    148.33      0.02      0.77      0.69      1.45
03:13:51 PM       sda     27.41      0.00   6430.52    234.61    144.37   5254.46     36.63    100.40
03:13:51 PM       sdc     21.08      0.80   3101.20    147.12      0.02      0.77      0.68      1.44
03:13:51 PM       sdd     21.08      0.00   2038.55     96.69      0.01      0.67      0.59      1.24
03:13:51 PM       sde     21.08      0.00   2028.11     96.19      0.01      0.64      0.59      1.24
03:13:51 PM TA5-linux-10_20_30_15     84.24      1.61  10279.52    122.05      0.06      0.74      0.31      2.58

03:13:51 PM       DEV       tps  rd_sec/s  wr_sec/s  avgrq-sz  avgqu-sz     await     svctm     %util
03:14:01 PM       sdb     19.03      0.81   2752.06    144.63      0.01      0.77      0.74      1.41
03:14:01 PM       sda     26.08      0.00   6196.17    237.56    144.40   5473.78     38.61    100.70
03:14:01 PM       sdc     19.03      0.81   2669.08    140.28      0.01      0.78      0.72      1.38
03:14:01 PM       sdd     19.03      0.00   2536.15    133.25      0.01      0.77      0.74      1.40
03:14:01 PM       sde     19.03      0.00   2435.45    127.96      0.01      0.70      0.67      1.27
03:14:01 PM TA5-linux-10_20_30_15     76.13      1.61  10392.75    136.53      0.06      0.78      0.38      2.88
```

图10—104　具体设备I/O负载输出

发现等待并不在 SAN 存储上，而是在本地硬盘上。经了解得知，因为本地硬盘足够大，实施人员在创建用户表空间时直接查询 dba_data_files，然后直接建在了 /u01/app/oracle/oradata/ora11g 目录下，而该目录并没有通过符号链接指向存储挂载点。将数据文件移动存储之后，impdp 导入完成时间从 20 多分钟降低到了 10min。

10.5.4 模型设计不合理

有时执行计划合理，系统配置也良好，但是 SQL 语句的性能仍然比较低下，其可能是物理模型设计不合理所致，如该拆分的没有拆分，该冗余的没有冗余。这个问题看起来很简单，但如果不理解各种数据库或存储引擎、其他缓存是如何实现行存储的，很容易在系统运行一段时间之后才暴露，至此这些表模型已经被分散在系统各处使用，以至于无法进行重构。例如，下面的 SQL 语句效率低下就是这种模型设计导致的：

```
INSERT INTO ta_tcheckresultstat (
            c_tenantid,
            c_tacode,
            c_requestno,
            d_cdate,
            c_fundacco,
            c_businflag,
            c_type,
            c_liqbatchno,
            c_databaseno,
            l_shardingno
          )
          SELECT /*+ ordered use_hash(a b) use_hash(c) */
            a.c_tenantid,
            a.c_tacode,
            a.c_requestno,
            20100508 d_cdate,
            a.c_fundacco,
            '12' c_businflag,
            'c' as c_type,
            0,
            '0001',
            c.l_shardingno
          FROM
            ta_trequest a,ta_tfundinfo b,ta_tdealflag c
          WHERE a.d_cdate = 20100508
            AND a.c_tacode = 'F6'
            AND a.c_tenantid = '*'
            AND a.c_businflag = '12'
            AND a.c_outbusinflag = '098'
            AND (a.c_specialcode != 'SHRTSF' AND a.c_specialcode != 'SEC12')
            AND a.c_status != '1'
```

```
          AND a.c_fundcode = b.c_fundcode
          AND a.c_tenantid = b.c_tenantid
          AND b.c_liqbatchno = 0
          AND a.c_cause <> '9595'
          AND a.c_tenantid = c.c_tenantid
          AND a.c_tacode = c.c_tacode
          AND a.c_fundcode = c.c_fundcode
          AND c.l_shardingno in (3)
```

其输出结果如图 10—105 所示。

Id	Operation	Name	Rows	Bytes	Cost	Time
0	INSERT STATEMENT		1	105	16	00:00:01
1	LOAD TABLE CONVENTIONAL	TA_TCHECKRESULTSTAT				
* 2	HASH JOIN		1	105	16	00:00:01
* 3	HASH JOIN		1	96	15	00:00:01
* 4	TABLE ACCESS BY INDEX ROWID	TA_TREQUEST	1	83	1	00:00:01
* 5	INDEX RANGE SCAN	IDX_TREQUEST_BIZ	1		1	00:00:01
6	TABLE ACCESS BY INDEX ROWID	TA_TFUNDINFO	1	13	14	00:00:01
* 7	INDEX SKIP SCAN	IDX_TFUNDINFO_FUNDSTATUS	1		14	00:00:01
* 8	INDEX RANGE SCAN	SYS_C00161735	1	9	1	00:00:01

图10—105　输出结果

这个 SQL 语句本身执行计划没有问题，只不过 TA_TREQUEST 和 TA_TFUNDINFO 这两张表太宽了，分别有 80 多个字段和 70 多个字段，如下所示：

```
select o.TABLE_NAME, count(1)
  from user_tab_columns o
 where o.TABLE_NAME in ('TA_TREQUEST', 'TA_TFUNDINFO')
 group by o.TABLE_NAME
 order by 2 desc;
TABLE_NAME                        COUNT(1)
------------------------------ ----------
TA_TREQUEST                             88
TA_TFUNDINFO                            74
```

该问题的存在，导致设计合理的情况下只要几十秒能够运行完成的，最后要两三分钟才能完成，逻辑 I/O 总是在几百万以上。由于系统已经开发了很长时间，这些表已经被广泛地应用在各处，从头拆分不太现实，这种情况下有两种解决方法。

第一种方法是知道各处 DML 的位置并且方便修改。这种方法利用了 Oracle 优化器的连接消除特性，其将源表拆分为两张表，其中一张作主表，使用源表的 ID 关联创建一个可更新视图。这样既可以达到拆分的目的，又可以避免访问不必要的字段，如下所示：

```
CREATE TABLE parent (
  id           NUMBER NOT NULL,
  description VARCHAR2(50) NOT NULL,
  CONSTRAINT parent_pk PRIMARY KEY (id));
CREATE TABLE child (
  parent_id    NUMBER NOT NULL,
  description VARCHAR2(50) NOT NULL,
  CONSTRAINT child_pk PRIMARY KEY (parent_id),
```

```
  CONSTRAINT child_parent_fk FOREIGN KEY (parent_id) REFERENCES
parent(id));
CREATE INDEX child_parent_fk_idx ON child(parent_id);
INSERT INTO parent VALUES (1, 'PARENT ONE');
INSERT INTO parent VALUES (2, 'PARENT TWO');
COMMIT;
INSERT INTO child VALUES (1,  'CHILD ONE');
INSERT INTO child VALUES (2,  'CHILD TWO');
COMMIT;
CREATE OR REPLACE VIEW parent_child_v AS
  SELECT p.id AS id,
         c.parent_id as child_id,
         p.description AS parent_description,
         c.description AS child_description
  FROM   child c
  JOIN   parent p ON c.parent_id(+) = p.id;
SELECT id, child_description FROM parent_child_v where child_id is not
null;
```

输出结果如图 10—106 所示。

Id	Operation	Name	Rows	Bytes	Cost	Time
0	SELECT STATEMENT		2	80	3	00:00:01
1	TABLE ACCESS FULL	CHILD	2	80	3	00:00:01

图10—106　输出结果

```
SELECT id, parent_description FROM parent_child_v;
```

输出结果如图 10—107 所示。

Id	Operation	Name	Rows	Bytes	Cost	Time
0	SELECT STATEMENT		2	28	3	00:00:01
1	TABLE ACCESS FULL	PARENT	2	28	3	00:00:01

图10—107　输出结果

如果大部分情况下访问表的部分字段，通过这种方式拆分，可以在不增加 DML 成本的情况下提升各种查询的性能。

若因为各种原因，无法对现有代码做任何修改，则只能使用物化视图或者复合索引的方式来实现。

模型的设计通常分为两大模式，偏向于现代互联网应用模式的开发者通常倾向于在运行时尽可能避免表之间的关联，一般限制在 3 表关联以内；而传统企业应用开发者通常将模型尽可能按照领域进行拆分，减少不必要的冗余以维护数据一致性。

这两种模式从实际应用来看都是正确的，很多时候问题在于缺少考虑是否在一个模型中的字段都一起访问，以及在多个模型中的字段确实分开访问比较多。例如，在金融相关业务系统中，很多金融产品的交易记录可能会有一两百个属性，这些属性中通常分为几大类，有基础属性，有增值相关，也有满足合规要求的，但大部分情况下至少有一半以上属性不会被使用到。

因为这些属性从业务领域角度来看确实属于一个实体，但将它们作为一个实体对象进行存储，无论是对于数据库还是应用层来说都不是一个好的设计。对数据库来说，即使只访问基本信息，也必须把整条记录取出来，极大地增加了不必要的 I/O 访问。

10.5.5 大数据量插入优化

很多涉及支付和金融相关的系统夜间会进行批处理，在批处理的开始或最后一般需要将数据回库。因为应用和数据库通常部署在不同的服务器，而且应用所在的服务器一般也不会安装 Oracle 客户端，同时为了应用管理和开发模式统一，所以很多开发人员会利用 mybatis 的 foreach collection 特性，如下所示：

```
<insert id="batchInsertStudent" parameterType="List">
      insert into /*+ APPEND_VALUES */ t_student(id,name)
<foreach collection="list" item="item" index="index" separator="union all">
            select #{item.id}, #{item.name} from dual
      </foreach>
</insert>
```

还有一些开发人员会仿照 MySQL 的写法，拼接成一个巨大的 SQL，一次性提交给 Oracle 执行，如下所示：

```
insert into t_emp(id,emp_name,emp_email,dept_id)
select SEQ_T_EMP_ID.nextval, empName, empEmail, deptId from(
      select ? empName, ? empEmail, ? deptId from dual
      union all
      select ? empName, ? empEmail, ? deptId from dual
      union all
      select ? empName, ? empEmail, ? deptId from dual
)
```

这些写法会生成很长的 SQL 语句，严重浪费客户端内存和 Oracle 服务器共享池。如果这段时间需要生成 AWR 报告，没有这些语句几十秒就完成了，而有这些语句时可能要花费十几分钟，生成的 AWR 文件就有十几兆字节，并且 Oracle 服务器 CPU 利用率一直高负载。

如果仅仅是如此也勉强可以接受，最主要是这些看似优化的方法实际上性能仅仅比一条条提交提升快了几倍而已，对于一次性加载几十万、几百万行来说，并没有采用真正高效的做法。对于此类需要加载大量数据的方法，应尽可能采用特殊优化的接口而不是为通用 CRUD 目的实现的接口，如 MyBatis 提供了批量执行器 ExecutorType.BATCH，JDBC 也提供了标准的批处理接口。MyBatis 批量执行器的实现如下：

```
    <insert id="insertBatch" parameterType="chapter10.batch.pojo.User">
```

```
    insert into EMP (EMPNO,ENAME,JOB,MGR,SAL,COMM,DEPTNO)
    values (#{empno,jdbcType=BIGINT},……,#{deptno,jdbcType=BIGINT})
</insert>
        SqlSession session2 = sqlMapper.openSession(ExecutorType.
          BATCH, false);// 批处理方式 手动提交事务
        UserMapper userDao2 = session2.getMapper(UserMapper.class);
        try {
              long t1 = System.currentTimeMillis();
              for (int i = 0; i < 1000000; i++) {
                    User user_new = new User();
                    user_new.setComm(i % 10000);
                    ……
                    user_new.setSal(i % 1000);
                    userDao2.insertBatch(user_new);
                    if (i % 10000 == 0) {
                          session2.commit();
                    }
              }
              System.out.println(System.currentTimeMillis() - t1 +
                "ms");
        } finally {
              session2.commit();
              session2.close();
        }
```

Oracle JDBC 批处理的实现如下：

```
        Connection connection = dbpool.getConnection();
        connection.setAutoCommit(false);
        PreparedStatement preparedStatement = connection.
          prepareStatement("insert into EMP (EMPNO,ENAME,JOB,MGR,
          SAL,COMM,DEPTNO)values (?,?,?,?,?,?,?)");
        long t1 = System.currentTimeMillis();
        for (int i = 0; i < 1000000; i++) {
              User user_new = new User();
              user_new.setComm(i % 10000);
              ……
preparedStatement.setInt(7, user_new.getDeptno());
              preparedStatement.addBatch();
              if (i % 10000 == 0) {
                    preparedStatement.executeBatch();
                    connection.commit();
              }
        }
        preparedStatement.close();
```

加载 100 万行数据，使用 JDBC Batch 需要 3s 左右，使用 MyBatis batch（标准 JDBC 批处理）需要 8.2s。MyBatis foreach 每 5000 行（1 万行时报 java.sql.SQLException: ORA-01745: 无效的主机 / 绑定变量名）提交一次，需要执行 203s 左右，甚至不如每行一次、每 1 万行提交一次的效率高，并

且子游标的共享内存占用了 27MB，固定内存加起来占了 14MB 左右，如下所示：

```
SQL> select o.sql_id, sharable_mem, persistent_mem, runtime_mem
  2     from v$sql o
  3    where o.sql_text like '%insert into EMP (%'
  4      and sql_text not like '%v$sql%' ;
SQL_ID        SHARABLE_MEM PERSISTENT_MEM RUNTIME_MEM
------------- ------------ -------------- -----------
bqwhad7f0gxxd     27473066        9127256     4925984
```

10.5.6　高并发Ton *N*查询优化

在很多系统中都有轮询功能，如客服需要实时知道要处理的投诉和理赔、定时任务要实时知道最新的待处理任务、客户端需要显示最新待审核事项等。这些很多看起来很自然应该采用消息推送机制实现的功能，在真正进行开发时，开发人员通常为了减少一些开发和维护工作量，一再妥协，并且可能片面地受 Oracle 读没有锁的影响，直接选择写一个 Top *N* 查询的 SQL，每隔几秒就不停地向 Oracle 发请求的方式查询去实现。例如，根据序列号返回最新的 5 条记录，如下所示：

```
select t.*,rownum rn from t_tasklog t where rownum<6 order by TASKLOG_
ID desc;
```

单纯从 SQL 语句来看没有问题，毕竟在进行分页查询时都是这么写的，并且不同的用户查询的也可能是相同的数据。但是当并发数远超服务器的 CPU 核心数，且频率较高（如每三五秒所有客户端轮询一次）时，就会发生严重的锁竞争，具体体现为等待事件 library cache: mutex X 很严重，性能急剧下降，如图 10—108 所示。

Active sessions

Seq#	Event#	Event	P1text	P1	P1raw	P2text
957	354	SQL*Net message from client	driver id	1413697536	0000000054435000	#bytes
38249	289	library cache: mutex X	idn	2847996716	00000000A9C0FB2C	value
38279	289	library cache: mutex X	idn	2847996716	00000000A9C0FB2C	value
39126	289	library cache: mutex X	idn	2847996716	00000000A9C0FB2C	value
38322	289	library cache: mutex X	idn	2847996716	00000000A9C0FB2C	value
39279	350	SQL*Net message to client	driver id	1413697536	0000000054435000	#bytes
39244	289	library cache: mutex X	idn	2847996716	00000000A9C0FB2C	value
38641	289	library cache: mutex X	idn	2847996716	00000000A9C0FB2C	value
38396	289	library cache: mutex X	idn	2847996716	00000000A9C0FB2C	value
39684	289	library cache: mutex X	idn	2847996716	00000000A9C0FB2C	value
39980	289	library cache: mutex X	idn	2847996716	00000000A9C0FB2C	value
39259	289	library cache: mutex X	idn	2847996716	00000000A9C0FB2C	value
38326	289	library cache: mutex X	idn	2847996716	00000000A9C0FB2C	value
37987	354	SQL*Net message from client	driver id	1413697536	0000000054435000	#bytes
38479	350	SQL*Net message to client	driver id	1413697536	0000000054435000	#bytes
39353	289	library cache: mutex X	idn	2847996716	00000000A9C0FB2C	value
40135	289	library cache: mutex X	idn	2847996716	00000000A9C0FB2C	value
39628	289	library cache: mutex X	idn	2847996716	00000000A9C0FB2C	value
38245	289	library cache: mutex X	idn	2847996716	00000000A9C0FB2C	value
10	354	SQL*Net message from client	driver id	1413697536	0000000054435000	#bytes
2	354	SQL*Net message from client	driver id	1413697536	0000000054435000	#bytes
3	289	library cache: mutex X	idn	1950821498	0000000074472C7A	value
14	144	log file sync	buffer#	44793	000000000000AEF9	sync scn

图10—108　输出结果

因此，对于这些类推送机制、变化频率远低于查询的 Top *N* 功能，合适的做法是在应用服务器层增加一个代理，代理负责轮询 Oracle，并根据各个客户端的 ID 进行推送，而不是直接根据客户端的并发数轮询数据库，从而将负载从数据库卸载。

10.5.7 通用静态SQL

本小书要讨论万能 SQL。开发人员有时会编写一些很通用的静态 SQL 语句，其中包含很多的可选参数，这些可选参数都会加上 OR IS NULL，这些代码更多地出现在 PL/SQL 存储过程中，如下所示：

```
SELECT c.cust_state_province,
       c.cust_city,
       MIN(c.cust_income_level) AS min_income_level,
       MAX(c.cust_income_level) AS max_income_level,
       COUNT(*) AS num_custs
  FROM sh.customers c
 WHERE (cust_state_province = :cust_state_province OR :cust_state_
province IS NULL)
   AND (cust_city = :cust_city OR :cust_city IS NULL)
 GROUP BY cust_state_province, cust_city;
```

开发人员这么做主要有两个原因：一是使用动态 SQL 语句拼接调试起来太麻烦，二是各种优化类资料告诉他们尽可能使用静态 SQL 语句而不是动态 SQL 语句。

从开发人员的角度来说，这确实省去了很多调试时的麻烦。但是对于优化器来说，这太难以实现了，因为不管条件传递与否，执行计划都是相同的，最通用的代码通常最后得到最不合理的性能。对于这种 SQL 语句来说，即使是 cust_state_province 和 cust_city 上有索引，并且可能是合适的，但是 Oracle 优化器仍判断不出来，所以 Oracle 会选择全表扫描。

对这类 SQL 语句没有特别好的方法，一般在出现性能问题之后，笔者都是让开发人员将 SQL 语句改写为动态 SQL 语句模式，然后针对不同情况进行优化。但是近几年由于大部分系统都将逻辑向 Java 应用层迁移，在使用 ORM 框架如 MyBatis 之后，开发人员一般都利用框架运行时生成的动态 SQL 语句。

第11章

大数据导入/导出优化

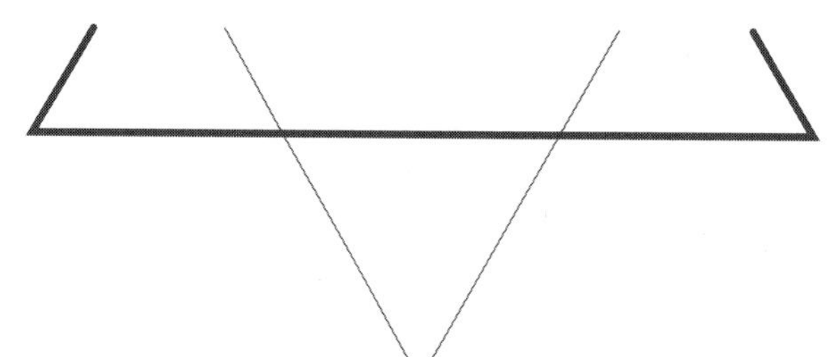

本书前面章节讨论了围绕 Oracle 进行高性能设计的方方面面，这些基础能够帮助我们在日常设计开发中利用 Oracle 的优势，绕过其短处。本章主要讨论使用 Oracle 数据库在应用系统开发期间经常会遇到的一些大数据量处理问题及相应的高性能解决方案。虽然前面章节涉及了大部分的基础知识，但其均从所述的技术领域角度讨论各个要点，本章则更多地站在大数据导入 / 导出应用层面对此梳理。

虽然 SQL 优化是大数据优化的重要部分，但是很多情况下 SQL 优化并不足够；相反对于大数据量的处理而言，有时完全采用标准 SQL 反而会更加低效。本章主要就是补充这些信息。

11.1 常见的大数据处理场景介绍

谈到大数据处理场景，不同的人通常有不同的理解。很多人会将访问到几千万或上亿条记录的表的功能称为大数据系统，有些人将复杂的报表统计定义为大数据处理场景，也有些人认为大屏幕中绚丽的图表是大数据处理场景，经验丰富的开发人员都知道这些其实是不正确的。一个系统有多少数据和它是不是有大数据处理场景没有必然关系，一个功能在限定时间内需要完成处理多少数据才决定了它算不算大数据处理场景，即使是查询当日交易量最大的前 100 个用户这样简单的功能。

如果每天的交易记录有 1 亿条且要求在 5s 内响应，它可能也算作一个大数据处理场景；反之，如果要在 10min 内响应，就可能不算作大数据处理场景了。不仅业务功能会涉及大数据处理，很多非业务功能也会涉及大数据处理，如数据实时同步给其他系统、数据备份导出也可能算大数据处理范围。

11.1.1　大数据处理场景分类

总结起来，大数据处理场景主要有以下几类。

- 汇总统计。这是各种系统中最常见的需求，绝大多数系统均有汇总统计功能，只不过大型的系统会在专门的管理或数据中心实现，有些混合型系统则在一个系统中完成。在绝大部分情况下，掌握本书前面章节的内容足以得到较为优化的结果，所以本小节不再讨论这些大数据量汇总统计类的优化。
- 数据导入 / 导出。数据导入 / 导出是很多系统经常会使用到的功能，可能是为了备份或传输给其他系统。导入 / 导出的文件格式也不尽相同，有些需要二进制格式，有些需要文本文件格式。从导出的内容和数据量来看，有时只需要最简单的全库或部分表，有时需要导出部分符合条件的数据（如最近新增或修改过的数据），有时需要带索引等物理结构，有时则不需要带索引等物理结构。没有一种方式能完全满足处理大数据量的性能要求，通常需要根据具体要求选择不同的实现方案。

- 应用和数据库之间传输数据。除了纯粹的导入 / 导出文件外，很多时候业务逻辑也在应用程序中完成，如 Java 或 C++。在应用中处理业务逻辑的好处是如果数据量巨大或计算逻辑很复杂，处理效率、维护和扩展性相比 PL/SQL 都要好得多，且支持多种数据库如 Oracle、MySQL。这种做法通常会出现的一个非预期行为是程序在应用中处理很高效，但是数据加载到应用或者写回到数据库的时间占了整个过程的较大比例，从而导致整体的处理效率提升很有限，其在处理逻辑并不是很复杂的批处理系统中最突出。
- 操作前备份确保可恢复。在很多批处理系统中，完成一个业务需要经过几十个步骤。例如，对于金融份额登记来说，完成一个份额登记购买在后台通常经过数十上百个服务的处理，其中任何一个服务都有可能执行失败，如果每次执行有异常都要从头开始执行，意味着会有大量的时间浪费。在很多系统中可用于批处理的时间是非常有限的，如批处理必须在 1h 内处理上千万笔交易，否则就会影响周边一连串业务的正常开展。

  所以，很多系统为了确保在某些环节失败后恢复时尽可能从最近的失败点开始继续执行，通常会在每一步操作前先对将会修改的数据进行备份，这样一旦失败，就能够恢复到失败点开始前的备份，在问题修复后继续执行即可。

  这是最传统也是最广泛采用的做法，这种实现方式的缺点主要有两个：一是对业务的依赖性太强，一旦业务有所调整，它就必须随之调整，而且如果批处理流程有很多实例并行执行，确保实例间的相互透明隔离也是一个很具挑战的问题，稍不小心就可能造成某些节点数据不正确；二是效率低下，每个环节都要先查询出本环节将修改的数据并进行备份是一个很耗时的过程，如在一个系统中，是否启用操作前备份相差了约 20% 的时间。
- 表之间数据同步。这主要有 3 种场景：第 1 种是系统都需要将数据变化实时给其他数据库，如资金募集系统要将可用资金推送给投资系统、销售系统要将订单推送给登记系统。很多系统由于涉及合规性原因必须进行批处理，于是系统接口设计成在交易结束后一次性同步的模式。第 2 种是如果系统采用了分库分表，基础库和分库通常需要相互同步一些数据，如产品信息、一些控制参数信息。第 3 种是在交易和查询分离的系统中，查询库需要将所有非临时表的数据实时同步给查询库等。

11.1.2 标准SQL不是为大数据设计的

在前面的章节中讲到，如果能用一条 SQL 语句完成，就不要写过程性代码循环一条条处理，这个原则在这里仍然是成立的。但是标准 SQL 的处理过程是所有数据的每一行和每个列都要经过 SQL 引擎一遍，即使是最简单的 INSERT INTO t values (…) 也是如此，所以某些情况下，它的效率在某些不需要额外处理的场景中比较低。

假设要从 A 服务器发送 1GB 的文件到 B 服务器，通常有两种方式：一种是直接使用 SCP 或

FTP 传递给对方；另一种是使用程序一行行读入内存，然后分段发送给对端的程序接收并写到文件。前者的速度通常要比后者快得多。

SQL 就像后者，在一些特殊情况下，它由于做了一些不必要的工作而效率欠佳。所以，当发现 SQL 优化后仍然效果欠佳时，就要思考 SQL 是否本身不合适、是不是有更好的实现方式。11.2 节将讨论在特定情况下表现远好于 SQL 优化的各种特性与方法。

11.2 大数据导入/导出方案

第 11.1 节讨论了实际中经常会遇到的各种大数据移动场景，本节将讨论 Oracle 提供的各种专门用于导入 / 导出大数据的工具及其优缺点，它们覆盖了开发人员能遇到的大部分场景。

11.2.1 SQL*Plus

SQL*Plus 是 Oracle 自带的客户端工具，也是 DBA 最经常使用的工具，最小情况下只需要安装轻量客户端 Instant Client 就可以，其能够执行 SQL 语句、PL/SQL 语句及 SQL 脚本，而且是唯一一个不借助编程语言就能够将数据导出为文本文件的工具。

所以，在将表导出为文本文件格式时，很多用户都使用 SQL*Plus 作为导出数据的工具。因为 SQL*Plus 不仅能够在 Oracle 服务器端执行，也能在任意客户端执行，不需要编写代码，这也是其唯一的优点。SQL*Plus 的缺点在于很多版本没有改进过，使用它导出大量数据的性能过于低下，如下所示：

```
[oracle@hs-test-10-20-30-17 sqlldr_test]$ cat data_export.sql
set term off
set echo off
set feedback off
set linesize 500
set heading off
set pagesize 0
set arraysize 2000
set trimspool on
spool sqlldr_test_10m.dat1
select to_char(sysdate,'yyyymmdd hh24:mi:ss') from dual;
select /*+ parallel(t) */
EMPLOYEE_ID || ',"' ||
FIRST_NAME || '","' ||
LAST_NAME || '","' ||
EMAIL || '","' ||
PHONE_NUMBER || '","' ||
TO_CHAR(HIRE_DATE,'YYYY-MM-DD HH24:MI:SS') || '","' ||
```

```
JOB_ID || '",' ||
SALARY || ',' ||
COMMISSION_PCT || ',' ||
MANAGER_ID || ',' ||
DEPARTMENT_ID
  from big_employee;
select to_char(sysdate,'yyyymmdd hh24:mi:ss') from dual;
spool off
exit
 [oracle@hs-test-10-20-30-17 sqlldr_test]$ cat data_export.sh
sqlplus hr/hr @/home/oracle/sqlldr_test/data_export.sql
 [oracle@oel-12c dmpdir]$ stat sqlldr_test_10m.dat1
  File: 'sqlldr_test_10m.dat1'
  Size: 331677732       Blocks: 648464     IO Block: 4096   regular file
Device: 803h/2051d      Inode: 262150      Links: 1
Access: (0644/-rw-r--r--)  Uid: ( 1001/  oracle)   Gid: ( 1001/     dba)
Access: 2019-02-15 07:34:37.000000000 +0800
Modify: 2019-02-15 07:35:30.000000000 +0800
Change: 2019-02-15 07:35:30.000000000 +0800
```

上述表在数据库中的大小以逗号分隔导出后大约为 330MB，在 Oracle 服务器端执行大约需要 53s，平均每秒导出 6MB。如果需要每次导出 10GB 数据，意味着需要 30min，这个速度在大部分情况下是难以接受的。所以，就导出大文本数据而言，SQL*Plus 并不是一个很理想的工具。

11.2.2 SQL*Loader

SQL*Loader 是 Oracle 自带的用来加载数据的客户端工具，其可以将外部文本文件数据加载到 Oracle 数据库的一张或多张表中，也是开发人员导入数据最常用的工具（但是后面会看到，它并不是最快的）。SQL*Loader 包含下列特性。

- 可以从客户端加载数据。
- 一次性加载多个数据文件。
- 一次性加载到多个表。
- 加载部分符合条件的数据。
- 调用 SQL 函数处理加载的数据。
- 生成字段的自增值。
- 使用 OS 文件系统访问数据文件，能够利用操作系统缓存。
- 支持传统路径加载和直接路径加载，还支持并行加载模式。

SQL*Loader 的运行流程如图 11-1 所示。

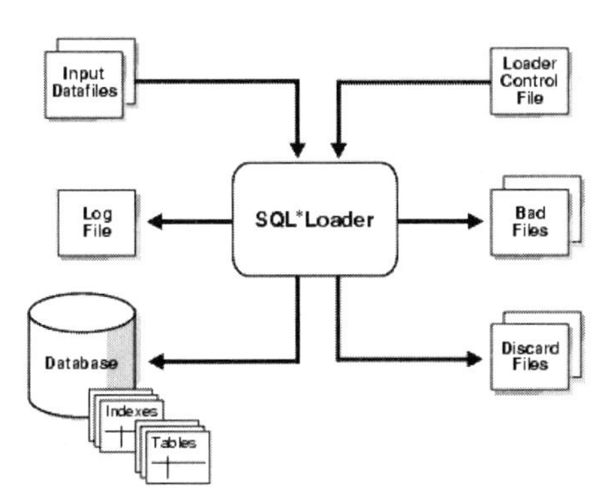

图11–1　SQL*Loader的运行流程

在 Oracle 服务器端执行加载：

```
vim sqlldr_conv_append_test.ctl
LOAD DATA
INFILE sqlldr_test_10m.dat1 "str '\n'"
APPEND INTO TABLE big_employee
FIELDS TERMINATED BY","  OPTIONALLY ENCLOSED BY'"' trailing nullcols
(EMPLOYEE_ID,FIRST_NAME,LAST_NAME,EMAIL,PHONE_NUMBER,HIRE_DATE date "YYYY-
MM-DD HH24:MI:SS",JOB_ID,SALARY,COMMISSION_PCT,MANAGER_ID,DEPARTMENT_ID)
 [oracle@oel-12c dmpdir]$ sqlldr userid=hr/hr@192.167.223.137:1521/
orclpdb control=sqlldr_conv_append_test.ctl rows=5000 bindsize=10485760
SQL*Loader: Release 11.2.0.1.0 - Production on 星期六 2月 16 10:14:50 2019
控制文件:      sqlldr_conv_append_test.ctl
数据文件:      sqlldr_test_10m.dat1
文件处理选项字符串: "str '
'"
  错误文件:    sqlldr_test_10m.bad
  废弃文件:    未作指定
 (可废弃所有记录)
要加载的数: ALL
要跳过的数: 0
允许的错误: 50
绑定数组: 5000 行, 最大 10485760 字节
继续:     未作指定
所用路径:        常规
表 BIG_EMPLOYEE,已加载从每个逻辑记录
插入选项对此表 APPEND 生效
TRAILING NULLCOLS 选项生效
   列名                        位置    长度  中止  包装   数据类型
------------------------------ ---------- ----- ---- ---- ------------
EMPLOYEE_ID                     FIRST     *   ,  O (") CHARACTER
FIRST_NAME                       NEXT     *   ,  O (") CHARACTER
LAST_NAME                        NEXT     *   ,  O (") CHARACTER
EMAIL                            NEXT     *   ,  O (") CHARACTER
PHONE_NUMBER                     NEXT     *   ,  O (") CHARACTER
HIRE_DATE                        NEXT     *   ,  O (") DATE YYYY-MM-DD
```

```
HH24:MI:SS
JOB_ID                                NEXT     *    ,  O (") CHARACTER
SALARY                                NEXT     *    ,  O (") CHARACTER
COMMISSION_PCT                        NEXT     *    ,  O (") CHARACTER
MANAGER_ID                            NEXT     *    ,  O (") CHARACTER
DEPARTMENT_ID                         NEXT     *    ,  O (") CHARACTER
ROWS 参数所用的值已从 5000 更改为 3694
LOYEE:
  已成功载入 3506176 行
  由于数据错误, 0 行 没有加载
  由于所有 WHEN 子句失败, 0 行 没有加载
  由于所有字段都为空值, 0 行 没有加载。
为绑定数组分配的空间:                  10483572 字节 (3694 行)
读取   缓冲区字节数:10485760
跳过的逻辑记录总数:          0
读取的逻辑记录总数:      3506176
拒绝的逻辑记录总数:          0
废弃的逻辑记录总数:        0
从 星期六 2月  16 10:14:50 2019 开始运行
在 星期六 2月  16 10:15:22 2019 处运行结束
经过时间为: 00: 00: 32.38
CPU 时间为: 00: 00: 24.10
```

在 Oracle 客户端执行大约 26s，这主要是因为本地网络并不是瓶颈，所以网络传输花费的额外时间可以忽略不计。

虽然 SQL*Loader 加载数据已经相当快了，但相比直接使用 OCI 和 JDBC 进行导入，SQL*Loader 不是最快的，其原因是 SQL*Loader 的功能非常强大，而且很灵活，所以会有大量的判断逻辑。如果没有特殊需求，并且应用存在导入数据性能瓶颈，可以考虑使用 OCI 或者 JDBC 自定义编写对应用足够通用的导入 / 导出程序。需要注意的是，SQL*Loader 仅支持加载数据，并不支持导出数据，Oracle 本身也没有现成的工具能高效地将数据导出到文本文件。

注意：在 Oracle 11.2 之前，需要安装完整的 Oracle 客户端才能使用 SQL*Loader；从 Oracle 11.2 开始，Oracle Instant Client 包含了 SQL*Loader，这意味着方便了很多。

11.2.3 Data Pump

Oracle Data Pump（数据泵）是 Oracle 10g 新引入的主要用于替换 exp/imp 的导入 / 导出工具。和 exp/imp 一样，Data Pump 导出的格式为 Oracle 专用的二进制文件，无论从性能还是特性上都比 exp/imp 有很大的提升，支持导出任何表中的部分或全部数据，还支持整个库导出、单个表空间导出等。和 SQL*Loader 一样，在 Oracle 11.2 之前，完整的 Oracle 客户端安装中才包含 Data Pump 客户端工具；从 Oracle 11.2 开始，Oracle Instant Client 也包含了 Data Pump。Data Pump 之所以比 exp/imp 快很多，是因为它在底层实现上做了很多特定于上下文的优化，如默认对对象使用直接路径操作、支持并行等。

除了最常规的导出 dump 文件外，Data Pump 还支持多种数据导出 / 导入方式，性能从高到低及其应用场景分别介绍如下。

1. 数据文件复制

数据文件复制是移动数据最快的方式，在这种模式下，Data Pump 直接绕过任何实际的数据块读取和 SQL 引擎访问，只需要导出相关的元数据到 dump 文件即可。这种模式主要用于如下两种场景。

- 传输表空间模式。声明 TRANSPORT_TABLESPACES 参数后，Data Pump 将使用传输表空间模式导出数据，此时只需要导出表空间中对象对应的元数据。这种模式作为数据移动机制的场景通常每次要移动的数据量较大，并且频率较低（如每天一次），而且应用根据每天要传输的数据提前进行了良好的分表规划（如划分为当前表和历史表，并且分别在各自表空间）。
- 全传输表空间模式。这是 Oracle 12c 新引入的特性，本质上也是利用传输表空间机制。通过在导出命令行上增加 TRANSPORTABLE=ALWAYS 参数，能够以传输表空间模式导出任何表、分区及整个库的数据，将极大地提高大数据量导出的效率。

示例如下：

```
[oracle@oel-12c ORA11G]$ expdp hr/hr@localhost:1521/orclpdb tables=\
(big_employee, big_table_tmp\) transportable=always directory=dmp_dir
exclude=statistics
Export: Release 11.2.0.1.0 - Production on 星期日 2月 17 20:22:42 2019
Copyright (c) 1982, 2017, Oracle and/or its affiliates.  All rights reserved.
连接到: Oracle Database 12c Enterprise Edition Release 11.2.0.1.0 - 64bit
Production
启动 "HR"."SYS_EXPORT_TABLE_01":  hr/********@localhost:1521/orclpdb
tables=(big_employee) transportable=always directory=dmp_dir
exclude=statistics
处理对象类型 TABLE_EXPORT/TABLE/PLUGTS_TABLESPACE
ORA-39123: 数据泵可传输的表空间作业中止
ORA-39185: 可传输表空间故障列表
ORA-29335: 表空间 'EXAMPLES' 不为只读
作业 "HR"."SYS_EXPORT_TABLE_01" 因致命错误于 星期日 2月 17 20:22:46 2019
elapsed 0 00:00:03 停止
SQL> alter tablespace examples read only;
tablespace altered
Executed in 0.172 seconds
 [oracle@oel-12c ORA11G]$ expdp hr/hr@localhost:1521/orclpdb tables=\
(big_employee, big_table_tmp\) transportable=always directory=dmp_dir
exclude=statistics
Export: Release 11.2.0.1.0 - Production on 星期日 2月 17 20:23:44 2019
Copyright (c) 1982, 2017, Oracle and/or its affiliates.  All rights
reserved.
连接到: Oracle Database 12c Enterprise Edition Release 11.2.0.1.0 - 64bit
Production
```

```
启动 "HR"."SYS_EXPORT_TABLE_01":  hr/********@localhost:1521/orclpdb
tables=(big_employee) transportable=always directory=dmp_dir
exclude=statistics
处理对象类型 TABLE_EXPORT/TABLE/PLUGTS_TABLESPACE
处理对象类型 TABLE_EXPORT/TABLE/PLUGTS_BLK
处理对象类型 TABLE_EXPORT/TABLE/END_PLUGTS_BLK
处理对象类型 TABLE_EXPORT/TABLE/TABLE
处理对象类型 TABLE_EXPORT/TABLE/INDEX/INDEX
已成功加载/卸载了主表 "HR"."SYS_EXPORT_TABLE_01"
******************************************************************************
HR.SYS_EXPORT_TABLE_01 的转储文件集为:
  /oradata/ORA11G/dmpdir/expdat.dmp
******************************************************************************
可传输表空间 EXAMPLES 所需的数据文件:
  /oradata/ORA11G/examples01.dbf
作业 "HR"."SYS_EXPORT_TABLE_01" 已于 星期日 2月 17 20:23:56 2019 elapsed 0
00:00:12 成功完成
SQL> drop tablespace examples including contents;
tablespace dropped
Executed in 3.009 seconds
 [oracle@oel-12c ORA11G]$ impdp hr/hr@localhost:1521/orclpdb tables=\
(big_employee, big_table_tmp\) directory=dmp_dir transport_datafiles='/
oradata/ORA11G/examples01.dbf'
Import: Release 11.2.0.1.0 - Production on 星期日 2月 17 20:26:46 2019
Copyright (c) 1982, 2017, Oracle and/or its affiliates.  All rights reserved.
连接到: Oracle Database 12c Enterprise Edition Release 11.2.0.1.0 - 64bit
Production
已成功加载/卸载了主表 "HR"."SYS_IMPORT_TABLE_01"
启动 "HR"."SYS_IMPORT_TABLE_01":  hr/********@localhost:1521/orclpdb
tables=(big_employee) directory=dmp_dir transport_datafiles=/oradata/
ORA11G/examples01.dbf
处理对象类型 TABLE_EXPORT/TABLE/PLUGTS_BLK
处理对象类型 TABLE_EXPORT/TABLE/TABLE
处理对象类型 TABLE_EXPORT/TABLE/INDEX/INDEX
处理对象类型 TABLE_EXPORT/TABLE/END_PLUGTS_BLK
作业 "HR"."SYS_IMPORT_TABLE_01" 已于 星期日 2月 17 20:26:50 2019 elapsed 0
00:00:04 成功完成
SQL> select count(1) from big_table_tmp;
  COUNT(1)
----------
   1000000
SQL> alter tablespace examples read write;  -- 导入后表空间仍是只读的，需要
标记为读写
tablespace altered
```

从上面可以看到，基于空间表传输移动数据的效率是非常高的。虽然传输表空间模式是移动大数据量最快的方式，但其也有一些限制。

- 源端表空间在导出期间必须置于只读模式。即使导出元数据的时间很短、对象很多，通常

也不会超过 1min，这一点有时会限制应用无法使用基于数据文件复制的方式。

- 源端和目标端必须具有相同的字符集。采用传输表空间模式进行数据移动的通常都是企业内的不同应用，所以通常不会有问题。

2. 直接路径操作

直接路径操作是不使用数据文件复制后最快的数据移动方式，在直接路径加载操作中，文件的导入 / 导出会绕过 SQL 层，直接基于数据块进行操作，因此速度也相当快。默认情况下，只要表结构没有特殊限制，Data Pump 会自动采用直接路径操作，在直接路径操作无法生效（如表包含 BFILE 类型的字段）时会自动切换为使用外部表模式（只不过 expdp 的日志没有列出哪些表无法采用直接路径操作完成）。下面描述了无法使用直接路径操作的各种限制场景。直接路径加载无法使用的场景如下：

- 在单分区加载时，目标表包含跨越多个分区的全局索引；
- 表上有触发器；
- 表在 INSERT 模式启用了 FGA；
- 表上有完整性约束；
- 表包含加密列；
- 包含 LOB 字段的表启用了补充日志；
- 目标表上声明了 QUERY、SAMPLE 或 REMAP_DATA 参数；
- 表上具有和源系统不一致格式的 TIMESTAMP WITH TIME ZONE 列。

直接路径卸载无法使用的场景如下：

- 表上启用了 SELECT FGA；
- 表包含加密列；
- 目标表上声明了 QUERY、SAMPLE 或 REMAP_DATA 参数。

expdp 导出使用直接路径操作模式：

```
[oracle@oel-12c ORA11G]$ expdp hr/hr@localhost:1521/orclpdb tables=\
(big_table_tmp\) directory=dmp_dir exclude=statistics query=big_table_
tmp:\"where rid\>1\"
Export: Release 11.2.0.1.0 - Production on 星期日 2月 17 20:53:52 2019
Copyright (c) 1982, 2017, Oracle and/or its affiliates.  All rights
reserved.
连接到: Oracle Database 12c Enterprise Edition Release 11.2.0.1.0 - 64bit
Production
启动 "HR"."SYS_EXPORT_TABLE_01":  hr/********@localhost:1521/orclpdb
tables=(big_table_tmp) directory=dmp_dir exclude=statistics query=big_
table_tmp:"where rid>1"
处理对象类型 TABLE_EXPORT/TABLE/TABLE_DATA
处理对象类型 TABLE_EXPORT/TABLE/TABLE
处理对象类型 TABLE_EXPORT/TABLE/INDEX/INDEX
. . 导出了 "HR"."BIG_TABLE_TMP"                      290.8 MB  999999 行
```

```
已成功加载/卸载了主表 "HR"."SYS_EXPORT_TABLE_01"
******************************************************************************
HR.SYS_EXPORT_TABLE_01 的转储文件集为:
  /oradata/ORA11G/dmpdir/expdat.dmp
作业 "HR"."SYS_EXPORT_TABLE_01" 已于 星期日 2月 17 20:54:07 2019 elapsed 0
00:00:15 成功完成
 [oracle@oel-12c ORA11G]$ expdp hr/hr@localhost:1521/orclpdb tables=\
(big_table_tmp\) directory=dmp_dir dumpfile=expdat_nocond.dmp
exclude=statistics
Export: Release 11.2.0.1.0 - Production on 星期日 2月 17 20:54:44 2019
Copyright (c) 1982, 2017, Oracle and/or its affiliates.  All rights
reserved.
连接到: Oracle Database 12c Enterprise Edition Release 11.2.0.1.0 - 64bit
Production
启动 "HR"."SYS_EXPORT_TABLE_01":  hr/********@localhost:1521/orclpdb
tables=(big_table_tmp) directory=dmp_dir dumpfile=expdat_nocond.dmp
exclude=statistics
处理对象类型 TABLE_EXPORT/TABLE/TABLE_DATA
处理对象类型 TABLE_EXPORT/TABLE/TABLE
处理对象类型 TABLE_EXPORT/TABLE/INDEX/INDEX
. . 导出了 "HR"."BIG_TABLE_TMP"                        290.8 MB 1000000 行
已成功加载/卸载了主表 "HR"."SYS_EXPORT_TABLE_01"
******************************************************************************
HR.SYS_EXPORT_TABLE_01 的转储文件集为:
  /oradata/ORA11G/dmpdir/expdat_nocond.dmp
作业 "HR"."SYS_EXPORT_TABLE_01" 已于 星期日 2月 17 20:54:55 2019 elapsed 0
00:00:11 成功完成
```

3. 使用外部表

上面提到过，如果数据无法使用直接路径操作进行导出 / 导出，此时 Oracle 会使用外部表方式实现导出。该机制会为目标表创建一个映射到 dump 文件的外部表，然后使用 SQL 引擎进行数据处理，其内部使用 ORACLE_DATAPUMP 驱动操作读 / 写 dump 文件。在此过程中，Oracle 仍然可能采用直接路径读导出数据，并使用类似 APPEND 提示进行直接路径加载；同理，Data Pump 也可能会使用直接路径加载实现导入。这个过程是完全透明的，用户无法干预。

除了被 Data Pump 使用外，也可以直接声明外部表使用 ORACLE_DATAPUMP 驱动，它通常用于在 Oracle 实例间移动数据，相比先导出文件再导入的好处是不需要导入就能够访问，如下所示：

```
create table big_employee as select * from employees;
insert into big_employee select * from big_employee; --插入300w行
create directory dmp_dir as '/oradata/ORA11G/dmpdir';
SQL> set timing on
SQL> drop table datapump_big_table;
table dropped
Executed in 0.019 seconds
SQL> CREATE TABLE datapump_big_table ORGANIZATION EXTERNAL
  2  (
```

```
  3   TYPE ORACLE_DATAPUMP
  4    DEFAULT DIRECTORY dmp_dir
  5    LOCATION ('datapump_big_table.dmp'))
  6   AS SELECT  * FROM big_employee;
table created
Executed in 1.706 seconds
 [oracle@oel-12c dmpdir]$ ll
total 300032
-rw-r--r-- 1 oracle dba        37 Feb 14 08:27 DATAPUMP_BIG_
TABLE_102982.log
-rw-r--r-- 1 oracle dba       333 Feb 14 08:30 DATAPUMP_BIG_
TABLE_103982.log
-rw-r----- 1 oracle dba 253272064 Feb 14 08:27 datapump_big_table.dmp
SQL> select sum(salary),max(salary),department_id from datapump_big_
table group by department_id;
SUM(SALARY) MAX(SALARY) DEPARTMENT_ID
----------- ----------- -------------
 1691090944       12008           100
  815923200       11000            30
-- 省去相关记录 --
  144179200        4400            10
  943718400        9000            60
12 rows selected
Executed in 1.557 seconds
create table DATAPUMP_BIG_TABLE_ANO
(
  employee_id    NUMBER(6),
  first_name    VARCHAR2(20),
  last_name      VARCHAR2(25) not null,
  email          VARCHAR2(25) not null,
  phone_number   VARCHAR2(20),
  hire_date      DATE not null,
  job_id         VARCHAR2(10) not null,
  salary         NUMBER(8,2),
  commission_pct NUMBER(2,2),
  manager_id     NUMBER(6),
  department_id  NUMBER(4)
)
organization external
(
  type ORACLE_DATAPUMP
  default directory DMP_DIR
  location (DMP_DIR:'datapump_big_table.dmp')
)
reject limit 0;

select count(1) from DATAPUMP_BIG_TABLE_ANO;
```

需要注意的是，该机制和使用 CREATE TABLE…ORGANIZATION EXTERNAL 手工创建的外

部表并不兼容，它仍然使用 Data Pump 专用的二进制格式，而不是文本格式，但它们使用的语法和支持的特性（如并行等）基本上是一致的。

虽然一般 Data Pump 都是使用 expdp 及 impdp 这两个客户端工具进行的，实际上 Data Pump 是由 3 部分组成的：

- 命令行工具 expdp 和 impdp；
- DBMS_DATAPUMP PL/SQL 包（Data Pump API）；
- DBMS_METADATA PL/SQL 包（Metadata API）。

在内部，expdp 和 impdp 其实是调用 DBMS_DATAPUMP 和 DBMS_METADATA PL/SQL 包来执行具体的导入 / 导出操作（这也是使用 Data Pump 导入 / 导出前必须先创建数据库目录的原因）。除了被 expdp 和 impdp 调用外，用户也可以直接调用 DBMS_DATAPUMP 和 DBMS_METADATA PL/SQL 包执行导入 / 导出操作，这样做的好处是可以直接集成到程序（如 Java），而无须维护额外的 shell 脚本，基于界面来实现有利于简化其管理。

Data Pump 唯一的不足之处是导入 / 导出文件都必须在 Oracle 服务器端可访问的某个目录上，这一点会使一些用户仍然选择传统的 exp/imp 进行导入 / 导出。但是一些用户也会选择在 Oracle 服务器上挂载一个 NFS 来解决这个问题，这样应用虽然无权访问 Oracle 服务器，但是导出的 dump 文件可以通过 NFS 映射实现访问。

11.2.4 外部表

外部表可以通过数据库对象直接访问目录文件里的格式数据，不需要事先将数据加载到 Oracle 中。基于文本文件的外部表相对于 SQL*Loader 导入加查询的优势和性能比较，在第 4.2.3 小节已讨论过了，这里不再重复。

本小节主要讨论外部表和基于 Data Pump 访问驱动的差别。在 Oracle 中，外部表可通过两种方式进行访问：oracle_loader 和 oracle_datapump。oracle_loader 方式通过 sqlldr 引擎访问文件；oracle_datapump 方式通过 datapump 接口来访问通过 oracle_datapump 方式卸载的 dmp 文件。一般通用目的的文件传输都采用 oracle_loader 方式；而 oracle_datapump 由于导出文件为二进制格式，因此很少被用户研究，但其价值不比前者低。

如果仅需要在 Oracle 数据库之间移动数据，可以优先考虑这种方式，因为无论是导出还是直接查询，Data Pump 的性能都要比 oracle_loader 高出不少，如下所示：

```
SQL> select sum(salary),max(salary),department_id from datapump_big_
table group by department_id;
SUM(SALARY) MAX(SALARY) DEPARTMENT_ID
----------- ----------- -------------
 1691090944       12008           100
  815923200       11000            30
```

```
-- 省去相关记录 --
  144179200        4400            10
  943718400        9000            60
12 rows selected
Executed in 1.557 seconds
create table ORALOADER_BIG_TABLE
(
  employee_id     NUMBER(6),
  first_name     VARCHAR2(20),
  last_name       VARCHAR2(25) not null,
  email           VARCHAR2(25) not null,
  phone_number    VARCHAR2(20),
  hire_date       DATE not null,
  job_id          VARCHAR2(10) not null,
  salary          NUMBER(8,2),
  commission_pct NUMBER(2,2),
  manager_id      NUMBER(6),
  department_id  NUMBER(4)
)
organization external
(
  type ORACLE_LOADER
  default directory DMP_DIR
  access parameters
  (
    records delimited by newline
    badfile 'emp_new%a_%p.bad'
    logfile 'emp_new%a_%p.log'
    fields terminated by ','
    optionally enclosed by '"'
    missing field values are null
    ( employee_id, first_name, last_name, email ,phone_number,
      hire_date char date_format date mask "yyyy-mm-dd hh24:mi:ss",job_id,
      salary, commission_pct, manager_id, department_id )
  )
  location (DMP_DIR:'sqlldr_test_10m.dat1')
)
reject limit UNLIMITED;
SQL> select sum(salary),max(salary),department_id from ORALOADER_BIG_
TABLE group by department_id;
SUM(SALARY) MAX(SALARY) DEPARTMENT_ID
----------- ----------- -------------
 1691090944       12008           100
  815923200       11000            30
-- 省去相关记录 --
  144179200        4400            10
  943718400        9000            60
12 rows selected
Executed in 6.627 seconds
```

从上可知，使用 oracle_loader 驱动查询需要 6.6s，使用 oracle_datapump 只需要 1s 多，后者的速度是前者的 5 倍。

11.2.5 JDBC批处理接口

有时应用不希望或者无法访问 Oracle 自身的各种数据导入 / 导出接口，或希望将数据导入 / 导出集成在应用中，此时可以使用 JDBC 进行大数据的导入 / 导出，一样可以做到性能非常高效。

1. JDBC导出

使用 JDBC 默认的设置或 mybatis 导出大批量的数据性能是比较低下的，它仅适合于数千条以内的场景，不适合于十万、百万级以上的导出，要达到较高性能的导出，需要对 JDBC 连接的参数及字段值获取方式做一些优化。以导出 350 万行、280MB 大小的文本文件为例，优化后的程序如下：

```
    public void doExport() throws SQLException, ClassNotFoundException,
      IOException {
          Class.forName("oracle.jdbc.driver.OracleDriver");
      String dbURL = "jdbc:oracle:thin:@192.167.223.137:1521/orclpdb";

      Connection connection = DriverManager.getConnection(dbURL, "hr",
        "hr");
          connection.setAutoCommit(false);
          ((OracleConnection) connection).setDefaultRowPrefetch(200000);
          PreparedStatement preparedStatement = connection.
            prepareStatement("select /*+ parallel(t 2) */* from big_
            employee t");
          long t1 = System.currentTimeMillis();
          ResultSet result = preparedStatement.executeQuery();
          result.setFetchDirection(ResultSet.TYPE_FORWARD_ONLY);
          ResultSetMetaData meta = result.getMetaData();
          int colCount = meta.getColumnCount();
          for(int i=1;i<=colCount;i++) {
                //System.out.println(meta.getColumnName(i) + "," +
                meta.getColumnType(i) + "," + meta.getColumnTypeName(i));
          }
          /*String batchRecord[] = new String[200000];*/
          List<String> batchRecord = new ArrayList<>(200000);
          int c = 1;
          if (result != null) {
                FileWriter fw = new FileWriter("add2.txt");
                while (result.next()) {
                      String row = result.getString(1);
                      for(int i=1;i<=colCount;i++) {
                            row = row  + "," + result.getObject(i);
                      }
                      /*batchRecord[c-1] = row;*/
```

```
                        batchRecord.add(row);
                        if (c % 200000 == 0) {
                              System.out.println("已导出" + c + "行!");
                              for (String string : batchRecord) {
                                    fw.write(string + "\r\n");
                              }
                              c = 1;
                              batchRecord.clear();
                        } else {
                              c++;
                        }

                  }
                  fw.close();
            }
            preparedStatement.close();
            System.out.println(System.currentTimeMillis() - t1 + "ms");
      }
```

平均情况下 JDBC 需要 18~19s。经过测试分析可知：

- 即使是最简单的查询，并行执行也比串行执行快；
- 在 Oracle 层进行预拼接要比在 Java 程序中处理慢 50% 以上；
- 预提取大小和宿主程序大小相同时，性能最佳；
- 预提取大小超过一定的阈值之后，性能提升会逐渐消失；
- 写文件基本不影响性能（因为实际上写的是操作系统缓存），ResultSet.next() 和 ResultSet.get××× 分别占了接近一半时间，其中 getString 的性能又是最差的，如果 get××× 使用列名而不是列顺序，性能又将降低很大一部分；
- JDBC OCI 驱动比瘦客户端驱动慢了近 20%（C 语言下的 OCI 仍然是最快的）；
- JDK 还有一个 CachedRowSet 接口，它用于离线缓存，不是优化的用途。

注意：有些读者可能会提到程序并没有使用 StringBuffer，实际上现在的 JDK 对于这些字符串拼接已经优化得足够好，使用 StringBuffer 与直接拼接在性能上没有差别，最好是怎么直接怎么来。

2. JDBC导入

和导出类似，默认设置的 JDBC 插入、更新、删除也不是为大数据准备的，需要使用具体的接口。以导入 350 万行、280MB 大小的文本文件为例，优化后的程序如下：

```
    public void doBatchInsert() throws SQLException, ClassNotFoundException,
NumberFormatException, IOException {
            Class.forName("oracle.jdbc.driver.OracleDriver");
            String dbURL = "jdbc:oracle:thin:@192.167.223.137:1521/
              orclpdb";
            Connection connection = DriverManager.getConnection(dbURL,
              "hr", "hr");
            connection.setAutoCommit(true);
```

```
            Statement stmt = connection.createStatement();
            stmt.executeQuery("alter session set nls_date_format='yyyy-
mm-dd'");
            PreparedStatement preparedStatement = connection.
              prepareStatement(
                      "insert /*+ APPEND_VALUES */ into BIG_EMPLOYEE
(EMPLOYEE_ID,FIRST_NAME,LAST_NAME,EMAIL,PHONE_NUMBER,HIRE_DATE,JOB_
ID,SALARY,COMMISSION_PCT,MANAGER_ID,DEPARTMENT_ID) values
(?,?,?,?,?,?,?,?,?,?,?)");
            long t1 = System.currentTimeMillis();
            FileReader fr = new FileReader("add2.txt");
            BufferedReader bf = new BufferedReader(fr);
            String str;
            int i = 1;
            while ((str = bf.readLine()) != null) {
                  String[] row = str.split(",");
                  if (row.length < 11) {
                        row = str.replaceAll(",", "v^,v^").split(",");
                        for (int f = 0; f < row.length; f++) {
                              row[f] = row[f].replaceAll("v\\^", "");
                        }
                  }
                  preparedStatement.setInt(1, Integer.parseInt(row[0]));
                  preparedStatement.setString(2, row[1]);
                  preparedStatement.setString(3, row[2]);
                  preparedStatement.setString(4, row[3]);
                  preparedStatement.setString(5, row[4]);
                  preparedStatement.setDate(6, new Date(System.
                    currentTimeMillis()));
                  preparedStatement.setString(7, row[6]);
                  preparedStatement.setDouble(8, Double.
                    parseDouble(row[7]));
                  preparedStatement.setObject(9,
                              org.springframework.util.StringUtils.
isEmpty(row[8]) ? null : Double.parseDouble(row[8]),
                              java.sql.Types.DOUBLE);
                  preparedStatement.setObject(10,
                              org.springframework.util.StringUtils.
isEmpty(row[9]) ? null : Integer.parseInt(row[9]),
                              java.sql.Types.INTEGER);
                  preparedStatement.setObject(11,
                              org.springframework.util.StringUtils.
isEmpty(row[10]) ? null : Integer.parseInt(row[10]),
                              java.sql.Types.INTEGER);
                  preparedStatement.addBatch();
                  if (i++ % 100000 == 0) {
                        System.out.println("插入" + i + "行!");
                        preparedStatement.executeBatch();
//                      preparedStatement.clearBatch();
```

```
                        preparedStatement.close();
                        preparedStatement = connection.prepareStatement(
                                    "insert /*+ APPEND_VALUES */ into
BIG_EMPLOYEE (EMPLOYEE_ID,FIRST_NAME,LAST_NAME,EMAIL,PHONE_NUMBER,HIRE_
DATE,JOB_ID,SALARY,COMMISSION_PCT,MANAGER_ID,DEPARTMENT_ID) values
(?,?,?,?,?,?,?,?,?,?,?)");
                  }
            }
            preparedStatement.close();
            System.out.println(System.currentTimeMillis() - t1 + "ms");
      }
```

程序执行 22~23s。经过测试分析可知：

- 大部分时间都是在 preparedStatement.executeBatch()，Oracle 真正导入数据这个环节上；读取和解析文件花费的时间比例并不高；
- 在 Oracle 没有过载的情况下，并行加载能够显著提高性能；
- 使用 APPEND_VALUES 在 JDBC 下并没有明显提升性能；
- 在 batch 达到一定阈值前，增加一次性执行的量能够显著提升性能，在本例中为 10 万。

3. JDBC直接路径加载

到 Oracle 18c 为止，JDBC 中只支持标准的 SQL 接口，其性能在优化的情况下能够达到相对较好的结果，但是和 C/C++ 中的 Oracle OCI 接口相比，其性能仍然要低 30%~50%。在一些数据量特别大的情况下，它无法满足要求，所以可能仍然需要使用 OCI 编写，但是 OCI 的缺点就是其友好性太差。从 Oracle 19c 开始，Oracle JDBC 实现相关的 API（非 JDBC 规范的一部分）已经引入了直接路径加载，是 JDBC 中最快的数据导出方式。

11.2.6 OCI批处理接口

Oracle 调用接口（Oracle Call Interface，OCI）是最全面、性能最高、基于原生 C 语言的 Oracle 数据库接口，各种语言专用接口如 Oracle Pro*C、Oracle JDBC-OCI 等底层都基于 OCI，各种开源接口如 PHP OCI8 扩展、Python cx_oracle 也都使用 OCI，各种 Oracle 自带工具如 SQL*Plus、SQL*Loader 和 Data Pump 也都是基于 OCI 开发的。

在大数据量的导入 / 导出上，直接基于 OCI 开发的接口性能是最佳的，无论是直接路径操作还是常规操作均如此。在导入数据上，使用直接路径操作接口性能最好，但是应用于 SQL*Loader 的限制也同样应用于它；其次是基于数组的插入，在常规的单表加载上，优化后其性能要高出采用 SQL*Loader 很多。

在导出数据为文本文件上，基于 C 的结构体数组作为宿主变量可以达到最佳性能，比采用增加预提取大小优化后性能要高 30% 以上，比 SQL*Plus 优化后（set arraysize 2000）快 10 倍以上。但是采用 Oracle OCI 开发的缺点在于其接口不友好，因此这里不详细展开。

11.2.7 闪回

根据 Oracle 官方所述，Oracle 闪回技术的目标是将各种误操作的恢复时间从小时降低为分钟。它是从 Oracle 9i 开始引入的，每个版本都有很大的改进。从最开始仅支持闪回查询，到 Oracel 10g 支持闪回数据库、闪回表、闪回删除、闪回版本查询、闪回事务查询。

在 Oracle 11g 之前，闪回技术完全依赖于 Redo 表空间中的可用数据，而 Redo 表空间通常是相对比较固定的大小，而且循环使用，所以很多需要以更长可恢复时间和审计为目的的场景就无法通过闪回来满足，于是 Oracle 11g 引入了一种新的跟踪历史变化的机制，即闪回数据归档。下面来看这两种模式如何优化在第 11.1 节提到的操作前备份场景。

1. 闪回

闪回的优点在于对应用完全透明，和普通 SQL 一样使用方便。Oracle 支持很多种不同闪回类型，根据经验，下列几种闪回模式最有价值。

闪回查询。它可以用来查询过去某个时间点表中的任何数据，该特性可用于查看和逻辑重建意外删除或更改的受损数据，此时可以使用带有 as of 子句的 select 语句进行闪回查询，如下所示：

```
select * from tb
as of timestamp to_timestamp('2017-11-07 08:50:00', 'yyyy-mm-dd hh:mi:ss')
  where code = '001';
insert into tb
select * from tb
as of timestamp to_timestamp('2017-11-07 08:50:00', 'yyyy-mm-dd hh:mi:ss')
  where code = '001';
```

它能够从记录层面查询表的历史数据情况，对于某些需要记录到某一刻的需求来说，闪回查询提供了最佳的灵活性。如果一个事务修改了多张表，闪回查询就无法直接看出来，此时就需要借助闪回事务。但是，由于任何时候都可能有用户在操作记录，所以事务之间通常会有一连串的前后依赖关系，极端情况下为了撤销某个事务可能需要从当前开始撤销到目标时间点，这样会导致成本很高且一不小心就可能导致数据不一致，而且通常开发准备撤销时都应清楚具体的表关系，因此实际采用闪回事务进行恢复的场景并不多。

闪回查询也有一些不足，最主要的是表上不能执行 DDL 操作，如果执行过 DDL 操作，就会提示 ORA-01466: 无法读取数据 – 表定义已更改。

闪回表。使用 flashback table 语句可以将表恢复到先前时间点，相比基于时间点的不完全恢复，这一特性使得恢复某张误操作的表到某一状态瞬间即可完成。如果要在某个表上使用闪回表操作，则必须同时满足以下条件：

- 用户必须具有 flashback any table 系统权限或 flashback 对象权限；
- 用户必须在表上具有 select insert delete 和 alter 权限；
- 合理设置初始化参数 undo_retention，以确保 Undo 信息保留足够时间；

- 启用行移动特性：alter table table_name enable row movement；
- 表上没有执行 DDL 修改。

示例如下：

```
SQL> alter table BIG_EMPLOYEE enable row movement; -- 启用行移动特性
…执行各种DML操作…
SQL> flashback table BIG_EMPLOYEE to timestamp to_timestamp('2019-02-16
15:47:03','YYYY-MM-DD HH24:MI:SS');
```

相比闪回查询来说，闪回表在恢复整个表时要快很多，而且更加安全和易用。通常采用闪回查询进行恢复的做法是先删除不正确的数据，然后使用闪回查询的结果插入原来正确的数据，所以它的速度总体来说和数据量成正比；而闪回表则瞬间完成。

但是闪回表的不足之处在于仅支持整个表闪回，不支持分区及子分区，这在一些基于分区技术隔离数据的系统中会导致闪回表特性无法发挥作用，无法利用分区各种优势，这也是应用设计期间要理解具体实现技术限制的原因。

其他闪回特性如闪回删除、闪回版本查询、闪回事务查询虽然在某些场景下很有用，但是在用于解决操作前备份这个场景上，这些特性并不是很合适，因此这里不深入展开，有兴趣的读者可以参考 Oracle 闪回技术官方文档。

除了每种闪回特有的限制外，基于 Undo 表空间的闪回特性还有一些额外限制，其中比较重要的如下。

- Undo 表空间使用增加。闪回本质上就是在修改前在内部做一个备份，只不过该备份默认情况下只是为了满足 MVCC。除了所需的一致性读时间要求外，撤销块随时都可能被 Oracle 重用，因此要满足所需的恢复时间点，要确保 Undo 表空间足够大。
- 事务 ID 被重用。在第 3.5 节讲过事务 ID 是由回滚段编号、槽及序列号组成的，所以当 Undo 空间被重用后，事务 ID 也就会被重用。这一机制导致的结果是如果某些记录很频繁地被修改，Undo 空间在随后又刚好被同一条记录重用，此时事务 ID 因为相同，闪回查询时会出现某个时间点有两条 ROWID 相同的记录。

2. 闪回数据归档

闪回数据归档原先属于 Oracle Total Recall 的特性，目前合并到了高级压缩选项中。该技术与以上讨论的闪回技术实现机制不同，它通过将变化数据存储到专用表空间，以和标准的 Undo 区别开来，使之可以闪回到指定时间之前的旧数据而不影响 Undo 策略，同时可以为闪回归档区分别设置保留策略。

闪回数据归档相对于闪回的优势在于它支持绝大部分 DDL 操作，包括增加、修改、删除、重命名字段、截断表、分区操作（如截断分区）等，基本上除了 drop 之外的常用 DDL 语句都支持。对于一些不直接支持的 DDL 操作（如增加分区），也通过 DBMS_FLASHBACK_ARCHIVE 包来临时解除归档表和基表的关联进行支持，在操作完成重新绑定后仍然闪回查询之前的记录。

闪回数据归档的实现原理如图 11–2 所示。

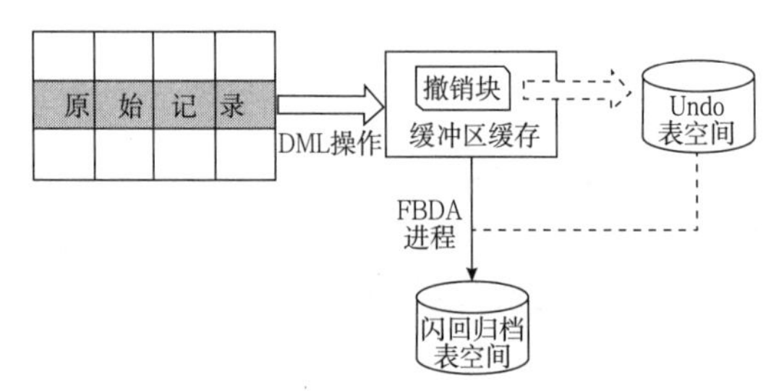

图11–2　闪回数据归档的实现原理

闪回数据归档可以根据需要指定哪些数据库表需要保存历史变化数据，而不是将数据库中所有对象的变化数据都保存下来，这样可以极大地减少空间需求和应用开发复杂性。通过闪回数据归档，可以查询指定对象的任何时间点的数据，而且不需要用到 Undo，这在有审计需要的环境或者是安全性特别重要的数据库中，是一个非常好的特性。要启用闪回数据归档很简单，只要创建一个表空间，将其指定给闪回归档使用，然后为对象开启闪回归档即可，如下所示：

```
SQL> create tablespace fda_ts datafile '/u01/app/oracle/oradata/orc12c/
orclpdb/fda_ts01.dbf' size 100m autoextend on next 1m maxsize unlimited;
tablespace created
SQL> create flashback archive default_fda tablespace fda_ts retention 1
  day;
Done
SQL> alter table employees flashback archive default_fda;
table altered
SQL> select * from USER_FLASHBACK_ARCHIVE_TABLES;
```

这样针对 employees 表的增加、修改、删除、截断就都会被保留下来，后面就可以根据时间戳和 SCN 进行查询。

对于闪回数据归档不直接支持的 DDL 操作，如增加分区，可以通过 DBMS_FLASHBACK_ARCHIVE 的 DISASSOCIATE_FBA 和 REASSOCIATE_FBA 结合实现，如下所示：

```
EXEC DBMS_FLASHBACK_ARCHIVE.DISASSOCIATE_FBA(user, 'CUSTOMER1');
alter table CUSTOMER1 add partition CUS_PART7 VALUES LESS THAN (700000) ;
EXEC DBMS_FLASHBACK_ARCHIVE.REASSOCIATE_FBA(user, 'CUSTOMER1');
```

闪回数据归档不仅可以用于闪回查询，也可以直接用于闪回表，如下所示：

```
flashback table CUSTOMER1 to timestamp systimestamp - 30/1440;
```

如果要禁用闪回数据归档，可以按照如下操作进行：

```
SQL> alter table employees no flashback archive;
table altered
SQL> drop flashback archive default_fda;
SQL> drop tablespace fda_ts including contents and datafiles;
```

对于存量基数大、增量相对小的逻辑来说，闪回数据归档可能是最合适的适用场景，它使应用无须为每个环节创建备份，只要指定表的保留策略即可。闪回数据归档的保留时间长度支持天、月、年，暂不支持小时及更小单位。闪回数据归档数据字典如表11—1所示。

表11—1 闪回数据归档数据字典

*_FLASHBACK_ARCHIVE	包含闪回数据归档相关的文件
*_FLASHBACK_ARCHIVE_TS	包含闪回数据归档的表空间
*_FLASHBACK_ARCHIVE_TABLES	包含每个启用了闪回数据归档的表的信息，以及它们对应的闪回数据归档历史表。这些表都以SYS_FBA_HIST_开头，其基表存储在相同的用户下，与物化视图日志的存储机制类似

闪回数据归档特性相比闪回虽然在灵活性上有很大提升，但是以增加1倍I/O写及额外的存储空间为代价。另外，为了确保完全可靠，需要确保Redo表空间的保留时间不低于闪回数据归档所需的保留时间，否则就可能会出现前面所述的相同ROWID在同一时间点查询出多条记录的情况。总体来说，闪回数据归档的价值还是很大的。

11.2.8 Redo日志分析LogMiner

有时应用需要实时将变更发送给其他数据库或应用（如Kafka），对于这种功能最好的方式就是实时分析Redo日志，将符合条件的DML操作通过消息的方式进行发布。在Oracle中，这可以通过多种方式实现，如LogMiner、Oracle Stream。因为Oracle Stream在Oracle 12c中被标记为过期，所以本小节将讨论使用LogMiner分析日志的原理、优缺点及替代方案。

1. LogMiner架构

Redo日志中包含对数据库的所有修改操作，所以通过对Redo日志进行分析，然后将对数据库的修改分发给其他需要这些变更数据的应用是一种广泛被采用的方式，它能够降低应用层同步数据的复杂性，同时能够保证不会丢失任何修改操作。

在Oracle中有内置和第三方软件可以用来分析日志，本小节将主要讨论Oracle自带的LogMiner，它允许用户使用SQL接口分析在线Redo日志和归档日志，支持根据文件和时间戳两种分析模式。虽然LogMiner也能重构出DML的反向操作语句用来撤销对数据库误操作的恢复，但是自从有了闪回特性后，LogMiner中该特性就几乎没有用武之地了，所以本小节将重点讨论LogMiner分析Redo日志用于同步变化给其他应用的部分。

LogMiner的典型分析架构如图11—3所示。

图11-3　LogMiner的典型分析架构

LogMiner 由 Redo 日志、数据字典和 Redo 日志分析数据库 3 部分组成，各部分的作用如下。

Redo 日志：要分析的 Redo 日志文件或归档日志文件必须来自相同的源数据库，且不能跨越数据库重置（RESETLOGS SCN 相同）。

数据字典：用于将分析结果中的各种内部对象 ID 转换为表名、字段名等，便于用户可读。字典必须和 Redo 日志来自相同的源数据库，否则可能会导致转换结果不正确。当前版本的 LogMiner 支持以下 3 种字典格式。

- 在线目录的字典：在源数据库分析时普遍采用的格式。
- Redo 日志中的字典：常在分析数据库和源数据库独立部署时采用。
- 文本文件格式的字典：主要是 Oracle 早期版本遗留，现在一般不推荐使用，可以通过 DBMS_LOGMNR_D 创建。

Redo 日志分析数据库：进行日志分析的数据库，分析可以在源数据库进行，也可以在单独的 Oracle 数据库进行。采用 LogMiner 进行日志分析对性能的消耗（包括 CPU 和 I/O）还是比较大的，建议不要在生产库进行分析。

2. LogMiner日志分析示例

LogMiner 日志分析主要通过 DBMS_LOGMNR 和 DBMS_LOGMNR_D 这两个 PL/SQL 包进行，分析结果通过 V$LOGMNR_CONTENTS 对外展现。根据使用的字典类型及分析模式不同，其过程略有不同，这里以使用在线目录作为字典为例。

第一种方式，指定要分析的文件：

```
SQL> EXECUTE dbms_logmnr.add_logfile('/storage/oradata/redo03.log',
OPTIONS => DBMS_LOGMNR.NEW);
PL/SQL procedure successfully completed
Executed in 0.006 seconds
SQL> EXECUTE dbms_logmnr.add_logfile('/storage/oradata/redo02.log',
OPTIONS => DBMS_LOGMNR.ADDFILE);
PL/SQL procedure successfully completed
Executed in 0.011 seconds
--执行DML操作
create table t(id number);
insert into t values(1);
insert into t select level from dual connect by level<100;
--开始分析
SQL> EXECUTE dbms_logmnr.start_logmnr(options=>dbms_logmnr.dict_from_
online_catalog);
PL/SQL procedure successfully completed
```

```
Executed in 0.051 seconds
```

分析完成后就可以查询 V$LOGMNR_CONTENTS 了。例如，当前用户在 T 表上进行新增操作，可以执行下列 SQL 查询：

```
SQL> select OPERATION, SQL_REDO, SQL_UNDO from V$LOGMNR_CONTENTS c where
username=user and OPERATION='INSERT' c.SEG_NAME='T';
OPERATION        SQL_REDO                              SQL_UNDO
---------------- ------------------------------ -------------------------
INSERT           insert into "HS_TABASE"."T"("ID") values ('31');
delete from "HS_TABASE"."T" where "ID" = '31' and ROWID =
'AAAtZjAAMAABITTAAf';
INSERT           insert into "HS_TABASE"."T"("ID") values ('32');  delete
from "HS_TABASE"."T" where "ID" = '32' and ROWID = 'AAAtZjAAMAABITTAAg';
INSERT        insert into "HS_TABASE"."T"("ID") values ('33');   delete
from "HS_TABASE"."T" where "ID" = '33' and ROWID = 'AAAtZjAAMAABITTAAh';
…此处省去97行
```

上述输出显示用户 HS_TABASE 在 T 表插入了 100 行。要注意的是，重新被构造的 SQL 和源 SQL 语句在语义上是等价的，但是不一定完全相同，因为原始的 where 子句没有被记录在 Redo 日志文件中，所以只能分别显示每行插入的记录（相当于 MySQL binlog 的行格式）。

当分析完成并确定不再需要后，需要关闭 LogMiner 会话：

```
SQL> EXECUTE DBMS_LOGMNR.END_LOGMNR();
```

这种方式主要在排查问题时使用，在作为数据同步机制时几乎没有人这么做，因为归档日志文件名是按 Oracle 内部生成的，虽然可以通过查询 v$archived_log 得到，但是开发人员几乎很少会关心具体同步到哪个归档日志，更多的时候是希望知道目前大概同步的情况。

第二种方式是使用 CONTINUOUS_MINE 选项（从 Oracle 9.1 引入）指定要分析的时间范围，让 LogMiner 自动查找所需的日志文件，这种方式也是在进行同步时经常采用的。要让 LogMiner 进行自动持续分析，数据库必须在归档模式，如果在源数据库进行分析，还需增加补充日志，如下所示：

```
SQL> select LOG_MODE from v$database;
LOG_MODE
------------
ARCHIVELOG
Executed in 0.047 seconds
SQL> ALTER DATABASE ADD SUPPLEMENTAL LOG DATA;
Database altered
Executed in 0.16 seconds
SQL> SELECT SUPPLEMENTAL_LOG_DATA_MIN FROM V$DATABASE;
SUPPLEMENTAL_LOG_DATA_MIN
-------------------------
YES
```

```
Executed in 0.06 seconds
-- 为了在后面不用进行日期格式转换，先指定会话默认日期类型
SQL> ALTER SESSION SET NLS_DATE_FORMAT = ' YYYY-MM-DD HH24:MI:SS';
SQL> EXECUTE DBMS_LOGMNR.START_LOGMNR(
   STARTTIME => '2019-01-01 08:30:00',
   ENDTIME => '2019-01-01 08:45:00',
   OPTIONS => DBMS_LOGMNR.DICT_FROM_ONLINE_CATALOG +
   DBMS_LOGMNR.CONTINUOUS_MINE);
```

除了 start_logmnr 和第一种方式略有不同外，其分析过程和结果是完全一样的。

前面提到过 LogMiner 的分析结果在 V$LOGMNR_CONTENTS 视图中，其中主要包括下列信息。

- 执行的操作类型，包括 INSERT、UPDATE、DELETE 及 DDL。
- 操作发生的 SCN。
- 提交发生的 SCN(COMMIT_SCN 列)。
- 操作所述的事务 (XIDUSN、XIDSLT 和 XIDSQN 列)。
- 操作所述的对象及模式 (SEG_NAME 和 SEG_OWNER 列)。
- 执行 DDL 或 DML 的用户 (USERNAME 列)。
- SQL_REDO 为原 DML SQL 语句的等价 SQL，如果 SQL_REDO 列包含密码，则密码会被加密，如果原 SQL 为 DDL，则总是相同的 DDL 语句。
- SQL_UNDO 记录对应 DML 语句的撤销信息，DDL 语句的 SQL_UNDO 总是为 NULL，如果某些数据类型无法支持或操作已经被回滚，则该字段也可能为 NULL。

通过这些信息，就可以准确地知道对数据库进行的所有操作及其过程。

视图 V$LOGMNR_LOGS 中包含当前正在分析的 Redo 日志文件，每一个包含在当前分析会话中的 Redo 日志文件都有一行对应的记录，如下所示：

```
SQL> select FILENAME,LOW_TIME,HIGH_TIME from V$LOGMNR_LOGS;
FILENAME                                       LOW_TIME    HIGH_TIME
---------------------------------------------- ----------- -----------
/storage/oradata/redo02.log                    2019/2/23 1 2019/2/24 1
/storage/oradata/redo03.log                    2019/2/24 1 1988/1/1
Executed in 0.066 seconds
```

3. LogMiner过滤与优化

默认情况下 LogMiner 会重做日志文件中所有的修改操作（包括 Oracle 内部生成的语句，如插入物化视图日志），如不管事务是否提交都会显示，由上节查询结果可知属于同一事务 DML 语句没有罗列在一起，查询结果不那么易读。虽然可以使用 SQL 来控制想要的输出结果，但其性能非常差（甚至有可能运行不出来）。为此，LogMiner 支持通过 option 参数预先设置要分析的事务的条件。因为，option 参数除了设置字典目标外，还可作为分析的过滤选项，主要包括以下内容。

- COMMITTED_DATA_ONLY：仅显示已提交的事务。
- SKIP_CORRUPTION：声明在查询 V$LOGMNR_CONTENTS 时是否跳过中断的在线 Redo 日志。默认情况下，在遇到第一次中断时会终止，此时中断记录的 OPERATION 列会标记为 CORRUPTED_BLOCKS，STATUS 类为 1343，INFO 中记录跳过的块数。需要注意的是，跳过的记录可能会包含正在执行的事务。
- NO_SQL_DELIMITER：不使用分号作为 SQL 分隔符。
- PRINT_PRETTY_SQL：格式化 SQL 语句。
- NO_ROWID_IN_STMT：重构的 SQL 语句中不要包含 ROWID。
- DDL_DICT_TRACKING：在不使用在线目录字典的情况下，如果希望分析 DDL，必须声明该选项。

一般线上数据库每天的归档日志非常多，而查询 v$logmnr_contents 时，是直接从已经添加到队列的归档日志进行数据录入 v$logmnr_contents 的，所以性能会非常低下。在后台的 alert log 中会看到如下信息：

```
Sun Feb 24 16:26:18 2019
LOGMINER: summary for session# = 2147484161
LOGMINER: StartScn: 735798330 (0x0000.2bdb643a)
LOGMINER: EndScn: 0 (0x0000.00000000)
LOGMINER: HighConsumedScn: 0
LOGMINER: session_flag: 0x0
LOGMINER: Read buffers: 8
LOGMINER: Memory LWM: limit 10M, LWM 8M, 80%
LOGMINER: Memory Release Limit: 0M
Sun Feb 24 16:26:44 2019
LOGMINER: Begin mining logfile for session -2147483135 thread 1 sequence
634, /storage/oradata/redo02.log
Sun Feb 24 16:29:07 2019
LOGMINER: Begin mining logfile for session -2147483135 thread 1 sequence
634, /storage/oradata/redo02.log
```

所以，一般的做法是先将 v$logmnr_contents 保存到一张临时表中，然后查询临时表，这样就可确保任何查询都只分析归档日志一次，如下所示：

```
SQL> create table log_t nologging as select c.USERNAME,c.SEG_
NAME,OPERATION, SQL_REDO, SQL_UNDO from V$LOGMNR_CONTENTS c;
SQL> select * from log_t where username=USER and seg_name='T';
```

虽然可以使用 LogMiner 分析 Redo 日志并将数据变化发送给其他应用，并且能够解决异构数据同步问题，但是在源数据库分析时需要考虑其对性能的影响。如果使用专门的日志分析库，需要注意用来做日志分析的 Oracle 服务器同样需要购买 License，且从 Oracle 9.0.1 之后就没有再增强性能或者特性。

根据笔者的经验，其每秒只能分析一两千行，在配置较低的服务器中甚至测试时会经常出现挂起的现象。因此，其效率在很多情况下无法达到要求，对于要经常同步大量数据的应用来说，它是远不够理想的数据同步方案。

4. Oracle GoldenGate

Oracle GoldenGate 是实现异构 IT 环境间数据实时集成和复制的主要软件包，支持市面上流行的绝大部分主流操作系统平台和数据库，是目前最强大和可靠的复制解决方案，目前有大量的生产系统在使用。

自从 GoldenGate 作为 Oracle 主推的数据复制方案后，其把 Streams、Data Guard 逻辑备库、LogMiner 的一些优秀特性都集成到了 GoldenGate 产品上，并且减少了对它们的完善和支持。例如，从 Oracle 12c 开始，流被标记为过时、LogMiner 的 CONTINUOUS_MINE 选项已经被标记为过时且没有替代性选项。所以，如果物化视图和 LogMiner 无法满足实例间数据同步的需求，那么 GoldenGate 通常是最好的第三方选择。GoldenGate 的优势如下。

- 零宕机时间数据库升级和迁移。
- 满足用户亚秒级实时数据的需求。
- 可持续的数据高可用性和实时商务智能。
- 支持异构平台及跨操作系统实时数据同步。
- 对源系统和目标系统非侵入式，其更像是 MySQL 5.7 的复制特性。
- 支持 Oracle 以外的其他主流数据库，如 MySQL、SQL Server、PostgreSQL 等。
- 支持通过消息总线发送给其他应用，如消息队列。

和其他复制方案类似，Oracle GoldenGate 实现原理是通过抽取源端的在线 Redo 日志或者归档日志，然后通过 TCP/IP 传输到目标端，最后解析还原应用到目标端，使目标端实现同源端数据同步。图 11–4 所示为 Oracle GoldenGate 的技术架构。

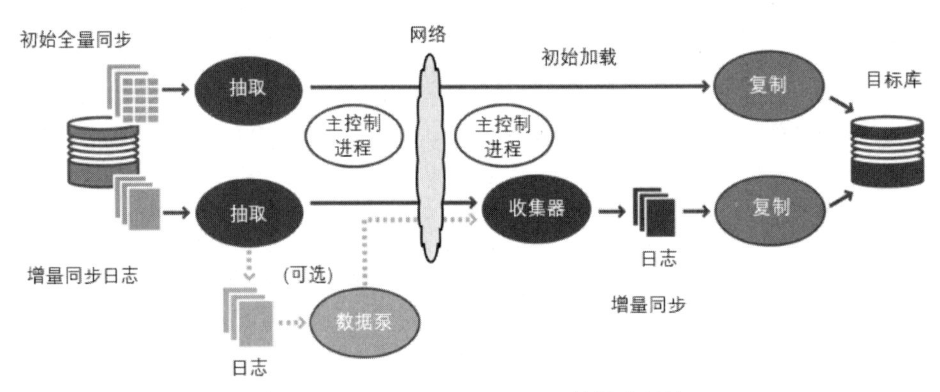

图11–4　Oracle GoldenGate的技术架构

在复制方案上，Oracle GoldenGate 支持各种典型部署架构，如图 11–5 所示。

限于本书主题和篇幅，这里不对 Oracle GoldenGate 的实践与优化进行分析，如果读者有兴趣，可以自己从 Oracle 官网下载并进行研究。

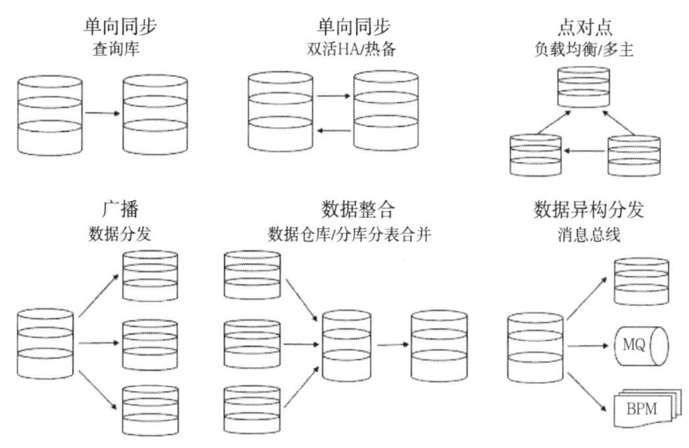

图11-5 Oracle GoldenGate支持的数据同步模式

11.2.9 物化视图

在很多大型系统中，通常存在着各系统之间数据需要同步的需求，并且很多场景比较复杂，经常会出现多对多的情况。例如，A 实例某些表的数据要实时同步到 B、C 实例，B、C 实例又有些表需要同步到 A 实例。这种场景在传统金融行业较为常见，这些系统通常是由不同的供应商设计开发的，并且根据政策法规要求，必须从物理上隔离。

由于 Oracle 是闭源软件，不像 MySQL 有很多开源比较成熟的同步方案如 MySQL 复制、Canal，开发人员可以基于自己的需求进行各种二次开发和定制；同时，Data Guard 不支持从多个源数据库同步到一个目标库等各种灵活的同步过滤选项，没有相关的 API 开放接口供二次开发，使很多应用的实现都采用三方的同步技术，但有不少用户任务是应用软件开发商应该解决的问题，用户并不希望承担额外三方软件的成本。

除了采用导入 / 导出和日志分析可以用来同步数据外，在某些场景中 Oracle 物化视图也能很好地满足应用的数据同步需求（在早期的版本中其名为快照）。物化视图不仅在查询分析系统中可以用来预计算查询结果提高性能，还有一个主要用途是在不同 Oracle 实例间及实例内的不同用户间复制数据，支持一对多、多对一拓扑结构，如图 11-6 所示。

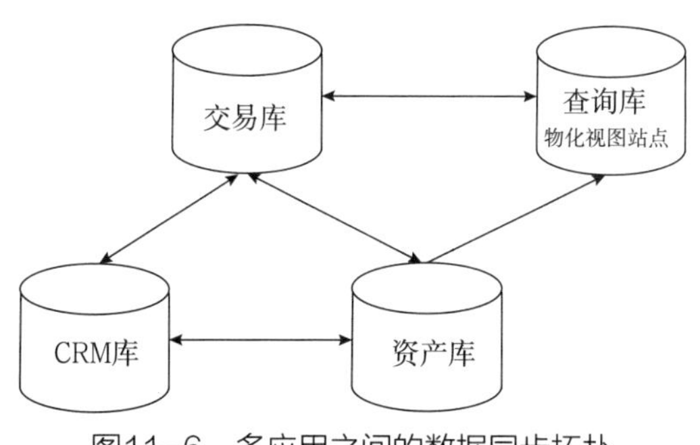

图11-6 多应用之间的数据同步拓扑

其中交易库、CRM 库及资产库之间各自需要同步一些数据，如订单信息从交易库推送给 CRM 库，资产信息分别推送给交易库和 CRM 库。交易库和资产库还需要将数据推送给查询库进行查询分析访问，查询库本身还可以作为源同步给其他查询库实例。对于实时性要求不高或者主库 TPS 并不高的系统，在功能的实现上，物化视图完全可以满足该需求，不需要专门的三方同步软件，这样可以降低系统的复杂性。

相比前面几种方式，物化视图的优点在于更灵活，维护简单，在只需要同步少量数据如 1/5 时通常效果比较好，因为它是基于需要同步的表进行配置，只有这部分表会产生额外负载，相比分析所有 Redo 日志，在需要同步的表较少时对库的额外负载将低得多；但是当需要同步的数据超过 1/3 时，物化视图的性能通常就不如分析 Redo 日志高效了，因为物化视图生成了更多的 Redo 日志及更多的 I/O。下面来看增量刷新的性能。源端准备：

```
SQL> set timing on
SQL> select count(1) from ta_textparameter;
  COUNT(1)
----------
  21810871
Executed in 1.477 seconds
SQL> create table t_ta_textparameter nologging as select * from ta_
textparameter;
table created
Executed in 29.67 seconds
SQL> alter table t_ta_textparameter add primary key (L_ROWID);
table altered
Executed in 67.341 seconds
SQL> create materialized view log on t_ta_textparameter;
Materialized view log created
Executed in 0.227 seconds
```

目标端物化视图：

```
SQL> set timing on
SQL> create materialized view mv_t_textparamter_nopara
  2  refresh on demand fast as
3  select * from t_ta_textparameter@src_14_dblink;
Materialized view created
Executed in 257.423 seconds
```

源端 DML 操作：

```
SQL> update t_ta_textparameter f set f.c_paramitem = f.c_paramitem ||
'f' where rownum<300000;
299999 rows updated
Executed in 10.848 seconds
```

目标端刷新：

```
SQL> begin
  2   dbms_mview.refresh(list => 'mv_t_textparamter_nopara');
  3   end;
  4  /
PL/SQL procedure successfully completed
Executed in 18.481 seconds
```

从上可知，相比全量刷新，当需要同步的数据较少时，基于物化视图增量刷新的机制将大大提高数据同步的性能。

在大部分情况下，需要同步的表通常都不只一张，一般是多个需要关联的表同步优化。例如，需要同时同步员工表和部门表，因为同步的源是同一个 Oracle 数据库，所以很多开发人员的做法是创建物化视图直接通过数据库链接访问源库，如图 11–7 所示。

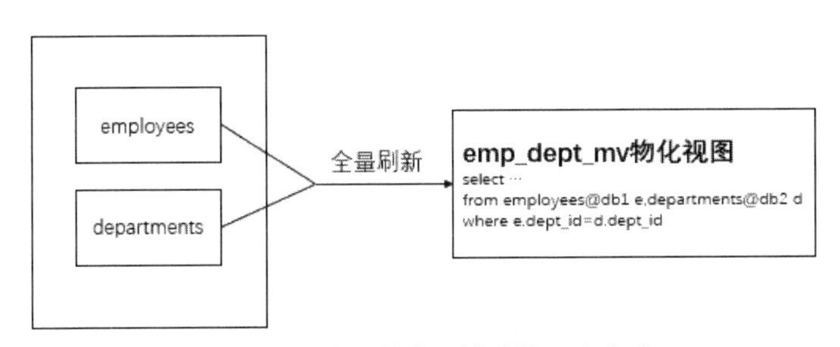

图11–7　优化前全量模式的同步方式

这种实现方式的缺点在于它会导致全量刷新，在数据量较大时刷新速度会逐渐下降。所以，一般来说，应该先将员工表和部门表采用增量的方式同步到目标库，然后在目标库创建复杂视图对外提供访问，如图 11–8 所示。

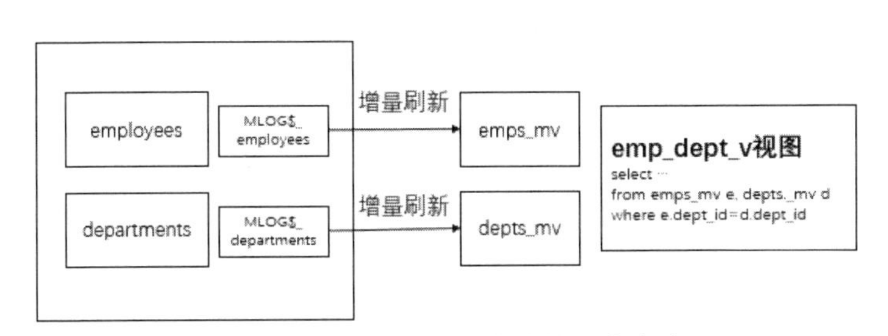

图11–8　优化后增量模式的同步方式

这样员工表和部门表就可以采用增量刷新，进而大大提高了性能，但是因为关联延后，性能上可能会略有损失。关于对物化视图的全面优化讨论请参见第 7 章。

使用物化视图进行同步也有一些缺点，其中最主要的缺点如下。

- 影响基表 DML 效率。这主要是因为支持增量刷新会导致生成的 Redo 日志量急剧增加，以及物化视图日志本身也增加了 1 倍的额外工作量。

- 不支持DDL复制。这一限制的主要后果就是对于一些千万、上亿级别的表，每一次升级会导致表结构变更如增加字段、分区、索引时重新同步成本将很高。例如，原来增加一个字段1s完成，现在因为需要物化视图重建会导致升级过程需要10min才能完成。
- 不支持事务。和闪回查询一样，物化视图的同步是基于单表的，所以不能保证事务一致性，这一点需要应用自身考虑一致性刷新同步点。

11.2.10 分区交换

在大订单和流水表中，很多系统都会定期将某业务表的某个时间点之前的记录转移到对应的历史表中，如果当前业务表不是基于这个业务时间点的分区表设置，那只能insert再delete操作。这种传统转移数据的方法非常低效，经常在初级的数据库管理人员和开发人员的程序中出现。该方法并非不好，如果记录数量在几十、几百条，并且时间点随机，这个方法也是经常采用的；但如果移动的数据量每次都是数以十万、百万条计，这种方法就显得低效了。

所以，在Oracle数据库开发中，对于这种大数据量的表通常按照时间进行分区，这样就可以利用分区表的交换技术瞬间实现该功能，即使一次转移的数据量为几亿条甚至几十亿条也一样，转移时间依然是毫秒级的，因为分区交换本质上不移动数据，只是对数据字典进行修改，示例如下。

创建分区表：

```
SQL> create table t_part_exch
  2   (id number not null primary key,
  4   init_date date DEFAULT sysdate,
  5   desc   varchar2(100))
  7   PARTITION BY range(id)
  8   ( PARTITION p1 VALUES LESS THAN (10000) ,
  9    PARTITION p2 VALUES LESS THAN (20000) ,
 10    PARTITION p3 VALUES LESS THAN (maxvalue)) ;
table created
```

创建全局分区索引：

```
SQL> create index t_part_exch_idx_01 on t_part_exch(id,init_date,desc)
  2   GLOBAL  partition by  range(id)
  3   (partition p01 values less than(10000) ,
  5    partition p02 values less than(20000) ,
  6    partition p03 values less than(MAXVALUE));

Index created
```

创建本地非前缀索引：

```
SQL> create index t_part_exch_idx_02 on t_part_exch(desc) local;
Index created
```

创建唯一索引：

```
SQL> create unique index t_part_exch_idx_03 on t_part_exch(id,init_
date);
Index created
```

创建历史分区表：

```
SQL> create table t_part_exch_his
  2  (id number not null primary key,
  4  init_date date DEFAULT sysdate,
  5  desc  varchar2(100))
  7  PARTITION BY range(id)
  8  ( PARTITION p1 VALUES LESS THAN (10000) ,
  9   PARTITION p2 VALUES LESS THAN (20000) ,
 10   PARTITION p3 VALUES LESS THAN (maxvalue)) ;
table created
```

创建全局分区索引：

```
SQL> create index t_part_exch_his_idx_01 on t_part_exch_his(id,init_
date,desc)
  2  GLOBAL  partition by range(id)
  3  (partition p01 values less than(10000) ,
  5   partition p02 values less than(20000) ,
  6   partition p03 values less than(MAXVALUE));
Index created
```

创建本地非前缀分区索引：

```
SQL> create index t_part_exch__his_idx_02 on t_part_exch_his(desc) local;
Index created
```

历史表不创建唯一索引，这也是通常的做法。

向分区表插入测试数据：

```
SQL> insert into t_part_exch select level,sysdate,lpad('yy',20,'x') from
dual connect by level<1000000;
999999 rows inserted
SQL> commit;
Commit complete
```

创建中间表：

```
SQL> create table t_part_exch_tmp as select * from t_part_exch where 1=2;
table created
```

将数据交换到中间表：

```
SQL> alter table t_part_exch exchange partition p1 with table t_part_
exch_tmp;
table altered
```

查询交换后中间表数据：

```
SQL> select count(*) from t_part_exch_tmp;
  COUNT(*)
----------
      9999
```

查询交换后分区表 p1 分区数据：

```
SQL> select count(*) from t_part_exch partition(p1);
  COUNT(*)
----------
         0
```

将数据交换到历史表：

```
SQL> set timing on
SQL> alter table t_part_exch_his exchange partition p1 with table t_
part_exch_tmp;
alter table t_part_exch_his exchange partition p1 with table t_part_
exch_tmp
ORA-14130: UNIQUE 约束条件在 ALTER TABLE PART_EXCH PARTITION 中不匹配
```

检查历史表和中间表的定义，中间表对应增加主键约束：

```
SQL> alter table t_part_exch_tmp add primary key (id);
table altered
Executed in 0.028 seconds
SQL> alter table t_part_exch_his exchange partition p1 with table t_
part_exch_tmp;
table altered
Executed in 0.024 seconds
```

数据已经成功从中间表交换到了历史表：

```
SQL> select count(*) from t_part_exch_tmp;
  COUNT(*)
----------
         0
Executed in 0.033 seconds
SQL> select count(*) from t_part_exch_his partition(p1);
  COUNT(*)
----------
      9999
Executed in 0.035 seconds
```

检查索引：

```
SQL> select *
  2    from (select o.table_name, o.index_name, '/' partition_name,
o.status
  3            from user_indexes o
  4           where o.table_name like 'T_PART_EXCH%'
  5             and o.status != 'N/A'
  6          union all
  7          select o.table_name, op.index_name, op.partition_name,
op.status
  8            from user_indexes o, user_ind_partitions op
  9           where o.table_name like 'T_PART_EXCH%'
 10             and o.index_name = op.index_name)
 11   order by table_name, index_name, partition_name;
TABLE_NAME         INDEX_NAME                PARTI STATUS
------------------ ------------------------- ----- --------
T_PART_EXCH         SYS_C009416               /     UNUSABLE
T_PART_EXCH         T_PART_EXCH_IDX_01         P01   UNUSABLE
T_PART_EXCH         T_PART_EXCH_IDX_01         P02   UNUSABLE
T_PART_EXCH         T_PART_EXCH_IDX_01         P03   UNUSABLE
T_PART_EXCH         T_PART_EXCH_IDX_02         P1    UNUSABLE
T_PART_EXCH         T_PART_EXCH_IDX_02         P2    USABLE
T_PART_EXCH         T_PART_EXCH_IDX_02         P3    UNUSABLE
T_PART_EXCH         T_PART_EXCH_IDX_03         /     UNUSABLE
T_PART_EXCH_HIS     SYS_C009418               /     UNUSABLE
T_PART_EXCH_HIS     T_PART_EXCH_HIS_IDX_01     P01   UNUSABLE
T_PART_EXCH_HIS     T_PART_EXCH_HIS_IDX_01     P02   UNUSABLE
T_PART_EXCH_HIS     T_PART_EXCH_HIS_IDX_01     P03   UNUSABLE
T_PART_EXCH_HIS     T_PART_EXCH__HIS_IDX_02    P1    UNUSABLE
T_PART_EXCH_HIS     T_PART_EXCH__HIS_IDX_02    P2    USABLE
T_PART_EXCH_HIS     T_PART_EXCH__HIS_IDX_02    P3    UNUSABLE
T_PART_EXCH_TMP     SYS_C009424               /     UNUSABLE
16 rows selected
Executed in 0.219 seconds
```

最后来看交换分区 3，98 万行记录的性能：

```
SQL> alter table t_part_exch exchange partition p3 with table t_part_
exch_tmp;
table altered
Executed in 0.016 seconds
SQL> select count(*) from t_part_exch_tmp;
  COUNT(*)
----------
    980000
Executed in 0.047 seconds
SQL> alter table t_part_exch_his exchange partition p3 with table t_
part_exch_tmp;
table altered
```

```
Executed in 0.24 seconds
SQL> select count(*) from t_part_exch_tmp;
  COUNT(*)
----------
         0
Executed in 0.033 seconds
SQL> select count(*) from t_part_exch_his partition(p3);
  COUNT(*)
----------
    980000
Executed in 0.043 seconds
```

从上述示例可知如下 3 点。

- 装载到历史表时，需要两端表上的约束都要一致。其实这很好理解，该过程修改数据字典中的物理位置指向，那么必然要满足约束的要求，否则加载过去的数据违反了表上的主键约束或者唯一约束，逻辑错了就没有意义。
- 所有涉及的子对象索引都失效了。和 SQL*Loader 直接路径加载一样，这种方法的弊端是虽然数据加载快速，但是索引需要重建，如果表很大，分区的可用性会变差，日常交易性能衰退，恢复需要的时间长，这是使用前必须权衡的。
- 分区交换的过程会以独占模式（exclusive）锁住两张表，但是其执行速度很快，因此不用担心阻塞业务 DML 语句，这一点可通过 10053 事件得知。

11.3 其他优化

除了各种导入 / 导出方案本身外，还有一些因素在某些情况下也能够极大地提升性能，本节将对此进行讨论。

11.3.1 BEQ协议

如果 Oracle 数据库服务端和客户端在同一台机器上，可以使用 BEQ 连接。BEQ 连接采用进程间直接通信，不需要走网络监听，对于大数据量的导入 / 导出来说性能更高。BEQ 协议可以通过在 tnsnames.ora 配置文件的 TNS 连接串中将协议声明为 BEQ 来指定，如下所示：

```
orclbeq =
  (DESCRIPTION =
   (ADDRESS =
      (PROTOCOL = BEQ)
      (PROGRAM = /u01/app/oracle/product/11.2/db_home1/bin/oracle)
      (ARGV0 = orclpdb)
```

```
      (ARGS = '(DESCRIPTION=(LOCAL=YES)(ADDRESS=(PROTOCOL=BEQ)))')
    (CONNECT_DATA =
      (SERVER = DEDICATED)
      (SERVICE_NAME = orclpdb)
    )
  )
```

下面来看使用 BEQ 协议和网络协议的性能差别。使用 TCP/IP：

```
[oracle@oel-12c oradata]$ expdp hr/hr@localhost:1521/orclpdb tables=\
(big_table_tmp\) directory=dmp_dir dumpfile=expdat_nocond2.dmp
exclude=statistics
启动 "HR"."SYS_EXPORT_TABLE_01":  hr/********@localhost:1521/orclpdb
tables=(big_table_tmp) directory=dmp_dir dumpfile=expdat_nocond2.dmp
exclude=statistics
. . 导出了 "HR"."BIG_TABLE_TMP"                        290.8 MB 1000000 行
已成功加载/卸载了主表 "HR"."SYS_EXPORT_TABLE_01"
***********************************************************************
HR.SYS_EXPORT_TABLE_01 的转储文件集为:
  /oradata/ORA11G/dmpdir/expdat_nocond2.dmp
作业 "HR"."SYS_EXPORT_TABLE_01" 已于 星期日 3月 17 15:32:30 2019 elapsed 0
00:00:30 成功完成
```

使用 BEQ 协议：

```
[oracle@oel-12c oradata]$ expdp hr/hr@orclbeq tables=\(big_table_tmp\)
directory=dmp_dir dumpfile=expdat_nocond1.dmp exclude=statistics
启动 "HR"."SYS_EXPORT_TABLE_01":  hr/********@orclbeq tables=(big_table_
tmp) directory=dmp_dir dumpfile=expdat_nocond1.dmp exclude=statistics
. . 导出了 "HR"."BIG_TABLE_TMP"                        290.8 MB 1000000 行
已成功加载/卸载了主表 "HR"."SYS_EXPORT_TABLE_01"
***********************************************************************
HR.SYS_EXPORT_TABLE_01 的转储文件集为:
  /oradata/ORA11G/dmpdir/expdat_nocond1.dmp
作业 "HR"."SYS_EXPORT_TABLE_01" 已于 星期日 3月 17 15:33:36 2019 elapsed 0
00:00:16 成功完成
```

从上可知，使用 TCP/IP 进行导出的时间比使用 BEQ 协议多了近 1 倍。

除了 Oracle 自带工具可以使用 BEQ 协议外，JDBC OCI 驱动也能使用 BEQ 协议进行连接，如下所示：

```
System.setProperty("oracle.net.tns_admin","$ORACLE_HOME\network\admin");
String dbURL = "jdbc:oracle:oci:@orclbeq";
Connection connection = DriverManager.getConnection(dbURL, "hr", "hr");
```

相比 TCP/IP，在 JDBC 中使用 BEQ 协议导出时速度更快。

11.3.2 tmpfs

tmpfs 是一个内容驻留在内存或交换空间的文件系统，因此其访问速度非常快。tmpfs 下的一些常见文件包括 /tmp、/var/lock、/var/run 等。默认情况下，其大小为物理内存的 50%。tmpfs 具有下列特性。

- 只有当物理内存不够时，tmpfs 才会使用交换区。
- 仅根据实际需要的大小申请内存和交换区，而不会预留。
- 使用 mount -o remount 重新挂载时，tmpfs 的大小可以调整。
- tmpfs 被卸载或系统重启后，内容会丢失。
- tmpfs 的挂载点可以当作正常的挂载点使用。

当挂载 tmpfs 类型的文件系统时，该文件系统会被自动创建，无须其他人工操作。一般来说，调整 tmpfs 应该在 /etc/fstab 中修改，这样就可以持久化地修改，如下所示：

```
[root@oel-12c ~]# df -h | grep tmpfs
devtmpfs                2.8G     0  2.8G    0% /dev
tmpfs                   2.8G   15M  2.8G    1% /dev/shm
tmpfs                   2.8G  8.2M  2.8G    1% /run
tmpfs                   2.8G     0  2.8G    0% /sys/fs/cgroup
tmpfs                   570M   12K  570M    1% /run/user/42
tmpfs                   570M     0  570M    0% /run/user/0
tmpfs                   570M     0  570M    0% /run/user/1001
[root@oel-12c ~]# vim /etc/fstab
tmpfs    /tmp           tmpfs    rw,nodev,nosuid,size=2G         0  0
```

也可以临时调整 tmpfs 的大小（临时调整大小不会导致其中的内容丢失）：

```
[root@oel-12c ~]# mount -o remount,size=2G,noatime /dev
[root@oel-12c ~]# df -h | grep tmpfs
devtmpfs                2.0G     0  2.0G    0% /dev
```

因此，一些会被频繁访问、且丢失后不会造成系统不可用的文件（如 Oracle 临时表空间、一些临时导出的文件等）特别适合放在 tmpfs 中。